U0248806

High Efficiency Heat Exchanger
Technology and Engineering Application

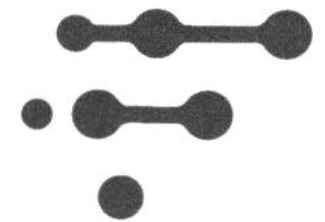

高效换热器技术及工程应用

郭宏新　编著

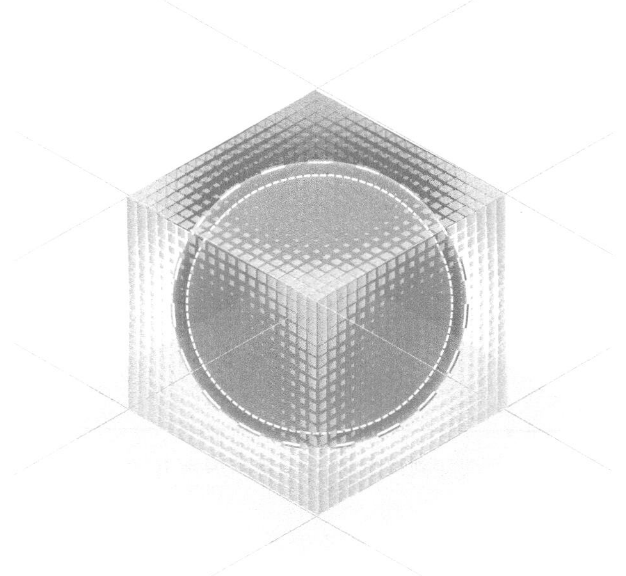

化学工业出版社

·北京·

内容简介

《高效换热器技术及工程应用》将无源强化传热分为五大类，逐章依次介绍螺纹管传热器、波纹管传热器、T型槽管换热器、翅片管换热器、扭曲管换热器、表面多孔换热器、内插件换热器、涂层高效管换热器、热管式换热器、绕管式换热器、螺旋折流板换热器、印刷电路板式换热器等各种高效换热器，详细阐述各种强化传热技术的原理、结构、应用场景、设计计算、制造检验及工程应用。为工程技术人员及工业企业管理/生产人员在从事换热器选型、设计、制造、运行及管理时，提供参考。并且在最后一章简要介绍了各种换热器用材料及典型结构，方便工程技术人员快速了解各类材料及换热器的结构形式。

图书在版编目（CIP）数据

高效换热器技术及工程应用/郭宏新编著. —北京：化学工业出版社，2023.8

ISBN 978-7-122-43470-8

Ⅰ.①高… Ⅱ.①郭… Ⅲ.①换热器-应用 Ⅳ.①TK172

中国国家版本馆 CIP 数据核字（2023）第 084923 号

责任编辑：仇志刚　高　宁　　　　装帧设计：王晓宇

责任校对：王　静

出版发行：化学工业出版社（北京市东城区青年湖南街 13 号　邮政编码 100011）

印　　装：北京盛通数码印刷有限公司

787mm×1092mm　1/16　印张 23¾　字数 569 千字　　2023 年 11 月北京第 1 版第 1 次印刷

购书咨询：010-64518888　　　　售后服务：010-64518899

网　　址：http：//www.cip.com.cn

凡购买本书，如有缺损质量问题，本社销售中心负责调换。

定　　价：188.00 元

序

FOREWORD

随着中国经济的高速发展，化石能源大量消耗，资源匮乏和环境污染问题变得日益严峻，中国政府高度重视能源和环境问题。为了应对这些能源和环境问题，政府制定出台了各种措施和对策。主要解决方法是：一是调整能源结构，发展可再生能源；二是提高能源利用率，节约能源，强化节能与环保的耦合。

自国家“十一五”以来，节能减排工作已成为国民经济发展的重要战略，特别是“十三五”末期，资源利用水平稳步提升，环境质量持续改善，绿色生产生活方式开始加快形成。2020年，以习近平同志为核心的党中央提出了力争2030年前实现碳达峰、2060年前实现碳中和的重大战略决策，这一决策事关中华民族的永续发展和人类命运共同体的构建。实现碳达峰、碳中和是一项多维、立体、系统的工程，涉及经济社会发展的方方面面。具体到工业过程就是需要节约能源资源、降低能源消耗、减少污染物排放。

据统计，石化、冶金行业工艺用能中热能的循环量约为转换输入热能的1.5～3倍，而绝大部分的热能循环是通过换热器来完成的，因此换热器是维持和推动一个工业过程正常运行的关键设备。在石油化工企业中，换热器的投资占工程全部投资的40%～50%，因此换热器的技术进步、合理设计和高效运行对企业增产节能十分重要。

强化传热技术作为一种显著改善换热装备过程传热性能的节能新技术，是企业实现绿色低碳发展和提升综合竞争力的有效途径。广义的强化传热策略可以分为全厂、工艺过程和设备元件3个层次。一般石油化工企业通过采用强化传热技术，其综合能耗、单元能耗、燃动能耗等平均值作为企业核心竞争力的指标都能得到显著提升。面向特殊工艺和介质的换热元件高效传热技术是换热器设计的重要内容，其主要特征是可以在有限传热空间内创造出更大传热面积、具有更高传热效率、更强的抗结垢能力及更好的安全运行稳定性。

近年来，中圣科技研究院研发的高效换热技术在各行业得到广泛应用，取得了很好的经济效益，获得众多科研人员、工程技术人员和生产管理人员的高度认可。本书编者带领的研发团队长期从事高效换热器的研发、设计及制造，有着近40年的从业经历，完成了高效换热器用特型管国家标准的制定，研发的高效换热器已销往全球，如BASF、BP、Shell及国内中国石化、中国石油、万华化学等大中型企业。高效传热技术的研发过程复杂、推广应用的链条长，工程技术人员及工业企业管理人员对匹配不同工艺需要的高效传热技术的深入系统了解，尤其是针对某种特定工艺环境高效传热技术的转化应用理解是十分必要的。因此，需要有一本专著，系统介绍更加复杂工艺场景化的高效传热技术及其工程应用案例分析，以此推动高效换热技术的应用精准性，达到助推增产节能减排的目的。

本书编者在书中介绍了高效传热技术的理论基础、技术原理及适用范围，重点介绍了各种高效换热技术的设计计算及各种高效换热器的制造、检验及工程应用案例，可为能源管理机构管理人员、企业节能管理人员、一线工程技术人员在现实工作中提供技术支撑，也可作为节能领域工作人员普及相关节能技术的辅导材料。

中国工程院院士

2023 年 5 月

前言

PREFACE

能源是现代工业赖以发展的基础，随着现代工业大规模发展，对能源进行大规模开采利用，能源短缺日益严重，同时因化石能源消耗与环境污染、碳排放高度耦合，这些化石能源的不合理利用也给地球带来了严重的环境问题。面对这些问题，在现代工业发展的过程中，需要考虑对化石能源的高效合理利用，因此高效节能降耗、绿色低碳已成为国际社会的普遍共识。

中国作为世界上最大的发展中国家，近 40 年来高速发展，能源消耗居全球之首，能源消费带来的资源紧缺和环境污染问题更加突出。如何解决能源消耗与经济发展、环境保护之间的矛盾，大力推动节能减排攻坚战，加快建立健全绿色低碳循环发展经济体系，推进经济社会发展绿色转型，助力实现碳达峰、碳中和目标，实现高质量发展，是我国目前能源装备行业研究与开发的重点。在能源的转化与利用过程中，其中换热装备的效率与可靠性更是每位学者和产业工程师需要进行深入探讨与研究的重要课题。

强化传热技术是换热流程与装备节能减排的重要技术措施，对换热器的强化传热研究由来已久，并取得了很多效果显著的技术成果，如各种特型换热管、涂层换热管、内插件、结构紧凑型换热器等。这些高效传热技术的广泛推广应用，推动了现代工业能源的高效与清洁利用。

在石油、化工、煤化工、冶金、能源、电力、交通、环保、新能源等工业领域使用的换热器采用高效换热技术可以显著提高换热效率和运行的稳定性，实现换热流程的长周期运行，从而大幅提高流程工业的核心竞争力。本书编者在近 40 年的从业经验中深刻体会到换热装备稳定长周期运行的重要性，随着石油化工、煤化工单套装置生产规模的巨量增长，生产装置因换热装备腐蚀与结垢及应力破坏造成的非正常停车，可能造成几百万甚至上千万的损失。传统的石油化工企业，一年一小修，三年一大修，通过换热流程的高效化改造及其他装置的相应配套改造，实现六年一修的长周期运行，那么企业的效益将变成“$1.1^6/0.9^6=3.33$”，这就是通过对换热流程等环节的高效化改造给企业带来的真正收益。

本书编著者带领中圣科技研究院和其他专业机构合作，从事高效换热器及换热流程的研发、设计、制造工作多年，研制的高效换热器已远销全球，服务于 BASF、BP、Shell 及国内大中型企业，并已经牵头制定了高效换热器用特型管国家标准。为此本书结合国家对节能减排的要求及相关政策和各种高效换热技术，详细阐述了螺纹管换热器、波纹管换热器、T 型槽管换热器、翅片管换热器，扭曲管换热器、表面多孔管换热器、内插件、涂层换热器、热管式换热器、绕管式换热器、螺旋折流板换热器及印刷电路板换热器的高效换热机理、设计要点、制造注意事项及工程应用案例，特别阐述了不同应用环境下设计、制造换热器的各种金属和非金属新材料，为工程技术人员及在校大学生在进行高效换热器的研究、选型、设计、制造、使用提供参考资料，也可为工业企业节能管理人员开展节能降耗管理提供技术支撑，具有很强的工程实用性。

本书在编著过程中，中圣研究院技术团队的刘丰、杨峻、张贤福、江郡、钟宇航、姜龙骏、高原原、吕子婷等参与了编写工作，对他们的辛勤付出表示感谢。

由于水平和经验有限，书中难免出现疏漏和不足之处，敬请读者批评指正。

郭宏新

2023 年 4 月

目录
CONTENTS

第 1 章 高效换热器的发展

1.1 概述

19 世纪末，人们发明了以汽油和柴油为燃料的内燃机，石油以其高热值、更易运输等特点，迅速取代煤炭成为第一能源，石油作为一种新兴燃料不仅直接带动了汽车、航空、航海、军工、重型机械、化工等工业的发展，甚至影响着全球的金融业，人类社会也被飞速推进到现代文明时代。然而，随着人类社会的不断发展，能源被大规模开发利用，能源短缺日趋严重，已严重威胁到人类发展的可持续性，同时能源的大规模利用也给全世界带来了严重的环境问题，如气候变暖、臭氧层破坏、冰川融化、极端天气等。中国作为世界上最大的发展中国家，面对未来工业化和城镇化进程的加快，对能源的需求为刚性增长，节能将成为可持续发展的必由之路[1]，而开展节能活动具有明显的公共性特征和专业技术性特征。能源是现代工业赖以发展的基础，随着现代工业大规模发展，对能源进行大规模开采利用，能源短缺日益严重，同时因化石能源消耗与环境污染、碳排放高度耦合，这些化石能源的不合理利用也给地球带来了严重的环境问题。面对这些问题，在现代工业发展的过程中，需要考虑对化石能源的高效合理利用，因此高效节能降耗、绿色低碳已成为国际社会的普遍共识。

节能的公共性特征体现在它需要全国乃至全球共同重视。《人类环境宣言》《21 世纪议程》《京都议定书》《可持续发展世界首脑执行计划》《哥本哈根协议》等文件，体现了全人类对环境保护及节能减碳的共识。我国改革开放以来，经过四十多年的发展，经济得到高速增长，但大量能源环境问题不断显现，节能降耗已成为必然选择。目前，节能减排已经成为中国的基本国策，特别是“十一五”以来，节能减排工作已成为国民经济发展的重要战略，已将其作为对地方政府考核的约束性指标。为完成目标，每个五年计划国家均制定了节能减排工作方案，方案中明确了目标、措施、政策机制等。以《“十四五”节能减排综合工作方案》为例，明确了到 2025 年，单位国内生产总值能耗须比 2020 年下降 13%，化学需氧量、氨氮、氮氧化物、挥发性有机物排放总量分别下降 8%、8%、10%以上、10%以上，明确了“十四五”期间节能减排的实现方式是要完成十大重点工程，包括重点行业绿色升级工程、园区节能环保提升工程、城镇绿色节能改造工程、交通物流节能减排工程、农业农村节能减排工程、公共机构能效提升工程、重点区域污染物减排工程、煤炭清洁高效利用工程、挥发性有机物综合整治工程、环境基础设施水平提升工程[2]。当然节能活动具有公益性，很多节能产品成本大、风险高，单纯依靠市场调节无法实现，政府在政策上的支持和鼓励也必不可少。现行税收优惠政策当中，以增值税优惠政策为主，见表 1.1[3]。自 2014 年以来，政府对节能环保产业上市公司的补贴金额是逐年增加的，2014 年为 72.08 亿元，到 2019 年增长至 169.49 亿元，年均增长率约为 18.65%。

表 1.1 促进节能环保产业发展的增值税优惠政策

政策内容	政策范围
免征增值税	企业销售自产的再生水；以废旧轮胎为全部生产原料生产的胶粉；翻新轮胎；生产原料中掺兑废渣比例不低于 30%的特定建材产品；污水处理劳务
即征即退	工业废气为原料生产的高纯度二氧化碳产品；以垃圾为燃料生产的电力或者热力；以煤炭开采过程中伴生的舍弃物油母页岩为原料生产的页岩油；以废旧沥青混凝土为原料生产的再生沥青混凝土；采用旋窑法工艺生产并且生产原料中掺兑废渣比例不低于 30%的水泥（包括水泥熟料）
即征即退 50%增值税	以退役军用发射药为原料生产的涂料硝化棉粉；对燃煤发电厂及各类工业企业产生的烟气、高硫天然气进行脱硫生产的副产品；以废弃酒糟和酿酒底锅水为原料生产的蒸汽、活性炭、白炭黑、乳酸、乳酸钙、沼气，以煤矸石、煤泥、石煤、油母页岩为燃料生产的电力和热力；利用风力生产的电力；部分新型墙体材料产品
先征后退	销售自产的综合利用生物柴油
免增值税（技术研发优惠政策）	直接用于科学研究、科学试验和教学的进口物资和设备；营改增试点纳税人提供的技术开发、技术转让和相关的技术服务、技术咨询；符合规定的节能服务企业实施合同能源管理项目中提供的应税服务

节能的专业技术性体现在任何一项节能活动均与工艺、设备相关，具有很强的专业性，如化工行业的多效精馏系统、焦化行业的干熄焦技术、有色冶金行业的富氧熔炼、余热回收行业的热管换热器，这些节能技术均需要相应的工艺或设备进行支持。当然，工艺或设备的改进都不是一蹴而就，需要长时间的积累，需要跨行业、跨领域的创新。例如，分隔壁塔的出现，保证了精馏时精馏段和提馏段的稳定高效传热，实现了精馏的内部热耦合；干熄炉的发明保证了惰性气体能将热量从红焦中带出，实现了干熄焦；热泵的出现，使得热量能够从低温热源传递至高温热源，实现了大量低温余热的回收。因此，从某种意义上讲，设备的先进性决定了工艺的先进性。

中国作为世界上最大的发展中国家，能源消耗居全球之首，能源消费带来的资源紧缺和环境污染问题更加突出。如何解决能源消耗与经济发展、环境保护之间的矛盾，大力推动节能减排攻坚战，加快建立健全绿色低碳循环发展经济体系，推进经济社会发展绿色转型，助力实现碳达峰、碳中和目标，实现高质量发展，是我国目前能源装备行业研究与开发的重点。在能源的转化与利用过程中，其中换热装备的效率与可靠性更是每位学者和产业工程师需要进行深入探讨与研究的重要课题。强化传热技术是换热流程与装备节能减排的重要技术措施，对换热器的强化传热研究由来已久，并取得了很多效果显著的技术成果，如各种特型换热管、涂层换热管、内插件、结构紧凑型换热器等。这些高效传热技术的广泛应用，推动了现代工业能源的高效与清洁利用。

在工业过程中，换热器是一种常见设备，其主要作用是保证工业系统正常运行、工艺介质温度合理、节约能源及回收余热（或废热）。据统计，在一般石油化工企业中，换热器的投资占全部投资的40%～50%；在现代石油化工企业中约占30%～40%；在热电厂中，如果把锅炉也作为换热设备，换热器的投资占整个电厂总投资的70%；在制冷机中，蒸发器的质量要占制冷机总质量的30%～40%，其动力消耗约占总值的20%～30%[4]。由此可见，换热器的合理设计和良好运行对企业节约资金、能源和空间都十分重要。提高换热器传热性能并减小其体积，在能源日趋短缺的今天更具有明显的经济效益和社会效益。

传统的管壳式换热器具有结构简单、可靠性高、适应范围广、选材范围大、成本低，设计、制造和使用技术成熟等优点，特别在处理量大、温度和压力高等高参数工况下，管壳式换热器更突显其独特的优势。因此，管壳式换热器广泛应用于石油、化工、轻工、冶金、食品、制药、能源、动力、航空及其他工业部门。但是，传统的管壳式换热器一般采用光滑圆管作为传热元件，弓形折流板支撑管束，同时折流板又具有导流作用。壳程流体流动时在转折区及进出口附近涡流的滞留区都会形成流动和传热死区，如图1.1中的A区所示，从而降低了传热效率。壳程流体横向冲刷换热管束，造成较大的流动阻力，并且在大雷诺数下换热管束常发生流体诱导振动，而导致换热管泄漏失效。因此，传统的管壳式换热器在结构和性能上都有待进一步完善。

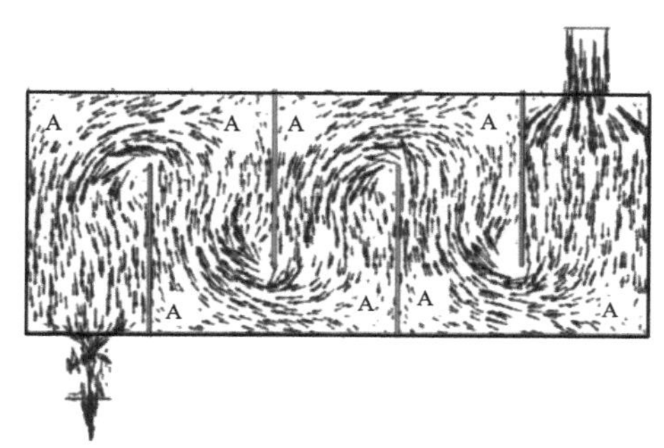

图1.1　弓形折流板管壳式换热器及其壳程流场示意图

人们投入了大量的人力和财力来进行新式换热器的研发，并开发了形式各样的高效换热器。高效换热器是一种将传热元件形成特殊结构或实施特殊布置（如螺旋、盘式、缠绕式等）的高效换热装置，与传统管壳式换热器相比，其特点是在有限传热空间内具有更大的传热面积和更高的传热效率，抗结垢能力更强，运行稳定性更好。随着石油化工、煤化工单套装置生产规模的巨量增长，生产装置因换热装备腐蚀与结垢及应力破坏造成的非正常停车，可造成上千万甚至上亿万的损失。传统的石油化工企业，一年一小修，三年一大修，通过换热流程的高效化改造及其他装置的相应配套改造，实现六年一修的长周期运行，那么企业的效益将变成“$1.1^6/0.9^6=3.33$”，这就是通过对换热流程等环节的高效化改造给企业带来的真正收益。设备的稳定运行非常重要，连续运行6年不停车，那就是0.9^6和1.1^6的差距，即企业效益已经相差3.3倍。因此，国内外学者投入大量的精力进行高效换热器的研发，研究重点在于使之结构更紧凑、换热效率更高、流阻更小、运行更稳定。

1.2　高效换热器的研究现状

随着人们对传热基本规律认识的深入，关于强化传热的研究逐渐变得活跃，截至目前，已有60多年的发展史，有关强化传热或者高效换热器的研究无论是理论基础、研究方法还是研究方向已趋成熟稳定。

1.2.1 理论基础研究

由传热学可知，传热方程是表面式换热器稳定传热时的换热量 Q 的基本计算式：

$$Q=kA\Delta T \tag{1-1}$$

式中 k——传热系数，W/(m^2·K)；

A——换热面积，m^2；

ΔT——热流体与冷流体的平均传热温差，K。

式（1-1）表明，换热器中的换热量与三个因素有关：传热温差 ΔT、换热面积 A 及传热系数 k。因而，实现高效传热的方向有三个，即：增大平均传热温差、增加换热面积和提高传热系数[5]。

① 增大平均传热温差。增大平均传热温差的方法主要有两种，一种是扩大冷、热流体进出口温差，另一种是合理布置换热面，力求使冷热流体逆流或接近于逆流。在实际工程中，冷、热流体的种类及温度受生产要求及经济性限制，不能随意改动，因此增大平均传热温差主要以第二种方法为主，这种方法的上限为逆流换热，同时传热过程是不可逆过程，传热温差越大，有效能损失也越大，从能量利用的角度看，使传热温差增大以力图使传热量增大的方法是不可取的[6]，因此，增大平均传热温差来强化传热只能在有限范围内采用。

② 增加换热面积。通过增加换热面积以强化传热是增加换热量的一种有效途径。采用小直径管子和扩展表面换热面均可增大换热面积。管径越小，耐压越高，因而在同样金属重量下总表面积越大。采用扩展表面换热面后，例如采用肋片管等，由于增加了肋片，也增大了换热面积。因此，在换热器中采用各种肋片管、螺纹管等扩展表面换热面，是提高单位体积内换热面积的有效方法。肋片应加在换热器中传热较差的一侧，这样对增强传热效果最好。扩展表面换热面后，不仅增加了换热面积，若几何参数选择合适，同时能提高换热器的传热系数，但同时也会带来流动阻力增大等问题。所以，在选用或开发扩展表面换热面时应综合考虑其优缺点。

③ 提高传热系数或降低传热热阻。提高换热器的传热系数以增加换热量，是强化传热的重要途径，也是当前研究强化传热的重点。当换热器的平均传热温差和换热面积给定时，提高换热器的传热系数将是增大换热量的唯一方法。提高换热系数的方法很多，原则上可采用提高工质流速、消除流动死区、增加流体的扰动与混合、破坏流体边界层或层流底层的发展、改变换热表面状况等方法。对于提高传热系数，降低热阻、不发生相变的传热过程和发生相变的传热过程有不同的强化传热效应，采用的措施也不尽相同。无相变的单相流体的热阻主要在层流底层，要强化传热过程应着重设法减薄层流底层的厚度；对于有相变的沸腾传热过程，提高换热系数的主要方法为增加换热面上的汽化核心及生成气泡的频率；凝结传热过程的强化应从减薄凝结液厚度着手。

所以，应用强化传热技术时，必须根据换热器的具体情况分别采用适用的有效措施。

1.2.2 研究主要方法

有关高效换热器的研究方法，主要有以下几种。

（1）实验研究

通过实验的方法对换热器进行研究是最传统的方法，国内外许多学者都通过实验方法来获取重要的数据，实验研究主要集中在它里面流体的换热和流动状态。通过实验只能测出换热器整体的传热系数及其压降，并未能完全详细描述出换热器内流体的流动、流场及热流场。这种只知道结果的研究方法对探索换热器的传热过程、原理及其强化措施带来不便[7]。

（2）理论分析

流体力学告诉我们，流体流动过程遵循三大守恒定律即质量守恒、动量守恒及能量守恒。流体的速度、压力、温度等参数是由三大守恒定律方程即连续性方程、动量守恒方程、能量守恒方程所制约。应用数学分析的理论，求解在给定条件下的这些方程，从而得出能确定物体中各点的速度、温度等的函数，称为解析解或精确解，这即是传热学理论分析的主要任务。当然由于实际问题的复杂性，理论分析只能得出情况比较简单的问题的分析解[8]。

（3）可视化研究

换热器的流体通常是在管壳式设备内流动，研究者难以观察其流动及温度场情况，故借助激光测速、红外摄影仪、全息摄影等“可视化技术”来进一步了解换热器内的温度及流体流场分布情况，这种方法能最大程度逼真地观察换热器内流体的流动及传热，彻底弄清强化传热机理，但此法需要专门的设备且对实验者的要求较高，耗费较大，不利于广泛应用。

（4）数值模拟仿真

换热器内的换热过程是很复杂的，管内外的流体传热涉及流固耦合传热问题，其流体流动又跟流体动力学相关，想通过实验手段完全弄清楚其传热机理存在很大的困难，数值计算的发展及计算机性能的大幅提高，使流体对流传热的数值仿真模拟成为可能。通过数值仿真模拟，研究者可获得流体流动及温度场的详细信息，由此可从微观层面对其传热机理进行研究，进而优化换热器的设计。

1.2.3 研究技术特点

高效传热研究的技术点主要有三个方面，分别是强化传热机理的研究、工艺计算的研究及流场温度场分析。

人们对强化传热的机理探究，一直贯穿于强化传热研究的始终。每种强化传热方法都有其固有的作用机理，通过对其机理的研究可以有效提高该方法的强化传热效果。例如最常见的螺纹管，螺距、螺旋角、螺纹头数对其强化传热的效果均有影响，如何选择合理的螺旋参数以提高换热系数、降低摩擦压降是管型选择必须要考虑的问题。再比如表面多孔管，其孔隙率和当量孔径对沸腾传热强化效果有显著影响，甚至因介质不同对孔隙率和当量孔径的要求也不同。对每种强化传热方法进行机理研究是准确应用该方法的前提。

对于强化传热的工艺计算，虽然长期以来对于各种强化传热方法都有一系列试验研究和理论分析，但很多研究结果分歧较大，得出适用面较广的通用经验公式难度很大。由于物理过程复杂，不少强化技术既不能用纯粹数学方法推导出与实验一致的理论公式，又不能任意地从有限的经验资料外推到实际生产条件中去[9]。自 1966 年美国橡树岭实验室 Lawso 第一次发表了有关螺旋型表面粗糙强化传热管以来，针对不同的介质、工艺条件和应用场合，学者或工程技术人员进行了大量的研究工作，得到了各种各样的计算关联式及经验系数，但在计算精度和通用性上都有一定的限制，因此，在现在及未来，强化传热的工艺计算研究仍将持续。

1998 年过增元等提出了“场协同”原理，即对流换热的性能不仅取决于流体的速度和物性以及流体与固体壁的温差，而且还取决于流体速度场与流体热流场间协同的程度。在相同的速度和温度边界条件下，它们的系统程度越好，则换热强度就越高[10]。这说明了流场及温度场对传热的重要性。近年来，随着计算流体动力学的发展，计算机硬件及软件提升，使用数值模拟来进行传热的研究也越来越普及。由图 1.2 可见，发表的与传热数值模拟有关的文献数量在逐年攀升。考虑到流体在换热器中流动的复杂性，今后，使用数值模拟来对换热器内部的流场和温度场进行分析将越来越普遍。

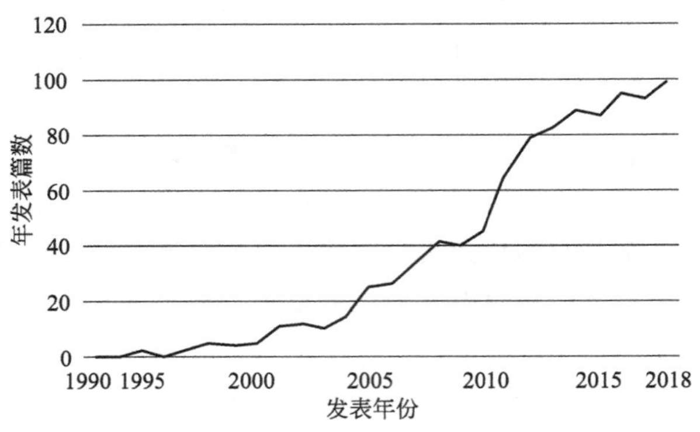

图 1.2　1990—2018 年发表的传热数值模拟类文献

1.3　高效换热器的发展趋势

随着电子信息技术、材料科学、制造技术等相关领域突飞猛进的发展，高效换热器的研究方法及发展方向将趋向多元化。

1.3.1　计算流体力学的广泛应用

传热技术的最新动向是最初引入的关于热流体分析方面的计算机利用技术，由于计算机及其软件两方面的迅速发展，对于流体复杂现象的模拟仿真成为可能。流体分析已经应用于自然对流、剥离流、振动流、热传导的直接模拟仿真，分子水平的传热机理、燃烧、辐射传热、多相流、稠液流等方面，今后的作用期待在于促进现象的微细机理的理解，以得到换热器内流体流动的画像处理的新方法等。

计算流体力学（CFD）的大致作用如下：①试验模型的确定及试验方案的优化；②设计的检验和评价；③设计模型，设计改进。由于影响传热效果的因素很多，研究者在进行高效换热器的研发时，无论是从时间上考虑还是成本上考虑，都不可能对每种因素进行逐个试验，而 CFD 可以通过数值模拟快速确定合理方案并找到关键影响因素，从而对试验进行有效指导，这对提高研发效率很重要。在实际工程设计中，对于大型装置的设计，因超过了以往的经验和实验范围，也必须使用 CFD 进行结果预测，对设计进行指导[11]。目前，已有大量试验结果被证实与数值计算具有良好的一致性，因此，CFD 是研究各类换热器流动及传热的有效途径[12]。今后，最优化设计的工具——CFD 的应用将进一步扩大。

1.3.2　特种材料应用

20 世纪以来，物理、化学、力学、冶金、陶瓷等学科的发展，促进了各种新材料的出现、制造及应用。换热器的制造及应用同样与材料密不可分，伴随着材料的发展进步，换热器用材也在不断变化。

① 稀有金属。随着换热器应用领域的扩展，其面临着很多严苛的使用条件，如高温、高压、高真空、深冷、有毒、易爆和强腐蚀等。在这些条件下工作的设备，采用常规的材料已不能满足应用要求。因此，早在 20 世纪 50 年代，以新耐蚀金属钛及耐蚀钛合金制成的换热器已问世，其优异的耐蚀性能很快对化工及流程工业等部门产生了巨大的吸引力，因而应用范围不断扩大。近年来钽和锆这两种材料又开始用于换热设备，这些材料通常以薄板、薄壁管或复合板的形式提供使用。这些稀有金属虽很昂贵，但因其优良的特性，在某些场合仍得到应用。钛、钽、锆等稀有金属及其合金的使用，主要是为了解决温度和压力较高时的强腐蚀问题。

② 非金属材料。非金属材料在一定的范围内具有金属材料不可比拟的优点，已经得到广泛应用或者具有应用前景的非金属材料有石墨、氟塑料、陶瓷、玻璃、复合材料等。石墨材料具有优良的导电、导热性能，较高的化学稳定性和良好的机加工性，从 20 世纪 30 年代起，发达国家便相继开发了结构形式各异的石墨换热器，到 20 世纪 60～70 年代，其制造与应用进入了大发展阶段，目前，石墨换热器的发展处于相对稳定阶段，研究人员正致力于不透性石墨性能、换热器结构、先进加工技术的开发。氟塑料具有特别优良的耐腐蚀性，并且与金属材料相比还具有成本上的优势，1965 年，美国杜邦公司首先试制成功首台氟塑料换热器，日本 1968 年引进生产，美国杜邦公司、日本大宫化成工业所每年都要生产数百台氟塑料换热器，主要用于耐腐蚀要求的场合，其优越性能已为工业界所公认。目前，氟塑料换热器还处于完善发展时期，管板焊接技术较难掌握，制作还远达不到机械化和自动化要求，有待进一步探索改进。陶瓷材料因其优异的耐腐蚀性、耐高温性能及耐磨损性而引起工业界的高度重视，陶瓷可耐 1000℃以上高温，在化工和石油工业中，主要用于高温炉的热量传递与回收，与金属换热器相比，陶瓷换热器会显得价廉物美。玻璃作为换热器材料，和一般金属材料相比有许多特殊性。主要优点是，优良的化学耐蚀性，相当高的表面光洁性，卓越的透明性；主要缺点是，性脆而机械强度差，抗弯曲、冲击、振动的性能差，导热系数（也称热导率）较小。复合材料如搪瓷玻璃具有优良的耐腐蚀性能、良好的耐磨性、电绝缘性以及表面光滑不易黏附物料等优点，已经用于制作换热产品[13,14]。

1.3.3　特种制造技术

目前换热器的制作大部分用的是传统工艺，即机加工和焊接，其中焊接所占的比例较高，在制作过程中经常使用的焊接方法是手工电弧焊、埋弧自动焊、气体保护焊等[15]。随着技术的发展及新材料的出现，换热器的制造技术也在不断进步。例如有些公司采用扩散焊技术制备微通道板式换热器。扩散焊技术是在特定的温度、压力下，将带有流体通道的板子通过原子扩散的方式连接成一个整体，这种连接技术形成的界面结合强度与母材相当[16]，适用于高温高压等苛刻条件。英国罗尔斯·罗伊思公司采用超塑性成型和扩散融合的技术代替常用的真空钎焊，生产出了可在 35MPa 下运行的钛板翅式换热器[17]。由石墨制成的换热器主要通过黏合剂连接或者整体压块成型。陶瓷制换热器主要通过烧结成型。随着科技的发展，为了满足不同的使用条件，采用不同的材料，制造技术也将不断得到提高甚至出现前所未有的新技术。

1.3.4 特殊结构形式

为了适应不同行业、不同场景的需求，除了传统管壳式换热器外，也涌现了很多其他形式的换热器，例如回转式换热器、直接接触式换热器、流化床换热器、喷流换热器等。回转式换热器是一种蓄热式换热器，利用它可以回收热力设备（电站锅炉、工业锅炉及工业炉等）排烟的余热来加热送入该设备的空气，或者在空调系统中，利用排出的冷风（热风）冷却（加热）进入系统的新风，早期回转式换热器大部分用于电站，近年来开始应用于化工、石油和冶金等行业[18]。直接接触式换热器是指两种互不溶解的介质直接接触进行换热的设备，严格地讲，直接接触式换热器已突破传统意义上的换热器概念，冷却塔、闪蒸器、直接蒸汽加热、风力干燥、浸没燃烧等都算直接接触换热的范畴。流化床换热器由液态化技术与换热器巧妙结合而来，液态化原理和传热学是它的理论基础。流化床具有固体与流体之间迅速传热和传质的有利条件，固体颗粒一般混合很快并且床层界面传热系数很高。因此，流化床常用作热交换器或化学反应器，特别是为那些温度控制要求严格和大量吸热或放热的系统所采用。喷流换热器是在冶金工业领域发展起来的一种气-气表面式换热器，换热介质的温度可能高达 1000℃以上，所以又称高温喷流换热器。喷流换热也称射流冲击换热，与一般对流换热方式有所不同。它是使流体工质（空气或烟气）通过夹层孔板而形成高速射流并垂直射向换热面。流体质点直接与壁面碰撞，使流动边界层的层流底层遭到破坏，其产生的涡旋使附近的层流底层湍流化，从而大大强化了换热面的对流换热。

1.4 强化传热技术的效应评价准则

换热器性能评价，包括热力学性能、流体力学性能、经济性和安全性。没有任何一种换热器能在上述指标中均能达到最优，同样，也没有任何一种方法能够包容上述所有性能并对其作出全面而准确的评价。应用场合不同，对换热器的要求也不相同，如核能装置换热器及超高压换热器等，对安全性的要求是第一位的。对真空或接近真空的某些换热器，如气体分离及电厂的凝汽器，对压降的要求是按 mmH_2O 计算的，压降是首先要满足的条件。因此，评价一种强化传热技术，首先应该明确采用强化传热技术的目的和要求，然后根据强化传热的目的、具体条件、制造工艺和运行安全性等进行技术经济比较。

为了便于分析，我们假设换热器的主要热阻在管内，而管外对流换热及管壁的热阻均可略去，所以传输热量 Q 基本上正比于管内流体的传热系数，则可以应用下列一些原则来衡量强化传热技术的效应。

采用强化传热技术的换热器与普通换热器的工作效应对比，一般可分为三种：第一种为在换热功率、工质质量流量与压力损失相同时比较采用强化传热技术的换热器与普通换热器的换热面积和体积，第二种为在换热器体积、工质质量流量与压力损失相同时比较采用强化传热技术的换热器与普通换热器的换热功率，第三种为在换热器体积、换热功率与工质质量流量相同时比较采用强化传热技术的换热器与普通换热器的压力损失。

下面分别对这三种对比导出其效应评价准则数。

1.4.1　第一种工作效应对比的评价准则数

在进行第一种工作效应对比时，采用强化传热技术的换热器与普通换热器的换热功率、工质质量流量与压力损失都相同，主要比较这两种换热器的换热面积和体积。下面根据给定的条件来推导这两种换热器的换热面积比值和体积比值。

设这两种换热器中的平均传热温差相同，且令 Q、G 及 ΔP 分别表示换热器中的换热量、工质质量流量及流动压力损失，下角码“0”表示普通换热器的数值，无下角码者表示采用强化传热技术的换热器的数值（本节以下各式中下角码的意义与此相同）。则在第一种对比中已知条件为：

$$Q=Q_0 \tag{1-2}$$

$$G=G_0 \tag{1-3}$$

$$\Delta p=\Delta p_0 \tag{1-4}$$

这两种换热器中的换热量 Q 及 Q_0 可分别表示为：

$$Q=h\Delta T\pi dln \tag{1-5}$$

$$Q_0=h_0\Delta T_0\pi dl_0n_0 \tag{1-6}$$

式中　h——管内换热系数，W/(m^2·K)；

ΔT——平均传热温差，K；

d——管子内直径，m；

l——管子长度，m；

n——管子数目。

根据式（1-2）、式（1-5）和式（1-6），可得

$$\frac{hln}{h_0l_0n_0}=1 \tag{1-7}$$

这两种换热器中的摩擦阻力损失 Δp 和 Δp_0 可分别表示为：

$$\Delta p=f\frac{l}{d}\frac{\rho v^2}{2} \tag{1-8}$$

$$\Delta p_0=f_0\frac{l_0}{d}\frac{\rho v_0^2}{2} \tag{1-9}$$

式中　v——管中工质的平均流速，m/s；

ρ——工质密度，kg/m^3；

f——摩擦阻力系数。

根据式（1-3）、式（1-7）和式（1-8）可得

$$\frac{flv^2}{f_0l_0v_0^2}=1 \tag{1-10}$$

由于管中流速在给定流量时同管子数目成反比，这两种换热器中的雷诺数（Re）之比可表示为：

$$\frac{Re}{Re_0}=\frac{v}{v_0}=\frac{n_0}{n} \tag{1-11}$$

普通换热器管子中的努塞尔数（Nu_0）及摩擦阻力系数（f_0）值可用下面两式表示：

$$Nu_0=c_1 Re_0^{0.8} \tag{1-12}$$

$$f_0=c_2 Re_0^{-0.2} \tag{1-13}$$

式中，c_1、c_2 为常数。

采用强化传热管，在相同的雷诺数下，Nu 和 f 值可分别用增强系数 $\left(\frac{Nu}{Nu_0}\right)_{Re}$ 及 $\left(\frac{f}{f_0}\right)_{Re}$ 表示：

$$Nu=\left(\frac{Nu}{Nu_0}\right)_{Re} C_1 Re^{0.8} \tag{1-14}$$

$$f=\left(\frac{f}{f_0}\right)_{Re} C_2 Re^{-0.2} \tag{1-15}$$

括号外下角码“Re”表示括号中的数值均采用强化传热技术换热器管子中的雷诺数计算。

由于 $Nu=hd/\lambda$，上面两式可改写为：

$$\frac{h}{h_0}=\left(\frac{Nu}{Nu_0}\right)_{Re}\left(\frac{Re}{Re_0}\right)^{0.8} \tag{1-16}$$

$$\frac{f}{f_0}=\left(\frac{f}{f_0}\right)_{Re}\left(\frac{Re_0}{Re}\right)^{0.2} \tag{1-17}$$

应用式（1-7）～式（1-17）各式，可导出两换热器的管子数比值为：

$$\frac{n}{n_0}=\frac{(f/f_0)_{Re}^{0.5}}{(Nu/Nu_0)_{Re}^{0.5}} \tag{1-18}$$

两换热器的管子长度比为：

$$\frac{l}{l_0}=\frac{1}{(Nu/Nu_0)_{Re}^{0.9}(f/f_0)_{Re}^{0.1}} \tag{1-19}$$

由于进行对比的两种换热器中管子节距相同，两种换热器的横截面积之比 A_c/A_{c0} 即等于其管子数目比 n/n_0，即

$$\frac{A_c}{A_{c0}}=\frac{n}{n_0}=\frac{(f/f_0)_{Re}^{0.5}}{(Nu/Nu_0)_{Re}^{0.5}} \tag{1-20}$$

因此，两种换热器的体积比 V/V_0 应为：

$$\frac{V}{V_0}=\frac{A_c l}{A_{c0} l_0}=\frac{(f/f_0)_{Re}^{0.4}}{(Nu/Nu_0)_{Re}^{1.4}} \tag{1-21}$$

两种换热器的换热面积比 A/A_0 在管子直径相同且未采用扩展表面时即等于式（1-18）和式（1-19）的乘积 $nl/n_0 l_0$。

由式（1-18）可见，在满足以上假设条件下，如 $f/f_0<Nu/Nu_0$，则采用强化传热技

术的换热器管子数目可减少；反之，则管子数目须增加。由式（1-21）可见，如 $f/f_0<(Nu/Nu_0)^{3.5}$，则采用强化传热技术后换热器体积可缩小。

1.4.2 第二种工作效应对比的评价准则数

现在来推导第二种工作效应对比的评价准则数，即导出工质质量流量、压力损失及换热器体积相同而换热技术不同的两种换热器进行换热功率对比时的准则数。下面各计算式中的符号，下角码为“0”表示普通换热器的数值，无下角码者表示采用强化传热技术换热器的数值。

设两种进行对比的换热器中的管束均用同直径管子，按同一节距布置，且均无扩展表面，则两种换热器应具有相同的换热面积，即

$$\pi dln=\pi dl_0n_0 \tag{1-22}$$

根据两种换热器中工质质量流量及压力损失相同的前提，可导出式（1-10）及式（1-11），同时还可导出式（1-16）和式（1-17）。由这些计算式可得下式：

$$\left(\frac{f}{f_0}\right)_{Re}=\left(\frac{n}{n_0}\right)^{2.8} \tag{1-23}$$

同时还可推导出

$$\frac{h}{h_0}=\left(\frac{Nu}{Nu_0}\right)_{Re}\left(\frac{n_0}{n}\right)^{0.8} \tag{1-24}$$

如两种换热器中平均传热温差相同，可得出两种换热器的换热功率比值为：

$$\frac{Q}{Q_0}=\frac{h}{h_0} \tag{1-25}$$

由式（1-22）～式（1-24）可得

$$\frac{Q}{Q_0}=\frac{(Nu/Nu_0)_{Re}}{(f/f_0)_{Re}^{0.286}} \tag{1-26}$$

由式（1-26）可见，当两种换热器中质量流量、压力损失及换热器体积相同时，如 $f/f_0<(Nu/Nu_0)^{3.5}$，则采用强化传热技术的换热器可增大换热功率；反之，则将降低换热功率。由式（1-22）及式（1-23）可见，在上述假设条件下，如 $f/f_0>1$，将使换热器管子数目增加，但管子长度将减小。

1.4.3 第三种工作效应对比的评价准则数

现在来推导第三种工作效应对比的评价准则数，即导出工质质量流量、换热器体积和换热功率相同而换热技术不同的两种换热器在压力损失对比时的评价准则数。

应用式（1-8）、式（1-9）、式（1-11）及式（1-22），可导得

$$\frac{\Delta p}{\Delta p_0}=\frac{f}{f_0}\left(\frac{Re}{Re_0}\right)^3 \tag{1-27}$$

设两种换热器中的平均传热温差相同，则可得出

$$h=h_0 \tag{1-28}$$

应用式（1-16）和式（1-28），可得

$$\frac{Re}{Re_0}=\left(\frac{Nu_0}{Nu}\right)_{Re}^{1.25} \tag{1-29}$$

将式（1-17）及式（1-29）代入式（1-27），可得

$$\frac{\Delta p}{\Delta p_0}=\frac{(f/f_0)_{Re}}{(Nu/Nu_0)_{Re}^{3.5}} \tag{1-30}$$

由式（1-30）可见，在两种换热器进行压力损失或功率消耗对比时，如 $f/f_0<(Nu/Nu_0)^{3.5}$，则采用强化传热技术换热器的功率消耗将低于普通换热器。

由上面的分析可见，对于管内流动或纵向冲刷管束的情况，在上述 3 种工作效应对比中，只要$(Nu/Nu_0)^{3.5}>(f/f_0)$，则在换热器中采用强化传热技术总是有效的。

1.4.4 考虑成本和运行费用的评价方法

上述 3 种工作效应对比不仅未考虑管子另一侧的热阻，而且也未考虑采用强化传热技术后管子等价格的增加和运行费用的变化。如已知管子成本费、换热器运行费用等，就可用 Bergles 提出的经济核算方法进行评价。

每台换热器全年的费用 C 可按下式计算：

$$C=(nC_t+C_s)l(1+y)+aC_e\frac{nflRe^3}{4\eta}\frac{\pi\mu^3}{2d^2\rho^2} \tag{1-31}$$

式中 C_t——管子的价格，元/m；
C_s——壳体的价格，元/m；
y——折旧费，%；
a——每年运行时间，h；
C_e——电价，元/(kW・h)；
η——泵与电机的总效率，%；
μ——流体的动力黏度，Pa・s；
ρ——流体密度，kg/m³；
f——摩擦阻力系数；
d——管子直径，m；
n——管子数目；
l——管子长度，m。

设要求采用强化传热技术的换热器及普通换热器，在全年运行费用相等和管子基本尺寸相同的情况下进行两者性能比较，则可应用式（1-31）分别对这两种换热器进行计算，并使两者的全年费用相等后，可得出普通换热器中的Re_0 的计算式如下：

$$Re_0=\left\{21.7\times\left[\frac{(C_t-C_{t0})(1+y)}{(aC_e/\eta)(\pi\mu^3/2d^2\rho^2)}+\frac{f}{4}Re^3\frac{A_{c0}}{A_c}\right]\right\}^{0.357} \tag{1-32}$$

式中 A_c，A_{c0}——分别为采用强化传热技术换热器及普通换热器的管子流通截面积，m²；
C_t，C_{t0}——分别为采用强化传热技术换热器及普通换热器的每米长管子的价格，元；
Re——采用强化传热技术换热器的雷诺数。

若根据采用强化传热技术换热器的雷诺数（Re）值求出这种换热器的管内摩擦阻力系数（f）值及管内换热系数（h）值，再应用式（1-32）算出普通换热器的雷诺数（Re_0）值，并依此 Re_0 值算出普通换热器的摩擦阻力系数（f_0）值及管内换热系数（h_0）值，则可算得这两种换热器的换热量等比值：

$$\frac{h}{h_0}=\frac{Q}{Q_0} \tag{1-33}$$

上述比较是在假设管子外侧热阻很小，可以忽略不计的情况下进行的。在大多数情况下，管子外侧热阻相当大，必须加以考虑。此时应分别求出这两种换热器的管内和管外换热系数，按式（1-34）求出这两种换热器的传热系数 k 及 k_0，再用传热系数进行对比。当换热器采用有功强化传热技术时，在比较时还需考虑应用外部能量来实现强化传热时所消耗的功率。

$$\frac{1}{k}=\frac{1}{h_1}+\frac{\delta}{\lambda}+\frac{1}{h_2} \tag{1-34}$$

式中 h_1——流体与管子外壁之间的换热系数，$W/(m^2 \cdot K)$；

h_2——流体与管子内壁之间的换热系数，$W/(m^2 \cdot K)$；

δ——管壁厚度，m；

λ——管子材料导热系数，$W/(m \cdot K)$。

参考文献

[1] 迟美青. 节能财税政策的经济效应研究[D]. 太原：山西财经大学，2015.

[2] 郁红. "十四五"节能减排工作方案印发[J]. 中国石油和化工，2022(2)：1.

[3] 邓航舰. 财税政策对节能环保产业研发投入的影响研究[D]. 南昌：江西财经大学，2021.

[4] 吴金星，等. 高效换热器及其节能应用[M]. 北京：化学工业出版社，2009.

[5] 林宗虎. 强化传热技术[M]. 北京：化学工业出版社，2007.

[6] 兰州石油机械研究所. 换热器[M]. 2 版. 北京：中国石化出版社，2013.

[7] 唐治立. 低翅片管换热过程的数值模拟及其结构优化[D]. 赣州：江西理工大学，2014.

[8] 杨世铭，陶文铨. 传热学[M]. 4 版. 北京：高等教育出版社，2006.

[9] 顾维藻. 强化传热[M]. 北京：强化传热，1990.

[10] 过增元. 换热器中的场协同原则及其应用[J]. 机械工程学报，2003，39(012)：1-9.

[11] 张平亮. 新型换热器及其技术进展[J]. 炼油技术与工程，2007(01)：25-29.

[12] 张良俊，吴静怡. 板翅式换热器研究进展[J]. 真空与低温，2016(3)：138-142.

[13] 何世权，姜飞，郑小荣等. 紧凑型换热器技术进展及应用[J]. 石油化工设备.（5）：48-50.

[14] 矫明，徐宏，程泉，等. 新型高效换热器发展现状及研究方向[J]. 化工装备技术，2007，28(6)：50-55.

[15] 蒋连胜. 浅析换热器制造与成本[J]. 广州化工，2015(12)：162-163.

[16] 王康硕，任滔，丁国良，等. 浮式液化天然气用印刷板路换热器研究和应用进展[J]. 制冷学报，2016，37(002)：70-77.

[17] 郭浩，杨洪海，吴亚红，等. 板翅式换热器传热性能与流动阻力的研究进展[J]. 制冷与空调，2016.

[18] 兰州石油机械研究所. 换热器[M]. 北京：中国石化出版社，2013.

第 2 章 高效换热途径及机理

2.1 概述

热量传输有三个途径：热传导、热对流及热辐射。在换热器的换热过程中，换热元件的金属热传导热阻在总热阻中占比很小，有的甚至可以忽略，而辐射只有在较高的温度才会考虑，因此，对于传热的研究往往以研究对流传热为主，业内人士通常所说的高效传热技术多数是对对流传热的强化。强化传热技术是一门旨在改进换热器性能的新兴技术，20 世纪 60 年代开始发展[1]，进入 20 世纪 70 年代后，连续爆发了两次震动世界的“石油危机”，使人们意识到节能的重要性，与节能密切相关的强化传热研究进入了发展时期，到了 20 世纪末，高效换热技术已进入大量工程应用阶段，到 2014 年相关理论研究达到顶峰，随后开始呈下降趋势，中国知网历年来有关高效换热类文献的发表数量也是这一趋势的直观反映，见图 2.1。但考虑到化石能源的不可再生性，节能将是一个永恒的话题，强化传热的研究将在一个长期的热度范围内持续下去。

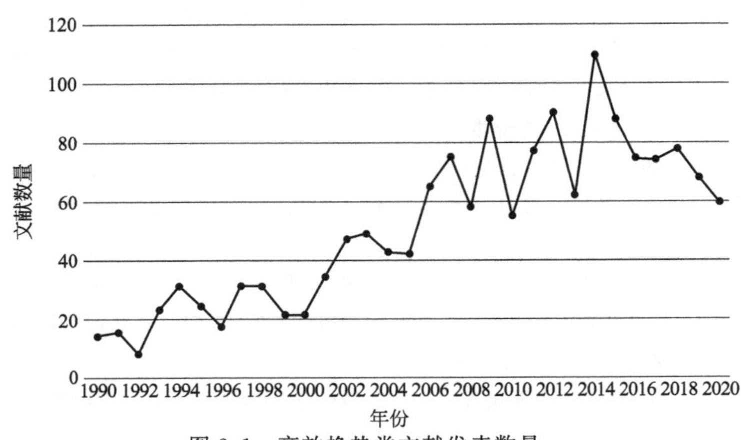

图 2.1　高效换热类文献发表数量

强化传热研究方面的国际专家 Bergles 将强化传热技术划分为无源（被动）（passive）强化和有源（主动）（active）强化两大类 13 小类[2]，如表 2.1 所示。无源强化指利用特殊的表面结构或者流体添加剂来强化传热，不需要外加动力；有源强化需要外部动力，比如电场、声场或表面振动来强化传热。目前大部分商业应用的强化传热技术主要是无源强化。有源强化传热技术商业应用不多，影响其普及应用的因素主要有成本、噪声、安全及可靠性等。

表 2.1　强化传热技术[3]

类别	强化传热技术	典型示例
无源（被动）强化	处理表面	聚四氟乙烯涂层、烧结金属层
	粗糙表面	螺纹管、波纹管、T 型槽管、麻面管、Turbo-B 管
	扩展表面	低翅片管、高翅片管、内翅片管
	扰流元件	内插螺旋线、内插流线型扰流子
	旋流发生器	扭曲片、涡流发生器、混合器、螺旋扁管
	螺旋管	绕管式换热器
	表面张力元件	热管吸液芯、槽道管
	添加物	添加颗粒物、液滴
有源（主动）强化	机械辅助	搅拌桨
	表面振动	设置压电装置使换热表面振动
	流体振动	振动或超声波
	电磁场	设置电磁场
	喷射或抽吸	射流、抽吸

以上分类囊括了大部分的强化传热技术，虽然有些技术没有涵盖在以上分类中，但仍属于强化传热的范畴，比如很多结构紧凑型换热器如板式换热器、微通道换热器，还有大家熟知的热管式换热器，它们均能达到提高传热系数或者减小设备尺寸、节省安装空间的效果。在下文及本书的其他章节中将进行详细介绍。

2.2　强化传热形式

无源强化传热技术在具体应用中，概括起来可分为如下五种形式：

① 各种特型管。目前已开发出螺纹管、横纹管、波纹管、内波外螺纹管、T 形槽管、翅片管、缩放管、螺旋扁管、槽道管、肋管等，其中螺纹管、波纹管及翅片管已有许多工程应用实例。这些高效特型管有的是通过发展表面、增大换热面积来实现强化传热，有的是应用粗糙元增加近壁区流体的湍流度、减少黏性底层厚度以降低热阻，有的是增加换热面上的汽化核心及生成气泡的频率来强化沸腾换热。

② 各种有别于传统管壳式换热器的结构紧凑型换热器。目前已有并进行了大量工程应用的是板式换热器、螺旋板式换热器、绕管式换热器、热管换热器等。板式换热器的主要特点：传热系数高，低雷诺数下亦能获得较高的膜传热系数，$Re>150$ 时就能发生湍流[4]；热阻低，板片厚度一般为 0.4～1.2mm；板间高度湍流及良好的流动分布，不易结垢；占地面积小，结构紧凑。螺旋板式换热器具有与板式换热器相同的特点，区别在于其结构不同，其传热板为两块长条形金属板，焊接于中心隔板两侧，卷成一对同心螺旋通道而成。绕管式

换热器因换热管呈螺旋绕制状而得名，其主要特点是结构紧凑、传热系数高、温差适应能力强、易实现大型化、可多介质同时换热。热管是一种高效传热元件，利用封闭的管内介质的沸腾吸热和冷凝放热进行热传导，可将大量热量通过其很小的截面积远距离传输而无需外加动力，其主要特性是导热性高、等温性优良、可实现热二极管与热开关性能等。

③ 内插件。通过在管内插入内插件，增加流体的扰流程度。如管内插入锥形环、螺旋金属丝及扭曲螺旋带等，驱使流体在管内呈现螺旋流动，从而使流道中产生与主流方向垂直的二次流动，从而有效地增强换热过程。

④ 表面处理。通过对传热元件进行表面处理，在换热表面增加金属或非金属涂层。例如在换热表面增加疏水涂层，如聚四氟乙烯，促进滴状冷凝的形成，或者在蒸发器表面增加亲水涂层，促进冷凝液在蒸发器翅片上的排放，从而降低湿空气的流通压降。或者在换热表面烧结多孔性金属层，促进核态沸腾。这些表面处理结构几何尺寸一般都很微小，它们的目的并不是扰动边界层而是为了增加液体的汽化中心及气泡脱离速度，或者促进凝结液排出从而降低液膜热阻。

⑤ 改变管束支撑结构，使壳程流体流动的方向由传统的横向流转变为纵向流或螺旋流，以强化壳程传热，降低压降并提高换热管束的抗振性能。这种方式的典型代表是折流杆、螺旋折流板、整圆形孔板等。

通过采取以上措施，根据具体情况，可以带来以下好处：当换热负荷一定时，减少换热所需的面积、尺寸，从而降低设备重量或节省安装空间；当换热器尺寸、流速、压降一定时，增加换热负荷；减少运行动力消耗，从而降低运行费用；降低传热所需温差；改善金属表面温度，降低腐蚀或磨损，延长设备使用寿命；改善介质流场分布，节省运行费用或延长使用寿命和维护周期。

2.3 特型管

换热器广泛应用于炼油、化工、能源动力、制药等领域，是工业生产中不可缺少的设备。特别是管壳式换热器约占全部换热器市场的70%[5]，换热管是管壳式换热器的核心部件，也自然是强化传热研究的重点。根据不同传热模式及应用场景开发出了各种高效换热管并得到了大量工业应用。

(1) 螺纹管

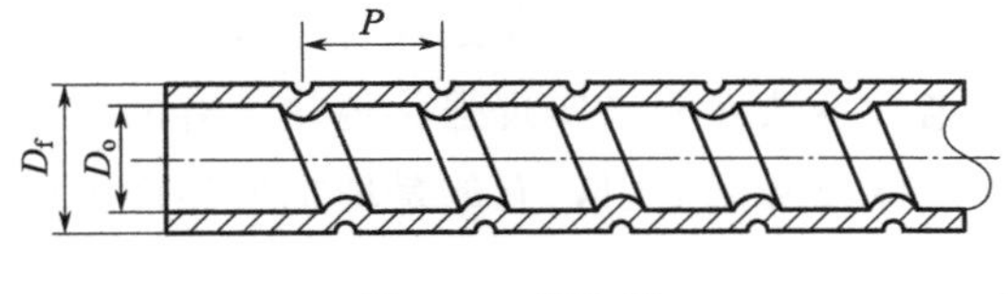

图 2.2 螺纹管

P—螺距；D_f—基管公称外径；D_o—基管内径

螺纹管，也被称为螺旋槽管或者螺旋槽纹管，是一种管壁上具有外凸和内凹的螺旋形槽的特型管，典型的螺纹管见图 2.2，主要结构参数有内径、螺距、槽深、壁厚、槽宽、螺旋角和头数，这些参数对传热的影响在后面章节将会进行详细分析。B&W 公司（美国）于 1956 年完成了螺纹管第一次试验并取得成功[6]，螺纹管是为了解决电站锅炉管子烧坏现象而研发的。1966 年美国橡树岭国立实验室的 Lawson 发表了第一篇有关螺旋型表面强化管的研究报告，引起了世界各国的高度重视[7]。此后，螺纹管因结构简单、成本低廉、用途广泛、结垢少且易清洗、强化效果明显而迅速得到普及应用。

螺纹管对于单相对流换热、冷凝传热及管内沸腾传热都有着明显的强化作用。螺纹管对单相对流换热的强化机理主要是管壁上的螺旋型凹槽使近壁流体产生螺旋形流动，提高了近壁面流体和管壁间的相对速度，减薄了边界层厚度；另一方面，近壁面轴向流动的流体也因为有螺旋槽突起的阻碍而产生涡流，加大了流体的扰动，从而强化了壁面至流体主体的热量传递，两方面的因素导致传热系数得到大大提高。螺纹管之所以能强化冷凝传热，Withers和 Newson 等均认为是因为螺纹管使冷凝液膜产生附加的表面张力场，使平均冷凝液膜减薄，减少了冷凝传热热阻[8]。对于管内沸腾传热，因螺纹管的特殊结构能有效减薄液膜层的厚度，并使液膜层形成局部湍流运动，从而减少了液膜的热阻。

（2）横纹管

横纹管是通过辊压在光管上形成与管子轴向垂直凹槽的特型管，其结构如图 2.3 所示，可以把横纹管看成是螺纹管的一种特殊形式，即螺旋角为 90°。横纹管可以有效强化管内单相流体传热及管外纵向冲刷管束换热。横纹管因管内具有光滑突起及横向环肋，流体经过横向环肋时，在管壁上形成轴向涡流，增加了流体边界层的扰动，使边界层分离，从而强化热量在边界层内的传递，当涡流即将消失时，流体又流经下一个横肋，如此不断产生涡流，保持持续的传热强化。横纹管对于管束的强化传热与雷诺数 Re 有关，当雷诺数 Re 较小流体做层流流动时，横纹槽内充满静止流体，因而横纹槽的存在并不影响管束的传热；当雷诺数 Re 较大，管束中许多区域都处于湍流状态时，在横纹管外壁凸出部分将出现流体周期性脱离现象，并形成漩涡，漩涡对近壁区的流体产生扰动，从而增大换热系数[9]。

（3）波纹管

在管壳式换热器中，波纹管换热器强化传热性能优于其他各类换热器，大量实验已证明波纹换热管对换热的强化作用十分显著[10,11]，尤其是对管内换热的强化，应用前景十分广阔。波纹管存在周期性的波峰波谷，流体的流速和压力在波峰、波谷处交替变化，产生双向扰动，有效地破坏了热边界层，从而强化了传热。

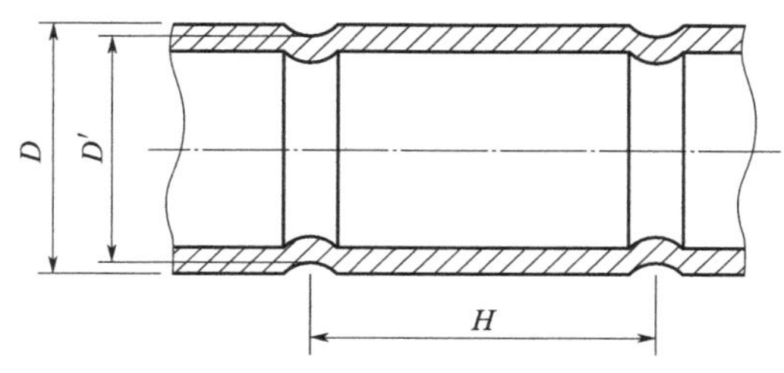

图 2.3　横纹管结构

D—基管公称外径；D'—横纹处最小外径；H—横纹间距

图 2.4　波纹管实物图

（4）内波外螺纹管

内波外螺纹管是螺纹管和波纹管的结合体，通过机械轧制的方法，在普通光管管壁上加工出外表面呈螺纹、内表面呈波纹状的高效换热管，见图 2.5。因内、外壁上的螺旋状纹路能够对流过换热管表面的流体进行阻碍、扰动，强化了管壁附近流体的湍流程度，从而强化了传热。另外，由于管内流道形状的不断变化，造成流体对管壁的冲刷，能够很好阻碍污垢的生成，延长设备检修清理周期。内波外螺纹管主要用于无相变流体的强化传热，但也有研究发现，采用内波外螺纹管可有效强化管内冷凝传热，管内冷凝传热系数最高可达光管的 1.9 倍[12,13]。

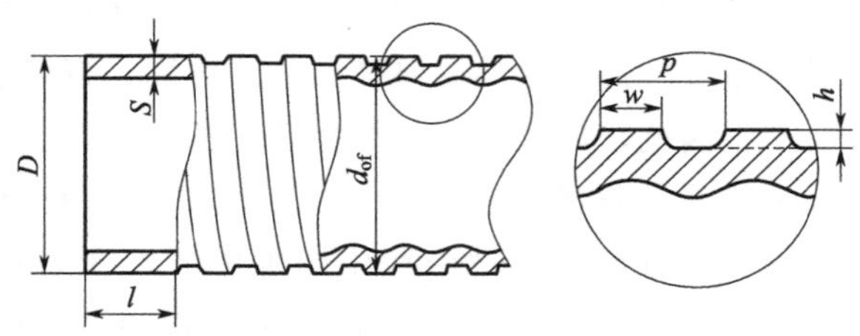

图 2.5　内波外螺纹管

D—基管公称外径；l—端部光管长度；S—基管公称壁厚；d_{of}—内波外螺纹管螺纹外径；p—螺距；w—外螺纹宽度；h—外螺纹高

（5）T 型槽管

T 型槽管也称 T 型翅片管，是由光管经过加工成型，使其表面形成一系列螺旋状 T 型隧道，因其翅片形状类似英文字母 T 而得名，结构示意图见图 2.6。该管型为德国 Wieland-Worke 公司于 1978 年发明[14]，是已商业化应用的沸腾强化表面之一。其强化传热原理是管外介质受热时在隧道中形成一系列的气泡核，由于隧道腔内处于四周受热状态，气泡核迅速膨大充满内腔，持续受热使气泡内压力快速增大，促使气泡从管表面细缝中急速喷出。气泡喷出时带有较大的冲刷力量，并产生一定的局部负压，使周围较低温度的液体涌入 T 型隧道，形成持续不断的沸腾。由于 T 型槽内气液扰动激烈以及气体沿 T 缝的高速喷出，因此无论是槽内还是槽外，都不易结垢，这一点保证了设备能长期使用而传热效果不受结垢的影响。

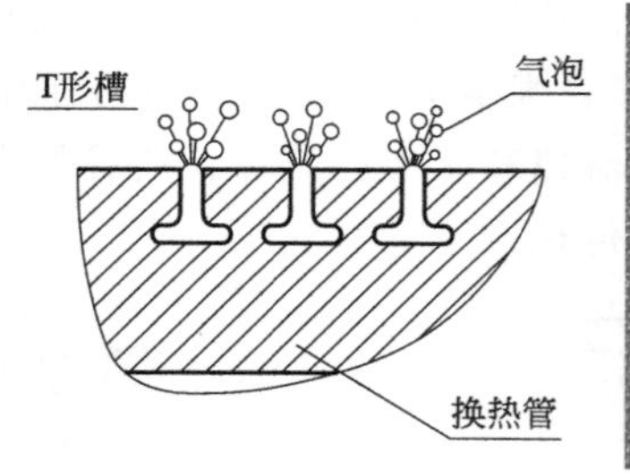

图 2.6　T 型槽管

（6）槽道管

槽道管指通过机加工或机械轧制的方法，在普通光管表面形成沟槽的高效换热管，如图 2.7 所示。槽道有内槽道、外槽道、内外混合槽道等多种形式，在 GB/T24590 里将槽道管划分为 5 种形式，并规定了各种形式的典型结构尺寸[15,16]。槽道管最初用于垂直管外冷凝传热的强化，主要原理是利用表面张力使槽峰顶部的液膜减薄来强化冷凝换热，该理论在 1954 年由 Greforg 首先提出，在这之后无论是理论方面还是实验方面，人们在这一领域均做了大量工作[17,18]。强化冷凝换热的效果与槽道的表面几何尺寸密切相关，起关键作用的是沟槽间距 p、槽深 h 及 p/h 值。有研究表明，采用槽道管，冷凝换热系数，管外比光管提高 2 倍以上，管内比光管高 3 倍以上[19,20]。

(7) 翅片管

翅片管是通过在换热管表面增加翅片，增大换热管外表面积（或内表面积），从而达到提高换热效率的目的，典型螺旋翅片管见图 2.8。翅片管对传热的强化一方面是翅片增大了传热面积，另一方面是翅片对气流产生了扰动。气-液换热时，因气体侧换热系数通常远小于液体侧，在气体侧增加翅片能显著提高整体换热系数，翅片管的主要应用于气体换热。当然翅片管也有用于液体换热的，不过用于液体换热的一般用的是低翅片管，翅高通常为 1.5～3mm，这是因为一般液体对流换热系数较高，但传递到翅片的热量必须沿翅片传导，而导热热阻可能抵消附加的表面积，因此对于液体换热采用过高的翅片是不经济的。

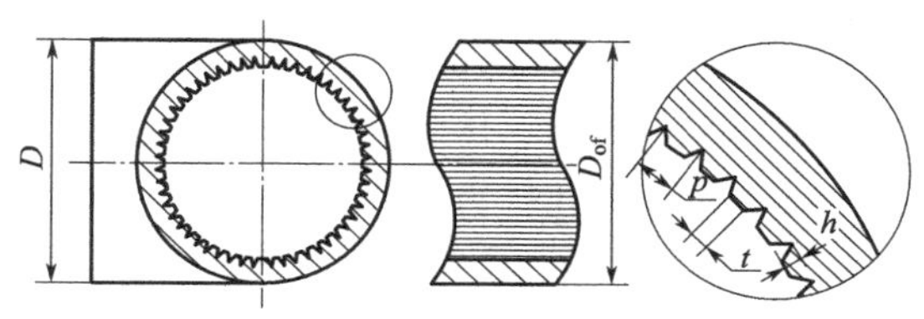

图 2.7　槽道管

D—基管公称外径；D_{of}—外径；p—槽距；h—槽深；t—凸筋宽度

图 2.8　螺旋翅片管

(8) 螺旋扁管

螺旋扁管是以圆管为基管，经压扁后扭曲而成，其横截面为椭圆形或近似椭圆形[21]，外形见图 2.9，1984 年由瑞典的 Alards 公司研制开发出来[22]。螺旋扁管换热器是在传统管壳式换热器的基础上，以螺旋扁管代替光管，壳程不设置折流板，只依靠螺旋扁管外缘螺旋线的点接触进行自支撑。这种自支撑形成的扭曲管管束，使得壳程流体由传统管壳式的径向流动变成了轴向流动，壳程压降大大降低且消除了流动死区，抗结垢性能得到很大提高，而且能够克服诱导振动，可靠性也有所提高[23]。同时，管内流体的螺旋流动也产生了垂直于主流方向的二次旋流，该二次旋流增加了管内速度场和温度场的均匀性，减小了传热边界层厚度，强化了管内传热性能，该特性决定了螺旋扁管特别适合应用于管内流体为层流的换热场合。现螺旋扁管换热器已得到大量的工业应用。

图 2.9　螺旋扁管

2.4　结构紧凑型换热器

在实际的生产中，很多场合对换热器的尺寸及重量有比较苛刻的要求，例如航空航天、动力交通（汽车、轮船）、海上浮式平台等，为此，就发展了许多比传统管壳式换热器更为紧凑的换热器。这类换热器的主要特点在于具有高强化传热表面结构、大传热面积和结构体积比。这类换热器优点在于，首先，紧凑性本身就意味着高传热效率，因为结构紧凑，所以流通截面小，通过同等流量的流体，润湿周长大，相对水力直径小，而换热系数 h 总是随着通道水力直径而呈现负指数变化，即水力直径越小，换热系数就越高，因此结构紧凑通常对流换热系数就高[24]。其次，结构紧凑型换热器在低流速下就能达到湍流状态，同样具有较高的换热系数。比较典型且进行了大规模商业应用的结构紧凑型换热器有板式换热器、绕管式换热器、热管换热器等。

（1）板式换热器

板式换热器是由一系列具有一定波纹形状的金属片叠装而成的一种紧凑型高效换热器。各板片之间形成小流通截面的流道，流体通过板片换热。板式换热器于 1878 年由德国发明，1923 年 APV 公司的 R. Seligman，成功设计了可以成批生产的板式换热器，1930 年以后，才有不锈钢和铜薄板压制的波纹板片板式换热器[25]，从此板式换热器跨入了大发展。其主要特点是传热效率高、体积小、重量轻、污垢系数低、拆卸方便、板片品种多、适应范围广[26]。经过 100 多年的发展，板式换热器已广泛用于石油化工及冶金工业。

螺旋板式换热器是一种特殊结构的板式换热器，与普通板式换热器的板片堆叠不同，它是两个长板片同心卷制而成，板片上焊接定位柱，起到支撑和扰流的作用，与板式换热器一样，它也能在较低的雷诺数下形成湍流。一般最低在 $Re=500$ 时就可形成湍流[27]，从而提高了传热系数。我国从 20 世纪 50 年代开始使用螺旋板式换热器，经过多年的应用与发展，已完成了系列化、标准化工作，最新标准为国家能源局的 NB/T 47048—2015《螺旋板式热交换器》。

印刷电路板式换热器（PCHE）是一种特殊类型的板式换热器，最早由英国 Heatric 公司开发。其流道是通过化学腐蚀在换热板片上蚀刻而成，板片与板片之间通过扩散焊技术连接，这种焊接形成的连接机械强度几乎与母材相同，典型的板片流道见图 2.10，典型的换热芯体剖面见图 2.11。PCHE 的传热面积密度高达 $2500m^2/m^3$，这比常规的垫片板式换热器高，比传统的管壳式换热器要高出一个数量级。这种换热器可以用于高压高温场合，使用压力可以高达 20MPa，使用温度范围根据选择的材料不同，可以低至 −200℃，高至 900℃。现该类型换热器已用于核电站、离岸装置及反应工程中。

图 2.10　板片流道

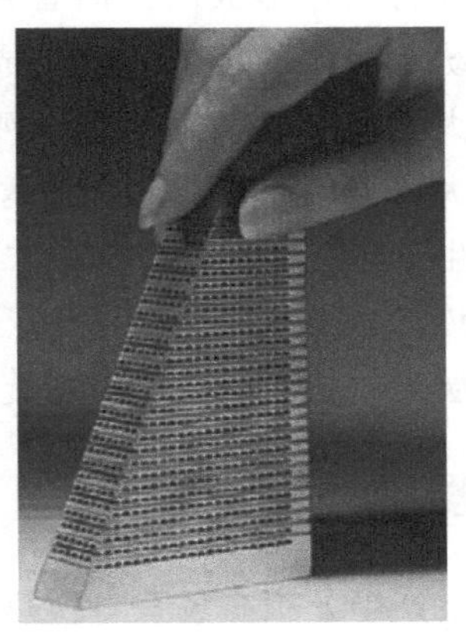

图 2.11　换热芯体剖面图

（2）绕管式换热器

绕管式换热器因其换热管呈螺旋缠绕状而得名，因换热管可以缠绕多层，换热管在壳体内的长度可以增加，从而缩短了换热器外壳尺寸，而且因换热管的螺旋缠绕，使得管内流体产生了旋转的二次流动，强化了传热，因此绕管式换热器也是一种结构紧凑的高效换热设备。绕管式换热器的主要特点是结构紧凑、热应力补偿能力强、易大型化、传热系数高，其换热管可以连接在一块或多块管板上，不同的管程流体可以与一种壳程流体换热，可以实现多介质换热，图 2.12 为一个典型的单管程绕管式换热器。当然其不足之处在于结构复杂，制作难度大，对介质的洁净度要求较高。总体来说，该型换热器在小温差大热负荷及低温高压场合有着广泛的应用前景，例如空分或低温甲醇洗。

图 2.12　单管程绕管式换热器

（3）热管换热器

热管是一种高效的传热元件，由管壳、吸液芯和传递热能的工作液体（工质）等组成一个密闭的系统，其工作原理见图 2.13。热管工作时，蒸发段处于热流体侧，热流体热量通过管壁传给管内工质，工质受热蒸发，当工质蒸汽到达冷凝段时，热量通过管壁传递给外部的冷流体，蒸汽冷凝变为液体，通过吸液芯的毛细作用返回到蒸发段，如此循环往复，实现热量从热流体到冷流体的传递。在重力式热管中，传热原理相同，不同的是没有吸液芯，凝液依靠重力作用沿壳壁回流，重力式热管结构及原理见图 2.14 所示。因相变传热是传热学中最强烈的传热过程，热管正是利用这一特性实现了热量的高效传递，其传热能力是铜的数百倍，普通金属的上千倍。综合来看，热管具有以下特性：

① 高导热性。前面已提及，热管传热主要利用的是工质的相变来完成，并且多数工质的潜热很大，因此热管可以不需要很大的蒸发量就能带走大量的热。

② 优良的等温性。热管工作时，腔内蒸汽处于饱和状态，工质温度等于饱和温度，而饱和温度又仅决定于饱和压力，忽略工质至金属壁面的热阻效应，热管表面温度恒等于工质饱和温度。当换热表面有露点腐蚀风险时，控制热管表面温度在露点腐蚀温度以上，可以有效避免露点腐蚀，这一特性被广泛应用于锅炉空气预热器上。当热管有高温破坏风险时，控制金属壁温在安全温度以下，就可以延长设备使用寿命。

③ 热流密度可调。热管传热通过蒸发段和冷凝段完成，可以通过调整蒸发段、冷凝段长度来改变各自的换热面积，从而改变热流密度，通过热流密度的改变可以调整管内工质饱和温度和压力，进而控制热管表面金属温度。

④ 热二极管与热开关特性。热二极管即像电子二极管一样，只允许热向一个方向流动，而不允许向相反方向流动，例如用于青藏铁路维持路基稳定的热棒，只允许空气中的冷量输入地下，而不允许地下冷量散发到大气中。热开关则是当热源温度高于某一温度时，热管开始工作，当热源温度低于这一温度时，热管就不传热。

⑤ 可远距离传热。通过分离蒸发段和冷凝段，利用工质的气化和凝结远距离传递热量。

用热管作为基本传热元件而形成的换热器即为热管换热器，目前，热管换热器已广泛应用于电力、冶金、化工、炼油、交通、航天、电子等各个领域。

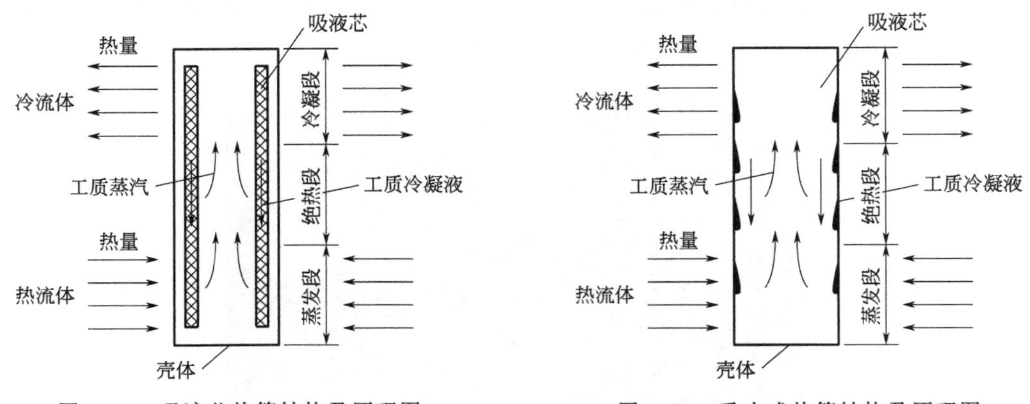

图 2.13　吸液芯热管结构及原理图

图 2.14　重力式热管结构及原理图

2.5　内插件

内插件是安装在流道内以强化流道内传热的元件，是无源强化的一个重要手段，其可以用于单相流或多相流强化。国外从 1896 年就开始研究和应用管内插入物以强化传热，经过 100 多年的发展与应用，现已开发出形式各样的内插件，如螺旋线圈、螺旋片、钻孔螺旋片、静态混合器、径向混合器、绕花金属丝等，见图 2.15。内插件是早期用于强化管内传热的一种有效手段，其优点在于易于加工且可以用于原有装置的改造，其对传热的强化主要是内插件能达到以下一种或多种效果：形成旋转流；强化主流流体与近壁流体的交换；破坏边界层；产生二次流。有些内插件既增强主流流体的混合又增加近壁面流体的扰动，如螺旋片、静态混合器、绕花金属丝等；有些内插件仅设置在流体边界层附近，仅增强边界层的混合强度，对主流流体没有显著影响，如贴壁放置的螺旋金属丝。在湍流状态下，热阻主要在近壁面处，图 2.15（a）相较于图 2.15（b）～（d）具有优势，因为图 2.15（a）可以减薄边界层，强化近壁面传热，而对整体压降影响不大，但图 2.15（b）～（d）结构却显著增加了压降，强化传热带来的收益能否大于因压降的增加而带来的动力消耗，需要具体评定；在层流状态下，主要的热阻并不仅仅在近壁面的边界层，因流速较慢，图 2.15（b）～（d）类结构增加的压降较小，但却能明显强化主流流体与边界层流体的混合，对传热的强化就更有效。从工业应用角度考虑，理想的内插件应该易于制造、具有良好的传热和阻力特性、安装简单、易固定、不易结垢。

强化管内传热也可以通过采用管内翅片或者增加内壁粗糙度等方式来完成，随着加工水

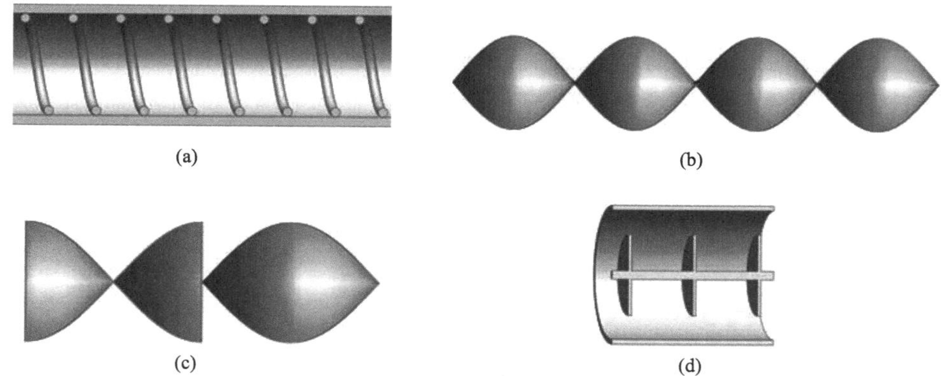

图 2.15　各种内插件

平的提高，管内加工整体翅片或者螺纹难度逐步降低，内插件相较于这些手段，是否具有竞争力还是需要衡量的。总体来说，内插件通常只用于层流，湍流区可采用低翅片和肋片，因为有研究结果显示，层流区内插件传热强化比可高达 30，但在湍流区则只有 3.5。另外，内插件的结构参数也很重要，比如不同的螺旋角传热强化效果是不同的。

2.6　表面处理

表面处理是指在换热表面上敷设涂层、改性处理、化学氧化及微机械加工以提高换热性能的一种强化传热措施，这种处理方式一般用于相变换热的强化，即强化冷凝换热或蒸发换热。

蒸汽在低于其饱和温度的壁面上变成液体同时放出相变热，并把相变热传递给壁面的热交换过程，称为冷凝传热。如果冷凝液能够很好地润湿壁面并在壁面铺展成膜，这种冷凝形式称为膜状冷凝。膜状冷凝时，冷凝所放出的相变热（潜热）必须穿过液膜才能传递到冷却壁面上，而液膜层就成为传热的主要热阻。当冷凝液不能很好地润湿壁面时，冷凝液在壁面上形成一个个的小液珠，此冷凝形式称为滴状冷凝。液滴长大后，由于受重力的作用会不断地携带着沿途的其他液滴沿壁面流下。与此同时，新的液滴又会在原来的路径上重新复生。这样，冷凝放出的相变热就可能直接传递给壁面。滴状冷凝时的传热系数要比其他条件相同的膜状冷凝大几倍甚至大一个数量级，是一种理想的冷凝传热过程，这种强化冷凝传热现象最早于 1930 年由 Schmidt 提出[28]。对于一定的蒸汽冷凝，表面自由能越低，越容易形成滴状冷凝，而工业冷凝器大部分由金属材料制造，金属表面自由能较高，因此如何在金属表面形成低自由能表面是实现滴状冷凝的关键。现有的技术是通过物理或化学手段在金属表面加一层低表面自由能的材料，这些材料可以分无机材料和有机材料两大类。无机材料有金属硫化物、贵金属、低表面能合金等；有机材料有高分子化合物、硫醇类或有机酸类化合物。当然也有研究者采用蚀刻、化学氧化、化学气相沉积等手段在金属表面形成微纳米仿生超疏水表面。目前，实现滴状冷凝工业应用的最大障碍是表面寿命，据有关研究报道，滴状冷凝表面寿命在近五十年都没有体现出明显增长[29]。

根据传热学理论，沸腾分核态沸腾、过渡沸腾和膜态沸腾三个区，核态沸腾需要的温差小、传热强，工业应用都控制在这个区内，而汽化核心是核态沸腾的决定因素。通过在普通金属管表面敷设或者加工出一层多孔金属层，形成表面多孔管，多孔管表面上的小孔形成很多汽化核心，从而大大降低了沸腾汽化所需的过热温度，而且因小孔内形成的气泡逸出的虹吸效应，加剧了液体的局部搅动，不仅加剧了传热还对结垢有抑制作用，因此表面多孔管被广泛应用于沸腾传热的强化。对于水等介质，因沸腾传热系数高，使用表面多孔管对传热的强化作用不明显，但在制冷、化工行业，存在一些相变传热系数较低的有机工质，此时若采用表面多孔管，对传热的强化作用就比较明显了。比较有代表性的表面多孔管有美国 UOP 公司的烧结多孔管、日立公司的 Thermoexcel-E 管等。

2.7 改变管束支撑结构

传统的管壳式换热器，壳程采用弓形折流板，这种结构在进出口及转折区附近存在流动和传热死区，且因液体流动时横掠管束，大雷诺数下容易产生诱导振动。研究人员通过改变管束支撑结构来克服上述缺点，使得流体的流动由横流式变为纵流式，比较典型的结构有折流杆、整圆形孔板及螺旋折流板等。这些支撑结构与传统弓形折流板相比，具有传热效率高、流动阻力小、避免诱导振动、抗结垢能力强等优点。

折流杆支撑结构最早由美国的菲利普公司开发出来，又称为折流栅，每个折流栅由若干平行的折流杆焊接在外圈上形成，若干折流栅沿换热管轴向布置，四个为一组，相邻折流栅的折流杆呈 90°布置。在折流栅的导流作用下，沿轴向流动的流体每通过一组折流圈（4 个），完成 360°旋转，典型的折流栅结构如图 2.16 所示。折流栅结构具有纵流式支撑结构的热效率高、流动阻力小等优点，在大雷诺数和较高流速下更能显示其优异的综合性能。图 2.17 为一台正在加工中的折流杆换热器。

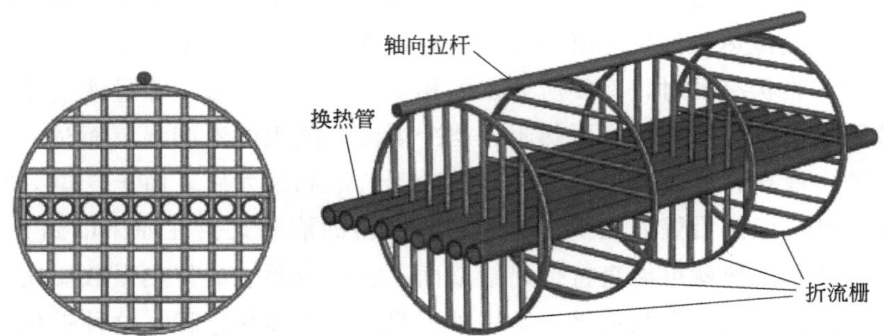

图 2.16 折流杆支撑及折流栅组件

图 2.17 加工中的折流杆换热器

整圆孔板指整圆形支持板上均匀开小孔或者局部开大孔，让流体通过小孔沿换热管轴向流动，典型的结构见图 2.18。整圆孔板既能支撑管束又使流体沿轴向流动，可以消除诱导振动及大部分流动死区，同时因孔板的流通面积小于壳程通道，在孔板处有节流及射流作用，可以增加流体的波动及湍流度，强化传热。尽管整圆形折流板优点很多，但多数孔板结构复杂，加工难度大，制造成本偏高。

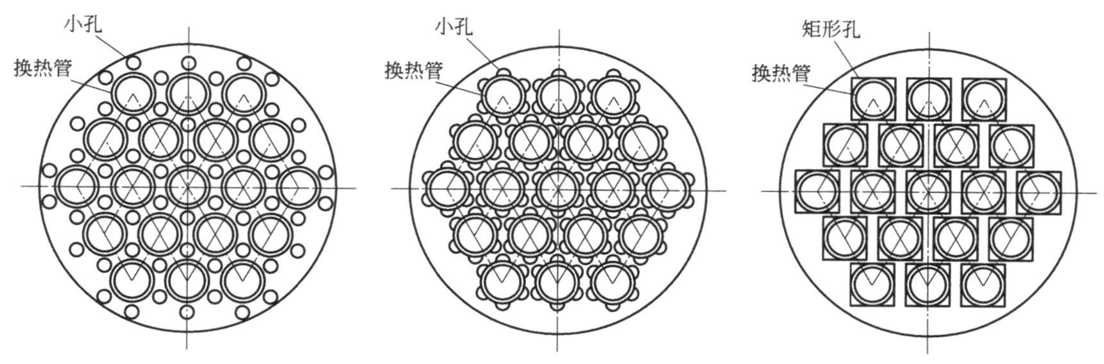

图 2.18 整圆孔板结构形式

螺旋折流板换热器是将传统的弓形平板换成螺旋状或近似螺旋状的折流板，如此壳程流体的流动就由原来的Z字形横向掠过变成了沿换热管轴向螺旋前进，如图 2.19 所示。流体在这种螺旋通道内不仅有轴向流动，也有螺旋状的二次流，从而削弱了边界层的形成，增加了传热系数；同时，这种结构不存在流动和换热死区，流动阻力小，适宜处理含固体颗粒、粉尘、泥沙等流体。在实际制造过程中，对于大型换热器，螺旋支撑元件加工困难，一般都是用若干块扇形板形成近似螺旋结构。这样处理降低了制造难度，但同时会造成一个缺陷，即相邻折流板间有三角死区，如图 2.20 所示，在三角区存在漏流，即壳体内流体流向是横向和纵向的混合流，降低了部分传热系数。随着加工制造工艺的进步，螺旋折流板换热器未来的发展方向应该是整体式螺旋结构。

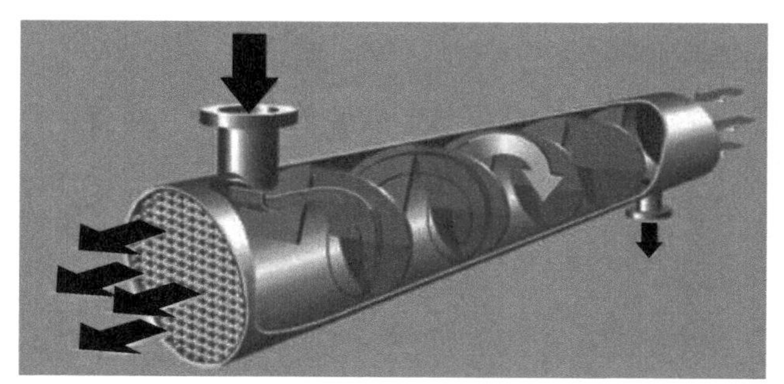
图 2.19 螺旋折流板换热器

图 2.20 加工中的螺旋折流板换热器

2.8 小结

强化传热技术真正得到重视和发展开始于 20 世纪 60 年代，随着生产和社会发展的需要，材料技术及制造技术的进步，各种强化传热技术得到了广泛的应用。表 2.2 汇总了各种已商业化应用的强化传热技术的应用场合、应用效果及典型材料，供同行在进行工程设计时参考选用。

表 2.2 强化传热技术的应用

类型	传热形式			典型材料
	对流	沸腾	冷凝	
管壳式换热器				
螺纹管	1	2	2	铝，铜，钢
波纹管	1	2	2	铝，铜，钢，有色金属
T 型槽管	4	1	4	铝，铜，钢
高翅片管	1（气体）	3	3	铝，钢
低翅片管	2（液体）	1	1	铝，铜
螺旋扁管	1（液体，层流）	4	4	铝，铜，钢
内插扭曲带	1	2	2	任何材料
内插螺旋金属丝	1	2	2	任何材料
金属涂层	4	2	3	铝，铜，钢
非金属涂层	3	4	3	聚四氟乙烯
折流栅换热器	1（湍流，低阻力降）	2	2	金属材料
螺旋折流板换热器	1（湍流，低阻力降，不洁净流体）	4	4	金属材料
绕管式换热器	1（小温差、清洁介质）	2	3	金属材料
热管式换热器				
高翅片管	1（气体）	4	4	铝，铜，钢
光管	1	2	2	铝，铜，钢
板式换热器				
波纹板	1	1	1	铝，钢
板翅式	1（气体）	1	1	铝，钢

注：1—常用；2—有限使用；3—特殊场合使用；4—不适用或基本不用。

未来高效传热技术的发展趋势应是节能、高效、大型化发展、微型化发展等。此外，换热器新材料的应用和开发、不同应用领域产品的细分化、产品技术的更新换代也都是行业的发展趋势[30]。今后，随着材料技术、信息技术、生物技术等科学技术的进步，一定会涌现出更多更好的强化传热技术，服务于生产和社会。

参考文献

[1] 喻九阳. 列管式换热器强化传热技术[M]. 北京：化学工业出版社，2013.

[2] Bergles A E，Nirmalan V，Junkhan G H，et al. Bibliography on augmentation of convective heat and mass transfer[J]. Heat Transfer，1983，85.

[3] Webb R L，Kim N H. Principles of enhanced heat transfer[M]. New York：Taylor & Francis Group，2005.

[4] 许国治，王韵茵，安元良，等. 流体在板式换热器人字形波纹通道内的动力特性[J]. 石油化工设备，1985(4)：2-11.
[5] 吴金星，韩东方，曹海亮. 高效换热器及其节能应用[M]. 北京：化学工业出版社，2009.
[6] 刘超. 螺旋槽纹管在强化传热技术中的应用与发展状况[J]. 山东工业技术，2015，000(011)：253.
[7] 赵欣，王瑞君，姚仲鹏. 螺旋型表面强化管现状与进展[J]. 石油化工设备，2001(3)：38-41.
[8] 钱颂文，朱冬生，李庆领，等. 管式换热器强化传热技术[M]. 北京：化学工业出版社，2003.
[9] 林宗虎. 强化传热技术[M]. 北京：化学工业出版社，2007.
[10] 龚波. 波纹管传热与流动阻力的数值模拟研究[D]. 哈尔滨：哈尔滨工业大学，2006.
[11] 张贤福，刘丰. 双管板高效波纹管换热器的研究[G]. 第六届全国换热器学术会议论文集，2021，8-14.
[12] 王怀振. 钛内波外螺纹管管内冷凝传热性能研究[D]. 上海：华东理工大学，2013.
[13] 刘丰，郭宏新. 钛内波外螺纹管氧化第一冷凝器的研制管[G]. 第四届全国换热器学术会议论文集，2011，11-16.
[14] 魏超，肖革江. "T"形翅片管重沸器的研制与应用[J]. 石油化工设备技术，2007(01)：4-15.
[15] 全国钢铁标准化技术委员会. 高效换热器用特型管：GB/T 24590—2021[S]. 北京：中国标准出版社，2021.
[16]刘丰，郭宏新. 内凹槽管高效换热器的研究与应用. 化工进展，2009(28)，324-327.
[17] 童正明，徐昂干. 流动蒸汽在正弦型纵槽管内凝结换热的实验研究[J]. 上海理工大学学报，1990，12(1)：39-44.
[18] 朱登亮，徐宏，齐宝金. 垂直纵槽管强化膜状冷凝换热研究[J]. 低温与超导，2010(3)：7.
[19] 林理和，胡连方，姚堤，等. 饱和氮气在 V 型纵槽管内冷凝传热的研究[J]. 浙江大学学报，1985(04)：58-66.
[20] 葛强强，王学生，付亚波，等. 不锈钢纵槽管降膜蒸发传热性能[J]. 科学技术与工程，2017，17(20)：160-165.
[21] 刘庆亮，朱冬生，杨蕾. 螺旋扭曲扁管换热器的研究进展与工业应用[J]. 流体机械，2010，38(003)：37-42.
[22] 杨旭. 扭曲管换热器的传热强化及其机械性能研究[D]. 北京：北京化工大学，2014.
[23] Dzyubenko B V. Unsteady heat and mass transfer in helical tube bundles[M]. New York：New York Hemispliere Pub. ,1990.
[24] W. M. Kays A. L. London. 紧凑式热交换器[M]. 北京：科学出版社，1997.
[25] 杨崇麟. 板式换热器工程设计手册[M]. 北京：机械工业出版社，1994.
[26] 邵拥军，张文林. 板式换热器的研究现状与应用进展[J]. 化工与医药工程，2012，33(3)：58-61.
[27] 兰州石油机械研究所. 换热器[M]. 北京：中国石化出版社，2013.
[28] Schmidt E，Schurig W，Sellschopp W. Versuche über die Kondensation von Wasserdampf in Film und Tropfenform[J]. Technische Mechanik und Thermodynamik，1930.
[29] 唐媛，宋佳，白杨，等. 滴状冷凝的实现方法研究进展[J]. 浙江大学学报(工学版)，2018，52(02)：72-86.
[30] 蒋连胜. 浅析换热器制造与成本[J]. 广州化工，2015(12)：162-163.

第3章

螺纹管换热器

3.1 概述

管壳式换热器由于制造成本低，清洗方便，工作可靠，是热量传递中应用最为广泛的一种换热器。但是，传统的管壳式换热器存在设备尺寸大、换热效率低、投资成本高等缺点。而利用高效传热技术对传统的换热器进行合理的设计和改进，则可以提高换热效率、减少设备投资，在节能增产方面起到举足轻重的作用。

螺纹管换热器比一般的高效换热器具有更大的翅化比，不但增加了单位体积的换热面积，还可以改善流体的流动状态，从而提高了传热效率，减低设备体积，节省材料。在石油、化工、食品、制药等领域得到广泛应用，为企业节省了大量设备投资，充分挖掘了低品位能源的利用潜能，带来了显著的经济效益和社会效益。

1964 年，兰州石油机械研究所的螺纹管轧制成功，国产换热器中开始采用螺纹管；1965 年，兰州石油机械研究所研制的螺纹管换热器在兰州炼油厂应用取得成功；20 世纪 80 年代，在南京炼油厂常减压装置中开始大面积推广应用螺纹管换热器，取得了良好效果[1]。

目前在大乙烯装置中，有几十台大尺寸的冷凝器，如丙烯冷凝器、脱丙烷塔冷凝器、丙烯精馏塔冷凝器等，热负荷甚至高达上百个兆瓦，如果采用普通换热器，需要的换热面积非常大，不仅仅增加设备本体的投资，设备的占地面积也大，后期的安装及运行维护都不方便，所以这类换热器采用螺纹管设计，节约了材料成本和运行成本，产生了可观的经济效益。在武汉、福建古雷、天津、镇海、扬子、大庆、燕山等大乙烯项目中，都得到了广泛的应用。

本章从螺纹管的结构特点、传热性能及工业应用案例等三个方面进行阐述。

3.2 螺纹管结构特点及加工

螺纹管是螺纹管换热器的核心部件，其结构直接影响传热效果以及结垢情况，螺纹管以其优良的双面强化传热和良好的机械加工性能而在众多传热元件中脱颖而出，作为一种强化传热元件，螺纹管可以代替普通管组装成各种规格的管壳式换热器，和普通的光管相比具有以下优点：

① 螺纹管的细密翅片会对流经翅片表面的流体边界层产生分割作用，环向的沟槽有利于冷凝液随之向下流动，液膜的边界层厚度减薄，热阻减少，增大了冷凝传热系数。

② 螺纹管的总传热系数在某些条件下较普通换热器可提高30%～50%。

③ 螺纹管的翅片管还具有较强的抗结垢性能，风琴效应会使硬垢自行脱落，延长设备的运行周期，降低设备运行费用。

④ 由于传热系数高，达到同样的换热效果，设备尺寸可缩小，节省设备投资。

⑤ 螺纹管与光管相比，固有频率提高，降低了换热器的振动。

螺纹管的优良性能显示了其在换热器强化传热领域中具有广阔的应用前景。

3.2.1　结构特点

螺纹管是以光滑的管子作为坯管，在换热管外表面通过车削、冷滚压等加工方式，使其出现不同螺距和高度的翅片，管内径比基管稍有缩小，管子两端无螺纹，和管板的连接与光管相同。这种管型的表面积与光管相比可提高1.8～3.4倍，大大提高了管外的换热面积，可用于碳钢、不锈钢、镍基合金、钛材、铜及铜合金等材料换热管的加工。根据螺纹管截面上螺纹槽的数目，螺纹管可分为单头和多头两种。图3.1为单头螺纹管的结构示意图[2]。

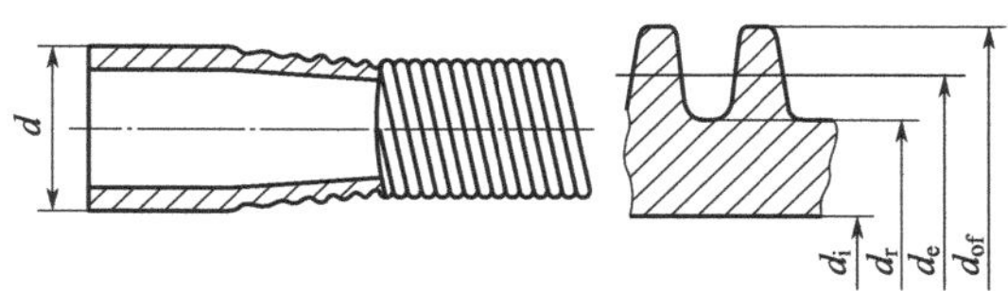

图3.1　螺纹管结构示意图（单位：mm）
d—换热管外径；d_e—螺纹换热管当量直径；
d_r—螺纹管根部直径；d_{of}—螺纹换热管齿顶圆直径；
d_i—螺纹换热管内径

螺纹管外表面积与轧制前光管外表面积之比（翅片化）和螺纹管外表面积与内表面积之比是螺纹管的主要技术参数。

3.2.2　适用范围

螺纹管的应用以液-液型为主，不仅可以强化传热且其抗污垢性能高于光滑管。广泛应用于动力工程、海水淡化、船舶、制冷、石油及化工等行业的换热设备上[3]。

3.2.3　螺纹管的加工

螺纹管的加工分机械加工法和轧制法。轧制法是在滚轮压力作用下在换热管外壁产生凹槽、内壁具有微小凸起的成型方法，螺纹管轧制工艺已经在机械制造行业中得到了广泛的应用。轧制法加工是一种无屑加工，螺纹管只是金属拉伸变形，从而形成相应截面的一种加工方法，具有机械强度高、耐热震和机械振动性能好的优点，并且壁厚减薄量较少，因而具有较好的力学性能。机械加工法是以机械加工的方式在管外表面加工出螺纹槽、内表面依然是平面结构的成型方法。机械加工法（比如采用车削）加工量大，浪费多，金属被削掉使壁厚减薄，造成槽部腐蚀加快，生产周期长且成本高。目前，除少量精度要求极高的螺纹管需要车削加工，大部分都采用冷轧斜轧的加工方式。螺纹管在国内的发展和应用主要问题，除去材质本身冶炼的问题，就是螺纹成型的精度及生产成本。随着工艺的发展，对零件精度要求的提高，采用专用的轧制设备生产螺纹管将具有广阔的应用前景[3-5]。

基于现代工业化生产的要求，螺纹管加工设备必须遵循以下原则：

① 设备制造成本要低，这样能减少设备制造商及使用企业的初期投资，有利于新设备及工艺的迅速推广。

② 设备应具备高效生产效率，能实现大批量生产。

③ 设备能满足多规格、个性化的生产要求，使生产设备有较大的生产灵活性，提高设备的利用率。

④ 设备的操作及维护要简单方便，能及时处理轧卡事故。

⑤ 设备的压力及孔型调整精度要高，能满足加工精密产品的生产。

⑥ 设备应工作可靠，减少故障链。

目前，该项技术在各个领域应用非常广泛。设备类型从 ZG 型轧机到 LZJ1 及 LZJ1A 型轧机，全部采用冷轧成型工艺。但在螺纹管的批量生产中，这种工艺成本比较高，因此需要进一步改进轧制工艺，降低生产成本；还要找一种强度高、硬度高及韧性好的滚轧材料，提高刀具寿命，从而减少刀具损耗，这也是目前冷轧工艺的一个缺点。

轧制某些螺旋面产品，为了达到成型目的，多用三辊斜轧，而三辊斜轧在 120°压缩轧件比二辊压缩轧件好，故螺旋面产品，包括实心与空心的多采用三辊成型。近些年，随着计算机模拟仿真技术的发展，世界各国将计算机及控制系统等尖端技术运用到轧制控制系统中，使轧制技术得到了高速的发展。目前我国斜轧成型技术在三个方面有较大的进展：继续扩大产品的尺寸范围；轧制由 3～6 个回转体组成的形状复杂的产品；掌握了热精密斜轧成型技术，实现少切削及无切削。以上的发展与研究，说明我国斜轧成型技术已经达到一定的水平。

螺纹管根据轧制目的分为斜轧、纵轧、横轧三种。斜轧方法已在无缝钢管的生产中得到广泛的应用，它主要应用在穿孔、轧管、均整、定径、延伸、扩径和旋压等基本工序中，斜轧、纵轧和横压不同之处主要表现在金属的流动上，纵轧时金属流动的主要方向与轧辊表面的运动方向相同，横轧时金属的流动方向垂直于变形工件的运动方向，斜轧则处于纵轧和横轧之间，变形金属的流动方向与变形工具轧辊的运动方向成一定角度。斜轧成型工艺是将和成品零件外形及尺寸相应的螺纹刻在一个或多个轧辊上，各轧辊轴线与轧制中心线成一定夹角，将管坯料送入轧机，在轧辊的作用下，毛坯螺旋前进，连续轧制成所要求外形和尺寸零件[6]。图 3.2 为螺纹管的轧制过程示意图。

从金属塑性变形的角度分析，螺纹管斜轧时，其金属变形可分为三个阶段：

① 用带螺纹轧辊的咬入段咬入胚料；

② 进入成型段孔型内，在轧辊，导板与芯棒的作用下，使胚料成形；

③ 成型后进入孔型精整段，精整、轧准轧件的形状和尺寸，并消除在成型段的各种轧制缺陷，使之达到设计要求，如为切断轧制，此段孔型还需有进一步切离轧件和精整断面的作用。

轧件在入口锥处，只受到轧辊的径向压缩，使其轴向延伸，轧件的切向变形而形成椭圆状。坯料进入轧辊的成形孔型段后，金属在轧辊孔型凸棱的复杂作用下，坯料的金属处在复杂的应力应变状态下，从而产生剧烈而复杂变形过程。金属除因孔型凸棱径向压缩而使金属沿轴向剧烈流动之外，还在孔型壁的作用下，沿径向和切向剧烈流动。由于轧辊凸棱径向压

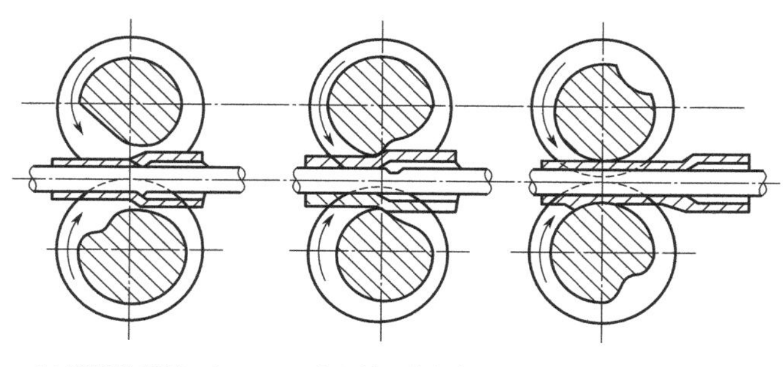

图 3.2　螺纹管的轧制过程示意图

缩金属，限制金属轴向的自由流动，所以很大的切向变形使轧件变成椭圆。随着轧辊的旋转，压下量逐步减小，轧件又呈整圆形，到精整段孔型内，压下量已经很小了，孔型此时只对轧件起到精整的作用。所以，经过精整段孔型后，轧件又变成圆形而轧出，也就是说，坯料在整个螺旋孔型斜轧过程中，金属有径向、轴向、切向流动，反映到轧件外形上，除将坯料轧制成要求的形状和尺寸的轧件外，在轧制过程中轧件还因轧辊的作用而变椭圆，而且椭圆的长短轴在旋转过程中交替反复多次变化，后轧制成型，此时已消除或大大减轻了椭圆度。从以上的分析可以得出：螺旋管斜轧过程中，轧件一边成型，一边呈螺旋式前进。

斜轧技术因提高生产效率和金属材料的利用率而被各个国家重视，并迅速得到发展，具有以下工艺特点：

① 生产效率成倍提高。斜轧轧辊的转速一般在 40～500r/min，与常用的工艺相比生产效率平均提高 5～20 倍。随着技术的进步，生产效率将会有更大的提高。

② 材料利用率明显提高。斜轧成型的产品，材料利用率一般 80%以上，精密斜轧可以达到 90%以上，即达到少切屑，甚至无切屑的目的。轧制的螺纹管伸长率为 4‰～7‰，其影响因素有管子材质、管径、壁厚、槽深、螺距及螺槽半径等。

③ 产品质量的提高。产品质量提高主要有两个方面的因素：一是轧制成型时，金属的纤维线沿着轧制轴线保持连续（无切削、断头）；二是轧后晶粒的细化。螺旋孔型斜轧时，一般变形速度较高、变形比较大，因此容易改变轧件的机械性能，如金属塑性的提高，晶粒减小，疲劳极限也相对提高。

④ 改善劳动条件。产品的成型、精整与切断等工序，在轧辊成型中一次性自动完成加工，易实现自动操作，从而减少操作工人的劳动强度。

⑤ 斜轧成型为形变热处理创造了一定条件。形变热处理是指零件在热变形后及时进行淬火的一种热处理工艺，对零件的韧性和强度都有所提高。由于斜轧变形能实现精密轧制，因此为实施形变热处理工艺创造了条件[7]。

螺纹管斜轧成型工艺中的技术关键如下。

① 孔型设计：要根据体积不可压缩和小阻力的原则，计算出因轧辊送进角引起的孔型变化，从而确定出合适的辊形曲线以包络轧件[8]。

② 轧辊加工：要实现孔型成型，必须对轧辊加工的尺寸精度与表面光洁度提出很高的

要求，这给机加工带来很多困难。

③ 轧机：为了实现精轧，轧机的刚度要大，此外还要采用预应力机架，抵抗受轧制力时的变形。此外，轧机的调整精度，例如轧辊送进角、压下量等的调整都要求比较精确。

④ 工具耐磨性：精轧对轧辊耐磨性要求很高，因为轧辊稍微磨损，产品的精度就无法保证而且容易划伤成品零件。为此，冷轧时轧辊的材料及热处理工艺在选择及制作时都有严格要求。

在螺纹管轧制过程中，需要注意的是[1]：

(1) 调整轧机角度

每轧制一种规格的螺纹管，轧滚螺旋角必须调整。每个轧滚前后相差 1/3 螺距，调整前，用几根与产品同直径的废钢管，用粉笔标记，然后再调整轧滚刀的螺旋角，每个轧滚轴调偏同一角度，使无缝管自动进给，以便钢管每转一周在其表面上能滚压出一条完整的螺旋线压痕！如首尾相接不好，对位置稍有偏差的轧滚刀应进行再次调整，直到满意为止。

(2) 校正钢管

轧制前的钢管应使用校直机对其校直，也可用手工校直，钢管矫直的效果越好，刀具的寿命越长。

(3) 选配冷却润滑液

当齿高大于 1.1mm 时，冷却润滑液的选配尤其是不锈钢螺纹管冷却润滑液的选配应予以重视。根据经验，能形成耐极压薄膜的氯化石蜡油是使用效果较好的冷却润滑液，它可在轧滚刀表面与管螺纹槽间形成 0.01～0.03mm 厚的耐极压油膜，将两挤压表面隔离，减少摩擦和磨损，其抗挤压性能和冷却润滑性能均较好，可降低变形阻力，提高螺纹表面质量。

(4) 不锈钢螺纹管的轧制

到目前为止，不锈钢螺纹管的轧制仍然是国内外螺纹管轧制工艺的一大难题。主要问题是对螺距较小的不锈钢螺纹管，其螺纹高度不能大于 1.1mm。当齿高大于 1.1mm 时，轧滚刀损坏相当严重，虽然采用较好的冷却润滑液但仍然成本高，费用大。对螺距较大的螺纹管，因为轧滚刀刚性大，强度高，齿高可以加大一些。

(5) 水压试验

螺纹管的试压方法有两种，一种是多管试压台架试压，一种是单管试压夹具试压，各有利弊。无缝钢管的水压试验压力一般取设计压力的 2 倍，为了减少用户的麻烦，通常按 6MPa 试压，对不够满意的管子，必须逐根进行水压试验。在试验压力下，保压时间不少于 5min，保压期间管子不得出现渗漏现象。

3.3 螺纹管换热器传热计算

螺纹管内流体流动及其强化换热机理非常复杂。目前为大家所接受的观点是螺纹管内的流体同时进行着两种流动，其一，由于螺纹管内近壁流体的流动受着螺纹凸肋的限制作用而产生附加的旋转流动，减薄了传热边界层，使传热过程得到强化。其二，由于螺纹凸肋的存在导致在凸肋后侧产生逆向压力梯度，造成速度边界层以及传热边界层的分离，从而使流体的逆向混合加强，强化了传热效果。传热强化的程度与螺槽深、螺距、螺槽头数以及流体的

Re 值和 Pr 值有关[9,10]。本节将对螺纹管强化传热原理、传热计算、压降的影响、设计需要考虑的因素等方面予以阐述。

3.3.1 传热及压降计算

国外的研究者对螺纹管管内、外单相流体阻力与传热性能的实验结果回归如下。

3.3.1.1 单头螺旋槽管

(1) 传热膜系数的计算

① Withers 在 $Re=10^4 \sim 12\times10^4$、$Pr=2\sim11$ 实验范围内得到下面关联式：

$$\sqrt{\frac{\lambda}{8}}=-\frac{1}{2.46\ln\left[r+\left(\frac{7}{Re}\right)^m\right]} \tag{3-1}$$

式中，λ 为阻力系数，r 为管子半径。

$$St=\frac{\sqrt{\frac{\lambda}{8}}}{7.22\times\left(\frac{p}{d}\right)^{(-1/3)}\sqrt{Pr}\,(e^+)^{0.127}+r} \tag{3-2}$$

$$r=-[2.5em(2e/d)+3.75] \tag{3-3}$$

式中　e^+——粗糙雷诺数，$e^+=\frac{\varepsilon}{d}Re\sqrt{\frac{f}{2}}$；

St——斯坦顿数；

e——辊轧槽深；

f——阻力系数；

m——根据实验管参数 e/d 和 p/d 而定的经验常数。Withers 认为最优的 e/d 值为 0.04（d 为管径）。

② 日本人吉富英明等做同样的实验，对于 $p\geqslant0.4d$、$e\leqslant0.6d^{0.8}Re^{0.16}$ 的管子，得到下面的关联式：

$$Nu=165\left(\frac{e}{d}\right)^{\frac{1}{3}}\left(\frac{p}{d}\right)^{\frac{1}{2}}\left(\frac{Re-2000}{10^4}\right)Pr^{0.4},\qquad Re=2\times10^3\sim8\times10^3 \tag{3-4}$$

$$Nu=165\left(\frac{e}{d}\right)^{\frac{1}{3}}\left(\frac{p}{d}\right)^{-\frac{1}{2}}\left(\frac{Re}{10^4}\right)^{(0.8-3.5e/d)}Pr^{0.4},\qquad Re=2\times10^3\sim8\times10^4 \tag{3-5}$$

在 $Re=2\times10^3\sim8\times10^4$ 的范围内，大部分偏差在±10%以内。

(2) 摩擦阻力的计算

① 在 $Re=2\times10^3\sim5\times10^4$ 的范围：

$$e>2.5\text{mm 时},\lambda=0.273ep^{-0.5} \tag{3-6}$$

$$e\leqslant2.5\text{mm 时},\lambda=1.3(e/d)(p/d)^{-0.7} \tag{3-7}$$

② 在 $Re=5\times10^4\sim2\times10^5$ 的范围：

$$e>2.5\text{mm 时},\lambda=0.273ep^{-0.5}\left(\frac{Re}{5\times10^4}\right)^{-0.2} \tag{3-8}$$

$$e \leqslant 2.5\text{mm 时}, \lambda = 1.3(e/d)(p/d)^{-0.7}\left(\frac{Re}{5\times10^4}\right)^{-0.2} \tag{3-9}$$

上述阻力系数关系式的偏差大多数在±10%以内。

在 $Re=2\times10^3$ 时，最佳的螺旋管 p 值为 $p=0.4d$。

最佳 e 值在 $Re=2\times10^3\sim8\times10^3$ 时，为 $0.04d\leqslant e\leqslant 0.6d^{0.8}Re^{-0.16}$

$Re=8\times10^3\sim3\times10^4$ 时，为 $e=0.04d$。

$Re>3\times10^4$ 时，为 $e\leqslant0.04d$。

3.3.1.2 多头螺纹管

在 $Re=10^4\sim12\times10^4$、$Pr=4\sim10$ 条件下，Withers 通过实验得到以下的关联式：

$$\sqrt{\frac{\lambda}{8}} = -\frac{1}{2.46\ln\left[r+\left(\frac{7}{Re}\right)^m\right]} \tag{3-10}$$

$$St = \frac{\sqrt{\frac{\lambda}{8}}}{5.68\times\left(\frac{e}{p}\right)^{-1/3}\left(\frac{e}{d}\right)^{0.136}\sqrt{Pr}\left(Re\sqrt{\frac{\lambda}{8}}\right)^{0.136}+r} \tag{3-11}$$

3.3.1.3 单相流体垂直螺旋槽管外的传热膜系数

在 $d_0=15.88\sim25.33\text{mm}$，$Re=10^3\sim10^4$ 条件下，吉富英明通过实验得到以下的关联式：

$$Nu = 127d_0^{-0.3}\left(\frac{e}{d}\right)^{0.22}\left(\frac{Re}{2000}\right)^{0.6}Pr^{1/3} \tag{3-12}$$

3.3.1.4 华南理工大学研究团队试验结果

华南理工大学研究团队对螺纹管内流体的流态、强化传热机理、管子参数最优化的选择方法进行了深入的研究，他们推论流体的螺旋运动在多头且导程较长的螺纹管中较为显著；螺纹管的螺旋槽导致的形体阻力在单头且导程较短的螺纹管中较为显著。同时他们指出在相同的传热强化程度条件下边界层分离引起的压力降增加比旋流小，因此螺旋槽的夹角以接近90°为好。因为此时旋流将减至最低的限度，这时螺纹管就变成了横纹管。在 e/d 较大，p/d 较小的单头螺纹管中，边界层分离流较强；在 e/d 较小，p/d 较大的多头螺旋槽管中，螺旋流较强。

氢气泡显示实验，完全证实了前述的螺旋流和边界层分离流的同时存在。并且证明了利用边界层分离流比螺纹管更有利于管内涡流强化。根据 20 种不同规格螺纹管传热与流体阻力的实验数据，整理出关联式，通过最优化电算程序，也得到了在泵功率消耗和传热面积相同的条件下，就强化管内端流而言，以 β 角接近 90°的单头螺旋槽管为最优的结论。

3.3.1.5 重庆大学试验结果

对于单头的螺旋槽管，得到下面 Nu 的关联式

$$Re=2\times10^4\sim7\times10^4, e/d<0.07, p/d=0.5\sim0.7$$

$$Nu=1.138Re^{0.606}\left(\frac{p}{d}\right)^{-0.383}\left(\frac{e}{d}\right)^{0.478}Pr^{0.4} \tag{3-13}$$

阻力计算关联式：

$Re=2.5\times10^4\sim8\times10^4$，$e/d\geqslant0.05$，$p/d<1.78$ 时

$$\lambda=20.6Re^{-0.08}\left(\frac{p}{d}\right)^{-0.85}\left(\frac{e}{d}\right)^{1.55} \tag{3-14}$$

$Re=2.5\times10^4\sim5\times10^4$，$e/d\geqslant0.05$，$p/d<1.78$ 时

$$\lambda=20.6Re^{-0.078}\left(\frac{p}{d}\right)^{-0.85}\left(\frac{e}{d}\right)^{1.55} \tag{3-15}$$

$Re=2.5\times10^4\sim8\times10^4$，$e/d<0.05$，$p/d=0.37\sim2.22$ 时

$$\lambda=22Re^{-0.08}\left(\frac{p}{d}\right)^{-0.7}\left(\frac{e}{d}\right)^{1.55} \tag{3-16}$$

$Re=2.5\times10^4\sim5\times10^4$，$e/d<0.05$，$p/d=0.37\sim2.22$ 时

$$\lambda=23.1Re^{-0.075}\left(\frac{p}{d}\right)^{-0.7}\left(\frac{e}{d}\right)^{1.55} \tag{3-17}$$

据称上述关联式的偏差绝大多数在±10%以内，还认为取 $p/d=0.5\sim0.75$ 和 0.054 的螺纹管效果较好。

随着计算机模拟技术的发展，得到了大量与试验接近的模拟数据。通过数值模拟研究，李占峰等[11] 发现在湍流工况下，随着流速的增加，换热器性能越好。模拟使用的螺旋槽管平均 Nu 数大约是光管的 1.6～2.1 倍，阻力系数大约是光管的 1.5～4.5 倍。通过对该管型污垢的试验研究，曾力丁等[12] 发现螺纹管可用于预防或减轻污垢的堆积。试验结果表明，螺纹管的热阻是光管的 52%～88%，Nu 是光管的 1.8 倍。当流体流速从 0.25m/s 增加到 0.75m/s，污垢热阻将减小至 66.7%[13]。

3.3.2 总传热系数计算

螺纹管总传热系数 K 的计算式为：

$$K=1/\left(\frac{1}{h_o}+r_o+r_f+\frac{F_o}{F_m}\frac{\delta}{\lambda}+r_i\frac{F_o}{F_i}+\frac{1}{h_i}\frac{F_o}{F_i}\right) \tag{3-18}$$

式中 K——总传热系数，$W/(m^2\cdot K)$；

h_i、h_o——管内外膜传热系数，$W/(m^2\cdot K)$；

r_i、r_o——管内外侧结垢热阻，$m^2\cdot K/W$；

r_f——螺纹管热阻，$m^2\cdot K/W$；

F_i、F_o——管内外（带翅）传热面积，m^2；

F_m——平均壁面积，m^2；

δ——管子壁厚，m；

λ——所用管子材料的导热系数，$W/(m\cdot K)$。

由上式可看出，h_i 及 h_o 增大，K 值随之增大，但此时管内外流体的流速也会增加，压力降增大，亦即动力消耗增加了。螺纹管的管外表面积较之光管增加 1.5～3 倍，因而强化

了管外传热。由传热公式可知，K 值总是接近于 h_i 和 h_o 中较小的一个，提高小者，K 值就能增大。所以，当 $h_o \ll h_i$ 时，螺纹管才能体现其明显经济效益，经验表明，当传热管壁两侧的 h 值相差 2～5 倍时，采用螺纹管较合适。螺纹位于传热系数较小的一侧使总 K 值增大了较多[14]。

3.3.3 对压降的影响

螺纹管是由管子本身经整体轧制而成的，其螺纹状的低翅片与管子构成一体，轧制后的管内径比光管有所减小，管内壁有螺纹痕迹，故有使管内传热系数增加和结垢减少的作用。但压降略有增加，同时管外的流通面积亦有所增加。对压降的影响研究目前还比较少。

（1）管内压力降 Δp_t

日本永野雅敏研究了管内压力降 Δp_t，管内流体的压力降为管子部分的摩擦压力降 Δp_f 与管箱中流体流动方向改变所产生的压力降 Δp_r 之和[15]。即

$$\Delta p_t = \Delta p_f + \Delta p_r \tag{3-19}$$

$$\Delta p_f = \frac{4fG_t^2 L N_{tp}}{20000 g_c \rho D}\left(\frac{\mu_b}{\mu_w}\right)^{-0.14} \tag{3-20}$$

$$\Delta p_r = \frac{4G_t^2 N_{tp}}{20000 g_c \rho} \tag{3-21}$$

式中　D——壳侧的当量直径，m。

μ_b——平均温度的流体黏度，mPa·s；

μ_w——管壁温度的流体黏度；mPa·s；

g_c——重力加速度；9.8×10^{-8} m/s^2；

G_t——管内流体的质量速度，2.78×10^{-4} kg/(m^2·s)；

L——管长，m；

N_{tp}——管侧的程数；

ρ——管内流体的平均密度，kg/m^3；

f——摩擦系数。

$$Re > 2000 \text{ 时}, f = 0.0014 + 0.125Re^{-0.32} \tag{3-22}$$

$$Re < 2000 \text{ 时}, f = 16Re^{-1} \tag{3-23}$$

若假定使用光管和螺纹管时的管内压力降分别为 $(\Delta p_t)_{光}$ 和 $(\Delta p_t)_{翅}$，且换热器结构也相同，则以下关系式大体上成立。

$$(\Delta p_t)_{翅} = (\Delta p_t)_{光}\left(\frac{D_i}{d_i}\right)^4 \tag{3-24}$$

该式是在假定摩擦系数与雷诺数成反比例的前提下得到的，因此比用式（3-20）、式（3-21）直接计算的结果多少要小一点。

（2）壳程压力降 Δp_s

由于壳程里的流动型式很复杂，要用一个简单公式来表示其压力降是困难的。采用螺纹管时，与光管相比，壳程流路面积将增加。用以下关系式来表示。

$$(\Delta p_s)_{翅}=(\Delta p_s)_{光}\alpha \tag{3-25}$$

式中，α 是换热器结构、流体物性及流量等的函数，通常取 0.7～0.9。

3.3.4　设计需要考虑的因素

工程上采用一项强化传热技术需考虑很多因素。除了考虑这项技术在传热和流动阻力方面的综合效应外，还需考虑采用这项技术后的运行问题、制造问题、安全问题和经济问题。设计人员必须根据工程系统的实际情况进行全面周到的考虑后，才能作出正确决定。螺纹管换热器的结构设计、制造需遵循 GB/T 150—2010、GB/T 151—2014 标准和相应材料的技术标准，在设计过程中还需考虑以下内容：

（1）总经济性

在工程上采用一项强化传热技术必须先进行技术经济比较。一项强化传热技术如应用于工程设备，一定要技术上可行、运行上可靠和经济上有利才有生命力。在考虑采用强化传热技术时，应同时考虑几种强化传热方法。一方面比较其技术上的可行性和运行上的可靠性，另一方面应进行详细的经济分析，然后根据技术经济比较结果确定一种最合用的。

（2）性能参数——热效率和压降

提高换热器的换热效率和减小压降是换热器研究的主要目的，减小换热管的规格进而增加换热器的面积就是增加换热效率最主要的方法了，但是同样的，也是会造成压降的增加。在设计时需要考虑热效率和压降共同作用，达到经济性最优。

（3）结垢和腐蚀

结垢和腐蚀是工程设备运行中必须考虑的一个重要问题。螺纹管这种特殊的几何形状，使其适用于严重结垢场合的应用。因为一般的结垢决不会遮盖住全部表面积。当有硬而脆的结垢发生时，往往是沿外表面翅片边缘形成平行的垢片。在运转时，由于温度的变化，管子就会膨胀和收缩。这种手风琴式的膨胀收缩作用会使垢片自行脱落重新露出翅片金属，这就减少了结垢的影响，而对于光管污垢物质将在管子外表形成一层圆柱，没有任何自然机理使之能自行脱落，这也是螺纹管比光管抗结垢的原因所在。在易结垢的场合，可以选用螺纹管换热器。

（4）换热管刚度

由于螺纹管的刚度较之光管有很大不同，并且，随着结构参数而变化。而这种特性对于换热器的拉撑作用以及管板的影响是螺纹管应用于高效换热器必须考虑的问题，文献［16］通过实验和理论推导，给出了螺纹管刚度计算关联式：

$$\eta=\xi\frac{1}{1-2\left(\frac{e}{s}\right)+\frac{4}{k}\frac{e}{s}\left[\frac{\pi}{8}-\frac{1}{\pi(1+K)}\right]} \tag{3-26}$$

式中，$K=\frac{1}{12}\left(\frac{h}{e}\right)^2+\frac{1}{80}\left(\frac{h}{e}\right)^4+\frac{1}{224}\left(\frac{h}{e}\right)^5+\cdots$

（5）振动

螺纹管与光管相比，其管子与折流板之间的间隙要大一些，因此对壳体内可能发生管子振动的地方，需要设置中间挡圈，防止振动。换热器管束振动分析是换热器设计中非常重要的一个环节，直接影响换热设备使用过程中的安全、使用寿命和噪声等性能。

GB/T 151 附录 C 描述了在管壳式换热器中，当流体横向流过管束时，流体诱发振动的主要成因为卡门旋涡激振（有声振动或无声振动）、湍流抖振（有声振动或无声振动）和流体弹性不稳定。其中任何一个因素都可能诱发振动[17]。

当管外流体为气体或液体时，符合下面任一条件，管束有可能发生振动和破坏。

① 卡门旋涡激振　根据换热器的换热管排布特性及横流介质流速，可计算出卡门旋涡频率 f_v。当卡门旋涡频率超过管束各支撑间通道的换热管最低固有频率 f_1 的 0.5 倍时，管束有可能由卡门旋涡诱发振动和破坏。

② 湍流抖振　根据换热器的换热管排布特性及横流介质流速，可计算出湍流抖振主频率 f_t。当湍流抖振主频率超过管束各支撑间通道的换热管最低固有频率 f_1 的 0.5 倍时，管束有可能由湍流抖振诱发振动。

③ 换热管的最大振幅　当卡门旋涡频率或湍流抖振主频率与换热管的固有频率一致，且换热管的固有频率小于 $2f_v$ 或 $2f_t$ 时，计算出管束各支撑间通道的换热管的振幅 y_v。如果最大振幅 y_{max} 大于换热管外径 d_0 的 0.02 倍，则管束有可能发生振动或破坏。

④ 横流流速　根据质量阻尼系数及换热管固有频率，计算出管束发生流体弹性不稳定时的临界横向流速 V_c。当壳程流体的横流流速 $V>V_c$ 时就会引发振动或破坏。

当管外流体为气体或蒸汽时，符合下面任一条件，管束有可能发生声振动。

a. 声频　根据声速和特性长度求算出各阶振型下的声频 f_a。前几阶振型，尤其是一、二阶振型的声频在 $0.8\sim1.2f_t$ 或 $0.8\sim1.2f_v$ 范围内，则有可能发生声振动。

b. 顺排管束共振参数　对于顺排管束，可根据管束排布及流动特性计算出共振参数 Φ_1。当 Φ_1 在以下范围时，有可能发生声共振：

$$8200d_0/L-3000<\Phi_1<8200d_0/L-700 \tag{3-27}$$

式中，L 为纵向的换热管中心距。

c. 错排管束共振参数　对于错排管束，可根据管束排布及流动特性计算出共振参数 Φ_2。当 Φ_2 值在标准 GB/T 151—2014 附录 C.8 图中的共振区内，有可能发生声共振。

3.4　螺纹管换热器的工业应用

目前已广泛使用螺纹管换热器的工业领域有：乙烯、甲醇、乙醇、苯酚、丙酮、PVC 的制备，以及炼油、锅炉等，此外螺纹管换热器在空调领域也有涉及。本小节通过分析螺纹管换热器在工业领域的应用案例，总结出螺纹管换热器在设备重量、传热系数、运行效果等方面的优势，从而使读者有一个直观的认识。

（1）工业应用

目前很多新上项目中，为降低设备的成本，工艺包选型就已然选定低翅片管。另外，在企业的扩能改造中，为了增加换热面积，需要增大换热器的外形尺寸或者增加设备的台数，由于现场安装尺寸的限制，以上两种方法往往不可行，螺纹管高效换热器在特定工况下的独特优势就显现出来了，可以不改变原有换热器的尺寸，仅靠更换高效换热管束来提高换热效率，达到目标要求。

（2）实际案例分析

下面以编者所在公司某项目为例，进行案例分析。表 3.1 为普通换热器方案和高效换热器方案对比，其中普通换热器采用光管，高效换热器采用螺纹管，通过对比螺纹管换热器和光管换热器的各参数，可以明显看出螺纹管换热器的综合性能优于普通光管换热器。从某些层面上来说，整个项目甚至整个厂区的强化传热和节能，都是以设备的强化传热水平为基础的。工艺性能需要依靠装备来实现。

表 3.1 普通换热器方案和高效换热器方案对比表

参数	普通换热器设计参数	高效换热器设计参数	高效换热器现场运行参数（运行半年）
设备形式	BEM	BEM	BEM
设备外形尺寸/mm	1600×9000	1400×7500	1400×7500
换热管规格/mm	ϕ19.05×2.108×9000	ϕ19.05×2.108×7500	ϕ19.05×2.108×7500
换热管数量/根	3678	2676	2676
单台换热面积/m^2	1981	1201	1201
设备重量/kg	41927	27032	27032
换热管型式	光管	螺纹管	螺纹管
壳程介质流量/(kg/h)	184323	184323	205000
管程循环水流量/(kg/h)	1244992.5	1244992.5	939100
壳程进/出口温度/℃	53/51.4	53/51.4	52.6/36.6
管程进/出口温度/℃	33/44	33/44	31/48
换热器热负荷/MW	14.515	14.515	18.725
总传热系数/[W/(m^2·K)]	593.4	1032	1995
面积裕量/%	10.11	17.9	0

对比螺纹管换热器设计方案，在壳程、管程进出口温度相同情况下，采用螺纹管的高效换热器换热管根数远小于普通换热器。设备外形尺寸小于使用普通换热器设备尺寸，从现场运行参数来看，现场产能已经达到 110%，实际运行的壳程介质流量是原设计的 1.1 倍，介质的出口温度可以降得更低。循环水的温升更大，循环水流量是原设计的 0.75 倍，节省了水的用量，降低了动力消耗。

这台设备运行负荷的比设计值大 29%，完全满足原设计要求。运行负荷的增加量比介质流量的增加量更多，原因是设备刚刚运行半年，循环水侧还比较清洁，结垢情况并不严重，所以实际传热效果比设计情况下更好。随着设备的长时间运行之后，实际运行情况会逐渐靠近设计值。

对比高效换热器和普通光管换热器来看，在面积裕量大 7.8%的条件下，高效换热器比普通换热器面积可以缩小 39%，设备重量减少 35%，明显降低了设备材料成本。

这台设备采用高效换热技术缩小换热器的尺寸，减少了设备本体的投资，也减少了相应钢结构及土建投资，产生了直接经济效益。

参考文献

[1] 李敏孝．螺纹管冷轧工艺的研究和发展[J]．石油化工设备，2007(02)：59-62.

[2] 崔勃，安文海，朱健．螺纹管传热性能分析及应用[J]．品牌与标准化，2012(04)：51-52.

[3] 吴金星，韩东方，曹海亮．高效换热器及其节能应用[M]．北京：化学工业出版社，2009.

[4] 王艳宜，汤长清．薄壁螺纹管辗辊加工及力学性能的研究[J]．机械工程师，2008(09)：67-68.

[5] 郭正阳，聂海雄，秦建平．螺纹管热轧成形工艺理论与试验研究[J]．热加工工艺，2011，40(23)：84-86.

[6] 张海龙，杨晓明，陈端．三辊斜轧机轧制外螺纹管件工艺分析[J]．机械工程与自动化，2015(01)：124-125.

[7] 郭正阳．螺纹管斜轧成形设备及工艺试验研究[D]．太原：太原科技大学，2011.

[8] 胡正寰，许协和，沙德元．斜轧与楔横轧原理、工艺及设备[M]．北京：冶金工业出版社，1985.

[9] 钱颂文，朱冬生，李庆领．管式换热器强化传热技术[M]．北京：化学工业出版社，2003.

[10] 董芃，吴江全，刘振德．螺纹管综合性能的研究探讨[J]．热能动力工程，1990(01)：20-26.

[11] 李占锋，杨学忠．螺旋槽管管内湍流流动与换热的三维数值模拟[J]．低温与超导，2008(11)：56-60.

[12] Li-Ding Z，Dong-Sheng Z，Song-Wen Q，et al. Characteristics of Fouling in Spirally Indented and Experimental Investigation of Fouling Prevention[J]. Journal of Shaanxi University of Science & Technology，2008，26：12-23.

[13] 齐洪洋，高磊，张莹莹，等．管壳式换热器强化传热技术概述[J]．压力容器，2012，7(29)：73-78.

[14] 李春兰，杨国恒．螺纹管和翅片管传热性能分析及其应用[J]．石油化工设备，1997(06)：41-44.

[15] 永野雅敏，熊志立．螺纹管管壳式换热器的设计计算方法[J]．炼油设备设计，1981(06)：16-24.

[16] 董芃，刘曼青，张勇，李之光．螺纹烟管的刚度分析及其对拱形管板强度的影响[J]．热能动力工程，1988(06)：27-33.

[17] 刘江，毛传剑．螺纹管换热器管外流体诱发振动计算[J]．深冷技术，2016(05)：46-50.

第 4 章

波纹管换热器

4.1 概述

特型管高效换热器中，波纹管是研究和应用较为成功和广泛的一种特型管管型[1]。波纹管高效换热器是在传统的管壳式换热器的基础上，采用特型波纹管代替原有的光滑管而形成的一类高效换热器。其核心部件为管程所采用的波纹管。波纹管是由光滑基管经冷加工而形成的管内外表面均呈现波纹状的特型高效换热管。

20 世纪 90 年代初，我国研制出一种高效换热组件波纹换热管，用波纹管代替光滑直管制成的波纹管换热器其传热效率可提高 2～4 倍，这种高效换热器还具有不易结垢、温差应力小等优点[2]。波纹管是一种被动型双面强化传热的管型[3]，内外壁被轧成波纹凸肋，其内壁能改变流体边界层的流动状态，外壁能增大传热表面和扰动，达到双面强化传热的目的[4]。

波纹高效换热管按照不同的加工方式，又可细分为波节型波纹管[5]、波纹型波纹管[6]、正弦型波纹管[7,8] 和圆弧切线型波纹管[9] 四种类型。

波节型波纹管其基本结构如图 4.1 所示，整体的外观形状被业内比喻成“糖葫芦”[10]。其波形由直边段、大小圆弧段等组成。波节型波纹管的主要特点是波谷有一定长度的直边段。为了充分利用波峰波谷的结构特点，并提高加工速度、降低加工成本，在波节管的基础上，又发展出了波纹型波纹管。

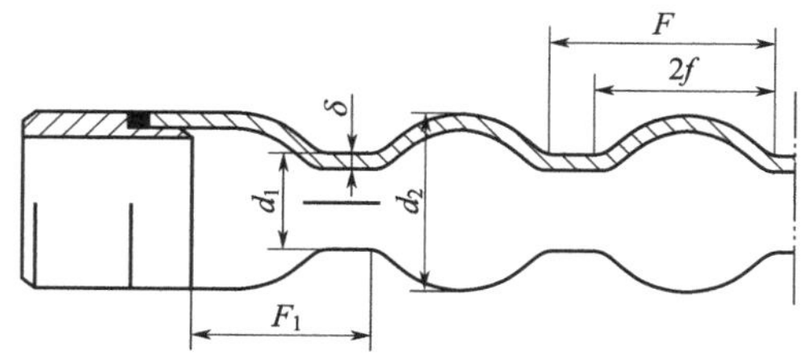

图 4.1　波节型波纹管结构示意图

F_1—过渡段长度；d_1—波谷外直径；d_2—波峰外直径；

δ—壁厚；F—波距即波节管波宽与波节直边之和；$2f$—波节管圆弧半弦长

波纹型波纹管的结构一般如图 4.2 所示。其由周期性排列的外凸波形面和内凹波形面构成。相较于波节型波纹管，其不存在直边段，加工起来更加快速、简洁、方便。波纹型波纹管基管的外径尺寸一般在 16～38mm，过大或过小会导致不易加工或者使用效果不明显，壁厚在 1.5～3.0mm 为宜。关于波纹型波纹管的尺寸推荐可参考波纹管国家标准：GB/T 24590—2021《高效换热器用特型管》[11]。

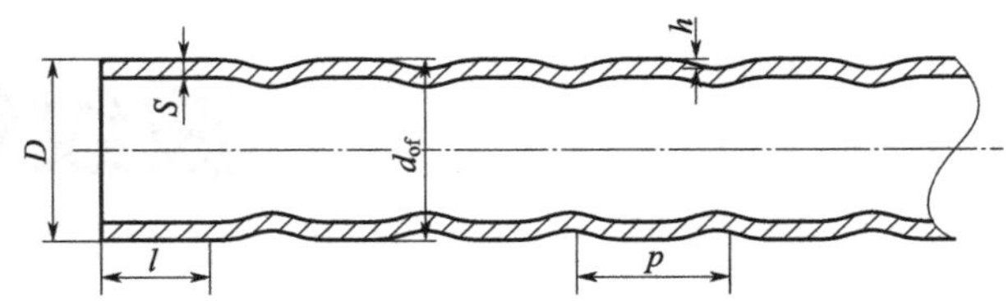

图 4.2 波纹型波纹管示意图[11]

D—基管公称外径；d_{of}—波纹管外波纹波峰外径；h—波纹高即波峰波谷之差；l—光管长度；p—波距即相邻两波峰或波谷之间的距离；S—基管壁厚

正弦型波纹管的一般结构如图 4.3 所示[12]。其与波纹型波纹管高度相似，二者的主要区别在于大小波形的半径不同。波纹型波纹管由大小不同的内外波面相互连接而成，而正弦型波纹管则由完全相同的内外波面相互连接而成。可以认为正弦型波纹管是波纹型波纹管的特殊情况。

圆弧切线型波纹管的一般结构如图 4.4 所示[12]。结构形式同样与一般波纹型波纹管高度相似，二者之间的主要区别在于，在原来圆弧型波纹管的基础上，在波峰下游圆弧段增加了部分直线段，即延长了下游的长度。设计这种类型波纹管的原因在于，研究人员发现波峰内出现的“涡”对波纹管的传热强化具有关键性作用，管内局部对流传热系数的分布特点是最大值位于波峰下游，延长波峰下游形成下游圆弧的直线切线段能够扩展较大的对流传热系数存在的区域及时间，从而增强换热管的总体传热性能。

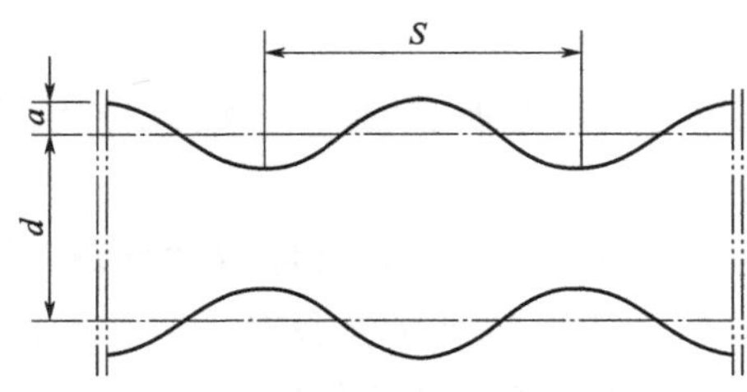

图 4.3 正弦型波纹管结构示意图

S—波距；d—管内平均直径；a—波幅

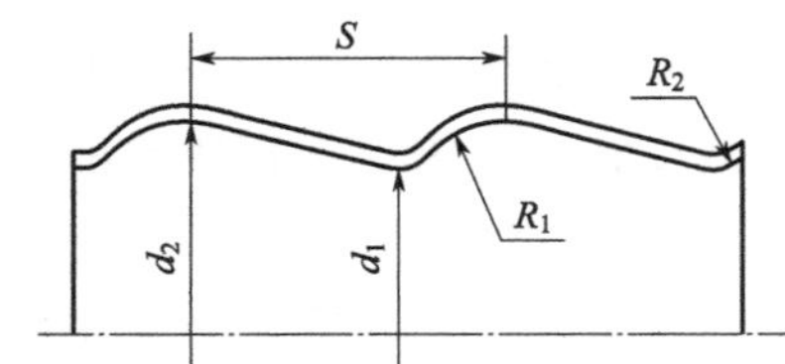

图 4.4 圆弧切线型波纹管结构示意图

d_1—最小管径；d_2—最大管径；S—波距；R_1—凸圆弧半径；R_2—凹圆弧半径

4.2 波纹管换热器特点及加工

波纹管换热器的结构特点极为明显而单一，即换热管内外表面的波纹型结构随波距、波谷、波峰而变化。

4.2.1 波纹管换热器特点

波纹管换热器，如前所述，其最大的特点就是采用了各种参数类型的波纹特型管代替传统管壳式换热器的光滑直管，故而所有的改善均来源于换热间壁上换热表面的不平滑性。不平滑性的主要优点有：

(1) 传热系数高

由于波纹管换热器采用了如图 4.1～图 4.4 所示的特殊形状换热管，与直管不同的是它利用波峰波谷处流速、压力的变化产生双向扰动，即使在流速很低的情况下，也可以使流体达到充分湍流，较好的破坏了波纹管管内和管外的边界层[13]，而当涡流即将消失时，流体又马上流经下一个波纹，因此产生连续的轴向涡流，保证了稳定的强化传热效果。正是这种较大的、连续的扰动持续地破坏了换热管壁面的边界层热阻，从而实现了波纹管间壁两侧的强化传热。研究表明，在水-水换热器中，传热系数可达 2000～3600W/(m^2·K)，在汽-水换热器中，传热系数可达 3000～4500W/(m^2·K)[14]。由于波纹管传热系数较高，并可形成两流体的纯逆流行程，故冷流体的出口温度可高于热流体的出口温度，两流体的对数平均温差可减少，换热器的温度效率和热回收率可以达到 80%以上，高于一般的管壳式换热器。

(2) 不污、不堵、不结垢

波纹管换热器中，由于管束界面变化，使管内外的流体产生强烈的扰动，而形成良好的冲刷，管壁上不易形成垢层。同时，由于波纹管内、管外表面曲率变化大，具有伸缩性，对波纹管自身来说，这些波纹起到了类似于换热器膨胀节的作用。在温差和介质的紊流作用下，即使结垢，所形成的垢层也很容易被冲击而自行脱落，从而使得波纹管换热器有很强的防垢能力，同时避免了腐蚀和堵塞情况[2,15]。

(3) 防泄漏能力强

由于密封周长短（这是管壳式换热器固有的优点），而且换热管为波纹管，本身具有自身补偿功能，管板热应力很小，因而不会因管口破裂而泄漏。这一点，较板式换热器有明显的优越性[2]。

(4) 维修方便

由于该产品不污、不堵、不腐蚀、不结垢，因此不必年年维修；维修时工作量也很小。

(5) 结构紧凑，占地面积小，投资小

由于传热系数高，在同样热量的情况下，与传统管壳式换热器相比，可做成体积小、占地省、结构紧凑的高效换热器，节省了工程投资。

(6) 流动阻力小

由于波纹管自身的结构特点，使得流体在波纹管中可以在一个较小的流速下达到湍流状态。因此，如果以湍流状态或效果来作为第一考核指标的话，则波纹管与传统光管相比，能够在一定程度上节省动力费用。当然，在相同流量下，波纹管的流动阻力肯定是要比光管大的。

(7) 耐热耐压性能好

如前所述，波纹管换热器，每一个波纹圈均可以被看成是一个小型的膨胀节，换热器中存在的成千上万的波纹圈使得换热器的管程具有极强的热应力补偿能力，配合壳程额外使用的膨胀节，最终使得整个换热器具有极强的场景适应能力，可以在多种不同的温度压力条件下稳定运行。

4.2.2 适用范围

结合上一小节中对波纹管高效换热器与普通换热器的对比总结，可以看出，波纹管高效换热器的主要优点在于传热效率高、防结垢能力强和耐热耐压性能好。基于这些优点，波纹管高效换热器的适用范围包括以下几个场景。

① 替换固定管板式换热器。从波纹管高效换热器的传热效率高这一优点出发，所有能采用传统光滑管壳式换热器的场景基本上均能被波纹管换热器代替。毕竟高效的热交换装置是热交换的终极目标。但由于固定管板式换热器结构紧凑，强化传热效果明显，最适合采用波纹换热管的是固定管板式换热器。其它结构形式的换热器采用波纹管可能得到的最终有益效果不是那么明显。

② 易结垢场景。如前所述，流体在波纹管内外流动时产生强烈湍流，流体中固体颗粒和悬浮物难以沉积。即使有少量污垢生成机会，由于管程、壳程存在温差和压差，同时污垢和波纹管的线膨胀系数相差很大，使污垢与波纹管表面之间产生较大的拉脱力，使垢片裂开脱落，实现自身清理、自动除垢。对于硬垢、脆垢，其效果更佳[16]。因此，波纹管高效换热器非常适用于针对易结垢物质的热交换场景，能够明显降低垢层的生成机会，或者延长生成垢层的时间，延长设备使用寿命，促进设备及项目的稳定运营。

③ 大温差、大压差工况场景。同样如前所述，波纹管是由连续的波纹组成的，使其具有轴向伸缩能力。这种变形能力可以补偿和吸收换热管和筒体在工作状态下由于温差应力和压差应力产生的变形。因此，波纹管换热器是可以自我补偿的柔性元件，对管板和筒体产生的应力小，因而换热管与管板的焊缝不易开裂。波纹管使用温度范围可以从－20℃到450℃，对于某些大温差、大压差工作场合，即使用固定管板式换热器筒体不装膨胀节，也能安全运行[17]。这也是波纹管高效换热器的独到之处。如果同时在壳程筒体上再安装适当的膨胀节，则与众多的波纹管微型膨胀节产生耦合作用，能够进一步拓宽设备所运行的温差、压差的跨度范围。

④ 不适用于高黏性物料[18]。波纹管换热器优点虽然较多，但是其不适用黏性较高的介质的换热过程。黏度较高的物质在流经波纹管的过程中，可能会使得波纹管的波峰成为流动介质的死区，不仅不能增强传热，反而会使得换热效果降低。

4.2.3 波纹管的加工与检验

波纹管一般是由无缝不锈钢光管加工成型而得[18]。

波纹管直径较小、管子长、波纹外凸，因此其成型加工比较困难。此外，波纹管加工形变大，对材料的力学性能和材料的均匀性要求很高。在加工波纹管前不但要对原材料管逐根进行检查，还要对成型后的管子进行热处理以消除应力，经热处理后，须再进行外形、轴向直线度、水压试验等项目的检验，检查合格后方可用于最终换热器的制造。

目前，应用于工业换热器的波纹管主要有软胶胀型和液压胀型成型工艺。液压胀型采用常规的液压技术，将光管置于成型模具中，然后向光管内注入高压液体，利用液体的压力使光管屈服并最终获得模具设定的几何形状。软胶胀型工艺则是对管内短圆柱状的软胶进行轴向压缩使其产生径向压力以达到成型波纹的目的。

目前，我国尚无针对波纹管验收而颁发实行的相关标准。但是，一般从以下几个方面考虑[19]：

① 波纹管管坯材料应符合 GB/T 14976—2012《流体输送用不锈钢无缝钢管》及 TSG 21—2016《固定式压力容器安全技术监察规程》第二章的有关规定。

② 尺寸偏差应符合业主要求，或符合相关的标准中的规定，如 GB/T 24590—2021《高效换热器用特型管》[11] 中就对波纹管的尺寸偏差做了详细要求。

③ 波纹管出厂前应逐根进行水压试验。试验压力为换热器设计压力的 2 倍。

④ 由于波纹管换热管有两道环缝，而普通光管换热管对接时仅允许有一道环焊缝（直管）或两道环缝（U 形管）。按 GB/T 151—2014 规定，该对接接头应进行射线检测。对波纹管应逐根进行射线检测，检测标准可按 GB/T 16749 附录 B 执行[20]。

⑤ 其他方面的要求，诸如材料、密实性等方面的验收要求及检测检验方法参见特型管国家标准 GB/T 24590《高效换热器用特型管》[11]。

以上要求均应在波纹管供货合同中注明。

4.3 波纹管换热器强化传热设计

波纹管强化传热的根本原因始终在于高低起伏的换热管表面结构，波纹管换热器所有的特点都是这个特殊结构所带来的。

4.3.1 强化传热原理

波纹管属于异形截面强化传热技术和扩展表面强化传热技术的结合。其强化传热的原理主要有以下几个因素：

① 波纹管中流态的变化及边界层厚度的降低。换热管断面沿轴线方向周期性的收缩和扩张，使管内流体流动时沿流动方向在波峰处速度降低、静压增大，波谷处速度增加、静压减小，形成流速和压力周期性的变化，流体处于规律性扰动状态，能使工艺介质的流动状态由稳态变为湍流，并形成一定的节流效应，阻碍边界层的形成，使在对流传热中热阻的主要贡献者边界层减薄，尤其是使得边界层在弧形段内几乎不存在，从而显著地提高了对流传热系数[21]。

② 波纹管弯曲的表面带来传热面积的提升。强化型波纹管一般都是由光滑直管鼓胀而成，其表面积经扩张变形而增加，和同样数量的光滑直管相比，传热面积得到了显著提升，最终使波纹管的传热能力得到加强。波纹管曲面所带来的传热面积的增加根据不同的管型和加工参数可能有所不同，但一般均有近 20%的增幅[22]。

③ 不生成或延迟生成污垢层，降低了污垢热阻，强化了传热。如前所述，波纹管周期性变化的弯曲换热表面，使得流体在其中流动时产生了较为强烈的扰动，这种扰动不断对壁面进行冲刷，一方面降低了边界层的厚度强化了传热，另一方面，持续的冲刷了也降低了波纹管污垢层的形成机会，使得污垢层不生成或大幅地延迟生成，显著地降低了波纹管的污垢热阻，同时也提升了波纹管高效换热器在其生命周期内的总传热系数。

以上三点协同作用，使得波纹管换热器与传统光滑直管管壳式换热相比，总体传热性能得到了大幅的提升。

4.3.2 传热及压降计算

对各种类型波纹管的传热及阻力研究工作极多，但遗憾的是，目前，行业内使用的波纹管种类较多，如本文就提到了 4 种具体类型，其实还有其他关注度稍低的波纹管类型；而且，每一种具体类型的波纹管，其详细参数又千差万别。最后导致的结果就是，波纹管行业的杂乱无章。国内目前还没有形成一个设计方、制造方、使用方等多方一致认可的、明确的、统一的国家或行业标准，导致各方的研究无法形成一个完整体系，研究结果也只能局限于所采用的特定参数的波纹管，所得到的传热及阻力因子关联式外推到其它管型参数上的使用正确性无法得到保障。

下面，根据 4.1 节介绍的波纹管细分类型（波节型波纹管、波纹型波纹管、正弦型波纹管、圆弧切线型波纹管），本节将针对这 4 种类型波纹管分别阐述对应的比较有代表性的传热及压降计算方法。

（1）波节型波纹管

对波节型波纹管的传热计算研究较多，这里将根据管型参数的不同，介绍几种比较典型的波节型波纹管的传热和压降计算方法。

表 4.1 三种不同型号的波节型波纹管

型号	1 号	2 号	3 号	型号	1 号	2 号	3 号
D_1	25	25	27	S_2	8	8	8
D_2	19	19	19	S	21	23	21
S_1	13	15	13	δ_e	0.8	0.8	0.8

注：D_1 是最大管径，D_2 是最小管径，S_1 是一个波节长度，S_2 是波节间直管半距，S 是一个波节周期长度，δ_e 是壁厚。

喻九阳[23] 针对表 4.1 中三种不同型号的波节型波纹管，总结出了管内努赛尔准数和阻力系数的关联式。如下：

对表 4.1 中的 1# 波节管，雷诺数 Re=87000～550000，普朗特数 Pr=3.00～5.41 范围内时，努赛尔准数和阻力系数关联式如下，关联式的相关系数 R=0.9。

$$Nu=0.1054Re^{0.531}Pr^{1/3}\left(\frac{\mu}{\mu_w}\right)^{0.14} \tag{4-1}$$

$$f_i=0.2773Re^{0.299} \tag{4-2}$$

对表 4.1 中的 2# 波节管，雷诺数 Re=100000～554000，普朗特数 Pr=3.00～5.41 范围内时，努赛尔准数和阻力系数关联式如下，关联式相关系数 R=0.92。

$$Nu=0.0558Re^{0.056}Pr^{1/3}\left(\frac{\mu}{\mu_w}\right)^{0.14} \tag{4-3}$$

$$f_i=1.0276Re^{0.219} \tag{4-4}$$

对表 4.1 中的 3 号波节管，雷诺数 Re=100000～557000，普朗特数 Pr=3.00～5.41 范围内时，努赛尔准数和阻力系数关联式如下，关联式相关系数 R=0.92。

$$Nu=0.0133Re^{0.682}Pr^{1/3}\left(\frac{\mu}{\mu_w}\right)^{0.14} \tag{4-5}$$

$$f_i=0.01648Re^{0.219} \tag{4-6}$$

从上述结果看，与光管相比，波节管能够显著提升传热系数，改善波纹管换热器的综合换热性能，但是同时波纹管的使用也使得壳程的压降和管程的阻力系数有了一定程度的上升。与光管相比，波纹管的使用使 Nu 值提高了 1.57～4.09 倍，壳程压降提高了 1.26～1.45 倍，管程阻力系数提高了 1.15～1.32 倍。

刘洁[24] 针对表 4.1 中的几种波节型波纹管，通过实验回归出了一个统一的、整合的波纹管管内换热准则关联式，见式（4-7）。该式的适用范围为 $800<Re<24000$，$3.5<Pr<5.8$，定性温度为管内流体进出口平均温度，定性尺寸为波纹管的平均直径。

$$Nu=0.0432Re^{0.859}Pr^{0.4} \tag{4-7}$$

罗再祥[25] 针对一种波节型波纹管，对其传热性能做了研究。其所用波节管的相关参数为：波峰与波谷距为 2mm、波节距为 17.8mm，最大管外径 25mm，管子壁厚 2.5mm，采用 22 根管子按正三角形排列制造成换热器。同时对壳程采用折流杆和折流板时的压降做了对应的研究。折流杆为直径 2.5mm 的圆杆，折流板为工业上广泛应用的 25％弓形折流板，其厚度为 5mm。这部分工作的主要缺点就是所研究的管子较为单一狭窄，研究结果有参考价值但不具有代表性。其相关结果如下。

对管程，波节管的管内对流传热努赛尔准数关联式见式（4-8），所适用的雷诺数 Re 的范围为 5000～30000。

$$Nu=0.07158Re^{0.7863}Pr^{0.3}\left(\frac{\mu}{\mu_w}\right)^{0.14} \tag{4-8}$$

对壳程，当折流栅间距分别为 14.2cm、19.4cm、24.2cm 时，针对上述波节管整理出的壳程努赛尔准数关联式见式（4-9）～式（4-11）。

$$Nu=0.1026Re^{0.8791}Pr^{1/3}\left(\frac{\mu}{\mu_w}\right)^{0.14} \tag{4-9}$$

$$Nu=0.353Re^{0.6413}Pr^{1/3}\left(\frac{\mu}{\mu_w}\right)^{0.14} \tag{4-10}$$

$$Nu=0.5267Re^{0.6102}Pr^{1/3}\left(\frac{\mu}{\mu_w}\right)^{0.14} \tag{4-11}$$

同时，该研究还对管程流量、壳程折流杆及间距相同的情况下的壳程压降进行了总结，得到了式（4-12）的壳程阻力因子关联式，其适用的雷诺数范围为 1600～4800。

$$f_i=0.70375Re^{-0.158} \tag{4-12}$$

也有研究人员对表 4.2 所示的几种不同参数的波节管进行了管内传热及流动阻力的研究[26]，其中 D_{min}、D_{max} 分别为所用波节管的波谷直径和波峰直径，H 为波距，t 为管子壁厚，δ 为波峰到波谷的高度，M 为波节数量。并基于大量的实验结果，对努赛尔准数和阻力因子进行了回归关联，得到了式（4-13）和式（4-14）。努赛尔准数关联式的适用范围为雷诺数 4000～80000，阻力因子关联式的适用范围为雷诺数 8000～100000。

$$Nu=0.0331Re^{0.787} \tag{4-13}$$

$$f_i = 0.0320 Re^{-0.385} \tag{4-14}$$

表 4.2 研究人员用到的几种波节管参数

型号	D_{min}/mm	D_{max}/mm	H/mm	t/mm	δ/mm	M
1 号	19	22	22	1	1.5	40
2 号	25	28	28	1	1.5	40
3 号	32	37	34	1	2.5	36

(2) 波纹型波纹管

北京化工大学的肖金花对波纹型波纹管的传热及阻力规律进行了大量的研究[27]。其针对表 4.3 所示参数的波纹型波纹管进行了研究，其中 R_1 为波纹管波峰所处圆弧的半径，R_2 为波谷所处圆弧的半径，且在对结果的分析中认为在考虑雷诺数的情况下，基管的管径对拟合得到的关联式影响不大。在拟合关联式的过程中，没有采用传统的白金汉法，而是首次采用传热强化比的方式来给出关联式，见式（4-15），其中 Nu 为波纹管的努赛尔数，Nu_0 为光管的努赛尔数，f 即为传热强化比，并将传热强化比关联为雷诺数和波纹管波径之间的函数。

表 4.3 波纹型波纹管外凸与内凹波面的波径组合

R_1/mm	5	6	8	10	12	15	10	15	15
R_2/mm	5	5	5	5	5	5	10	10	15

对波纹管内低黏度介质（水）的传热强化比 f 及阻力因子 f_i 的最终关联结果参见式 4-16～式 4-21。

$$f = \frac{Nu}{Nu_0} \tag{4-15}$$

$$f = g(Re) \times h(R_1, R_2) \tag{4-16}$$

$$g(Re) = 2.10 + 6.825 \times 10^{-5} Re \quad 5000 \leqslant Re \leqslant 10000 \tag{4-17}$$

$$g(Re) = 3.133 - 4.560 \times 10^{-5} Re + 4.034 \times 10^{-10} Re^2 \quad 10000 \leqslant Re \leqslant 60000 \tag{4-18}$$

$$h(R_1, R_2) = 1.17 - 0.00935 R_1 - 0.00871 R_2 \quad 5000 \leqslant Re \leqslant 10000 \tag{4-19}$$

$$h(R_1, R_2) = 1.185 - 0.00883 R_1 - 0.0109 R_2 \quad 10000 \leqslant Re \leqslant 60000 \tag{4-20}$$

$$f_i = 0.058 e^{-Re/13497.88} + 0.664 e^{-Re/1812.46} + 0.0239 \tag{4-21}$$

肖金花也对管外介质为水时的套管式换热器管外对流传热系数的关联式进行了拟合，参见式（4-22）。

$$Nu = 0.02313 Re^{0.8061} Pr^{1/3} \tag{4-22}$$

同时研究人员对高黏度介质（25℃时，运动黏度 60.22mm^2/s）也做了类似的工作，详情参见相关文献[27]，这里不再赘述。

郭宏新也对波纹型波纹管的热工压降性能进行了充分的研究[28]，并且充分考虑了波纹型波纹管的详细结构参数。

传热关联式如式（4-23）～式（4-25）所示所示。

$$h_0 = 0.1098 \psi \left(\frac{\lambda}{d_0}\right) Re^{0.8653} Pr^{1/3} \left(\frac{h}{d_i}\right)^m \left(\frac{S}{d_i}\right)^{-n} \quad Re \leqslant 2500 \tag{4-23}$$

$$h_0 = 0.2475 \psi \left(\frac{\lambda}{d_0}\right) Re^{0.7747} Pr^{1/3} \left(\frac{h}{d_i}\right)^m \left(\frac{S}{d_i}\right)^{-n} \quad 2500 \leqslant Re \leqslant 12000 \tag{4-24}$$

$$h_0=0.7872\psi\left(\frac{\lambda}{d_0}\right)Re^{0.6446}Pr^{1/3}\left(\frac{h}{d_i}\right)^m\left(\frac{S}{d_i}\right)^{-n} \qquad Re\geqslant 12000 \tag{4-25}$$

式中，h_0 为管内对流传热系数；ψ 为传热校正系数；λ 为液相导热系数；d_0 为波纹管外径；Pr 为普朗特数；h 为波纹管的波谷高度；d_i 为波纹管的内径；m 为波纹管波谷高度的校正系数；n 为波纹管节距的校正系数；S 为波纹管的节距。

压降关联式如式（4-26）～式（4-28）所示。

$$\Delta P=\frac{M^2LNf}{2\rho d_i\phi}\times 10^{-3} \tag{4-26}$$

$$f_i=0.7282Re^{-m} \qquad Re\leqslant 12000 \tag{4-27}$$

$$f_i=5.3549Re^{-n} \qquad Re>12000 \tag{4-28}$$

式中，M 为质量流率；L 为管长；N 为管程数；f 为阻力因子；ρ 为密度；ϕ、m、n 为波纹管阻力计算常数；

同时相关研究工作表明，对波纹管折流杆换热器，壳程的传热与阻力计算规律为：与光管相比，当 $Re<2000$ 时，单壳程传热系数是光管的 1.7 倍。当 $Re\geqslant 2000$ 时。单壳程传热系数是光管的 1.9 倍；壳程压降是光管的 1.1 倍。双壳程传热系数计算同单壳程，压降为单壳程的 2 倍。而对波纹管弓形板换热器，壳程传热与阻力计算关联式如式（4-29）～式（4-32）所示。

$$C=h_0\times 10^{-5} \qquad Re+1.3746 \tag{4-29}$$

$$f_i=C_1Re^{0.1892} \qquad Re\leqslant 2500 \tag{4-30}$$

$$f_i=C_2Re^{-0.2677} \qquad 2500\leqslant Re\leqslant 5500 \tag{4-31}$$

$$f_i=C_3Re^{-0.0613} \qquad Re\geqslant 5500 \tag{4-32}$$

式中，h_0 为光管的壳程对流传热系数，C 为强化比，C_1、C_2、C_3 为参数。

（3）正弦型波纹管

国内外对正弦管的研究均较少。研究的结果较为零散，整合成关联式的形式研究成果较为少见[29-32]。但是研究结果同样表明了正弦型波纹管相较于传统光滑直管在传热性能上的优越性及对压降所带来的提升。

刘洁对几种特定参数的正弦型波纹管进行了传热性能研究[33]。针对表 4.4 所示的几种尺寸参数的正弦型波纹管，通过以水为介质的实验结果归纳得到了波纹管管内努赛尔准数 Nu 的关联式方程，见式（4-33）。其适用范围为雷诺数 $Re=1800\sim 24000$，普朗特数 $Pr=3.5\sim 5.8$ 之间。表 4.4 中所列参数的意义见图 4.5。

$$Nu=0.0432Re^{0.859}Pr^{0.4} \tag{4-33}$$

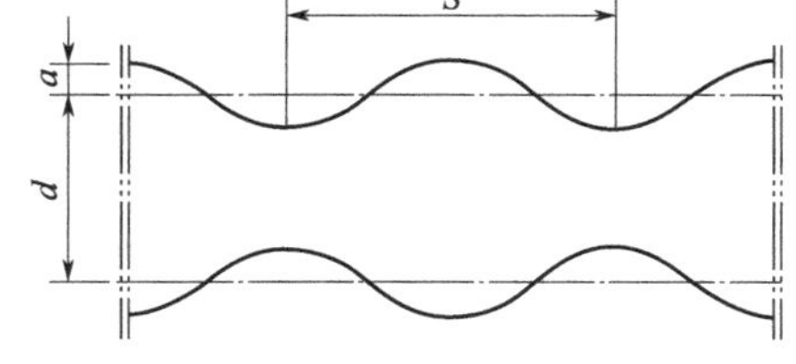

图 4.5　表 4.4 中对应参数示意

表 4.4　正弦型波纹管尺寸参数　　单位：mm

参数	1 号	2 号	3 号
当量直径 d	19	19	19
周期 S	21.5	23	21.5
幅值 a	3	3	4

(4) 圆弧切线型波纹管

圆弧切线型波纹管是由北京化工大学首先提出来的[27]，因此对圆弧切线型波纹管的研究主要集中在北京化工大学。

钱才富、杨秀杰[12] 通过实验数据回归得到了圆弧切线型波纹管管内努赛尔准数 Nu 的关联式，如式 4-34 所示。式中，流体被加热时，$n=0.4$；当流体被冷却时，$n=0.3$；该关联式的应用范围为圆弧切线波纹换热管内强制对流传热，$5000\leqslant Re\leqslant 30000$，$4.32\leqslant Pr\leqslant 7.02$，该波纹管的胀形系数 $(d_2/d_1)=1.26\sim1.28$，波峰圆弧半径 $6\text{mm}\leqslant R_1\leqslant 14\text{mm}$，波谷圆弧半径 $3\text{mm}\leqslant R_2\leqslant 11\text{mm}$，波距 $d_1\leqslant S\leqslant d_2$。

$$Nu=(0.06275-0.00948\frac{R_1}{d_1}-0.00451\frac{R_2}{d_1}-0.01283\frac{S}{d_1})Re^{0.775}Pr^n \tag{4-34}$$

同时钱才富的研究也给出了圆弧切线型波纹管管内阻力因子的关联式，如式（4-35）所示。

$$f=(0.0404+0.0024\frac{R_1}{d_1}-0.0057\frac{R_2}{d_1}-0.0125\frac{S}{d_1})Re^{-0.097} \tag{4-35}$$

4.3.3 设计需要考虑的因素

与传统的光滑直管管壳式换热器相比，波纹管高效换热器由于引入了波纹管，使得在设计中需要针对一些特定的问题加以特别注意。主要表现在以下几个方面。

(1) 适用的设计参数范围

波纹管换热器设计压力≤4.0MPa；设计温度≤300℃；公称直径≤2000mm；公称直径(mm)×设计压力(MPa)≤4000。不适用毒性程度极度或高度危害的介质、易燃或易爆介质、存在应力腐蚀倾向的场合[34]。

(2) 折流板间距与厚度

折流板最大间距为波纹管波谷外径的 25 倍。以标准[35] 型号 BGA 32/25×20×0.8×3000×0Cr18Ni9 为例，波谷直径为 25mm，这意味着折流板的最大间距仅为 625mm。也就是最大无支撑跨距为 1250mm，远小于同规格直管最大无支撑跨距 1850mm。经验表明，最佳的板间距约为 1/3 的壳体公称直径[36]。所以，适于波纹换热管的壳体不宜大于 DN1875mm。为加强支撑作用和防止短路，可以适当增加折流板（支持板）的厚度，通常以能跨过一个波距为宜[37]。折流板（支持板）管孔两面都要倒角（2×45°），以保证装配穿管时不划伤波纹管表面。

(3) 波纹管的支撑处理

波纹换热管的支撑问题，一直是困扰波纹管换热器安全与成本的大问题，目前工程中普遍采用以下三种应对措施[34]：①采用文献［38］推荐的，按波纹换热管波距选用折流板厚度，取不小于波距为宜，如图 4.5（a）所示。②使用外置管托的波纹换热管[39]，在管托部位支撑，管托长度是配套波纹管 2～3 节波纹长度之和，管托外径比配套波纹管外壁最大外径大 4～6mm。如图 4.5（b）所示。③利用如图 4.5（c）所示的套管来支撑。套管位于波纹换热管的波谷，其外径与波纹换热管外径相同，长度 2～3 个波距。在成形波纹管时放入，其位置对应折流板位置。

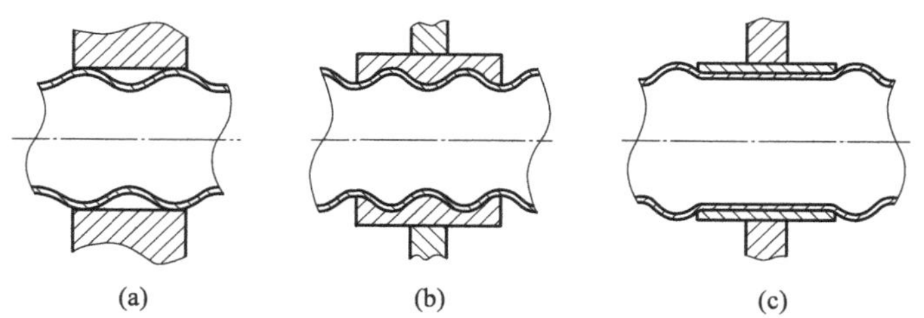

图 4.6 三种波纹管支撑结构

(4) 波纹管的刚度问题

波纹管换热器管板设计时，需要使用波纹管的重要参数：轴向单波刚度，GB/T 151—2014 推荐通过拉伸试验来确定。除采用测试法获得波纹管的轴向单波刚度外，采用计算机模拟来求解波纹管的刚度，并与已经测出刚度的实际波纹管相比较，在一定的允许误差范围内，是较好的选择，一是降低测试费用，二是可适用更大的参数变化。

(5) 耐外压问题

普通用作换热管的光管因为管壁较厚，不存在耐外压能力不足问题，而波纹换热管因为直径大、壁薄，所以耐外压能力明显不足。实验结果表明：H32×0.8mm 光管成形波峰外径为 H42 的换热管只能承受大约 8.0MPa 的外压；H32×0.6mm 光管成形波峰外径为 H42 的换热管只能承受大约 4.0MPa 的外压。因此，对管壁薄、壳程试验压力大的情况在设计中应特别引起注意。

(6) 防冲结构

防冲结构对波纹管换热器至关重要。如果防冲板结构不合理，在运行过程中脱落或损坏，则波纹管必然损坏，导致换热器不能正常工作。通常可考虑按以下方式选用：大型换热器用外导流结构；中型换热器可将防冲板焊在筒体上，并增加一定数量的加强筋，加强筋分别焊在防冲板和接管上；小型换热器防冲板可直接焊在拉杆上[37]。

(7) 波纹管与管板连接方式

一般波纹管换热器不推荐换热管与管板采用胀接工艺，这主要基于以下两点考虑：波纹换热管的管头采用奥氏体不锈钢，而奥氏体不锈钢材料属加工硬化倾向性大的材料，波纹换热管管头一般又比光管换热管管头厚（常用 3mm），所以胀接难度很大[37]。

(8) 管板的设计计算

对于波纹管换热器的管板设计计算，目前还没有文献或技术文件提出过相应的方法。相关企业在进行管板设计计算时，一般把波纹管简化为光管。这种结果给波纹管换热器管板设计计算带来了很大的不确定性。

波纹换热管结构不同于光管，波纹管的柔度大于光管，刚度小于光管，所以对管板的支撑与光管有所不同。因此，计算出波纹管的轴向刚度对精确计算管板受力非常有用。在有了波纹管的刚度数据基础上，就可以对管板进行设计计算。推荐以 GB/T 151—2014 中的管板设计计算方法为基础，在考虑波纹管刚度的情况下，将波纹换热管折算成等同刚度的光管换热管，再根据 GB/T 151—2014 的步骤来计算波纹管换热器管板的强度[40]。

(9) 膨胀节的设置

波纹管换热器中，波纹换热管由于其结构的特殊性，在一定程度上能起到补偿位移，减小变形不协调的作用。但是在温差较大时，也需考虑是否设置膨胀节。

（10）声震动的考虑

波纹管换热器中，换热管的弯曲表面使得流体流经的时候，与光滑直管相比，更容易引发噪声及由噪声引发声震动问题[41]，尤其是管壳程换热介质的流速较大的场合，在这种应用场景下，对波纹管换热器的设计就需要着重考虑采取相关措施以避免可能出现的噪声及声震动问题。

4.4 波纹管换热器的工业应用

鉴于波纹管高效换热器所具有的高效传热能力、很好的温差补偿能力，适用于大温差场合，具有自清洁能力，能有效地防止结垢，延长换热器的操作周期，降低检维护费用，波纹管高效换热器具有非常广泛的工业应用，尤其是对于管内流体雷诺数低于 20000 的场合应用效果会更加突出。

（1）应用行业

波纹管换热器由于其良好的传热性能和抗结垢能力，使其在各个工业领域均得到了极为广泛的应用，在氨冷凝[42]、丙烯腈装置[17]、氮肥[16]、低温甲醇洗[45] 等化工领域及电力供热领域[43,44] 均有较为成功的应用报道。各方的应用结果均表明，用波纹管高效换热器替代光滑直管管壳式换热器后，由于波纹管换热器的高效传热性能，使得换代的设备公称直径或者换热管用量或者换热面积或者换热器设备数量能得到较为明显的下降；同时能够减少传热温差，用更低品位的能源可以达到相同的加热要求；且抗结垢的能力使得换热器的使用寿命也得到了显著的提升。

（2）实际案例分析

某乙二醇装置中的“甲醇洗涤塔顶冷凝器”等 10 台换热器，全部为高真空冷凝器，壳程介质为工艺气冷凝，管程介质有的是循环水，有的是锅炉水，回收余热产生蒸汽，对壳程的阻力降要求非常苛刻，并且是在高真空度的工况下，全部或部分冷凝，所以对换热器总的传热效率要求非常高。

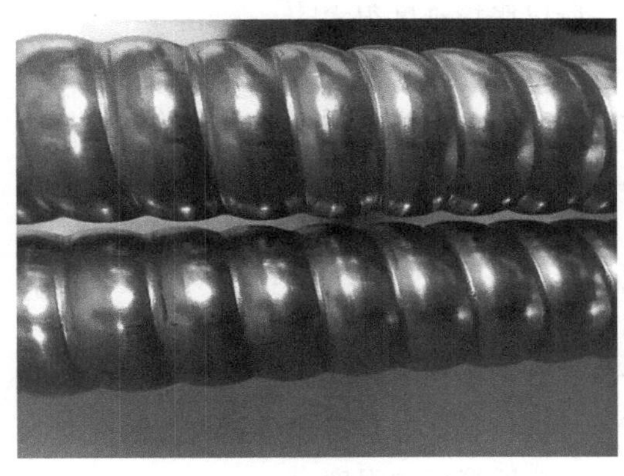

图 4.7 薄壁波纹管

在这个背景和要求下，江苏中圣压力容器装备制造有限公司给出的最优解决方案是采用高效换热器。该高效换热器换热管选用了薄壁波纹管，如图 4.7 所示。经过长达 1 年时间的现场运行跟踪监测，发现薄壁波纹管其管内传热系数是传统光管的 1.7～3 倍，管外传热系数是传统光管的 1.3～1.7 倍，总传热系数是传统光管换热器的 1.2～2.4 倍，具体数值与实际操作时的工况有关。图 4.8 即为该薄壁波纹管高效换热器的现场安装实物图。如此解决了乙二醇装置中低温甲醇洗涤塔塔顶冷凝器所面临的低压降、高传热效率的要求。

图 4.8　薄壁波纹管高效换热器

参考文献

[1] Laohalertdecha S, Dalkilic A S, Wongwises S. A Review on The Heat-Transfer Performance and Pressure-Drop Characteristics of Various Enhanced Tubes[J]. International Journal of Air-conditioning and Refrigeration, 2012, 20(4): 1230001-1230003.

[2] 张利涛. 波纹管振动实验及模拟[D]. 沈阳：东北大学，2011.

[3] Kareem Zaid S, Jaafar M N Mohd, Lazim Tholudin M, et al. Passive heat transfer enhancement review in corrugation[J]. Experimental Thermal and Fluid Science(EXP THERM FLUID SCI). 2015, 68: 22-38.

[4] 任伟平. 波纹管换热器的结构特点与应用[J]. 石油化工建设，2015(4)：2.

[5] 金志浩. 强化型波纹管传热过程若干关键技术问题研究[D]. 沈阳：东北大学，2004.

[6] 冯志力，冯兴奎，黄荔烈. 波节换热管热补偿性能的研究[J]. 石油机械，2001，29(4)：3.

[7] Nishimura T, Ohori Y, Kawamura Y. Flow Characteristics in a Channel with Symmetric Wavy wall for Steady Flow[J]. Journal of Chemical Engineering of Japan, 1984.

[8] Nishimura T, Ohori Y, Kajimoto Y, et al. Mass transfer characteristics in a channel with symmetric wavy wall for steady flow[J]. Journal of Chemical Engineering of Japan, 1985, 18(6): 550-555.

[9] Yang X, Qian C. Numerical Simulation of the Fluid Flow and Heat Transfer in the Arc-Tangent Corrugated Heat Exchange Tubes[J]. Chemical Engineering & Machinery, 2008.

[10] 邓方义，刘巍，郭宏新，等. 波纹管换热器的研究及工业应用[J]. 炼油技术与工程，2005，35(8)：5.

[11] 全国钢铁标准化技术委员会. 高效换热器用特型管：GB/T 24590—2021[S]. 北京：中国标准出版社，2021.

[12] 杨秀杰. 圆弧切线波纹换热管传热强化性能和轴向刚度研究[D]. 北京：北京化工大学，2008.

[13] 高芳. 波纹管换热器的应用[J]. 炼油与化工，2001，12(003)：31-33.

[14] 宋艳茹，徐井海，张粹. 波纹管式换热器高效节能[J]. 化工科技市场，2004，27(4)：2.

[15] Li H. A review on research works and applications of enhanced heat transfer element—spirally corrugated tube[J]. Journal of Chemical Industry and Engineering(China), 1982.

[16] 田志. 波纹管换热器在氮肥企业中的应用[J]. 化工设计通讯，2005，31(3)：3.

[17] 孙志刚，李鑫，周艳双，等. 波纹管换热器在丙烯腈装置的应用[J]. 化学工程与装备，2015(6)：3.

[18] 郭建民，周剑秋. 波纹管换热器的应用与研究[J]. 氯碱工业，2009(6)：4.

[19] 张龙，焦兴齐．不锈钢波纹管换热器的制造[J]．中氮肥，2006(6)：2.

[20] 朱永红，曹红科，孙凤刚．关于波纹管换热器几个问题的探讨[J]．化肥设计，2001，39(006)：19-21.

[21] 郭其新．波纹管换热器技术开发与应用[D]．北京：中国石油大学(华东)，2003.

[22] 龚斌，齐辉．波纹换热管传热面积的计算[J]．辽宁化工，2003，32(12)：2.

[23] 喻九阳．列管式换热器强化传热技术[M]．列管式换热器强化传热技术，2013.

[24] 刘洁．波纹换热管强化传热特性研究[D]．沈阳：沈阳化工学院，2005.

[25] 罗再祥．管壳式换热器传热对比研究与数值模拟[D]．武汉：华中科技大学，2008.

[26] Sun M，Zeng M．Investigation on turbulent flow and heat transfer characteristics and technical economy of corrugated tube[J]．Applied Thermal Engineering，2018：S953717628.

[27] 肖金花．波纹管传热强化及其轴向承载能力研究[D]．北京：北京化工大学，2006.

[28] 郭宏新，刘巍，邓方义．厚壁波纹管换热器传热与阻力性能研究[J]．石油化工设备，2003，32(4)：5.

[29] Russ G，Beer H．Heat transfer and flow field in a pipe with sinusoidal wavy surface—Ⅰ．Numerical investigation-ScienceDirect[J]．International Journal of Heat and Mass Transfer，1997，40(5)：1061-1070.

[30] Russ G，Beer H．Heat transfer and flow field in a pipe with sinusoidal wavy surface—Ⅱ．Experimental investigation[J]．International Journal of Heat & Mass Transfer，1997，40(5)：1061-1070.

[31] 赵虎城，陈占秀，马秀琴．正弦波纹管强化换热的场协同分析[J]．河北工业大学学报，2009，38(006)：89-92.

[32] 李贵．两类典型换热管换热性能的数值模拟与优化[D]．湘潭：湘潭大学，2016.

[33] 刘洁，张和平，裴威．正弦型波纹换热管传热特性实验研究[J]．石油机械，2005，33(003)：1-3.

[34] 王玉．管壳式热交换器设计中容易忽略的几个问题[J]．化工设备与管道，2018，55(6)：5.

[35] 全国锅炉压力容器标准化技术委员会．管壳式热交换器用强化传热元件　第 2 部分：不锈钢波纹管：GB/T 28713.2—2012[S]．北京：中国标准出版社，2013.

[36] 朱聘冠．换热器原理及计算[M]．北京：清华大学出版社，1987.

[37] 王玉，王质龙，宁科．波纹管式换热器(四)——波纹管换热器制造[J]．管道技术与设备，1998，04(04)：45-47.

[38] 王玉，丰艳春，钱江，等．波纹管换热器的失效形式及防止措施[J]．化工机械，2000，27(3)：167-171.

[39] 缪成平．外置管托的波纹换热管[P]．CN2014 20748409．7．2015-04-22.

[40] 程凌，周剑秋，尹侠，等．波纹管换热器若干设计问题的分析[J]．化工机械，2006，33(2)：4.

[41] Rajavel B，Prasad M G．Acoustics of Corrugated Pipes：A Review[J]．Applied Mechanics Reviews，2013，65(5)：50000.

[42] 刘晓康．波纹管换热器及其在氨冷凝系统中的应用[J]．化学工程与装备，2011(11)：3.

[43] 吴守杰．波纹管换热器技术性能强化分析及其在电力供热领域的应用[J]．有色矿冶，2008，24(3)：4.

[44] 张贤福，刘丰．双管板高效波纹管换热器的研究[G]．第六届全国换热器学术会议论文集，2021，8-14.

[45] 高扬，张信，李玉．波纹管换热器在低温甲醇洗工艺中的应用[J]．大氮肥，2011，34(5)：3.

第 5 章 T型槽管换热器

5.1 概述

T 型槽管是在基管外壁冷加工成密集的螺旋状 T 型凹槽的特型管。T 型槽管是 1978 年西德 Wieland-Werke 公司所发明，1979 年始见于美国专利[1]，被称为 Gawa-T 管。由于其加工简便和具有良好的沸腾传热性能，被广泛地应用到不同领域，目前已成为国际上主要的沸腾强化管之一[2]。图 5.1 为 T 型槽管的实物图。T 型槽管广泛用于强化管外沸腾传热场合。本章从 T 型槽管的结构特点、传热性能及工业应用案例等三个方面进行阐述。

图 5.1 T 型槽管实物图

5.2 T型槽管特点及加工

T 型槽管（简称 T 管）是以光管为坯管，采用机加工的方式，通过无切削的滚压轧制工艺，靠坯管表层金属的塑性变形轧制而成，管子的内表面可以保持不变或者加工成其他成型表面，其内部被加工成密集的螺旋状的 T 型凹槽，属于机加工表面多孔管的一种。T 型槽管是在螺纹管的基础上改进而来的，又因其翅片形状类似英文字母“T”，也被称为“T 形翅片管”。

5.2.1 T型槽管的结构特点

T 型槽管具有的内凹槽底部较大，外部开口较小的结构对于形成稳定的汽化核心非常有利，另外，扩展了更大的传热面积。实验发现，T 型槽管比同等条件下的光滑管具有更高的传热系数，沸腾传热性能优异，与其他沸腾强化表面（如喷涂或烧结型高通量管）相比，T 型槽管具有机械加工多孔管的特点，加工过程非常简单，且成本低。

图 5.2 T 型槽管加工表面

图 5.2 为 T 型槽管加工外表面，从外形中仅能看到凹槽的狭缝开口。在 T 型槽管结构参数中，凹槽的开口度至关重要，它控制着液体

进入通道和气泡从顶部逸出的过程及蒸发过程中槽内大量液体的循环。

5.2.2 T 型槽管的加工

T 型槽管的机加工工艺，是 T 型槽管技术工业化的技术关键之一，采用特制的 T 型槽管滚轧机，可以做到 2～15m 长的换热管一次滚轧成型，并采用轴向送进的加工方法实现连续生产。

利用组合刀具将翅片滚轧和翅片滚压一次成型，实现 T 型槽管连续加工制造。T 型槽管的组合滚轧刀具包括：叠片式环形槽组合滚轧刀具和滚压轮。滚轧机主要由调速电机、变速箱、多条万向联轴节带动组合刀具。组合刀具的芯轴根据加工 T 型翅片的螺距，调整驱动轴的螺旋升角，达到连续加工制造。

目前，T 型槽管滚轧机已能大批量生产 T 型槽管，可满足 T 型槽管重沸器和蒸发器的工业制造需要。T 型槽管的加工制造推荐按照 GB/T 24590—2021《高效换热器用特型管》的要求。制造 T 型槽管的基管应为冷拔（轧）无缝管或焊接管。基管应采用整根管子，不应拼接。T 型槽管的两端应各留出一段光管段与管板连接。其长度应不小于管板厚度加 30mm。

5.2.3 T 型槽管的结构参数

图 5.3 是 T 型槽管剖面图，展现了 T 型槽管凹槽内部的截面形状。图中 D 为基管的公称外径；S 为基管的公称壁厚；d_{of} 为 T 型槽管外径；d_i 为 T 型槽管内径；l 为换热管两端留取的光管长度；p 为槽距；b 为开口宽度；h 为 T 型槽深度；a 为槽道宽度。加工时，T 型槽管的两端需要留取一定长度的光管，为保证和管板的有效密封和焊接强度，l 值的选取需要考虑设备的管板厚度。一般情况下，在管壳式换热器中使用 T 型槽管时，d_{of} 需要小于等于基管的公称直径 D，加工过程中防止扩径，保证换热管穿管顺利及管板与换热管管头的可靠密封。

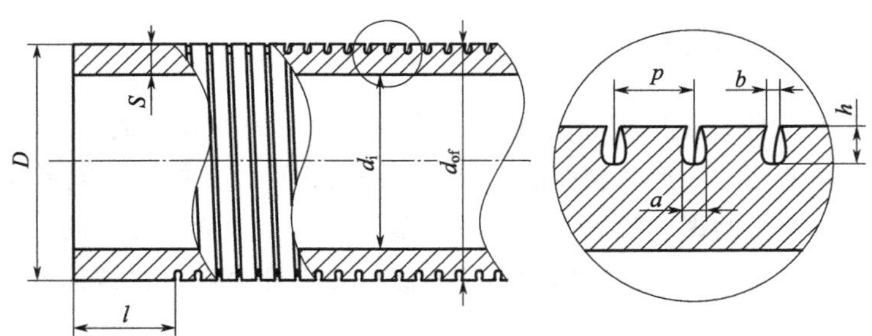

图 5.3　T 型槽管剖面图

T 型槽管加工过程控制参数是螺距和凹槽的开口度。目前较为常用的螺距为 1～3mm，开口度为 0.3～0.4mm，槽深为 0.9～1.2mm。常用的尺寸规格参数如表 5.1 所示。T 型槽管尺寸允许偏差见表 5.2。

表 5.1　T 型槽管尺寸规格　　单位：mm

D	S	d_{of}	p	h	a	b
16	2.0	15.6	1.6	1.1	0.6	0.3

续表

D	S	d_{of}	p	h	a	b
16	2.0	15.6	2.0	1.1	0.8	0.4
19	2.0	18.6	1.6	0.9	0.6	0.3
19	2.0	18.6	2.0	0.9	0.8	0.4
19	2.5	18.6	1.6	1.1	0.6	0.3
19	2.5	18.6	2.0	1.1	0.8	0.4
25	2.5	24.6	1.6	0.9	0.6	0.3
25	2.5	24.6	2.0	0.9	0.8	0.4
25	3.0	24.6	1.6	1.1	0.6	0.3
25	3.0	24.6	2.0	1.1	0.8	0.4
32	2.5	31.6	1.6	0.9	0.6	0.3
32	2.5	31.6	2.0	0.9	0.8	0.4
32	3.0	31.6	1.6	1.1	0.6	0.3
32	3.0	31.6	2.0	1.1	0.8	0.4

表 5.2　T 型槽管尺寸允许偏差　　单位：mm

参数	d_{of}	p	h	a	b
尺寸允许偏差	±0.2	±0.1	±0.1	±0.1	±0.1

5.3　T 型槽管换热器的沸腾强化传热

目前工程上强化沸腾传热应用最多的还是对表面进行特殊处理。特殊处理的目的是使管外表面上形成理想的内扩展凹腔。这些理想的凹腔在低过热度时会形成稳定的汽化核心；且内凹腔的颈口半径越大，形成气泡所需的过热度就越低。因此，这种特殊处理过的表面能在低过热度时形成大量的气泡，从而大大地强化核态沸腾过程。这种特殊表面又称为沸腾强化表面，T 型槽管就是这样一种沸腾强化表面，它实际上是一种机加工多孔表面。

5.3.1　T 型槽管强化传热特点

普通的螺纹管是直翅片的形状，翅片间的截面是矩形或者扩口的梯形。T 型槽管的翅片是一种变形翅片，变形后的翅片表面形成半封闭的腔体（见图 5.3）。在这种表面上，汽化情况与普通螺纹管直翅片的汽化截然不同。一种强化机理认为，螺旋通道内气泡在槽道底部形成后，T 形结构限制了气泡的有效逸出，气泡仍将沿着槽道周向运动一定距离，由于 T 形结构顶端的半封闭结构，气泡受挤压变形逸出，延长了离开管表面的时间，运动中，气泡与隧道内壁接触的机会在增加，从而促进了传热。同时，由于槽道的存在，气泡在槽道内长大周向运动的过程中，冲刷着槽道内壁上其他仍在生长的气泡，促使通道内表面更新和气泡发生频率的增加，增加了沸腾的汽化核心，从而强化了传热。在较高热负荷下，通道内形成蒸汽流，在气流的挤压作用下，气流和翅片内表面之间形成一层环状的薄液膜，沸腾进入高效的液膜蒸发。

另外，由于气泡在翅片顶端挤出时，通道内部会形成局部的负压，使得翅片外部低温液体在毛细管效应的作用下被不断地吸入到通道内，使换热表面的气液两相流的流动加剧，形成持续的核态沸腾，从而提高蒸发的传热系数，这也被称为“沸腾缝隙效应”，也是造成能强化汽化过程的条件。

此外，由于通道内气泡的周向冲刷和气泡从狭缝挤出时形成的冲刷力量，且由于汽-液两相在凹腔内强烈的循环流动，避免了工质中的杂质在孔内的沉积，使得凹腔内部和管外表面都不易结垢，从而能保持长期稳定的良好传热效果，保证了设备能长期使用，也减少了污垢热阻对传热面积的浪费。

5.3.2 T型槽管的强化传热模型

文献［3］观察氟利昂在铜制圆筒状T形表面上的沸腾现象并测得沸腾传热系数比光管表面提高3～5倍；文献［4］以R113和FC-72为工质得到在热流密度为40kW/m^{2}时，T形表面的传热系数是光滑表面的2.8倍；文献［5］研究了七根换热管组成的管束，在热流密度为20kW/m^{2}时，与普通低螺纹翅片相比，传热系数提高70%。

Nakayama等[6]在1980年提出机械加工表面多孔管沸腾传热在不同热流密度下的三种模型，参考Nakayama等的“吸入-蒸发”模型，可以对T型槽管的传热机理进行如下分析：

① 将T型槽管的外表层面积分为两个部分，即管的外表面积（以光滑管面积减去开孔面积计算）和多孔隧道内表面积；

② 在T型槽管的外表面的传热是由气泡脱离、上升过程所引起的自然对流传热；

③ 在多孔隧道内的传热分为两个部分：一是汽化的潜热传递，二是液体被挤出通道所带走的显热。

文献［7］借鉴上述吸入-蒸发动态模型，提出了T型表面的气泡动态模型，如图5.4所示。在T型槽的隧道外表，有些点区以很高的频率产生气泡——称为活化点；有些不产生气泡的点区为非活化点。气泡从活化点处逸出脱离，而液体从非活化点处以及气泡脱离时的活化点处流入T形隧道内。T型表面的气泡动态模型可以分为三个阶段：起泡阶段；长大阶段；脱离阶段。起泡阶段：T型槽近壁面处液体蒸发形成气泡，此时，隧道内压力升高。长大阶段：由于扰动及T型槽表面微观尺寸在不同地方上有差异，有些点区气泡长得很快，当T型槽内蒸气流入这些气泡后，引起T型槽压力下降，这样，未来得及形成一定尺寸气泡的点就不能再形成气泡，而成为非活化点。活化点处气泡继续长大，使T型槽内压力下降，致使T型槽内压力低于外面液体池的压力，此时，液体即通过非活化点区流入隧道内。脱离阶段：活化点区气泡长大到脱离半径时，即脱离表面，此时液体又从活化点区流入隧道内。这三个过程以很高的频率循环地进行着，这便是T型表面气泡动态模型。

文献［7］中还测试了一个大气压下，垂直放置在液氮池中进行沸腾传热，其传热系数是在同样沸腾条件下相同尺寸光管的2～4倍。说明T型槽管的强化不仅仅对卧式设备有效，在立式设备中同样可以有效。T型槽管在低热流时的强化效果不如高热流时的强化效果好，且存在着温度突起现象。文献［8］中的实验结果也证实了此种现象的存在。发生这种现象是因为：工艺上不可能使每个T型槽绝对均匀，因而有个别的凹槽在起初时起泡，但传热还处于自然对流阶段。当热流加到某一值时，全部凹槽内起泡才进入沸腾传热阶段，传热大为加强，故而温差反而降低。

Marto P. J 等[8] 的实验研究也表明气液进出隧道的运动与其传热性能关系甚大。他们的实验还发现，T 型槽管与其他沸腾表面一样，起始沸腾存在严重的温差超常现象，即沸腾滞后现象，显然，滞后现象的存在将大大影响强化性能的发挥。

用七根 T 型槽管组成管束置于装有 R12 的容器中，对中间的三根管子加热获得 R12 沸腾给热系数 h 与有效温差 Δt 之间的关系如图 5.5。图中也列有相同条件下光滑管的沸腾曲线。可以看到 T 型槽管有效温差低于 0.25℃。在很低的温差下均能维持沸腾，可以大大减少有效能的损失。

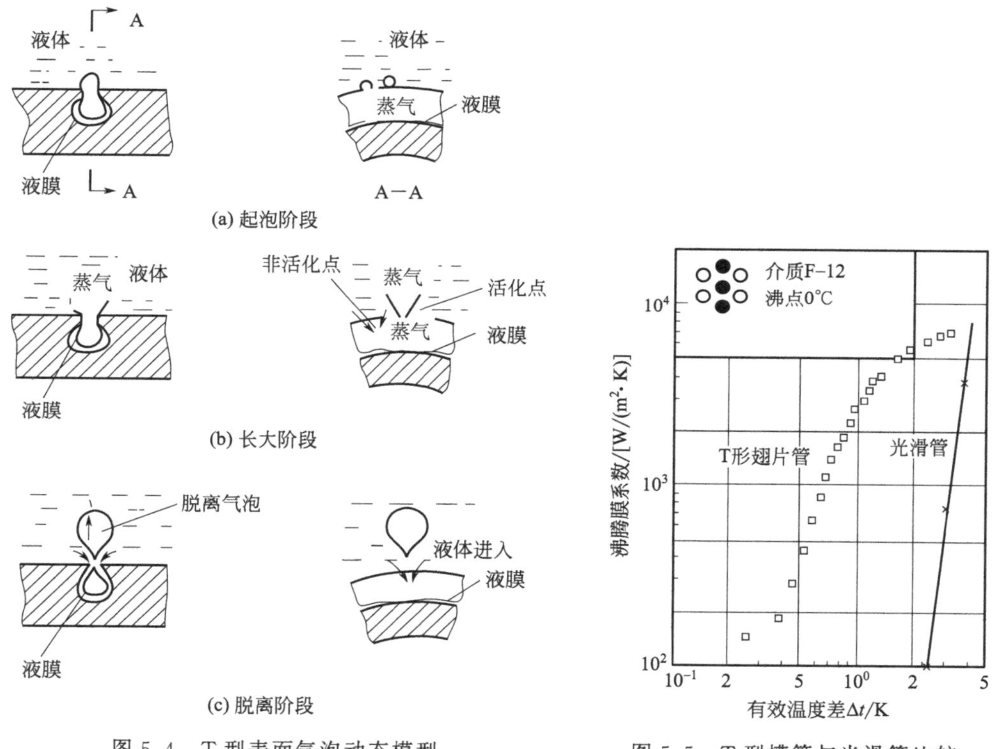

图 5.4　T 型表面气泡动态模型

图 5.5　T 型槽管与光滑管比较

罗国钦等[9] 研究了 T 型槽管的沸腾传热特性，在 0.1MPa 下以 R113 和 R11 为介质对 T 型槽管、低肋管和光管进行了单管沸腾实验。通过实验观察了 T 型槽管沸腾时隧道内的气液运行状况，T 型槽管的沸腾传热系数比光管提高 1.5～10 倍，比低肋管提高 10%～120%。通过实验研究可以看出，不管是光管还是 T 型槽管，都具有沸腾滞后现象。沸腾滞后现象一般是指在较低的热负荷下，热负荷下降至某一数值时表面仍处于沸腾传热状态，而由于新相产生困难，当热负荷上升至同一数值时，表面可能仍处于自然对流状态，显然沸腾的产生需要较大的传热温差。其显著特点是，在表面完全沸腾之前的任一热负荷下，热负荷上升操作所需的传热温差远大于热负荷下降操作的数值，如图 5.6 所示。开口度大小对 T 型槽管沸腾滞后大小的影响并不明显。实验通过对透明 T 型槽内气液流动状况的观察和分析，认为 T 型槽内的传热随着热负荷从低到高，T 型槽内的传热可以划分为五个不同阶段：①气泡产生前的自然对流传热；②顶部隧道汽相周期性生长脱离时的局部液膜蒸发及相应的液体进出隧道循环时的对流传热；③隧道内的泡核沸腾传热；④隧道内壁薄液膜蒸发传热；⑤隧道表面蒸干后的膜态传热或烧毁。

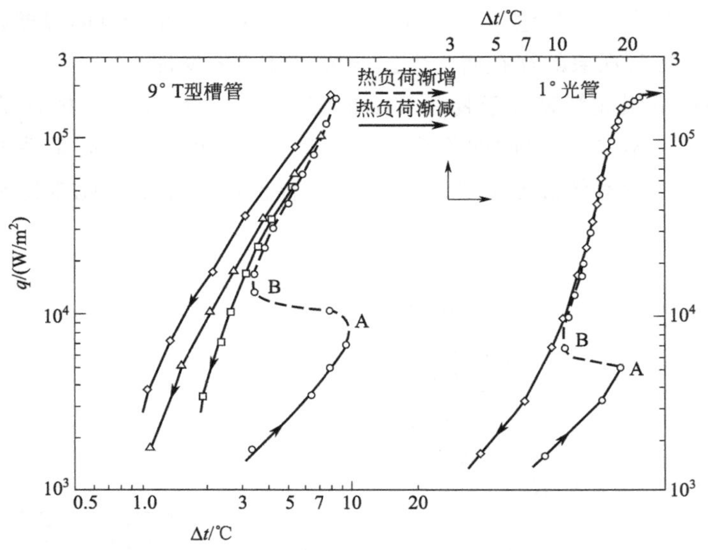

图 5.6　T 型槽管和光管的沸腾滞后现象

5.3.3　T 型槽管的强化传热计算

在理论方面，曹一丁、辛明道提出了垂直逆向汽液两相流动的传热模型[10,11]，认为沸腾时随着凹槽内蒸汽压力的提高，蒸汽经狭缝逸出，压力随着下降，液体的重力和毛细力作用下流入凹槽，在壁面上形成薄液膜，再次迅速蒸发并依次反复进行。在罗塞瑙（Rohsenow）公式的基础上，根据 T 型槽管表面的实验数据，用多元回归定出方程中的常数得到

$$Nu_s=3.76\left[(2h+W)/2d\right]Ar_d^{1/3}(2qs/h_{fg}\mu_1)^{-0.15}(q^2s^2/\sigma\rho_v h_{fg}^2 d)^{0.29}Pr^{0.76} \tag{5-1}$$

式中，$Nu_s=\dfrac{qs}{\Delta TK}$；$Ar_d=\rho_1 g d^3(\rho_1-\rho_v)/\mu_1^2$ 为阿基米德数。该计算公式与试验数据的误差在±30%范围内。试验工质为蒸馏水、R113 和乙醇，压力为当地大气压，T 型槽管的结构参数范围为：$d=0.09\sim0.24$mm，$W=0.60\sim0.80$mm，$s=0.80\sim1.20$mm，$h=0.50\sim1.00$mm。试验表明对于水，T 型槽管强化表面的传热系数比光管提高 3～10 倍，对于 R113 提高 2～10 倍，对于乙醇提高 3～30 倍。

Rohsenow[12] 根据沸腾传热热流密度很近似地正比于气泡带走的潜热，导出了著名的罗塞瑙公式，考虑到普朗特数表征工质性质对传热的影响，得到 T 型槽管强化表面的沸腾传热关联式为

$$\frac{\delta_H^*\Delta TK}{qs}=C''\left(\frac{2qs}{h_{fg}\mu_1}\right)^m\left(\frac{q^2s^2}{\sigma\rho_v h_{fg}^2 d}\right)^n Pr^{g_1} \tag{5-2}$$

式中，常数 C''、m、n 和 g_1 由实验确定，$g_1=-e(m+2n+1)$，$\delta_H^*=\left[g\rho_1(\rho_1-\rho_v)/\mu_1^2\right]^{1/3}(h+W/2)$，槽深为 h，槽间距为 s，凹槽开口度为 d，凹槽的槽宽为 W，ρ_1 和 ρ_v 分别为液体和气体密度，μ_1 为液体动力黏度，g 为重力加速度，m 与流态等因

素有关，且其绝对值一般小于 1，K 为液体导热系数，h_{fg} 为汽化潜热，过热度 $\Delta T=T_w-T_v$，T_w 为壁面温度，T_v 为凹槽内饱和温度，q 为沸腾传热热流密度。

天津大学刘贞贞[13,14] 等，以水合浓度 99.7%以上的无水乙醇作为沸腾介质，对开口度 d 分别为 0.1mm、0.2mm 和 0.3mm 的机械加工表面多孔管 MH 管进行了实验研究，得出开口度 0.3mm 的管传热性能最佳。试验用 MH 管为 $\Phi25\times3$ 的碳钢管，强化表面是在 T 型槽管表面的基础上做了一些改进得到的，槽深 0.8mm，槽宽 0.75mm，槽距 1.5mm，见图 5.7。该研究也采用曹一丁的垂直逆向气液两相流模型进行实验关联式的拟合回归，得到管束沸腾的传热关联式：

$$h=0.5372(h_t+W/2)Ar_d^{1/3}(2qs/h_{fg}\mu_l)^{-0.198}(q^2s^2/\sigma\rho_v h_{fg}^2 d)^{-0.523}Pr^{-0.043}\lambda_l \quad (5\text{-}3)$$

MH 管的纵剖面及外观形状见图 5.7。

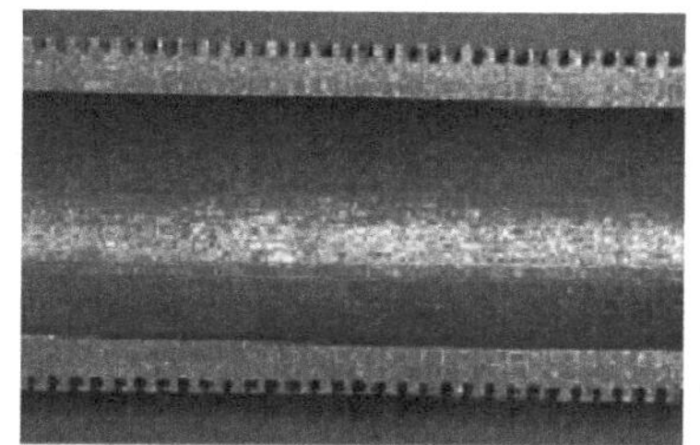
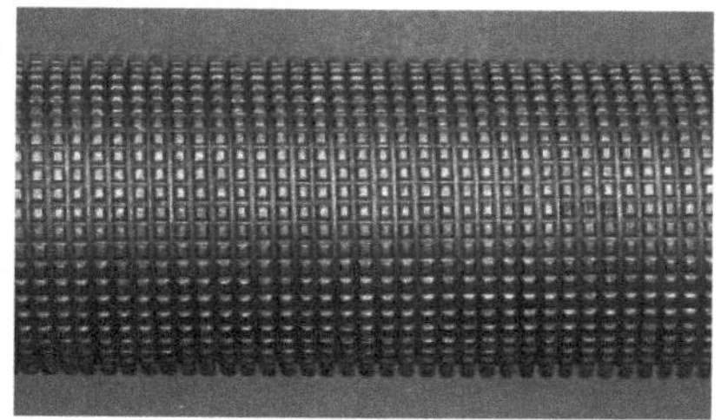

图 5.7　MH 管的纵剖面及外观形状

郭宏新等[15] 进行了钢制 T 型槽管和光管的对比试验。在相同热通量时，光管需要的传热温差是 T 型槽管的 2～5 倍，这也说明在同样的传热温差时，T 型槽管更易于进入沸腾状态。在相同热通量下，T 型翅片管沸腾传热系数是光管的 1.6～4.42 倍，而且达到相同热通量时，壁温过热度却远远低于光管。在某炼油化工厂的脱丙烷塔塔底再沸器中进行了工业应用，用 T 型槽管换热器代替原光管换热器，节省了 33.3%的换热管重量，工业应用测试运行平稳，各项指标均达到设计要求。

文献 [16] 研究了 24 根光管管束和 24 根 T 型槽管管束构成的满液式氨蒸发器，图 5.8 为对满液式氨蒸发器的试验结果。

当试验水速为 0.8m/s 时，T 型槽管满液式蒸发器的总传热系数比光滑管提高 120%，这意味着这种工况下可减少 50%以上的换热面积。

T 型槽管的管外沸腾给热系数是光滑管的 3.92 倍，管内对流传热系数是光滑管的 1.75 倍，在对该管型进行外表面机械加工过程中，管内表面也相应形成一道道密集的螺旋肋，使管内表面粗糙度增加，促进冷冻水在管内的湍流，也可通过设置芯筒的方式避免内表面形成螺旋肋。所得两组关联式如下：

光管：

$$Nu_P=0.023Re^{0.8}Pr^{0.3} \quad (5\text{-}4)$$

$$\alpha_{o,P}=9.46q^{0.7} \quad (5\text{-}5)$$

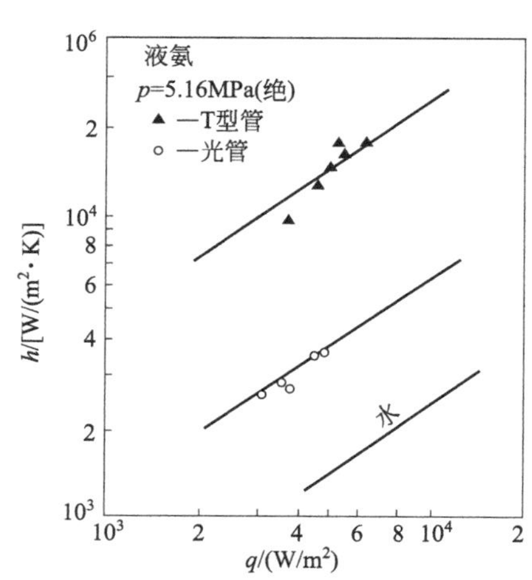

图 5.8　满液式氨蒸发器 h 与 q 的关系

T 型槽管：

$$Nu_{\mathrm{T}}=0.0402Re^{0.8}\mathrm{Pr}^{0.3} \tag{5-6}$$

$$\alpha_{\mathrm{o,T}}=37.12q^{0.7} \tag{5-7}$$

式中，q 为热流密度。

从上述关联式可以推导出强化系数如下：

$$\frac{Nu_{\mathrm{T}}}{Nu_{\mathrm{P}}}=1.748 \tag{5-8}$$

$$\frac{\alpha_{\mathrm{o,T}}}{\alpha_{\mathrm{o,P}}}=3.92 \tag{5-9}$$

上述关联式及强化系数仅针对试验中的特定工质、压力温度等条件，模拟空调工况，蒸发工质为氨，满液式蒸发器结构，蒸发压力 5.16bar（$1\mathrm{bar}=10^5\mathrm{Pa}$，下同）左右，冷冻水进口温度 10～14℃，流速在 0.5～1.0m/s，换热管规格 Φ20mm×2.5mm，材质 20 号钢。

文献［17］对周向间断 T 型肋槽管在 0.1MPa 及高于 0.1MPa 下的沸腾传热进行了试验，工质为乙醇和 R113。一组典型的实验结果已表示在图 5.9 上，可见其起始沸腾过热度低，沸腾传热膜系数大约是光管的 2～6 倍。工质压力 p 对传热性能有明显的影响，反映出对物性的强烈依变关系。压力的变化见图 5.10，可见压力影响的多少还与热负荷的高低有关。轴向直槽的作用是：低热负荷时，促进各 T 型肋槽之间的相互激活，增强传热；高热负荷时，对 T 型肋槽起分流减阻作用，弥补了 T 型槽管在高热负荷时排汽不畅，补液不足的缺陷。实验数据回归得到其沸腾传热计算公式如下，与实验数据相比较，偏差在±20%以内。

$$Nu_D=1.599Sc^{-0.846}Ar^{0.127}We^{0.232}Re_D^{0.458} \tag{5-10}$$

式中，$We=\sigma\rho_{\mathrm{v}}h_{\mathrm{fg}}^2 s/[q_{\mathrm{w}}^2 t(W+H)]$ 是变形的韦伯准则，t 为 T 型槽管的螺距，Sc 为过热度准则；$Ar=(\rho_1-\rho_{\mathrm{v}})gD^3/(\rho_1 v_1 v_{\mathrm{v}})$ 为阿基米德准则；s 为槽顶狭缝宽度，W 为槽内部宽度，H 为槽深度。

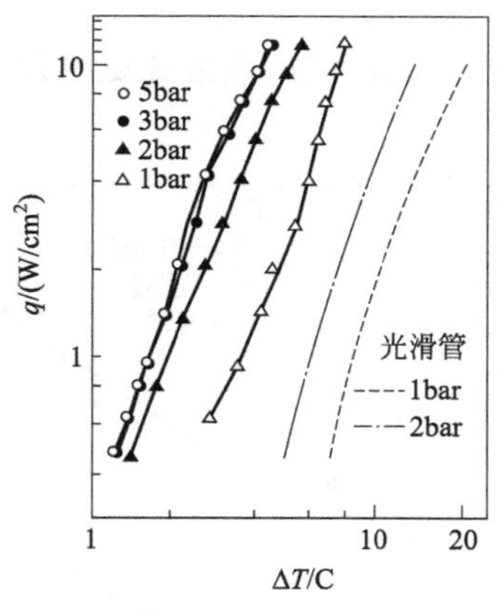

图 5.9　乙醇的 q-ΔT 曲线

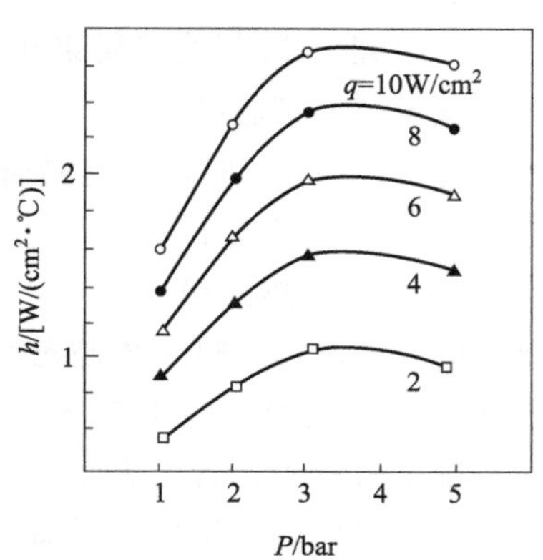

图 5.10　乙醇的 h-P 曲线

文献［18，19］对机械加工表面多孔管的传热及抗垢性能进行了研究，主要是针对机械加工表面多孔管在海水淡化蒸发中的应用。当 NaCl 水溶液的浓度低于某一临界浓度［热负荷 110928kcal/($\mathrm{m}^2\cdot\mathrm{h}$) 下的临界结垢浓度为 27.49%］时，多孔管可以防止 NaCl 在多孔层内析出，能够长时间连续稳定沸腾，并且保持着比光管优越得多的传热性能；在实验的热负荷范围内，NaCl 水溶液的沸腾给热系数为光管的 2.8 倍，沸腾传热温差为光管的 5/13，蒸馏水的沸腾传热温差仅为光管的 1/10～1/8。而当介质的浓度达到临界结垢浓度后，结晶在多孔表面上沉积的速率就相当快，传热性能迅速下降；而光管的蒸发过程是在表面进行的，结晶析出的盐容易被主体溶液溶解或冲脱，临界结垢浓度较接近于 NaCl 的饱和浓度。在 $CaSO_4 \cdot 2H_2O$ 水溶液中加热运行相同的时间后，光管的表面全被 $CaSO_4 \cdot 2H_2O$ 盐所覆盖，积垢的平均厚度约 0.5mm，而多孔管的积垢量很少，表面的小孔仍清晰可见。该研究中的多孔管表面有三角形小孔，孔下有沿圆周方向相互连通的隧道，与 T 型槽管均属于机械加工表面多孔管，传热原理及结垢原理相同，可借鉴参考。因此，T 型槽管不适合用于接近饱和浓度的易结晶盐溶液介质的蒸发浓缩。

文献［20］研究了 T 型管在蒸馏法海水淡化中的应用，T 型管在池沸腾的条件下，表面过热度低，约为 5℃，而光管的过热度大于 8℃，比 T 型管高 3℃左右。T 型管的传热系数是光管的 1.8 倍，强化传热性能突出，且在长期沸腾的情况下，抗垢性能较光管强。经过 30 天的沸腾，T 型管外传热膜系数下降仅 15％左右，而同样工况下，光管的管外传热系数下降明显，约为 100％。

T 型槽管换热器中的管束传热性能与单根 T 型槽管有所不同，工业应用中更多的是 T 型槽管管束。主要差别可能是由以下原因引起的：①管束中靠近液面和位于底部的换热管处于不同的静压力下，它们的饱和温度有所差别，因此管束平均的沸腾传热系数就可能低于按上层管子的饱和温度计算出来的传热系数值。这一点和光管及光管管束的差别是相同的。②沸腾蒸汽的流速相当高，由此而引起的强迫对流会使表面换热性能得到改善，也就是管束效应带来的强化。

管束效应的产生是由管束间密集的气泡运动所引起的，我们可以大致分为以下两部分[21]：

（1）诱发对流产生的管束效应

在管束中，各换热管外表面上产生的气泡，脱离换热管表面以后，在管间形成气泡流并带动液体向上运动，管束外液体在密度差的作用下，从管束下部进入管束，形成了整体对流运动。管束中这种由上升气泡诱发的气液两相流动，可以达到很高的流速，是管束沸腾强化的一个重要原因。

（2）上升气泡冲刷所产生的管束效应

水平管束沸腾与单管沸腾最大的区别在于除下部第一排换热管以外，管束中其他各排管都不同程度地受到其他换热管产生的上升气泡的冲刷。上升气泡的冲刷对管束沸腾换热所产生的影响可以归纳成下列三种效应。

① 液膜效应上升气泡中有一部分气泡碰到上部管表面后，会贴着上排管的壁面继续向上滑行，见图 5.11。这种贴壁气泡和加热壁面之间会存在一层很薄的液膜。这层液膜的厚度约为 30～50μm。由于在气泡滑行过程中，该液膜向气泡内的蒸发使得通过管壁的热流密度增大，从而强化了沸腾传热。

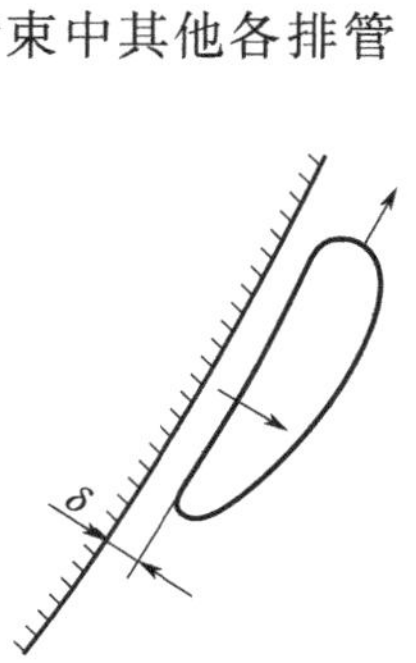

δ

图 5.11　形成液膜滑行的气泡

② 碰击效应在上升气泡中，还有一部分会碰击壁面上正在成长的气泡，从而引起气泡的聚合和提前脱离，显然它也能使沸腾换热强化。

③ 包覆效应高热负荷下，由滑行气泡形成的气泡串会部分地连成一片，从而形成由大气团包覆的局部干涸现象，使沸腾换热减弱，这就是上升气泡的包覆效应。

对于肋管管束效应研究表明，肋管管束效应低于光管管束。试验条件下，只有在较低的热流密度下，肋管管束效应才较明显。当热流密度超过 $30kW/m^2$ 以后，管束效应就不明显了。

T 型槽管也是肋管的一种，可以参考上述文献中的结论。在低热流密度的条件下，T 型槽管管束的换热远远好于光管管束，以单管换热系数的经验公式为依据，则偏于保守。高热流密度的条件下，T 型槽管管束可以按照单管的换热系数的经验公式来进行设计。

5.4 高蒸发管

高蒸发管是 T 型槽管的升级产品，也属于机械加工多孔表面的一种，强化原理相同。T 型槽管只有螺旋形的环形通道，而高蒸发管在原有 T 型槽管的基础上进一步加工，形成了鱼鳞状的细槽，可在管表层下形成网格状的相互连通的空腔，汽化核心的数量是同等规格 T 型槽管的 2 倍及以上，比表面积扩大，翅化比为 1.8～3.4。因此高蒸发管比 T 型槽道管的传热效率更高。图 5.12 为高蒸发管加工后的实物图，图 5.13 为高蒸发管的横截面图及表面放大图。

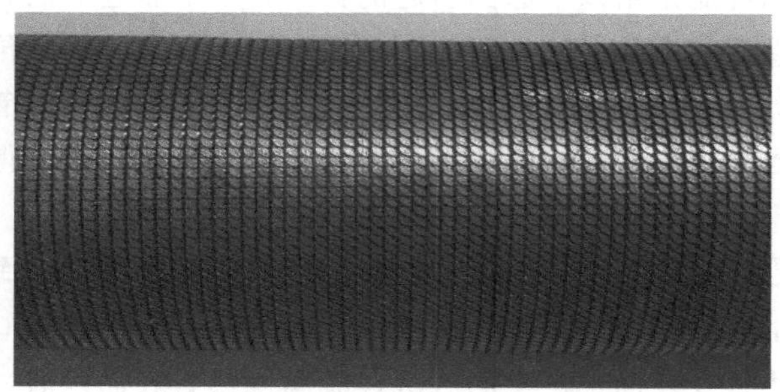

图 5.12 高蒸发管实物图

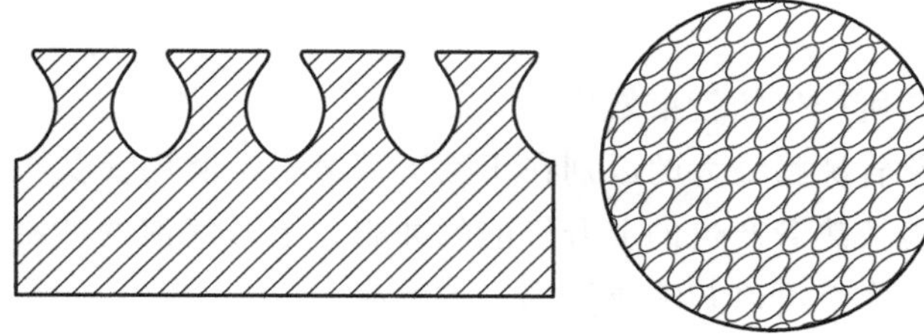

图 5.13 高蒸发管的横截面图及表面放大图

高蒸发管外表面加工出很多空穴，形成网格状的细槽，并在管表层下形成互相连通的网格通道，形成了换热管外表面三维立体的外凹穴结构。空穴提供了蒸发换热所需的大量汽化核心，空穴的开口宽度小于穴体宽度，有利于汽核的形成和气泡的连续逸出，又促进液体的汽化过程变成在隧道壁上效率极高的液膜蒸发，使气泡与管壁面的液膜减薄，减小了热阻，还能利用孔隙的毛细作用使液体及气泡在孔内形成循环，有助于清除杂质和减轻污垢，促进单相液体对流。

由于高蒸发管加工方法和加工成本与 T 型槽管相差不大，传热效率明显高于 T 型槽管，因此现在很多项目中都已经使用高蒸发管替代 T 型槽管。

此外 T 型槽管还可以结合内螺纹加工成双面强化的高效管型，可以用于管外蒸发，管内冷凝或者单相冷却的场合。

5.5　T 型槽管换热器的工业应用

T 型槽管换热器及其升级管型换热器的使用范围与普通卧式再沸器相同，介质在壳程沸腾，管内介质可采用热流体显热传热和气体的冷凝传热。管内传热与阻力计算与光管相同，但应考虑轧制后管内内径的变化。由于 T 型槽管的通道比较狭小，因此不宜用于沸腾侧含有固体颗粒及高浓度易结晶的场合，以免堵塞狭缝，影响传热效果。

(1) 使用的行业

T 型槽管和高蒸发管广泛应用于强化管外沸腾传热的场合，如釜式和卧式重沸器，表面蒸发器，石油、化工及炼油等行业的塔底重沸器等。管内可以是气相冷凝放热、液相冷却或者气相冷却过程。T 型槽管换热器和高蒸发管换热器还可以用于能源回收利用，如冶金等行业的煤气冷却器，利用煤气的余热产生蒸汽，回收余热，达到节能减排的目的。T 型槽管换热器和高蒸发管换热器用途广泛，在丙烷脱沥青装置重沸器、脱丙烷塔重沸器、脱乙烷塔重沸器、丙烯塔重沸器、循环苯塔塔顶蒸汽发生器、乙苯精馏塔蒸汽发生器、常减压蒸汽发生器、脱丁烷再沸器、丁烷重沸器等场合都有应用。

(2) 实际案例分析

① 工业应用案例 1　某项目中的分离塔再沸器为卧式蒸发热虹吸式再沸器，壳程介质在管外蒸发，管内为烷烃的冷凝。壳程压降要求严格，并结合水平管外卧式蒸发的实际工况，采用 BXU 结构形式，外加 T 型槽管的方案设计。两种方案对比见表 5.3。

表 5.3　T 型槽管换热器方案与普通光管换热器方案对比

换热器类型	设备规格 /mm	换热管外径 /mm	换热管壁厚 /mm	换热管长度 /mm	换热管根数	换热面积 /(m^2/台)	换热管重量 /kg	设备总重 /kg
普通换热器	DN. 2100×6500	19	2.5	6500	4982	1837.3	32942	51128
高效换热器	DN. 2000×5500	19	2.5	5500	4438	1374.3	24831	40208

在保证传热余量一致的前提下，T 型槽管换热器设备尺寸有明显缩小，换热面积减少 25.2%，换热管重量减少 24.6%，设备重量减少 21.36%。大大提高了产品的竞争力，同时也为客户减少了投资，经济和社会效益明显。

② 工业应用案例 2　某公司新建 60 万吨/年丙烷脱氢项目中丙烷再生气气化器采用釜式再沸器 BKU 的结构形式，壳程为 C_3 蒸发，管内为丙烯冷凝。常规用于蒸发器的管型是 T 槽管，在此基础上采用江苏中圣优化升级的高蒸发管。该项目中这类蒸发器的设计温度通常为－45℃，需要选用 09MnD 或者 09MnNiD 这种低温合金钢。两种方案对比见表 5.4。

表 5.4 高蒸发管换热器方案与普通换热器方案对比

换热器类型	设备规格/mm	换热管外径/mm	换热管壁厚/mm	换热管长度/mm	换热管根数	换热面积/(m^2/台)	换热管重量/kg	设备总重/kg
普通换热器	DN. 1100×6600	19	2	6600	750（U 形换热管）	624.4	8804	16029
高效换热器	DN. 1000×6000	19	2	6000	613（U 形换热管）	464.1	6527.7	12500

保证传热余量一致的前提下，设备尺寸明显缩小，换热面积减少 25.6%，换热管重量减少 25.8%，设备重量减少 22%。大大减少了金属材料的使用，同时也减少了项目的投资，经济效益明显；材料的节约及占地面积的减少也带来潜在的环保和社会效益。

③ 工业应用案例 3 某 TDI 项目中蒸汽发生器壳程为水蒸发产蒸汽，管程为工艺介质冷凝。由于原来的 BXM 结构形式上部分需要预留气液分离器空间，布管较空，且顶部还需要增加汽包作为气液分离以及气相存储的一个空间。江苏中圣公司将其改为上下汽包合二为一的釜式高蒸发管再沸器结构形式。两种方案对比见表 5.5。

表 5.5 高蒸发管换热器方案与普通换热器方案对比表

换热器类型	设备规格/mm	换热管外径/mm	换热管壁厚/mm	换热管长度/mm	换热管根数	换热面积/(m^2/台)	换热管重量/kg	设备总重/kg
普通换热器	DN. 2100×7500	25	2.5	7500	2795	1562.8	29079	50227
高效换热器	DN. 1700×7500	25	2.5	7500	2368	1394.9	24636	40680

保证传热余量与原设备一致的前提下，设备尺寸明显缩小，除减少一个汽包及附属管道外，换热面积减少 15.3%，换热管重量减少 15.27%，设备重量减少 19%。节约了材料，减小了占地面积和项目的投资成本，节约了能源，经济和社会效益明显。

参考文献

[1] Saier M, Kastner H W, Klockler R. Y and T-finned tubes and methods and apparatus for their making [J]. US, 1979.

[2] Ralphl L. Webb. The evolution of enhanced surface geometries for nucleate boiling[J]. Heat Transfer Engineering, 1981, 2: 46.

[3] Pulido R J. Nucleate pool boiling characteristics of Gewa-T finned surfaces in freon-113[D]. California: Naval Postgraduate School, 1984.

[4] P. J M. Pool boiling heat transfer from enhanced surface to dielectric fluids[J]. Journal of Enhanced Heat Transfer, 1982, 104(2): 292-299.

[5] Stephan K, Mitrovic J. Heat transfer in natural convective boiling of refrigerant-oil mixtures[J]. Begel House Inc, 1982.

[6] Nakayama W, Daikoku T, Kuwahara H, et al. Dynamic model of enhanced boiling heat transfer on porous surfaces[J]. Journal of Heat Transfer, 1980, 102: 445-461.

[7] 陈登吉，钱鸿章. 垂直 GeWa——T 机械加工多孔管在液氮池中沸腾传热的实验研究[J]. 低温工程，1989(1): 6.

[8] Marto P J, Hernandez B. Nucleate Boiling in Thin Liquid Films[J]. Aiche Symp. ser, 1983.

[9] 罗国钦，陆应生，庄礼贤，等. T 形翅片管沸腾传热特性的研究[J]. 高校化学工程学报，1989(2)：8.

[10] 曹一丁，辛明道，谢欢德. T 型结构机械加工强化表面的沸腾传热分析与实验[J]. 工程热物理学报，1986，V7(1)：63-66.

[11] Ming-Dao，Xin，Yi-Ding，et al. Analysis and experiment of boiling heat transfer on t-shaped Finned surfaces[J]. Chemical Engineering Communications，1987.

[12] Rohsenow W M. A Method of Correlating Heat Transfer Data for Surface Boiling Liquids[J]. trans asme，2011.

[13] 刘贞贞. 机加工表面多孔管池核沸腾试验研究[D]. 天津：天津大学，2006.

[14] 刘贞贞，赵镇南. 机械加工表面多孔管外池核沸腾实验研究[J]. 石油化工设备，2006，35(4)：4.

[15] 郭宏新，刘巍，梁龙虎. T 形翅片管卧式重沸器和蒸汽发生器性能研究及应用[J]. 化学工程，2004，32(1)：13-16.

[16] 黄全兴，陆应生. 氨空调机满液式蒸发器传热的强化[J]. 制冷学报，1990(1)：7.

[17] 张洪济，董靓. 周向间断 T 型肋槽管在大气压及高于大气压下的沸腾传热[J]. 工程热物理学报，1990，11(2)：4.

[18] 谭志明，郑康民. 机械加工表面多孔管传热和抗垢性能研究[J]. 水处理技术，1990，16(5)：6.

[19] 郑康民，邓颂九. 沸腾传热表面多孔管抗垢性能的研究[J]. 高校化学工程学报，1987(1)：44-53.

[20] 张亚君，张良军，邓先和. T 形强化传热管在海水淡化器中的应用[J]. 水处理技术，2005，31(2)：3.

[21] 施明恒，丁峰. 池内泡状沸腾的管束效应[J]. 工程热物理学报，1993，14(2)：182-186.

第6章

翅片管换热器

6.1 概述

由传热学的基本理论可知，强化换热主要有三种方式：一是增大换热器传热面的平均传热系数；二是提高冷流体和热流体之间的平均传热温差；三是增大传热面积。翅片管是一种典型的强化换热元件，一般是通过在光管表面增加翅片，增大换热管的外表面积，从而达到提高换热效率的目的[1]。

翅片管主要结构包括基管和翅片，其特点是在金属材料消耗相同的情况下具有更大的表面积。从直观看，属于一次强化传热，但实质上换热面积增大的同时带来了流场的扰动，从而又提高了传热系数，达到二次强化传热的目的。此外，在制造换热器时还可以选取不同基管和翅片材料进行组合，使换热器的综合成本更低、换热效率更高。另外，由于翅片管换热器换热效果好，能够减小换热介质与壁面间的平均温差，因此相对于常规的光管换热器，翅片管换热器的结垢更少。

翅片管最早是应用在空气冷却器上。1948 年，美国的炼油厂率先用翅片管空气冷却器代替了串流水冷却器，之后，欧洲部分区域的炼油厂也开始使用这一类型的空气冷却器。与此同时，翅片管换热设备逐步从炼油化工，扩展到了电力、冶金和原子能等工业部门，其用途变得日益广泛[2]。

翅片管的发展经历了早期简单的管外圆翅片胀接，逐步发展到管内、外均有翅片强化的换热管。换热管的形状也在不断改进，已从单一的圆管发展到椭圆管、带分流槽的双层管，这些改进的目的均是为了在不增加换热器体积、用材的情况下增加流体的扰动以强化传热，但同时这些改变也会增加换热器介质进出口的压力降。近些年来，通过优化翅片管外形结构从而达到强化换热的目的，成为换热器研究的热点。由此开发出的翅片管类型很多，典型代表有波纹形状、开缝、百叶窗形状及加装扰流发生器，它们强化传热的原理基本可以归结为两点：一是扩展换热面积，二是破坏热阻大的流动边界层[3,4]。

常用翅片管以外翅片管为主（图 6.1），使用的材料主要包括碳钢、不锈钢、铝及铝合金、铜及铜合金等，制造工艺多采用整体轧制。翅片管的几何参数包括翅片顶圆直径、翅片根圆直径、钢管的壁厚、翅片间距、翅片高度、翅片根部厚度和顶部厚度。

为了综合考虑上述各参数对翅片管换热效果的影响，前人提出了翅化比的概念，翅化比的定义为加装翅片后的总表面积和基管的表面积之比。翅片间距，作为翅片管的主要参数之一，会显著影响翅化比的大小。翅片间距的选取与换热介质的种类有关，如果介质比较清洁，可选择较小的翅片间距；如果介质含尘量大，易结垢堵塞，需选择较大翅片间距。而翅化比的选取与管内外换热介质的对流换热系数有关，如果换热介质的对流换热系数比较小，则需要选择相对较小的翅化比，因为如果翅化比选取过大，会使得翅片管内外对流换热系数迅速减小。以空冷器为例，通常采用的最佳翅化比为 117%～128%。国内制造的空冷器的翅化比一般会根据翅片高度进行不同的取值，高翅片管一般为 123%左右，低翅片管为 117.1%。翅片厚度也会影响翅片管的强化传热效果，增加翅片厚度虽然可以扩大翅片管的换热面积，但是如果只是单纯的增加翅片厚度，翅片效率反而会下降。所以在设计确定翅片厚度的时候，主要考虑的是换热器强度、制造难度和腐蚀裕量等因素，实际工程设计中比较常用的翅片厚度为 0.5～1.5mm。

图 6.1　常见的外翅片管结构

在设计翅片管换热器时，选取的基管一般为普通圆管和椭圆管两种，相对于普通圆管，椭圆管对流换热系数可以提高 25%，压降可以减少 15%～25%。

6.2　翅片管分类

翅片管的分类方法有很多种。按翅片结构型式划分，有环形翅片、纵向翅片、螺旋翅片、开缝翅片等；按照基管形状，又可以分为圆基管翅片管、椭圆基管翅片管和扁平基管翅片管；从翅片的安装位置划分，可以分为外翅片管、内翅片管、内外翅片管，这种分类方法是目前使用较为广泛的方法。

外翅片管是一种外壁带肋的管子，肋的截面形状有很多种，包括矩形、锯齿形、三角形等，此外还包括一些特殊的形状，如 T 形、E 形、花瓣形、针形等。而内翅片管的结构形式相对简单，以平翅片、带凸起的翅片、波纹形翅片为主。由于内翅片管换热器具有扩展的二次表面，使得它的比表面积可达到 $1000m^2/m^3$，在增大换热面积的同时，也能够增加管内扰动，从而强化换热效果。但由于管内有翅片存在，如果发生堵塞，会更加难以清洗，因此内翅片管的使用条件相对比较苛刻，尽量不要使用在容易堵塞的场合[6-9]。

外翅片管又分为外低翅片管和外高翅片管，早在 1964 年兰州石油机械研究所就通过轧制的方法用碳钢管子生产出了外低翅片管。现在低翅片管大多是采用三个成品字形的滚轮在厚壁管子上滚压而成，整个管坯要通过周期性反复加工，管坯上任意位置的金属面通过旋转，每一周都要跟三个轧辊接触一次，这样通过一圈圈的整体加工，可以获得很好的变形量。但轧制方法的不足之处在于单位压缩量受到旋转条件的限制，表面变形与轧件的壁厚相比很小，轧件的变形很不深透，有可能会造成截面上严重的不均匀变形。

外高翅片管作为一种高效的翅片管类型，在国外开发研究应用比较早。早在20世纪80年代，日本无线公司、神户制钢公司、住友轻金属工业公司等日本企业，就已经在研制生产该类型的高效传热管。其中，神户制钢公司产量最大，在1988年最高月产量就达到了1500t，其中出口500t；而住友公司的产品种类最多；日立公司当时的产品性能处于领先的地位，但价格相对昂贵。进入21世纪以来，我国对于高翅片管的研制进度很快，由于国内机械制造技术的提高，以及采用新的制造工艺和方法，使得传统的滚轧式翅片管的轧制设备和工艺得到了有效的改进。

6.2.1 强化单相流体传热的翅片管

在很多实际工程中，换热器的管壳程流体为单相流体，为了强化单相流体外掠冲刷的换热效果，一般采用扩展换热面积和在换热管外表面增加人工粗糙度的方法。

采用扩展换热面积的方法，主要就是使用各种形式的翅片管。图6.2是几种常见的强化单相流体换热的扩展换热表面翅片管。为了保证强化传热的效果，会将翅片管的翅片设置在换热系数较低的流体一侧。所以图6.2中所用的翅片管都主要适用于管内为换热系数较高的液体而管外为气体冲刷管壁的情况。

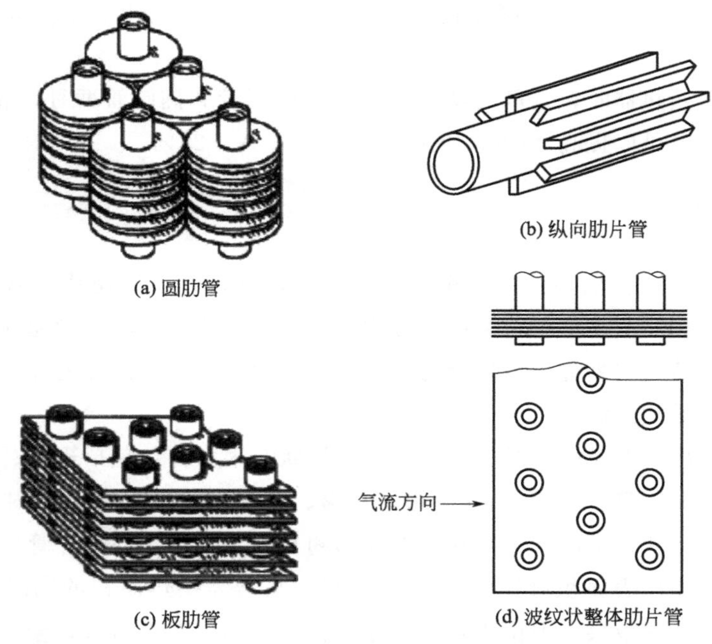

图6.2 几种常见的强化单向流体换热的扩展换热表面翅片管

除以上形式的翅片管之外，还有一些翅片管包括螺旋翅片、环形翅片、开缝翅片等等。所有这一类翅片管在运行过程中，都能通过小直径的金属板片提供周期性的薄边界层，进而形成涡流区域，增强涡流区域的热交换，以改善设备的总体换热效果。

在管外采用人工增加粗糙度的方式，是指在管子的外壁面上形成某种粗糙的突出物质，以增强管外流动的湍流程度。管外的人工粗糙度主要包括了沙粒型粗糙度和螺旋反复肋片型粗糙度等。但是换热管外壁上的周向翅片或粗糙凸出物的高度一般相对较小，否则流动的阻力会过大。在工程实际项目中，一般采用小直径的金属丝增加粗糙度。

6.2.2　强化冷凝相变传热使用的翅片管

翅片管的使用场景中，包含相变的传热过程，一般为液体沸腾和蒸汽冷凝这两个过程。由于流体的潜热一般相对都比较大，产生相变都会吸收和放出大量的潜热，对于单位质量的流体而言，其传热量远大于单相流体。因为很多需要相变的换热介质，比如烷烃类、烯烃类、氟利昂类，其冷凝时的传热系数只有近似工况下水蒸气的1/10；沸腾时的传热系数只有水的1/3左右，所以需要提高传热系数，改善其传热状态，减小所需换热面积，降低设备成本，因此翅片管成为了很多场合的常用选择。下面详细介绍几种不同的强化冷凝相变传热翅片管。

（1）低翅片管

低翅片管，也被称作低肋管，是一种广泛使用的典型外翅片管。翅片管外径通常为5/8英寸、3/4英寸或1英寸。每英寸有19～25个翅片，低翅片管的换热面积比普通光管大2.5～4.8倍，管子两端没有翅片，可以采用与普通管子相同的连接方式。

低翅片管的应用场景有很多，比如在卧式冷凝器中，常使用低翅片管来冷凝有机蒸汽，其两个主要优点是：第一是可以减少设备费用，如果管内冷却水流速较高，达到了1m/s以上，冷凝传热系数相比于普通换热管可以提高1倍以上，即只需不到一半的换热面积；第二是节省操作维护费用，使用低翅片管可以延长清洗的周期。

虽然使用低翅片管换热器可以有效地冷凝或者冷却轻质油品，保证长期运行，但对于管外易结焦的流体物质，则需进一步地分析流体和结垢特性。因为翅片间一旦发生结焦，会显著降低换热效率，清洗结焦污垢难度也相对更大。在石化行业中，常见的管外结垢可分为两大类别：一类是硬而脆的污垢，一般出现在冷凝轻质油品时，称为硬垢；另一类是淤渣，会出现在一些油品的热交换器中，也被称为软垢。硬垢虽然会在低翅片管的外表面产生比较紧密地附着，但随着换热器启停车，冷却水的温度变化，都会让金属管跟翅片膨胀收缩，缝隙间会产生一定的振动，从而使硬垢脱落，所以低翅片管相较于普通管抗硬垢的能力更强。对于软垢，虽然不会像硬垢那样容易脱落，但是由于换热效率相对更高，管壁温度相较于光管更高，残油软垢的流动黏度更低，会比较容易脱离翅间缝隙，也不易在缝隙间长时间结垢。即使结垢，主要的问题是引起的压降升高，对传热影响相对较小。

（2）内翅片管

采用内翅片管是管翅式换热器进行管内换热强化的重要手段，其强化机理为：流体流经内壁面螺旋槽产生扰动，使边界层减薄，而微翅顶端产生的表面张力进一步减薄液膜。内翅片管换热器可适用于：气-气、气-液、液-液等各种流体之间的换热以及发生相变换热的场合。通过流道的布置和组合能够适应：逆流、错流、多股流、多程流等不同的换热工况。通过单元间串联、并联、串并联的组合可以满足大型设备的换热需要。有研究以及工程应用表明，相较于光管，各种内翅片管可有效强化传热50%～100%，但同时压降也明显增大，而且随着流量以及干度的增加，阻力降的增大比例大于强化传热的比例。因此在使用内翅片管时，要根据工况对强化传热效果和压降做综合考虑[4]。

除了以上两种过去已经发展较为成熟的管型，近年来，针对冷凝传热，锯齿形翅片管和花瓣形翅片管也有很多应用。

（3）锯齿形翅片管[10]

锯齿形翅片管，也被称作为高热流冷凝管，属于一种新型翅片管，由于其翅片的外边缘有锯齿形的缺口，从而加强了流体在管外的扰动，促进了对流换热，一定程度上增大了换热面积。对于光管，在换热管表面会形成液膜，靠重力流向管子底部，液膜厚度形成的热阻会影响传热效果。锯齿形翅片管由于其端部尖锐的锯齿，使得液滴聚集在尖端，滴落更快，可使管外的高热流体液膜减薄，从而降低热阻。锯齿形翅片管换热系数是光管的 6 倍，是低翅片管的 1.5～2 倍。

锯齿形翅片管立体结构以及管外冷凝时与其管型的对比见图 6.3。

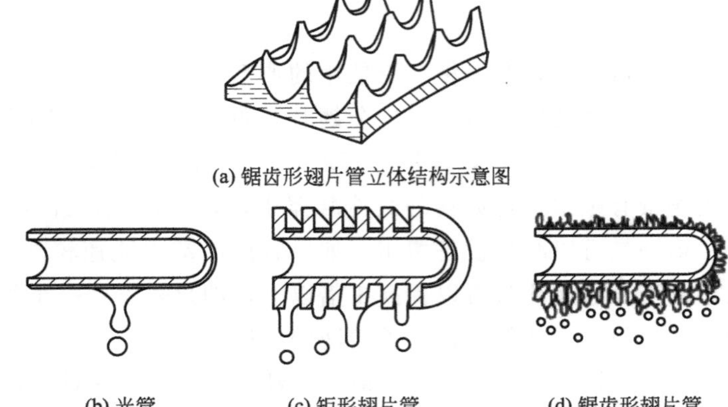

(a) 锯齿形翅片管立体结构示意图

(b) 光管　　(c) 矩形翅片管　　(d) 锯齿形翅片管

图 6.3　锯齿形翅片管立体结构以及管外冷凝时与其他管型的对比

有研究对单根高热流冷凝状态下的锯齿形翅片管的传热效果做了测试，介质使用的是氟利昂，温差设置为 2℃，锯齿形翅片管冷凝换热系数要比光管大 10 倍左右。日本日立公司将这一类型的管型命名为 Thermoexcel-C，用于空调和冷冻机中的冷凝器，由于其换热效率提高了 30%以上，相应地管子数量也得到了减少，使得设备尺寸和重量都有所下降，有效降低了成本。

（4）花瓣形翅片管

花瓣形翅片管是一种特殊的三维结构强化传热管，由于从其横截面看，各翅片形状像花瓣，因而得名，见图 6.4。这种花瓣形翅片管既能显著地强化低表面张力介质及其混合物和含不凝性气体的水蒸气的冷凝传热，又能显著地强化空气和高黏性流体的冷却传热。有研究表明，在自然对流的条件下，这种花瓣形翅片管的传热系数比锯齿形翅片管提高了 10%左右，在强制对流工况下，是光管的 5～6 倍。

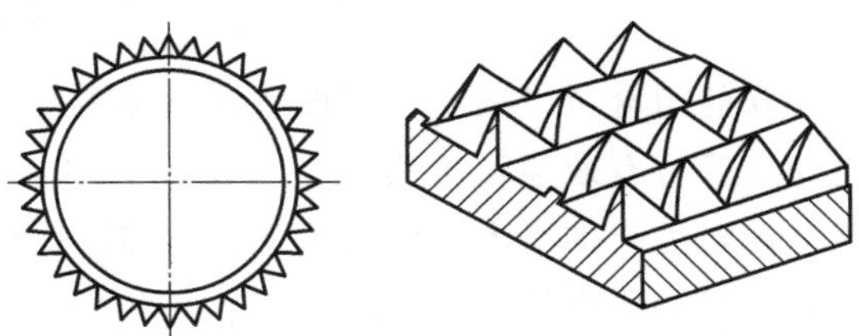

图 6.4　花瓣形翅片管（横截面与翅尖局部放大图）

6.2.3 其他高效翅片管

相比于普通的平翅片，高效换热翅片的综合性能更好，其中大部分属于紊流式翅片。这一类的翅片管形式很多，共同点是直接改变翅片本身的结构，使得管外气体流动通过翅片时产生更强的扰动，削弱边界层的影响，提高管外的传热系数。目前这一大类管型应用较多的有以下这几种。

间断形翅片管，是在平翅表面开孔、开槽，改变表面的结构形状，这种形式的翅片相较于普通的平圆翅片管束的传热系数可以提高约40%，但阻力系数也会增加50%。其中径向开槽翅片管应用较为广泛，主要特点是在翅片的圆周上均布开槽，一般数量在24个左右，切口的深度一般为翅片高度的30%～70%，切口两层的翅片交替向前后倾斜。这种管型一般可以将传热系数提高25%～50%，但缺点是制造工序比较复杂，造价昂贵。

波纹形翅片管，与普通平翅片相比，传热系数可提高50%～70%，在空调中得到了较为广泛的应用。由于波纹的存在，流体通过时产生扰动，从而强化了传热，但是阻力比较大，比一般的绕片管阻力要高60%左右，因此翅片波纹不能过高。由于其阻力较大，所以一般用于管外为自然对流状态的场合，不适用于管外有高速流体冲刷的工况。这种管型另一个特点是气流不能对其翅片的凹陷处直接冲击，否则很容易结垢，且不易清除。

齿形螺旋翅片管，根据螺旋翅片发展改良而来的一种异形扩展表面，制造工艺与高频螺旋翅片管相似。在锅炉省煤器以及空气预热器中经常使用。与普通平圆翅片管相比，传热系数提高40%，阻力系数提高60%。

轮辐式翅片管，这种管子早在20世纪60年代中期，英国的Wheelfin公司就已经研制成功，这种管型相对传热系数较高，但是管外侧压降也较大。

除了上述改变翅片形状的紊流式翅片管之外，还有通过改变基管外形，提高换热效率的翅片管，如椭圆翅片管，其管子外形为椭圆形，与相同横截投影面积的圆形比，椭圆管短轴较圆管直径小，因此，椭圆形管束的流动阻力相应更小，换热量能提高15%左右。

6.3 翅片管加工方法及性能

由于翅片管种类众多，经过国内外多年的发展，也产生了很多不同的加工方式，如图6.5所示。

6.3.1 翅片管特点

下面分别介绍不同形式翅片管的主要特点[11]。

(1) 镶嵌式绕片管

这种管型是用铝片嵌入换热钢管表面0.25～0.5mm的螺旋槽中，同时通过旋转滚轧将槽中挤出的金属压到翅片根部。镶嵌的强度最大位置在1/4翅片高度上，最大可以承受1MPa的压力。这种翅片管的优点是整体传热性能较好，管子可以承担的工作温度最高可达350～400℃，翅片温度会达到260℃；但缺点也比较明显，不耐腐蚀，制造成本高，并且制造时如果铝片未能压紧开槽边缘，其传热性能会极大地降低。

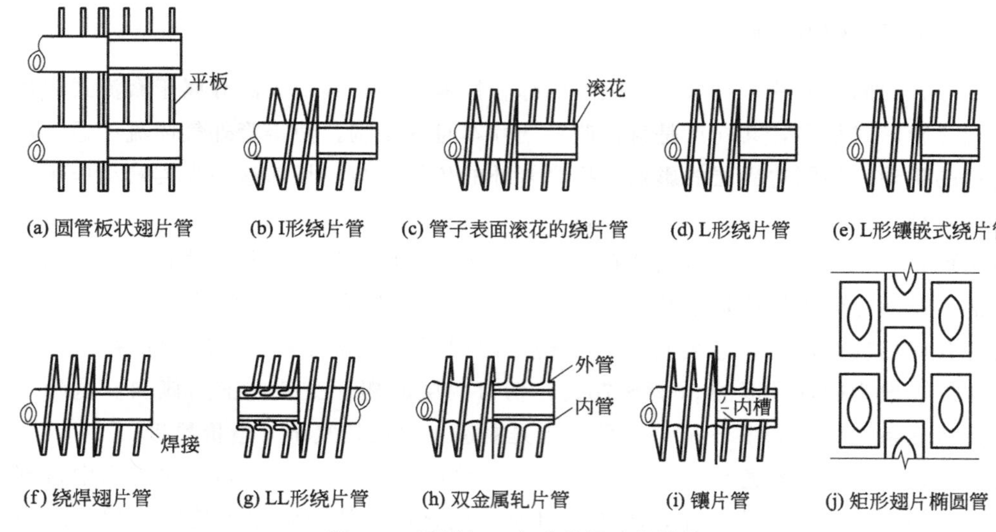

图 6.5　不同加工方式的翅片管结构

(2) L 形和 LL 形绕片管

L 形绕片管制造比较简单，价格也相对便宜，在石化行业的空冷器中得到非常广泛的应用。其绕片是依靠缠绕时的初始应力紧固在钢管表面上，可以承载的强度比镶嵌式更大，可以达到 1.7MPa，但其缺陷在于可以使用的工作温度较低，一般为 120～160℃。通过实验和实际工业应用证明，当这种管的管壁温度达到 70℃，翅片张力会极大降低，翅片开始松动，从而导致接触热阻增大，传热效果下降。

由此，在 L 形绕片管的基础上，LL 形的绕片管被研发出来，该结构翅片管的一系列翅片根部互相重叠，与管壁的接触良好，保证了良好的传热性能，此外，由于管壁被翅片完全覆盖，一定程度上可以防止管壁的腐蚀，也可以提高管子的使用温度。

(3) GL 形翅片管

这种类型的翅片管是结合了缠绕和镶嵌两种加工方式加工而成，也被称为镶嵌-绕片管。这个加工方式是将 L 形绕片的片脚一部分镶嵌在管中的开槽内，所以这种加工方式的管型兼具了绕片管的一定优势，能够在较高温度下使用，不过由于这种管子加工方式比较复杂，质量不太稳定，尚未得到广泛应用。

(4) I 形翅片管

I 形翅片管是成本最低、制造最简单的结构形式，缺点是翅片跟管壁接触面积非常小，当管内温度达到一定值，一般在 70℃左右，有可能会在翅片跟管壁间产生空隙，而且这种翅片对管壁的保护作用较弱，易受环境气体腐蚀，一般只用于 100℃以下的空调机器上，在石油炼化行业应用很少。

(5) 椭圆形翅片管

椭圆形翅片管是在椭圆形基管上加工的翅片管，其优点包括：①与同截面的普通圆管相比，椭圆的水力直径较小，所以管内传热系数较大，而且由于椭圆形状管外形成的涡流较少，可以降低约 30%的压降；②与同样横截面积的圆管相比，表面积增大了大概 15%，因此相同流速状况下，换热系数可以提高 25%；③翅片效率高，同样的操作条件下，相比于普通圆管的翅片效率，可以提高大约8到10个百分点；④可以让椭圆的短边迎风，迎风面积小，可以节省占地面积20%。

但其也存在一定的缺点：维护、检修更换比较困难；制造成本较高；承压能力相对较弱。

（6）单金属轧片管

这种类型的翅片管一般是由可塑性较好的有色金属轧制而成。优点在于传热性能和抗环境气体腐蚀性能好，但由于有色金属的管内承压能力比较弱，成本也高，在空冷器上应用并不广泛。

（7）双金属轧片管

双金属轧片管是一种抗腐蚀性能较好的管型，它是由内外管两层构成，内外管还可以分别选择材料。内管一般根据管内流动介质和压力选定相应的管材，比如碳钢、不锈钢等；外管可以选择延展性好、传热性能好、耐腐蚀性好的金属。外管经过轧制后，可以紧密贴合在内管上。

这种管型主要优点是：抗腐蚀性能好，寿命长；传热效率高，压降小；翅片整体性好，结构刚度高；由于整体结构比较牢固，可以用高压水或者高压气进行冲洗；可以长期保持较好的传热性能。缺点是：管型加工成本高，因此设备造价也较高；内外管之间接触不够稳定。但这种管型深受国外空冷器厂家追捧，主要厂家都有生产，主要原因是虽然一次投资高，但长远经济效益可观。

（8）KLM翅片管

KLM翅片管原理上属于L形绕片管的一种，由斯皮罗-吉乐斯S. A公司研制，相比于普通的L形绕片管，其在制造中多了两道滚花工艺，综合性能比较好。

这种管型制造时，管子表面先经过滚花，而在绕片时在L形翅片的折脚上同步滚轧一次，这样一部分翅片折脚会嵌入管子表面，因此翅片跟基管的接触面积增大了50%，这样单位面积上的换热量降低了50%，相应的，翅片管根部的热应力也会减小，可以保证在长周期运行过程中，翅片不会因为热应力而发生问题。

KLM翅片管是在两层高压油膜之间加工成型的。通过金相显微镜观察可以发现，翅片材料在成型过程中只发生变形，金属表面和内部的金相结构并没有被破坏。这一点可以保证材料的抗腐蚀性能不受影响。很多运行实践也表明，这种翅片管经受长期的低温和潮湿腐蚀环境，翅片表面依然保持光滑。

KLM翅片管主要优点有：传热性能好，翅片跟基管之间的接触热阻小；翅片与接管连接紧密，接触面积大，可以保证性能稳定；翅片根部抗大气腐蚀性能高；管束制造周期短，工序相对简单，维修方便。

（9）板片式翅片管

除了前文提到的椭圆套片管是用矩形翅片作为管外翅片之外，近年来还出现了很多不同结构形式的板片式翅片管。如光滑平板片、带孔（槽、缝）板片、凹槽板片以及矩形截面管波纹板片等约数十种，见图6.6。由于板片形状和结构各不相同，传热系数会有较大的差异。部分特殊形状的传热系数会比平板片高50%～100%。对于带孔（槽、缝）板片，由于翅片开槽和开缝等结构，虽然可以提高流体通过时的扰动，增加传热系数，但是由于传热面积也会相应减少，整体传热系数是否提高还需要评估，所以在确定板片开槽形式和数量时需要具体情况具体分析。

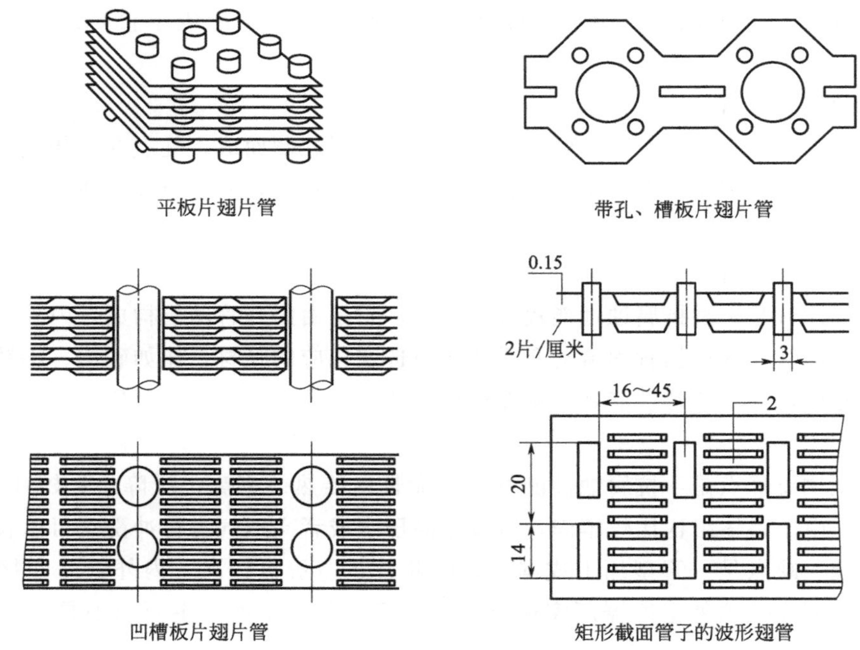

图 6.6　几种板片型翅片管

6.3.2　翅片管性能比较

不同形状、结构参数的翅片管的换热性能和流体动力性能有较大的差异。图 6.7 为三种不同翅片管的换热性能的比较。从图中对比可以发现，焊片管的换热性能最好，且随着迎面风速的提升，换热性能提升的幅度也最大。绕片管的性能相对较差，是因为翅片与管壁之间存在着接触热阻，并且随着温度的升高，绕片管翅片的张力会有所下降，导致热阻增大。镶片管介于这两者之间。

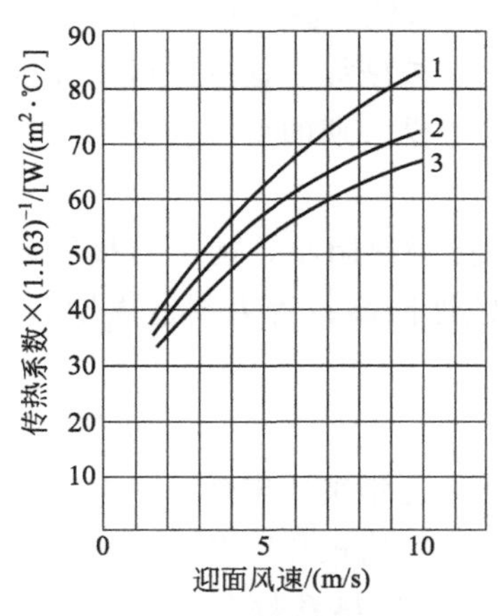

图 6.7　三种常见加工方式的翅片管的传热性能对比

1—焊片管；2—镶片管；3—绕片管

为了评价和确定各种不同翅片管性能，国内外做了很多的研究分析。国外学者卡兰努斯（Carannus）和卡德纳（Cardner）结合他们多年设计经验及美国传热研究公司的试验数据，对 15 种翅片管进行了综合性能评价，涉及的评价指标多达 23 项，如传热系数、传热系数维持能力、结垢速度、耐腐蚀性、重量等等，最终 KLM 形绕片式、镶片式及双金属镶片式依次获得前 3 名，I 形绕片式、轮辐形绕片式及紊流型双金属压片式综合得分最低。但需要注意的是，该评价具有一定的局限性，有的翅片管综合性能排名靠前，但是某些单项性能并不突出，有的虽然排名靠后，但某些单项性能得分却很高，这就需要设计者根据实际工况进行合理选择。法国曾有人评价了空冷器中常用的 5 种翅片管的综合性能，如

表 6.1 所示，表中“1”为最佳，“5”表示相对最差。出于综合考虑成本的因素，使用中一般以 L 形绕片管为最基本形式，由于套片管成本造价比较高，只有在各项性能指标要求都比较高的情况下可以选用[12]。

表 6.1　常用 5 种不同加工工艺翅片管综合性能的评定

翅片管形式	L 形绕片式	LL 形绕片式	镶片式	双金属轧片式	套片式
传热性能	5	4	3	2	1
耐热性能	5	4	2	3	1
耐热冲击能力	5	4	2	3	1
耐大气腐蚀能力	4	3	5	1	2
清理尘垢的难易程度	5	4	3	2	1
制造费用	1	2	3	4	5

6.4　外翅片管传热计算

6.4.1　总体传热量的计算

翅片管的传热包括直接通过管壁和通过翅片两个不同途径[12,13]。传热量的计算依然是通过基本的传热方程式求得：

$$Q=K_{o}F_{o}\Delta t_{m}=K_{t}F_{t}\Delta t_{m} \tag{6-1}$$

式中　F_t、F_o——分别为翅片管外表面积、翅片管光管外表面积，m^2；

K_t、K_o——分别相应于翅片管外表面积及翅片管光管外表面积为基准的传热系数，$W/(m^2 \cdot ℃)$；

Δt_m——对数平均温差，℃。对数平均温差的计算与普通的换热器相同，但对于空冷器上的高翅计算，需要对平均温差做修正。

6.4.2　传热系数的计算

（1）干工况时传热系数计算

当翅片管换热器只用于普通的热交换，不涉及管外气体相变，即不产生凝结水时，这种工况条件称为干工况。如果翅片管内外流体都是液体，那么无论是否产生相变，计算都可以按照干工况进行。

根据传热学的原理，假设壁面温度及传热系数相同且不发生变化的条件下，考虑到翅片表面使传热面积增加，可以导出不同计算传热系数的公式：

① 单层翅片管　以光管外表面积为基准时

$$\frac{1}{K_{o}}=\frac{1}{\alpha_{i}}\frac{F_{o}}{F_{i}}+r_{s,i}\frac{F_{o}}{F_{i}}+\frac{\delta}{\lambda}\frac{F_{o}}{F_{m}}+r_{f,o}+r_{s,f}\frac{F_{o}}{F_{f}}+\frac{1}{\alpha_{f}}\frac{F_{o}}{F_{f}} \tag{6-2}$$

以翅片管外表面（此外表面包括翅片面积及无翅部分的面积）为基准时

$$\frac{1}{K_{f}}=\frac{1}{\alpha_{i}}\frac{F_{f}}{F_{i}}+r_{s,i}\frac{F_{f}}{F_{i}}+\frac{\delta}{\lambda}\frac{F_{f}}{F_{m}}+r_{f,f}+r_{s,f}+\frac{1}{\alpha_{f}} \tag{6-3}$$

式中 K_o、K_f——分别以光管外表面积及翅片管外表面积为基准的传热系数，W/(m^2·℃)；

α_i、α_f——分别以光管内表面积及翅片管外表面积为基准时管内侧及管外侧传热系数，W/(m^2·℃)；

F_o、F_i、F_f——分别为光管外表面积、光管内表面积及翅片管外表面积，m^2；

F_m——管壁的对数平均表面积，m^2；$F_m=(F_o-F_i)/\ln(F_o/F_i)$；

δ——翅片管的光管壁厚，m；

λ——管子所用材料的导热系数，W/(m·℃)；

$r_{f,o}$、$r_{f,f}$——分别是光管外表面积和光管内表面积为基准的翅片热阻，m^2·℃/W；

$r_{s,f}$、$r_{s,i}$——分别是以翅片管外表面积和光管内表面积为基准的外侧和内侧的污垢热阻，m^2·℃/W。

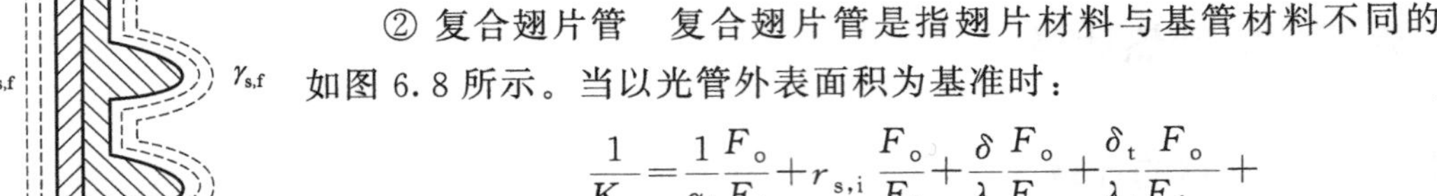

图 6.8 复合翅片管示意图

② 复合翅片管 复合翅片管是指翅片材料与基管材料不同的管型，如图 6.8 所示。当以光管外表面积为基准时：

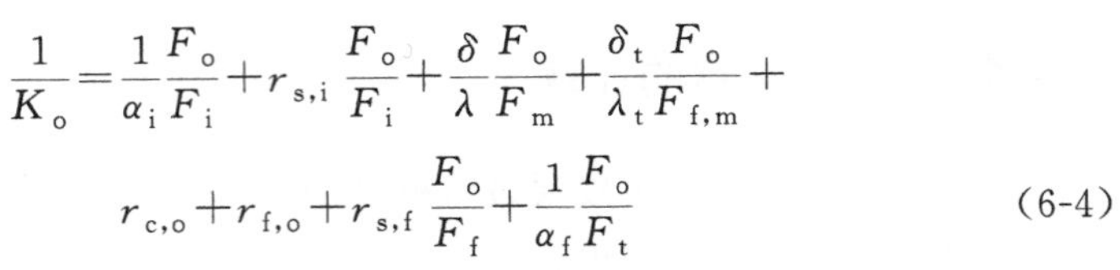

$$\frac{1}{K_o}=\frac{1}{\alpha_i}\frac{F_o}{F_i}+r_{s,i}\frac{F_o}{F_i}+\frac{\delta}{\lambda}\frac{F_o}{F_m}+\frac{\delta_t}{\lambda_t}\frac{F_o}{F_{f,m}}+r_{c,o}+r_{f,o}+r_{s,f}\frac{F_o}{F_f}+\frac{1}{\alpha_f}\frac{F_o}{F_t} \tag{6-4}$$

以翅片管外表面为基准时：

$$\frac{1}{K_t}=\frac{1}{\alpha_i}\frac{F_f}{F_i}+r_{s,i}\frac{F_f}{F_i}+\frac{\delta}{\lambda}\frac{F_f}{F_m}+\frac{\delta_f}{\lambda_f}\frac{F_f}{F_{f,m}}+r_{c,f}+r_{f,f}+r_{s,f}+\frac{1}{\alpha_f} \tag{6-5}$$

式中 δ_t、δ——分别为外套的翅片管壁厚及基管壁厚，m；

λ_t、λ——分别为外套的翅片管及基管导热系数，W/(m·℃)；

$F_{f,m}$——外套翅片管的对数平均面积，m^2；$F_{f,m}=(F_b-F_i)/\ln(F_b/F_i)$；

F_b——以外套翅片管翅根处直径为基准的管表面积，m^2；

$r_{c,o}$、$r_{c,f}$——分别是光管外表面积和光管内表面积为基准的翅片热阻，m^2·℃/W；

$r_{f,o}$、$r_{f,f}$——分别是以光管外表面积及翅片管外表面积为基准的外侧和内侧的污垢热阻，m^2·℃/W。

工程上一般以光管外表面积为基准计算传热系数。在设计开始时，一般需要先估算设备的换热面积，所以需要先确定一个近似的传热系数值，该数值可以通过查询相关经验数据表获得。

翅片热阻的计算公式，同样可以根据传热学原理推出：

$$r_{f,f}=\left(\frac{1}{\alpha_f}+r_{s,f}\right)\left(\frac{1-\eta_f}{\eta_f+(F_b'/F_f')}\right) \tag{6-6}$$

式中 F_b'——以翅片根部直径为基准的无翅片部分表面积，m^2；

F_f'——外翅片管上翅片的表面积，m^2；

η_f——翅片效率，该值与翅片形式、几何结构尺寸和传热系数有关。

翅片管在基管和翅片之间存在着接触热阻，接触热阻的测定和计算都比较困难，有人对国内绕片式翅片管的接触热阻进行了分析总结，具体数据详见表6.2。

表6.2　国产绕片式翅片管接触热阻（以基管外表面积为基准）

管内流体温度 t_r/℃	接触（间隙）热阻/(cm²·℃/W)	占热阻百分数/%
≤100		忽略
100～200	≤0.00007	10
200～300	0.00009～0.00017	20～30（建议更换别的形式）

前文介绍的计算公式，通常只适用于一般的外翅片情况，当遇到其他的翅片类型，可具体根据传热原理，查阅有关文献，并推导计算式。

对于一些较为成熟的翅片管换热器，可以用简单的计算式来计算传热系数，比如以热水作为热介质的空气加热器：

$$K_f = c(\mu\rho)^m w^n \tag{6-7}$$

式中　w——管内水流速，m/s；

$\mu\rho$——通过换热器管窄截面上的质量流率，kg/(m²·s)；

c，m，n——由实验确定。

（2）湿工况时的传热系数

湿工况，一般指的是减湿冷却过程。在空调系统中，当管外的含水湿空气外掠翅片管束时，由于冷却器外表面温度低于湿空气的露点温度，则空气中含有的水蒸气会部分冷凝出来，并在翅片上形成液膜。这种类型的工况一般称为湿工况，此时换热管与流体发生的不仅仅是显热交换，同时还有潜热交换，管外的传热系数比干式空冷器大大提高。

近半个多世纪以来，虽然国内外学者进行了大量的研究，但因湿工况包含显热交换、潜热交换及质交换，情况复杂，至今还没有形成一个较为完整满意的翅片冷凝理论模型。1948年Beatty和Katz忽略翅片表面张力这一冷凝液的排液作用，采用1916年Nusselt对光管和垂直平板上的冷凝理论结果，用翅片管的当量直径 D_{eq}，并对式中常系数 c 进行修正，获得了下列的矩形截面外低翅卧式冷凝传热膜系数 h 的计算公式（B-K模型）。即：

$$h = c[k_1^3\rho_1^2 g h_{fg}/(\mu_1 \Delta T D_{eq})]^{1/4} \tag{6-8}$$

常数 c 由 SO_2、R22、丙烷、n-丁烷以及戊烯等介质试验拟合得到，代入式6-8得传热膜系数计算公式为：

$$h = (0.689 \sim 0.728)\left(\frac{k_1^3\rho_1^2 g h_{fg}}{\mu_1 \Delta T}\right)^{1/4}\left[\frac{A_r}{A_d}d^{-1/4} + 1.3\frac{A_f}{A_d}L_f^{-1/4} + \frac{A_t}{A_d}d_0^{-1/4}\right] \tag{6-9}$$

式中　A_d——翅基处（其直径等于光管直径）的面积，m²；

A_f——翅片两侧面的表面积，m²；

A_r——翅间的管表面积，m²；

A_t——翅尖顶端面积，m²；

d——光滑管或翅片管的翅基直径，m；

d_0——翅尖直径，m；

g——重力比，m/s^2；

h_{fg}——冷凝液的蒸发比焓，$W/(m^2 \cdot K)$；

k_1——冷凝液的导热系数，$W/(m \cdot K)$；

L_f——平均垂直翅高，$L_f=\pi(d_0^2-d^2)/8d_0$，m；

ΔT——冷凝温差，K；

μ_1——冷凝液黏度，Pa·s。

这一公式的冷凝传热膜系数是基于换热管的光滑表面积，忽略了翅片端的温降，从而导致忽略了翅片对传热效率的影响。该模型也并未考虑翅片表面张力的效应，这种假设在低表面张力液体每米433～633个翅的低密度翅下，与实验结果符合较好。该公式也忽略了翅片的持液作用，所以当翅片密度增大之后，根据该公式得到的强化传热效果就偏高了。因此，该公式主要还是适用于低表面张力流体和翅片密度不高的外低翅片管换热器，在这种工况下冷凝液的重力作用占主导。

6.4.3 翅片效率的计算

翅片效率是评估翅片管换热有效程度的一个重要指标。从翅片换热量大小的角度出发，通常有两种形式的翅片效率定义式，分别是：

$$\eta_f=\frac{\text{翅片效率的实际传热量 }Q}{\text{整个翅片表面均处于翅基温度时的传热量 }Q_0} \tag{6-10}$$

$$\varphi_f=\frac{\text{翅片效率的实际传热量 }Q}{\text{无翅时(翅根面积)的传热量 }Q_0} \tag{6-11}$$

实际应用中，η_f 的应用更多。比如，在翅片管式换热器的强化传热研究中，得到 η_f 之后就可以正确地分离出翅片表面的平均传热系数 h_0，这对各种高效换热翅片表面的传热性能分析有着非常重要的意义。除此之外，η_f 也是评价翅片几何形状及尺寸设计是否合理的标准之一。在实际工程应用中，求出 η_f 后，即可计算出翅片的实际传热量 Q，即

$$Q=Q_0\eta_f \tag{6-12}$$

翅片表面的实际换热量一般可以认为是整个翅片表面处于平均温度 t_m 时的换热量，因此可以将上面 η_f 的计算式进一步转化为：

$$\eta_f=\frac{hF(t_m-t_f)}{hF(t_0-t_f)}=\frac{\theta_m}{\theta_0} \tag{6-13}$$

式中　h——翅片外表面与流体间的对流换热系数，$W/(m^2 \cdot K)$；

F——翅片表面积，m^2；

θ_m、θ_0——以流体温度为基准的平均过余温度和翅基过余温度，℃。

由于 $|\theta_m/\theta_0|\leqslant 1$，所以 η_f 的值也是小于等于1的。对于一般形状相对简单的翅片，可以通过理论计算分析推导出 η_f 的计算公式。几何形状复杂的翅片，可以通过数值模拟计算的方法求出翅片表面平均温度 t_m，再利用以上公式计算出 η_f。

(1) 等截面直翅的传热计算及翅片效率

设置在基管外侧的近乎垂直于基管的平直翅片被称为直翅，如图6.9所示为直翅片管

（也称纵向翅片管）和其组成的换热器剖面示意图。

取图 6.9 中一块矩形等截面直翅来分析，见图 6.10，具体几何尺寸已标注在图中。建立计算微分方程及其求解条件的前提假设是：①翅片材料的导热系数 λ 为常数；②翅片厚度 δ 远小于翅高 l 和翅宽 L；③翅基温度 t_0、翅周围介质温度 t_f、翅表面与管外介质对流传热系数 h 为常数；④翅基绝热。

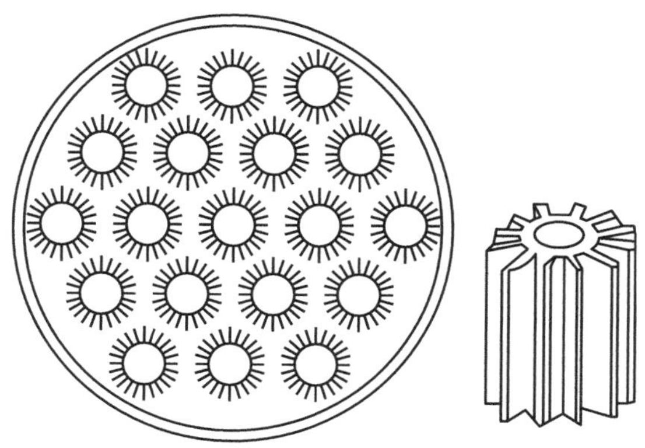

图 6.9 纵向翅片管组成的换热器

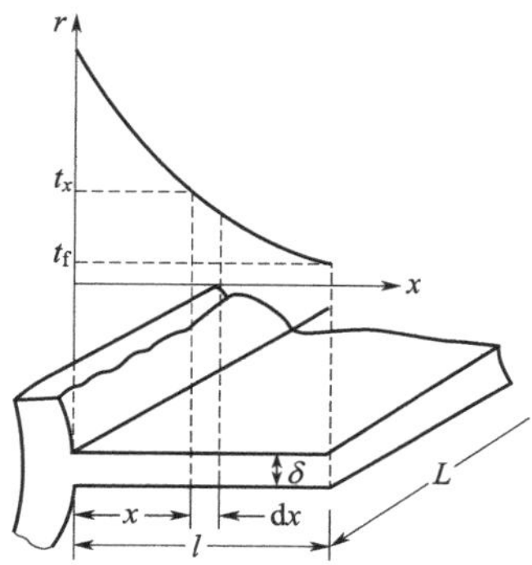

图 6.10 单块矩形截面直翅片

在上述前提条件下，经过传热学的推导可以建立如下微分方程式：

$$\frac{d^2\theta}{dx^2}=m^2\theta \tag{6-14}$$

边界条件是：$x=0$，$\theta=t_0-t_f=\theta_0$；$x=1$，$d\theta/dx=0$

参数 m 的定义为：

$$m=\sqrt{\frac{hU}{\lambda f}} \tag{6-15}$$

式中 θ——以 t_f 为基准的过余温度，$\theta=t-t_f$，℃；

f——翅片横截面积，$f=\delta L$，m^2；

U——翅片横截面周长，m。

通过上述微分方程，可以解得温度分布为：

$$\theta=\theta_0\ \frac{\mathrm{ch}\left[m(l-x)\right]}{cm(ml)} \tag{6-16}$$

传热量 Q

$$Q=-\lambda f\left(\frac{d\theta}{dx}\right)_{x=0}=\lambda f m\theta_0\,\mathrm{th}(ml) \tag{6-17}$$

实际工程计算中，可使用修正长度 $l'=l+\delta/2$ 代替上式中的 l 值，得到的计算精度可以满足工程设计要求，从而避免复杂的解析解计算。

需要指出的是，上述分析中近似认为翅片温度场是一维的，即只考虑了温度在翅片高度方向的变化。对于大多数实际应用的翅片，当满足毕渥数 $B_i=h\delta/(2\lambda)\leqslant 0.025$ 时，这种近似分析导致的误差不会大于 1%，但是，如果翅片为短厚翅片，不满足前提条件②时，则需要考虑翅片在厚度方向上的温度变化，即翅片纵截面的温度场是二维的。在这种情况下，上述计算公式已不适用。此外，在分析中假定对流传热系数 h 为常数，如果在翅片的截面上换热系数 h 明显不均匀，应用上述公式计算也会产生较大的误差。

由 η_f 的定义式（6-10），可以求得：

$$\eta_{\mathrm{f}}=\frac{Q}{Q_0}=\frac{\lambda f m\theta_0 \mathrm{th}(ml)}{hUl\theta_0}=\frac{\mathrm{th}(ml)}{ml} \tag{6-18}$$

（2）变截面纵向直翅的传热计算和翅片效率

前文提到的等截面直翅片换热器优点是制造简单，但从传热及节省材料的角度看，这种结构不是很合理。因为翅片表面与周围流体存在持续换热，导热量从翅基到翅端各截面不断变化。如果翅片是等截面翅片，热流密度沿翅片根部到端部，是在不断减小的；如果要保证翅片的热流密度不变，则需要将翅片制成收缩形截面，即沿翅高方向由大变小。这样的翅片结构更加合理，同时还可以减轻设备重量。前人多年的理论分析证明，翅片的最佳形状应该是两条抛物线和圆弧为界逐渐缩小的形状。但在实际加工中，出于加工时间和成本的考虑，一般会直接加工成三角形或者梯形的截面形状。

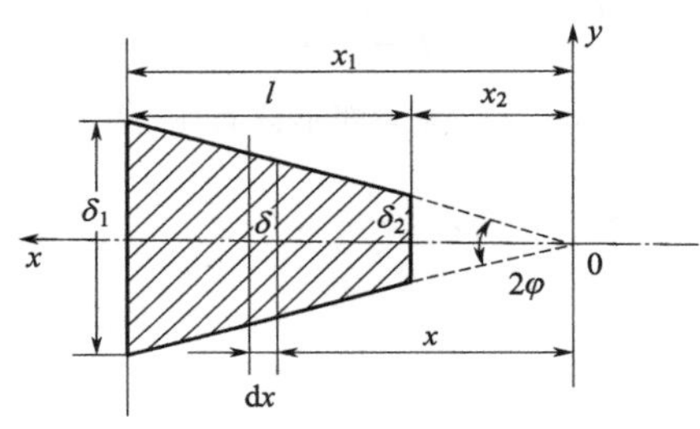

图 6.11　梯形和三角形截面直翅

① 变截面传热计算　梯形变截面直翅如图 6.11 所示。

前提条件与等截面直翅相同。其导热微分方程式为：

$$\frac{\mathrm{d}^2\theta}{\mathrm{d}x^2}+\frac{1}{x}\frac{\mathrm{d}\theta}{\mathrm{d}x}=\frac{hU\theta}{2lx\tan\varphi} \tag{6-19}$$

令 $\beta=\dfrac{hU}{2l\lambda\tan\varphi}$

则微分方程可以转化成

$$\frac{\mathrm{d}^2\theta}{\mathrm{d}x^2}+\frac{1}{x}\frac{\mathrm{d}\theta}{\mathrm{d}x}-\beta\frac{\theta}{x}=0 \tag{6-20}$$

一般情况下，$l\gg\delta$，$U\approx 2l$，且 $\tan\varphi=\delta_1/(2x_0)$，$\beta=(2hx_1)/(\lambda\delta_1)$。微分方程通解形式是：

$$\theta=C_1J_0(2\sqrt{\beta X})=C_2K_0(2\sqrt{\beta X}) \tag{6-21}$$

式中，J_0 和 K_0 代表虚变量的贝塞尔函数，见相关数学手册。

在忽略翅片端换热时，温度分布可以表示为：

$$\theta=\theta_0\frac{J_0(2\sqrt{\beta x})K_1(2\sqrt{\beta x})+J_1(2\sqrt{\beta x})K_0(2\sqrt{\beta x})}{J_0(2\sqrt{\beta x_1})K_1(2\sqrt{\beta x_2})+J_2(2\sqrt{\beta x_2})K_0(2\sqrt{\beta x_1})} \tag{6-22}$$

传热量的计算公式为：

$$Q=\frac{2hx_1L\theta_0}{\sqrt{\beta X_1}}=\frac{J_1(2\sqrt{\beta x_1})K_1(2\sqrt{\beta x_2})-J_1(2\sqrt{\beta x_2})K_1(2\sqrt{\beta x_1})}{J_0(2\sqrt{\beta x_1})K_1(2\sqrt{\beta x_2})+J_1(2\sqrt{\beta x_2})K_0(2\sqrt{\beta x_1})} \tag{6-23}$$

对于三角形截面直翅，$x_1=1$，$x_2=0$，忽略翅片端换热时，可以将计算过程简化，上面两式的计算可以表示为：

$$\theta=\theta_0\frac{J_0(2\sqrt{\beta x})}{J_0(2\sqrt{\beta l})} \tag{6-24}$$

$$Q=\frac{2lhL\theta_1}{\sqrt{\beta l}}\frac{J_1(2\sqrt{\beta l})}{J_0(2\sqrt{\beta l})} \tag{6-25}$$

对于梯形变截面的翅片计算，依然可以使用修正长度 $l'=\delta_2/2$ 代替 l 来计算，以考虑翅片端部对流换热的影响。

② 变截面翅片效率　忽略纵截面面积的情况下，变截面翅片表面均处于翅基温度 t_0 之下的理想换热量 Q_0 的计算式为：

$$Q_0=\frac{2h\theta_0 lL}{\cos\varphi} \tag{6-26}$$

由于 φ 很小，可以认为 $\cos\varphi\approx1$，此时：

$$Q_0=2h\theta_0 lL \tag{6-27}$$

将式（6-23）、式（6-27）代入式（6-10）可以算得梯形截面直翅效率为：

$$\eta_f=\frac{x_1}{l\sqrt{\beta X_1}}\frac{J_1(2\sqrt{\beta x_1})K_1(2\sqrt{\beta x_2})-J_1(2\sqrt{\beta x_2})K_0(2\sqrt{\beta x_2})}{J_0(2\sqrt{\beta x_1})K_1(2\sqrt{\beta x_2})+J_1(2\sqrt{\beta x_2})K_0(2\sqrt{\beta x_1})} \tag{6-28}$$

将式（6-25）、式（6-27）代入式（6-10），三角形截面的直翅效率为：

$$\eta_f=\frac{1}{\sqrt{\beta l}}\frac{J_1(2\sqrt{\beta l})}{J_0(2\sqrt{\beta l})} \tag{6-29}$$

（3）等厚度环翅的传热计算与翅片效率

① 圆翅的传热计算　等厚度圆翅是目前较为常见的一种翅片，一般结构形式为圆管外套环形翅片，如图 6.12 所示。

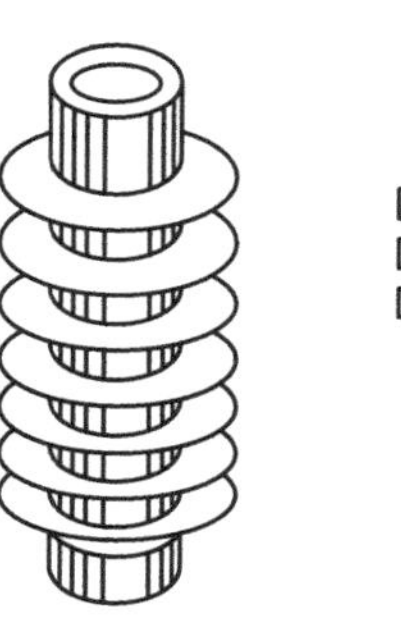

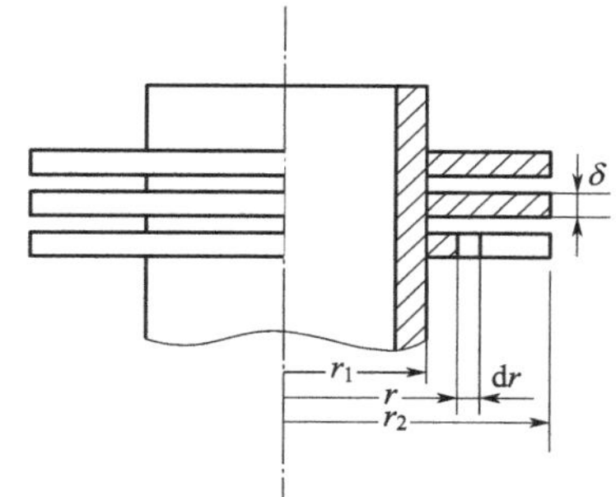

图 6.12　等厚度圆翅结构示意图

对等厚度圆翅的传热分析本质上和直翅片是相同的，不同之处在于这种圆形翅片的导热面积是随半径而变化的。可以用环坐标系代替三维坐标系，如上图所示，与热流密度相垂直的导热面积可以写为：$f=2\pi r\delta$，周长可写为：$U=4\pi r$。

得到的导热微分方程式为：

$$\frac{d^2\theta}{dr^2}+\frac{1}{r}\frac{d\theta}{dr}-m^2\theta=0 \tag{6-30}$$

其中，$m=\sqrt{\frac{2h}{\lambda\delta}}$，上面微分方程相对应的边界条件为：

$$r=r_1,\theta=t_0-t_r,r=r_2,\frac{d\theta}{dr}=0$$

将边界条件代入微分方程，可以解得温度分布为

$$\theta=\theta_0\frac{J_0(mr)K_1(mr_2)+J_1(mr_2)K_2(mr)}{J_0(mr_1)K_1(mr_2)+J_1(mr_2)K_0(mr_1)} \tag{6-31}$$

传热量为：

$$Q=2\pi r_1\lambda\delta m\theta_0\frac{J_1(mr_2)K_1(mr_1)-J_1(2mr_1)K_1(mr_2)}{J_0(mr_1)K_1(mr_2)+J_1(mr_2)K_0(mr_1)} \tag{6-32}$$

在实际计算中可以修正外半径 $r_2'=r_2+\delta/2$ 代替上式中的 r_2，以减少忽略翅片端面换热引起的计算误差。以上各式中的 J_0、J_1、K_0、K_1 为括号内虚变量的贝塞尔函数。

② 圆翅的翅片效率　对圆管-等厚度圆翅，翅片表面处于翅基温度下的理想换热量为：

$$Q_0=2\pi h(r_2^2-r_1^2)\theta_0 \tag{6-33}$$

将式（6-33）、式（6-32）代入式（6-10），可得圆翅翅片效率：

$$\eta_f=\frac{2}{ml(1+r_2/r_1)}\frac{J_1(mr_2)K_1(mr_1)-J_1(mr_1)K_1(mr_2)}{J_0(mr_1)K_1(mr_2)+J_1(mr_2)K_0(mr_1)} \tag{6-34}$$

式中，$l=r_2-r_1$，为翅片高度。

各种变厚度圆翅的效率计算式均可通过类似推导获得，具体的计算过程可以查询相关参考文献。图 6.13 为径向矩形截面（等厚度）圆翅和径向三角形截面圆翅的翅片效率曲线图。

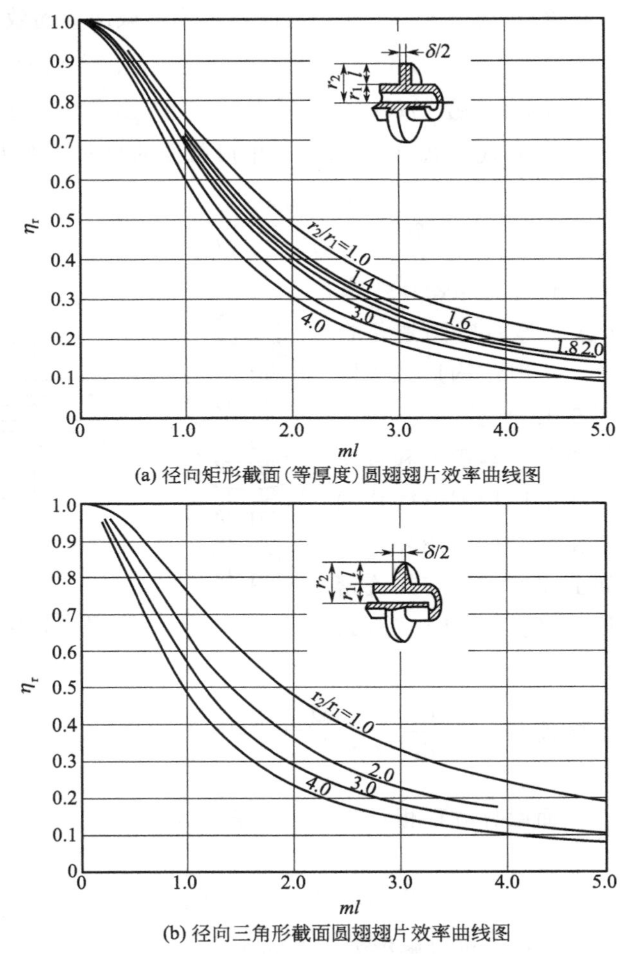

图 6.13　径向矩形截面（等厚度）圆翅和径向三角形截面圆翅的翅片效率曲线图

③ 等厚度正方形环翅的翅片效率

图 6.14 是等厚度正方形环翅的示意图，翅片上的温度分布均可求得分析解，但求解过程比较复杂。

为了将计算简化，通常将正方形环翅片按其换热面积等面积转化为圆形翅片进行计算。比如正方形环翅的厚度为 δ，内半径为 r_1，等效圆形翅片半径为 r_2，由于：$r_{2e}=\frac{a}{\sqrt{\pi}}$，等效圆形翅片的高度为 l_e，则 $l_e=r_{2e}-r_1$。

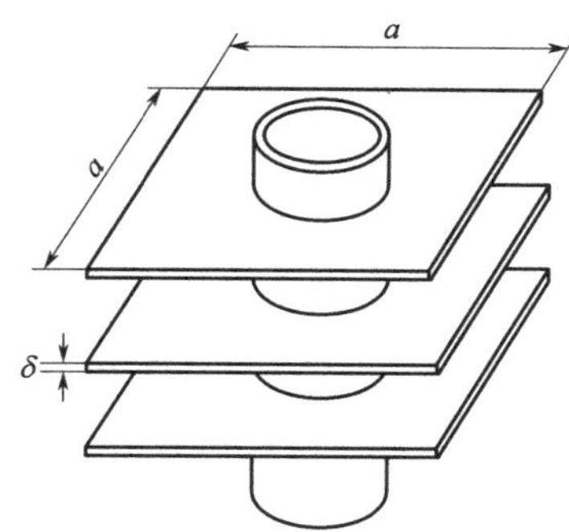

图 6.14　等厚度正方形环翅结构示意图

根据以上求出的参数，按照厚度为 δ，内半径为 r_1，翅高为 l_e 的等厚度圆形翅片公式计算翅片效率，根据这种方法计算的精度可以满足工程要求。

④ 椭圆等厚度翅片管的翅片效率　对于椭圆等厚度翅片管，工程上广泛用斯密特（Schmidt）公式计算翅片效率，将椭圆管转化成当量圆管，精度也可以满足工程设计的要求。当量圆管的取法有两种：等面积法和等周长法。这两种方法的计算公式如下：

$$\eta_f=\frac{\operatorname{th}(mr_{eq}\varphi)}{mr_{eq}\varphi} \tag{6-35}$$

其中

$$m=\sqrt{\frac{2h}{\lambda\delta}} \tag{6-36}$$

$$\varphi=\left(\frac{R_{eq}}{r_{eq}}-1\right)\left[1+0.035\ln\left(\frac{R_{eq}}{r_{eq}}\right)\right] \tag{6-37}$$

对于叉排

$$R_{eq}=1.27x_M\left(\frac{x_L}{x_M}-0.3\right)^{1/2} \tag{6-38}$$

其中

$$x_L=\left[\left(\frac{S_1}{2}\right)^2+S_2^2\right]/2;x_M=\frac{S_L}{2} \tag{6-39}$$

对于顺排

$$R_{eq}=1.28x_M\left(\frac{x_L}{x_M}-0.2\right)^{1/2} \tag{6-40}$$

其中

$$x_L=\frac{S_2}{2};x_M=\frac{S_L}{2}$$

等周长法

$$r_{eq}=U/2\pi \tag{6-41}$$

等面积法

$$r_{eq}=(D_{max}D_{min})^{1/2}/2 \tag{6-42}$$

其中，r_{eq} 为当量圆管半径；R_{eq} 为当量圆翅片半径；U 为椭圆管周长。

（4）传热系数的计算

翅片管的换热系数会随着翅片管的翅片形式、管束的排列方式不同而不同，下面介绍几

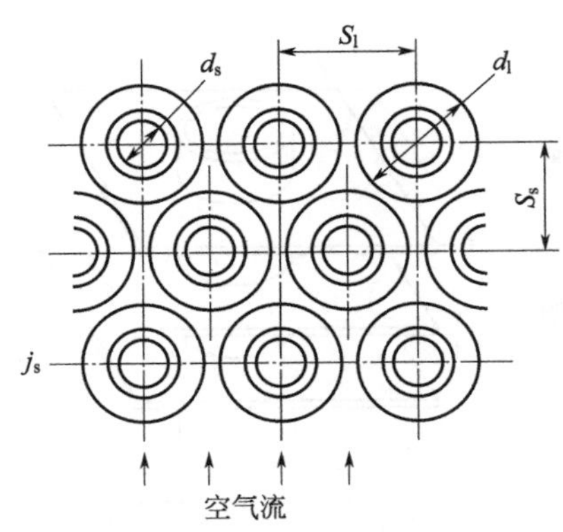

图 6.15 空气横向绕流翅片管束流动示意图

种比较典型的情况。

① 空气横向流过圆管外环形翅片管束 Briggs 和 Young 对十多种轧制的环形翅片管，在空气横向掠过翅片管束的工况下，进行了多次的实验研究并得到了以下计算公式，经过验证，其误差在 5%左右，管束排列形式见图 6.15。

对于低翅片管束，d_t/d_b 为 1.2～1.6，并且 d_b 为 13.5～16mm。

$$\frac{d_b\alpha_f}{\lambda}=0.1507\left(\frac{d_bG_{max}}{\mu}\right)^{0.667}\left(\frac{c_p\mu}{\lambda}\right)^{1/3}\left(\frac{Y}{H}\right)^{0.164}\left(\frac{Y}{\delta_f}\right)^{0.075} \tag{6-43}$$

对高翅片管束，$d_t/d_b=1.7\sim2.4$，$d_b=12\sim41$mm

$$\frac{d_b\alpha_f}{\lambda}=0.1378\left(\frac{d_bG_{max}}{\mu}\right)^{0.718}\left(\frac{c_p\mu}{\lambda}\right)^{1/3}\left(\frac{Y}{H}\right)^{0.296} \tag{6-44}$$

式中 d_t、d_b——分别为翅片外径和翅根直径，m；

Y、H、δ_f——分别为翅片的间距、高度和厚度，m；

c_p、μ、λ——按流体平均温度取值；

G_{max}——最小流通截面处的质量流量，kg/(m^2·h)。

将我国目前常用的高低翅片管的参数代入以上公式中，并以光管外表面为基准进行换算，可以将两个计算式简化为：

对于低翅片管

$$\alpha_0=412w_{NF}^{0.718}\Phi \tag{6-45}$$

对于高翅片管

$$\alpha_0=454w_{NF}^{0.718}\Phi \tag{6-46}$$

式中 α_0——以基管外表面为基准的空气侧的传热系数，W/(m^2·℃)

w_{NF}——标准状态下迎风面风速，m/s；

Φ——修正系数，当风机为鼓风时，$\Phi=1.0$；当风机是引风时，Φ 值可以按照表 6.3 进行选取；

n——管排数；

ρ——空气在管束进出口平均温度时的密度，kg/m^3。

表 6.3 Φ 值

标准迎面风速 w_{NF}/(m/s)		管排数				
		4	5	6	8	10
		Φ 值				
低翅片	2.24	0.916	0.935	0.947	0.963	0.973
	3.13	0.908	0.930	0.945	0.961	0.970
高翅片	2.54	0.916	0.935	0.947	0.963	0.972
	3.55	0.908	0.930	0.945	0.961	0.970

② 空气横向流过圆管外横向矩形翅片管束　翅侧传热系数可以按照以下公式计算：

$$\frac{d_e\alpha_f}{\lambda}=0.251\left(\frac{d_eG_{max}}{\mu}\right)^{0.67}\left(\frac{s_1-d_b}{d_b}\right)^{-0.2}\left(\frac{s_1-d_b}{s}+1\right)^{-0.2}\left(\frac{s_1-d_b}{s_2-d_b}\right)^{0.4} \tag{6-47}$$

$$d_e=\frac{F_b'd_b+F_f'\sqrt{F_f'/2n_f}}{F_b'+F_f'} \tag{6-48}$$

式中　d_b——翅片根部圆直径，m；

n_f——单位长度上翅片数量；

F_b'——每根换热管单位长度上以翅根直径为基准的无翅片部分表面积，m^2/m；

F_f'——每单位长度上翅片的表面积，m^2/m，对于如图 6.16 所示的两根管共用一个翅片的情况，每根管取其值的一半；

G_{max}——最小流通截面处的质量流量，$kg/(m^2 \cdot s)$。

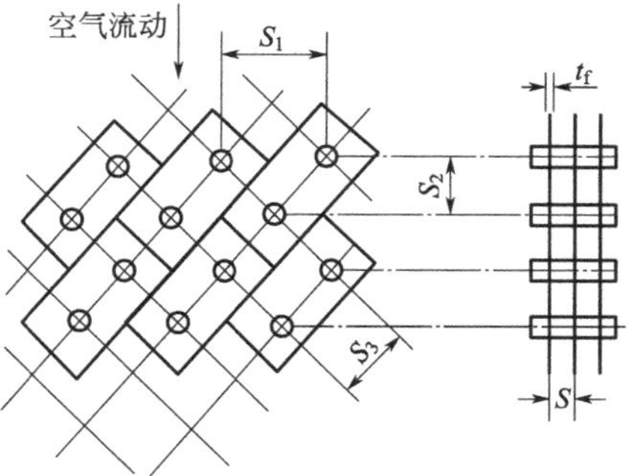

图 6.16　圆芯管-矩形翅片的翅片管群错流示意图

6.4.4　翅片管压力损失的计算

压力损失的计算与传热系数的计算一样，也随着翅片形式和管束排布形式不同而不同，多数情况下可以归结为 Eu 数的计算，下面讨论两种有代表性的情况。

（1）空气横向流过圆管外环形翅片管束

如图 6.15 所示，空气流过翅片管外的压降推荐计算公式如下：

$$\Delta p=0.66mw_{NF}^{1.725}/\rho^{2.725} \tag{6-49}$$

（2）空气横向流过圆管外矩形翅片管束

如图 6.16 所示的情况，压降计算公式为：

$$\Delta p=\frac{fG_{max}^2n}{2\rho} \tag{6-50}$$

式中，摩擦系数 f 为通过下面公式计算

$$f=1.463\left(\frac{d_eG_{max}}{\mu}\right)^{-0.245}\left(\frac{s_1-d_b}{d_b}\right)^{-0.9}\left(\frac{s_1-d_1}{s}+1\right)^{0.7}\left(\frac{d_e}{d_b}\right)^{0.9}$$

6.5　内翅片管传热计算

对于单相换热，过去采用的高效换热管一般为波纹管和内波外螺纹管，这一般用于油-油、油-水和其他的液-液换热。当介质为气体时，因气体的普朗特数较小，仅仅通过破坏边界层来强化传热是不够的，更有效的方式是增大换热面积。所以对气体传热而言，选用翅片管的效果更好。

内翅片管传热研究始于 20 世纪 70 年代，学者对普通内螺纹、内翅带突起表面、人字形内翅、波纹内翅、二次叉槽等不同的内翅片形式进行了深入的研究，不同的内翅片管的研究性能比较如表 6.4 所示。

表 6.4 不同的内翅片管的研究性能比较

文献作者	翅片结构	管外径/mm	工质	质量流量/[kg/(m^2·s)]	换热过程	温度/℃	热力特性
Solanki，et al	内螺纹	9.52	R-134a	75，115，156，191	冷凝	35，45	h 约为光滑管的 3 倍；压降约为光滑管的 2.7 倍
Tang et al，Koolnapadol，et al	不连续 V 形凸肋	25	水	120-1000	无相变	27	j 为光滑管的 1.6～3.0 倍；f 约为光滑管的 1.5～5 倍
Chen，et al	沟槽-凹涡	12.7	R410A	65-210	冷凝	40	h 为光滑管的 0.9～1.2 倍
Wang，et al	扭肋、泡沫肋	12.7	R134a	50-150	冷凝	45，50.5	h 约为光滑管的 1.4～2.1 倍；压降约为光滑管的 2.7 倍
Cheng，et al	“Ω” 形肋	15	R134a	10-30	蒸发	20	h 为光滑管的 1.45～2 倍
Skullong，et al	梯形肋-波纹槽	44	空气	1.9-9.4	无相变	25	Nu 为光滑管的 4.8～5.5 倍，f 为光滑管的 17 倍
Lee，et al	不均匀纵槽	7.0	R410A	1.3-2.6	冷凝	50	h 较均匀纵槽管高约 8%
Jagtap，et al	横纹槽	31	空气	7.9-15.8	无相变	—	h 较光滑管高约 9.2%～12.8%
Kathait，et al	离散波形肋	45	水	180-1180	无相变	—	Nu 为光滑管的 1.4～2.8 倍，f 为光滑管的 2.1～2.7 倍

为了研究影响内翅片管换热效果的因素，Carnavos 对不同内翅片数目、翅片高度、翅片的螺旋角度及不同管径的内翅片管进行了实验，实验用内翅片管采用的材质为 B10 黄铜管（含 Ni 10%，Cu 90%），结构形式如图 6.17 所示。

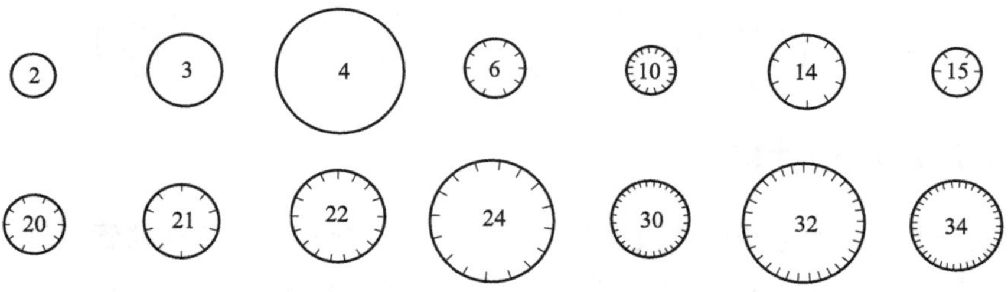

图 6.17 实验所用的不同内翅片管

翅片管效率 φ 定义为：

$$\varphi=1-H(1-\eta) \tag{6-51}$$

式中 H——翅片面积/实际传热面积；

η——翅片效率。

其中 11 种内翅片管的效率详见表 6.5。

表 6.5　内翅片管效率

管号	相应于传热系数 h/[kJ/(m^2·h·℃)] 的 φ 值		
	28815	40894	58811
6	0.913	0.856	0.808
10	0.973	0.948	0.925
14	0.989	0.970	0.903
15	0.990	0.981	0.972
20	0.975	0.940	0.927
21	0.970	0.942	0.910
22	0.971	0.943	0.910
24	0.967	0.940	0.913
30	0.994	0.988	0.985
32	0.989	0.958	0.952
34	0.993	0.938	0.970

注：表中所列的传热系数 h 是管内传热系数，在计算传热面积时需要用翅片管效率对此进行修正。

内翅管的 Nu 数与摩擦系数 f 的计算：

Carnavos 对上表中的 11 种内翅片管用空气、水、50%（质量分数）乙基乙二醇溶液做实验，并与前人的实验结果进行比照，整理出了一套计算内翅片管 Nu 数和摩擦系数 f 的公式。他提出的公式是在普通光管通用公式的基础上，增加了考虑翅片管结构参数的修正因数，这样使用起来比较方便，公式中的定性尺寸采用的是水力当量直径 De，流体的物性则按流体的进出口平均温度取值。

（1）内翅管 Nu 数的计算

根据 Carnavos 的实验数据可以整理为

$$Nu=0.023Re^{0.8}Pr^{0.4}F \tag{6-52}$$

其中

$$F=(A_{fa}/A_{fc})^{0.1}(A_n/A_a)^{0.5}(\sec\alpha)^3 \tag{6-53}$$

适用范围：$Re=10^4\sim10^5$；$Pr=0.7\sim30$；$\alpha=0°\sim30°$。

误差范围：对液体一般为±10%，对空气为±6%。

（2）摩擦系数 f 的计算

根据内翅片管测量的压降数据，整理出以下计算式：

$$f=(0.046/Re^{0.2})F' \tag{6-54}$$

式中，$F'=(A_{fa}/A_{fc})^{0.5}(\sec\alpha)^{0.75}$

适用范围：$Re=10^4\sim10^5$；$Pr=0.7\sim30$；$\alpha=0°\sim30°$。

误差范围：±10%左右；对空气，如采用 $F=(A_{fa}/A_{fc})^{0.5}(\cos\alpha)^{0.5}$，则误差为±7%，但 α 角度最大为 20°。

A. E. 伯格利斯等经过研究提出，对于强化传热管性能应有一定的比较标准，其提出，将消耗单位功率对相同内径光滑管的热流率之比作为衡量换热性能的优劣，并将这个比值定义为 R_3。它表示在相同的管内径和功率的条件下，某种类型的内翅片管较光滑管增加的热流率。

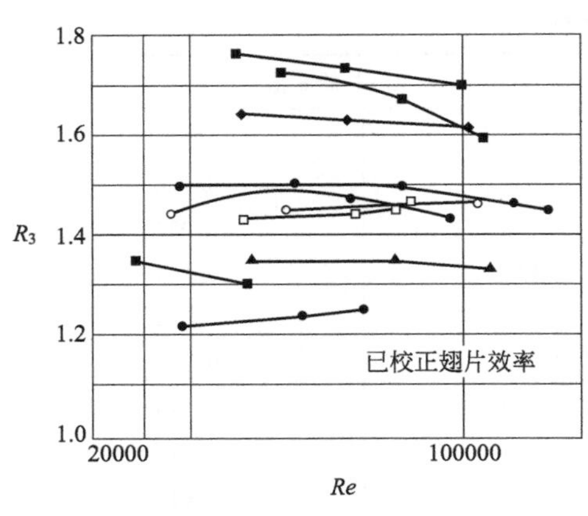

图 6.18 内翅片管 R_3 和 Re 的关系

Carnavos 整理了前述 11 种内翅片管的实验数据，将其 R_3 与 Re 的关系整理成如图 6.18 所示，研究结果表明，前文所述的管号为 32 和 34 的性能最好。管号 32 的螺旋角度 α（30°）最大，两者的 A_a/A_n 都为 1.78，其他序号的管子，尽管 A_a/A_n 的值较管号 32 要大，但由于螺旋角 α 较小，所以性能不如管号 32。

Carnavos 研究还发现，在 $\alpha>30°$、$Re<104$ 时，公式中 Re 的指数会超过 0.8；对于翅片螺旋角继续增大的情况，因没有进行系统的实验，所以也未给出具体意见。但是根据目前国内螺旋横纹槽管的实验结果，认为螺旋角度 α 越接近 90°，效果越好。对于单相流传热，特定结构的螺旋横纹槽管的传热性能和压降可能要好于内螺旋翅片管和内直翅片管。但与螺旋横纹槽管不同的是，内翅片管的外表面不会像螺纹槽管那样经过轧制，因此在管外表面仍可采用其他加工手段来加强换热管与管外流体的换热性能。

6.6 翅片结构和管排布对换热效果的影响

前面的章节已经描述了翅片管自身主体结构的一些特性，但除了翅片管主体结构之外，更微观和更宏观两个方面的其他因素，也会对翅片管的性能产生相应的影响。典型的因素包括翅片管翅片的形状和管子的排布，这两项都对翅片管在换热设备中的换热效果有着非常明显的影响，下面对这两方面进行具体分析。

6.6.1 翅片结构对换热效果的影响

对于翅片管而言，翅片的结构是影响翅片管性能的重要因素。翅的几何结构包括翅形、翅密度以及相关参数，这些参数对翅片管的性能都是非常重要的[14]。

对于二维翅片管翅片结构的研究，前人已经做了非常多的工作，包括理论研究和实验。最早在 1981 年 Mori[15] 等首先研究了垂直纵向翅的翅形，认为平底槽翅的冷凝膜系数最高，他分析了两类翅型：一类是两维等厚矩形翅；另一类是翅横截面周向变化的三维翅。后者比前者好，它更可利用表面张力减小局部膜厚，但 Webb 和 Murawski[16]、Honda[17] 等认为由于三维翅在管束中冷凝液的淹没作用而使冷凝膜减薄的效果减弱，而且两维翅加工简单，故此在大型管束中，两维翅应用较多。

1986 年 Marto[18] 等研究了四组翅形，和平翅比较，认为翅形可使冷凝膜系数改变 10%～15%。1987 年 Masuda 和 Rose[19] 提出来一种径向翅以改善冷凝排液。1985 年 Kedzierski 和 Webb[20] 研究了六种翅形，认为大的曲率和曲率梯度适合用于依靠表面张力排液的工况，能显著提高冷凝膜系数。

1990 年 Kedzierski 和 Webb[21] 提出了一组小翅尖半径和沿翅面单调减少曲率的新型高性能翅形。1990 年 Marto[22] 等在不同的卧式整体铜翅管上做 R113 冷凝试验，提出了最佳的翅基间距为 0.25～0.5mm。最佳的翅基间距可使冷凝膜系数比光管增加 4～7 倍，他们还报道了强化传热与翅高 e 的关系，e 高则强化效果好，但其强化速度又会随翅高增加而降低。对于相同的翅基间距，翅厚减少，强化程度增加，最佳翅厚为 0.5mm。

1994 年 Zhu 和 Honda[23] 研究认为，上文中 Kedzierski 和 Webb 提出的翅，相比于前文提到的一系列研究中得到的不同形状的翅，其传热性能是最佳的，并提出其传热膜系数随翅尖半径 r_t 减小而单调地增加。当达到 $r_t<t/4$ 时（t 为翅尖宽度）传热膜系数接近于一常数，平均冷凝膜系数随翅高 e 的增加首先是增加而后渐趋平缓，对于非淹没角 $\varphi=\pi/2$ 和导热系数较小的材料，在某一翅高 e 下，传热系数有一最大值，而后随翅高进一步增加而减小，对于导热系数较大的材料，较薄的翅效果更佳。1995 年 Honda 和 Makiski[24] 及 1996 年 Honda[25] 等提出了单肋翅和双肋翅，即在翅侧存在 1～2 个周向凸肋的翅型，并认为这对提高冷凝传热非常有效，其热传递系数与 1954 年 Gregoring、1981 年 Ademek、1990 年 Kedzierski 和 Webb 以及 1993 年 Zhu 和 Honda 等相比，当翅尖半径为 0.01mm 时几乎相同，冷凝膜系数随肋高而单调地增加。1995 年 Honda 以及 Kim 对 1990 年 Kedzierski 和 Webb 及 1992 年 Zhu 和 Honda 所提出的低翅管进行理论研究和最佳化分析后认为，这些翅的翅型应是在最靠近翅尖处翅曲率半径单调地增加，以及在靠近翅基处翅厚为等厚度，它比矩形翅热传递性能明显提高，而其总传热系数比同操作条件下的光管高 5.8 倍。

1996 年 Honda 等研究了 4 类不同的二维翅管束 R123 冷凝过程，如图 6.19 所示，管 A、管 B 是常规的低翅片管，管 C 和管 D 即是上述的在翅尖附近曲率半径单调地增加而在翅基处翅厚为等厚度的翅，管 A 翅节距为管 B、管 C、管 D 的两倍，管 A、管 C、管 D 翅高相同，而管 B 翅高稍低，管 D 翅尖半径比管 C 小，试验发现管 C 具有最高的传热性能，比光管高 11～18 倍，其次是管 D，与管 C 接近，而后是管 B 与管 A。

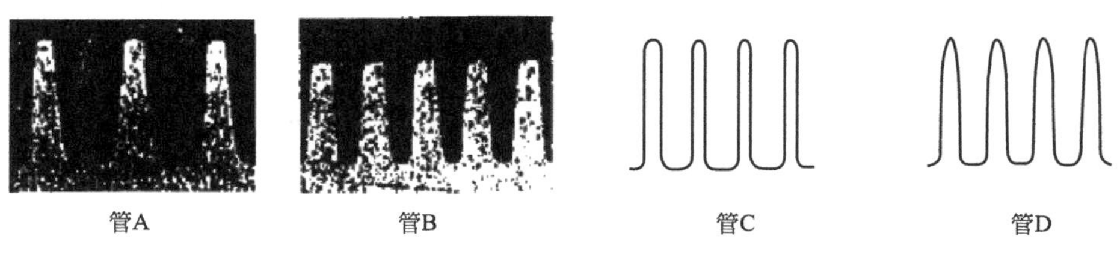

图 6.19 1996 年 Honda 等使用的四种二维低翅片管结构

对于理想翅片管的最佳翅片结构特征，应该总结为：①翅片顶部的曲率半径应该相对较小，以保证减薄翅顶的液膜厚度。②从翅片顶部到翅片根部的曲率应该逐渐减小，以确保液膜在保持一定张力的情况下，冷凝液体可以有效快速地从翅片顶部流向根部。③翅片根部应有比较宽阔的排液空间，可以有利于冷凝液沿管壁向下流动。经过理论分析和实验验证，翅片曲线为近似抛物线且翅片槽为平底的翅片冷凝传热膜系数比光滑管增大了 3～5 倍。

需要注意的是，虽然对不同横断面的单翅片的翅片结构做了很多的分析研究，但是单管的最佳断面的翅片结构，对于成套的管束而言，可能并非是最佳的效果。因为在实际管束中，位置较低的管束，可能会被从上方流下的冷凝液所淹没，从而在管外形成积液，导致管外的冷凝膜传热系数大大降低，前面所述的研究也表明，此时最佳的翅管结构未必会有最好的效果。

对于一些制冷剂如 R113 和 R111，实验表明低翅片管最佳的翅基间距为 0.2～0.3mm，而翅高对于 R113 而言，在 1.5mm 效果最好，对于 R111 而言低翅片高度为 0.8mm 时效果最好。

6.6.2 翅片管排布对换热器性能的影响[8,26]

关于圆形翅片管的各种参数对传热性能的影响的研究已经很多，过往学者针对翅片管本身的多个参数进行了细致的研究，主要集中于研究翅片的间距、翅片厚度、翅片内外半径，以及一些翅片材料对换热效率的影响。但翅片管在换热器内的间距的变化和管束排列方式对传热性能的影响也同样重要。

Brauer 通过实验测试，对顺排和叉排圆形翅片管束的换热性能做了比较分析。圆翅片的直径 $d=28\text{mm}$，每米换热管长度方向布置 182 片翅片，实验结果显示，当翅片高度较小时（$h/d=0.07$），叉排排布的换热系数要比顺排高 30%。

焦凤[27] 等学者通过实验和数值模拟的方式，结合场协同的分析方法，基于翅片管直径为 16mm、翅片直径为 32mm 的这一结构，对不同雷诺数、纵向管间距和管束排列对换热器性能的影响，做了详细的分析。

① 顺排和叉排两种结构形式的翅片管换热器，其努赛尔数 Nu 和阻力系数 f 都会随着雷诺数 Re 的增加而增大，并且增长的趋势随着 Re 增加而变缓。原因在于随着雷诺数 Re 的增加，速度场和温度梯度协同角度也在不断增大。

② 顺排圆形翅片管换热器的综合性能会随着翅片管横纵管间距 S 的增大而增大，学者研究表明管间距在 $S_1=110\text{mm}$ 时，综合性能达到最大。此时空气流向后翅片管之间的尾流面积最小，速度场与温度梯度间的场协同夹角最小，尾流的涡尺度适中，这也是换热器的 η 值可以达到最大的原因。

③ 叉排圆形翅片管换热器的综合传热性能变化与上述顺排的略有不同，其综合传热性能会随着管间距增大而减小，研究表明，这种形式的换热器，在 $S_1=66\text{mm}$ 时传热性能最好，此时上下游翅片间的回流区域面积，尾流涡尺寸最小，同样速度场和温度梯度之间的场协同夹角最小，也能够解释 η 值在这种情况下达到最大。

④ 叉排圆形翅片管换热器的综合换热性能明显要优于顺排的。

6.7 典型翅片管换热器的设计方法

翅片管换热器的设计与常见的普通换热器类似，只是在计算过程中考虑到翅片的存在，对一些参数需要针对翅片管的特性做更进一步的细化。

6.7.1 设计计算与校核计算基本方法

翅片管换热器作为间壁式换热器的一种类型，其传热计算的方法与其他常规间壁式换热器实质上是一样的，只是传热系数和阻力损失的计算式不同。

换热器的基本传热公式：

$$Q=KF\Delta t_m \tag{6-55}$$

热平衡方程式：

$$Q=G_1c_{p1}(t_1'-t_1'')=G_2c_{p2}(t_2'-t_2'') \tag{6-56}$$

一般情况下，只需要知道冷、热流体的进出口温度 t_2'、t_2''、t_1'、t_1''，就可以得到平均温差 Δt_m，再通过上述的关系式，进行从已知量到未知量的求解。根据给出的已知量，翅片管换热器的计算与常规换热器一样可以分为两个类型。

① 给出了 G_1c_{p1} 和 G_2c_{p2} 以及四个进出口温度中的其中 3 个，来求解另一个温度和 K_F。

② 给出了 K_F、G_1c_{p1} 和 G_2c_{p2}、Q、t_2'、t_1'，求解 t_1'' 和 t_2''。

如果冷热流体热交换存在有散热损失，那么换热器的传热量则可以变化为

$$Q=G_1c_{p1}(t_1'-t_1'')-Q_1'=G_2c_{p2}(t_2'-t_2'')+Q_2' \tag{6-57}$$

式中　Q_1'——热流体散热到环境的热量；

Q_2'——冷流体散热到环境的热量。

由于大部分换热器都设计有保温层，散失的热量并不大，一般情况下上式的情况可忽略。对于翅片管换热器的设计计算或者校核计算，都可以从原理上，归结分为平均温差法（LMTD 法）和换热器效率-传热单元数法（ε-NTU 法）。LMTD 法一般用于设计计算，其具体步骤与常规管壳式换热器一样。ε-NTU 法经常用于校核计算，可显著减少计算次数。传热单元数 NTU（numbers of transfer units）定义为：

$$\mathrm{NTU}=\frac{KF}{(Gc_p)\min} \tag{6-58}$$

上式中 F 和 K 分别为换热面积和总传热系数，它们分别代表换热器的初期投资和常年所需的运行费用。从上式的定义可知，NTU 是一个无量纲，NTU 可以反映传热面积的大小，因此被称为传热单元数，是一个反映换热器综合换热性能和经济性的指标。

两种方法用于设计计算的繁琐程度比较相似，但采用平均温差法可以求出温度修正系数 φ，从而确定当前工况下换热介质流动的流型，有利于流型的选择。而 ε-NTU 法在进行校核计算时就可以不需要采用逐次逼近法，经过一次到两次试算就可以达到目的。

6.7.2　翅片管换热器的设计步骤

对于翅片管换热器，不管是设计计算，还是校核计算，分析计算步骤可以按要求依次确定以下参数：

① 确定传热表面特征；

② 确定流体物性参数；

③ 雷诺数；

④ 由表面的基本特征确定 j 和 f；

⑤ 对流表面传热系数；

⑥ 翅片效率；

⑦ 表面总效率；

⑧ 总传热系数；

⑨ NTU 和换热器效率；

⑩ 出口温度；

⑪ 压降。

6.8 翅片管换热器的工业应用

翅片管的应用范围非常广泛，除了在冷冻机、空冷器、热管设备等大量使用外，作为管壳式换热器中的换热管应用也很普遍，尤其在石化行业应用较多，使用效果比较理想。

翅片管换热器也广泛应用于空调和制冷行业的蒸发器和冷凝器、汽车或者其他内燃式发动机的相关冷却器，以及多个过程工业和发电厂的空冷器。这类换热器通常是以水和导热油为代表的制冷剂流过管程，而冷的空气流体流过翅片管外侧[28]。

（1）石化行业中的应用

石油化工装置中的换热器具有体积大、操作条件要求高以及产品种类丰富的特点，涉及到很多不同的换热工况，针对不同的工况，需要采用不同的强化传热方案。

国外公司的翅片管应用较早，也有很多代表性的应用。斯皮罗-吉乐斯 S. A 公司声称，他们公司生产的 KLM 翅片管由于采用了特殊的防腐措施，在石油工业中应用十分广泛，目前已经在世界各地应用了几十年，总长度达到了数千万米，其中包括了沿海地区的炼化装置和海上钻井平台。

石化行业中的翅片管有径向和纵向两种主要形式，径向翅片管主要用在炼化厂的空气冷却器中，这方面国内的制造技术已经相当成熟。而纵向翅片管换热器广泛用于原油的采集和运输过程中，在 20 世纪很长一段时间内，我国对这一种类型的翅片管只能靠进口，但是从 1998 年开始由中国石油大学（华东）化工机械研究所设计的国内第一套纵向翅片管生产线投入工业化生产开始，我国就逐渐开始自主生产这种管型的翅片管，并得到了广泛的应用。

石油化工行业在生产过程中会需要大量的水作为冷却来源，对于一些沿海城市的相关装置，海水是一个可靠的水源。用抗海水腐蚀性能的钛材制造换热管，依靠其较高的传热特性，加上高密低翅片管的设计，有利于提高设备性能并减小设备规模。与光管相比，高密度低翅片管，翅片高度在 0.022～0.032in❶，翅片密度为 30～40 片/in，使得翅片管外侧的换热表面积增大了 3 倍。

在一般的石化行业扩大产能改造中，需要在原有热负荷的基础上提高 20%以上，近年来很多设备都采用了同样换热面积的翅片管来代替原有光管管束，其中，三维翅片管式换热设备在润滑油加氢精制装置中已得到了成功的应用。

在我国，翅片管在空冷器这方面的应用案例也很多。哈尔滨炼油厂和哈尔滨工业大学等单位利用翅片管成功地解决了渣油空冷，利用“自身保护性热源”，渣油-轻柴油联合空冷器经受了东北零下 40℃的严寒，依然可以保证运行效果。大庆石化成功地将工、湿联合空冷器应用在了高寒地区的焦化装置上。该设备利用简单的防冻防凝流程和设备的防护措施，扩大了空冷器的应用场景，取得了新的经验。

南京烷基苯厂加氢工段使用的除氧塔冷凝器，原先该装置使用的是意大利进口设备，后

❶ 1in=0.0254m。

改用国产绕片式翅片管空冷器。由于入口物料温度较高，最高可达227℃，在长周期使用中，翅片管的绕片产生高温蠕变，使翅片张力减小，发生松弛现象，导致铝质翅片与铜管外壁贴合不良，接触热阻增加，传热性能受到影响，不能达到工艺过程的冷凝要求。到20世纪80年代末，该厂换用了新型翅片管空冷器，其翅片间距为每英寸10片，替代了原先每英寸11片的空冷器，换热面积减少了10%，能够满足加氢工艺过程中除氧塔的工艺需要。类似的上海高桥石化公司炼油厂的常减压蒸馏装置，在相同的时间段，也同样改用了上述翅片管空冷器，作为加热炉的空气预热器，经过两年的使用，性能良好。

(2) 冻土治理热棒

热棒由基管、管腔、中心测温管和工质组成，基管与管腔分为蒸发段、绝热段和冷凝段三部分，根据使用条件蒸发段和冷凝段可选用安装传热翅片，热棒的基本构造如图6.20所示。

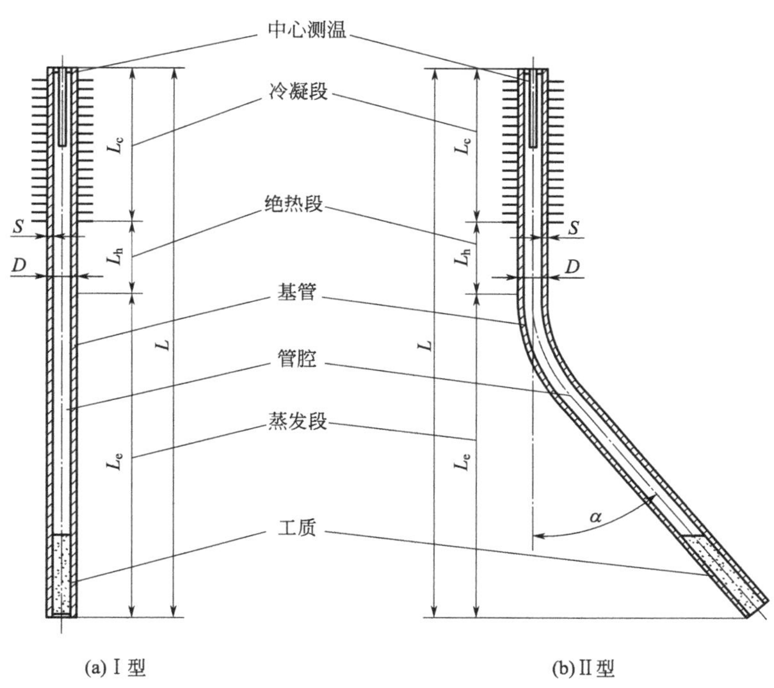

图6.20 热棒的主要结构和两种主要形式

可以通过在基管的冷凝段安装翅片，增加热棒的换热效率，通过热棒的单向导冷作用，使得热棒在冬天能够更好地从空气中吸收冷量导入地底储存，在夏天温度高的时候，储存的冷量足以保证地底的冻土层不会融化，形成“永冻层”。

(3) 汽车工业中的应用

车辆用的换热器一般结构较为紧凑，包括了冷却系统中的散热器、润滑和传动油冷却器、增压内燃机的中冷器；其他还有汽车空调系统中的空气加热器、蒸发器和冷凝器。这一类型车用换热器使用的都是翅片管式换热器，这主要是由于汽车需要在广泛的气候条件和不同的路况中行驶，为满足国家提出的排放标准和司机乘客所需要的操作简便和舒适性的要求，车辆要能够为高负荷的发动机及其附属设备提供良好的冷却换热性能，同时又要求体积小、质量轻、使用周期长、可靠耐用。因此对于车辆的换热器使用在不同位置有着不同的要求：

① 机油和传动油冷却器：对于现在的车辆来说，一般都是采用紧凑型的换热器。

② 中冷器：对于汽车中大功率的增压内燃机，中冷器一般采用带有强化型连续翅片的扁管的管片式传热元件。

③ 水散热器：目前，车辆中都广泛使用了改进型的管片式散热器。近些年来，比较常见的有，在扁平横铜管焊接光滑活百叶窗紫铜翅片，百叶窗翅片可以有效地降低翅片的密度，优点是重量较轻、使用寿命也更长。进入 21 世纪以来，大多采用这种铝管与皱褶状多重百叶窗的铝翅来代替传统的铜制散热器。近年，开始开发众多不同结构的强化型翅片，包括螺旋翅片、锯齿形翅片、针状翅片、鳍形翅片等，这些类型翅片都可以应用于汽车工业中。需要注意的是，鳍形翅片管换热器的换热能力要比铜制带状的换热器效率提高 20%以上，这种强化型翅片，凭借其较轻的重量和较小的体积，在现在和未来市场中都会拥有相当重要的地位。

（4）空调与制冷行业

空调与制冷行业，针对不同介质、不同位置的强化传热，采用不同的管型，一般规律如下：

① 制冷剂在壳程蒸发常用：低肋管，如 GEWA-T、GEWA-TX、GEWA-TXY、Thermoexcel-E、Turbo-B（Wolverine）和 Thermoexcel-HE 等。

② 制冷剂管内蒸发常用：扩展表面的管型，比如高肋片管和微翅管[29]。

③ 强化空气侧换热：扩展表面的管型，如高翅片管和微翅管。

考虑到空调内的制冷剂会形成结霜，并形成一定的堵塞，因此一般采用较小的翅片密度。

在大型卧式空调器中，一般也会使用翅片管作为表面冷却器和加热器的换热部件。采用的形式一般是铜管绕铝片、铜管绕铜片和铝管滚轧翅片等形式，翅片高度一般在 12mm 左右，翅片的翅化比在 11～19.2。

在中小型活塞制冷压缩机中，大多都会使用绕片式和套片式翅片管，这些翅片管一般用于各类冷凝器和蒸发器。一般陆地上使用的冷凝器，都会使用紫铜翅片管或者铜铝复合材料翅片管；而对于船用的冷凝器，一般都是使用海水作为冷源，尽管其大致结构形式与陆地使用的相同，但由于海水的腐蚀性，设备中接触海水的部位，一般采用紫铜或者铝黄铜材料制作；而蒸发器大多数是采用铜管作为基管，外侧套铝片形式的翅片管。

在冷藏库这类使用场景中，一般产品都是在铜管上嵌套薄铜片或者薄铝片，然后再进行盘管。这样的翅片盘管，相比于光管盘管，可以减小管道的长度。同时这种形式的空间性能也更好，既可以给小容积冷却器赋予更大的换热面积，还可以通过增加管外流速，将自然对流转换为强制对流，从而提高这种管型的热通量。对于冷藏的陈列柜，比如短期贮藏蔬菜、水果、鱼类、肉类等食物的冷库，选用翅片管式盘管，可以确保这些食物类的贮藏物，水分不会轻易蒸发流失，使其风味和味道能够保留更长的时间。

（5）动力行业

在很多动力行业会产生较高的温度，需要使用高效翅片管换热器进行有效的散热，目前已经在油田、电厂散热的干燥冷却塔中，得到了广泛的应用。火管锅炉管程扰流器也有应用，一些分散流膜态沸腾中间换热器也有采用，用于增强换热。除此之外，还可以应用于高温余热回收、航空航天涡轮发动机的冷却设备中。

图 6.21 为圣诺公司制造的低低温省煤器-暖风器系统，使用了高频焊翅片管作为主要换热元件。

图 6.21　圣诺公司制造的低低温省煤器-暖风器系统

(6) 电子元器件的散热

任何电子元器件工作时都要发热，而元器件的寿命与温度直接相关，温度如果超过元器件或介质基板的承受极限就会发生热击穿或永久性的损坏。

电子组装热控制的总要求是使热源至耗热空间（如散热器）热通路的热阻降至最小，或者是将组装的热流密度限制在可靠性规定的范围内。为保证可靠性指标的实现，大量的电子组装均采取了有效的热控制措施。随着电子技术的发展，小型大功率电子元器件不断出现，对散热器的要求将会越来越高，翅片管的高传热效果，对于这种应用场景十分合适。在普通个人电脑的 CPU 散热器中，各种平翅片结合热管的散热方式已得到非常普遍的应用。

6.9　翅片管发展及改进

综合前文所述，翅片管的发展主要还是以不同的翅片结构为主。根据相关资料介绍，国内外近年来也开发出了一些新的外翅片强化传热管。其中除了工业应用较广的等厚圆形翅片管之外，还包括前文提到的锯齿形圆翅片管、管内侧和外侧均缠绕螺旋铜线圈的翅片管、蜂窝形螺旋缠绕圆翅片管、毛刷形针翅管等，这些结构均可有效强化管外对流传热[5]。

翅片虽然发展出了不同的形式和结构，但其总体目的都是为了加强换热管的换热效果，未来的翅片管发展可能存在着新的开发方向，以实现更好的效果。

6.9.1　翅片管发展趋势

近十年来，翅片管的发展趋向是：

① 增加翅片密度，由每英寸 7 片增至 11 片，甚至达到 16 片。

② 改进翅片几何形状。如：直翅高三分之一沿其圆周方向经向分布缝隙 24 或 36 个，

这样能使空气侧传热系数提高 40%。英国 Wheelfin 公司研制成的轮辐式翅片管，能使空气经翅片表面时产生交流，减少表层热阻，强化了传热。在同样条件下，它的传热系数比普通翅片管提高约 44%，因此，采用这种类型的翅片管空冷器可节省 1/5～1/3 的传热面积。

③ 改善翅片管生产的质量管理，其中包括对双金属轧片式翅片管的结合热阻测试。

④ 增加翅片管长度，从通常的 9m 逐渐加增到 10m、11m、12m，并正在研究更长的翅片管（15m）的应用。

6.9.2 新型翅片管传热元件

近年来，很多研究者也开发了很多新型翅片管。

（1）斜针翅管[30]

华南理工大学化工所也先后开发了多种三维翅片管。斜针翅管是由中国石化和华南理工大学联合开发的一种新的管型，这种管型的优点是扩大了二次传热面积，由于翅片尺寸很小，这样可以保持比较小的换热管间距，利用流体的强化扰动，进一步破坏管外侧流体的边界层，使得换热效率进一步提高，这种管型目前主要应用在壳程介质为油的换热器中。由于斜针翅管的设计促进了壳程流体在管外的纵向流动，可以有效避免流体导致的诱导振动，防止换热管因此受到反复振动而破坏，整体效果类似折流杆换热器。斜针翅管这种换热元件在同等条件下，可以增加换热面积 10%以上。

（2）新型钉翅管

新型钉翅管是在光管的外表面交错排列一个个钉翅。研究表明，这种钉翅管的传热效果明显增强，与光管相比，在压降耗能大致相同的情况下，这种管型传热系数是普通光管的 100 倍左右，是普通翅片管的 10 倍左右，大约是百叶翅片管的 5 倍。可见这种传热元件相比于其他翅片管效果很好，未来的应用前景十分广泛，潜力巨大。

（3）复合翅片

随着科技的发展，强化传热技术也在不断进步，也有研究提出新型的复合翅片管结构，试图整合各个结构的优点，一种百叶窗形翅片结合涡流发生器的结构获得了广泛的关注。有研究表明这种带涡流发生器的百叶窗复合翅片管，可以提高传热系数大约 20%。其次对于不同形状的涡流发生器的百叶窗翅片管也有学者做了研究，表明带矩形翼的复合型翅片管的综合热力性能最好。

6.9.3 涡流发生器技术

除了仅通过加工优化基管和翅片之外，还有研究者提出通过在翅片上加装涡流发生器来对翅片管的换热效果进行优化，从而进一步增强流体通过翅片管时的扰动，削弱流体的边界层，以显著提高翅片管的换热性能。在相同的工作负荷下，可以提高传热效率 25%，局部的传热效果甚至可以提升 240%[31]。

图 6.22 所示是目前几种常见的不同种类的涡流发生器，主要有翼型和柱形扰流柱型两种类别。翼型涡流发生器的形状有三角形翼、矩形翼以及梯形翼等。扰流柱型涡流发生器形式一般有挡板、立方块、球体、圆柱体、圆锥体、椭圆柱体等。按照加工方式的不同，涡流发生器可以直接从翅片上冲压加工，也可焊接、粘贴或者铆接在翅片表面。

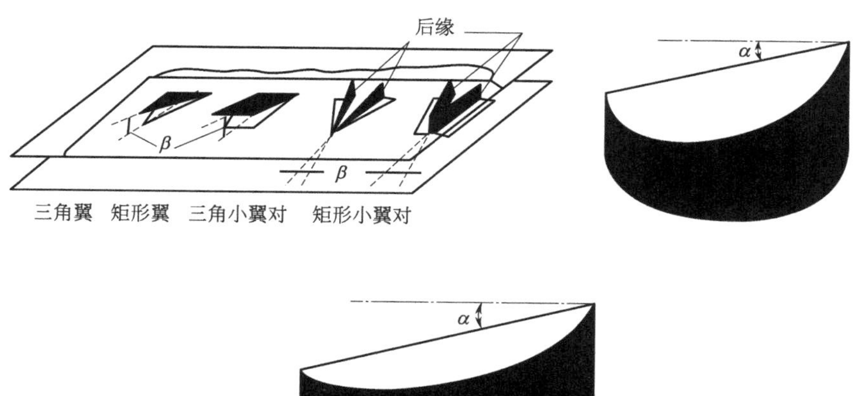

图 6.22 几种不同结构的涡流发生器

采用上述给翅片增加涡流发生器的结构优化方式时，影响最终换热器换热效果的因素有很多，包括涡流发生器的尺寸、形状、安装位置等。有研究表明，通过加装涡流发生器的平翅片管换热器，单位换热量的平均压降相比于普通的平翅片管上升了 9%，努赛尔数增大了 11%～23%，总体的综合换热性能还是增加的。涡流发生器的数量和安装高度同样也会对换热的换热效果和设备压降产生影响。在换热介质流速一定的情况下，随着涡流发生器个数的增加，翅片管的对流换热系数和压降都会随之增大。当涡流发生器个数增加到 6 个以上时，换热系数增长的幅度明显下降，而压降上升幅度却很显著。在换热介质流速和涡流发生器个数都一定时，对流换热系数和压降也会随着安装高度的增加而增加，当安装高度增大到 1.2mm 时，对流换热系数的增长幅度开始下降，压降还是会明显增长。所以选用这种翅片管，需要综合考虑换热的增强效果和阻力损失这两方面的因素。

参考文献

[1] 林宗虎，汪军，李瑞阳，等. 强化传热技术[M]. 北京：化学工业出版社，2006.

[2] 严培德. 翅片管换热器[J]. 化工装备技术，1991，4(12)：36-40.

[3] 王必武，杨子谦，施广森. 高效节能翅片管的加工、应用及发展趋势[J]. 水利电力机械，2002(01)：16-18.

[4] Guo Z Y，Li D Y，Wang B X. A novel concept for convective heat transfer enhancement[J]. International Journal of Heat and Mass Transfer，1998，41(14)：2221-2225.

[5] 钱颂文，朱冬生，李庆领，等. 管式换热器强化传热技术[M]. 北京：化学工业出版社，2003.

[6] 魏双. 翅片管换热器强化传热与流阻性能分析及结构优化[D]. 杭州：浙江大学，2016.

[7] Wang C. A Survey of Recent Patents of Fin-and-tube Heat Exchangers from 2001 to 2009[J]. International Journal of Air-Conditioning and Refrigeration，2012，18(01)：1-13.

[8] 邓斌，王惠林，林澜. 翅片管换热器流程布置研究现状与发展[J]. 制冷，2004(04)：29-32.

[9] 王玉，于斐，翟守信，等. 翅片管及其在管壳式换热器的使用[J]. 管道技术与设备，2000(03)：22-24.

[10] 钟理，谭盈科. 国外强化传热技术的研究与进展[J]. 化工进展，1993(04)：1-5.

[11] 兰州石油机械研究所主编. 换热器(上)[M]. 2 版. 北京：中国石化出版社，2013.

[12] 钟天明，丁力行，邓丹，等. 翅片管式换热器的传热研究进展[J]. 制冷，2019，38(2)：71-84.

[13] 曾小林，林金国，童小川. 翅片间距对翅片管换热性能影响分析[J]. 机电设备，2015(1)：65-69.

[14] 范国荣，范魁元，刘丕龙，等. 不同结构型式纵翅片管综合换热性能的数值模拟[J]. 化工进展，2015，34(04)：935-940.

[15] Mori Y，Hijikata K，Hirasawa S. Optimized performance of condensers with outside condensing surfaces[J]. Journal of Heat Transfer-transactions of the Asme，1981，1(103)：96-102.

[16] Webb R L，Murawski C G. Row effect for R-11 condensation on enhanced tubes[J]. Journal of Heat Transfer-transactions of the Asme，1990，3(112)：768-776.

[17] H H，H Z. Optimization of fin geometry of a horizontal low-finned condenser tube[J]. Heat Transfer-Japanese Research，1994，22：4(555).

[18] Wanniarachchi A S，Marto P J，Rose J W. Film condensation of steam on horizontal finned tubes：effect of fin spacing[J]. Journal of Heat Transfer-transactions of the Asme，1986，4(108)：960-966.

[19] Masuda H，Rose J W. Static configuration of liquid films on horizontal tubes with low radial fins：implications for condensation heat transfer [J]. Proceedings of the Royal Society of London. A. Mathematical and Physical Sciences，1987，1838(410)：125-139.

[20] Webb R L，Rudy T M，Kedzierski M A. Prediction of the condensation coefficient on horizontal integral-fin tubes[J]. Journal of Heat Transfer-transactions of the Asme，1985，2(107).

[21] Kedziersk M A，Webb R L. Practical fin shapes for surface-tension-drained condensation[J]. Journal of Heat Transfer-transactions of the Asme，1990，2(112)：479-485.

[22] Marto P J，Zebrowski D，Wanniarachchi A S，et al. An experimental study of R-113 film condensation on horizontal integral-fin tubes[J]. Journal of Heat Transfer-transactions of the Asme，1990，3(112)：758-767.

[23] H Z，H H. Optimization of fin geometry of a horizontal low-finned condenser tube[J]. Heat Transfer - Japanese Research；(United States)，1994，4(22).

[24] Honda H，Makishi O. Effect of a circumferential rib on film condensation on a horizontal two-dimensional fin tube[J]. Journal of Enhanced Heat Transfer，1995，4(2)：307-315.

[25] Honda H，Takamatsu H，Takada N，et al. Condensation of HCFC123 in bundles of horizontal finned tubes：effects of fin geometry and tube arrangement[J]. International journal of refrigeration，1996，19(1)：1-9.

[26] 杨文静，王赫，丛培武，等. 翅片管换热器的结构优化[J]. 金属热处理，2017，42(04)：208-211.

[27] 焦凤，邓先和，孙大力，等. 管束排列及管间距对换热器传热性能的影响[J]. 石油学报(石油加工)，2013，29(05)：836-843.

[28] 汪番. 翅片管换热器在天然气发动机低温空气加热系统中的应用[J]. 石化技术，2020，27(07)：93-95.

[29] 杨程，李奇军，时立民，等. 管壳式换热器强化传热技术研究综述[J]. 天水师范学院学报，2015，35(2)：60-65.

[30] 蒋翔，李晓欣，朱冬生. 几种翅片管换热器的应用研究[J]. 化工进展，2003(02)：183-186.

[31] 张岩. 翅片管换热器结构优化与换热性能数值模拟研究[D]. 郑州：华北水利水电大学，2019.

第7章 扭曲管换热器

7.1 概述

扭曲管换热器，也称螺旋扁管换热器或螺旋扭曲扁管换热器，是一种新型高效强化传热换热器，是在传统管壳式换热器的基础上，以螺旋扭曲扁管代替光管，在壳程不再设置折流板的换热器，见图 7.1。扭曲管换热器的管束依靠扭曲管螺旋线外缘相互的点接触进行自支撑［图 7.2（a）］，管束之间形成螺旋通道［图 7.2（b）］，流体通过该通道沿壳体的轴向流动[1]。

图 7.1 扭曲管换热器

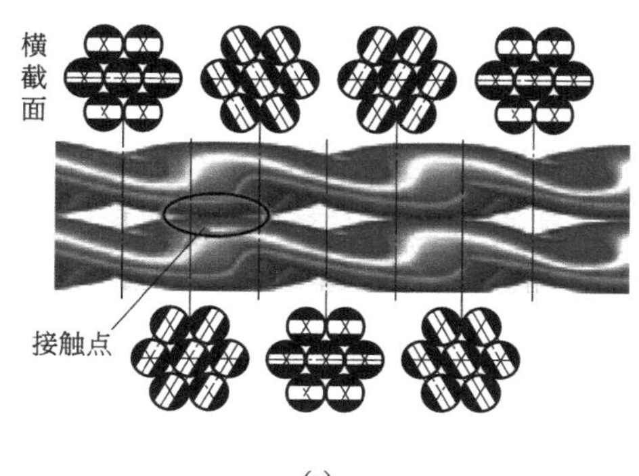

(a)

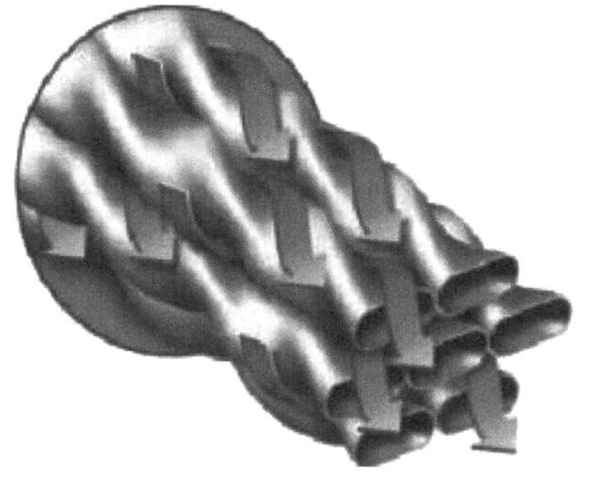

(b)

图 7.2 螺旋扭曲管示意图

扭曲管是以圆管为基管，通过专用模压机进行压扁然后扭曲而成，横截面为椭圆形、长圆形或哑铃形，为了方便与管板连接，管两端保留一定长度的圆形光管段。1980 年，苏联学者 Dzyubenko BV 和 Sakasauskas AV 等发表过关于具有扭曲流形式的换热器的流速及静压分布情况的论文，之后 Dzyubenko BV 等在 Power Engineering 等杂志上连续发表了多篇研究文献[2-4]，因此，从这个意义上讲，扭曲管换热器概念是由 Dzyubenko BV 等提出的。瑞典 Alards 公司于 1984 年研制开发了扭曲管换热器[5]，并在 1990 年 ACHIMA 展览会展出过。Alards 公司生产的扭曲管换热器主要用于电力、化工及造纸行业。美国 Brown Fintube 公司改进并将其推广到石油、化工、能源动力等工业应用领域。国内于 20 世纪 90 年代初才有关于扭曲管换热器的研究文献出现，90 年代末出现了验证型工业应用[6]，但由于技术保密、专利保护等原因，国内扭曲管换热器的大力推广及应用案例并不多见。

7.2 扭曲管换热器特点

扭曲管换热器是在传统管壳式换热器的基础上开发而来，它继承了管壳式换热器优点的同时，也因其独特结构，使得管内、管外流体的流动形式发生了质的改变，从而强化了管内外的传热性能。

7.2.1 强化传热机理

对于管内，扭曲管形成了弯曲的螺旋流道，流体的流动类似于管道中设置了扭曲片，形成了连续螺旋涡流流动，除了轴向主流流动外，还存在垂直于主流方向的二次流，该二次流强化了流体的径向混合，与普通光管相比，扭曲管的传热边界层明显减小，从而达到了强化管内传热的效果。另外，扭曲管的特殊结构使管内流体纵向旋转流动，与光管相比，速度场和温度场的夹角减小，均匀性更好，提高了温度场和速度场的协同性，根据过增元院士的场协同理论，该特性也优化了管内传热[7]。扭曲管强化管内传热的同时，由于管内存在连续螺旋涡流，必然导致流动阻力较光管有所增加。董新宇进行了钛合金单根扭曲管试验，发现当 $11900<Re<55000$ 时，扭曲管努塞尔特数是光管的 1.3～1.5 倍，压降是光管的 1.6～1.9 倍[8]。卿德潘进行了三种规格螺旋扁管与光管的对比试验发现，当 $2000<Re<40000$ 时，螺旋扁管管内传热系数是圆管的 1.4～1.85 倍，阻力系数是圆管的 1.3～1.9 倍[9]。丁聪以环氧树脂为工质，研究了具有不同短长轴比和扭率的螺旋扁管管内传热和阻力特性，在试验范围内（$Re=24\sim115$，$Pr=2539\sim3719$），在相同 Re 下，扭曲扁管传热膜系数是光滑管的 1.32～2.28 倍，压降是光滑管的 1.75～8.56 倍[10]。Hyung Rak Kim 通过数值模拟得出随着扭曲度的加大，传热和阻力都会加大[11]。谭翔兮也是通过数值模拟的方法得出扭曲管的努赛尔数相比光滑管均有较大的提升[12]，在高雷诺数情况下，螺旋扁管阻力系数是光管的 1.33～1.63 倍。

对于管外，由于多根扭曲管通过点接触形成了具有自支撑结构的螺旋管束，在管间形成了螺旋形通道，如图 7.2（b）所示。从整体看，壳程流体在管束内是沿管束轴向流动的，这与传统管壳式换热器流体横向冲刷管束完全不同；从局部上看，流体是沿着扭曲管表面螺旋前进，在离心力的作用下周期性地改变速度和方向，流体的纵向混合得到了强化。同时，壳程流体经接触点后形成了脱离管壁的尾流，增加了流体的湍流程度，从而强化了传热。思勤通过试验证明了螺旋扁管换热器管程与壳程具有较好的传热性能，并认为当 $Re<8000$ 时采用扭曲管较为有利[13]。Ievlev V M 等进行了纵向流和横向流下扭曲管束的传热与流动阻

力试验，结果表明扭曲管具有较好的传热效果，能将换热器的体积缩小 20%～30%[14]。西安交通大学的顾红芳研究了含有不凝气的扭曲管管束外冷凝换热，当管程为冷却水，壳程为气态煤油和空气的混合气体时，扭曲管的冷凝换热系数是光管的 2～3.4 倍[15]。扭曲管应用于工业现场，反馈得到的意见也表明，在压降允许的情况下，保持壳体不变，仅将原有管束更换为扭曲管，可使换热负荷提高 40%以上，在装置的改扩建时具有很大的优势[16]。

当然，很多因素会影响换热器的传热性能，扭曲管换热器也不例外。研究表明，影响扭曲扁管综合传热性能的因素主要是雷诺数（Re）、普朗特数（Pr）、短长轴比（B/A，B、A 分别为扁管的短轴、长轴长度）及扭率（S/d_e，S 为导程，即一个 360°完整螺旋的长度，d_e 为当量水力直径）。一般观点认为，当雷诺数较小时，传热边界层的作用明显，而扭曲管能够明显破坏传热边界层，因此扭曲管可以较好地强化传热，这一特性无论是管内还是管外均能体现。思勤[13] 等认为壳程 Re 的最佳工作区为 $Re<8000$；张杏祥、卿德潘等认为综合考虑传热和流阻特性，管程 Re 的最佳工作区为 $Re<5000$[9,17]。对于普朗特数，试验研究表明，较高的普朗特数可使管内外传热效果显著增加且流动阻力增加较少，因此较高的普朗特数有利于扭曲管换热器综合性能的提高[7,18]。对于 B/A 及 S/de，张杏祥、Dzyubenko BV、思勤[13,17,19] 等均认为值越小，强化传热效果越明显，但是同时流动阻力也增大，因此 B/A 及 S/de 存在最佳取值范围，对于管程，研究者认为最佳取值范围为 $B/A=0.5\sim0.7$，$S/de=6\sim12$，对于壳程，上述文献都没有给出这些结构参数的最佳区域范围，有待进一步研究。

7.2.2 扭曲管换热器特性

扭曲管换热器因其结构不同，从而使其具有了不同于传统折流板式换热器的特性。

① 传热系数高。在前文已进行了相关分析，由于流体在管内、管外的螺旋流动，在离心力的作用下，产生了二次流，不仅削弱了传热边界层，同时增加了流体的湍流度，因此不管是管内还是管外，传热都得到了加强。

② 壳程阻力低。因流体在壳程是沿换热管的轴向流动，轴向流通截面积大于常规的折流板式换热器，因此壳程流体的阻力得到明显降低，有研究表明扭曲管换热器壳程的压降仅为折流板换热器的 30%[20]。

③ 不易结垢，可靠性高。扭曲管形成的壳程螺旋流道结构，消除了流动死区，而且在湍动流体的冲刷作用下，有了自清洁功能，不易结垢。同时，因流体不再横向冲刷管束，且通过切点相互支撑，使用过程中管束不会产生诱导振动，避免了因摩擦而导致的管子穿孔问题，因而使用寿命长，可靠性高。

④ 结构紧凑。扭曲管通过螺旋线外缘相互接触，在壳程紧密排列，单位体积可以布置更多的换热管，同时，在相同的换热面积下，因扭曲后换热管长度缩短，因此扭曲管换热器结构较常规管壳式换热器要紧凑。

⑤ 换热管强度、刚度较同规格普通光管低。扭曲管因管型截面为长圆形或椭圆形，在内压作用下，管子有趋圆的趋势，在外压作用下有进一步压扁的趋势，因此其抗外压和内压能力显著低于相同壁厚的圆管；另外由于管子是扭曲的，在轴向力的作用下容易产生较大位移，即轴向刚度低于等规格圆管，杨旭、夏春杰等通过数值模拟和试验得出随着壁厚、扭曲

比、导程等的不同，扭曲管的刚度削弱系数变化范围为 0.55～0.94[5,21]。因以上所述的强度及刚度削弱特性决定了扭曲管不可用于压力太高的场合。

7.3 扭曲管换热器的设计

7.3.1 传热与压降计算

扭曲管换热器作为一种新型换热器，从换热器设计制造的角度出发，如何准确计算传热与压降非常重要，Dzyubenko 不仅提出了扭曲管的概念，而且还对扭曲椭圆管管内的传热和压降进行了试验研究，得到了单根扭曲管管内传热与压降的准则关系式。后来，随着扭曲管换热器的推广应用，关于传热和压降的计算研究一直在进行中，可能是出于商业保密等原因，目前有关扭曲管换热器的传热和压降计算，国外的并不多见，主要集中在国内。

(1) 管内传热与压降计算

扭曲管管内的传热和压降研究因仅需要采用单根管即可进行模拟或测试，研究成本及难度相对较低，可见的报道很多。比较典型的有：思勤等分别以水和柴油为介质对扭曲管换热器管内外的传热性能进行了试验测试，对试验数据进行整理，拟合出了管内外的传热与压降计算准则关系式[22]。丁聪[10] 以高黏度流体环氧树脂为工质，研究了不同短长轴比和扭率的螺旋扁管的传热与阻力特性，通过多元线性回归的方法对试验数据进行了整理分析，得出了螺旋扁管内传热的努赛尔数和阻力系数的准数方程式。张杏祥[7] 利用数值模拟和试验研究的方法，研究了流体流动状态、物性参数和螺旋扁管几何参数对管内外传热与流阻特性的影响，通过多元数据回归，提出了螺旋扁管管壳程的传热与流阻特性准则关系式。高学农[23] 对高扭曲比的扭曲椭圆管内传热与压降性能进行了测试，通过数据拟合得到了相应计算准则关系式。国内其他学者如董新宇、孟继安[8,18] 等都对扭曲管管内传热与压降进行了研究，以上这些学者得到的传热与压降计算准则关系式汇总见表 7.1。

表 7.1 扭曲管换热器管内传热与压降特性准则关系式

作者	范围	准则关系式
Dzyubenko	$S/d_e=6.5$， $Re=2\times10^4\sim2\times10^5$ $T_w/T_f=1.0\sim1.6$	$Nu=0.0182Re^{0.8}\left(\frac{T_w}{T_f}\right)^{-0.55}\exp\left[1.95\left(\frac{T_w}{T_f}-1\right)^2\right]$ $f=0.4Re^{-0.25}$，$Re=1.5\times10^4-9\times10^4$ $f=0.062Re^{-0.087}$，$Re=9\times10^4-9\times10^5$
思勤	$S/d_e=6.86\sim11.9$ $Re=1000\sim17000$	$Nu=0.0396Re^{0.544}\left(\frac{S}{d_e}\right)^{0.161}\left(\frac{S}{d}\right)^{0.519}Pr^{0.33}$ $\lg f=A_1+A_2\lg Re+A_3\ (\lg Re)^2$ A_1，A_2，A_3 为与$\left(\frac{S}{d}\right)$相关系数
丁聪	$Re=24\sim115$ $Pr=2539\sim3719$ $n=0.27\sim0.47$ $S=12.5\sim25$	$Nu=82.96Re^{0.17}Pr^{-0.060}n^{-0.060}S^{-0.047}\left(\frac{\mu}{\mu_w}\right)^{0.38}$ $f=7.33\times10^{12}Re^{-1.21}Pr^{-2.31}n^{0.37}S^{-0.11}\left(\frac{\mu}{\mu_w}\right)^{1.70}$

续表

作者	范围	准则关系式
张杏祥	$Re=7900\sim26500$	$Nu=1.50618Re^{0.51825}Pr^{-1.24446}\left(\frac{A}{B}\right)^{1.12252}\left(\frac{S}{d_e}\right)^{-0.32367}$ $f=0.71497Re^{0.07777}Pr^{-1.03974}\left(\frac{A}{B}\right)^{-0.76212}\left(\frac{S}{d_e}\right)^{-0.33393}$
高学农	$Re=5000\sim20000$ $Pr=6.0\sim7.5$	$Nu=0.034Re^{0.784}Pr^{0.333}\left(\frac{B}{A}\right)^{-0.590}\left(\frac{S}{d_e}\right)^{-0.165}$ $f=4.572Re^{-0.521}\left(\frac{B}{A}\right)^{0.334}\left(\frac{S}{d_e}\right)^{-0.082}$
董新宇	$Re=19000\sim55000$ $Pr=3.6\sim5.0$	$Nu=0.2Re^{0.6388}Pr^{0.3041}\left(\frac{A}{B}\right)^{-0.89206}$ $f=0.162587Re^{-0.12997}$
孟继安	$A/B=1.43\sim2.50$ $S/de=15\sim27$ $Re=200\sim1750$ $Pr=4\sim200$	$Nu=0.821Re^{0.3743}\left(1-\frac{B}{A}\right)^{0.909}\left(\frac{S}{d_e}\right)^{-0.263}Pr^{0.6605}$ $f=\frac{64}{Re}+18.69Re^{-0.169}\left(1-\frac{B}{A}\right)^{2.173}\left(\frac{S}{d_e}\right)^{-1.255}$

（2）壳程传热与压降计算

目前，关于扭曲管壳程流场的研究较少，早期 Dzyubenko 和 Ievlev 通过对不同流动状态下扭曲椭圆管换热器壳程传热与压降性能进行了试验测试，定义了一量纲参数 Fround 数 $\left(Fr_m=\frac{S^2}{d_eA}\right)$，用来表示流体在流道中的旋流特性，分别得到了 $Fr_m>232$ 以及 $Fr_m=64$ 时换热器壳程传热与压降计算准则关系式。思勤等以水和柴油为介质，对 3 台含有 7 根换热管的扭曲管换热器进行了试验测试，通过对 50 个数据点进行多元回归，得到了壳程传热与压降计算准则关系式。张杏祥制造了 4 台不同规格扭曲管的扭曲管换热器，根据试验结果数据，进行多元数据回归得到了努赛尔数和压降的准则关系式。以上准则关系式见表 7.2。

表 7.2 扭曲管换热器壳程传热与压降特性准则关系式

作者	测试范围及参数	准则关系式
Dzyubenko	$Fr_m=64$ $Re=8000\sim40000$	$Nu=0.0521Re^{0.8}Pr^{0.4}\left(\frac{T_w}{T_f}\right)^{-0.55}$ $f=1.095Re^{-0.25}$
	$Fr_m=232\sim2440$ $Re=8000\sim40000$	$Nu=0.023Re^{0.8}(1+3.6Fr_m^{-0.357})Pr^{0.4}\left(\frac{T_w}{T_f}\right)^{-0.55}$ $f=0.3164Re^{-0.25}(1+3.6Fr_m^{-0.357})$
思勤	$Fr_m=130\sim392$ $Re=1000\sim9000$	$Nu=0.2379Re^{0.7602}Fr_m^{-0.4347}(1+3.6Fr_m^{-0.357})Pr^{0.33}$ $f=9.461Re^{-0.4928}Fr_m^{0.078}(1+3.6Fr_m^{-0.357})$
张杏祥	$Re=3500\sim9000$	$Nu=0.12546Re^{0.84878}Pr^{2.45781}\left(\frac{A}{B}\right)^{0.04334}\left(\frac{S}{d_e}\right)^{-2.02128}$ $\Delta P=964.129Re^{0.13008}Pr^{-2.20681}\left(\frac{A}{B}\right)^{0.79560}\left(\frac{S}{d_e}\right)^{-0.33188}\left(\frac{L\rho u^2}{2}\right)$

7.3.2 结构强度设计

强度是设备设计必须考虑的一个重要因素，是一台设备应用于生产的可靠性保证。扭曲管的螺旋扭曲特性决定了其刚度和强度明显不同于同规格的光管。扭曲管换热器的强度计算有两方面与普通光管换热器不同，一是扭曲管本身的强度计算，二是管板的强度计算。

（1）扭曲管的计算

换热器机械设计过程中，需要校核换热管的轴向刚度、内压作用下的强度及外压作用下的稳定性，对于扭曲管换热器，设计时同样需要考虑这几个因素。

关于扭曲管轴向刚度计算，目前有两种处理方法，一种观点认为因扭曲管相邻管紧密接触，相互支撑，因此换热管无支撑跨距相当于零，属于“自支撑管束”，管束形成一个整体，所以在换热器强度计算中，无需计算并校核换热管的轴向压缩应力[24]；另一种处理方法是基于圆管刚度计算公式，引入一个轴向刚度削弱系数修正得到扭曲管的刚度，详见下文[25，26]。

对于扭曲管在内压及外压作用下的计算，目前主要采用的是应力分析法，未见有采用具体公式进行解析解计算。张雨晨[27] 采用有限元法对扭曲管外压稳定性进行了研究，采用基管为 ϕ19mm×1.5mm、扭曲比 1.0～3.0，螺距为 180mm、210mm、240mm，以及基管为 ϕ19mm×1.5mm、扭曲比为 1.6、1.96、2.95，螺距为 160～250mm 的扭曲管进行外压屈曲分析，结果见图 7.3 和图 7.4。从图 7.3 可以看出，屈曲载荷随扭曲比的增大而减小，变化速度逐渐减慢，这说明越扁的扭曲管，承受外压的能力越弱；从图 7.4 可以看出，屈曲载荷随螺距的增大而减小，并且几乎呈线性关系，这说明扭转越小，抗外压能力越弱。张雨晨也对内压作用下的扭曲管进行了应力分析，与外压类似，扭曲比越大，许用内压越小，螺距越大，许用内压越小。李银宾[28] 也对钛螺旋扁管换热器进行了应力分析，通过分析发现应力较大值主要集中于螺旋扁管横截面的直边处，见图 7.5。

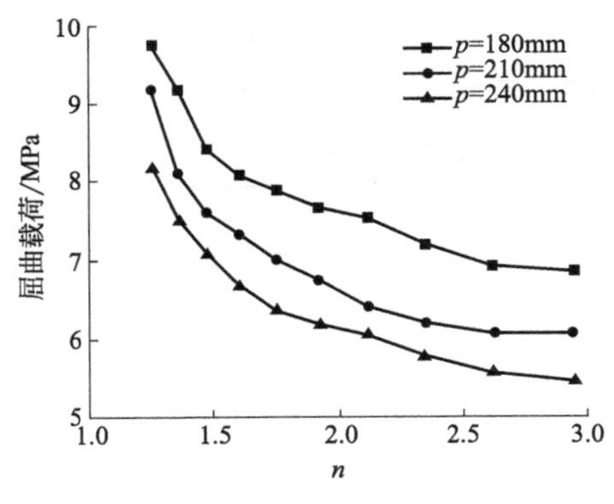

图 7.3 扭曲管非线性屈曲载荷随扭曲比 n 的变化曲线

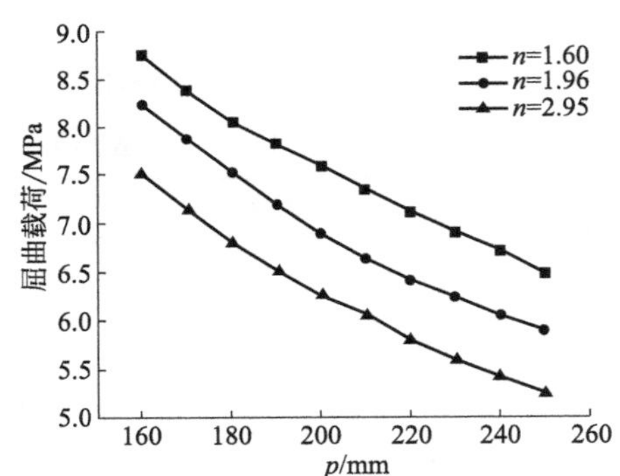

图 7.4 扭曲管非线性屈曲载荷随螺距 p 的变化曲线

（2）扭曲管换热器管板的计算

管板是换热器的主要受压元件，管板强度设计是否合格决定了换热器是否能够长期稳定运行。扭曲管由于几何结构上的差异，在进行管板设计时，如果简单按光管进行计算严格讲是不合理的。如果采用应力分析法，因扭曲管的螺旋结构导致结构不对称，只能进行全模型计算，当换热管较多时，采用全模型计算，人力、物力投入较大，耗时也很长，无法满足工程应用的快捷需求，因此很多学者研究探索一些便捷的工程算法。目前国内对于扭曲管换热

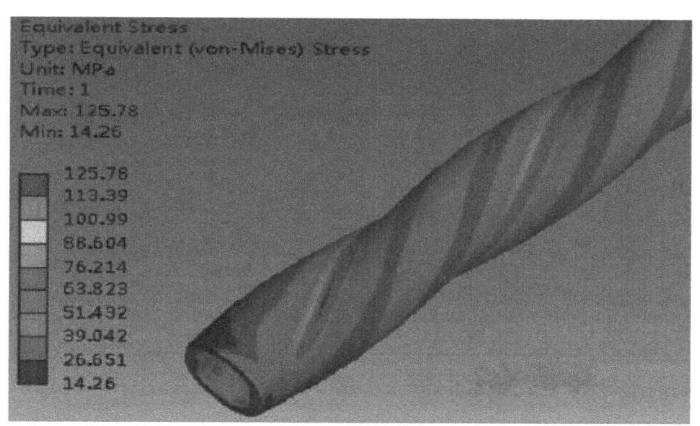

图 7.5　螺旋扁管内压作用下应力分布云图

器管板的设计计算主要有两种思路，一种是等刚度折算法，另一种是等效弹性模量法。

等刚度折算法主要参考的是波纹管换热器的管板设计，即将扭曲管等效为与之轴向刚度相同的普通光管，折算出等效的光管当量壁厚，以这个等刚度、当量壁厚的换热管尺寸代入 GB/T 151—2014 进行管板的设计计算[29]，因换热管刚度相同，在外力作用下轴向位移相同，管板的受力自然相似。该法的缺点在于因采用的当量壁厚比光管壁厚薄，计算出的换热管拉脱力比实际小，从而导致计算结果偏不安全。

由于等刚度折算法存在一定的不合理性，杨旭提出了等效弹性模量法[25]。GB/T 151—2014 对管板进行计算时，并没有直接引用换热管轴向刚度，而是通过换热管材料的弹性模量来体现换热管对管板的支撑和加强作用。弹性模量和刚度均用来衡量材料抵抗变形的能力，对于普通光管，两者存在的关系如式 7-1：

$$K=\frac{E_t A}{L} \tag{7-1}$$

式中　K——普通光管的轴向刚度；

E_t——材料的弹性模量；

A——换热管金属横截面积；

L——换热管的管长。

定义扭曲管当量弹性模量 E_t^*，如式（7-2）所示：

$$E_t^*=K_f E_t \tag{7-2}$$

式中　K_f——扭曲管轴向刚度削弱系数，通过试验或数值模拟获得。

杨旭通过模拟不同扭曲比 n、不同导程 S 的扭曲管，得出扭曲管的轴向刚度，拟合出基于直管的刚度削弱系数关联式：

$$K_f=1.852-0.836n-682.301tS-0.206Sn+818.903tSn \tag{7-3}$$

式中　t—换热管壁厚，mm。

式（7-3）适用范围为：1.0mm≤t≤2.5mm，130mm≤S≤430mm，1.25≤n≤2.5。

夏春杰也是通过应力分析的方法得出刚度削弱系数公式：

$$K_f=1.11358h^{0.28751}n^{-1.66437}\left(\frac{t}{D}\right)^{0.16905} \tag{7-4}$$

式中 t——换热管壁厚，mm；

D——换热管外径；

n——扭曲比；

h——螺旋比，$h=S/D$。

在进行管板设计计算时，将与换热管弹性模量有关的计算全部代入等效弹性模量计算，这就是等效弹性模量的计算思路。从式（7-1）可以推出，等效弹性模量的本质仍然是等效刚度，但因采用了与实际光管相同的换热管直径及壁厚，涉及到拉脱力、焊缝等计算校核时较准确。

7.4 扭曲管换热器的成型与制造

7.4.1 扭曲管成型

扭曲管是由普通圆管压扁后扭曲而成，根据实际需要，可以压制成不同截面形状、不同压扁程度和不同螺距。因扭曲管在安装过程中要求切点相互接触，因此对加工精度要求较高。扭曲管最初采用的加工方法是先将圆管压扁，然后加热扭曲。这样加工出的扭曲管成品率低、精度低、成本高[30]，钢管金相组织易改变，因此基本已不采用，现扭曲管轧制一般采用冷成型。

冷成型主要有两种方法，一种是模压，一种是辊压。模压成型装置由定扭曲管模具和动扭曲管模具组成，通过动、定扭曲管模具彼此间的一次合模、开模，即可完成与模具等长的一段扭曲管制造[31]，见图 7.6。模压成型对模具要求高，维护费用高，生产不同规格的扭曲管需要制造不同的模具，生产成本高。辊压成型是采用一对轴线不平行的压辊对行进的圆管进行轧制，压辊有与扭曲管曲率半径对应的内凹曲面[32]。辊压成型装置有两种形式，一种是通过滚珠丝杠等进给装置使压辊沿换热管轴向移动，随着压辊的移动逐渐形成扭曲段，见图 7.7，另一种是压辊固定在机座上，换热管由牵引机构沿轴向牵引移动，逐渐形成扭曲段。两种结构形式都是通过控制转速和轴向移速以形成不同扭矩和螺旋角。辊压成型生产效率高、成本低，得到的扭曲管品质均匀，精度高，质量好，是现在普遍应用的生产方式。不过，辊压成型的扭曲管精度会受丝杠螺距误差、机械制造误差、系统刚度、摩擦情况、控制系统等的影响，这需要制造厂家根据各自设备性能及制造经验来进行质量把控。

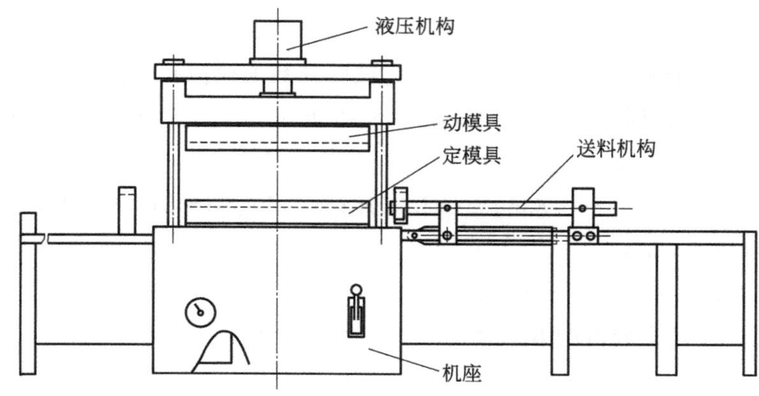

图 7.6　螺旋扁管模压装置

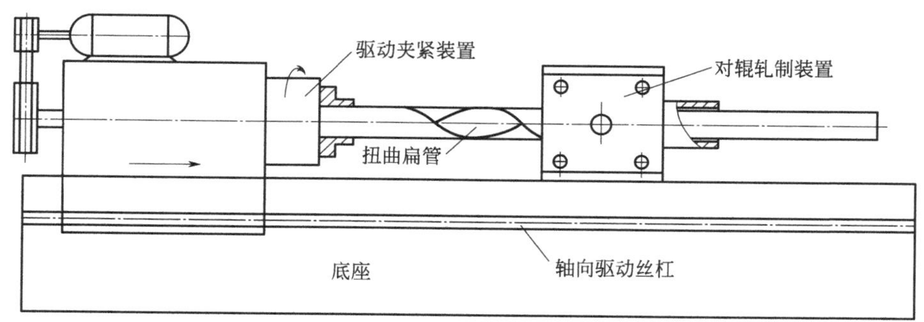

图7.7 螺旋扁管辊压装置

7.4.2 扭曲管换热器的制造

(1) 管束的装配

扭曲管换热器管束装配时，每次安装一排螺旋扭曲扁管，转动管子确保管束中每个平面上螺旋扭曲扁管外缘相接触，接触点沿换热器纵向周期性分布。扭曲管管束因外缘相互接触，取消了支持板，为了保持管束的刚度，一般在管束外沿管长方向布置几道管箍，确保螺旋扭曲管相互紧密接触，同时也方便管束的整体抽出或吊装。如果是U形扭曲管换热器，管束需要抽拉，管箍就作为支持板使用。因管箍为中空的环形结构，管箍与换热管之间不易保持相对固定，这会造成管束抽拉困难，进行结构设计时，在管箍周边要尽可能多的布置拉杆，以增加抽拉管束的稳定性。当然，增加拉杆直径及管箍厚度也是一种解决措施。

(2) 管孔间距及公差

扭曲管因换热管之间沿螺旋外缘切点接触，所以管孔间距即为扭曲管长轴长度。TEMA及GB/T 151—2014，一般规定孔间距不宜小于1.25倍的换热管外径，因此扭曲管管截面长轴长度一般参考此数值，例如ϕ25mm的换热管，长轴长度一般为32mm。当然，这不是确定扭曲管长轴长度的唯一因素，在实际工程应用中，还需要根据流速、传热、制造等要求选择合适的长轴长度。一般推荐的长短轴比在1.4～2.0之间，不同厂家根据生产经验，会提供不同规格尺寸的扭曲管。实际生产中，为了避免安装困难，管板的孔间距会略大于扭曲管长轴长度，待管束安装后，扭曲管之间的微小间隙会在管束自重及制造偏差等因素作用下自行消除，从而达到切点接触的目的。常见的ϕ19mm和ϕ25mm换热管管孔及长轴控制精度见表7.3[24]。

表7.3 扭曲管与管孔间距　　单位：mm

换热管规格	管孔间距	扭曲管长轴长度	管间隙
ϕ19	$23.75^{0}_{-0.15}$	$23.5^{+0.10}_{0}$	0～0.25
ϕ25	$30^{0}_{-0.2}$	$29.5^{+0.30}_{0}$	0～0.5

7.5 扭曲管换热器的工业应用

在国外，扭曲管换热器已广泛应用于化工、石油、动力及钢铁行业中，具体应用行业见

表 7.4。1984 年以来，已生产 400 多台扭曲管换热器[1]，其中 Brown Fintube 公司就生产了 60 多台。据报道，Brown Fintube 公司制造的大型螺旋扁管换热器，在中东地区某精炼厂新建二甲苯装置上进行了应用。该换热器立式放置，壳体内径 1803mm，换热管长 21m，换热器总高度 27.7m[33]，这应该是目前为止世界上最长的扭曲管换热器。

表 7.4　扭曲管换热器的工业应用

行业	应用范围	行业	应用范围
化学	硫酸冷却 氨预热 H_2O_2 冷却/加热	钢铁	淬火油冷却 润滑油冷区 压缩气冷却
石油	高压气加热/冷却 油加热 沥青加热 天然气加热	矿物质处理	循环水冷却 反应流出物冷却
造纸	纸浆加热/冷却 油加热/冷却 循环水冷却	供暖	循环水加热 蒸汽加热器
动力	蒸汽冷却 锅炉给水加热 润滑油冷却		

在国内，关于扭曲管的试验研究较多，可能是由于专利保护及保密需求，可见的工业应用报道较少。最早投入工业应用的扭曲管换热器是由中圣科技（江苏）有限公司和华东理工大学联合开发的，应用在抚顺石油化工公司石油二厂的减四线油热回收换热器，其设计参数见表 7.5。经过试验证明，该换热器热负荷与设计值相比基本没有降低，86%以上热负荷数据超过了设计热负荷。该换热器运行周期里，该厂组织多次标定及测试，测试结果见表 7.6，从表中可以看出，在运行周期内，换热器的传热系数逐渐降低，但降低速度较慢，这表明换热器在运行过程中结垢较慢。1999 年该厂抽芯检查发现，换热管外表面光洁如新，壳侧流体为原油，含有易沉积物质，但这些物质并没有在换热管表面沉积，证明扭曲管抗结垢性能良好。在该换热器工业应用取得成功的基础上，在兰州炼油化工总厂酮苯脱蜡装置及常加压蒸馏装置上又应用了 3 台扭曲管换热器。

表 7.5　工业应用扭曲管换热器设计参数

换热器结构参数	数据	换热器设计参数		数据
壳体直径/mm	500	热负荷/kW		786.7
换热管长/m	6	传热系数		
换热管根数	116	/［W/(m^2·K)］	管程	563.3
管程数	4		壳程	1387.7
换热面积/m^2	54.8		总传热系数	400.7
导程/mm	250	压力降		
旁路挡板间距/mm	600	/kPa	管程	34.5
管程接管直径/mm	150		壳程	35.7
壳程接管直径/mm	150	有效传热温差/℃		79.1

表 7.6　扭曲管换热器运行期间测试结果

项目		设计值	标定时间		
			1995.9.17	1996.9.13	1999.8.10
热流体（减四线油）	流速/(kg/h)	9750	12000	14000	6410
	入口温度/℃	335.0	327.5	338.4	345.0
	出口温度/℃	237.0	201.0	216.0	231.0
冷流体（原油）	流速/(kg/h)	132500	139500	109500	73200
	入口温度/℃	193.0	185.0	183.0	218.0
	出口温度/℃	201.0	194.0	198.0	230.0
热负荷/kW		830.2	1203.8	1471.3	678.8
传热温差/℃		79.1	54.8	66.5	46.1
测定总传热系数/[W/(m^2·K)]			400.6	403.7	269.0
计算传热系数/[W/(m^2·K)]		400.2	424.6	436.5	298.7
总污垢热阻/(m^2·K/W)		0.0016	0.00014	0.00019	0.00037

中圣科技（江苏）有限公司和华东理工大学针对某厂塔顶真空泵用凝汽器冷凝效果差、压降大的问题，采用扭曲管换热器对年产 1.8 万吨甘油蒸馏装置蒸汽喷射泵凝汽器进行了改造，换热器管程为冷却水，壳程为蒸汽/甘油混合物，图 7.8 为制造中的扭曲管凝汽器。改造后，扭曲管凝汽器面积为原折流板换热器的 75.6%，接入系统后进行对比测试发现，扭曲管凝汽器压降减少 16.3%，冷凝水量增加 10.2%[21]。中国石化工程建设有限公司、华东理工大学、抚顺化工机械设备制造有限公司和中国石油化工股份有限公司高桥分公司等单位共同开发了新型高效扭曲管双壳程换热器，见图 7.9，2011 年 2 月在某厂 25 万吨/年加氢裂化尾油减压分馏装置中安装了 3 台该型换热器，替换了原有 4 台浮头换热器，经标定，达到了换热要求，满足了生产需求[19]。由中圣科技（江苏）有限公司为某环氧丙烷项目设计制造的换热反应器，为扭曲管结构，见图 7.10，设计参数见表 7.7，换热管多达 22000 根，该换热器为目前国内最大扭曲管换热反应器，现场运行表明，反应温度均匀，各项性能达到要求，完全满足生产要求。

表 7.7　大型扭曲管换热器设计参数

项目	壳程	管程
介质	水	工艺物料
设计温度/℃	200	200
设计压力/MPa	0.7	3.3
基管规格/mm	$\phi 25 \times 2.5$	
材料	S30403	
设备直径/mm	5300	

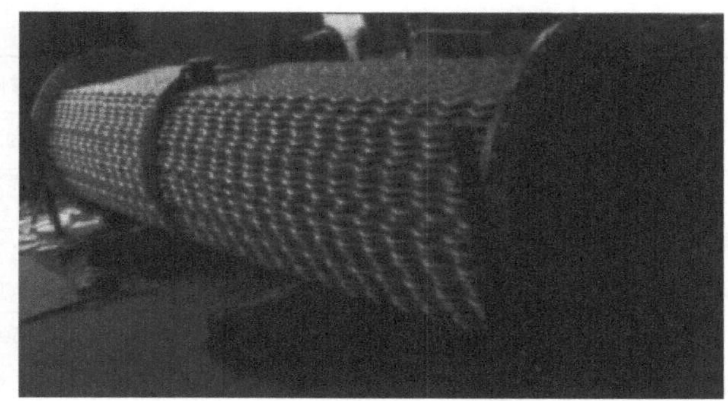

图 7.8 扭曲管凝汽器

图 7.9　双壳程扭曲管换热器

图 7.10　大型扭曲管换热器

参考文献

[1] 刘庆亮，朱冬生，杨蕾. 螺旋扭曲扁管换热器的研究进展与工业应用[J]. 流体机械，2010，38(3)：6.

[2] Dzyubenko B V. Investigation of the transfer properties of a stream in a heat exchanger with spiral tubes [J]. Journal of Engineering Physics，1980，38(6)：589-593.

[3] Dzyubenko B V S A V Y. Distributions of velocity and static pressure in a heat exchanger with twisted flow[J]. Power Engineering，1981，19(4)：100-105.

[4] Ievlev V M，Dzyubenko B V，Dreitser G A，et al. In-line and cross-flow helical tube heat exchangers[J]. International Journal of Heat & Mass Transfer，1982，25(3)：317-323.

[5] 杨旭. 扭曲管换热器的传热强化及其机械性能研究[D]. 北京：北京化工大学，2014.

[6] 梁龙虎. 螺旋扁管换热器的性能及工业应用研究[J]. 炼油设计，2001.

[7] 张杏祥. 螺旋扭曲扁管换热器传热与流阻特性研究[D]. 南京：南京工业大学，2006.

[8] 董新宇，毕勤成，桂淼. 钛合金螺旋扭曲管内强化传热实验分析[J]. 过程工程学报，2018.

[9] 卿德藩，段小林，刘尹红. 扭曲扁管在蒸发器中的运行特性实验研究[J]. 化学工程，2008，36(7)：12-15.

[10] 丁聪. 螺旋扁管内高粘度流体的强化传热研究[D]. 广州：华南理工大学，2013.

[11] Hyung Rak Kim，Sangkeun Kim，Mingsung Kim，et al. Numerical study of fluid flow and convective heat transfer characteristics in a twisted elliptic tube[J]. Journal of Mechanical Science & Technology，2016.

[12] 谭翔兮. 螺旋扁管的强化换热性能研究[D]. 大连：大连理工大学，2019.

[13] 思勤，梁龙虎. 螺旋扁管换热器传热与阻力性能[J]. 化工学报，1995，46(5)：8.

[14] Ievlev V M，Dzyubenko B V，Dreitser G A，et al. In-line and cross-flow helical tube heat exchangers[J]. International Journal of Heat & Mass Transfer，1982，25(3)：317-323.

[15] 顾红芳. 煤油-空气混合物两相流相变与无相变换热和压降特性的研究[D]. 西安：西安交通大学，2000.

[16] 杨胜，张颂，张莉，等. 螺旋扁管强化传热技术研究进展[J]. 冶金能源，2010(3)：7.

[17] 张杏祥，桑芝富. 螺旋扭扁管强化传热与阻力性能的模拟分析[J]. 化工机械，2006，33(1)：6.

[18] 孟继安，李志信，过增元，等. 螺旋扭曲椭圆管层流换热与流阻特性模拟分析[J]. 工程热物理学报，2002(S1)：117-120.

[19] Dzyubenkobv. Modeling and design of twisted tube heat exchangers (Book Review)[J]. Mechanical Engineering，2000.

[20] 张铁钢，梁学峰，王朝平. 新型高效扭曲管双壳程换热器的研制[J]. 压力容器，2014(1)：7.

[21] 夏春杰，闫永超，陈永东，等. 扭曲管轴向刚度参数化分析及试验研究[J]. 压力容器，2017，34(5)：6.

[22] 谭祥辉，朱冬生，张立振，等. 扭曲椭圆管换热器技术进展及其应用[J]. 化学工程，2012，40(10)：6.

[23] 高学农，邹华春，王端阳，等. 高扭曲比螺旋扁管的管内传热及流阻性能[J]. 华南理工大学学报：自然科学版，2008，36(11)：6.

[24] 徐小龙，冯清晓. 扭曲扁管换热器机械设计若干问题的探讨[J]. 压力容器，2013，30(1)：5.

[25] 杨旭，钱才富. 扭曲管换热器管板常规设计方法研究[C]. 2013.

[26] 夏春杰，闫永超，陈永东，等. 扭曲管轴向刚度参数化分析及试验研究[J]. 压力容器，2017，34(5)：6.

[27] 张雨晨，陈永东，吴晓红. 扭曲管的稳定性计算[J]. 压力容器，2018，35(11)：7.

[28] 李银宾，李晟，张明辉，等. 钛螺旋扁管承受内部载荷压力时的应力，形变数值分析[C]. 2015.

[29] 华洁，刘英，居荣华，等. 波纹管换热器管板强度计算方法[J]. 压力容器，2007，24(5)：4.

[30] 鞠在堂. 螺旋扁管的成型装置[P]. CN02211743. 1. 2003-05-06.

[31] 刘杰，罗军杰. 螺旋扁管冷压成型机[P]. CN102744306A. 2012-10-24.

[32] 朱大胜，李修珍，杨会超，等. 一种扭曲换热管制造装置[P]. CN106944570A. 2017-07-14.

[33] 杨胜，张颂，张莉，等. 螺旋扁管强化传热技术研究进展[J]. 冶金能源，2010(3)：7.

第 8 章

表面多孔管换热器

8.1 概述

表面多孔管是一种用于强化沸腾传热过程的新型高效换热管，是由普通金属管表面涂覆或者加工出一层多孔金属层而成。早在 1931 年 Jakob 和 Frits 就进行了泡状池沸腾的强化研究，研究结果表明喷砂处理的粗糙表面能将沸腾传热系数提高 25%，但其后的 20 多年，沸腾传热强化并没有引起人们的重视，主要原因是沸腾传热属于相变换热，传热系数远大于单相对流传热，多数工况下，沸腾侧并不是控制热阻。但随着制冷、化工等工业的发展，很多制冷剂或有机工质其沸腾传热系数仅为 500～2000W/(m^2·K)，低于另一侧传热介质的传热系数，因此，强化这些工质的沸腾传热就成为改善此类换热器传热性能的关键。从 1955 年开始，人们重新研究了粗糙表面对于强化沸腾传热的作用。到 20 世纪 60 年代末，美国 UOP 公司成功研制出烧结型多孔管并进行了商业化应用。1976 年日本日立公司通过机械加工法形成了多孔管 Thermoexcel-E 管。实际应用发现，这些多孔管用于低温流体、轻烃等场合，起到了很好的强化传热效果。国内很多机构和学者也进行了大量的研究，从而开启了表面多孔管研发和应用的高潮。

8.2 强化沸腾传热原理

表面多孔管因其表面上的小孔形成了很多汽化核心，大大降低了液体沸腾汽化所需的过热温度。这主要是因为孔穴处一方面容易形成气泡，另一方面气泡长大脱离后，气泡核仍留存于孔穴处又长大成为第二个气泡，如此接连不断。这些孔穴下端相互沟通，上小下大，部分孔穴是作为补充液体用的，液体在孔穴内受气泡的膨胀收缩而往复运动，由于不会形成局部浓度增高的现象，故孔穴也不易为结晶或油垢所堵塞[1]。美国 UOP 公司最早研制出烧结型多孔管，并命名为 High-Flux，因此现在表面多孔管也被称为高通量管。

多孔结构对沸腾传热有显著强化作用，沸腾传热系数可比普通换热管提高一个数量级。表面多孔高通量换热管强化传热机理可从三个方面阐述[2]：①沸腾传热速率与传热面产生气泡的速度密切相关，普通换热管表面上产生气泡的汽化核心是原有的表面缺陷，而表面多孔管有无数个人造汽化核心（图 8.1），这些汽化核心大大加速了气泡成核速度，因此多孔表面远比光滑表面容易产生气泡。②相互连通的多孔层在气泡长大和逸出的同时，因虹吸作用，加速了局部液体的搅动，因而产生整体对流传热。烧结型表面多孔管沸腾传热主要以隧道内液膜以与壁面间的对流传热、薄膜蒸发、整体对流三种方式进行。③表面多孔层显著增大了传热表面积，对传热起到积极作用。

表面多孔管的剖面结构见图 8.2 所示，颗粒间构成的空隙成为泡核形成中心，由于气泡边界上表面张力的影响，气泡内的压力（$p_{气泡}$）要比周围介质的压力（$p_{介质}$）高出 Δp_1（kgf/m^2）。

$$\Delta p_1 = p_{气泡} - p_{介质} = \frac{2\sigma}{R} \tag{8-1}$$

式中 σ——液体的表面张力，kgf/m^2；

R——气泡的曲率半径，m。

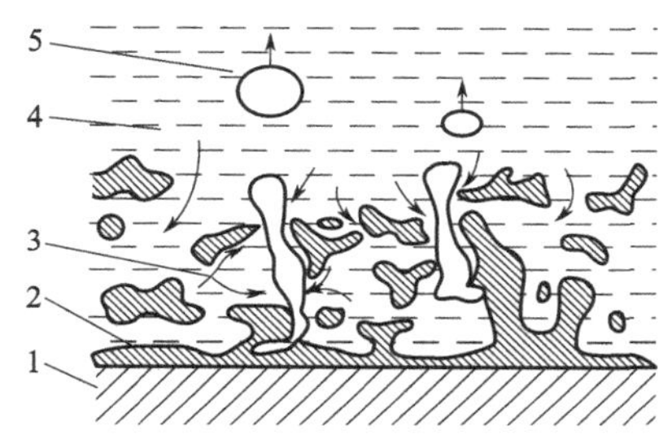

图 8.1 多孔层沸腾结构示意图

1—管基体；2—烧结多孔层；3—层内凹穴；4—液体；5—气泡

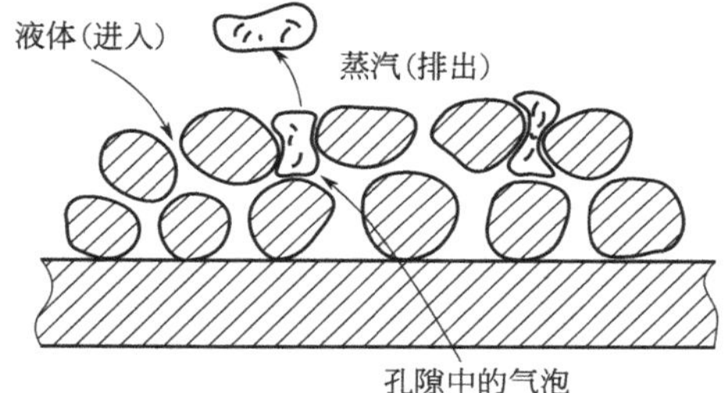

图 8.2 多孔表面

这时气泡才能处于平衡状态，这个压力差由液体的过热度来提供。显然 R 越小，所需的过热度就越大。在光管表面，表面的粗糙不平所形成的微小凹处便成为气泡产生的核心。由于它们的 R 很小，因此需要在较高的过热度下才能产生气泡。但多孔表面的空隙 R 较大，并且能经常保存有大量尺寸较大的气泡，成为气泡核，在较小的过热度下就可以有大量气泡产生，从而能大幅度提高沸腾给热系数。关于 R 值的大小，与哪些因素有关，如何确定 C. F. 戈特茨曼（Gottzmann）[3] 等提出如下分析：

为维持气泡平衡所需的过热度为

$$\Delta T_v = \frac{1}{\left(\frac{\Delta p}{\Delta T}\right)_v}\Delta p_1 = \frac{2\sigma}{Rm} \tag{8-2}$$

式中，$m = \left(\frac{\Delta p}{\Delta T}\right)_v$ 是液体蒸气压与温度关系曲线的斜率，$kgf/(m^2 \cdot K)$。

此外从加热面到气泡的气液界面间的液膜也造成一个温度降：

$$\Delta T_f = \frac{\beta q R^3}{k_L} \tag{8-3}$$

式中 β——与颗粒堆垒形状有关的系数；

q——以投影面为基础的热流强度，$kJ/(m^2 \cdot h)$；

k_L——液体导热系数，$kJ/(m \cdot ℃ \cdot h)$。

于是总温差

$$\Delta T_{B}=\Delta T_{v}+\Delta T_{f}=\frac{2\sigma}{Rm}+\frac{\beta qR^{2}}{k_{L}} \tag{8-4}$$

对于式（8-4）取导数并使其等于零，即可求得最有利的 R 值，由

$$\frac{\mathrm{d}(\Delta T_{B})}{\mathrm{d}R}=0 \tag{8-5}$$

可得最佳孔径为

$$R_{OPT}=\left(\frac{k_{L}\sigma}{m\beta q}\right)^{\frac{1}{3}} \tag{8-6}$$

显然，对热导率和表面张力较大的液体，如水及其溶液，可采用较大的孔径；对轻烃类、氟利昂类等，由于表面张力和导热系数较小，故孔径也应小。将式（8-6）代入式（8-4）得相应于最适宜孔径的最小沸腾温差

$$(\Delta T_{B})_{min}=3\left(\frac{\sigma}{m}\right)^{\frac{2}{3}}\left(\frac{\beta q}{k_{L}}\right)^{\frac{1}{3}} \tag{8-7}$$

由于 $h_{max}=\frac{q}{(\Delta T_{B})_{min}}$，则理论的最大给热系数：

$$h_{max}=\frac{k_{L}m^{2}\Delta T_{B}^{2}}{27\beta\sigma^{2}}=0.02833\left(\frac{\lambda_{L}m^{2}}{\sigma^{2}}\right)^{\frac{1}{3}}q^{\frac{2}{3}} \tag{8-8}$$

式中，取 $\beta=1628.5\mathrm{m}^{-1}$。

采用式（8-6）计算的最佳孔径做成的多孔表面，分别对氟利昂类、氨、丙烯、酒精、氧、氮、水等做实验，测定的给热系数 h 与式（8-8）计算的理论值很接近。

8.3 表面多孔管特性

（1）沸腾传热的基本特征

这里对表面多孔管沸腾传热特性的基本特征先作简单介绍。

沸腾传热的基本特征可以用图 8.3 大容器饱和沸腾曲线来说明，图中横坐标为壁面过热度，即壁温 t_w 与液体饱和温度 t_s 之差，纵坐标为热流密度 q。随着过热度的增加，介质与换热表面之间的热交换会依次出现以下区域[4]：

① 自然对流区：壁面过热度较小，壁面没有气泡产生，传热属于自然对流工况。

② 核态沸腾区：当加热壁面的过热度超过一定温度后，壁面上个别地点开始产生气泡。开始，汽化核心产生的气泡彼此互不干扰，称为孤立气泡区；随着 Δt 进一步增加，汽化核心增加，气泡互相影响，并会合成气块及气柱。在这两个区中，气泡的扰动剧烈，传热系数和热流密度都急剧增大。由于汽化核心对传热起着决定性影响，这两区的沸腾统称为核态沸腾（或称泡状沸腾）。核态沸腾有温压小、传热强的特点，所以一般工业应用都设计在这个范围。核态沸腾区的终点为图 8.3 中热流密度的峰值点 q_{max}，即临界热负荷点。

③ 过渡沸腾区：从峰值点进一步提高 Δt，传热规律出现异乎寻常的变化。热流密度不仅不随 Δt 的升高而提高，反而越来越低。这是因为气泡汇聚覆盖在加热面上，而蒸汽排除

过程越趋恶化。这种情况持续到到达最低热流密度为 q_{min} 为止。在该区域，由于传热恶化，如不能控制加热量，便引起加热件的破坏（又称烧毁）。该区域出现在沸腾曲线越过 q_{max} 点之后，所以 q_{max} 亦称烧毁点。

④ 膜态沸腾：从 q_{min} 起传热规律再次发生转折。这时加热面上已形成稳定的蒸汽膜层，产生的蒸汽有规则地排离膜层，q 随 Δt 的增加而增大。此段称为稳定膜态沸腾区。

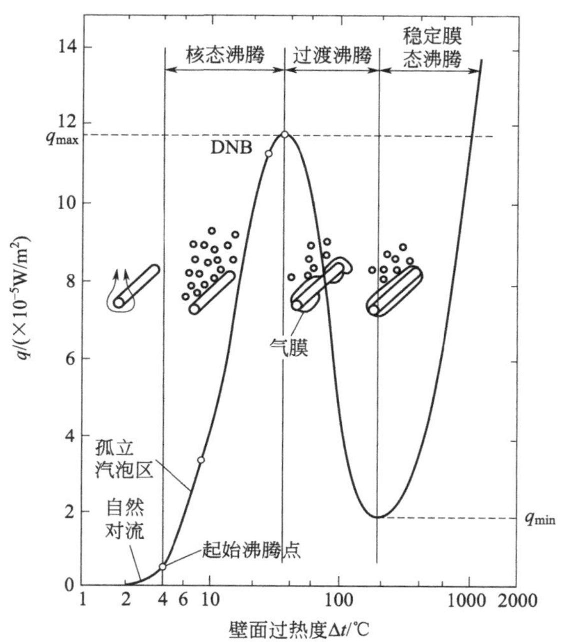

图 8.3 饱和水在水平加热面上沸腾的 q-Δt 曲线

($p=1.013\times10^5$ Pa)

（2）大幅提高换热系数

高通量换热管能显著地强化沸腾传热，大幅提高换热系数，可减少所需换热面积一半左右，或采用同样换热面积可以大幅度增加换热效果，提升负荷。北京化工研究院在 1977～1978 年用丙酮测试其传热性能，在热负荷 $q=(10.5\sim12.6)\times10^4$ kJ/(m^2·h) 时，多孔表面的沸腾给热系数为光滑表面的 7～8 倍[5]。孟祥宇[6] 进行了不锈钢高通量换热管的传热性能实验研究，在实验范围内，传热温差相同时，多孔管的沸腾传热系数是光管的 2～3 倍。刘阿龙、徐宏等[7] 在其测试中发现，随着热通量的增长，多孔表面管的沸腾传热系数迅速增加，多孔管的沸腾传热系数约为光管的 14 倍。赵传亮[8] 以质量分数为 70%的乙二醇水溶液和饱和蒸汽为工质，对铜光管和铜高通量管进行了试验研究，结果表明，高通量管的传热系数是光管的 1.55～1.96 倍。以上研究，虽然得出的高通量管传热系数与光管传热系数的比值不同，但均在光管的基础上得到了大幅提高。

（3）小温差下维持核态沸腾

如前所述，多孔管可以降低沸腾传热温差。庄礼贤[9] 对自制的机械加工表面多孔管以蒸汽-水为介质进行了敞口池沸腾传热试验。不同结构参数机加工表面多孔管经水沸腾试验，其沸腾传热膜系数与壁面过热度 Δt 的关系及与光管的比较见图 8.4。

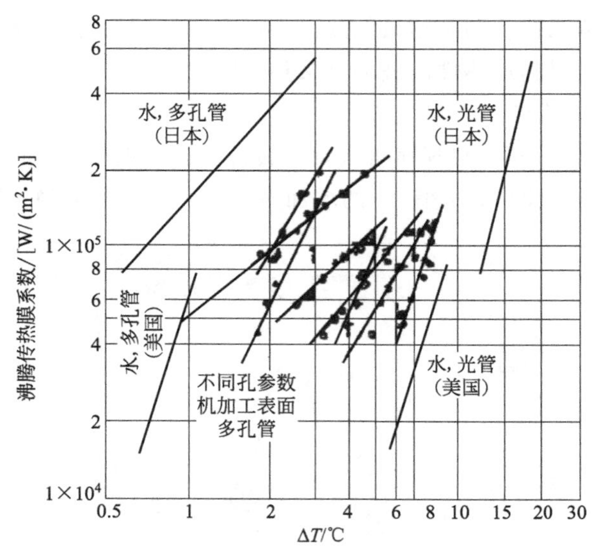

图 8.4 机加工表面多孔管的蒸汽-水沸腾试验

从图 8.4 可见，在试验的热流密度 q（以光管外表面积为计算基准）范围内，可把沸腾温差分别缩小到仅为光管的 1/6.6、1/4.6、1/3.4 和 1/1.8。日立多孔管沸腾温差甚至可缩小到光管的 1/20.3。若与 240～260 目青铜粉和混合青铜粉烧结的表面多孔管相比，在上述相同的热流密度下，沸腾温差可以缩小到仅为光管的 1/2.9 和 1/1.6。多孔管的这种可以在很小的温差下维持核状沸腾的性能，对低品位能量的回收和低温沸腾换热有很大的价值，并且应用于再沸器时可以降低所需加热蒸汽的等级。

（4）高临界热负荷

表面多孔管可以大幅提高沸腾的临界热负荷，这是其一个十分重要的特性。文献［10］曾对 R-113、R-114 和 FC88 等四种液体进行了试验，发现临界热负荷可以提高 15%～20%，个别情况甚至可达 70%。文献［11］的试验结果证明了同一趋势。对于这一现象，文献［10］提出了一些可能的机理，该文献作者认为表面多孔管之所以具有较高的临界热负荷，可能是由于以下两个原因：①对于表面多孔管，在临界状况下，表面蒸汽覆盖层中的气泡直径可能比较小，而按照 Zuber 提出的理论，这就可能导致临界热负荷的提高；②对于表面多孔管，表面张力起了很大作用，正是由于这个作用，液体可能从少量的非活化区域进入多孔层，从而推迟了“烧毁”的发生。

（5）良好的抗垢能力

多孔层中有强烈的气液循环，阻止污垢向换热表面沉积，同时加速已沉积污垢的剥离。徐宏等用 1.87g/L 硫酸钙溶液做试验，多孔管和光管的污垢热阻随时间的变化情况见图 8.5：开始阶段成线性增长，超过一定时间后两种换热管污垢生长符合渐近线模型，且多孔管积垢曲线渐进值明显小于光管积垢曲线渐进值，说明在硫酸钙溶液中多孔管具有良好的抗垢能力。

（6）热滞后效应

对于表面多孔管的沸腾性能，有一个值得特别重视的方面，即从自然对流到核沸腾过渡时出现的热滞后。Union Carbide 公司实验发现，对于 R-12，其沸腾曲线大约有 0.5℃的温

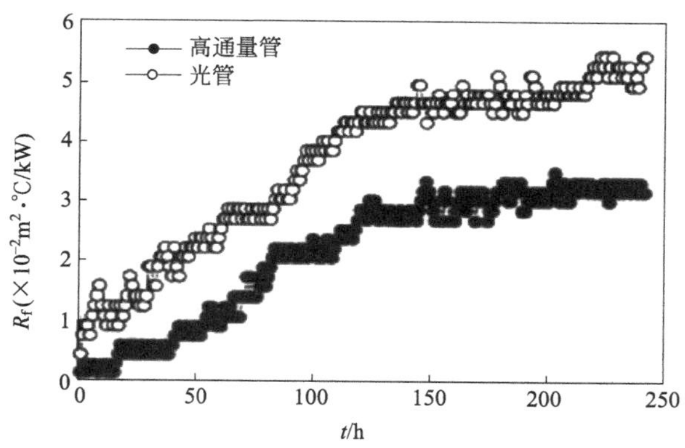

图 8.5　沸腾过程两种不同加热面污垢热阻的比较

度过热，而其沸腾曲线在热流上升和下降时是不重合的[10]。实际上，这种强化管的热滞后问题远比 Union Carbide 的结果更严重，Bergles 和 Chyu[12] 及 Marto 和 Lepeve[13] 的工作揭示了强化管在这方面的不利特性，这无论在学术上或工程上都有重要的价值[14]。本节以 Bergles 和邱民的研究成果为例，进行具体讨论。

Bergles 和邱民对于表面多孔管在水和 R-113 中沸腾的热滞后现象作了深入细致的研究，图 8.6 和图 8.7 分别给出了对于水和 R-113 的典型结果。图 8.6（a）给出的是光管在水中的沸腾曲线，几乎看不到任何热滞后现象，即热流提高和热流降低曲线完全重叠。但在图 8.6（b）中，对于表面多孔管，我们可以看到明显的热滞后，最大的过热温度达到 2℃。图 8.7 为 R-113 的结果，R-113 有较强的润湿性，即使对于光滑壁面也存在明显的热滞后，但在表面多孔管上，这种热滞后就变得更严重，过热温度达到 8℃。这种热滞后现象在工程应用中会带来一些麻烦。例如，在电子元件的冷却技术中，浸没在液体中直接冷却的元件，由于沸腾不能及早发生，氟利昂类液体常会过热，从而引起元件过热。

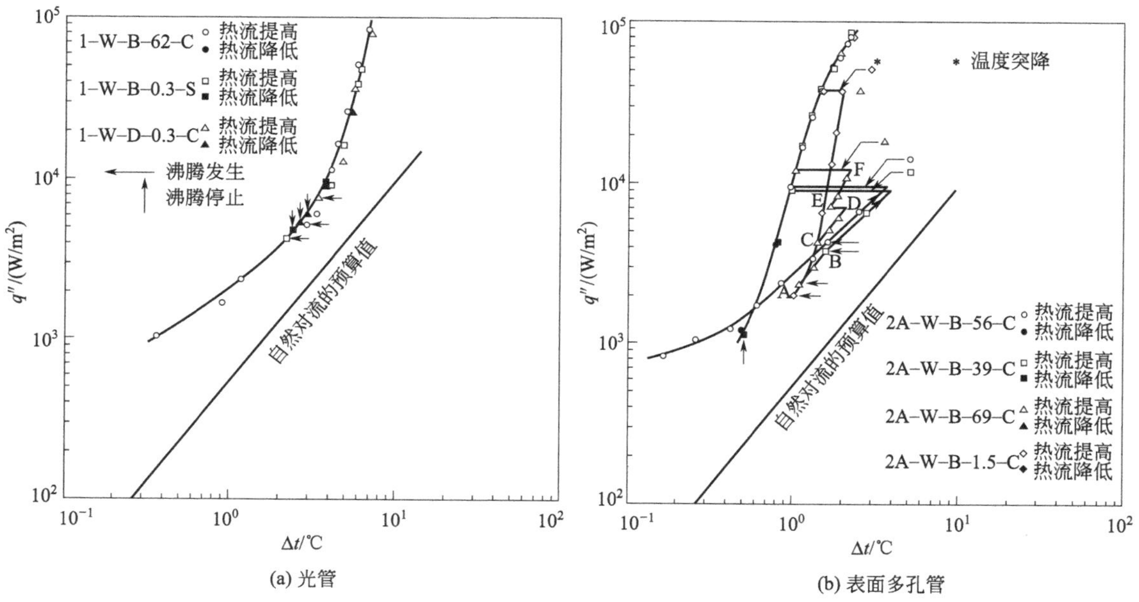

图 8.6　表面多孔管在水中沸腾的热滞后现象

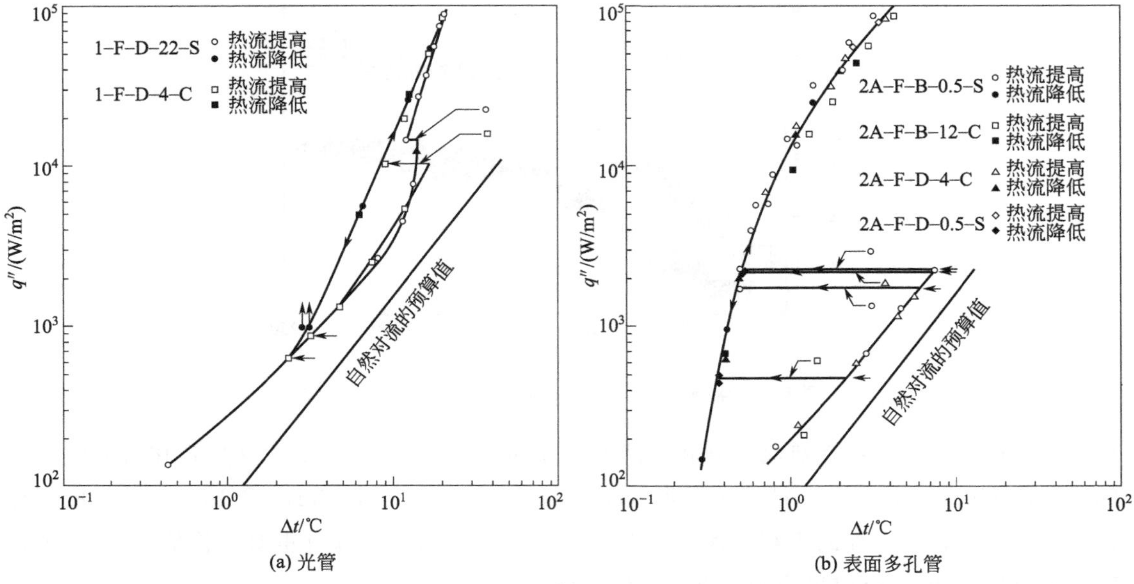

图 8.7 表面多孔管在 R-113 中的热滞后现象

8.4 表面多孔管传热计算

由于沸腾换热的复杂性，目前在各类对流换热的准则式中以沸腾准则式与试验数据的偏差最大。国内外研究表面多孔管沸腾模型的较多，总结出关联式的极少。对于竖直管内沸腾传热，李金峰[15] 采用将换热系数与马特内利数 X_{tt} 关联的方法对表面多孔管沸腾换热实验数据回归处理，其计算模型如下：

$$\frac{h}{h_0}=C\left(\frac{1}{X_{tt}}\right)^n \tag{8-9}$$

其中，液相单独流动的换热系数 h_0 的计算方法如下：

$$h_0=0.023\frac{\lambda}{d_i}Re^{0.8}Pr^{0.4} \tag{8-10}$$

式中 h——两相流动换热系数，W/(m^2·K)；

h_0——液相单独流动时的导热系数，W/(m^2·K)；

C——系数，取 1.522；

n——系数，取 0.8965；

λ——液相导热系数，W/(m·K)；

Re——管内流动雷诺数；

Pr——流体普朗特数。

马特内利数 X_{tt} 由如下计算方法得到：

$$X_{tt}=\left(\frac{1-x}{x}\right)^{0.9}\left(\frac{\rho_g}{\rho_l}\right)^{0.5}\left(\frac{\mu_l}{\mu_g}\right)^{0.1} \tag{8-11}$$

式中 X——气化率；

ρ_g——气相密度，kg/m³；

ρ_l——液相密度，kg/m³；

μ_g——气相黏度，Pa·s；

μ_l——液相黏度，Pa·s。

赵传亮使用乙二醇为介质，在管内沸腾传热的试验研究中，采用光管沸腾传热的理论公式 Gunger-Winterton 作对比，见式（8-12）

$$h_{tp}=Eh_l+Sh_{pool} \tag{8-12}$$

式中　h_{tp}——管内沸腾传热系数；

E、S——强化因子；

h_l——单相液对流传热系数，W/(m²·K)；

h_{pool}——为核态沸腾传热系数，W/(m²·K)。

经过试验对比，得出表面多孔管的沸腾强化因子 A，

$$A=9.43q^{-0.15} \tag{8-13}$$

将 A 与 Gunger-Winterton 公式的乘积作为高通量管管内流动沸腾传热系数与热流密度的关系。

$$h_{tp}=9.43q^{-0.15}(Eh_l+Sh_{pool}) \tag{8-14}$$

8.5 表面多孔管的制造与检验

8.5.1 表面多孔管的制造

表面多孔管的强化传热能力取决于工艺介质、操作参数以及多孔层结构参数。因此，在工艺介质和操作参数一定的情况下，多孔层结构参数在某种程度上决定了换热管的强化传热能力[16]。多孔层结构参数主要包括厚度、孔隙率和当量直径等。

多孔表面加工工艺不同得到的产品形式也不同，目前多孔表面的成型方法主要有两种：一种是在换热表面基体上附着一层多孔结构，多孔结构的材料多为金属材料，这种结构称为多孔覆盖结构；另外一种是直接对换热表面基体表面进行加工，使其在换热表面上直接生成利于气泡生成的汽化核心的内凹穴，这种结构称为开孔多孔表面。这两种表面结构形式对强化传热的效果影响也不尽相同，下面介绍几种主要的成型工艺。

（1）粉末烧结法

目前已投入大规模定型生产的为烧结法。由于换热管的材质种类较多，如铜、铜镍合金、碳钢、耐热钢等，不同材质的换热管制备工艺参数不同，但基本生产工序为[17]：

① 基管涂覆前的准备。包括除油、除锈等。换热管表面应清洁无尘，以保证多孔层的烧结质量。

② 涂覆料的调配。根据工艺需要将特定烧结粉末与助涂剂配成涂覆料。

③ 换热管表面涂覆。保证多孔层的厚度及均匀度满足设计要求。换热管内外侧的涂覆需要采用专用的工装设备，采用自动化控制工艺可保证多孔层的涂覆质量稳定性。

④ 多孔层的烧结。烧结使粉末颗粒间以及多孔层与基管间形成良好的冶金结合，确保

多孔层具有较高的强度，同时控制多孔层结构参数。烧结过程应避免换热管特别是多孔层的氧化。工艺参数或操作不当，都可能使烧结失败，如多孔层烧结强度不够、多孔层脱落、表面鼓包等。

⑤ 换热管的热处理。在某些情况下，可通过热处理保证基管的机械性能。

⑥ 换热管的防腐处理。换热管表面应涂覆防止氧化腐蚀的防锈油，并且防锈油不得影响换热管的后续使用。

⑦ 换热管的包装。做好防尘处理，并应避免多孔层的损伤。

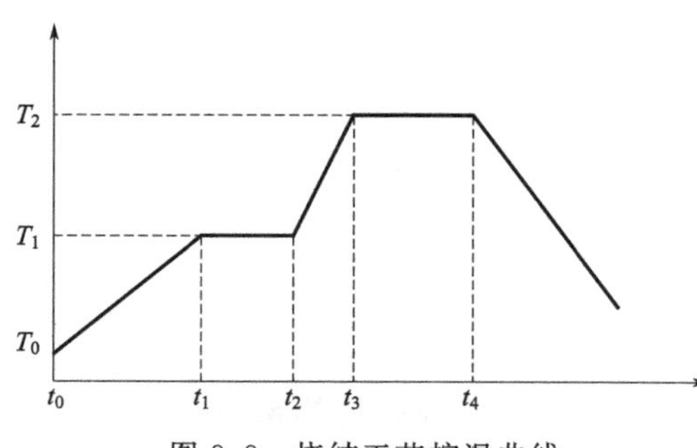

图 8.8 烧结工艺控温曲线

王学生、徐宏等[18] 介绍了基体管材料为铜管或无缝钢管，多孔层材料采用铜金属复合粉末表面多孔管的烧结工艺。在可控气氛炉内，采用两段法烧结工艺，如图 8.8 所示，在第一保温段，使黏结剂充分挥发，不会影响到后面金属粉末与基体的粘接。在第二保温段，完成多孔层烧结。该工艺烧结温度最低可降低到 760℃。试制中所采用的粉末粒度为 50～400 目，多孔管多孔层厚度为 0.25～0.45mm，孔隙率为 54%～68%，当量孔径为 30～40μm。

粉末烧结法制备的多孔管不仅拥有高效的传热性能，还有优秀的防结垢能力。烧结多孔管在低碳烃分离以及乙二醇等化工产品的浓缩提纯中有广泛的应用。虽然烧结型多孔管对沸腾传热有高效的强化效果，但是，它对沸腾过程有严重滞后效果，同时粉末烧结法的成本和能耗较大也是其不足的方面。

(2) 火焰喷涂法[19]

该方法是将用于多孔层制备的金属粉末以及用作胶黏剂的低熔点金属粉末高速喷射到已预热好的换热基体表面，在预热表面上两种粉末与基体结合，再利用火焰将多余的粉末烧掉，得到的多孔层平均孔径是 20～50μm，平均厚度为 0.3～0.6mm，孔隙率为 30%～45%。

(3) 机械加工法[20]

该方法制备的表面多孔管在基体表面上开有不同形状的孔，这些孔都是利用机械加工的方法直接开在金属管壁基体上的。目前主要管型有三种，分别是德国的 GEWA-T 管、日立公司的 Thermoexcel-E 管和美国的 ECR-40 管，如图 8.9 所示。由于加工条件的限制，机械加工的多孔表面的多孔层孔隙率一般只能达到 35%～45%。

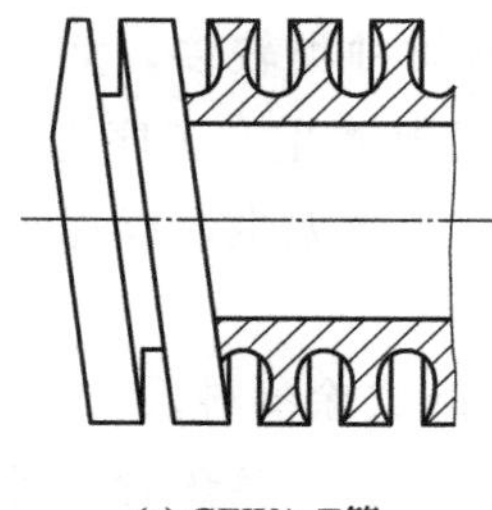

(a) GEWA-T管

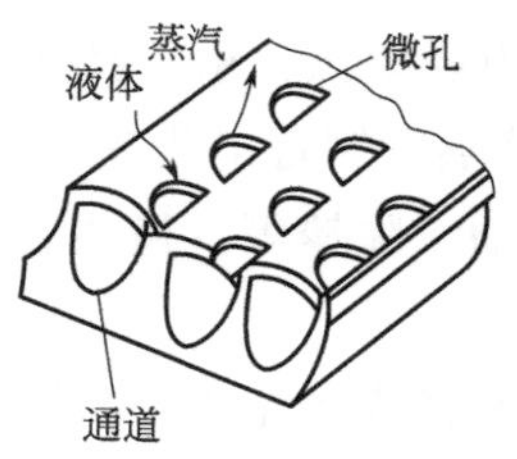

(b) 日立公司的Thermoexcel-E管

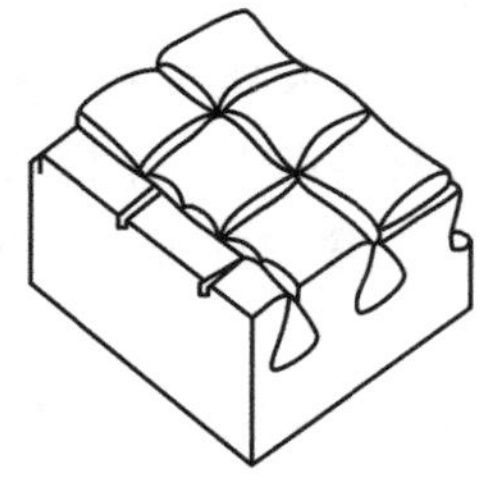

(c) ECR-40管

图 8.9 几种不同的机加工强化沸腾传热管示意图

(4) 丝网覆盖法

该方法将金属丝覆盖在管基体表面上，得到的金属丝网即成为换热表面的多孔层结构，根据金属丝的覆盖方式，该方法又可分为压紧法和烧结法两种。

(5) 电镀法

该方法主要用于铜管镀铜粉。铜粉通过管基体表面的聚氨酯小孔进入管外壁，经过高温加热后聚氨酯分解形成多孔层。该法得到的多孔层孔径较小，对表面张力较小的工质较适用。但是该方法不足之处在于加工过程较复杂，而且成本和能耗较大。

(6) 电化学腐蚀法

该方法是在不锈钢基体表面利用电化学处理方法腐蚀生成多孔层结构。利用该方法制得的多孔层对表面张力较好的工质效果较好。但是成型过程中由于发生了晶间腐蚀，使得不锈钢基体的强度会有所下降。

相关的测试研究表明，烧结粉末法和机械加工法的对沸腾传热的强化效果最好。目前烧结法和机械加工法已经广泛应用于多孔表面强化管的大规模生产中，而其他方法大都是在实验室中进行研究工作时所采用。

8.5.2　表面多孔管的检验

表面多孔管的检验项目主要包括换热管力学性能、工艺性能、外观及外形尺寸、多孔层特征参数等。力学性能、工艺性能、外观及外形尺寸与普通管检验没有本质区别，这里重点介绍多孔层特征参数的检验。烧结表面多孔层的主要特征物理参数有三个，即：多孔层厚度、孔隙率及当量孔径，这些参数对多孔层用于强化传热有着至关重要的作用。

(1) 多孔层厚度

多孔层厚度对于多孔层沸腾传热效果的强化作用是有双面性的，一方面适当地增加层厚，可以使得多孔层内具有更大的凹穴空间，这些空间组成的毛细通道的内表面积也随之增大，层厚的增加扩充了换热管的传热面积，对沸腾传热效果有提升作用；另一方面，多孔层凹穴组成的毛细通道内的气液两相流动相互扰动存在阻力，如果过分的追求毛细通道空间来增加换热面积势必会造成两相流的流动阻力的增加，从而抑制沸腾传热，因此多孔层厚度的选择应综合两种影响取合适的值，一般工业上使用的烧结多孔管多孔层厚度在 0.5mm 左右。

多孔层厚度的测量主要有两种方法：①采用游标卡尺测量换热管外径与内径的值，然后做差，差值后的结果再减去换热管的壁厚即为多孔层厚度，测量时应在换热管两端管口分别测量，然后取两次计算结果的平均值。但是这种测量方式的精度不高，不适用于要求较高的工况；②采用显微照相法测量，即取部分烧结多孔管管壁材料，经适当的处理后放在高倍显微镜下通过标尺测量拍照，这种方法对于多孔层厚度的测量精度很高，但是缺点是必须破坏试样，不能保证换热管的完整性。

(2) 烧结多孔层孔隙率

孔隙率根据多孔介质内的微小通道的贯通程度有两种区分方法：①只考虑多孔介质内相互贯通的孔隙，这些微小孔隙的总体积占该多孔介质的外表体积的百分比称为有效孔隙率；②既考虑多孔介质内相通的孔隙，也考虑不相通的孔隙，两种孔隙所占的总体积与该多孔介质的外表体积的比值称为绝对孔隙率或总孔隙率。通常所讲的孔隙率都指有效孔隙率。

表面多孔层能够对沸腾传热起到强化作用，主要原因就是由于孔隙组成的毛细通道能够为工质的沸腾过程提供大量高密度的汽化核心。工业上用于强化沸腾过程的表面多孔管拥有较高孔隙率，且多孔层内部的孔隙多为贯通孔隙，工质在多孔层内沸腾发生相变过程，产生的气液两相流在多孔层内的毛细通道内运动，沸腾产生的气体由孔隙逸出后冷流体继续补充进入通道内进行换热，多孔层内的毛细通道对气液两相的运动和换热过程起到了非常重要的作用，孔隙率是表征毛细通道内能够为气液两相流提供运动和换热空间的表征参数，因此孔隙率的大小对多孔层换热能力有很大的影响。有学者研究表明，黄铜烧结多孔层的孔隙率每增加一倍，沸腾换热系数增加 15%。也有研究表明在孔隙率 $\varepsilon=50\%\sim65\%$ 的情况下，表面多孔层的沸腾传热强化效果较为突出。由于加工条件的限制，机械加工的多孔表面的多孔层孔隙率一般在 35%～45%，与高效的多孔层孔隙率存在一定差距，而采用粉末烧结的方法加工的多孔层可以达到高效传热性能的孔隙率要求。

孔隙率的测量方法有两种：①显微照相法测量。通过测量视场内孔隙的面积，就可换算出孔隙率。该法的缺点和显微照相法测量多孔层厚度一样，必须破坏试样，测量程序复杂。此外显微照相法还因为粉末的分布不均匀，具有较大的随机性，尤其是当测量的试样尺寸较小时，更不能保证测量试样的粉末颗粒分布是均匀的，会导致测量误差较大。②相对密度法。这种方法是通过计算粉体的相对密度并通过相对密度与孔隙率之间的关系计算获得。烧结的粉末之间存在间隙，粉末体的密度小于同种材料致密体或通常所说的固体的密度。粉末体的密度用 d 来表示，它是粉末体的质量与粉末体表观体积的比值。

$$d=\frac{m}{V} \tag{8-15}$$

式中　m——粉末体的质量；

V——粉末体的表观体积。

相对密度是粉体的密度与粉末材料的理论密度的比值，通常用 ρ 来表示，即：

$$\rho=\frac{d}{d_0} \tag{8-16}$$

式中　d_0——粉末材料的理论密度。

孔隙率通常用 θ 来表示，是孔隙体积与粉末的表观体积之比，即：

$$\theta=\frac{V_\theta}{V} \tag{8-17}$$

式中　V_θ——孔隙体积。

根据孔隙率的定义，综合前式推导结果可得：

$$\theta=\frac{V_\theta}{V}=\frac{V-V_0}{V}=\frac{\dfrac{m}{d}-\dfrac{m}{d_0}}{\dfrac{m}{d}}=1-\frac{d}{d_0} \tag{8-18}$$

式中　V_0——粉末材料的真实体积。

于是，孔隙率与相对密度有如下关联式：

$$\theta=1-\rho \tag{8-19}$$

（3）当量孔径

由于多孔结构孔隙分布的不均匀性，对其孔结构尺寸的测量较为复杂，因此想要准确的获得多孔结构的孔径难以实现。当量孔径是一个定性表征多孔材料孔径的参数，最早由美国学者研究提出。对于当量孔径有如下定义：实际的孔截面周长与直径为当量孔径 d 的等效圆周长，即：实际孔隙截面积/实际孔周长＝等效圆周面积/等效圆周长＝$d/4$。于是便可得出当量孔径 d 与实际孔隙截面积/实际孔周长呈线性关系，当量孔径为两者商值的 4 倍。

多孔层的孔隙尺寸对多孔层的沸腾换热效果有着显著的影响。根据气泡形成所需的汽化核心的最小尺寸要求，多孔层孔隙直径过小，难以成为有效的汽化核心，使得孔隙内气泡生成变的困难，另外孔隙过小，则传热过程需要较大的过热度；如果孔隙过大，超过气泡生成所要求的最大孔隙直径，也对气泡的生成产生负面影响，而且由于直径的增大，进入孔隙内的液体增多，孔隙内很难形成理想的蒸汽区，使得毛细通道的壁面难以被液膜覆盖，在传热过程中使得过热度变大。因此，根据气泡形成的要求以及传热原理的要求，对于不同的工质存在最佳的孔穴直径。对表面张力和导热系数较大的工质液体，孔穴的当量直径应该取大些；相反，对于表面张力和导热系数较小的液体，孔穴的直径应该取小些。当传热过程中的热流密度较小时，蒸汽的生成速率不高，单位时间内通过孔隙的蒸汽量也较少，孔隙直径应该取小些；当热流密度较大时，为了更好的使蒸汽排除孔隙通道，孔隙直径应该取大些。有学者分析认为，孔隙的大小对工质开始沸腾时的过热度起决定作用，而且孔隙的形状是气泡生成的汽化核心稳定性的判定依据。

多孔层当量孔径的测量利用的是毛细现象，即将多孔管的一端垂直进入自由浸润液体中，测量液体沿多孔表面的毛细爬升高度，然后根据毛细现象的基本公式计算。具体计算方法如下：

$$\frac{2\sigma}{\rho g h}=\frac{r}{\cos\theta} \tag{8-20}$$

式中　σ——液体表面张力；

ρ——液体密度；

g——重力加速度；

h——毛细爬升高度；

r——当量水力半径；

θ——液体对固体表面的浸润角。

当液体对固体表面的浸润性较好，浸润角小于 20°时，式（8-20）可以用下式代替：

$$r=\frac{2\sigma}{\rho g h} \tag{8-21}$$

8.5.3　表面多孔管换热器的制造

表面多孔管换热器的制造流程和常规的管壳式换热器基本相同，但在焊接、胀管、检测、装配等工艺上存在特殊性，特别是换热管多了一层多孔层，此多孔层是提高换热效率的关键，如何在制造过程中防止多孔层的损伤是该类换热器制造的关键。因此，管板、折流板的加工、换热管的搬运及管束的组装需要建立一整套完善的加工工艺，制定详细的制造及检验技术标准，每道工序层层把关，以确保最终的产品质量。为保证换热器的使用性能，换热器经试压后，需要采取防腐保护措施，如充氮密封等。

8.6 表面多孔管换热器的工业应用

美国 UOP 公司推出了世界上第一台工业化表面多孔管换热器，随后表面多孔管换热器被广泛应用于炼油、石化等工程领域。随着我国该类行业的快速发展和规模化建设，近十年来我国成为表面多孔管换热器的主要使用国，并在芳烃、乙二醇、丙烷脱氢、苯酚丙酮等装置中取得明显效果。华东理工大学和中石化扬子石油化工有限公司等从 1999 年起进行烧结型表面多孔换热管及其换热器的国产化研制，成功实现了产业化，填补了国内空白并打破了国际垄断。中圣科技（江苏）有限公司制造了多台表面多孔管换热器，广泛用于丙烷脱氢及苯酚丙酮装置上。

(1) 国内某 100 万吨芳烃联合装置由于负荷大，对换热器要求高，经设计计算，该项目苯塔重沸器、抽余液塔重沸器 A/B、抽出液塔重沸器、脱庚烷塔重沸器、抽余液塔蒸汽重沸器均采用高通量再沸器，换热器直径 ϕ1800～2200mm，单台换热面积大于 1000m^2。其中二甲苯塔装置流程如图 8.10 所示，塔顶汽余热回收采用热联合、耦合技术。

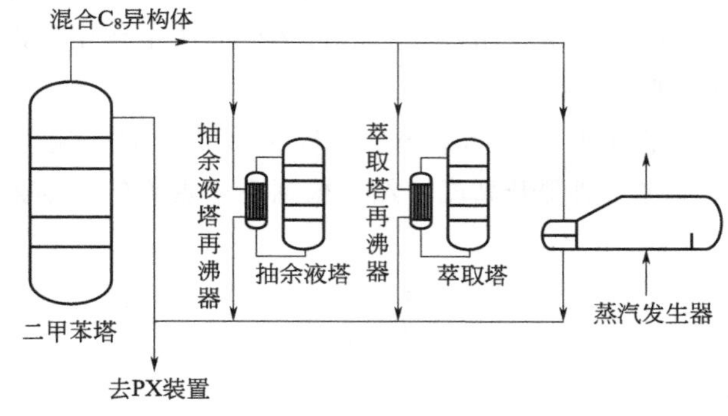

图 8.10 二甲苯塔装置塔顶汽余热回收技术流程

以抽余液塔再沸器为例，换热器冷侧走管程，热侧走壳程，采用立式结构。两种不同设计方案参数如表 8.1 所示。最终该换热器采用双面强化的表面多孔管换热管，换热管冷侧表面为多孔金属烧结层，热侧表面为平行纵槽。在相同运行负荷条件下：采用表面多孔管换热器，抽余液塔再沸器数量由 6 台减少为 2 台，换热面积由 4648m^2 减少为 1606m^2，表面多孔管换热器的总传热系数为普通光管的 2.89 倍。

按设计热负荷计算，该百万吨芳烃联合装置总共采用 6 台表面多孔管换热器，充分利用装置内塔顶油气低温位热源，经测算可节约蒸汽消耗 247.8t/h。该组表面多孔管换热器强化传热、节能降耗效果明显，具有显著的经济和社会效益。

表 8.1　某抽余液塔再沸器两种方案运行参数比较

运行参数	普通换热管	表面多孔换热管
热负荷/MW	60.4	60.4
温差/℃	26.9	26.9
总传热面积/m^2	4648	1606
总传热系数/［W/(m^2·℃)］	483	1398
换热器内径/mm	2000	2100
换热器数量/台	6	2

(2) 某大型炼化厂重整装置 C_6 塔再沸器原采用普通换热管换热器，结构为卧式 BJS 结构，热源为低压蒸汽。由于生产需要，壳程介质循环量大幅提高，但是因：系统管网蒸汽压力较低（表压仅为 0.78MPa）；冷热端介质温差低（小于 12℃），普通换热器传热效果差，因此存在两种改造方案：提高蒸汽品位，仍使用普通换热器；更换为表面多孔管换热器，仍使用低压蒸汽为热源。两种方案对比如表 8.2 和表 8.3 所示。

表 8.2　某脱 C_6 塔重沸器两种方案运行参数比较

运行参数	普通管＋中压蒸汽	表面多孔管＋低压蒸汽
热负荷/MW	14.7	14.7
温差/℃	31.2	11.6
总传热面积/m^2	437.3	1280
总传热系数/[W/(m^2·℃)]	687.7	835.8
换热器内径/mm	1300	1700
使用蒸汽压力/MPa	1.4	0.87

表 8.3　某脱 C_6 塔重沸器两种方案成本预算

运行参数	普通管＋中压蒸汽	表面多孔管＋低压蒸汽
蒸汽压力/MPa	1.4	0.87
运行时间/(h/a)	8000	8000
蒸汽价格/(元/t)	120	50
蒸汽总成本/(万元/年)	259	108
一次性投入/万元	0（不考虑改造）	220（更换表面多孔管）
两年成本合计/万元	518	436

两种方案均可满足生产需求，但采用表面多孔管＋低压蒸气方案：每年节省 150 万元蒸汽费用。使用一年半后即可收回制造成本；表面多孔管＋低压蒸气方案热损失低，低压蒸汽在管道中的热损失小于中高压蒸汽；表面多孔管＋低压蒸气方案仍有提负荷空间。

(3) 某石化公司 20 万吨/年乙二醇装置提负改造，提负后装置能力为 26 万吨/年。该装置中脱水塔塔底再沸器负荷提升后，工艺条件如表 8.4 所示。对原光管再沸器校核发现，光管再沸器面积裕量为－18.16%，无法满足提负后的生产要求，换热管改用表面多孔管后，再沸器面积裕量从−18.16%增加到23%，为提负后的再沸器提供了较大的弹性操作空间，两种管束再沸器的设计参数见表8.5，该表面多孔管再沸器于2017年10月在某石化投产开车使用以来，设备至今运行稳定，满足了改造要求。

表8.4 操作工艺条件

项目	壳程蒸汽	管程乙二醇
入口温度/℃	159	143.2
出口温度/℃	158	143.4
操作压力/kPa	550	14.8
流量/(kg/h)	41629.2	665532
污垢热阻/(m^2·K/W)	0.00017	0.00017
热负荷/MW	24.5	

表8.5 两种管束再沸器设计参数对比

参数	原设备	新设备
壳体内径/mm	2800	2800
换热管规格/mm	ϕ38×2.5	ϕ38×2.5
换热管长度/mm	5500	5500
换热管根数/根	2830	2830
换热管	光管	表面多孔管
壳程传热系数/[W/(m^2·℃)]	7618.64	17033.18
管程传热系数/[W/(m^2·℃)]	1671.02	3791
总传热系数/[W/(m^2·℃)]	739.8	1119.1
面积裕量/%	−18.16	23

(4) 丙烯是生产丙烯腈、异丙烯、丙酮和环氧丙烷的基本原料，丙烷脱氢是生产丙烯的一个重要途径，丙烷脱氢装置中的丙烯精馏塔再沸器、丙烯丙烷分离塔再沸/冷凝器、脱丙烷塔再沸器等是相应塔体的重要附属设备，这些再沸器沸腾侧均为有机工质，传热系数不高，为了强化传热，很多装置均采用的是表面多孔管换热器。图8.11为某丙烯丙烷分离塔再沸/冷凝器使用的是表面多孔管换热器，设计操作参数见表8.6，采用该换热器，可以使得液体在很低的过热度下就可以达到沸腾状态。

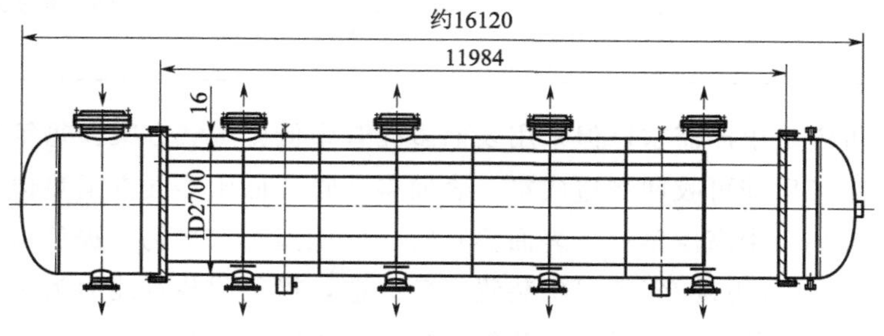

图8.11 丙烯丙烷分离塔再沸/冷凝器

表 8.6　丙烯丙烷分离塔再沸/冷凝器设计操作参数

参数	壳侧	管侧
工作温度（进/出）/℃	22.0/22.0	37.0/27.6
工作压力/MPa（表压）	0.810	1.172
设计温度/℃	－11/120	－11/120
设计压力/MPa（表压）	1.25	1.60
壳体内径/mm	2700	
换热管规格/mm	ϕ19.05×2.11	
换热管长度/mm	12000	
换热管根数/根	10400	
换热管	表面多孔管	

参考文献

[1] 兰州石油机械研究所．换热器[M]．2 版．北京：中国石化出版社，2013.

[2] Thome John R. Enhanced boiling heat transfer[M]. 1 ed. New York：Hemisphere Publishing Corp.，1990.

[3] Gottzmann C F，O'Neill P S，Minton P E. High efficiency heat exchangers[J]. Chemical Engineering Progress，1973，69(7)：69-75.

[4] 杨世铭，陶文铨．传热学[M]．4 版．北京：高等教育出版社，2006.

[5] 郝彤．表面多孔管的研制[J]．石油化工，1978(05)：44-48.

[6] 孟祥宇，王学生，陈琴珠，等．不锈钢高通量换热管传热性能研究与工业应用[J]．化学工程，2019，047(011)：34-38，73.

[7] 刘阿龙，徐宏，王学生，等．复合粉末多孔表面管的沸腾传热[J]．化工学报，2006.

[8] 赵传亮，王学生，孟祥宇，等．高通量管实验研究及再沸器设计[J]．实验室研究与探索，2016(10)：64-67.

[9] 庄礼贤，崔乃瑛，阮志强．机械加工表面多孔管的池沸腾传热试验[J]．工程热物理学报，1982(03)：242-248.

[10] Czikk A M，O'Neill P S，Gottzmann C F. Nucleate boiling from porous metal films：effect of primary variables[J]，1981.

[11] Yilmaz S，Westwater J W. Effect of commercial enhanced surfaces on the boiling heat transfer curve[J]. Advances in Enhanced Heat Transfer，1981.

[12] Bergles A E，Chyu M C. Characteristics of nucleate pool boiling from porous metallic coatings[J]. Journal of Heat Transfer，1982，104(2).

[13] Yatabe J M，Westwater J W. Bubble growth rates for ethanol-water and ethanol-isopropanol mixtures [J]，1966.

[14] 顾维藻．强化传热[M]．北京：科学出版社，1990.

[15] 李金峰．竖直管相变传热强化实验研究[D]．上海：华东理工大学，2014.

[16] Poniewski M E，Thome J R. Nucleate boiling on micro-structured surfaces[J]. Heat Transfer Research

Inc，2008.

[17] 刘京雷，徐宏，王学生，等. 高通量换热器的产业化研发[C]. 全国第四届换热器学术会议论文集，2011.

[18] 王学生，徐宏，侯峰，等. 强化相变传热换热管束的制造技术[J]. 压力容器，2006，23(1)：29-32.

[19] Dahl M M，Erb L D. Liquid heat exchanger interface and method[P]. US03990862A.

[20] Saier M，Kastner H W，Klockler R. Y and T-finned tubes and methods and apparatus for their making [J]. US，1979.

第9章

内插件换热器

9.1 概述

管内内插件是强化管程单相流体传热的有效措施之一，其不改变传热面形状，加工简单，不需要更换原有的换热器，特别适用于现有设备的改造。早在 1921 年，Royds 就认识到了管内湍流促进器强化传热的作用，陆续开发出了用于固定于管内的圆环形或圆盘形薄片、螺旋线以及扭带片螺旋片、流线型内插件等。早期的内插件主要集中在湍流区，导致研究开发的内插件虽然能够提高传热系数，但压降也极高，而且层流和过渡区的传热现象在工业中非常常见。20 世纪 70 年来以来，关于管内内插件的研究逐渐扩展到层流和过渡流区[1]。

管内内插件主要是通过增加流体的流动路径、加强边界层的扰动、提高接近管壁处流体的湍流强度、促进边界层流体和主流流体的混合等过程实现强化对流换热。按照强化传热机理的不同，管内内插件可分为旋流器（包括各种形式的扭带片），湍流促进器（如螺旋线圈、螺旋片等），置换型强化器（如静态混合器）。按照内插件的结构，可分为扭带片形、线圈形、扩张表面形和网眼形。扭带片形内插件沿管长造成螺旋流；线圈形内插件可提高换热管内部管壁的表面粗糙度；扩张表面形内插件在管壁与内插件间形成良好的热接触，减小了水力直径并起到了扩大传热面的作用；网眼形内插件可以扰动管内整个速度场和温度场。从应用上看，因为扩张表面形内插件价格较高，而网眼形内插件压降高且存在污垢问题，因此扭带片形和线圈形内插件应用最广泛[1]。

管内内插件强化传热通常会带来传热的强化和阻力的增加两方面的影响，因此在选择内插件强化元件时就需要综合考虑传热和阻力两方面的因素。应用比较多的评价方法是 PEC 评价准则，即在确定输送泵功和传热面积的条件下，以传递热量的大小作为强化传热的评价准则，PEC 数越大，强化传热性能越好。PEC 定义为：

$$\mathrm{PEC}=\frac{Nu/Nu_0}{(f/f_0)^{1/3}} \tag{9-1}$$

式中　Nu——强化传热后的努塞尔数；

Nu_0——是未强化传热时光管的努塞尔数；

f——是强化管的阻力系数；

f_0——是光管的阻力系数。

9.2 扭带片

将厚度为 t 的薄金属带扭曲成一定程度后，插入并固定于圆管内，便形成如图 9.1 所示的扭带片结构。扭带片的扭曲程度采用扭率 Y 表示，扭率越小，扭曲程度越大。

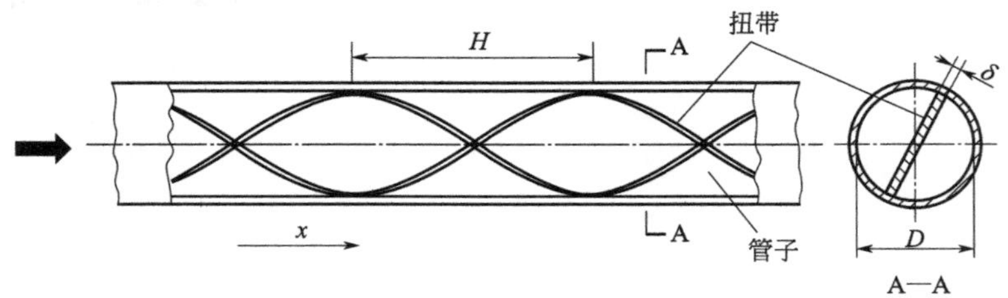

图 9.1　扭带片结构示意图

$$Y=\frac{H}{d_i} \tag{9-2}$$

式中　H——全节距，即扭带片每扭转 360°的轴向长度；

d_i——圆管内径。

除了扭率外，也可采用扭带片的螺旋角 α 表示扭曲程度。

$$\tan\alpha=\frac{\pi d_i}{H} \tag{9-3}$$

插有扭带片的管内单相流体，能够强化对流换热的原因在于[1]：一方面，扭带片的插入使得圆管的水力直径减小，从而增大换热系数；另一方面，扭带片使得流体产生切向速度分量，壁面处切应力增大，由二次流导致的流体混合增强。除此之外，在管内流体加热时，管子中心密度较大的冷流体可在离心力的作用下趋于向外流动，与接近管子壁面处的密度低的热流体混合，从而加强换热。不过需要注意的是，在冷却的情况下，旋转流体产生的离心力只能起到维持流体热分层的作用，甚至会产生相反的离心对流效应降低对流换热系数。

Manglik 和 Bergles 等通过实验建立了扭带片强化传热管的计算公式。以 $3\leqslant Pr\leqslant 6.5$ 的水，$68\leqslant Pr\leqslant 100$ 的乙基丙三醇为试验介质，扭带片的扭曲比为 $y=3.0$、4.5 和 6.0，流体的雷诺数范围为 300～3000[1]。

层流区等壁温充分发展的关联式为：

$$Nu=4.162\left[6.413\times10^{-9}\left(SwPr^{0.39}\right)^{3.385}\right]^{0.2}\left(\mu/\mu_{Sw}\right)^{0.14} \tag{9-4}$$

$$(fRe_d)_{Sw}=15.767\left(\frac{\pi+2-2t/d_i}{\pi-4t/d_i}\right)^2\left(1+10^{-6}Sw^{2.55}\right)^{1/5} \tag{9-5}$$

式中　Sw——旋转数，$Sw=Re/\sqrt{y}$。

μ_{Sw}——$u_c(1+\tan^2\alpha)^{1/2}$

湍流区的关联式为：

$$Nu = 0.023Re^{0.8}Pr^{0.4}\left(\frac{\pi}{\pi - 4t/d_i}\right)^{0.8}\left(\frac{\pi + 2 - 2t/d_i}{\pi - 4t/d_i}\right)^{0.2}\phi \tag{9-6}$$

$$f = \frac{0.079}{Re^{0.25}}\left(\frac{\pi}{\pi - 4t/d_i}\right)^{1.25}\left(1 + \frac{2.275}{y^{1.29}}\right) \tag{9-7}$$

式中，ϕ 为考虑流体性质的变化，对于液体 $\phi=(\mu/\mu_w)^n$，$n=0.18$（加热），$n=0.3$（冷却），对于气体，$\phi=(T/T_{W_2})^m$，$m=0.45$（加热），$m=0.15$（冷却）。

Nu 和 f 是雷诺数和内插件结构参数的函数关系，也与介质物性 Pr 有关。对高 Pr 数流体，其物性，特别是密度和黏度随温度的变化而显著改变。这就导致在传热过程中其努塞尔数 Nu 和压降摩擦因子 f 的关联中，这些物性参数都不是一个恒定的值。相比于湍流对流换热，层流对流换热更容易受到流体物性变化影响。因此，在计算传热过程努塞尔数 Nu 和压降摩擦因数 f 时，需要将壁面温度和流体主体温度作为附加参数。

对此，A. W. Date 等[2] 将流体流动的 Nu 和 f 的计算，分为流体物性为均匀时的充分发展二维流动和存在浮力效应下的三维流动。在二维流动下，将管壁温度 T_w 和流体主体温度 T_b 作为 Nu 和 f 方程中附加的参数，三维流动模式下，主要是要考虑浮力效应对传热和阻力特性的影响。可采用局部摩擦因子 f_Z 和局部努塞尔数 Nu_Z 来表示，故可以假定在这个轴向长度 Z 的范围内，其参数是均匀的。这样就将整个扭带片长的计算转化为了计算每旋转 360°的扭带片长 $2H$ 的单元体。平均的努塞尔数 $Nu_平$ 为

$$Nu_{平} = 1/2H\int_0^{2H} Nu_Z \mathrm{d}Z \tag{9-8}$$

在国内外扭带片强化传热领域，国内外学者研究了各种因素对传热效果的影响和影响机理，通过改变扭带片的曲率、形状大小、表面进行不同的技术加工或组合使用，达到强化传热的目的。但是总的而言，许多方法在特定工况下才能表现出最佳的强化作用，有时还需配合其他被动技术或主动技术才能达到最好的强化传热效果。

9.2.1　间隔扭带片

扭带片虽然能够提高流体的传热系数，但其热阻也比较高，为此就提出了间隔扭带片结构，旨在降低扭带片的泵功率消耗。间隔扭带片结构是将一系列按照相同旋向扭转的短扭带片元件在圆管内平均间隔排列，相邻元件之间采用金属细杆点焊连接。

Saha 等[3] 研究了在层流条件（$Re=700\sim1200$）时，以水为工质，恒热流密度条件时，按照相同旋向扭转 180℃的间隔扭带片的传热性能。定义相邻扭带片元件之间的距离与管子外径之间的比值为 z，z 设置为 2.5、5、7.5 和 10。当 z 为 2.5 和 5 时，传热效果优于传统扭带片，且 $z=2.5$ 的更优。当扭带片元件距离较大时（$z=7.5$ 和 10），间隔扭带片的强化传热效果比连续扭带片差。

从机理上看，流体层流状态下，扭带片元件的局部传热膜系数分为进口段、稳定段和延长段，选择恰当的扭带片元件间距，扭带片的尾流混合可破坏速度和热边界层，从而强化延长段，加强传热效果。但是这种混合过程随着流动会很快减弱，需要依靠扭带片元件重新引发涡旋流动。这也是为什么在实验中，当 z 值较大时，间隔扭带片的传热效果要比连续扭带片的差。如果能够合理控制 z 值，就能使分段扭带片的强化延长段长度与扭带片长度之比为

最大，实现减小阻力和增加传热系数的平衡。

Eiamsa[4] 研究了在更大雷诺数（$Re=5000\sim12000$）进行水-气换热时，间隔扭带片的传热性能。间隔扭带片的扭率 Y 分别为 6 和 8。实验发现，湍流状态时，间隔扭带片的传热系数和摩擦阻力系数都要比传统扭带片小，随着扭带片间距的增加，传热系数和摩擦阻力系数将进一步下降。可以看出虽然间隔扭带片可在一定程度上降低摩擦阻力系数，但提高换热系数效果有限，甚至在流体雷诺数较高时，可能会降低换热系数。所以在具体的工业应用时，需要进行综合考虑。

9.2.2 半扭带片

也有采取半扭带片对扭带片进行改进的尝试，提出半扭带片的设想在于：半扭带片可以和扭带片一样产生螺旋流。但流体与带面的摩擦面积减少一半，此外，二次流动的空间增大，也存在增强混合作用的可能性。不过试验发现，半扭带片的阻力比扭带片减少 34%左右，约为光管的 3.8 倍，但传热也减少了约 20%。所以半扭带片并不是一种合适的强化传热管内内插件的探索方向。

9.2.3 开槽扭带片

除了间隔扭带片外，在扭带片上开槽也是一种降低扭带片阻力系数的方式（图 9.2）。Murugesan P 等[5] 研究了 V 形开槽对扭带片强化传热的影响。实验的扭带片扭率为 2、4.4 和 6。开槽的宽度比 W/R 和高度比 D/R 分别为 0.43 和 0.34。

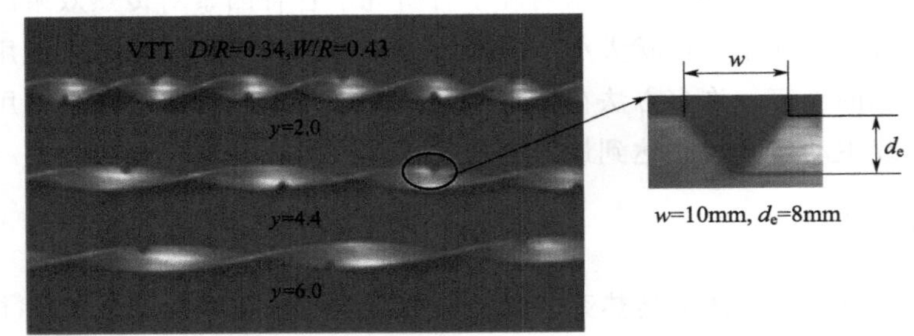

图 9.2　V 形开槽扭带片的结构示意图

试验得出了开槽扭带片的努塞尔数和阻力系数的计算公式，发现努塞尔数和摩擦因子都随着扭率的降低、宽度比的减少和高度比的增加而增加。

$$Nu=0.0296Re^{0.853}Pr^{0.33}y^{-0.222}\left(1+\frac{d}{W}\right)^{1.148}\left(1+\frac{w}{W}\right)^{-0.751} \tag{9-9}$$

$$f=8.632Re^{-0.615}y^{-0.269}\left(1+\frac{d}{W}\right)^{2.477}\left(1+\frac{w}{W}\right)^{-1.914} \tag{9-10}$$

除了在单节扭带片上开槽外，Eiamsa 等[6] 实验研究了周边开槽的扭带片对传热的影响（图 9.3）。周边开槽的高度比为 0.11，宽度比为 0.11、0.22 和 0.33，流体 Re 从 1000 到 20000。实验发现，周边开槽扭带片会在管壁处扰动，产生较强的湍流。与单节扭带片开槽相同，周边开槽的扭带片努塞尔数和摩擦因子也是随着宽度比的减少和高度比的增加而增加。

$$Nu=0.244Re^{0.625}Pr^{0.4}\left(\frac{d}{W}\right)^{0.168}\left(\frac{w}{W}\right)^{-0.112} \tag{9-11}$$

$$f=39.46Re^{-0.591}\left(\frac{d}{W}\right)^{0.195}\left(\frac{w}{W}\right)^{-0.201} \tag{9-12}$$

$$\eta=4.509Re^{-0.152}\left(\frac{d}{W}\right)^{0.102}\left(\frac{w}{W}\right)^{-0.054} \tag{9-13}$$

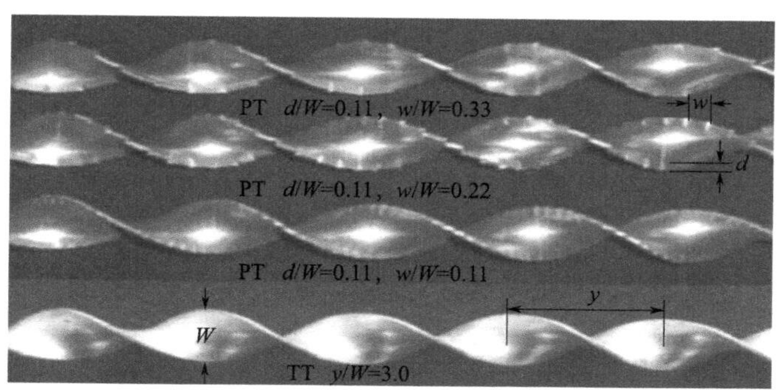

图 9.3　周边开槽扭带片结构示意图

9.2.4　锯齿扭带片

如图 9.4 所示，相比于开槽扭带片，锯齿扭带片的开槽范围更大。Chang 等研究了锯齿扭带片对气-水混合物传热的影响，流体雷诺数范围为 5000～15000[7]。实验发现在锯齿扭带片离心力的作用下，管内弥散的气泡成长为连续气泡，传热得以强化，同时壁面阻力被气-水界面阻力抵消，摩擦阻力系数降低。根据实验结果修正得到的锯齿扭带片努塞尔数计算公式为：

$$Nu_s=(0.323+0.1366\times e^{-1164AW})\times Re^{0.79-0.135e^{-1074AW}} \tag{9-14}$$

式中，AW 为空气-水的质量流比率。

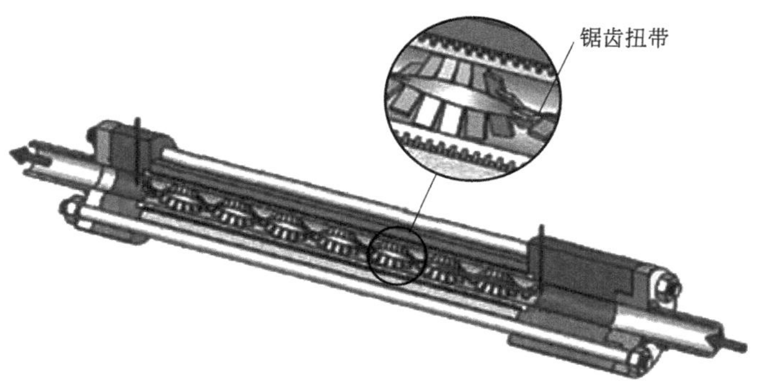

图 9.4　锯齿扭带片示意图

9.2.5　组合扭带片

对于湍流流体，使用不同旋转方向的组合扭带片也是强化传热的方向。Eiamsa 等[8] 对此进行了研究，扭带片设计为单根扭带片，同向流组合扭带片和逆向流组合扭带片（图9.5）。扭带片的扭率分别设计为2.5、3、3.5和4，流体雷诺数范围为3700～21000。实验发现逆向流扭带片的传热系数比同向流的要高12.5%～44.5%，比单扭带片高17.8%～50%。从机理上看管内插同向流扭带片，会在流核区的上方和下方出现紊流死区，而使用逆向扭带片，则会提高两道旋流的碰撞强度，从而强化传热。实验得到的努塞尔数和摩擦阻力因子计算公式如下：

单个扭带片：

$$Nu=0.224Re^{0.66}Pr^{0.4}\left(\frac{y}{w}\right)^{-0.6} \tag{9-15}$$

$$f=65.4Re^{-0.52}\left(\frac{y}{w}\right)^{-1.31} \tag{9-16}$$

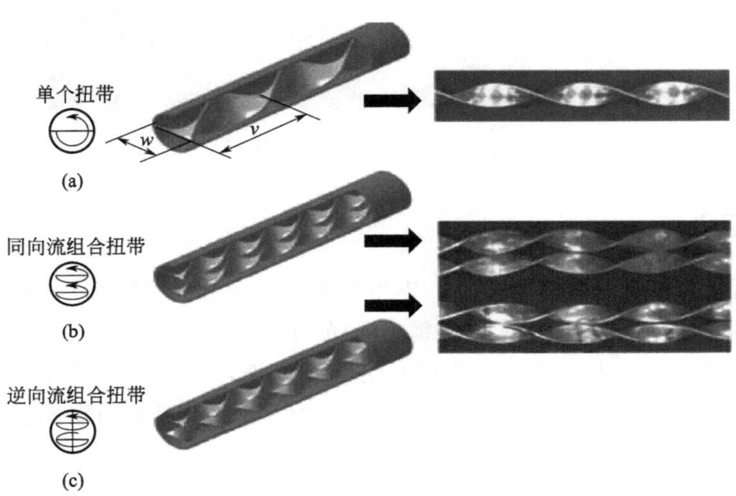

图9.5 同向流组合扭带片和逆向流组合扭带片研究结构示意图

逆流组合扭带片：

$$Nu=0.473Re^{0.66}Pr^{0.4}\left(\frac{y}{w}\right)^{-0.9} \tag{9-17}$$

$$f=72.29Re^{-0.53}\left(\frac{y}{w}\right)^{-1.01} \tag{9-18}$$

顺流组合扭带片：

$$Nu=0.264Re^{0.66}Pr^{0.4}\left(\frac{y}{w}\right)^{-0.61} \tag{9-19}$$

$$f=41.7Re^{-0.52}\left(\frac{y}{w}\right)^{-0.84} \tag{9-20}$$

式中，y为扭带片比；w为扭带片宽度。

该团队同时比较了同向流组合扭带片与间隔梯形组合扭带片的传热性能（图9.6），由于间隔梯形组合扭带片会弱化旋流，其传热效果较差。

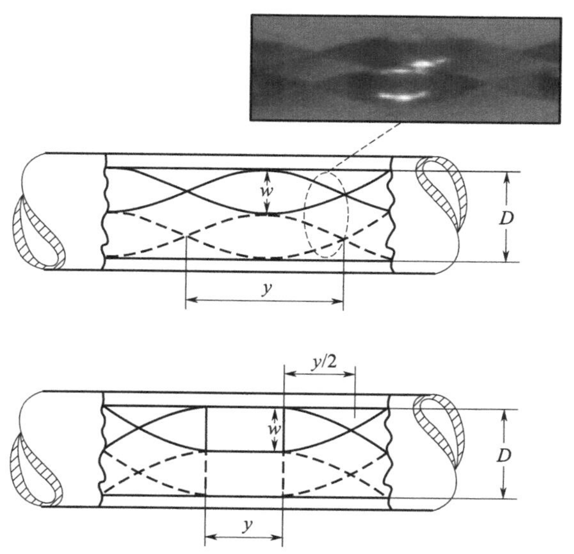

图 9.6 同向流组合扭带片和间隔梯形组合扭带片的结构示意图

9.2.6 翼片扭带片

纵向涡是一种第三代强化传热技术，尾迹区带动下游流体旋转冲刷壁面，破坏边界层的发展，同时驱动流体从四周流向中心，在一定的压力梯度下，纵向涡稳定性较强，能够延伸到很远的下游区域[9]。一般纵涡发生器是在翅片表面冲压而成，而优化扭带片传热则是在扭带片上冲压出翼片开孔（图 9.7）。翼片的攻角大小、插入位置都会产生不同的传热增强效果。

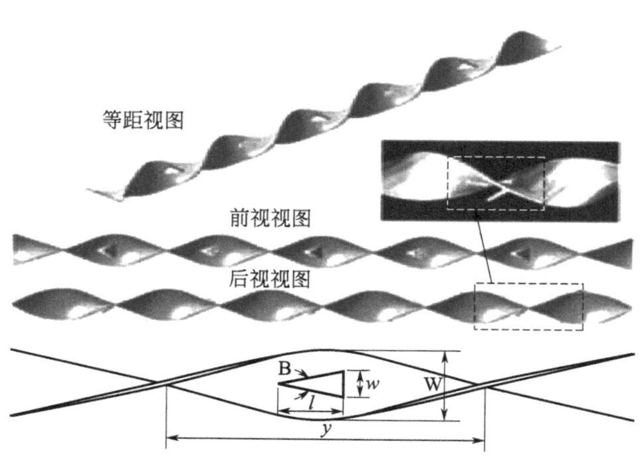

图 9.7 扭带片开翼片结构示意图

Eiamsa-ard 等[10] 研究了带附加翼片和交替轴的扭带片的传热性能。攻角设置为 43°、53°和 73°，实验发现攻角为 73°时，带翼片和交替轴的扭带片，传热系数最高，努塞尔数、摩擦因子和总传热系数分别比普通扭带片高 62%、123%和 24%。由扭带片引起的旋流和由翼片产生的涡流，及在流体每个交点后面重新组合产生的强烈碰撞，都有利于强化传热效果。Varun 等[11] 探究了流体处于湍流状态时，在扭带片上冲击出翼片对传热性能的影响。实验的流体雷诺数范围为 5500～20500，通过对比普通扭带片、扭带片开孔、扭带片开翼片三种扭带片的传热性能发现，扭带片开孔和扭带片开翼片，传热性能分别提高了 208% 和 190%。

9.3 螺旋片

通过在换热管中插入扭带片的方式强化传热，需要消耗大量的金属板材。此外，当雷诺数增大时，扭带片的强化传热效果减小，当工质中含有杂质时也较容易造成管子的堵塞。为了克服这些问题，开发出了螺旋片（图 9.8）。螺旋片由宽度一定的薄金属片在预先制出一定深度和一定节距 H 的螺旋槽上的心轴上绕成。螺旋片与管子内壁之间具有微小的间隙。螺旋片的宽度与管子内径相比小的多，所以内插螺旋片的传热强化管制造所需金属耗量比内插扭带片管小的多。制造上也更简便，能适用于管子中工质含有污染物的情况。

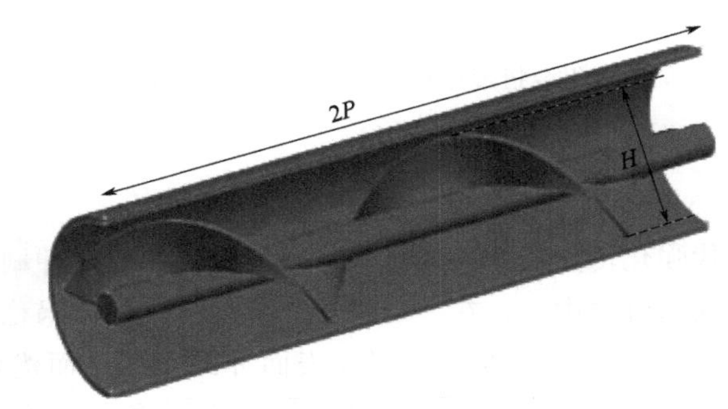

图 9.8　管内内插件螺旋片结构

螺旋片一方面使得流体在管内产生旋转，另一方面可使流体周期性的在螺旋凸出物区域受到扰动，因此能够保持较高的传热强度。测定管内插扭带片的流体的湍流强度发现，管内近壁区的湍流程度较弱，因此要达到有效的强化传热的目的，主要应使近壁区的流体产生旋转和扰动，而无需使管内全部流体发生旋转。而扭带片的作用是使全部流体发生旋转，所以会导致阻力损失无谓的增大。流体在插有螺旋片的管子中流动时，流体的旋转主要发生在强化传热所需扰动的近壁区域。因此，与内插扭带片的管子相比，内插螺旋片的管子在高雷诺数时能在低阻力损失情况下保持与内插扭带片管子相近的传热效果。实验发现，当克服阻力所耗功率与光管情况下所耗功率相同时，内插螺旋片管子的换热量在最佳工况下可比光管增加 40%。

Eiamsa-ard 等[12] 对比了有螺旋杆的螺旋片、无螺旋杆的螺旋片、无螺旋杆且间隔一定距离的螺旋片（图 9.9），三种螺旋片的传热性能。发现与光管相比，有螺旋杆的螺旋片、无螺杆的螺旋片传热系数分别增加了 160% 和 150%。间隔比（每段螺旋片的长度比螺旋片间隔长度）为 0.5 时，与有螺旋杆的螺旋片相比，努塞尔数降低了 15%，摩擦系数降低了 63%。

P. Sivashanmugam 等[13] 对扭率分别为 1.95、2.93、3.91 和 4.89 的螺旋片的传热性能进行了分析，发现流体的努塞尔数随着扭率的增大而降低。实验得出的计算公式如下，公

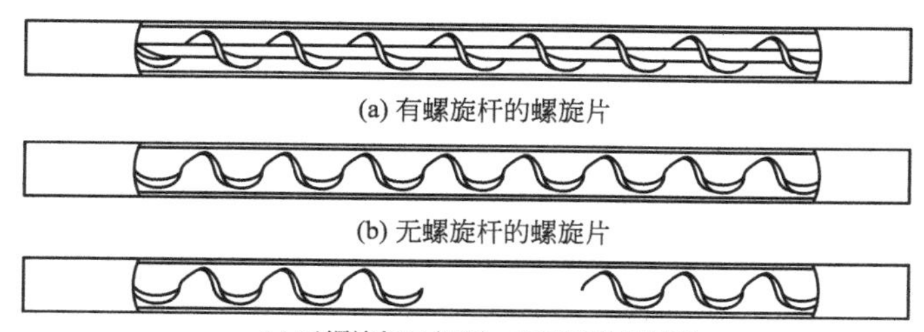
(a) 有螺旋杆的螺旋片

(b) 无螺旋杆的螺旋片

(c) 无螺旋杆且间隔一定距离的螺旋片

图 9.9　螺旋片结构对比实验图

式适用范围为流体雷诺数为 400～4000。

$$Nu=0.017Re^{0.996}PrY^{-0.5437} \tag{9-21}$$

$$f=10.7564Re^{-0.387}Y^{-1.054} \tag{9-22}$$

变化扭率的螺旋片的传热性能试验发现不管是扭率逐渐增加还是减小，螺旋片的传热系数都基本保持不变，在这几种条件下，产生了相似的旋流强度。在此基础上又对每个扭率下的间隔螺旋片进行实验分析，间隔的间距分别为 100mm、200mm、300mm 和 400mm。实验发现间隔距离每增加 100mm，努塞尔数降低 10%。在低雷诺数下，间隔螺旋片的摩擦阻力系数是全螺旋片管的一半，在高雷诺数下，则是 1/4。

9.4　螺旋线圈

在管内插入螺旋线圈是一种有效且简易可行的传热强化方法。螺旋线圈是由直径为 e（3mm 以下）的铜丝或钢丝按一定节距绕成像弹簧一样的结构，再将金属螺线圈插入并固定在管内构成的。螺旋线圈内插件的强化传热性能主要取决于几何参数 P/D 和 d/D。P 为线圈螺距，d 为线圈的线径，D 为管子直径（图 9.10）。

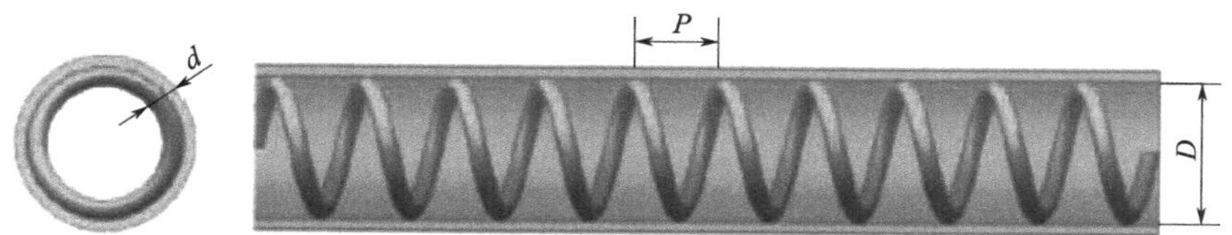

图 9.10　螺旋线圈结构图

在结构上，螺旋线圈可做成连续的，也可做成分段的，在内插螺旋线圈的近壁区域，流体一方面由于螺旋线圈的作用发生旋转，一方面周期性的受到线圈的螺旋金属丝的扰动，因而可以强化传热。从流体流态看，层流的热阻并不限于边界层，因此扭带片内插件使主体得到了良好的混合而更为有效。对于湍流，主要热阻限于薄的边界层，线圈内插件可以在靠近管壁的黏性边界层起到良好的流动混合作用，因此更为有效。同时，由于绕制线圈的金属丝较细，流体旋转强度较弱，因此这种强化管的流动阻力相对较小，传热性能综合评价表明，在层流和过渡流区获得同样的强化传热效果，利用螺旋流比利用边界层分离消耗的能量少。为此在管内流体流速较大的情况下，为了防止强化管阻力过大，可以采用螺旋线圈强化传热内插件。

当雷诺数较大时，采用内插螺旋线圈的管子可以达到既强化传热，又不会过度增加流动阻力的目的。但是雷诺数较低时，螺旋线圈便逐渐失去了强化传热的作用，甚至会发生相反作用，造成流动停滞。所以螺旋线圈对于高黏度液体在低雷诺数的传热并不适用。

Raja Rao 等以油为介质，试验确定的层流状态（$30 \leqslant Re \leqslant 675$，$300 \leqslant Pr \leqslant 675$）下，$0.08 \leqslant e/d \leqslant 0.13$ 螺旋线圈的传热计算公式为：

$$Nu = 1.65 \tan\alpha Re^{m} Pr^{0.35} \left(\frac{\mu}{\mu_{w}}\right)^{0.14} \tag{9-23}$$

式中，$m = 0.25(\tan\alpha)^{0.38}$，$\alpha$ 为螺旋角。

该式与钱颂文等发现的扭带片和螺旋线圈的传热强化系数是雷诺数和螺旋角的函数关系的结论相同。钱颂文等[1] 将不同经验公式计算的扭带片和线圈的努塞尔数和摩擦因子计算公式，均转化为管内径 d_{i}，管子轴向长度 l 和平均轴向流速 μ_{c}，比较其传热强化比、摩擦因子和总体强化比发现，在相同的螺旋角和厚度比下，螺旋线圈的总体强化比要优于扭带片。

以空气为工质的内插螺旋线圈换热管，Nu 数和阻力系数可按下式近似计算[14]：

$$Nu_{d} = 0.253 Re^{0.716} \left(\frac{h}{d_{i}}\right)^{0.372} \left(\frac{H}{d_{i}}\right)^{0.171} \tag{9-24}$$

当 $6 \times 10^{3} \leqslant Re \leqslant 15 \times 10^{3}$ 时，阻力系数 f 为：

$$f = 62.36(\ln Re)^{-2.78} \left(\frac{h}{d_{i}}\right)^{0.816} \left(\frac{H}{d_{i}}\right)^{-0.689} \tag{9-25}$$

当 $15 \times 10^{3} \leqslant Re \leqslant 10^{5}$ 时，阻力系数 f 为：

$$f = 5.153(\ln Re)^{-1.08} \left(\frac{h}{d_{i}}\right)^{0.796} \left(\frac{H}{d_{i}}\right)^{-0.707} \tag{9-26}$$

由螺旋线圈的结构特点可以看出，螺旋线圈比较适合用于强化气体侧传热，既可以增加对流换热系数，也可以通过增加管内扰动提高抗积灰性。卜宪斗[15] 对电站锅炉螺旋线圈型管式空气预热器进行了研究和开发，分析、计算了螺旋线圈强化管内的流动状况，发现螺旋线圈管对流换热系数较普通光管提高了 70%～170%，预热器的总传热系数可提高 30%以上。某石化厂内的芳烃塔立式虹吸再沸器主要用于塔底加热，分离石油混合二甲苯与重芳烃等塔底残液，投入使用 9 年后，再沸器结垢严重，塔底温度升温不足，导致分离塔收率减小。为此通过加装螺旋线圈的方式强化传热。该再沸器的换热管外径 25mm，壁厚 2mm，选择直径为 2mm 的不锈钢丝，按节距 20mm，线圈直径 20mm，绕制成不锈钢螺旋线圈。分两次加装在管内后，流体传热系数提高到 1.96 倍，塔底温度达到工艺控制指标，蒸汽耗量大幅度下降，附着在管内的污垢减少[16]。

螺旋弹簧和螺旋线圈结构相似，但是螺旋弹簧螺距更小，有弹性，可以沿其轴向伸缩，因此具有防垢作用，但周期性的收缩也导致螺旋弹簧的压降很大，会对管壁造成磨损。因此，螺旋弹簧的工业应用受到限制。

9.5 绕花丝

绕花丝是由两根或两根以上的不锈钢丝沿中心轴线扭转而成，如图 9.11 所示，绕花丝紧贴管内壁插入管内，利用其本身的弹性作用，依靠跟管壁的摩擦力，在管内牢固定位。该技术具有易于制造和定位，成本低，便于拆装、易于检修清洗的优点[17]。

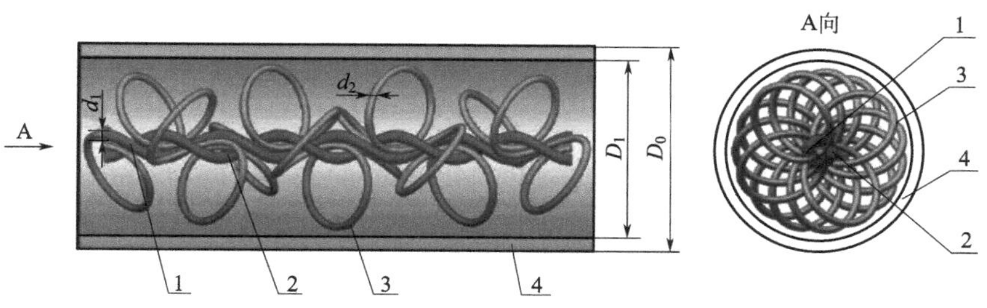

图 9.11　管内插绕花丝结构示意图

1—中心骨架 1；2—中心骨架 2；3—螺旋线圈；4—管子

绕花丝强化管内传热的机理在于，在绕花丝螺旋盘管的引导下，流体会发生旋转，切向速度产生的离心力增大，推动管中心区域的流体移动到近壁区域，而近壁区域的流体则朝向管的中心区域移动。在此过程中产生纵向涡流，二次流动强度大大增加，不同温度流体的混合增强，从而增强管内的传热性能。

比较典型的绕花丝商业产品是英国 Cal Gavin 公司开发的 Hitran 丝网内插件，可使流体在低流速下产生径向位移和螺旋流相叠加的三维复杂流动，在尽量较少增加阻力的条件下，提高传热系数。根据雷诺数和内插件几何形状，管侧传热系数最多可提高 16 倍。

党伟结合实验研究和数值模拟，建立了管内插绕花丝的强化传热理论模型，探讨了影响绕花丝传热特性的结构参数[18]。影响因素包括：绕花丝的中心骨架丝径，螺旋线圈丝径、螺旋线圈直径和螺旋线圈圈数，以 $JF=(Nu/Nu_p)/(f/f_p)$ 为评价因子。

实验的绕花丝中心骨架的直径 d_1 分别为 0.3mm、0.5mm 和 0.7mm，管内直径为 8mm，d_1/D_i 分别为 0.0375、0.0625 和 0.0875，保持其它参数相同。实验发现在流体低雷诺数时（$Re<1200$），小骨架直径的绕花丝 JF 值最高，这与骨架丝径增大，横截面流通面积减小有关；而流体流速增加，雷诺数增大时（$Re>1200$），$d_1/D_i=0.0625$ 的绕花丝 JF 值最大，这是因为在高流速下，较细的中心主干骨架 $d_1/D_i=0.0375$ 产生的二次流小于较粗的中心骨架丝，前者的传热性能相对于后者较弱，见图 9.12。

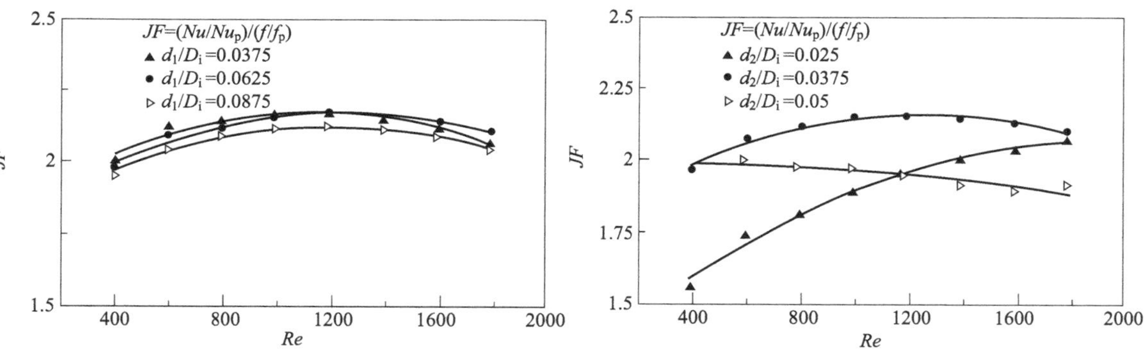

图 9.12　不同中心骨架丝径绕花丝传热性能的对比

图 9.13　不同螺旋线圈丝径的传热性能对比

实验的绕花丝螺旋线圈 d_1 分别为 0.2mm、0.3mm 和 0.4mm，管内直径为 8mm，d_1/D_i 分别为 0.025、0.0375 和 0.05，其它参数保持相同。三种不同绕花丝螺旋线圈的丝径的 Nu/Nu_p 值相差较小，然而 f/f_p 值相差较大，绕花丝螺旋线圈丝径为 $d_1/D_i=0.05$ 时有较大的 f/f_p 值，因此 JF 值最低，见图 9.13。说明相比于传热系数，螺旋线圈丝径对流体摩擦阻力系数的影响更大。

在绕花丝的结构参数中，螺旋线圈的直径是一个比较重要的参数，因为螺旋线圈的直径可以控制绕花丝的直径。实验的螺旋线圈直径 D_1/D_i 分别为 0.15、0.175、0.2 和 0.225。螺旋线圈直径 $D_1/D_i=0.15$ 时，绕花丝的传热性能最佳，这主要与其阻力值较小有关，见图 9.14。

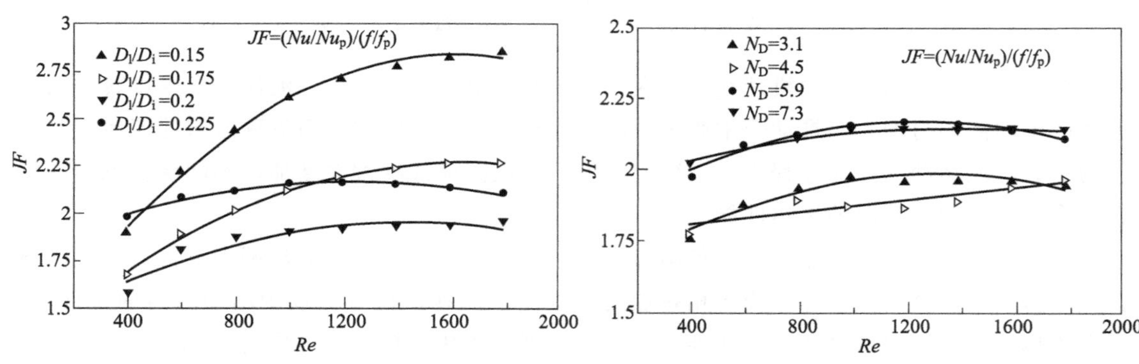

图 9.14 不同螺旋线圈直径的传热吸能对比

图 9.15 不同螺旋线圈圈数的传热性能对比

螺旋线圈的圈数决定在相同管子直径相同管子长度下管内插入绕花丝的疏密，实验的螺旋线圈圈数 N_D 分别为 3.1、4.5、5.9 和 7.3。实验结果可以看出，绕花丝螺旋线圈圈数较多的（如图 9.15 中 $N_D=7.3$ 和 $N_D=5.9$）强化传热因子明显大于绕花丝螺旋线圈圈数较少的（如图 9.15 中 $N_D=4.5$ 和 $N_D=3.1$）的强化传热因子。这是因为绕花丝螺旋线圈增多，管内产生的二次流增大，强化传热整体性能也就越强。不过当绕花丝螺旋线圈圈数继续增多时，强化传热因子 JF 的值会变小，当绕花丝的螺旋线圈圈数继续增多时，管内空间变小，二次流的发展空间受到限制，同时绕花丝螺旋线圈增多时，阻力明显增大，导致相同流量下强化传热因子 JF 的值变小，整体传热性能有所下降。

除此之外，Dang 等也建立了管内插绕花丝的努塞尔数与摩擦因子与雷诺数之间的关系[19]。该公式的适用范围为 $670<Re<1740$，$Pr=230$。实验结果与公式预测结果差值在±5%范围内。

$$Nu=1.9502Re^{0.5706} \tag{9-27}$$

$$f=37.7913Re^{-0.5317} \tag{9-28}$$

9.6 扭曲片静态混合器

静态混合器最初是为层流中的流体混合而开发的，自 20 世纪 70 年代以来才逐步在传热、多相系统中有所应用。静态混合器的类型多样，目前商业产品就有 30 多种。按照几何结构可以分为 6 个主要系列：带螺旋的开放式、带叶片的开放式、波纹板式、多层式、带通道的封闭式和屏风式，每个类型典型的结构如表 9.1 所示，其中带通道的封闭式和屏风式还没有成熟的商业产品[20]。

表 9.1　静态混合器结构类型

类型	静态混合器名称	结构型式	生产厂商
带螺旋的开放式	Kenics KMS		Chemineer
	EREstat		Striko
带叶片的开放式	SMI		Sulzer
	Custody transfer		Komax
波纹板式	SMV		Sulzer
多层式	SMX		Sulzer
	KMX		Chemineer
带通道的封闭式	Chaotic twisted-tape flow		—
屏风式	Woven screen	M　b　M　b	—

静态混合器作为一种传质设备，用在传热领域，特别适用于层流状态下黏度很大的液-液混合，比如食品领域、控制温度的化学反应过程等。应用在强化传热领域的主要是短元件扭曲类高效低阻静态混合器，如 SMX、KMS、EREstat 等。如图 9.16 所示这类混合器强化传热主要是利用元件的旋流作用，引起流体旋转，产生的二次流改善边界层流与核心流的混

合，并可起到在管壁上更新液膜并增加该处速度梯度的作用[21]。

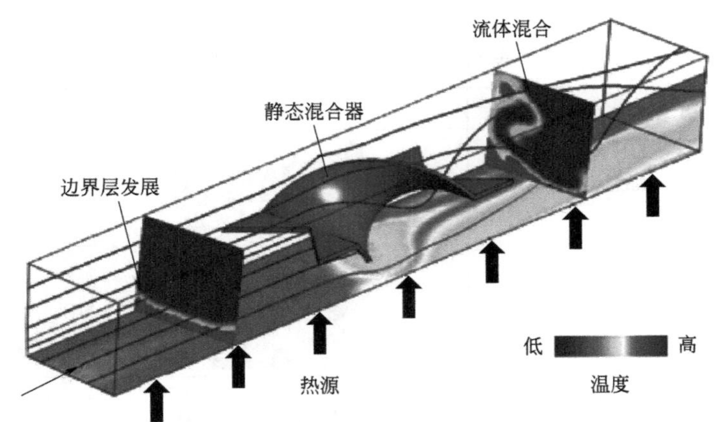

图 9.16 静态混合器强化传热机理示意图

在目前商业化的 30 种静态混合器中，美国 Cheminner 公司的 Kenics 静态混合器是最早实现工业应用的（图 9.17）。静态混合器由一系列左右扭转 180°的片状短元件组成，按照一个左旋一个右旋的排列顺序相互错开 90°，每一元件的前缘与后一元件的后缘接触并点焊连接，各元件相互焊接成一体后插入管内。流体在流过片状短元件时会分离成两股或多股流体，接着在下游很小距离处又混合，而后再次分离和混合，这种分割-位置移动—重新汇合过程周期性的不断进行下去。与空管相比，静态混合元件能够将传热效率提高 3～7 倍。Kenics 静态混合器有钎焊和可拆卸两种安装形式，钎焊可增加换热器的表面积和内部翅片，从而有效增强混合效果，而可拆卸形式，可以满足某些应用中定期需要在产品转换时清洗设备的要求。

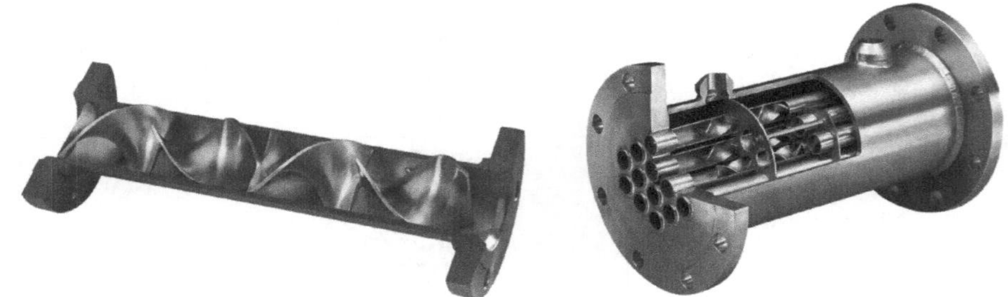

图 9.17 Kenics 静态混合器的结构

Sulzer 的两种用在强化传热领域的静态混合器为 SMV 型和 SMX 型（图 9.18）。SMV 型静态混合器由数块波纹板与管轴线呈左右对称分布，单个混合元件由数层波纹板叠成圆柱体，相邻混合元件互成 90°放置，波纹之间形成的通道相互交叉，流体可在其中进行无数次的分散汇合。SMX 型则是板片交叉形成的混合元件，板片呈 30°放置。另有 SMXL 型，与 SMX 型结构基本相同，不同之处在于板片呈 45°放置。相同条件下，SMX 型强化传热效果要高于 SMXL 型，SMXL 型更适合应用在油脂等特殊场合。

静态混合器促使流体不断分离和混合，增强传热性能的同时，也会造成较大的动量损失。Grace 通过对插有静态混合器管子的传热和阻力特性进行研究，得出了努塞尔数和摩擦

(a) SMV 型静态混合器

(b) SMX 型静态混合器

图 9.18　Sulzer 静态混合器

因子的计算公式[22]：

$$Nu=3.65+3.8\left(RePr\ \frac{d}{L}\right)^{1/3} \tag{9-29}$$

$$\Delta p/\Delta p_0=3.24(1.5+0.21Re^{0.5}) \tag{9-30}$$

可以看出，随着 Re 数的增大，管内插有静态混合器的管内流体，努塞尔数增加很小，但是压力比增加很大。比如说当雷诺数从 10^5 增大至 10^7 时，静态混合器的强化传热阻力系数比由光管时的150 倍增加至 300 倍。因此，静态混合器强化传热方法只适用于层流流动。

Juan P 等[19] 总结了层流和湍流状态下，管内插入静态混合器后与光管的摩擦因子的比值 Z，即 Z 定义为 $Z=\frac{f}{f_0}$（表 9.2）。与 Grace 的结果相同，湍流状态时，流体的摩擦系数显著增大。

表 9.2　插入静态混合器前后不同流态下摩擦因子比值

混合器类型	流体流态	Z 值
Kenics	层流	6.9
	层流	7
	层流	5.32
	层流	6.87～8.14
	湍流	150
SMX	层流	37.5
	层流	10～100
	层流	10～60
	湍流	500
SMV	层流	65～300
	湍流	100～200

静态混合器在管内的排列方式也会对传热和阻力产生影响，研究表明，管内布置静态混合器多则传热强化程度高，但同时阻力增加。在管内间隔布置静态混合器比在管内连续布置具有更高的强化传热效应，同时阻力损失也较小，但是这种布置方式的安装固定难度大。目前国内已有多个厂家，研发出了成熟的静态混合器系列产品，并可根据流体雷诺数范围、黏性，选择适合的产品。

9.7 其他结构

9.7.1 多孔介质

对于上面提到的管内内插件强化传热技术，增加管内流体的速度梯度会产生较大的剪切力，增加连续扩展面则会产生较大的摩擦损失，增加边界扰动会产生较大的动量耗散。因此，在强化边界流换热的同时，会大幅提高流动阻力，如果流动阻力增加过大，甚至会弱化传热。

刘伟等[23,24] 提出了核心流强化传热的概念，即在管内核心区域填充多孔介质，一方面利用多孔介质的高导热性，进一步扩大流体的均温区域，使边界层的厚度压缩变薄，增大温度梯度，实现强化传热的目的；另一方面，减少边界层流体的剪切力，降低流动损失。进而实现既增大边界层的温度梯度，又降低对边界层的扰动，减少流体的流动阻力增加的目的。从这个定义来说，绕花丝也是多孔介质的一种。

刘伟等提出的核心流强化传热的基本准则为：①增强核心区域流体的温度均匀性；②增强对核心区域流体的扰动；③减小核心流内强化元件面积；④减小对边界附近流体的扰动。实验发现在管内层流充分发展段的核心流，分层填充高导热系数的多孔介质可以显著强化传热。在速度较高的核心流中心区域填充孔隙率相对较低的多孔材料，而在核心流的其它区域填充空隙率相对较高的多孔材料，可以更大程度地强化传热。

黄志锋[25] 利用核心流强化传热原理，对管内插入多孔介质强化传热进行了研究。数值计算结果表明，不管是在管内层流热入口段还是充分发展段的核心区，插入环状多孔介质都可以有效地提高传热与流动的综合性能，可以比光管提高 1.6～5.5 倍。其中影响最为明显的是多孔材料的孔隙率，孔隙率越大则强化换热的综合性能越好。在高孔隙率的条件下，在相对较高的填充率范围内，填充率对综合性能的影响很小。将非连续插入方式与连续插入方式对比表明，为了获得理想的强化换热综合性能，应使多孔介质排列尽可能紧密。只要多孔介质的轴向间距足够小，则这种非连续的填充方式能够获得比连续填充时更优秀的强化传热综合性能。对于不同流态的流体，管内插入网状多孔介质的方式，可以在层流域内获得较好的性能，PEC 值均大于 1，最大值可达到 1.44 左右，但在湍流范围内换热性能则较差。在不同的雷诺数范围内，获得最佳换热性能对应的多孔介质孔隙率并不一样。

另外还有许多机构对多孔介质强化传热的机理进行了分析，总的来看，多孔介质核心流强化传热的流态比较复杂，目前还没有广泛应用的产品出现。但是为内插件强化传热的发展提供了一种技术思路。

9.7.2 交叉锯齿带

交叉锯齿带是华南理工大学针对高黏度流体提出的强化传热内插件（图 9.19），由 2～3 条梯形波浪带交叉组成。如果在圆管内装一条锯齿带，流体可能会在带两侧的弓形通道内形成沟流。为防止这种情况，将两条波带在垂直中心线轴上交错成弹性波带，因而称为交叉锯齿带。交叉锯齿带依靠波浪斜板使中间流体移置壁面，壁面流体移置中间，促使边界层产生扰流，同时具有边界层分离和切割功能，特别适用于高黏度和超高黏度的流体强化传热[1]。

实验发现，交叉锯齿带传热和阻力分别为光管的 3～7 倍和 7～25 倍。可见其传热和阻力都是比较大的。交叉锯齿带的主要参数是带宽和带斜面与管轴线的夹角，这两个参数都可以调节，因而可以在较大的范围内根据实际工况进行结构和传热及阻力的设计，具有较广泛的应用范围，试验表明交叉锯齿带适用的流体黏度范围为 0.01～10Pa·s。另外，所有几何参数的梯形交叉锯齿带在低雷诺数下都有较好的性能，但随着雷诺数的增大，性能明显降低。因此梯形交叉锯齿带更适合用作层流下的强化传热元件。除了适用流体黏度范围广之外，交叉锯齿带可以很容易地拉入管内，依靠弹性在管内自行固定，推力无法使交叉锯齿带在管内移动，因此无需点焊，检修时可以方便地拉出。

国内已有多家工厂利用交叉锯齿带来强化重油和焦油的传热。广州某煤气生产厂家用交叉锯齿带来强化重油预热器的传热。测试表明，在相同的加热蒸汽温度、油进口温度和油流量下，管内加入内插件后，油的出口温度上升，总的传热系数增加，有效能的利用率提高。同时，节能使得在相同的重油进料量的情况下，煤气产量大幅度提升。

梯形内插件是交叉锯齿带工业应用过程中的发展[1]，见图 9.20。通过在两斜面之间加入一平直段的片或波形片，解决交叉锯齿带的阻力问题。在梯形交叉锯齿带的引导下，当流体团块移到壁面后，沿平直段继续靠壁面流动，与壁面充分换热后，再沿斜片回中部，平直段能有效地降低流体阻力，因此这种内插件结构形式特别适用于重油、高分子树脂等高黏度和超高黏度的流体强化传热。

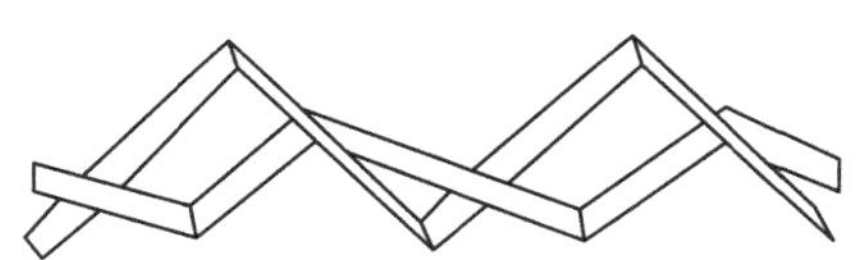

图 9.19　交叉锯齿带结构示意图

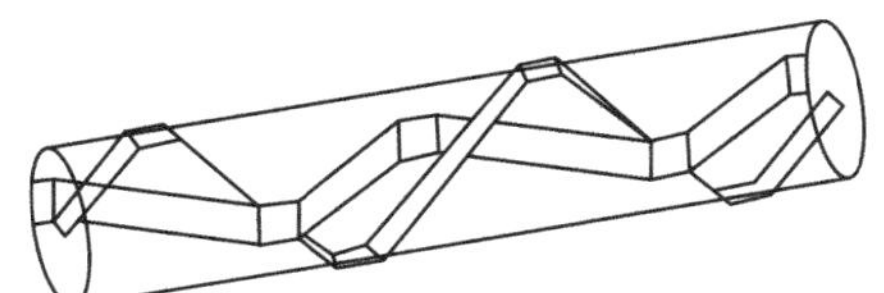

图 9.20　梯形交叉锯齿带

9.7.3　组合型内插件

Promvonge P 等[26] 探究了在流体湍流流态下，雷诺数范围为 3000～18000 时，螺旋线圈和扭带片组合内插件的传热性能和阻力特性（图 9.21）。试验的线圈节距为 $4 \leqslant CR \leqslant 8$，扭带片扭率为 $4 \leqslant Y \leqslant 6$。与光管相比，插入组合内插件后，流体的传热 Nu 数大大增加。一方面螺旋线圈可以打断流体边界层的发展，增加流体湍流的强度，而扭带片可以产生连续涡流和撞击流，有助于冲洗螺旋线圈凹槽之间的流体。

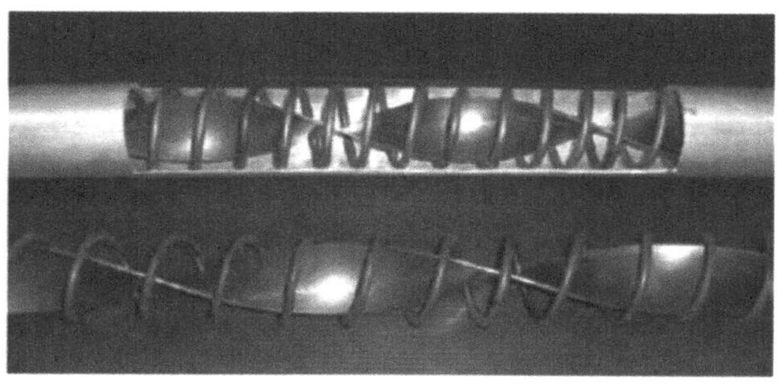

图 9.21　螺旋线圈和扭带片组合内插件强化传热结构图

试验得到的螺旋线圈和扭带片组合内插件的努塞尔数和摩擦系数的计算见式（9-31）和式（9-32），结果见图 9.22。试验表明组合内插件在增强传热性能的同时，由于流体动能耗散的增加，摩擦系数也增加，且主要与螺旋线圈的 CR 值有关，CR 值越小，摩擦阻力增加越多。不过与光管和单独插入扭带片、螺旋线圈相比，组合扭带片的 PEC 值明显增加，表明组合内插件的型式是能够显著强化传热的。不过从工业应用角度看，这种组合型内插件最大的问题还是在于安装难度大，结垢不易清洗。

$$Nu=4.47Re^{0.5}Pr^{0.4}\mathrm{CR}^{-0.382}Y^{-0.38} \tag{9-31}$$

$$f=338.37Re^{-0.367}\mathrm{CR}^{-0.887}Y^{-0.455} \tag{9-32}$$

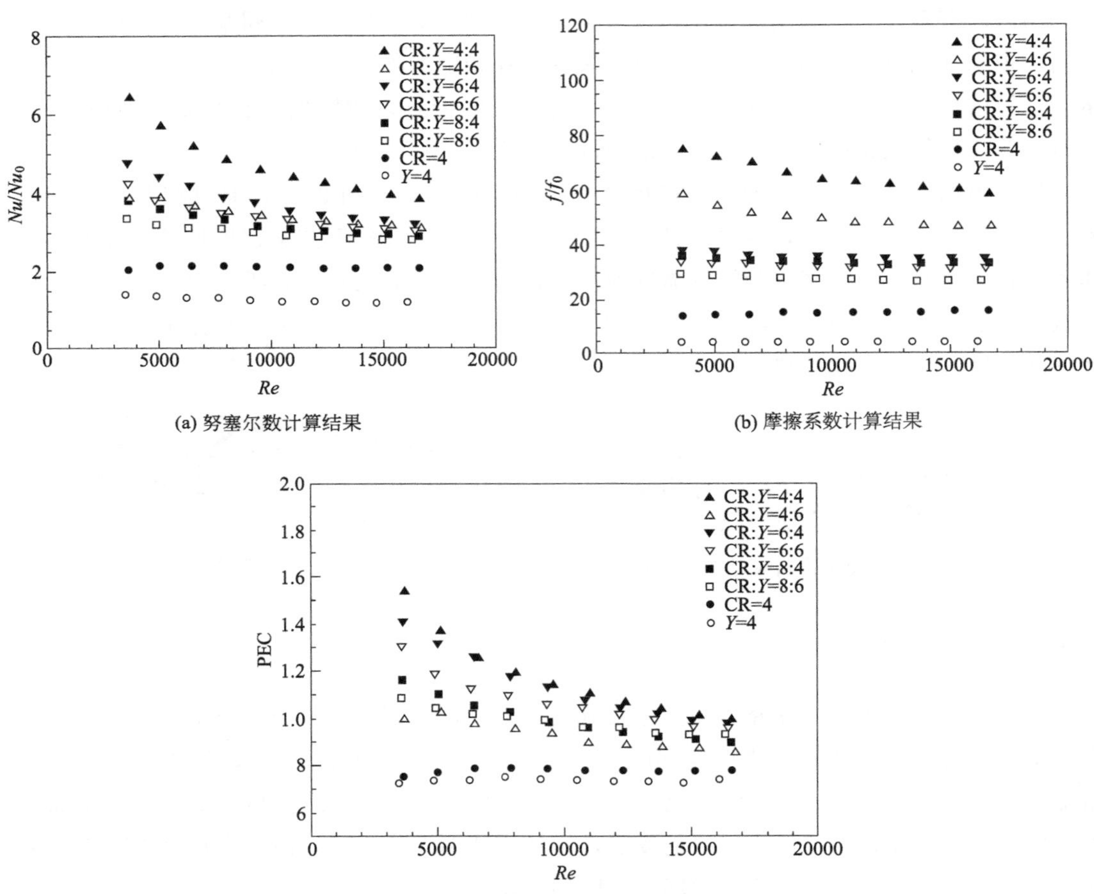

(a) 努塞尔数计算结果

(b) 摩擦系数计算结果

(c) 组合内插件与光管的PEC比值

图 9.22 螺旋线圈和扭带片组合内插件强化传热试验结果

Eiamsa-ard 等[27] 研究了双扭带片与定周期变螺距比线圈组合管内内插件对管内传热强化和阻力系数的影响（图 9.23），并与单独装置的结果进行了比较。试验表明，在层流状态时，扭率为 3 的双扭带片与定周期变螺距比线圈的复合器件的传热性能最高，分别比单独的线圈、双扭带片、均匀线圈高 6.3%、13.7%和 2.4%。得到的 Nu 和阻力系数的关联式为：

$$Nu=0.197Re^{0.708}Pr^{0.4}Y^{-0.244} \tag{9-33}$$

$$f=12.313Re^{-0.232}Y^{-0.302} \tag{9-34}$$

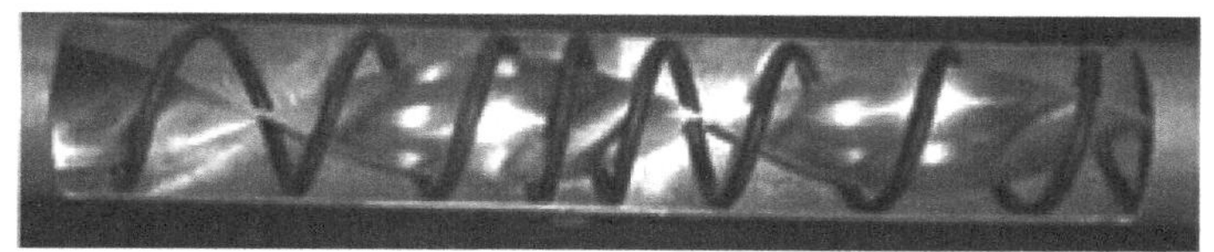

图 9.23　双扭带片与定周期变螺距比线圈组合管内内插件结构示意图

9.8　内插件性能对比

从工业应用的角度，理想的管内内插件应当易于制造、具有良好的传热和阻力特性，安装简便，易于在管内固定，易于检修清扫，具有较好的抗垢性能。而什么形式和参数的插入物对管内不同的流体传热比较好，这是要解决的问题。为此就需要对不同内插件的性能进行对比。

Singh S K 等[28] 以氧化铝和纳米碳管混合物为介质，实验比较了 V 形开孔扭带片内插件和螺旋线圈的传热性能（图 9.24）。实验的流体雷诺数范围为 8000～40000，V 形开孔扭带片的扭率 H/D 取 5、10、15，深度比 D/R 取 0.33 和 0.5，宽度比 W/R 取 0.33 和 0.5。螺旋线圈有收缩形（C-type）、发散形（D-type），收缩-发散形（C-D-type）三种，线圈直径为 2mm，螺距 10mm。实验发现，D-type 螺旋线圈的传热系数和压力降都最大。随着扭带片扭曲率的减少，深度比的增加和宽度比的减少，扭带片的热传导系数和压力降增加，当扭带片扭率为 5，深度比和宽度比为 0.5，雷诺数为 30363 时，PEC 值最大，为 1.51。

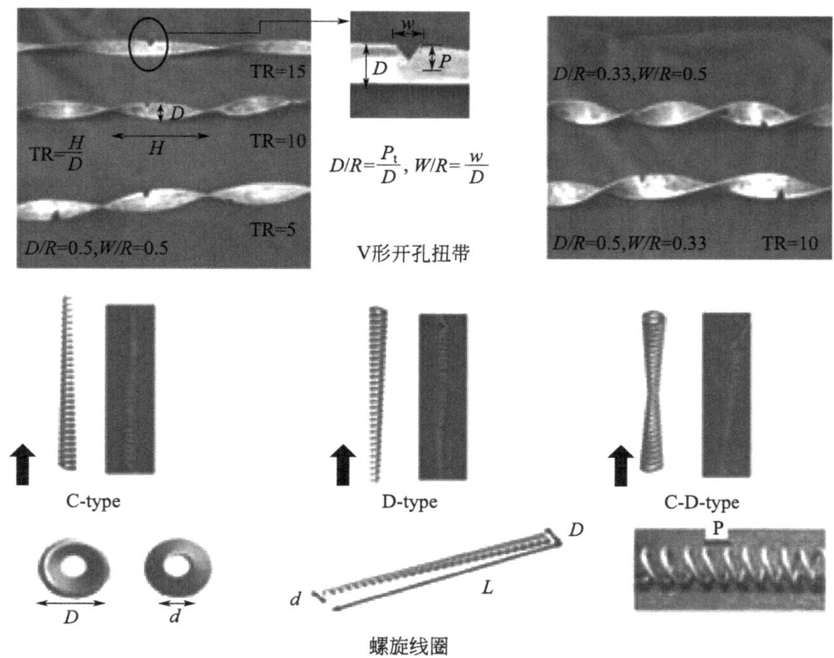

图 9.24　V 形开孔扭带片内插件和螺旋线圈对比结构示意图

Juan P 等[20] 总结了前人研究的不同类型的扭带片的 Nu 和摩擦因子的计算公式，计算了各扭带片在扭率为 3 时，雷诺数范围为 4000～20000 时的 PEC 值。从图 9.25 可以看出，几乎所有的扭带片的强化传热系数都随着雷诺数的增加而减小，其中双逆流扭带片、周期开槽扭带片和与线圈结合的扭带片，强化传热因子随雷诺数的增加迅速降低。同时在湍流条件下，短扭带片的强化传热效果要优于全长扭带片，线圈在湍流时具有更优的强化传热效果，而在层流时，强化效果取决于流体的 Pr 数。

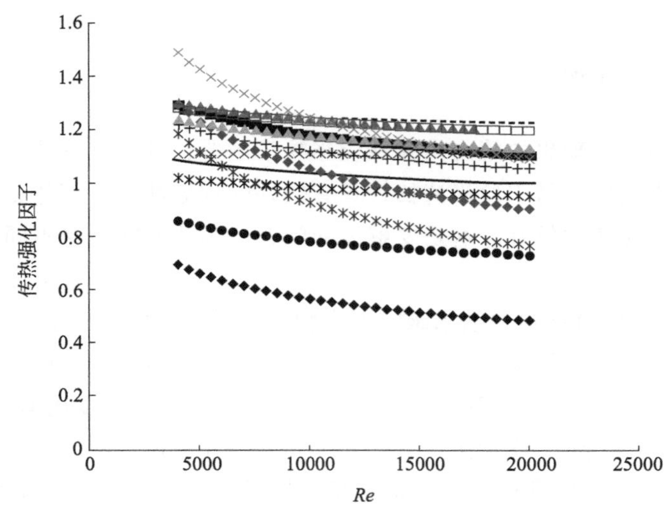

图 9.25 扭带片内插件性能对比

◆常规扭带；■带交变轴的双面三角翼扭带；▲水平升翼片扭带；×逆流双组合扭带；
*斜三角翼扭带；●非均匀线圈和扭带组合内插件；+顺逆流周期交换扭带；
----V 型升槽扭带；——双扭带；◇周边开槽扭带；□带金属钉扭带；△方形升槽扭带；
×扭带和线圈旋流器；*锥形环和扭带组合内插件

9.9 内插件的工业应用

山东某化工厂的聚醚装置项目，需用一台蒸汽发生器带走 HDI 三聚体反应热量。原项目采用两台并联的带汽包的管壳式再沸器，第一台尺寸为 ID. 300mm×7000mm，第二台尺寸为 ID. 450mm×5500mm，占地面积较大。对该项目进行改造，采用麻面高效换热管＋管程螺旋扭带片的设计。①换热器采用 BKM 形式，减少原来巨大的气包结构；②换热管使用麻面管结构，增加壳程蒸汽的汽化核心，提高壳程蒸发效果；③换热管内使用螺旋扭带片，提高管内气相的传热系数，进而提高整体的传热效率。其中螺旋扭带片的结构如图 9.26 所示，纽带厚度 $t=1.5\text{mm}$，扭率 $H/D=12$，实物扭带片如图 9.27 所示。改造数据见表 9.3。

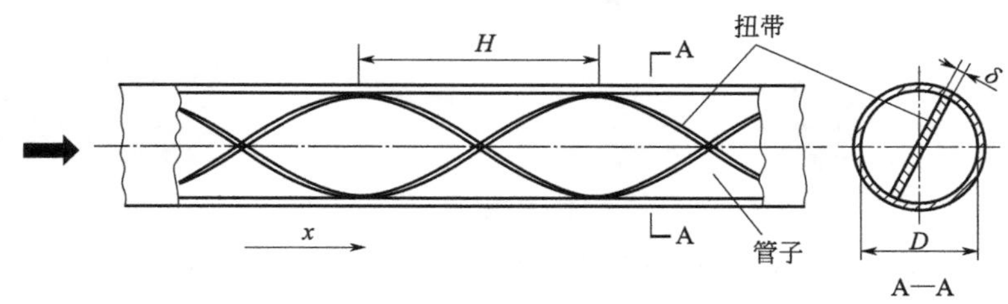

图 9.26 山东某化工厂改造使用的扭带片结构示意图

图 9.27 山东某化工厂改造使用的扭带片

表 9.3 山东某化工厂换热器改造数据

项目	换热器Ⅰ		换热器Ⅱ	
	壳程	管程	壳程	管程
介质	循环水	HT-100	循环水	HT-100
流量/(kg/h)	5445	2730	5445	2730
进口温度/℃	31	120	31	120
出口温度/℃	41	75	41	75
压力降/kPa	1.327	188.45	1.014	129
换热系数/[W/(m^2·K)]	93.52		74.84	
设备尺寸/mm×mm	ID. 300×3500		ID. 450×3000	

工业运行表明：换热器的壳程压降有降低，管程压力降上升了 90%。换热器换热系数大幅度提高，其中换热器Ⅰ的换热系数提高 30.2%，换热器Ⅱ的换热系数提高 28.9%，设备尺寸减小，设备更加紧凑。

参考文献

[1] 钱颂文,朱冬生等. 管式换热器强化传热技术[M]. 北京：化学工业出版社，2003.

[2] A. W. Date. Numerical prediction of laminar flow and heat transfer in a tube with twisted-tape insert: effects of property variations and buoyancy[J]. Journal of Enhanced Heat Transfer, 2000.

[3] Saha S K. Gaitonde U N. Date A W. Heat transfer and pressure drop characteristics of laminar flow in a circular tube fitted with regularly spaced twisted-tape elements[J]. Experimental Thermal and Fluid Science, 1989. 2: 310-322.

[4] Eiamsa-ard P, Piriyarungroj N, Thianpong C, et al. A case study on thermal performance assessment of a heat exchanger tube equipped with regularly-spaced twisted tapes as swirl generators[J]. Case Stud Therm Eng, 2014, 3: 86-102.

[5] Murugesan P, Mayilsamy K, Suresh S, et al. Heat transfer and pressure drop characteristics in a circular tube fitted with and without V-cut twisted tape insert[J]. International communications in heat and mass

transfer, 2011, 38(3): 329-334.

[6] Smith, Eiamsa-ard, et al. Influences of peripherally-cut twisted tape insert on heat transfer and thermal performance characteristics in laminar and turbulent tube flows[J]. Experimental Thermal and Fluid Science, 2010, 34(6): 711-719.

[7] Chang S W, Lees A W, Chang H T. Influence of spiky twisted tape insert on thermal fluid performances of tubular air - water bubbly flow[J]. International Journal of Thermal Sciences, 2009, 48(12): 2341-2354.

[8] Eiamsa-ard S, Thianpong C, Eiamsa-ard P. Turbulent heat transfer enhancement by counter/co-swirling flow in a tube fitted with twin twisted tapes[J]. Experimental Thermal & Fluid Science, 2010, 34(1): 53-62.

[9] 车翠翠. 翼片诱导管内纵向涡流动机理及强化传热特性研究[D]. 济南: 山东大学, 2015.

[10] Eiamsa-ard S, Wongcharee K, Eiamsa-ard P, et al. Thermohydraulic investigation of turbulent flow through a round tube equipped with twisted tapes consisting of centre wings and alternate-axes[J]. Experimental Thermal & Fluid Science, 2010, 34(8): 1151-1161.

[11] Varun, Garg M O, Nautiyal H, et al. Heat transfer augmentation using twisted tape inserts: A review [J]. Renewable & Sustainable Energy Reviews, 2016, 63(Sep.): 193-225.

[12] Smith Eiamsa-ard, Pongjet Promvonge. Enhancement of heat transfer in a tube with regularly-spaced helical tape swirl generators[J]. Solar energy, 2005, 78(4): 483-494.

[13] Sivashanmugam P, Suresh S. Experimental studies on heat transfer and friction factor characteristics of turbulent flow through a circular tube fitted with helical screw-tape inserts[J]. Chemical Engineering & Processing, 2007, 46(12): 1292-1298.

[14] Zhang Y, Li F. A study on the intensified heat transfer of in-tube spiral coils and its application in power station boilers[J]. Journal of Engineering for Thermal Energy and Power, 1993.

[15] 卜宪斗, 李方钺. 螺旋线圈型管式空气预热器[J]. 热力发电,2001.

[16] 梁允生, 朱月雄, 谢强,等. 螺旋线圈强化再沸器传热实例应用及分析[J]. 石油化工设备, 2016, 045(003): 78-83.

[17] 罗棣庵, 尤先先. 高效强化传热技术——大空隙率绕花丝多孔体[J]. 压力容器, 1995(01): 27-35, 3.

[18] 党伟. 管内插绕花丝强化传热特性的实验与数值研究[D]. 兰州: 兰州交通大学, 2021.

[19] Wei D, Lbwa B. Convective heat transfer enhancement mechanisms in circular tube inserted with a type of twined coil[J]. International Journal of Heat and Mass Transfer, 169.

[20] Juan P. Valdés, Lyes Kahouadji. Current advances in liquid - liquid mixing in staticmixers: a review [J]. Chemical Engineering Research and Design, 2022, 177: 694-731.

[21] Kwon B, Liebenberg L, Jacobi A M, et al. Heat transfer enhancement of internal laminar flows using additively manufactured static mixers[J]. International Journal of Heat and Mass Transfer, 2019, 137 (JUL.): 292-300.

[22] 林宗虎. 强化传热技术[M]. 北京: 化学工业出版社, 2007.

[23] Mohamad A. A. Heat transfer enhancements in heat exchangers fitted with porous media part Ⅰ: constant wall temperature[J]. International Journal of Thermal Science,2003,42(4): 385-395.

[24] 刘伟, 明廷臻. 管内核心流分层填充多孔介质的传热强化分析[J]. 中国电机工程学报,2008,28(32): 66-71.

[25] 黄志锋. 在管内核心区插入多孔介质实现强化传热的实验与数值研究[D]. 武汉: 华中科技大学,

2010.

[26] Promvonge P. Thermal augmentation in circular tube with twisted tape and wire coil turbulators[J]. Energy Conversion and Management，2008，49：2949-55.

[27] Eiamsa-ard S，Nivesrangsan P，Chokphoemphun S，et al. Influence of combined non-uniform wire coil and twisted tape inserts on thermal performance characteristics[J]. International Communications in Heat and Mass Transfer，2010，37(7)：850-856.

[28] Singh S K，J Sarkar. Hydrothermal performance comparison of modified twisted tapes and wire coils in tubular heat exchanger using hybrid nanofluid[J]. International Journal of Thermal Sciences，2021，166：106990.

第10章

涂层高效管换热器

10.1 概述

涂层高效管换热器是指在传统的热交换器换热表面构建由有机高分子、无机化合物或纳米复合材料构成的功能涂层。根据涂层的功能属性及不同的应用场合需求，涂层高效管换热器可分为滴状冷凝涂层管换热器、高通量沸腾涂层管换热器及防腐涂层换热器。其中高通量沸腾涂层管换热器在本书其它章节已经进行了详细的介绍，本章不再赘述。

10.2 滴状冷凝涂层管换热器

10.2.1 概述

蒸汽冷凝传热是工业生产中常见的基本操作过程。冷凝行为按冷凝液在固体表面上的分布形态可分为两类，即膜状冷凝和滴状冷凝。其中，膜状冷凝时，冷凝液能很好地湿润固体表面，从而形成一层连续的液膜，如图10.1所示。对膜状冷凝的理论和实验研究基本已经形成了较为完善的体系，工业应用上遇到的蒸汽冷凝情形也大多数为膜状冷凝，因此，现今冷凝器的设计总是按膜状冷凝处理。

但是，膜状冷凝时，冷凝只在液膜与蒸汽的分界面上进行，冷凝放出的潜热必须穿过这层液膜才能传递到固体壁面，这就限制了冷凝器的换热性能。1930年，Schmidt[1] 首次提出了“滴状冷凝”的概念，并且发现滴状冷凝是远比膜状冷凝更高效的冷凝换热方式，滴状冷凝的传热系数是膜状冷凝的几倍甚至几十倍。主要原因是由于冷凝液不能湿润固体表面，其在冷凝表面形成一个个的小液滴，且液滴长大脱落，沿途与其他液滴合并而不断刷新表面，使得整个过程中相当大的一部分壁面直接暴露在蒸汽中，大部分蒸汽冷凝的潜热可直接传递给壁面，与膜状冷凝相比省去了液膜的传热阻力，热量利用率更高，同时传热推动力更大（蒸汽与壁面的温度差大于气液分界面与壁面的温度差），整体上使得滴状冷凝的单侧传热效率比膜状冷凝明显要高。

但是，对于滴状冷凝，国内外至今还没有较为成熟的工业化应用。其主要原因为，迄今

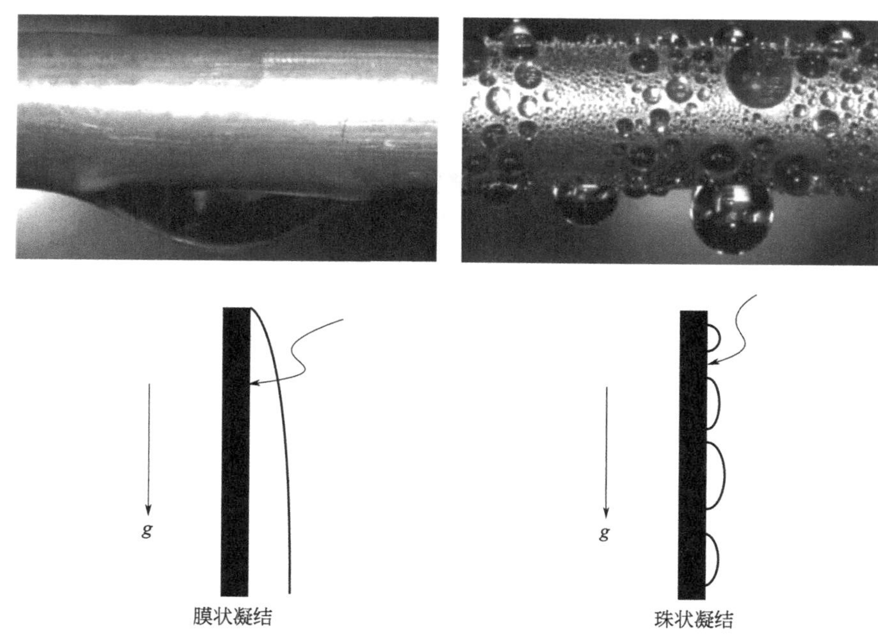

图 10.1　膜状冷凝与滴状冷凝效果示意图对比

为止暂时还没有找到能够在工业生产条件下维持长久、稳定的滴状冷凝表面材料及其简单有效而易于工业化实现的表面处理技术。然而，更高的能量利用率和传热效率，将势必使滴状冷凝形式成为未来蒸汽冷凝的发展方向和趋势。随着全世界范围内的能源日趋紧张以及我国十一五以来节能减排要求的提出，业界对高性能冷凝器的需求也越来越强。研究持久稳定的滴状冷凝的实现方法不仅有助于节省系统运行能耗，同时也能大大缩小工业冷凝器的有效换热面积、减小换热器体积，对提高石油、化工、空分、航天等工业的经济效益有巨大的帮助。在环保领域诸如烟气消白等过程，滴状冷凝的应用除了可大幅降低设备尺寸和费用外，相关过程的支撑和基建费用也能明显的得到缩减；在能源领域如电厂凝汽器，滴状冷凝的应用可以进一步的降低背压，从而实现最大程度的节能降耗。因此，实现稳定的滴状冷凝的总体市场需求、经济效益和社会效益明显，这就将滴状冷凝的工业化实现推到了高效冷凝器的研究前沿。

10.2.2　滴状冷凝实现方法

结合理论基础知识可知，实现滴状冷凝的两条基本途径是构造表面粗糙度和降低冷凝壁面的表面能[2-4]。两种手段可组合出四种实现方法，即：低表面能物系覆盖；构造粗糙度；低表面能物系辅以表面粗糙度；构造粗糙度辅以低表面能物系覆盖。

对第一种方法，低表面能物系覆盖，常用的物系有低分子有机促进剂、金属及其氧化物、石墨烯涂层及有机高分子化合物。

对低分子有机促进剂，一般为具有憎水基团的化合物，一端为极性亲水部分，另一端为非极性疏水部分。当分子吸附在金属表面时，非极性的憎水基团朝向外部，从而降低金属表面的表面能，达到滴状冷凝的效果。脂肪酸、硫醇、低分子氟硅烷等属于这类化合物。如研究人员[5] 用硬脂酸钡作促进剂，在铜管表面实现了滴状冷凝，其方式是通过将铜管浸泡在硬脂酸钡溶液中，而在铜管表面构建单分子层，酸钡基朝内，而疏水性的烃基朝外，实验结果表明滴状冷凝的传热系数是膜状冷凝的近 30 倍。另一文献中用的较多的脂肪酸为十八酸[6,7]，使用方法和效果与硬脂酸钡相似。也有研究者用全氟癸基硫醇[8] 在铜板构建出了超疏水表面，其接触角达到了 159°，自然能够实现滴状冷凝，其也是通过浸泡的方式在表面构建疏水性单分子层。对低分子有机促进剂，文献中用到的更多是低分子氟硅烷[9-12] 这一类物质，因为含 C—F、C—Si 键的有机物一般均具有较低的表面能[13]，使用方法也基本都是通过在固体表面构建单分子层膜的途径。总的来说，这一类低分子有机促进剂的使用能够在疏水表面实现滴状冷凝，但是表面处理方法基本均为构建单分子层薄膜，这种方式得到的疏水表面稳定性极差，甚至稍微有点磨损都会失去疏水性能，且大多数低分子有机促进剂物质的熔沸点较低，更加不能满足实际工业化应用环境的需求，因而限制了这类物质的工业化应用，一般仅在实验室研究中使用这类物质和方法。

对金属及其氧化物，不幸的是，一般能实现滴状冷凝的均为贵金属类。如金、银、稀有金属等。有研究者研究了在铜管表面镀金[14] 的冷凝传热实验，发现镀层表面水蒸气能实现滴状冷凝，且与有机物涂层相比，滴状冷凝维持的时间更久，冷凝传热系数也更高，主要原因在于所镀的金属层换热性能较好。也有研究者进行了在低碳钢表面镀硫化银[15] 的冷凝传热实验，实验结果表明同样能实现滴状冷凝，且冷凝时间能持续近 10000h，但是实验的重复性不好。近年来，又有研究者发现稀土金属氧化物[16]，主要是镧系元素的氧化物表面有较强的疏水性，有望成为新一代能够实现滴状冷凝的涂层，其中表现最好的为二氧化铈。这类物质导热性好，耐高温，1000℃下 2h 处理，仍然能保持 105°左右的接触角。总的来说，虽然有的金属及其氧化物能够实现稳定的、传热性能较好的滴状冷凝，但是这类金属一般使用成本较高，而且金属物质并不能以一个较为简单而易于工业化的方式涂覆在固体表面。成本方面的因素限制了这类物质的大规模工业化使用，目前也只是限于实验室研究。

有机高分子化合物材料是目前看来比较有工业化应用前景的一类材料，尤其是含有 C—F、C—Si 键的有机高分子化合物，即有机硅、有机氟材料。如聚四氟乙烯（PTFE）在所有物质中拥有最低的表面能，利于疏水而实现滴状冷凝，但是太低的表面能也给其带来了与基质黏结强度极弱的缺点，而且 PTFE 导热性较差。有人曾在 PTFE 表面维持滴状冷凝达 12000h[17] 之久，但是并没有对应的传热系数报道。也有人进行了在铜管上喷涂聚苯硫醚和 PTFE 的滴状冷凝实验[18]。发现虽然 PTFE 表面能形成滴状冷凝，但是总传热系数甚至比对比的空白铜管还要低。可见滴状冷凝虽然能提高冷凝侧的传热系数，但是高分子有机物一般均具有较低的导热速率，其涂层的低导热性能对总体的传热系数能够带来较大的负面影响，涂层厚度的控制是实现传热增强型的滴状冷凝传热的关键。纵观文献，当前研究较热的有望实现滴状冷凝的高分子有机物还有：聚有机硅氧烷[19-22]、环氧树脂[23-26]、聚氨酯[27-30]、高分子氟硅烷[19,31] 及其它有机高分子聚合物[32,33] 等等。然而，需要注意的是，所有这些物质的熔沸点均不高，大部分在常温下的聚集状态为液体，如果以浸泡的方式构建单分子层薄膜，这样形成的疏水滴状冷凝表面稳定性绝对不满足工业应用要求。因此，以适当的方式将这些有潜力的物质固化在待处理表面，将会是形成稳定疏水滴状冷凝的关键操作。

构造粗糙度以实现滴状冷凝的方法，也是一个可尝试的方向。有研究表明，这个方向在有些情况下是有效的。如有研究者仅用化学腐蚀的方法就在钛板表面上实现了滴状冷凝[34]，所用腐蚀液为 HF/双氧水，接触角在 100°左右。这种方法操作简单，易于实现工业化，成本也较低，可在当前的方案中借鉴。也有研究者用其它方法，如电化学腐蚀[35]、化学气相沉积 CVD[36] 等在固体表面构造粗糙结构，这种方法构造出来的粗糙结构更加精细，甚至能出现微纳米的结构，疏水性也更强，但是精细的微纳米结构强度较低，稳定性得不到保证。且这些操作方法较复杂，成本也高，实现工业化的可能性不大。因此，可以借鉴而在未来加以研究的途径就是用化学腐蚀的方法腐蚀待处理表面，再去研究冷凝特性。我们的目标是实现长期稳定的滴状冷凝，而不是追求疏水能力。只要能实现滴状冷凝，且总传热系数能得到提升，就可以接受。

对于第三种方法，先用低表面能物系处理表面，再在低表面能物系上构造粗糙度，这种方法的追求方向更加倾向于实现超疏水，从而更易于实现滴状冷凝。理论计算表明，具有最低表面自由能的绝对光滑固体表面与水的接触角上限为 119°[37]，再想提高疏水性，只能借助表面的粗糙度构建。文献中前人使用这种途径构造疏水表面时，一般是低表面能物质和粗糙表面同时构建，而无法先行涂覆低表面能物质，而后构造粗糙表面。常用的方法有模板法[38]、相分离法[39]、纳米粒子法[40] 和溶胶凝胶法[41]。对模板法，存在的问题是，从微纳米孔中抽离出来物质形成的精细纳米结构，强度较低，且模板法得到的薄膜如何耦合到传热的应用中是个难点。对相分离法，所制造的薄膜不稳定，容易造成薄膜穿孔；且分离阶段分离不彻底会对后期膜的稳定性造成影响。对纳米粒子法和溶胶凝胶法，其相当于直接将纳米粒子，一般是二氧化硅，直接分散在低表面能物系中，然后一起处理到待处理表面，而在低表面能物质表面形成粗糙结构，不同的是溶胶凝胶法中纳米二氧化硅粒子是由正硅酸乙酯水解而来的。溶胶凝胶法操作相对复杂一点，也不好控制粒径；而直接纳米粒子法则简单易行，工业化大规模使用也易于实现，可以考虑优先使用。

对于第四种方法，先行在固体表面构造粗糙度，而后再用低表面能物系处理粗糙表面。这种方法的思路与第三种方法完全相反。值得注意的是，使用这种方法构造疏水表面以实现滴状冷凝时，低表面能物系使用时不能太厚，基本只能通过浸泡的方式以单分子层的形式处理到固体表面上，否则物系就会覆盖原有固体表面的粗糙结构，而丧失了使用这种方法的根本意义，使得粗糙度的功能局限于增强涂层与基材之间的粘接强度，而不能发挥微纳米结构的功能性作用。很多文献报道使用的就是这种方法，比如用硫酸/双氧水[10] 或者盐酸/双氧水[11] 处理钢板，而后再用低分子氟硅烷浸泡处理，构造单分子层，实现疏水表面；比如用氯化铁/氯化铜处理铝板[42]；比如喷砂处理固体表面[6,43]；比如利用现代先进的仪器科学手段，在固体表面构造精细的微纳米结构[44-46] 等等。总的来说，这种方法不论前期粗糙结构是怎么构造的，后期低表面能物系基本均是以浸泡的方式通过构建单分子层薄膜的途径处理到固体表面上。前面已经提及，这种分子层级厚度的薄膜稳定性太差，基本上没有实际工业化应用的价值。

综上所述，整合起来，一般认为，一方面，精细的微纳米结构是实现表面超疏水的关键因素，但是，精细的微纳米结构的强度从根本上得不到保证；另一方面，广泛的研究表明，表面的疏水程度与传热性能之间的关系并不是正相关，也就是说，并不是疏水性越好，滴状冷凝传热的效果越好。因此，实际上也没有必要去追求超疏水而实现滴状冷凝，一般来说，保证涂层表面具有不湿润的能力而能够去实现滴状冷凝即可。

从各种实现滴状冷凝的方式和手段来看，比较有潜力的还是有机高分子化合物，尤其是含有 C—F、C—Si 键的有机高分子化合物，最典型的例子如聚四氟乙烯 PTFE、可熔性聚四氟乙烯 PFA 等。

10.2.3 滴状冷凝的优缺点及适用场合

如前所述，滴状冷凝模式较传统的膜状冷凝拥有更高的冷凝传热系数，数值上呈现出几倍甚至几十倍的优越性；与其他的强化冷凝方式相比，如基于 Gregorig 效应、Maragoni 效应、外加场等方式，通过将冷凝模式转变为滴状冷凝能够带来更为明显的强化比。目前来说，将冷凝模式转变为滴状冷凝是最有潜力的强化蒸汽冷凝传热的方式。这是滴状冷凝技术得以吸引全行业关注的根本优点。然而，滴状冷凝技术，就目前来说，缺点同样是很明显的。

一方面，如上所述，对于滴状冷凝，国内外至今为止还没有较为成熟的工业化应用。根本原因主要还是实现滴状冷凝的方式方法的不可靠性。面对工业实际的应用环境及条件，目前技术暂时无法维持在整个冷凝器生命周期内的冷凝模式的改变。即便是在实验室的高洁净蒸汽冷凝场景及相对较为温和的实验条件下，文献报道的能够维持稳定滴状冷凝的时间跨度最大在 20000h 左右，即 2～3 年的滴状冷凝生命周期[17, 47]。考虑实际的工业应用中，工作条件较为严苛（高通量、高气速等），实际应用中能够维持的滴状冷凝周期会进一步缩短。这与一台换热器的设计生命周期相比，明显无法匹配。

另一方面，滴状冷凝模式的稳定维持，不仅对实现滴状冷凝的技术方法本身提出了要求，同样对于应用的场景也有较高的标准。在能够确保实现滴状冷凝的材料表面涂层的外观及功能的完好性的条件下，通过实验对比发现，冷凝工质的洁净程度极大地影响着滴状冷凝模式稳定维持的时间。不洁净的冷凝工质在冷凝过程中，杂质成分不可避免的会在冷凝表面残留，并且随着时间的推移，逐渐在冷凝表面上积累，改变表面张力分布，最后导致表面湿润模式的改变，蒸汽滴状冷凝模式退化、减弱，甚至呈现膜状冷凝的态势。不洁净的冷凝工质主要是指固相物质，该固相物质可能是气相本身含有的固相物质，也可能是在蒸汽冷凝过程中新产生的固相物质。前面所述最大 20000h 的滴状冷凝维持周期是在高洁净的蒸汽冷凝条件下实现，如果冷凝的蒸汽洁净度不够，能够维持滴状冷凝的时间则会大打折扣。因此，考虑到实际的工业应用场景中，高洁净的蒸汽冷凝场景极为少见，结合工业现场较为严苛的工况条件，真正能实现稳定滴状冷凝的周期只能是进一步的缩短，距离满足工业应用的需求尚有较长的一段路要走。

再则，不仅仅是水蒸气，其它物质，如低表面张力的有机物，同样也期望能够获得滴状冷凝所带来的冷凝传热系数显著升高的红利。然而，由于实现滴状冷凝的根本原因是冷凝工质与冷凝表面的表面能之差满足要求。鉴于水在所有的冷凝工质中的表面能是最大的（常温常压约 72mN/m），面向水蒸气的滴状冷凝尚不能得以稳定的维持，更不用说表面张力更低物质的蒸汽冷凝了。低表面张力物质的蒸汽滴状冷凝的实现只能借助超疏水表面，而事实上，超疏水表面的稳定性比普通疏水表面更难以实现，同时也更难以维持性能的持久性。因此，在换热表面实现稳定的低表面能物质蒸汽的滴状冷凝是比水蒸气实现稳定滴状冷凝更具有挑战的课题，既是技术本身在现阶段的一大缺点，实际上也为技术的发展、技术的需求指明了方向。

目前来说，实现滴状冷凝的方式中，涂层是较为有潜力的操作。而能够降低表面能，实现换热表面疏水而实现滴状冷凝的涂层一般都是含 F、Si 等元素的有机高分子材料。这些材料的问题在于，涂层自身的导热系数均明显较金属间壁要低，一般比碳钢材料的导热系数要低一个数量级以上。这就意味着，即便涂层材料能够在换热表面实现稳定的滴状冷凝，增强蒸汽冷凝侧的冷凝传热系数，然而涂层自身的低导热系数所带来的额外热阻，在一定程度上抵消了，甚至能够超越滴状冷凝所带来的传热增强效果。这就是说，如果涂层自身的导热系数较低，或者涂层较厚，则最终实现滴状冷凝是否能够改善总体传热效果并没有一个明确的结论，需根据实际情况进行研判，实际上也是对实现滴状冷凝的涂层的厚度提出了要求。

虽然广泛的文献均表明，水蒸气冷凝时，滴状冷凝的传热系数是膜状冷凝的几倍甚至几十倍。然而，需要注意的是，这里的传热系数指的是冷凝侧的单侧冷凝传热系数。众所周知，间壁式换热器的换热性能，即总体传热系数，是由间壁两侧及间壁自身这三方共同决定的。并且速率控制步骤为这三方中传热系数较低的那一方。不幸的是，蒸汽冷凝传热系数，在绝大部分的工况条件下，已经处于较高的水平。与间壁另一侧的工质传热系数或者间壁自身的导热系数相比，都不可能沦为速率控制步骤。这就意味着，通过将蒸汽冷凝模式由膜状冷凝改为滴状冷凝来增强蒸汽冷凝侧的冷凝传热系数，实际上对总体的传热系数的增强并不明显，尽管滴状冷凝的传热系数是膜状冷凝的几倍甚至几十倍，给总体传热系数带来的增益不会很明显。只有当蒸汽冷凝侧的冷凝传热系数，在三方对比中，优势不是特别明显的情况下，将冷凝模式改为滴状冷凝才有可能显著地提升总体的传热效果。

结合上述针对滴状冷凝的优缺点分析，可以发现，虽然滴状冷凝相较于传统的膜状冷凝，其单侧传热系数的确是要高几倍甚至几十倍，在传热上的优越性极为明显。但是实际上，冷凝模式的改变对总体传热系数的影响是由多个因素共同决定的，包括涂层自身的厚度、导热系数，间壁两侧的传热系数，及间壁自身的导热系数等等。这实际上就对滴状冷凝技术的应用场合做出了限制。对典型的汽水换热器，汽侧的蒸汽冷凝传热系数显著高于水侧的对流传热系数，间壁对热阻的贡献也同样较蒸汽冷凝传热热阻要大很多，此时将蒸汽冷凝模式从膜状冷凝转变为滴状冷凝，对总体传热系数的增益效果就极为有限。实际上，但凡是纯蒸汽冷凝的场合，热阻均不可能主要集中在蒸汽侧，所以此时滴状冷凝技术的应用实际上意义不大。

因此，要想发挥滴状冷凝模式高效冷凝传热的功能意义，就对滴状冷凝技术的应用场合提出了限制性的要求：除了满足必须是高洁净蒸汽冷凝的应用场合外，还要求蒸汽冷凝侧的冷凝传热系数较一般的蒸汽冷凝场合的传热系数要低。而能够满足后者条件的场合只有含不凝性气体（non-condensable gas，NCG）蒸汽冷凝场合。广泛的研究表明，在蒸汽冷凝场合中，NCG 的引入会导致冷凝传热系数的显著降低，如 5%的 NCG 含量可导致冷凝传热系数下降达 50%[48-50]。此时，蒸汽冷凝侧的传热系数相较于间壁及间壁另一侧的传热性能，优越性不明显，将蒸汽膜状冷凝模式改为滴状冷凝模式而改善冷凝侧的冷凝传热系数会对总体传热系数的提升有明显的帮助。同时，不凝气的含量不能过高，过高的话导致蒸汽含量过低，蒸汽冷凝对单侧传热系数的贡献过低，即便蒸汽冷凝模式转变为滴状冷凝，其对单侧的总传热系数所能带来的影响极其微小。因此，滴状冷凝技术的主要应用场合定位为：高洁净、适当含 NCG 冷凝场合。

10.2.4 纯蒸汽滴状冷凝传热计算

在纯蒸汽滴状冷凝的传热计算过程中，没有被广泛接受的类似于膜状冷凝时能够用到的 Nusselt 理论公式。原因可能是由于液滴的数量密度、尺寸分布、接触角和聚结或弹跳特性等许多具有高度不确定性的变量。幸运的是，在前人的努力下，目前已经发展出一套完整的、系统的纯蒸汽液滴冷凝过程的计算方法，并得到了广泛的认可，如 V. P. Carey[51]，J. W. Rose[52, 53]，Clark Graham[54]，Peter Griffith[55] 和 H. Tanaka[56, 57]。该方法通过对单个液滴的热流密度与液滴粒径分布的乘积在整个粒径范围内进行积分，得到了液滴的总换热通量。虽然该方法存在忽视裸露表面传热的缺陷，但与实验结果相比仍能给出足够的精度[58, 59]。下面针对纯蒸汽滴状冷凝的情况，介绍上述方法的计算过程。

热量通过液滴传递到冷凝表面的过程中主要有 4 种传热热阻存在[60]：液滴表面界面热阻，带来温差 ΔT_i；液滴表面曲率热阻，带来温差 ΔT_c；液滴热传导热阻，带来温差 ΔT_{drop}；实现滴状冷凝的涂层材料热阻，带来温差 ΔT_{coat}。这四种热阻带来的温差之和应等于壁面过冷度 ΔT_{sub}，即冷凝界面气相温度与固体表面之间的温度，见式（10-1）。

$$\Delta T_{sub}=\Delta T_i+\Delta T_c+\Delta T_{drop}+\Delta T_{coat} \tag{10-1}$$

式中，界面热阻带来的温差 ΔT_i 可用方程（10-2）计算[61]。

$$\Delta T_i=\frac{Q_{drop}}{2\pi r^2(1-\cos\theta)h_i} \tag{10-2}$$

式中，Q_{drop} 为整体的冷凝热通量；r 为液滴半径；θ 为液滴的接触角；h_i 为界面传热系数。界面传热系数可由式（10-3）计算得到。

$$h_i=\frac{2\varepsilon}{2-\varepsilon}\left(\frac{M}{2\pi RT_{sat\_i}}\right)^{1/2}\frac{H_{fg}^2\rho}{T_{sat\_i}} \tag{10-3}$$

式中，M 为水的摩尔质量，R 为气体常数，ε 为调节参数，T_{sat_i} 为冷凝界面处蒸汽的饱和温度，ρ 为蒸汽密度，H_{fg} 为冷凝界面处的状态下，蒸汽的冷凝潜热。

液滴表面的曲率热阻，是指液滴表面在表面张力的作用下带来的弯曲液面附加压力导致的蒸汽压力与温度的变化而带来的热阻。式（10-4）为杨-拉普拉斯方程，其确定了弯曲液面附加压力与液滴半径和表面张力之间的关系，其中 σ 为液体的表面张力。该附加压力导致液滴液面下的压力比液面上部的压力要低，对应带来饱和温度的下降，即为曲率热阻带来的温度变化 ΔT_c。而附加压力带来的温度变化可通过饱和蒸气压与温度的关系式克劳修斯-克拉佩龙方程来确定。经简化后，可得到该曲率热阻带来的温差的计算公式[51]，见式（10-5）。

$$\Delta P=\frac{2\sigma}{r} \tag{10-4}$$

$$\Delta T_c=\frac{2T_{sat\_i}\sigma}{H_{fg}r\rho} \tag{10-5}$$

式（10-5）中，当令曲率热阻温差 ΔT_c 等于壁面过冷度 ΔT_{sub} 时，式中的液滴半径 r 则为冷凝表面理论上可能形成的最小液滴半径 r_{min}，即式（10-6）。联立式（10-5）和式（10-6），得到式（10-7），即为简化的曲率热阻温差公式。

$$\Delta T_{sub}=\frac{2T_{sat\_i}\sigma}{H_{fg}r_{min}\rho} \tag{10-6}$$

$$\Delta T_{c}=\frac{r_{min}}{r}\Delta T_{sub} \tag{10-7}$$

液滴本身的导热热阻温差，可由式（10-8）确定。λ_{drop} 为液滴的导热系数。该式由热传导理论推导获得。类似的方法可得到实现滴状冷凝的涂层材料的导热热阻温差，见式（10-9）。

$$\Delta T_{drop}=\frac{Q_{drop}\theta}{4\pi r\sin\theta\lambda_{drop}} \tag{10-8}$$

$$\Delta T_{coat}=\frac{Q_{drop}\delta}{\pi r^{2}\sin^{2}\theta\lambda_{coat}} \tag{10-9}$$

将式（10-2）～式（10-9）代入式（10-1）后，化简得到式（10-10）。即为滴状冷凝中通过单个液滴的冷凝热通量计算公式。式中每个液滴的热通量 Q_{drop} 均为液滴半径 r 的函数。

$$Q_{drop}=\frac{\Delta T_{sub}\pi r^{2}\left(1-\dfrac{r_{min}}{r}\right)}{\dfrac{\delta}{\lambda_{coat}\sin^{2}\theta}+\dfrac{r\theta}{4\lambda_{drop}\sin\theta}+\dfrac{1}{2h_{i}(1-\cos\theta)}} \tag{10-10}$$

为了计算得到通过冷凝壁面上所有液滴的热通量之和，即整体的冷凝热通量 $Q_{condensation}$，需要将单个液滴的热通量 Q_{drop} 对冷凝表面上的所有液滴的粒径分布进行积分。即为式（10-11）[62]。式中，将液滴的粒径分布以液滴临界半径 r_e 为基准，分成了两部分。相关理论参考文献 [61，62]，在这不再赘述。r_{min} 为冷凝表面上的液滴最小半径，可由式（10-6）的变换形式式（10-12）计算；r_e 为液滴从自然长大到液滴之间开始相互聚并的临界半径，可由式（10-13）计算，式中 N_s 为冷凝表面上的液滴成核密度。而液滴的成核密度可由式（10-14）计算得到。r_{max} 为液滴在竖直冷凝表面上所能形成的最大半径，按式（10-15）计算，是受力平衡的结果[63]，其中，θ_r 为后退角，θ_a 为前进角。

$$Q_{condensation}=\int_{r_{min}}^{r_e}Q_{drop}n(r)\mathrm{d}r+\int_{r_e}^{r_{max}}Q_{drop}N(r)\mathrm{d}r \tag{10-11}$$

$$r_{min}=\frac{2T_{sat\_i}\sigma}{H_{fg}\rho\Delta T_{sub}} \tag{10-12}$$

$$r_{e}=(4N_{s})^{-0.5} \tag{10-13}$$

$$N_{s}=\frac{0.037}{r_{min}^{2}} \tag{10-14}$$

$$r_{max}=\left[\frac{3\sigma\sin\theta(\cos\theta_{r}-\cos\theta_{a})}{2\rho_{l}g(2-3\cos\theta+\cos^{3}\theta)}\right]^{1/2} \tag{10-15}$$

为了完成对式（10-11）的计算，尚需冷凝表面液滴粒径分布的信息。对小于聚并液滴临界半径的液滴粒径分布，式（10-16）[64] 给出了其计算公式，其中 A_1、A_2、A_3、B_1、

B_2 为参数，计算方法由式（10-17）～式（10-21）给出，τ 为冷凝表面液滴的刷新周期，由式（10-22）计算得到。

$$n(r)=\frac{1}{3\pi r_e^3 r_{max}}\left(\frac{r_e}{r_{max}}\right)^{-2/3}\frac{r(r_e-r_{min})}{r-r_{min}}\frac{A_2 r+A_3}{A_2 r_e+A_3}\exp(B_1+B_2) \tag{10-16}$$

$$A_1=\frac{\Delta T_{sub}}{2\rho_l H_{fg}} \tag{10-17}$$

$$A_2=\frac{\theta(1-\cos\theta)}{4\lambda_{drop}\sin\theta} \tag{10-18}$$

$$A_3=\frac{1}{2h_i}+\frac{\delta(1-\cos\theta)}{\lambda_{coat}\sin^2\theta} \tag{10-19}$$

$$B_1=\frac{A_2}{\tau A_1}\left[0.5(r+r_e-2r_{min})(r_e-r)+2r_{min}(r_e-r)-r_{min}^2\ln\left(\frac{r-r_{min}}{r_e-r_{min}}\right)\right] \tag{10-20}$$

$$B_2=\frac{A_3}{\tau A_1}\left[r_e-r-r_{min}\ln\left(\frac{r-r_{min}}{r_e-r_{min}}\right)\right] \tag{10-21}$$

$$\tau=\frac{3r_e^2(A_2 r_e+A_3)^2}{A_1(11A_2 r_e^2-14A_2 r_e r_{min}+8A_3 r_e-11A_3 r_{min})} \tag{10-22}$$

$$N(r)=\frac{1}{3\pi r^2 r_{max}}\left(\frac{r}{r_{max}}\right)^{-2/3} \tag{10-23}$$

对大于临界半径的液滴粒径分布，可由式（10-23）[64] 给出其计算方法。

至此，在一个给定的冷凝相界面蒸汽压后，纯蒸汽在该压力下的相关物性即可确定，如饱和温度，冷凝潜热、蒸汽密度等，继而冷凝表面纯蒸汽冷凝的冷凝热通量 $Q_{condensation}$ 可以由上述全部方程计算得到。

10.2.5 含不凝气蒸汽滴状冷凝传热计算[65, 66]

在不凝气存在下膜状凝结的传热计算中，前人提出了多种方法，主要分为两大类：半经验模型和理论模型。半经验模型包括退化因子法和传热传质类比法。前者的工作原理是在纯蒸汽冷凝的情况下引入降解因子。后者的研究基于传热和传质之间的联系和相似之处。这两种方法都存在不确定系数，需要用一系列实验数据来确定。因此，尽管这类方法具有简单、实用和公认的准确性等优点，但其普适性和外推能力有限。理论模型可分为边界层模型、扩散层模型和数学模型。这些模型具有充分的理论基础，经验系数不为待定，但求解过程复杂。总之，在不凝气存在下膜状凝结的传热计算模型的发展是相对成熟的。然而，有不凝气存在时滴状凝结与有不凝气存在时膜状凝结是完全不同的。在不凝气存在的情况下，对液滴凝结的相关工作大多集中在单液滴模型上，但似乎没有文献报道过这种冷凝传热模式的具体传热计算方法。因此，本部分内容的主要目的是，结合编者的研究成果，及纯蒸汽滴状冷凝成熟的传热计算方法（即上节所介绍内容），介绍一种全新的、基于冷凝相界面蒸汽分压的含不凝气蒸汽滴状冷凝传热计算方法。

对于含不凝气蒸汽滴状冷凝传热，过程可分为两步：①气相主体的蒸汽在扩散的作用下穿过不凝气膜层，向冷凝的气液两相相界面传质；②穿过不凝气膜层的蒸汽在气液相界面以与纯蒸汽相同的行为进行冷凝。这个过程与化学吸收过程高度类似，如图 10.2 所示。在稳态下，蒸汽在气相主体中向冷凝表面扩散的传质通量，与冷凝表面发生的冷凝传热通量必然是严格的对应关系，二者之间在数值上可以通过冷凝界面上蒸汽的冷凝热联系起来，建立等式关系。蒸汽在气相中的传质用传质学理论来描述，冷凝表面的滴状冷凝热通量用文献广泛应用的现有模型去计算。模型建立的基本思想示意图如图 10.3 所示。通过假设冷凝相界面处的蒸汽分压进行迭代计算，分别求解传质通量和传热通量，在二者可以通过冷凝热建立等式关系后，即可求得稳态下含不凝气蒸汽滴状冷凝的总体传热量。本模型主要的假设如下：

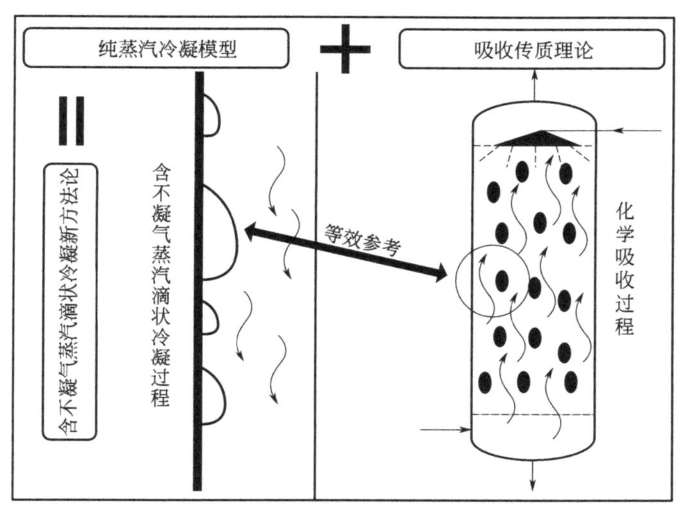

图 10.2　滴状冷凝与化学吸收过程之间的相似性示意图及建模逻辑

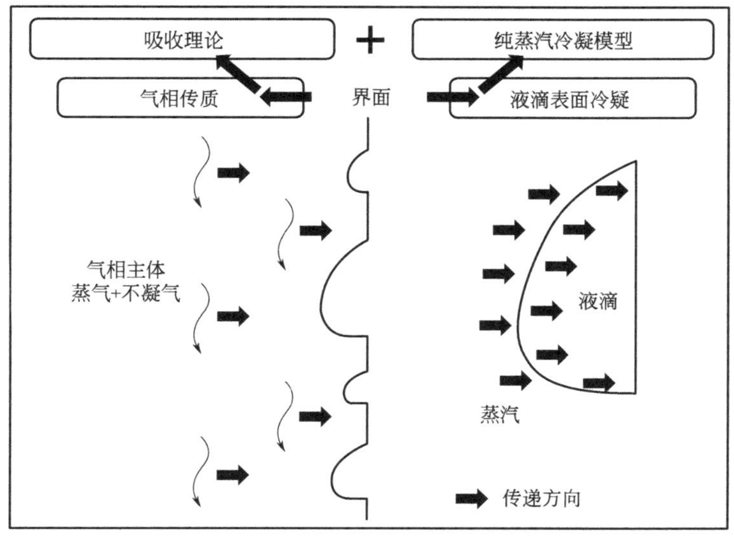

图 10.3　滴状冷凝传热模型及监控逻辑示意图

① 计算滴状冷凝的热通量时，气相按纯蒸汽计算，但是蒸汽压力为冷凝相界面处混合气中蒸汽的分压；

② 冷凝相界面处蒸汽为饱和状态；

③ 与滴状冷凝传热相比，冷凝表面的对流传热暂不考虑；

④ 在不同温度或压力变化范围内，各组分热力学与物理性质取平均值；

⑤ 冷凝表面的温度是均匀的；

⑥ 冷凝表面的液滴尺寸是动态稳定的。

上述两步过程中的第二步，即穿过不凝气膜层的蒸汽在气液相界面以与纯蒸汽相同的行为进行冷凝，这一步的传热计算方面已经在上一节中进行了详细的描述，只需将之前用到的界面饱和蒸气压替换成含不凝气蒸汽冷凝场合的界面蒸汽分压。

对于上述两步过程的第一步，即蒸汽由气相主体向冷凝相界面扩散传质，并在相界面处冷凝。这个气相传质的过程，与气液吸收过程中的气相传质过程完全一样，如图 10.2 所示。因此，在本含不凝气蒸汽冷凝模型的构建过程中，将气相的迁移过程按吸收过程对待，继而进行传质通量的计算。

从吸收过程的基本理论可知，从气相主体到相界面处的传质通量按式（10-24）[67] 计算，即为气膜吸收速率方程，其中 N_A 为蒸汽传质通量，k_G 为气膜吸收系数，p_v，p_{vi} 分别为气相主体中的蒸汽分压和冷凝相界面处的蒸汽分压。

对于气膜吸收系数，可由包含该参数的传质施伍德 Sh 准数计算求取。式（10-25）给出了气相施伍德准数 Sh_G 的表达式，式中 p_{am} 为气相主体与冷凝相界面处不凝气气体的分压的对数平均值，按式（10-26）计算，p_a、p_{ai} 分别为气相主体和冷凝相界面处不凝气的分压；R 为气体常数；l 为特性尺寸；D 为水蒸气在标准状态下、气相主体中的分子扩散系数。对于非标态的分子扩散系数，可采用式（10-27）针对不同的温度和压力对其进行修正。

$$N_A = k_G(p_v - p_{vi}) \tag{10-24}$$

$$Sh_G = k_G \frac{RTp_{am}}{p_t}\frac{l}{D} \tag{10-25}$$

$$p_{am} = \frac{p_a - p_{ai}}{\ln \dfrac{p_a}{p_{ai}}} \tag{10-26}$$

$$D = D_0\left(\frac{p_0}{p}\right)\left(\frac{T}{T_0}\right)^{3/2} \tag{10-27}$$

而传质的施伍德 Sh 准数，可由准数关联式关联计算，见式（10-28）[67]。式中，Re_G 为气相雷诺数，由式（10-29）计算而来，d_e 为当量直径，u 为气速，μ 为气相黏度；Sc_G 为气相斯密特数，由式（10-30）计算而来。α、β、γ 为参数。

$$Sh_G = \alpha(Re_G)^{\beta}(Sc_G)^{\gamma} \tag{10-28}$$

$$Re_G = \frac{d_e u\rho}{\mu} \tag{10-29}$$

$$Sc_G = \frac{\mu}{\rho D} \tag{10-30}$$

$$k_G = \alpha \frac{p_t D}{RTP_{am} l}(Re_G)^{\beta}(Sc_G)^{\gamma} \tag{10-31}$$

将式（10-25）～式（10-27）、式（10-29）～式（10-30）代入式（10-28）后，化简得到气膜吸收系数的计算公式，即式（10-31）。然后通过假定冷凝相界面处的蒸汽分压，就可以基于式（10-24）求得气相主体到冷凝相界面之间的蒸汽传质通量。该摩尔基传质通量乘以水的摩尔质量 M_{H_2O} 后，可得质量基的传质通量 $M_{transfer}$，见式（10-32）。由于假定了冷凝相界面处的蒸汽分压，并假定了该处的水蒸气为饱和状态，即可查得该状态下的蒸汽潜热 H_{fg}（P_{vi}），结合质量传质通量，就可以求得传递这么多水蒸气后能够释放出来的总潜热量 $Q_{transfer}$，见式（10-33）。

$$M_{transfer}=N_A M_{H_2O} \tag{10-32}$$

$$Q_{transfer}=M_{transfer}H_{fg}(p_{vi}) \tag{10-33}$$

在稳态下，气相主体向冷凝相界面传递的水汽继而冷凝放出来的热量 $Q_{transfer}$，必然等于冷凝表面按纯蒸汽对待时计算出来的冷凝热量 $Q_{condensation}$，即式（10-34）。此式计算得到的热量值，在相界面处耦合，是全体计算方程封闭求解的关键。

$$Q_{transfer}=Q_{condensation} \tag{10-34}$$

最后，通过先行假设相界面处的蒸汽分压 p_{vi}，分别按本节和上一节中的方法计算传质蒸汽冷凝放热量 $Q_{transfer}$ 和冷凝表面按纯蒸汽处理计算得到的冷凝放热量 $Q_{condensation}$。反复尝试不同的 p_{vi} 进行迭代计算，当二者相等时，所得到的热量数值，即为含不凝气蒸汽滴状冷凝传热的总体热通量。这就是编者提出的“界面分压法”含不凝气蒸汽滴状冷凝传热计算全新方法。

计算过程可采用 Matlab 编程的方法实现。水蒸气的物性通过数据库的形式，由软件读取，从而在计算时，可以根据不同的 p_{vi} 值而自动更新相关物性。

10.2.6　滴状冷凝技术的工业应用

滴状冷凝技术的工业应用主要为高清洁、含不凝气的蒸汽冷凝场合，如电厂脱硫塔尾部高湿烟气冷凝等情况，虽然冷凝侧的不凝气含量极高，导致冷凝传热系数极低，处于传热的速率控制步骤，此时将冷凝模式从膜状转变为滴状可以极大地改善整体的传热性能。空调冷凝器（制暖时的外机及制冷时的内机），这种情况也可以被认为是高清洁、含不凝气蒸汽冷凝场合。未来滴状冷凝技术的发展，仍然主要集中在稳定疏水表面的构建及开发方面。

10.3　防腐蚀涂层换热器

10.3.1　概述

金属材料受周围环境、介质的作用而遭受损坏，称为金属腐蚀（metallic corrosion）。金属的锈蚀是最常见的腐蚀形态。腐蚀时，在金属的界面上发生了化学或电化学多相反应，使金属转入氧化（离子）状态。这会显著降低金属材料的强度、塑性、韧性等力学性能，破坏金属构件的几何形状，增加零件间的磨损，恶化电学和光学等物理性能，缩短设备的使用寿命，甚至造成火灾、爆炸等灾难性重大事故，危及生命财产安全，成为生产发展和科技进步的阻碍。如 1980 年 3 月北海油田一采油平台发生腐蚀疲劳破坏，致使 123 人丧生。随着近代工业的迅速发展，金属腐蚀问题越来越严重，国家科技部门、各工厂越来越重视因腐蚀给国民经济带来巨大的损失[68]。

换热器腐蚀是最典型的金属腐蚀，同时也是换热器出现故障的最常见原因。常见的换热器腐蚀现象主要有管束腐蚀导致的管束穿孔、断裂，壳体腐蚀减薄等。其中最易发生腐蚀的部位是换热管，除管束外，换热器其他主要的腐蚀部位依次为管板、换热器盖及小直径的接管。换热管的腐蚀失效占换热器总故障的50%以上，对换热器运转影响最大的是换热器管束的腐蚀穿孔。

在石油、化工、空调、制冷等许多工业领域，换热器的应用极为广泛。通常在一个化工项目的建设过程中，仅在换热器这一类设备上的投资额就占到了总投资的10%～20%，而在石油化工中，这个数据则进一步提升至35%～40%[69]。因此，保障换热器的平稳运行，防止换热器因金属腐蚀而造成直接或间接的经济性或更严重的灾难性损失是整个行业极为关注的问题。为了解决换热器的腐蚀问题，最直接的解决方法就是在制造材料上加以考虑，选择耐腐蚀性强的金属甚至非金属材料，金属如双相钢，非金属如氟塑料等。然而，由于耐腐蚀的金属材料或者非金属材料，其自身的价格较为昂贵，同时加工较一般的材料更加困难，导致目前行业内碳钢仍然是换热器制造的首选材料。因此，对以碳钢作为材质制造的换热器采取操作性高、经济性强的防腐蚀措施更有实际意义。本章节以下叙述中，均以碳钢作为默认的换热器材质。

10.3.2 碳钢材料腐蚀机理

换热器在运行过程中，根据各行业根本属性的不同，所直接接触的介质也千变万化，酸、碱、盐、水，形态各异，组成也极为复杂。不同的换热介质及工况条件，材料的腐蚀机理也有所区别。根据所腐蚀材料的腐蚀机理的不同，可将金属的腐蚀过程分为四类，即物理腐蚀、化学腐蚀、电化学腐蚀及生物腐蚀[70]。

所谓物理腐蚀是指金属由于单纯的物理溶解作用所引起的破坏。其特点是：当低熔点的金属溶入金属材料中时，会对金属材料产生“割裂”作用。由于低熔点的金属强度一般较低，在受力状态下它将优先断裂，从而成为金属材料的裂纹源。许多金属在高温熔盐、熔碱及液态金属中可发生这类腐蚀。例如用来盛放熔融锌的钢容器，由于铁被液态锌所溶解，钢容器逐渐被腐蚀而变薄。应该说，这种腐蚀在石油化工工程中并不多见。

化学腐蚀是指金属材料在干燥气体和非电解质溶液中发生化学反应生成化合物的过程中没有电化学反应的腐蚀。化学腐蚀主要是高温下的气体腐浊，例如高温炉气等氧化性气体使钢材表面生成氧化铁及表面脱碳的腐蚀均为化学腐蚀。非氧化性的高温高压含氢气体中，氢原子渗入钢内与渗碳体中的碳生成甲烷气而使钢材脱碳、组织变松形成的氢腐蚀，也是化学腐蚀[71]。换热器投用后，列管钢基表面所有氧化膜及其他保护性表面膜的破坏部位，钢基被暴露，氧或硫在高温下与钢基发生化学反应，生成氧化铁、三氧化二铁、四氧化三铁、硫化铁等不同的腐蚀产物，形成新的保护性氧化膜。随着新膜的成长，膜内扩张应力逐步增大，当扩张应力大于附着力时，或在列管震动变形等外力支持下，新膜再次破裂，钢基再次暴露于氧或硫中，继续发生高温化学腐蚀。这种腐蚀表现为局部腐蚀，随着腐蚀过程的不断重复，最终导致列管穿孔。除氧或硫腐蚀外，碳钢基材还存在脱碳现象。一般来说，碳钢在空气中加热时，氧化的很慢，但当加热到 800～900℃时，氧化速度显著增加。因为其表面氧化膜受到了破坏，失去了保护作用，碳钢在高温氧化时产生碳原子向外扩散而被氧化，引起氧化膜下一定厚度的内渗碳体减少，这就是脱碳。当高温气体中含有水、氢气、二氧化碳等气体时，脱碳反应就更容易进行。脱碳反应时有气体产生，使表面氧化膜的完整性受到破坏，降低了氧化膜的保护效果。此外，钢铁脱碳的结果还将引起其力学性能的变换，特别是降低了钢铁的强度、表面硬度和疲劳极限。钢铁与氢气接触时，会引起氢脆及机械强度、塑性、韧性下降。氢脆的产生是由于氢气吸附在钢铁表面分解为原子，原子氢沿着晶粒边缘扩散渗透到钢材内部。也有理论认为是氢原子在钢铁内部的空穴、缺陷或晶界处结合成氢分子，体积增大，产生内压力的缘故。常温常压下只需将钢铁加温到 150～200℃，内部的氢气大部分可以逸出，加热到 400℃，氢气可以全部逸出。然而，高温高压下渗透到钢材内部的氢不易溢出，这些未溢出的氢与钢铁发生反应，导致氢腐蚀。因为氢气或含氢气体与钢铁发生反应，生成 CH_4 会引起晶粒边缘破坏，这必将导致钢铁强度大大降低[72]。

电化学腐蚀就是金属和电解质组成两个电极，组成腐蚀原电池。例如铁和氧气，因为铁的电极电位比氧的电极电位低，所以铁是负极，遭到腐蚀。特征是在发生氧腐蚀的表面会形成许多直径不等的小鼓包，次层是黑色粉末状溃疡腐蚀坑陷。电化学腐蚀是最为广泛的一种金属腐蚀，也常见于石油化工工业中。当金属被放置在水溶液中或潮湿的大气中，金属表面会形成一种微电池，也称腐蚀电池（其电极习惯上称阴极、阳极，不叫正极、负极）。阳极上发生氧化反应，使阳极发生溶解，阴极上发生还原反应，一般只起到传递电子的作用。腐蚀电池的形成原因主要是由于金属表面吸附了空气中的水分，形成一层水膜，因而使空气中 CO_2、SO_2、NO_2 等溶解在这层水膜中，形成电解质溶液，而浸泡在这层溶液中的金属又总是不纯的，如工业用的钢铁，实际上是合金，即除铁之外，还含有石墨、渗碳体（Fe_3C）以及其他金属和杂质，它们大多数没有铁活泼。这样形成的腐蚀电池的阳极为铁，而阴极为杂质，又由于铁与杂质紧密接触，使得腐蚀不断进行。在酸性环境中，一般发生析氢腐蚀，而在弱酸性、中性甚至碱性环境中则发生的是吸氧腐蚀。

生物腐蚀由于生物活动性导致非生命物质的性质发生不利于人类需求的变化，即非生命物质的内在价值受到削弱。很多生物（包括微生物、昆虫、啮齿类、藻类、鸟类等）都能引起生物腐蚀。生物腐蚀过程可分为两类：①机械的，包括非营养物质被昆虫和啮齿动物啮蚀和穿孔。②化学的，包括同化效应和异化效应。同化效应是指生物将物质中的基质作为营养源使用，异化效应则指生物产生代谢产物（如酸性物质），引起腐蚀、霉变、变色、变质或使之不能使用。生物腐蚀在海洋能开发利用中普遍存在。在石油化工工程常用的换热器中，生物腐蚀的发生情况较为稀少。

10.3.3　碳钢材料防腐蚀措施

碳钢材料的腐蚀问题由来已久，因而，针对碳钢的防腐蚀研究较为成熟，国内外已经发展出了诸多成熟的用于碳钢材料防腐蚀的相关技术。如缓蚀剂，化学镀 Ni-P，无机涂层，有机涂层，阴极保护，表面渗铝、渗锌、多元共渗等等。

① 缓蚀剂。以适当的浓度和形式存在于环境（介质）中时，可以防止或减缓材料腐蚀的化学物质或复合物，因此缓蚀剂也可以称为腐蚀抑制剂。它的用量很小（0.1%～1%），

但效果显著。这种保护金属的方法称缓蚀剂保护。缓蚀剂用于中性介质（锅炉用水、循环冷却水）、酸性介质（除锅垢的盐酸，电镀前镀件除锈用的酸浸溶液）和气体介质（气相缓蚀剂）。缓蚀剂防腐是一种简单、价廉、适用性强的防腐蚀手段。

② 化学镀 Ni-P。化学镀是一种不需要通电，依据氧化还原反应原理，利用强还原剂在含有金属离子的溶液中，将金属离子还原成金属而沉积在各种材料表面形成致密镀层的方法。化学镀 Ni-P 合金工艺作为一种新型的表面处理技术在生产应用中显示了很大的优越性，并在很多工业部门得到了应用。在国内，化学镀 Ni-P 技术已成为防腐技术领域的研究开发热点之一，国内外有一大批研究机构和专业人员从事化学镀镍技术的研究与推广，化学镀镍在技术研究上已发展成为一个学科。陈相振[73] 在深入调查研究石化生产中冷换设备运行情况的基础上，与大庆防腐厂合作、联合开发应用化学镀 Ni-P 合金防腐技术，先后推广应用于胜利炼油厂、烯烃厂、第二化肥厂、青州磷肥厂等单位的冷换设备的防腐中，取得了良好的效果。于晓鹏通过对换热器管束表面的腐蚀原因、腐蚀形态分析以及 Ni-P 合金镀层的形成原理及性能分析，提出化学镀 Ni-P 合金技术是换热器管束表面防腐的一种有效方法[74]。化学镀 Ni-P 镀层具有优良的力学性能和工艺性能，工艺实施简单、无污染，促使人们对化学镀 Ni-P 合金镀层进行了非常深入的研究，不断开发出新型的化学镀 Ni-P 合金镀层。早期只有含磷 5%～8%（重量）的中磷镀层，20 世纪 80 年代初发展出磷含量为 9%～12%（重量）的高磷非晶结构镀层。20 世纪 80 年代末到 90 年代初又发展了磷含量为 1%～4%的低磷镀层[75]。Ni-P 镀层属非晶态，不存在晶界、位错等晶体缺欠，是单一均匀组织，不易形成电偶腐蚀，具有较高的耐蚀性。镀层是利用自身的优良抗腐蚀性能，将基体与腐蚀介质隔离而起到防护作用，为防腐蚀提供了理想的隔离层。在某些介质中，Ni-P 镀层比钛合金及哈氏合金还要好，且没有点蚀、晶界腐蚀和应力腐蚀等局部腐蚀倾向。用低碳钢经化学镀 Ni-P 合金镀层可以部分代替不锈钢，可大大降低成本。同时 Ni-P 镀层均匀性好、附着力强、硬度高、抗磨性能优良。化学镀 Ni-P 镀液由镍盐、还原剂、络合剂、缓冲剂、促进剂、稳定剂、光亮剂等组成，常采用酸性镀，需在 80～90℃施镀。化学镀镍磷合金实际上是以次亚磷酸钠为还原剂，将金属镍离子从水源液中还原并沉积在被镀部件表面上的化学还原过程，也称为自催化还原电镀[76]。

③ 无机涂层。无机耐高温防腐蚀涂料具有优异的耐高温性能，其耐温可达上千摄氏度甚至更高。无机耐高温的硬度较高，耐磨性好，阻燃性佳，耐腐蚀性佳，因此受到换热器用户的广泛青睐，但是无机耐高温涂料因内部结构原因而导致本身的柔韧性差，漆膜较脆容易开裂，对底材的附着力差等缺点。无机耐高温涂料主要包括：陶瓷层、磷酸盐涂料、硅酸盐涂料和富锌底漆等[77]。

④ 有机涂层。有机涂层防护是将耐蚀有机涂料涂覆在金属表面，经固化成膜后具有屏蔽、缓蚀和电化学保护三方面的作用。因其施工方便，防腐效果好而得到广泛应用。有机物涂料内部是有机化合物之间形成的巨大的网络结构，因此有着无机涂料无法达到的柔韧性及粘接性。涂覆耐蚀涂料不仅可以使换热面具有抗冲刷、抗渗透、耐湿变等性能，而且还有隔离金属表面与介质接触和阻垢的作用，在一定程度上可以提高换热器性能和寿命。T. Sugama 等[78,79] 研究了在碳钢换热器上涂覆耐腐蚀性能的高分子材料，但工艺比较复杂。Lorenzo Fedrizzi 等[80] 在换热管上涂覆 PVF、PE 等有机涂层，并比较了涂层的性能。J.

R. Santos 等[81] 在不锈钢表面涂覆聚苯胺层能以提高不锈钢耐蚀性能，可惜涂层不够稳定。国家海洋局天津海水淡化与综合利用研究所开发了 TH 系列换热器涂料[82]，该涂料对碳钢表面有极好的附着力，在高温固化反应交连形成漆膜，光亮、柔韧、致密、坚硬，具有优异的屏蔽、抗锈、耐温性能及一定的阻垢功能。目前已经应用于水相换热器的防腐[83]。近年来，氟塑钢换热器被广泛地用于烟气换热器中，以应对烟气降温后发生的低温露点腐蚀现象，其中，PTFE 及 PFA 是被广泛运用的有机含氟高分子涂层材料[84]，综合运用效果较为良好，但是含氟高分子一般来说价格较高。另外，有机涂层的一大缺点就是整个防腐蚀涂层的导热系数较低，一定程度上影响了换热器的传热性能。

⑤ 阴极保护。阴极保护是利用腐蚀电池的原理，将需要被保护的金属构件作为阴极，通过阳极向阴极不间断地提供电子，首先使结构极化，进而在金属构件表面富集电子，使其不易产生离子，因而减缓了构件的腐蚀速率。阴极保护技术根据保护电流的供给方式，可分为牺牲阳极法和强制电流法两种[85]。采用牺牲阳极法的主要优点有：无需外部电源、对外界干扰少、安装维护费用低、无需征地或占用其他建构筑物、保护电流利用率高等。强制电流法主要优点有：保护范围大、适合范围广、激励电势及输出电流高、综合费用低等。因此，一般大型换热器采用外加电流阴极保护，小型换热器多用牺牲阳极的阴极保护。

⑥ 表面渗铝、渗锌、多元共渗。该方法一般是指将铝、锌元素渗入工作表面层，包括粉末法、气相法和料浆法，可提高钢铁、非铁金属及合金的抗高温氧化和燃气腐蚀能力，以渗铝为基础的铝铬共渗、铝硅共渗、铝铬硅共渗均有广泛应用。多元共渗是同时或顺序渗入两种或两种以上元素的渗镀过程。多元共渗可以赋予金属表面更好的综合性能和单项性能，多元共渗正在被更多的研究和应用[86]。

10.3.4　防腐蚀涂层换热器的适用场合

防腐蚀涂层换热器的优点，顾名思义，就是能够抵抗环境或者工作介质的腐蚀作用，显著地延长设备的使用生命周期。涂层换热器能够将基体碳钢材料与介质或环境中的水、氧气、蒸汽、离子及其他腐蚀性物质隔绝开来，将碳钢材料在该腐蚀环境中的使用寿命延长 3～5 倍，从而实现稳定的工业生产，维持项目的持久稳定化运营和产出。

许多防腐蚀涂层换热器，除了能够防腐蚀外，在传热方面同样会起到一定程度上的积极作用。一般来说，涂层材料的热导率必然是低于换热材料的导热系数的，这就意味着涂层的使用一般情况是要降低换热器的传热性能的。事实也确实是这样。但是，有一个情况需要注意，在有些结垢严重的场合或者含尘烟气换热场合，常规换热管的换热能力会随着应用时间的推移而发生明显的衰退，这是因为结垢或者微细粉尘吸附在换热管表面后，导致换热管的导热系数降低，换热能力变弱。而对涂装了某些涂层的换热管，虽然这种换热管在应用初期的导热系数较常规换热管低，换热能力差，但是，随着应用时间的不断延长，这种涂层换热管因其抗结垢能力较强，使得其导热系数在一定时间内不会发生明显的改变。最终使得在应用一段时间后，初始导热系数较低的涂层换热管的换热能力反而要高于初始导热系数较高的常规换热管的换热能力。当然，对于不易结垢的、相对较为清洁的场合，这种情况则一般不会发生。涂层换热器的换热能力还是会正常的低于常规换热管。

涂层换热器的另一优点就是，部分涂层有一定的抗结垢、抗积灰等能力。有的涂层表面硬度大，表面光滑，且表面张力较小，因此不容易使污物、水垢、粉尘等残留在换热表面。而即便有水垢或污垢形成，也是较为松散的存在，较为容易被冲洗掉。

最后，涂层换热器的最大优点就是增加了经济效益。碳钢材料的涂层换热器，虽然初始的一次性固定投资较光管换热器大，但是涂层的存在能够极为明显地延长设备使用寿命，有效地避免了频繁的停车堵漏、去除污垢等操作，显著减少了停车次数及停车周期，使生产效率得到了显著的提升。

当然，防腐蚀涂层换热器的缺点仍然较为明显：

① 传热性能差。如上所述，虽然在有些结垢严重的场合或者含尘烟气换热场合，涂层换热器的长期传热性能较常规换热器要高。但是这仅限于这种特殊场合，对更常见的有腐蚀性的、但是较为清洁的传热应用场合，涂层的存在给换热器间壁带来的导热系数的降低是不可避免的，最终也导致了整体传热效率的下降。

② 涂层不稳定。涂层的各种性质，毕竟与换热管材质的性质差别较大。这就意味着两种性质差别较大的材料被耦合在一起了。在常规应用条件下，可能不会出现什么问题。但是对一些工况条件较为恶劣的场合，如高温、高流速等场合，换热表面的涂层可能会出现物理失效的问题，如开裂、鼓包、脱落等。比如，在一定的温度下，涂层与基体金属材料的热膨胀率不一致就可能会导致涂层出现开裂或鼓包的情况；或者高流速应用场合会冲击涂层，可能使其从换热表面脱落等。

③ 涂层表面微孔短路。前面已经提到，有机高分子膜层的表面不可避免地存在微米或者纳米级的微孔，而这些微孔会成为腐蚀介质的传递通道，使得腐蚀介质直接跨过防腐蚀涂层，继而接触到基体材料，最终的表观结果就是，涂层看似完好的存在，但是实际上可能涂层下面的基体材料已经被腐蚀甚至是穿透了。厚度较大的涂层涂装会显著地改善这种情况，但对于换热器的涂层，太厚意味着换热性能的下降。因此在防腐蚀换热器应用领域，涂层的厚度不会太厚，因而或多或少都会存在这个腐蚀介质微孔短路的情况，使得涂层原本应有的防腐蚀效果大打折扣，但仍然是要显著优于没有涂层的常规换热器。另外，涂层加工工艺的不完善也会导致这种问题的发生。

④ 涂装成本较高。对有的防腐蚀涂层换热器来说，确实是一次性投资高，虽然长期来看还是划算的。就碳钢换热管来说，碳钢管成本约为 10～12 元/m，如果涂装 PFA 涂层，涂装费用市场价约为 68 元/m，综合起来 PFA 涂层换热管的成本约为 80 元/m。而作为对比，不锈钢钢管的价格约为 38 元/m，双相钢钢管的价格为约 63 元/m。也就是说，如果使用 PFA 作为涂层，成本上明显要比直接选用耐腐蚀的金属材质换热管高得多。这就导致 PFA 涂层防腐的意义不大了。但是，同时也要注意到，此类 PFA 涂层还有一个优点就是抗积灰、抗结垢。总的来说，防腐蚀涂层换热器的涂装成本较为高昂，如果不用到涂层的其他性能，只关注防腐蚀的话，可能竞争力没有直接使用防腐蚀材质强。

因此，防腐蚀涂层换热器的应用场合就是有腐蚀性介质的换热场合。但是结合上述防腐蚀涂层换热器的优缺点，对有的场合，如有腐蚀性的、但是较为清洁的传热应用场合，因为不会用到涂层的抗结垢、抗积灰等方面的性能，此时选择防腐蚀涂层换热器，虽然能够实现相应的功能，但是成本上较直接选用防腐蚀金属材质要高。因此，考虑到防腐蚀涂层的较为高昂的涂装费用，一般来说，防腐蚀涂层换热器的应用场合聚焦于防腐蚀、抗结垢、抗积灰或其他等方面的功能实现。如果只针对防腐蚀的话，直接选用耐腐蚀的金属材质是较为明智的选择。

10.3.5 防腐蚀涂层换热器的传热计算

涂层换热器的传热计算与常规间壁式换热器的传热计算无异，仅需额外的将涂层的传热热阻考虑进整个间壁的热阻中即可。

涂层换热器的总传热系数 K 的计算公式，可按式（10-35）执行，其中 h_o、h_i 分别为间壁外侧和内侧的对流传热系数，R_i、R_o 分别为间壁内外侧的污垢热阻，$\frac{\delta_1}{\lambda_1}$、$\frac{\delta_2}{\lambda_2}$分别为换热器金属间壁和换热表面涂层的间壁热阻。

$$\frac{1}{K}=\frac{1}{h_o}+\frac{1}{h_i}+\frac{\delta_1}{\lambda_1}+\frac{\delta_2}{\lambda_2}+R_i+R_o \tag{10-35}$$

对涂层换热器，由于引入了额外的间壁热阻$\frac{\delta_2}{\lambda_2}$，使得涂层换热器的总体传热系数 K 一般较光滑表面换热器要低。但是实际上，只要确保涂层的施工工艺合理，并且保证涂层的厚度在 150～250μm 甚至更薄，则涂层带来的额外热阻基本上可以忽略不计，传热计算按常规的换热器进行即可。原因有两方面：首先，一般而言，$\frac{\delta_2}{\lambda_2}$与$\frac{1}{h_o}$、$\frac{1}{h_i}$相比，数值上要小得多；另一方面，如前所述，涂层换热器在防结垢、抗积灰等方面一般有较好的表现，尽管可能在应用初期表现出来的传热系数较光管换热器要低，但是长期来看，涂层换热器的防结垢、抗积灰效果会使得涂层换热器的长期传热效果与光管换热器相当甚至更优。

10.4 涂层施工技术要求

涂层换热器的表面涂装工艺，直接关系到涂层的长期使用性能。不论是哪种涂层，涂装过程均分为两步，即基材表面预处理和具体的涂装工艺。

（1）基材表面预处理

充分的金属表面预处理，将表面的铁锈、污垢、氧化皮等去除，增强粗糙度，形成磷化膜等操作能够显著地改善金属表面的性质，增强表面与涂层之间的黏附性能，从表面处理的角度确保涂层在长期使用过程中不鼓包、不脱落等。

如上所述，对涂层换热器，基材一般均为碳钢。对碳钢表面的预处理过程，主要包括以下几种操作：

① 酸洗　利用酸溶液去除钢铁表面上的氧化皮和锈蚀物的方法称为酸洗。是清洁金属表面的一种方法。一般将制件浸入硫酸等的水溶液，氧化皮、铁锈等铁的氧化物（Fe_3O_4、Fe_2O_3、FeO 等）与酸溶液发生化学反应，形成盐类溶于酸溶液中而被除去。酸洗用酸有硫酸、盐酸、磷酸、硝酸、铬酸、氢氟酸和混合酸等。最常用的是硫酸和盐酸。

② 碱洗　金属表面碱洗预处理的主要目的是去除表面的油脂等污垢。碱洗液一般包括氢氧化钠、碳酸钠、磷酸三钠、正硅酸钠等成分。油一般都是由长链脂肪酸组成的，含有一个羧基和一个长链烷基，几乎不溶于水。但是使用碱洗涤的话，长链脂肪酸会与碱反应生成

脂肪酸盐，而脂肪酸盐是溶于水的，可以被水冲掉，这样油就被除掉了，此谓“碱洗除油”。

③ 中和　中和操作一般在酸洗或碱洗步骤之后，以去除表面残留的酸液或碱液。

④ 喷砂　是利用高速砂流的冲击作用清理和粗化基体表面的过程。采用压缩空气为动力，以形成高速喷射束将喷料（铜矿砂、石英砂、金刚砂、铁砂、海南砂）高速喷射到需要处理的工件表面，使工件表面的外表或形状发生变化，由于磨料对工件表面的冲击和切削作用，工件的表面获得一定的清洁度和粗糙度，改善了工件表面的机械性能，提高了工件的抗疲劳性，增加了工件表面和涂层之间的附着力，延长了涂膜的耐久性，也有利于涂料的流平和装饰。

⑤ 磷化　磷化是一种化学与电化学反应形成磷酸盐化学转化膜的过程，所形成的磷酸盐转化膜称之为磷化膜。磷化的目的是给基体金属提供保护，在一定程度上防止金属被腐蚀；用于涂漆前打底，提高漆膜层的附着力与防腐蚀能力。

- 水洗；
- 烘干。

不同的涂层种类，所需求的金属表面预处理的工艺也不尽相同，但基本上是在上述几种表面预处理工艺中进行选择及搭配。一种典型的碳钢表面预处理工艺，如下所示：

酸洗：8%～10%盐酸，0.3%酸洗缓蚀剂 LAN-826，常温，浸泡处理 20～60min，去除表面铁锈及氧化皮。

中和：5%磷酸三钠，3.5%氢氧化钠，0.3%十二烷基磺酸钠，25～35℃浸泡处理 10～40min，去除残留的酸液，并起到了去除油污的作用；

水洗：进一步清洗待处理基材表面；

磷化：硝酸锌 120g/L，氟化钠 8g/L，氧化锌 6g/L，马日夫盐酸式磷酸锰 100g/L，在 40～70℃下浸泡处理 60～90min。

如果选用喷砂的话，后面可直接接上磷化处理工艺，省去了酸洗与中和步骤。事实上，如果不是一定要去除金属表面的氧化皮或者表面氧化皮有较大的深度，是没有必要进行酸洗的。而且，酸洗步骤还因为环保的问题附带较为繁琐和投资较高的后处理工序，甚至许多地方已经限制了对新上酸洗工艺的审批。

(2) 涂装工艺

针对不同类型的表面涂层，涂装工艺亦不尽相同。涂装方法包括喷涂、灌涂、化学镀、热喷涂等。当然，不管采用何种涂装工艺，最主要的是要控制涂层在待喷表面的厚度及均匀性。一般来说，喷涂对这些参数的控制较为容易。为确保施工顺利及涂层的整体质量，施工现场或涂层自身应满足以下要求：

- 对有机涂层，喷涂施工现场需全封闭，且需配备空气净化装置净化室内空气，治理后达标排放；
- 不论哪种涂装工艺，均需控制涂层车间的含尘量；同时配备温度湿度调节装置；
- 涂装后的涂层薄膜在满足基本设计要求和适用性能要求的基础上要尽可能薄，以利于传热；
- 涂层薄膜要求整体连续光滑无缺陷，无针孔，尽量致密坚韧。

10.5 涂层性能检测、检验标准

不同的涂层体系及应用场合所执行的涂层性能检测检验标准可能有所差异，但总体上的检测流程大同小异，如表 10.1 所示。

表 10.1　涂层性能检测项目及检验标准清单

序号	检验项目	检验标准	检验方法或参照文件
1	外观	• 表面平整光滑 • 颜色符合要求 • 涂层连续、均匀；无气泡、麻点等缺陷	目测检验
2	光泽、颜色	满足要求	• GB/T 9754—2007《色漆和清漆不含金属颜料的色漆漆膜之 20°、60°、85°镜面光泽的测定》 • GB/T 9761—2008《色漆和清漆色漆的目视比色》 • GB/T 1118—1989《涂膜颜色的测量方法》
3	涂层厚度	厚度均匀，满足设计要求	• 用测厚仪在涂层不同的位置取 5 个点进行测试，取平均值 • GB/T 13452.2—2008《色漆和清漆漆膜厚度的测定》
4	涂层硬度	无明显划伤痕迹	• 用 3H 以上硬度的铅笔，与测试涂层成 45°，用 1kg 力在涂层表面试划 • 或参照国标 GB/T 6739—2006《色漆和清漆铅笔法测定漆膜硬度》
5	附着力	涂层无脱落	• GB/T 1720—2020《漆膜划圈试验》 • GB/T 9286—2021《色漆和清漆漆膜的划格实验》
6	耐磨耗	无明显损伤	• 使用漆膜磨损仪（≥1000 转）或橡皮擦以 1 千克力连续擦表面 1000 次以上 • 或参照国标 GB/T 1768—2006《色漆和清漆-耐磨性的测定-旋转橡胶砂轮法》、GB/T 23988—2009《涂料耐磨性测定落砂法》
7	耐酸碱性	外观无起包变色	放置在盐雾仪（配方 95%水，5%盐）6h 以上后取出观察并做附着力、硬度等测试
8	耐温测试	在对应温度环境下经附着力和硬度测试合格	将待测试样件放置于需考察的温度环境中，静置 6h 后取出进行附着力和硬度测试
9	耐溶剂擦拭及褪色实验	涂层完好，表面无褪色	• 用浸湿丁酮的布料在涂层表面来回摩擦 50 次 • GB/T 23989—2009《涂料耐溶剂擦拭性测定法》
10	柔韧性	漆膜不随基材形变而发生损坏	GB/T 1731—2020《漆膜、腻子膜柔韧性测定法》
11	耐干热性	涂层完好无损伤	GB/T 4893.3—2020《家具表面漆膜理化性能测定法》
12	耐洗刷性	涂层完好无损伤	GB/T 9266—2009《建筑涂料涂层耐洗刷性的测定》
13	耐划痕性	涂层无明显划痕	GB/T 9279—2007《色漆和清漆划痕实验》

续表

序号	检验项目	检验标准	检验方法或参照文件
14	耐玷污性	满足要求	GB/T 9780—2013《建筑涂料涂层耐玷污性的实验方法》
15	不透水性	满足要求	GB/T 16777—2008《建筑防水涂料试验方法》
16	吸水率	满足要求	HG/T 3344—2012《漆膜吸水率测定法》
17	导热系数	满足要求	GB/T 10297—2015《非金属固体材料导热系数的测定热线法》
18	耐冲击性	满足要求	GB/T 1732—1993《漆膜耐冲击性测定法》

实际的涂层检测检验过程，可根据实际的需求，对照表 10.1，参照执行所选择的检测检验项目及相应的方法。

10.6 防腐蚀涂层换热器的应用及发展[87]

上述各防腐蚀手段，在不同的应用场合均有相应的应用。其中，涂层类的防腐蚀措施，如 Ni-P 镀层、无机涂层及有机涂层等，因其操作简单，效果直观可靠，更是受到了工业界的大量关注。

(1) 有机类涂层

早在 20 世纪初，工程技术及科研人员开始关注于换热器防腐蚀涂料。美国率先开始了防腐蚀涂料的研制，并尝试将酚醛体系的涂料用于换热器的防腐；到 20 世纪中期，冷战中的苏联也开始了在换热器防腐方面的研究，并基于美国的酚醛体系涂料，尝试将钼粉添加到其中，制成了防腐性能更好的换热器保护涂料。然而，由于钼粉与基体涂料的兼容性及匹配性较差，导致了这种涂料存在脆性强、柔韧性差的缺点，在温度梯度较大的应用场合，防腐涂层容易发生开裂，导致防腐蚀功能性失效。随后，美国又尝试了基于醇酸树脂的换热器防腐蚀涂料体系，但是其防腐蚀性能和耐水解性能均不够理想。

至 20 世纪 60 年代，随着石油化工工业的进一步发展，各种类型的大型石化工业装置不断地出现和增多，使得换热器在工业中的占比和地位表现的越来越突出。这在一定程度上对换热器的防腐蚀提出了更高的要求和挑战，同时，也促进了换热器防腐蚀涂料技术的快速发展。联邦德国的 Salmen H 在九年的时间里，连续发表了多篇专利，研制出一系列防腐蚀涂料。醇溶酚醛树脂/有机硅酚醛树脂，耐温、耐水、耐蒸汽，但不能厚涂；酚醛树脂/环氧树脂/有机硅为基料，填料为 25%～40%细分散云母，耐腐蚀、耐蒸汽、耐渗透和耐热性良好，可柔韧性欠佳；酚醛树脂/环氧树脂/有机硅树脂为基料，改用 30～40μm 超细云母粉。最终形成了具有酚醛-环氧-有机硅三元树脂的混配体系，开发出流行世界的 SAKAPHEN 涂料，成功涂装换热设备 30 多万平方米。

再往后，换热器的防腐蚀研究在一段时间内以环氧树脂及其改性树脂为主体。苏联的 Shigrin V. G 等研究人员针对水冷却器，研制了 SP-EK-4 环氧阻垢涂料。

1978 年，联邦德国报道了一种多层级的涂料体系，包括底漆-中间层-面漆。该涂料体系兼顾了涂层的物理性能和耐腐蚀性能，含锌的底漆提高阴极保护能力，达到双重防腐蚀能力；酚醛树脂的中间层是耐腐蚀的主体；环氧改性铝粉面漆起到屏蔽水蒸气渗透的作用，起到导热的效果。

到20世纪80年代，日本专利曾提到一种专门用于125℃过热蒸汽和热水的底漆涂料。据报道其中含环氧树脂（分子量800～5500）50%～95%，碱催化混合苯酚-甲醛A阶树脂5%～50%，其中酚的组成为一元酚/二元酚（2%～35%/98%～65%）。因为苯环的加入可以提高涂层的耐热性，所以采用适量的酚可行。在耐高温耐水方面，通过加入一种纤维状石墨微粉，提高了涂层的耐热性和耐久性。

孔荣贵研制了一种四官能团的硅酸酯和烷基硅氧烷聚合而成的具有硅酸盐和有机硅特性的涂料基料，在加入填料后制成耐高温涂料[88]。但是这种涂料工艺复杂，成本高，存在原料浪费现象。天津一研究所研制出型号为TH847的商品化防腐涂料[82]，其特点是附着力高、导热性好，但其耐温性只有150℃，不能适应更高温度的换热设备。

20世纪90年代以后，随着国内对防腐蚀涂料研究的进一步成熟和国内石油化工工业市场的需求增多，各种国产化的换热器防腐蚀商品涂料开始出现。秦国治等[89] 研制了SY-92涂料，该涂料的阻垢、防腐性能较好，涂层能耐150～180℃温度，在换热器上运行后导热系数基本为一常数。同时还有CH-784和TH-847，都属于环氧类热固化涂料，其中TH-847是CH-784的改进品种。TH-901涂料经天津石化厂实际运行后换热效果好，防腐防垢明显，属于酚酞螯合高聚物常温或热固化涂料。

这以后，针对高分子含氟树脂的防腐蚀研究也一直在进行。最典型的就是聚四氟乙烯PTFE及其改进的相关高分子材料。近年来，国内在防腐蚀换热器涂层方面出现了一种“氟塑钢”防腐蚀换热器，实际上就是在碳钢管表面加工了一层高分子含氟的改性四氟树脂，如PFA。与纯PTFE换热器相比，氟塑钢空预器综合PTFE材料的耐腐蚀、不易积灰和不锈钢材料良好的传热性能和机械性能，成本大大降低。理论分析表明，相比不锈钢空预器，氟塑钢空预器多了一层氟塑料，由此产生的空预器传热能力减弱的影响可以接受。然而，经过实际的工业应用表明，氟塑钢换热器在腐蚀场合应用一两年后发生换热管腐蚀甚至穿管的问题，而氟塑钢换热管的涂层仍旧完好。这种情况的主要原因是这种含氟树脂膜层表面存在微米级甚至是纳米级的微孔，使得腐蚀性的介质能够逐渐的穿透膜层而与换热管直接接触，导致腐蚀的发生。实际上，这种问题对所有的有机高分子涂层都存在，这也是有机物防腐蚀涂层的根本缺陷。当然，这中间也有厚度的因素。因为用到换热器上为保证整体的传热性能，涂层的厚度不得过厚。因此，有机物涂层应用于非换热器场合的防腐蚀问题不大，而应用于换热器场合，防腐蚀有效时限仍不够长，这也是高分子有机物换热器防腐蚀涂层需要进一步改进的地方。

（2）无机类涂层

无机类涂层包括近些年广为流行的化学镀Ni-P涂层和其它无机类涂层，如陶瓷、搪瓷等防腐蚀涂层。

化学镀Ni-P的详细情况参见上节。相关文献报道，该类涂层在美国石油化工行业已经产生了数亿美元的产值，同时，在国内石油化工行业，该类涂层的应用占据了防腐蚀市场的50%以上。

无机类涂层发展至今，还出现了陶瓷、搪瓷、硅酸盐、磷酸盐等体系。这类涂层的主要优点是有极强的耐温性能和可靠的防腐蚀性能。尤其是搪瓷换热管防腐蚀换热器，在烟气防腐蚀换热场合的应用较为广泛，近些年来，得到了广大业主的认可。

参考文献

[1] Schmidt E, Schurig W, Sellschopp W. Versuche über die Kondensation von Wasserdampf in Film und Tropfenform[J]. Technische Mechanik und Thermodynamik, 1930.

[2] Simpson J T, Hunter S R, Aytug T. Superhydrophobic materials and coatings: a review[J]. Reports on Progress in Physics, 2015, 78(8): 86501.

[3] Fihri A, Bovero E, Al-Shahrani A, et al. Recent progress in superhydrophobic coatings used for steel protection: A review[J]. Colloids & Surfaces A Physicochemical & Engineering Aspects, 2017, 520: 378-390.

[4] Yan Y Y, Gao N, Barthlott W. Mimicking natural superhydrophobic surfaces and grasping the wetting process: A review on recent progress in preparing superhydrophobic surfaces[J]. Adv Colloid Interface Sci, 2011, 169(2): 80-105.

[5] Zhao Q, Zhang D C, Lin J F, et al. Dropwise condensation on L-B film surface[J]. Chemical Engineering & Processing Process Intensification, 1996, 35(6): 473-477.

[6] Forooshani H M, Aliofkhazraei M, Rouhaghdam A S. Superhydrophobic aluminum surfaces by mechanical/chemical combined method and its corrosion behavior[J]. Journal of the Taiwan Institute of Chemical Engineers, 2017, 72: 220-235.

[7] Wu R, Chao G, Jiang H, et al. The superhydrophobic aluminum surface prepared by different methods [J]. Materials Letters, 2015, 142: 176-179.

[8] Bisetto A, Torresin D, Tiwari M K, et al. Dropwise condensation on superhydrophobic nanostructured surfaces: literature review and experimental analysis[C]. 2014.

[9] Wang N, Xiong D. Superhydrophobic membranes on metal substrate and their corrosion protection in different corrosive media[J]. Applied Surface Science, 2014, 305(16): 603-608.

[10] Gao X, Guo Z. Mechanical stability, corrosion resistance of superhydrophobic steel and repairable durability of its slippery surface[J]. J Colloid Interface Sci, 2018, 512: 239-248.

[11] Wang N, Xiong D, Pan S, et al. Fabrication of superhydrophobic and lyophobic slippery surface on steel substrate[J]. Applied Surface Science, 2016, 387: 1219-1224.

[12] Peng S, Deng W. A simple method to prepare superamphiphobic aluminum surface with excellent stability[J]. Colloids & Surfaces A Physicochemical & Engineering Aspects, 2015, 481: 143-150.

[13] 胡友森. 水平管外 PTFE 涂层滴状冷凝换热实验研究[D]. 哈尔滨：哈尔滨工程大学，2007.

[14] Erb R A. Dropwise condensation on gold[J]. Gold Bulletin. 1973, 6(1): 2-6.

[15] Erb R, Thelen E. Promoting permanent dropwise condensation [J]. Industrial & Engineering Chemistry, 2002, 57(10).

[16] Azimi G, Dhiman R, Kwon H M, et al. Hydrophobicity of rare-earth oxide ceramics[J]. Nature Materials, 2013, 12(4): 315-320.

[17] Marto P J, Looney D J, Rose J W, et al. Evaluation of organic coatings for the promotion of dropwise condensation of steam[J]. International Journal of Heat & Mass Transfer, 1986, 29(8): 1109-1117.

[18] Zhang B J, Cheng K, Kim K J, et al. Dropwise steam condensation on various hydrophobic surfaces:

Polyphenylene sulfide (PPS), polytetrafluoroethylene (PTFE), and self-assembled micro/nano silver (SAMS)[J]. International Journal of Heat & Mass Transfer, 2015, 89: 353-358.

[19] Qing Y, Yang C, Hu C, et al. A facile method to prepare superhydrophobic fluorinated polysiloxane/ZnO nanocomposite coatings with corrosion resistance[J]. Applied Surface Science, 2015, 326: 48-54.

[20] Arukalam I O, Oguzie E E, Li Y. Nanostructured superhydrophobic polysiloxane coating for high barrier and anticorrosion applications in marine environment[J]. Journal of Colloid & Interface Science, 2018, 512: 674.

[21] Martin S, Bhushan B. Transparent, wear-resistant, superhydrophobic and superoleophobic poly (dimethylsiloxane)(PDMS) surfaces. [J]. Journal of Colloid & Interface Science, 2017, 488: 118-126.

[22] Zhang Z, Ge B, Men X, et al. Mechanically durable, superhydrophobic coatings prepared by dual-layer method for anti-corrosion and self-cleaning[J]. Colloids & Surfaces A Physicochemical & Engineering Aspects, 2016, 490(4): 182-188.

[23] Cai C, Sang N, Teng S, et al. Superhydrophobic surface fabricated by spraying hydrophobic R974 nanoparticles and the drag reduction in water[J]. Surface & Coatings Technology, 2016, 307: 366-373.

[24] Wu X, Fu Q, Kumar D, et al. Mechanically robust superhydrophobic and superoleophobic coatings derived by sol-gel method[J]. Materials & Design, 2016, 89: 1302-1309.

[25] Zhang X, Mo J, Si Y, et al. How does substrate roughness affect the service life of a superhydrophobic coating? [J]. Applied Surface Science, 2018, 441: 491-499.

[26] Zhang X, Si Y, Mo J, et al. Robust micro-nanoscale flowerlike ZnO/epoxy resin superhydrophobic coating with rapid healing ability[J]. Chemical Engineering Journal, 2017, 313: 1152-1159.

[27] Bayer I S, Steele A, Martorana P J, et al. Fabrication of superhydrophobic polyurethane/organoclay nano-structured composites from cyclomethicone-in-water emulsions[J]. Applied Surface Science, 2010, 257(3): 823-826.

[28] Hejazi I, Seyfi J, Sadeghi G M M, et al. Investigating the interrelationship of superhydrophobicity with surface morphology, topography and chemical composition in spray-coated polyurethane/silica nanocomposites[J]. Polymer, 2017, 128: 108-118.

[29] Seyfi J, Hejazi I, Jafari S H, et al. Enhanced hydrophobicity of polyurethane via non-solvent induced surface aggregation of silica nanoparticles[J]. Journal of Colloid & Interface Science, 2016, 478: 117-126.

[30] Hejazi I, Sadeghi G M M, Seyfi J, et al. Self-cleaning behavior in polyurethane/silica coatings via formation of a hierarchical packed morphology of nanoparticles[J]. Applied Surface Science, 2016, 368: 216-223.

[31] Grozea C M, Rabnawaz M, Liu G, et al. Coating of silica particles by fluorinated diblock copolymers and use of the resultant silica for superamphiphobic surfaces[J]. Polymer, 2015, 64: 153-162.

[32] Haraguchi T, Shimada R, Kumagai S, et al. The effect of polyvinylidene chloride coating thickness on promotion of dropwise steam condensation[J]. International Journal of Heat & Mass Transfer, 1991, 34 (12): 3047-3054.

[33] Jiang B, Chen Z, Sun Y, et al. Fabrication of superhydrophobic cotton fabrics using crosslinking polymerization method[J]. Applied Surface Science, 2018, 441: 554-543.

[34] Qi B, Li Z, Hong X, et al. Experimental study on condensation heat transfer of steam on vertical titanium plates with different surface energies[J]. Experimental Thermal & Fluid Science, 2011, 35(1):

211-218.

[35] He S, Zheng M, Yao L, et al. Preparation and properties of ZnO nanostructures by electrochemical anodization method[J]. Applied Surface Science, 2010, 256(8): 2557-2562.

[36] Liu H, Feng L, Zhai J, et al. Reversible wettability of a chemical vapor deposition prepared ZnO film between superhydrophobicity and superhydrophilicity. [J]. Langmuir, 2004, 20(14): 5659-5661.

[37] 王四芳. 超疏水表面混合蒸气滴状冷凝液滴行为与传热[D]. 大连:大连理工大学, 2012.

[38] Feng L, Li S, Li H, et al. Super-hydrophobic surface of aligned polyacrylonitrile nanofibers[J]. Angewandte Chemie International Edition, 2010, 41(7): 1221-1223.

[39] Pi P, Mu W, Fei G, et al. Superhydrophobic film fabricated by controlled microphase separation of PEO - PLA mixture and its transparence property[J]. Applied Surface Science, 2013, 273(273): 184-191.

[40] 李伟,卢晟,李梅. 疏水二氧化硅/聚苯乙烯超疏水复合涂层的简易制备及其防沾污性研究[J]. 材料导报, 2011, 25(16): 99-102.

[41] Motlagh N V, Birjandi F C, Sargolzaei J, et al. Durable, superhydrophobic, superoleophobic and corrosion resistant coating on the stainless steel surface using a scalable method[J]. Applied Surface Science, 2013, 283(14): 636-647.

[42] Parin R, Del D C, Bortolin S, et al. Dropwise condensation over superhydrophobic aluminium surfaces [C]. 2016.

[43] Zhi J H, Zhang L Z, Yan Y, et al. Mechanical durability of superhydrophobic surfaces: the role of surface modification technologies[J]. Applied Surface Science, 2017, 392: 286-296.

[44] Chen C H, Cai Q, Tsai C, et al. Dropwise condensation on superhydrophobic surfaces with two-tier roughness[J]. Applied Physics Letters, 2007, 90(17): 53.

[45] Chen X, Wu J, Ma R, et al. Nanograssed Micropyramidal Architectures for Continuous Dropwise Condensation[J]. Advanced Functional Materials, 2015, 21(24): 4617-4623.

[46] Mondal B, Mac G E M, Xu Q, et al. Design and fabrication of a hybrid superhydrophobic-hydrophilic surface that exhibits stable dropwise condensation[J]. Acs Applied Materials & Interfaces, 2015, 7 (42): 23575.

[47] Holden K M, Wanniarachchi A S, Marto P J, et al. The use of organic coatings to promote dropwise condensation of steam[J]. Journal of Heat Transfer, 1987, 109(3): 768-774.

[48] Rose J W. Dropwise condensation theory and experiment: A review[J]. Proc. imeche Part A2 J. power & Energy, 2005, 216(2): 115-128.

[49] Huang J, Zhang J, Wang L. Review of vapor condensation heat and mass transfer in the presence of non-condensable gas[J]. Applied Thermal Engineering, 2015, 89: 469-484.

[50] Othmer D. F. The Condensation of Steam[J]. Ind. eng. chem, 2002, 21(6): 576-583.

[51] Carey V P. Liquid -vapor phase-change phenomena: an introduction to the thermophusics of vaporization and condensation processes in heat transfer equipment [M]. Washington D. C: Hemisphere Pub. Corp, 1992.

[52] Rose J W. Dropwise condensation theory[J]. International Journal of Heat & Mass Transfer, 1981, 24 (2): 191-194.

[53] Rose J W. Further aspects of dropwise condensation theory[J]. International Journal of Heat & Mass Transfer, 1976, 19(12): 1363-1370.

[54] Graham C, Griffith P. Drop size distributions and heat transfer in dropwise condensation [J].

International Journal of Heat and Mass Transfer, 1973, 16(2): 337-346.

[55] Griffith P, Man S L. The effect of surface thermal properties and finish on dropwise condensation[J]. International Journal of Heat & Mass Transfer, 1967, 10(5): 697-707.

[56] Tanaka H. A Theoretical Study of Dropwise Condensation[J]. Journal of Heat Transfer, 1975, 97(1): 72.

[57] Tanaka, H. Further Developments of Dropwise Condensation Theory[J]. Journal of Heat Transfer, 1979, 101(4): 603-611.

[58] Xie J, Xu J, Shang W, et al. Dropwise condensation on superhydrophobic nanostructure surface, part Ⅱ: Mathematical model[J]. International Journal of Heat and Mass Transfer, 2018, 127(PT. A): 1170-1187.

[59] Kim S, Kim K J. Dropwise Condensation Modeling Suitable for Superhydrophobic Surfaces[J]. Journal of Heat Transfer, 2011, 133(8): 81502.

[60] Qi B, Wei J, Zhang L, et al. A fractal dropwise condensation heat transfer model including the effects of contact angle and drop size distribution[J]. International Journal of Heat and Mass Transfer, 2015, 83: 259-272.

[61] Abu-Orabi M. Modeling of heat transfer in dropwise condensation[J]. International Journal of Heat and Mass Transfer, 1998, 41(1): 81-87.

[62] Liu X, Ping C. Dropwise condensation theory revisited Part Ⅱ. Droplet nucleation density and condensation heat flux[J]. International Journal of Heat & Mass Transfer, 2015, 83: 842-849.

[63] Niu D, Guo L, Hu H W, et al. Dropwise condensation heat transfer model considering the liquid-solid interfacial thermal resistance[J]. International Journal of Heat and Mass Transfer, 2017, 112: 333-342.

[64] Rose J W, Glicksman L R. Dropwise condensation—The distribution of drop sizes[J]. International Journal of Heat and Mass Transfer, 1973, 16(2): 411-425.

[65] 江郡,杨后文,刘丰,等. 界面分压法含不凝气蒸汽滴状冷凝传热模型[J]. 化学工程, 2020, 48(10): 6.

[66] Jiang J, Liu F, Zhang X, et al. Model development and simulation on dropwise condensation by coupling absorption theory in the presence of non-condensable gas (NCG)[J]. International Communications in Heat and Mass Transfer, 2020, 119.

[67] 夏清,陈常贵. 化工原理. [M]. 天津:天津大学出版社, 2005.

[68] 刘秀晨,安成强. 金属腐蚀学[M]. 北京:国防工业出版社, 2002.

[69] 毛希澜. 换热器设计[M]. 上海:上海科学技术出版社, 1988.

[70] Starosvetsky D, Armon R, Yahalom J, et al. Pitting corrosion of carbon steel caused by iron bacteria [J]. International Biodeterioration & Biodegradation, 2001, 47(2): 79-87.

[71] 崔克清. 安全工程大辞典[M]. 北京:化学工业出版社, 1995.

[72] 李静. 换热器用耐高温防腐蚀导热涂料的研究[D]. 广州:华南理工大学, 2013.

[73] 陈相振. 化学镀镍磷合金防腐工艺及其推广应用[J]. 齐鲁石油化工, 1997(03): 221-223.

[74] 于晓鹏. 化学镀 Ni-P 合金技术在换热器管束防腐中的应用[J]. 石油化工设备技术, 2000, 21(5): 39.

[75] 胡光辉,吴辉煌,杨防祖. 镍磷化学镀层的耐蚀性及其与磷含量的关系[J]. 物理化学学报, 2005, 21(011): 1299-1302.

[76] 陈晓娇. 化工装置中循环水换热器的腐蚀与防护研究[J]. 工程技术(全文版), 2017(1): 190.

[77] 冯海猛,王力. 换热器耐高温防腐蚀涂料现状[J]. 石油化工腐蚀与防护, 2009(03): 1-4.

[78] Sugama T, Webster R, Reams W, et al. High-performance polymer coatings for carbon steel heat

exchanger tubes in geothermal environments[J]. Journal of Materials Science, 2000, 35(9): 2145-2154.

[79] Laco J, Villota F C, Mestres F L. Corrosion protection of carbon steel with thermoplastic coatings and alkyd resins containing polyaniline as conductive polymer[J]. Progress in Organic Coatings. 2005, 52 (2): 151-160.

[80] Fedrizzi L, Lorian F D E, Bonora P. Evaluation of the protective properties of organic coatings on copper pipes for refrigerator cooling circuit[J]. Electrochimica Acta. 1999, 44(24): 4251-4258.

[81] Santos J R, Mattoso L, Motheo A J. Investigation of corrosion protection of steel by polyaniline films [J]. Electrochimica Acta. 1998.

[82] 莫少明刘海斌卞玉锋. TH-847 水冷器涂料的涂装及应用[J]. 石油化工腐蚀与防护. (2): 39-42.

[83] 王远慧. TH 系列防腐蚀涂料在炼油厂冷换设备上的应用[J]. 石油化工腐蚀与防护. 2002(03): 51-53.

[84] 杨继虎,孙志坚,袁瑞峰,等. 电厂氟塑钢空预器的传热与积灰性能研究[J]. 浙江大学学报(工学版). 2018, 52(03): 170-176.

[85] 胡士信. 阴极保护工程手册[M]. 北京:化学工业出版社, 1999.

[86] 利亚霍维奇. 多元共渗[M]. 北京:机械工业出版社, 1983.

[87] 管志樟. 换热器用耐高温防腐蚀涂料的研制[D]. 广州:华南理工大学, 2010.

[88] 孙荣贵,戴英华. 硅聚合物耐热耐水涂料[J]. 涂料工业, 1995, 000(002): 2-5.

[89] 秦国治,王德武,马贵文,等. 新型防腐阻垢碳钢换热器涂料[J]. 涂料工业, 1997(4): 11-12.

第11章 热管式换热器

11.1 概述

热管是一种高效相变传热元件。由若干热管组成的换热器称为热管换热器，主要用于冶金、石化、建材等高能耗行业，在生产和工艺过程中作为高效传热、余热回收等热交换装置，达到降低能耗、节能减碳、减排的目的。

国际上对热管技术的研究始于20世纪中叶，主要围绕热管理论及其在空间技术等方面的应用研究。我国自20世纪70年代初开始，也积极展开了对热管的研究与试验等工作，尤其在空间航天器热控制系统、电子元器件冷却与温控等方面的应用研究成效卓著，推动了热管技术的进一步发展。80年代初，我国开始了热管技术在工业余热回收中的研制、开发与推广并取得显著效果。研制出气-气式热管换热器、热管余热锅炉、热管省煤器等各类产品，在结构上开发出整体式热管换热器、分离式热管换热器、变截面可调式热管换热器以及模块化组合式热管换热器等，又相继研制了适用于腐蚀性介质中传热的径向偏心热管、柔性金属搪瓷防腐涂层热管以及应用于青藏铁路及寒区冻土和流体输送管线安全的热棒（低温重力热管）及柔性热管等。

本章主要介绍工业中常用的重力热管技术原理及特性，重力热管换热器的主要类型、结构、设计、制造、检验与应用。

11.2 热管原理与技术特性

热管是一种具有高导热性能的传热元件，它通过密闭真空管壳内工作介质的相变潜热来传递热量。其导热性能是金属铜、银的数千倍，因此具有传热能力大、传热效率高等特点。热管有多种分类方式，可按其结构、管内工作温度、工质与材质等方式进行分类。在热交换、余热回收等工业过程中，大部分采用经济的水-碳钢重力热管作为高效传热元件。

11.2.1 热管工作原理

典型热管是以毛细结构的抽吸作用来驱动工质循环流动的蒸发、冷凝传热装置，构成如

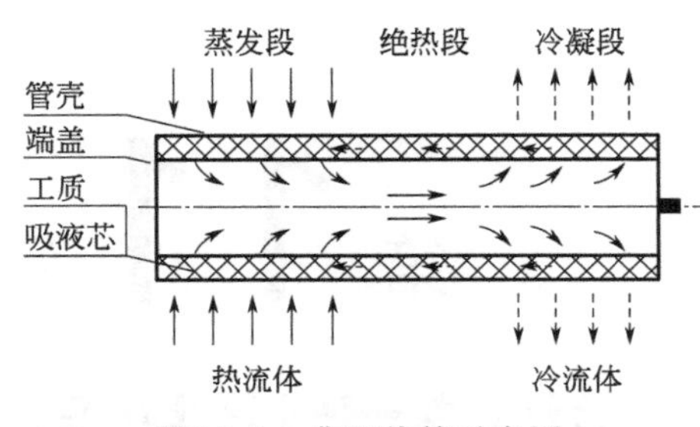

图 11.1　典型热管示意图

图 11.1 所示，主要由毛细芯、工质和管壳组成。毛细芯（管芯、吸液芯）是热管中为液体工质回流提供毛细抽吸力和流动通道的结构。工质指热管内用于传递热量的工作介质。管壳是指包容管芯和工质的壳体。采用抽真空或热排法将管壳内的空气排出，达到一定的真空后封闭。管内工质浸润在紧贴内壁面的毛细芯之中。热管处于受热的一端为蒸发段，即热管液态工质吸热、汽化成气态的区域，也称吸热段；另一端则为冷凝段，即热管气态工质放热，由气态转变为液态的区域，也称放热段；中间为绝热段，即不与外界换热的区域。当热管一端受热后，处于该处管内毛细芯中的工质吸收热量后蒸发汽化，蒸汽在微小的压差下流向热管的另一端放出热量且凝结为液体，该液体借助管内毛细芯的毛细力回流到蒸发段，再次受热蒸发汽化，如此循环，源源不断地将热量由热管的一端传向另一端。由于热管内是相变传热，因此热管的内部热阻很小，能以较小的温差获得较大的传热率。典型热管处于工作状态时的主要传热过程为：

① 热管蒸发段管外热流体与管壁的换热；

② 热量由热管外壁向内壁面和浸润工质毛细芯的液-汽界面上的导热；

③ 工质在蒸发段毛细芯液-汽界面上的蒸发；

④ 蒸汽由蒸发段传输到冷凝段；

⑤ 蒸汽在冷凝段毛细芯汽-液分界面上的凝结；

⑥ 凝结释放的潜热在冷凝段毛细芯汽-液分界面上向毛细芯和管壁的导热；

⑦ 热管冷凝段外壁面与冷流体的换热；

⑧ 热管内冷凝液在毛细芯的毛细力作用下回流到蒸发段。

典型热管正常工作时其内部的毛细力 Δp_c 主要需要克服蒸汽从蒸发段流向冷凝段的压力降 Δp_v、冷凝液体从冷凝段流回蒸发段的压力降 Δp_l 和重力场对液体流动引起的压力降 Δp_g，其中，Δp_g 视热管在重力场中的位置而定，可为正值、负值或为零。因此，$\Delta p_c \geqslant \Delta p_l + \Delta p_v + \Delta p_g$ 是热管正常工作的必要条件。

热管的形式多种多样，含有毛细芯的称为有管芯热管，主要用于空间技术和微电子行业；没有毛细芯的热管称为无管芯热管，也称两相闭式热虹吸管、热虹吸管、重力热管。热管内没有毛细芯，在冷凝段凝结的液态工质依靠重力回流，那么必须使热管的蒸发段置于冷凝段下方，因此重力热管具有单向导热性且结构简单，在工业余热回收、工艺流体热交换用的热管换热器中大都采用重力热管。在重力热管的应用中，又分为轴向重力热管和径向重力热管。

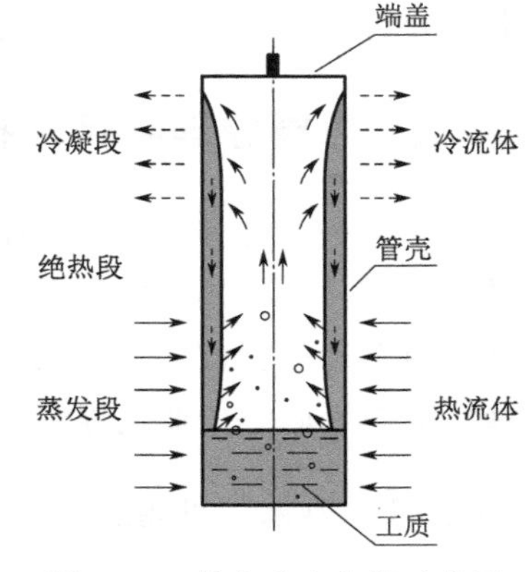

图 11.2　轴向重力热管示意图

轴向重力热管如图 11.2 所示，热管的蒸发段（吸热段）在下部，冷凝段（放热段）在上部，热管蒸发段内工质吸收热流体的热量汽化为蒸汽，在微小的压差作用下，上升到热管上部冷凝段，蒸汽遇冷凝结释放出凝结潜热来加热管外低温流体，此时，管内工质凝结为液体，在重力的作用下，沿热管内壁流回到蒸发段，并再次受热汽化，如此往复，连续不断地将热量由下部蒸发段传向上部冷凝段。

轴向重力热管工作时的主要传热过程为：

① 热管蒸发段管外热流体与管壁的换热；

② 热量在蒸发段外壁向内壁面的导热；

③ 工质在蒸发段的沸腾蒸发换热；

④ 蒸汽由蒸发段传输到冷凝段；

⑤ 蒸汽在冷凝段的凝结换热；

⑥ 热量由冷凝段内壁面向外壁面的导热；

⑦ 冷凝段外壁面与管外冷流体的换热；

⑧ 管内冷凝液在重力的作用下回流到蒸发段。

径向重力热管是一种以径向方向传热为主的相变传热元件，它由内管、外管、端盖和充装的工质组成，内、外管呈水平布置，内管、外管之间的环状间隙和端盖构成一个密闭的空腔，腔内充装一定量的工质并形成一定的真空。当热流体流经外管外时，间隙腔内的工质受热后蒸发汽化，蒸汽沿径向流动至内管外壁面凝结放出热量，来加热流经内管内的冷流体，而内管外壁上的蒸汽冷凝液，依靠重力回流到间隙空腔下部再次吸收热量，如此通过工质的蒸发与凝结不断将外管外的热量传向内管内。图 11.3 为普通的内、外管同轴布置水平径向重力热管结构，其中内管的外表面有一部分浸在液池中，这样，相对减少了冷凝换热面积。为了增加工质蒸汽于内管外壁上的凝结换热面积，提高传热效率，在结构上做出相应的优化调整，将内管偏离原同轴轴线向上布置，移出液池，形成了如图 11.4 的偏心结构形式。

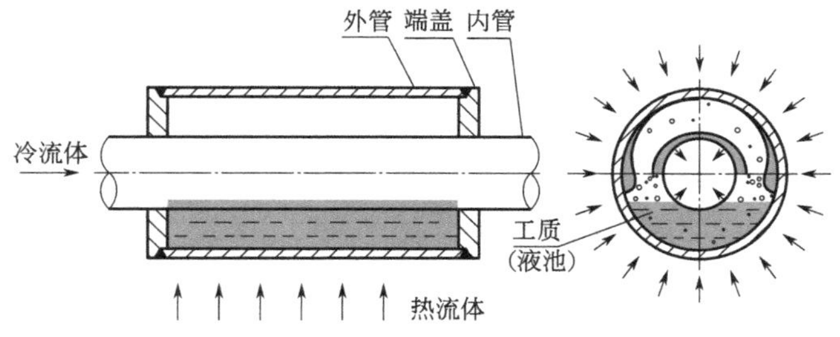

图 11.3 径向重力热管示意图

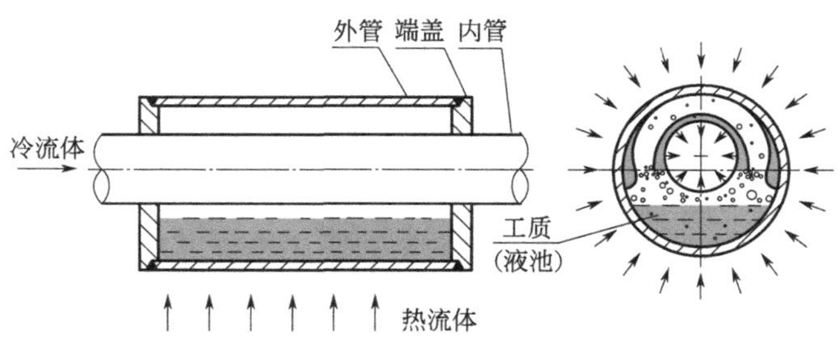

图 11.4 径向偏心重力热管示意图

径向重力热管处于工作状态时，按热量主要传导方向依次由外管向内管为：

① 外部热流体与外管外壁面的换热；

② 热量由外管外壁面向其内壁面的导热；

③ 内、外管间隙内：下部液池内工质的沸腾换热；

④ 内、外管间隙内：液池外上方，外管内壁面上飞溅液膜的导热与蒸发；

⑤ 内管与外管间隙内，蒸汽于内管外壁面上的凝结换热；

⑥ 热量向内管外壁面上液膜的导热；

⑦ 热量通过内管管壁的导热；

⑧ 内管内壁面与内管内冷流体的换热。

径向重力热管的结构特别适用于腐蚀性环境中的换热，如制酸系统的锅炉省煤器，含有腐蚀性的烟气从外管外流经，需要被加热的给水流经内管内，即使出现外管被腐蚀、磨损，内管内的液体也不会与含硫烟气发生窜漏，提高了设备与系统运行的可靠性。

11.2.2 重力热管传热计算

在工业余热回收和用于流体热交换的热管换热器中，一般采用重力式热管，即无管芯热管。无管芯热管包含了轴向重力热管、径向重力热管和分离式热管等。

11.2.2.1 轴向重力热管

重力热管的热量传递过程包含了导热与对流，相变换热等传热方式，其传热量与温差成正比，与热阻成反比。基于传热学中的理论，对热管工作的过程进行分析，如图 11.2 轴向重力热管，当流经热管外的冷、热流体均为气体时，沿热量传递方向，包含了热流体与蒸发段外壁面间的对流换热，管壁的导热和管内工质的蒸发与凝结相变换热，冷凝段管壁的导热与管外冷流体的对流换热等。其间，在热量传递的每个过程中都存在着热阻，每通过一个热阻就会产生一个温降，在热管稳定工作传输热量、不考虑散热损失的条件下，分别对各过程中的传热及热阻进行分析计算。

以下计算各符号中表示蒸发段的用下角标“e”、冷凝段的用下角标“c”表示；管外的用下角标“o”、管内的用下角标“i”；管壁的用下角标“w”；管外各参数符号中表示热流体的用上角标“h”；冷流体的用上角标“c”。

① 管外热流体与蒸发段外管壁面的对流换热，其传热量 Q、传热热阻 R_1 分别为：

$$Q=h_{eo}^{h}A_{eo}(t_{eo}^{h}-t_{ewo}) \tag{11-1a}$$

$$R_1=\frac{1}{A_{eo}h_{eo}^{h}}=\frac{1}{\pi d_o l_e h_{eo}^{h}} \tag{11-1b}$$

式中，h_{eo}^{h} 为热流体在蒸发段外表面的传热系数，W/(m^2·℃)；A_{eo} 为蒸发段外表面积，m^2；t_{eo}^{h} 为蒸发段管外热流体温度，℃；t_{ewo} 为蒸发段外管壁温度，℃；d_o 为管壳外径，m；l_e 为蒸发段长度，m。

当蒸发段管外流经的热流体为高温流体时，还需要考虑其对管壁的辐射换热量。

② 热量从外壁面传递到内壁面的导热及其径向导热热阻 R_2 分别为：

$$Q=\frac{2\pi\lambda_w l_e(t_{ewo}-t_{ewi})}{\ln(d_o/d_i)} \tag{11-2a}$$

$$R_2=\frac{\ln(d_o/d_i)}{2\pi\lambda_w l_e} \tag{11-2b}$$

式中，d_i 为管壳内径，m；λ_w 为管材的导热系数，W/(m・℃)；t_{ewi} 为蒸发段内管壁温度，℃。

③ 热量从内管壁传递给管内工质，吸热后进行蒸发换热，其传热量和热阻 R_3 分别为：

$$Q=\overline{h_{ei}}A_{ei}(t_{ewi}-t_{ei}) \tag{11-3a}$$

$$R_3=\frac{1}{A_{ei}\cdot\overline{h_{ei}}}=\frac{1}{\pi d_i l_e\cdot\overline{h_{ei}}} \tag{11-3b}$$

式中，$\overline{h_{ei}}$ 为热管内蒸发段的平均换热系数，W/(m^2・℃)；A_{ei} 为蒸发段内表面积，m^2；t_{ei} 为蒸发段管内流体温度，℃。

影响热管蒸发段平均换热系数 $\overline{h_{ei}}$ 的因素较多，热管内工质流动与传热包含了两相流与相变换热，传热机理复杂。研究者通过开展热管内部传热机理与试验研究，得到了相应的传热模型。重力热管蒸发段内的传热可分成两个区域：

a. 在重力热管内蒸发段下部液池内，当热流密度较小时，进行的是自然对流蒸发，当热流密度较大时，液池内为核态沸腾；

b. 在重力热管内蒸发段液池以上部分，当热流密度较小时，进行的是冷凝液膜的层流膜状蒸发，当热流密度较大时，是冷凝液膜的核态沸腾。

因此管内蒸发段的传热包含了液池内和液池上方两部分，传热系数分别用 $\overline{h_{ei1}}$ 和 $\overline{h_{ei2}}$ 表示，蒸发段的平均换热系数 $\overline{h_{ei}}$ 为[1,2]：

$$\overline{h_{ei}}=\overline{h_{ei1}}+\overline{h_{ei2}} \tag{11-4}$$

$$\overline{h_{ei1}}=0.32\left(\frac{\rho_l^{0.65}\lambda_l^{0.3}C_{pl}^{0.7}g^{0.2}q_e^{0.4}}{\rho_v^{0.25}h_{fg}^{0.4}\mu_l^{0.1}}\right)\left(\frac{p_{sat}}{p_a}\right)^{0.3} \tag{11-4a}$$

$$\overline{h_{ei2}}=0.69\left(\frac{\lambda_l^3\rho_l^2 g h_{fg}}{\mu_l x q_e}\right)^{\frac{1}{3}} \tag{11-4b}$$

$$x=\frac{l_e-l_y}{2}+l_e \tag{11-4c}$$

式中，ρ_l 为工质液体密度，kg/m^3；ρ_v 为工质蒸汽密度，kg/m^3；λ_l 为液膜导热系数，W/(m・℃)；C_{pl} 为工质液体定压比热，J/(kg・℃)；g 为重力加速度，m/s^2；q_e 为蒸发段的热流密度，W/m^2；h_{fg} 为工质汽化潜热，J/kg；μ_l 为工质液体黏度，kg/(m・s)；p_{sat} 为工质饱和压力，N/m^2；p_a 为大气压力，N/m^2；l_e 为蒸发段长度，m；l_y 为蒸发段内液池高度，m。

④ 随着蒸发段内工质的不断沸腾与蒸发，蒸汽为饱和状态在管内沿轴向流动到冷凝段，蒸汽流动热阻为 R_4。假设热管中的蒸汽流动为稳定的不可压缩的轴对称层流流动且无外力情况下，用 Navier-Stokes 方程的圆柱坐标形式表示为：

$$\frac{\partial p_v}{\partial z}=\mu_v\left(\frac{\partial^2 u_z}{\partial z^2}+\frac{1}{r}\frac{\partial u_z}{\partial r}+\frac{\partial^2 u_z}{\partial r^2}\right)-\rho_v\left(u_z\frac{\partial u_z}{\partial z}+u_r\frac{\partial u_z}{\partial r}\right) \tag{11-5a}$$

$$\frac{\partial p_v}{\partial r}=\mu_v\left(\frac{\partial^2 u_r}{\partial z^2}+\frac{1}{r}\frac{\partial u_r}{\partial r}+\frac{\partial^2 u_r}{\partial r^2}-\frac{u_r}{r^2}\right)-\rho_v\left(u_z\frac{\partial u_r}{\partial z}+u_r\frac{\partial u_r}{\partial r}\right) \tag{11-5b}$$

连续方程为：

$$\frac{\partial(ru_r)}{\partial r}+r\frac{\partial u_z}{\partial z}=0 \tag{11-5c}$$

边界条件为：在热管的两端，即底端和顶端，热管内的轴向蒸汽速度 u_z 和径向蒸汽速度 u_r 均为零。

基于不可压缩流体层流等条件下 Cotter、Yuan、Busse 等经多种状态分析，利用 Hagen-Poiseuille 方程，对于大长径比的热管可得到蒸汽的压降为[3,4]：

$$\Delta p_{\rm v}=\frac{8\mu_{\rm v}l_{\rm eff}Q}{\pi\rho_{\rm v}\left(\frac{d_{\rm v}}{2}\right)^4 h_{\rm fg}} \tag{11-5d}$$

将热管内蒸汽视为饱和状态，结合 Clausuis-Clapeyron 方程，且忽略其中液体的比热容后得到蒸汽流动的温降为：

$$\Delta T_{\rm v}=\frac{\Delta p_{\rm v}T_{\rm v}}{\rho_{\rm v}h_{\rm fg}} \tag{11-5e}$$

结合式（11-5d)、式（11-5e）得到蒸汽流动热阻为：

$$R_4=\frac{128\mu_{\rm v}l_{\rm eff}T_{\rm v}}{\pi d_{\rm v}^4\rho_{\rm v}^2h_{\rm fg}^2} \tag{11-5}$$

式中，$p_{\rm v}$ 为管内蒸汽压力，$\rm N/m^2$；u_z 为蒸汽轴向速度，m/s；u_r 为蒸汽径向速度，m/s；$\mu_{\rm v}$ 为工质蒸汽黏度，kg/(m·s)；$l_{\rm eff}$ 为管内有效长度，m；$T_{\rm v}$ 为管内工质蒸汽温度,℃；$d_{\rm v}$ 为管内蒸汽通道直径，m。

⑤ 热量由管内蒸汽传递到冷凝段进行凝结换热，在冷凝段内传热量与热阻 R_5 分别为：

$$Q=\overline{h_{\rm ci}}A_{\rm ci}(t_{\rm ci}-t_{\rm cwi}) \tag{11-6a}$$

$$R_5=\frac{1}{A_{\rm ci}\cdot\overline{h_{\rm ci}}}=\frac{1}{\pi d_{\rm i}l_{\rm c}\cdot\overline{h_{\rm ci}}} \tag{11-6b}$$

式中，$\overline{h_{\rm ci}}$ 为热管内冷凝段平均换热系数，$\rm W/(m^2\cdot℃)$；$A_{\rm ci}$ 为冷凝段内表面积，$\rm m^2$；$t_{\rm ci}$ 为冷凝段管内蒸汽温度，℃；$t_{\rm cwi}$ 为冷凝段内管壁温度,℃；$l_{\rm c}$ 为冷凝段长度，m。

在重力热管的冷凝段内是饱和蒸汽的层流膜状凝结，遵循 Nusselt 的竖直平板层流膜状凝结理论。在热管冷凝段采用 Nusselt 提出的经典竖壁层流膜状凝结理论来解，对于光滑层流的热管内冷凝液膜而言，其冷凝段管内平均换热系数为[5]：

$$\overline{h_{\rm ci}}=0.943\left\{\frac{\rho_{\rm l}g\lambda_{\rm l}^3(\rho_{\rm l}-\rho_{\rm v})[h_{\rm fg}+0.68C_{p\rm l}(T_{\rm sat}-t_{\rm cwi})]}{4\mu_{\rm l}(T_{\rm sat}-t_{\rm cwi})l_{\rm c}}\right\}^{\frac{1}{4}} \tag{11-7}$$

式中，$T_{\rm sat}$ 为工质饱和温度，℃。

⑥ 热量由冷凝段的内壁面传递到外壁面的导热和径向导热热阻 R_6 分别为：

$$Q=\frac{2\pi\lambda_{\rm w}l_{\rm c}(t_{\rm cwi}-t_{\rm cwo})}{\ln(d_{\rm o}/d_{\rm i})} \tag{11-8a}$$

$$R_6=\frac{\ln(d_{\rm o}/d_{\rm i})}{2\pi\lambda_{\rm w}l_{\rm c}} \tag{11-8b}$$

式中，$t_{\rm cwo}$ 为冷凝段外管壁温度，℃。

⑦ 冷凝段外管壁面与管外的冷流体之间的对流换热，其传热量和热阻 R_7 分别为：

$$Q=h_{co}^{c}A_{co}(t_{cwo}-t_{co}^{c}) \tag{11-9a}$$

$$R_7=\frac{1}{A_{co}\cdot h_{co}^{c}}=\frac{1}{\pi d_o l_c\cdot h_{co}^{c}} \tag{11-9b}$$

式中，h_{co}^{c} 为冷凝段外表面传热系数，W/(m^2·℃)；A_{co} 为冷凝段外表面积，m^2；t_{co}^{c} 为冷凝段管外冷流体温度，℃。

⑧ 沿热管轴向，管壁的导热热阻 R_8 为：

$$R_8=\frac{4l_{eff}}{\pi\lambda_w(d_o^2-d_i^2)} \tag{11-10}$$

根据热管的传热过程及热阻分析，除管壁轴向传热热阻 R_8 并联外，其余七个热阻均为串联，图 11.5 为轴向重力热管的传热热阻网络关系图。总热阻 R 为：

$$R=R_1+\left(\frac{1}{\sum_{i=2}^{6}R_i}+\frac{1}{R_8}\right)^{-1}+R_7 \tag{11-11a}$$

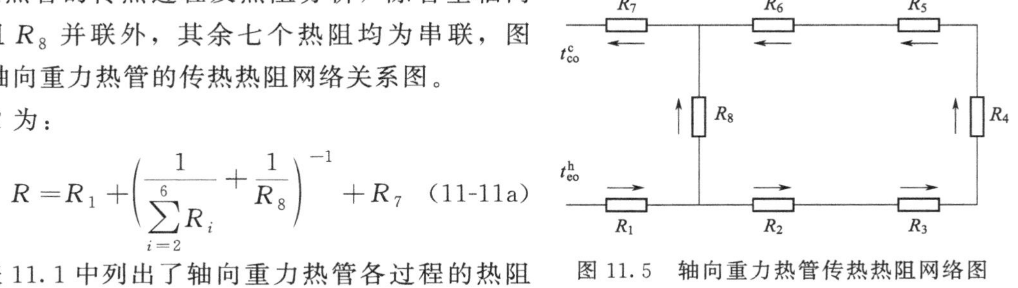

图 11.5 轴向重力热管传热热阻网络图

在表 11.1 中列出了轴向重力热管各过程的热阻计算方式，热管蒸发段、冷凝段管外流体的换热形式多种，表中是较为典型的常用的冷、热流体均为气体，横掠热管外壁时的对流换热和导热热阻，并给出了工程中常用的水-碳钢重力热管各部分热阻计算的数值量级的大致范围，由表中可以看出，热管在传递热量的各个过程中，相比之下热阻较小的是管内蒸汽的轴向流动传热热阻 R_4，在一般情况下这部分可以忽略不计；而热管管壁轴向的导热热阻 R_8 较大，则通过的热量很小，在其并联的热阻网络中此处可视为“断路”，这样，热管中各环节的热阻均为串联，总热阻 R 的计算可以简化为：

$$R=R_1+R_2+R_3+R_5+R_6+R_7 \tag{11-11b}$$

$$R=\frac{\Delta t}{Q}=\frac{t_{eo}^{h}-t_{co}^{c}}{Q} \tag{11-11c}$$

传热量：

$$Q=\frac{t_{eo}^{h}-t_{co}^{c}}{R} \tag{11-12}$$

由式 (11-12) 可见，在热管传热过程中，中间的各状态点温度都相互抵消了，最后只剩下管外冷、热流体之间的温差 $(t_{eo}^{h}-t_{co}^{c})$ 即传热温差。

表 11.1 轴向重力热管热阻计算式

序号	各部分热阻	计算式	水-碳钢热管热阻数量级/(℃/W)
1	管外热流体与蒸发段外管壁面的对流换热热阻	$R_1=\frac{1}{\pi d_o l_e h_{eo}^{h}}$	$10^{-2}\sim1$

续表

序号	各部分热阻	计算式	水-碳钢热管热阻数量级/(℃/W)
2	在蒸发段热量外壁面传递到内壁面的径向导热热阻	$R_2=\dfrac{\ln(d_o/d_i)}{2\pi\lambda_w l_e}$	$10^{-4}\sim10^{-3}$
3	热量从内管壁传递给管内工质蒸发换热热阻	$R_3=\dfrac{1}{\pi d_i l_e \overline{h}_{ei}}$	$10^{-5}\sim10^{-4}$
4	管内蒸汽轴向流动传热热阻	$R_4=\dfrac{128\mu_v l_{eff} T_v}{\pi d_v^4 \rho_v^2 h_{fg}^2}$	$10^{-10}\sim10^{-7}$
5	管内蒸汽在冷凝段的凝结换热热阻	$R_5=\dfrac{1}{\pi d_i l_c \overline{h}_{ci}}$	$10^{-5}\sim10^{-4}$
6	热量由冷凝段的内壁面传递到外壁面的径向导热热阻	$R_6=\dfrac{\ln(d_o/d_i)}{2\pi\lambda_w l_c}$	$10^{-4}\sim10^{-3}$
7	冷凝段外管壁面与管外的冷流体之间的对流换热热阻	$R_7=\dfrac{1}{\pi d_o l_c h_{co}^c}$	$10^{-2}\sim1$
8	热管轴向管壁的导热热阻	$R_8=\dfrac{4l_{eff}}{\pi\lambda_w(d_o^2-d_i^2)}$	10^3

热管的传热能力虽然较大但不是无限的，同样也存在着传热极限。热管的传热极限为在特定条件下达到的最大传热热流量。依据重力热管的结构特征，主要有携带极限、沸腾极限、声速极限、干涸极限和冷凝极限。

(1) 携带极限

携带极限是由于热管内回流工质液体被与其逆向流动的蒸汽大量携带返回冷凝段而使热管蒸发段发生局部干涸时的传热热流量。在重力热管工作中，管内工质受热蒸发，蒸汽向上流动，到达冷凝段的蒸汽凝结成液体且沿管壁向下流动，形成了蒸汽与冷凝液回流的逆向流动，在蒸汽和液体界面上产生剪切力，随着管内蒸汽流速的增高，蒸汽可将回流过程中的冷凝液携带到冷凝段，阻碍了冷凝液回流到蒸发段，造成蒸发段内没有回流液体而出现干涸现象，致使管壁温度迅速升高，热管传热失效。携带极限易出现在热管较高的轴向热流密度情况下，从现象上可以观察到蒸发段管壁温度突然快速上升，甚至可以听到携带液滴撞击冷凝段端盖的声音。携带极限与蒸发段轴向热流密度、工质的物性、充液量、管径等因素有关，重力热管的携带极限 $Q_{e,max}$ 可采用下式计算[5]：

$$Q_{e,max}=Kuh_{fg}A_v[g\sigma(\rho_l-\rho_v)]^{\frac{1}{4}}\left(\rho_v^{-\frac{1}{4}}+\rho_l^{-\frac{1}{4}}\right)^{-2} \tag{11-13}$$

式中，A_v 为热管内蒸汽腔的横截面积，m^2；σ 为工质液体表面张力系数，N/m；Ku 为无因次 Kutateladze 准则数，其值为：

$$Ku=C_k^2=\left(\frac{\rho_l}{\rho_v}\right)^{0.14}\tanh^2 Bo^{\frac{1}{4}} \tag{11-14a}$$

$$Bo=\left(\frac{C_k}{C_w}\right)^4\left[\frac{\sigma}{g(\rho_l-\rho_v)}\right]^{\frac{1}{2}} \tag{11-14b}$$

$$\frac{C_k}{C_w}=\sqrt{3.2} \tag{11-14c}$$

（2）沸腾极限

沸腾极限是热管蒸发段工质液体发生膜态沸腾时的传热热流量。热管工作时，蒸发段的液池内会产生核态沸腾，当输入热量不断增大，液池内的沸腾越来越剧烈，大量气泡汇集且连成一片紧贴管壁形成蒸汽膜，蒸汽膜将工质液体与管壁隔离开来，阻碍了管外热流体向管内工质的热量传导，导致管壁温度急剧升高，即认为是达到了沸腾传热极限。沸腾极限易发生在充液量较大、径向热流密度很高的情况下，又称之为烧毁传热极限。在沸腾理论基础上，经试验研究得到了在热管放置与垂直方向的夹角在 0°～86°之间；热管内工质的充液率为 0.029～0.60 之间；工质为水、乙醇等条件下较为合适的重力热管沸腾传热极限 $Q_{b,max}$ 的表达式为[5]：

$$Q_{b,max}=Q_{max,\infty}C^2\left[0.4+0.012\times\frac{d_i}{2}\sqrt{\frac{g(\rho_l-\rho_v)}{\sigma}}\right]^2 \tag{11-15}$$

$$Q_{max,\infty}=0.14h_{fg}\sqrt{\rho_v}\left[g\sigma(\rho_l-\rho_v)\right]^{\frac{1}{4}} \tag{11-16a}$$

$$C=A\left(\frac{d_i}{l_c}\right)^{-0.44}\left(\frac{d_i}{l_e}\right)^{0.55}\Omega^n \tag{11-16b}$$

式中，$Q_{max,\infty}$ 为池沸腾（单位面积下）的临界热流量，W/m^2；Ω 为充液率，即热管内工质量与总容积之比；A、C 为系数。当 $\Omega\leqslant35\%$ 时，$A=0.538$，$n=0.13$；当 $\Omega>35\%$ 时，$A=3.54$，$n=-0.37$。

（3）声速极限

声速极限是蒸汽流出蒸发段的速度达到声速（马赫数 $M=1$）时热管的传热热流量。重力热管达到声速极限时在长度方向存在较大的温差和压差并出现传热恶化。通常声速限在低温下出现，随着热管工作温度升高、蒸汽压力上升，蒸汽的声速流动可消失。另外，当输入热管蒸发段的热量较低或冷凝段的传热系数过高时蒸汽可达声速或超音速流动。依据一维蒸汽流动理论推导出的声速极限 $Q_{s,max}$ 的表达式为[5]：

$$Q_{s,max}=A_v\rho_0h_{fg}\left[\frac{\gamma_vR_vT_0}{2(\gamma_v+1)}\right]^{1/2} \tag{11-17}$$

式中，A_v 为蒸汽腔横截面积，m^2；ρ_0 为蒸汽密度，kg/m^3；γ_v 为蒸汽比热容比，其中单原子蒸汽为 5/3，双原子蒸汽为 7/5，多原子蒸汽为 4/3；R_v 为蒸汽的气体常数，$R_v=R_0/M$，R_0 为通用气体常数，8.314×10^3J/(kmol·K)，M 为工质蒸汽分子量；T_0 为蒸发段起始点蒸汽温度，K。

（4）干涸极限

干涸极限是当重力热管的充液量很少，蒸发段的径向热流密度较小时，在热管蒸发段底部可能出现干涸传热极限。冷凝段的冷凝下降液膜虽然可持续回流到蒸发段，但在蒸发段底部的液膜厚度几乎为零。当热流密度继续增大时，蒸发段底部液池出现干涸，蒸发段液膜蒸干，干涸区随着热流密度的进一步增大而扩展，从而导致壁面温度持续上升，即热管的干涸极限。适当的增加充液量是避免热管发生干涸极限的有效方法。

（5）冷凝极限

冷凝极限为由热管冷凝段的传热能力所制约的传热极限，与冷凝段的换热能力有关。重力热管内的不凝性气体聚集在热管上部，减少了冷凝段的换热面积降低其传热能力。通常采用增加冷凝段传热面积的方法来解决。只有当热管的冷凝段传热能力与蒸发段传热能力相匹配时，热管才能稳定的工作，其稳态过程的能量平衡方程为：

$$Q_{c,\max}=h_{co}^{c}A_{co}(t_{cwo}-t_{co}^{c}) \tag{11-18}$$

在轴向重力热管中，这些传热极限都将导致管壁温度急剧升高、过热，热管失效。携带极限是对蒸发段轴向热流密度的限制，沸腾极限和干涸极限是对蒸发段径向热流密度的限制。

当充液量较小时，一般首先发生干涸极限。

当轴向热流密度较小时，充液量和蒸发段径向热流密度都较大时，首先发生沸腾极限。

当轴向热流密度较大时，充液量较大、径向热流密度较小，首先发生携带极限。

通常，应用于工业余热回收和热交换中的轴向重力热管相对较长且充液量大，需要首先考虑携带极限。

11.2.2.2 径向重力热管

径向重力热管是一种特殊结构形式的水平夹套热虹吸管，也称双管式热虹吸管，对于结构优化后的径向偏心重力热管如图 11.4 所示，传热能力相对有所提升，工质在其夹套管内的换热过程较为复杂，当外管外流经热流体、内管内流经冷流体时，主要传热过程包含了：管壁的导热、液池沸腾和蒸发、冷凝换热，在内、外管之间的环状间隙中又分为上部的蒸汽腔和下部的液体腔。蒸汽腔内的蒸汽主要来自液体腔（液池）中工质的沸腾及其蒸发过程中携带到外管内壁面上方的飞溅液膜的蒸发；内管基本处于蒸汽腔内，蒸汽在水平内管外表面上冷凝放出凝结潜热，热量沿径向通过内管壁导入到流经内管里的冷流体，实现冷、热流体的热交换。

图 11.6 是径向偏心重力热管的一个横断截面图，内、外管呈水平状态，当热管处于稳定工作状态且不考虑散热损失的条件下，按热量传导方向依次由外管向内管传递的每一过程的传热、温降如图 11.7 所示。

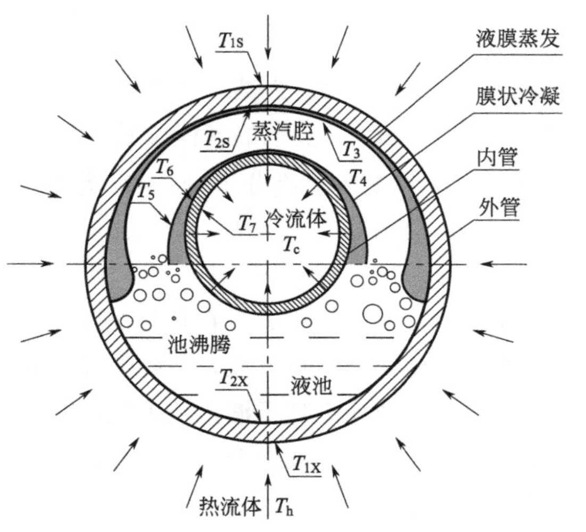

图 11.6　径向偏心重力热管断面图

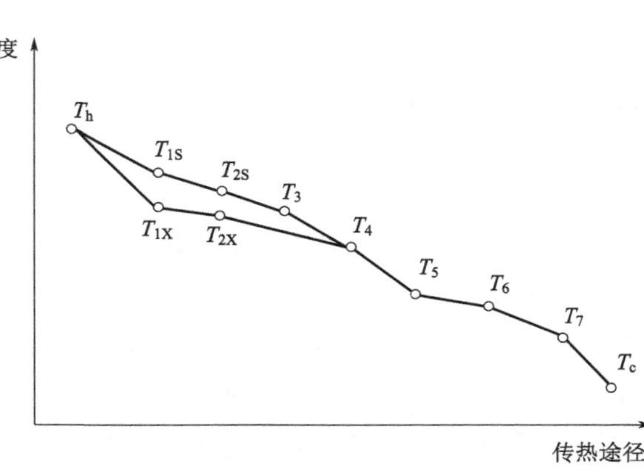

图 11.7　传热过程中的温降趋势图

图中，T_h 为流经外管外的热流体温度；T_{1S} 为外管上部外壁面温度，T_{1X} 为外管下部外壁面温度；T_{2S} 为外管上部内壁面温度，T_{2X} 为外管下部内壁面温度；T_3 为外管内壁面上方液膜表面温度；T_4 为内外管之间环状间隙中饱和蒸汽温度；T_5 为内管外壁面上冷凝液膜表面温度；T_6 为内管外壁面温度；T_7 为内管内壁面温度；T_c 为内管内冷流体温度。对应着温降，每个过程的热阻如下：

$\Delta t_1 = T_h - T_{1S}$，对应热阻 R_{1S}（热流体与外管外壁面上部的对流换热热阻），℃/W；

$\Delta t_2 = T_h - T_{1X}$，对应热阻 R_{1X}（热流体与外管外壁面下部的对流换热热阻），℃/W；

$\Delta t_3 = T_{1S} - T_{2S}$，对应热阻 R_{2S}（外管上部管壁导热热阻），℃/W；

$\Delta t_4 = T_{1X} - T_{2X}$，对应热阻 R_{2X}（外管下部管壁导热热阻），℃/W；

$\Delta t_5 = T_{2S} - T_3$，对应热阻 $R_3 + R_4$（外管内壁面上部液膜导热和蒸发热阻），℃/W；

$\Delta t_6 = T_{2X} - T_4$，对应热阻 R_5（内外管间隙中液池内的沸腾换热热阻），℃/W；

$\Delta t_7 = T_4 - T_5$，对应热阻 R_6（内管外壁面上的凝结换热热阻），℃/W；

$\Delta t_8 = T_5 - T_6$，对应热阻 R_7（内管外壁面上的液膜导热热阻），℃/W；

$\Delta t_9 = T_6 - T_7$，对应热阻 R_8（内管壁面导热热阻），℃/W；

$\Delta t_{10} = T_7 - T_c$，对应热阻 R_9（内管内壁面与冷流体的对流换热热阻），℃/W。

以上整个传热过程的热阻网络关系见图 11.8。

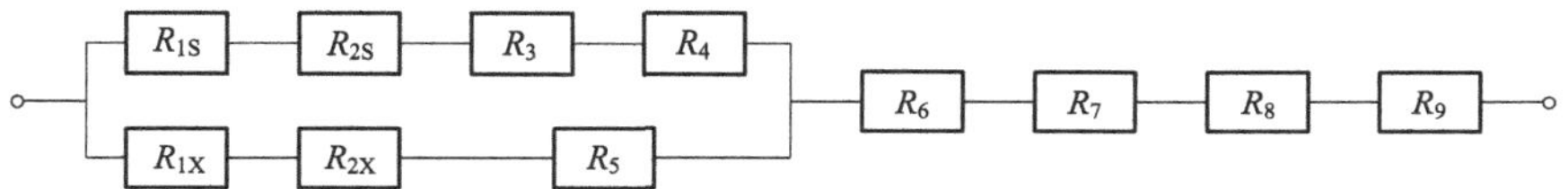

图 11.8 径向偏心重力热管热阻网络关系图

总热阻表达为：

$$R = \left(\frac{1}{R_{1S} + R_{1X} + R_3 + R_4} + \frac{1}{R_{1X} + R_{2X} + R_5}\right)^{-1} + R_6 + R_7 + R_8 + R_9 \tag{11-19}$$

下面对径向偏心重力热管中几个主要换热过程的热阻和换热系数进行分析[6]。

（1）内、外管环状间隙中液池内的换热

在稳定状态下，内管位于液池（工质）的上方，液池（工质）的沸腾换热量为：

$$Q = \alpha_{01} A_{01} (T_4 - T_{2X}) \tag{11-20}$$

式中，α_{01} 为液池内沸腾换热系数，W/(m^2·℃)；A_{01} 为液池（工质）与外管内表面接触的面积，m^2。

内、外管间隙中液池（工质）的沸腾换热热阻 R_5 为：

$$R_5 = \frac{1}{\alpha_{01} A_{01}} = \frac{T_4 - T_{2X}}{Q} \tag{11-21}$$

（2）内、外管环状间隙中内管外表面蒸汽的凝结换热

图 11.9 为冷凝液膜沿内管外壁向下流动，在冷凝液膜内取微元进行分析。假设：内管外壁面上的冷凝液膜不受下部池沸腾的影响，属常规水平管外的膜冷凝过程；凝结液膜流动的路径较短，可认为液膜内流体作层流流动；液膜沿内管外壁流动时，重力作用的方向和液

膜流动的方向不一致，且 $g\sin\theta$ 沿圆周连续变化，g 为重力加速度 m/s^2；冷凝液的密度、导热系数和黏度作常数处理。

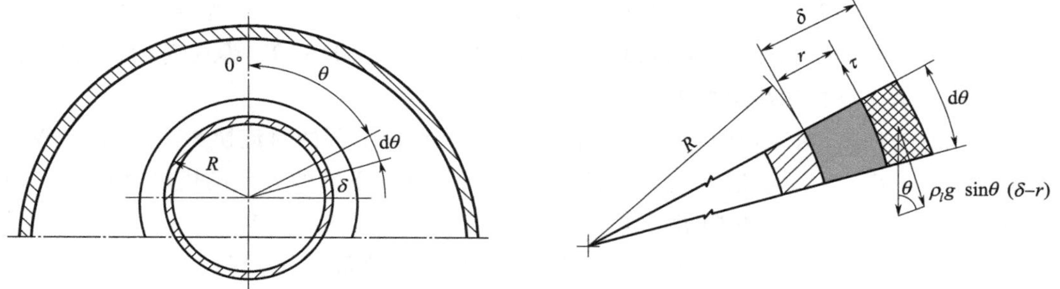

图 11.9　蒸汽于内管外表面上的冷凝示意图

在冷凝液膜内取一微元，分析其瞬间的受力和运动情况，微元边长在极坐标系内沿 R、θ 方向分别取（$\delta-r$）、$\mathrm{d}\theta$，沿管长度方向取 1 个单位长度，其中 δ 为 θ 处的凝结液膜厚度，假设蒸汽对液膜没有摩擦阻力，在稳定情况下，重力作用在液膜流动方向的分量与黏性力 τ 达到平衡，即：

$$\rho_1 g\sin\theta(\delta-r)\times1\times(R+r)\mathrm{d}\theta=\mu_1(R+r)\mathrm{d}\theta\times1\times\frac{\mathrm{d}u}{\mathrm{d}r} \tag{11-22}$$

$$\frac{\mathrm{d}u}{\mathrm{d}r}=\frac{\rho_1 g\sin\theta}{\mu_1}(\delta-r) \tag{11-23}$$

其边界条件为：$r=0$，$u=0$，积分并代入边界条件后可得液膜在截面上的速度分布为：

$$u=\frac{\rho_1 g\sin\theta}{\mu_1}\left(\delta r-\frac{1}{2}r^2\right) \tag{11-24}$$

此时，凝结液的质量流量 $\dot{m}$ 为：

$$\dot{m}=\rho_1\int_0^{\delta}u\,\mathrm{d}r \tag{11-25}$$

由式（11-24）和式（11-25）得：

$$\dot{m}=\frac{\rho_1^2 g(\sin\theta)\delta^3}{3\mu_1} \tag{11-26}$$

得到 θ 处的凝结液膜厚度为：

$$\delta=\left(\frac{3\dot{m}\mu_1}{\rho_1{}^2 g\sin\theta}\right)^{\frac{1}{3}} \tag{11-27}$$

蒸汽冷凝放出的热量应等于以导热方式通过冷凝液膜的热量，假定液膜和壁面接触处的温度等于壁温 T_w，而液膜和蒸汽接触处的温度等于蒸汽饱和温度 T_s，则通过液层的温差为 $\Delta T=T_s-T_w$：

$$h_{fg}\frac{\mathrm{d}\dot{m}}{R\,\mathrm{d}\theta}=\frac{\lambda_1(T_s-T_w)}{\delta} \tag{11-28}$$

由式（11-27）和式（11-28）得：

$$h_{fg}\mathrm{d}\dot{m}=R\lambda_1(T_s-T_w)\left(\frac{\rho_1{}^2 g\sin\theta}{3\dot{m}\mu_1}\right)^{\frac{1}{3}}\mathrm{d}\theta \tag{11-29}$$

整理得：

$$\dot{m}=\left[\frac{4}{3}\ \frac{R\lambda_1(T_s-T_w)}{h_{fg}}\left(\frac{\rho_1^2 g}{3\mu_1}\right)^{\frac{1}{3}}\int_0^\theta(\sin\theta)^{\frac{1}{3}}\mathrm{d}\theta\right]^{\frac{3}{4}} \tag{11-30}$$

式中取：

$$A=\left[\int_0^\theta(\sin\theta)^{\frac{1}{3}}\mathrm{d}\theta\right]^{\frac{3}{4}} \tag{11-31}$$

$$\dot{m}=\left(\frac{4}{3}\right)^{\frac{3}{4}}A\left[\frac{R^3{\lambda_1}^3(T_s-T_w)^3{\rho_1}^2 g}{{h_{fh}}^3\mu_1}\right]^{\frac{1}{4}} \tag{11-32}$$

沿液膜的平均换热系数 α 计算：

$$\alpha=\frac{h_{fg}\dot{m}}{R\theta(T_s-T_w)} \tag{11-33}$$

由式（11-32）和式（11-33）得：

$$\alpha=CA\ \frac{1}{\theta}\left[\frac{h_{fg}\rho_1^2 g\lambda_1^3}{R\mu_1}\ \frac{1}{T_s-T_w}\right]^{\frac{1}{4}} \tag{11-34}$$

式中，$C=\left(\frac{4}{3}\right)^{\frac{3}{4}}$；取 $k=CA\ \frac{1}{\theta}$；则：

$$\alpha=k\left[\frac{h_{fg}{\rho_1}^2 g{\lambda_1}^3}{R\mu_1}\ \frac{1}{T_s-T_w}\right]^{\frac{1}{4}} \tag{11-35}$$

由式（11-35）可以求解出：沿水平管从 0°到 θ 角处管外的平均凝结换热系数，系数 A 随着角度 θ 的变化而改变，根据数学计算软件求解系数 k 随着角度 θ 的对应关系见图 11.10。由图可知，当 θ 为 0°～180°时，系数 k 对应的数值为 1～0.805，这样可以求解得到在任意角度的水平管外的平均凝结换热系数。在偏心热管中，不同的充液率所对应的液池高度不同，存在不同的 θ 角，即：可以得到不同充液率下的水平管外的平均凝结换热系数。

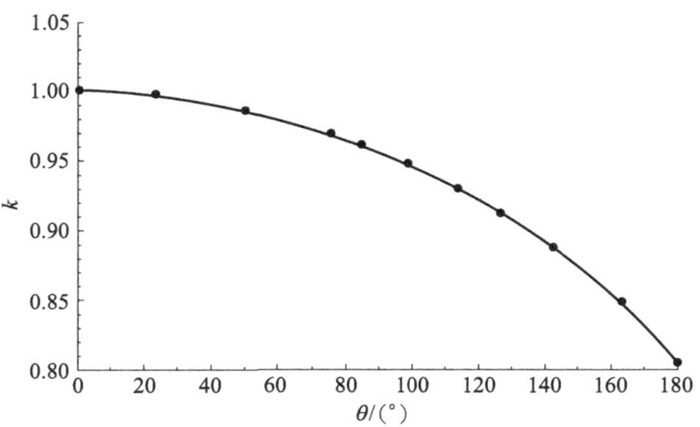

图 11.10　k 与 θ 的对应数值关系图

根据以上推导，在蒸汽腔内的凝结换热量为：

$$Q=\alpha_{02}A_{02}(T_4-T_6) \tag{11-36}$$

式中，α_{02} 为内外管环状间隙中蒸汽的平均凝结换热系数，W/(m^2·℃)；A_{02} 为内管外壁面与蒸汽接触的外表面积，m^2。

内管外壁面上的凝结换热热阻 R_6 为：

$$R_6=\frac{1}{\alpha_{01}A_{01}}=\frac{T_4-T_6}{Q} \tag{11-37}$$

(3) 内管壁的径向导热量

热量由内管外壁面向内壁面的径向导热量及热阻为：

$$Q=\frac{T_6-T_7}{\dfrac{\delta_i}{\lambda_w A_m}} \tag{11-38}$$

式中，δ_i 为内管壁厚度，m；A_m 为内管内、外壁面的平均表面积，m^2。

内管管壁的径向导热热阻 R_8 为：

$$R_8=\frac{\delta_i}{\lambda_w A_m}=\frac{T_6-T_7}{Q} \tag{11-39}$$

(4) 内管内流体的对流换热

流经内管内的冷流体与内管内壁面的换热为：

$$Q=\alpha_i A_{i1}(T_7-T_c) \tag{11-40}$$

式中，α_i 为内管内壁与流体的对流换热系数，W/(m^2·℃)；A_{i1} 为内管置于蒸汽腔中的内表面积，m^2；当内管完全置于液池（工质）之上时，A_{i1} 代表内管的内表面积。

内管内流体的对流换热热阻 R_9 为：

$$R_9=\frac{1}{\alpha_i A_{i1}}=\frac{T_7-T_c}{Q} \tag{11-41}$$

径向偏心重力热管中其余的热阻可参照轴向重力热管进行分析计算。

11.2.2.3 分离式热管

一种蒸发段和冷凝段分离的热管，通过蒸汽上升管和液体下降管连通形成一个自然循环回路，如图 11.11 所示，通常，分离式热管蒸发段、冷凝段为管束内联通结构形式。热管内的工质汇集在蒸发段管束下部，蒸发段受热后，工质蒸发，产生的蒸汽通过蒸汽上升管到达冷凝段管束内释放出潜热而凝结成液体，在重力作用下，经液体下降管回流到蒸发段，如此循环往复运行。分离式热管的冷凝段置于蒸发段之上，冷凝段和蒸发段之间的位差、上升管内蒸汽与下降管内液体之间的密度差，作为热管内运行的推动力用以克服蒸汽和液体流动的压力损失，分离式热管的正常运行无需外加任何动力。分离式热管管内流动与传热同样包含了两相流动、相变换热及自然循环等，但是其冷凝液的回流与轴向重力热管不同，通过下降管进入蒸发段底部流入，在蒸发段工质液体的流入方向与蒸汽向上流动方向一致，下面对分离式热管内的流动、传热进行分析。

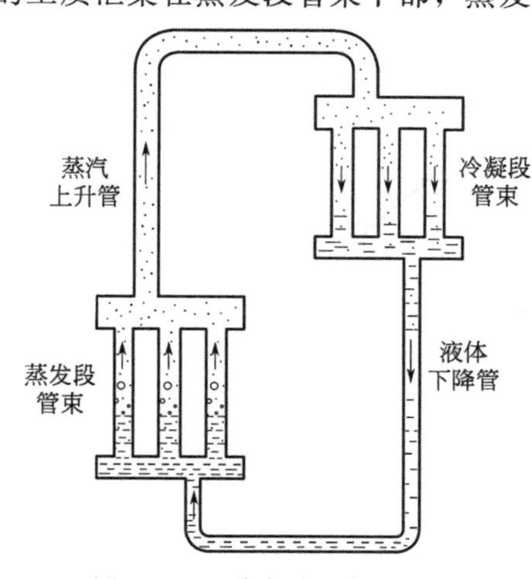

图 11.11 分离式热管示意图

（1）蒸发段管内换热

在分离式热管蒸发段中没有轴向重力热管中的蒸汽上升流动与冷凝液向下回流所形成的相向流动。分离式热管稳定运行时，从蒸发段底部向上依次为液池内工质液体的对流换热、核态沸腾、对流蒸发等换热，文献［5］中归纳出了前人的多个研究结果，其中陈远国等对分离式热管蒸发段内的平均换热系数 $\overline{h_{ei}}$ 为：

$$\overline{h_{ei}}=7.915\times q_e^{0.662}p_v^{0.0566} \tag{11-42}$$

式中，蒸发段热流密度 $q_e=(0.5\sim3.5)\times10^4\ \mathrm{W/m^2}$，蒸汽压力 $p_v=(0.45\sim16.3)\times10^5\ \mathrm{Pa}$，充液率为 30%～90%。

（2）冷凝段管内换热

蒸发段管内的工质蒸汽通过上升管到达冷凝段上部，在冷凝段管内由上往下流动的过程中进行凝结换热。假定管内不含不凝性气体，为竖直管内的液-汽并流的凝结换热过程，在竖直管不长、热流密度较低的情况下，可以按照 Nusselt 膜状层流凝结理论计算；对于竖直管较长即冷凝段长达数米，蒸发与凝结换热的热流密度较高时，液膜下降流动可能进入紊流区；蒸汽流速对换热产生影响。液膜由层流转变为紊流的临界雷诺数为 $Re=1600$，文献［5］中给出了既考虑到液膜上部层流又考虑液膜下部紊流的平均换热系数 $\overline{h_{ci}}$ 为：

$$\frac{\overline{h_{ci}}l_c}{\lambda_1}=\left(\frac{g\rho_1^2l_c^3}{\mu_1^2}\right)^{\frac{1}{3}}\frac{Re}{\left[58Pr^{-0.5}\left(\frac{Pr_w}{Pr}\right)^{0.25}(Re^{\frac{3}{4}}-253)+9200\right]} \tag{11-43}$$

式中，Pr_w 为壁温下的计算值。

（3）分离式热管传热极限

与轴向重力热管相比，分离式热管蒸发段内蒸汽与液体同向流动，所以不存在携带极限，限制其传热能力的主要极限为声速极限、冷凝极限和烧干极限。

声速极限，与轴向重力热管一样，当蒸发段出口处的蒸汽速度达到声速即蒸发段出口处的马赫数 $M=1$ 时，则认为达到声速极限。在分离式热管蒸汽上升管中，蒸汽的速度值最大，可通过加大蒸汽上升管的管径或增加蒸汽上升管的数量，来避免声速极限的发生。

冷凝极限，由冷凝段传热能力所制约的传热极限。只有当冷凝段的热量耗散能力与蒸发段的热量吸收能力相匹配时，热管才能稳定工作。因此，在分离式热管的设计中同样需要核算冷凝段的换热能力。

烧干极限，在分离式热管蒸发段中，传热恶化多发生于局部干涸或环状流区液膜的蒸干，即烧干限。在蒸发段液池上方的环状流区液膜蒸干的机理主要为：由于回流液不够，液膜的简单烧干、液膜的溪流化、液膜破裂、蒸汽核心对液体的强烈再夹带等等，适当加大分离式热管的充液量是消除其烧干限的有效方法。

11.2.3　重力热管构成与分类

重力热管主要由工质、管壳和端盖构成，它们之间必须相容，不发生显著的化学反应或物理变化。

（1）工质

热管中用于传递热量的工作介质选择尤为重要，工质的物性参数对热管工作特性影响较大。对工质的一般要求为：与所接触材料之间要相容；工质的沸点满足工作温度要求；工质汽化潜热大、黏度要小；工质的饱和蒸汽压力满足壳体强度要求；工质的热稳定性能好；工质的品质与纯度要求高；工质的毒性、环境污染及经济性要求等。可以把液态工质物性对热管传热能力的影响归纳成一个数群表示，即工质传输品质因数 N，式（11-44）为工质液相品质因数表达式，就工质的物性方面，要求其汽化潜热要高、表面张力要大、黏度要低。图 11.12[4] 为部分常用工质的液相品质因数曲线，由图中可见，每种工质的品质因数值在各自对应的温度较低处较高，随着温度的升高，各自的品质因数值都在下降。主要是工质液体通常随温度升高其黏度减小，而其汽化潜热、表面张力和密度的减小的幅度更大，导致品质因数值减小。对应着热管的工作温度，可以选择品质因数值较高的工质。

$$N=\frac{\sigma\rho_1 h_{fg}}{\mu_1} \tag{11-44}$$

式中，N 为品质因数，W/m^2；σ 为液体的表面张力系数，N/m；ρ_1 为液体密度，kg/m^3；h_{fg} 为液体的汽化潜热，J/kg；μ_1 为液体的动力黏度，kg/(m·s)。

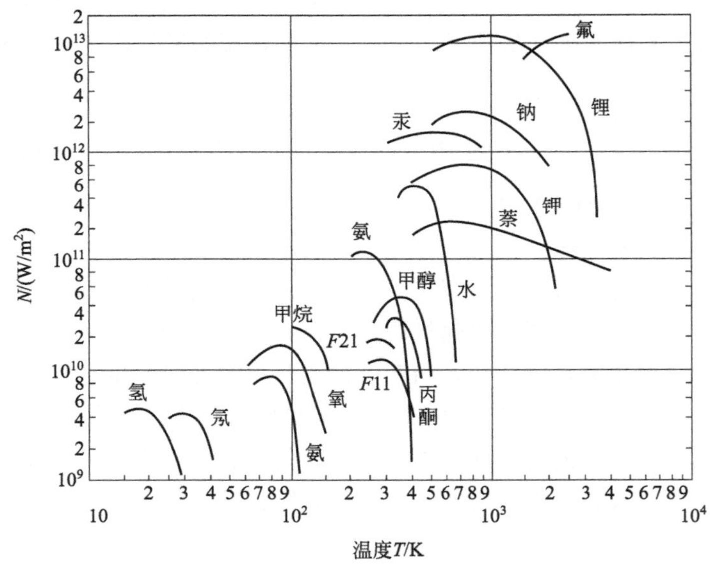

图 11.12　工质液体的品质因数

（2）管壳和端盖

管壳一般采用无缝管且与工质相容；满足热管的工作温度，对其所承受的最高工作压力进行强度校核，或按热管设计压力进行管壁厚度设计，并附加考虑外在腐蚀、磨损等因素。管壳材料的导热性能、可加工性能要好。对应着热管管壁温度、使用要求、管外流体介质特性等，热管换热器中常用的管壳标准如下：GB/T 3087—2022《低中压锅炉用无缝钢管》、GB/T 5310—2017《高压锅炉用无缝钢管》、GB/T 9948—2013《石油裂化用无缝管钢管》、GB/T 13296—2013《锅炉、热交换器用不锈钢无缝钢管》、GB/T 21833.1—2020《奥氏体-铁素体型双相不锈钢无缝钢管》、GB/T 8890—2015《热交换器用铜合金无缝管》、GB/T 6893—2022《铝及铝合金拉（轧）制管材》等。目前，工程中常用的重力热管的基管外径范

围在 ϕ25～159mm，轴向重力热管单根长度一般在 40m 之内。

端盖作为热管管壳两端的密封件，不仅要与工质相容，可加工性能好；还要满足温度、强度等的要求以及考虑外在流体腐蚀等因素。

表 11.2 给出了工质和管壳材料组合的推荐参考。

表 11.2　热管工质与管壳材料组合推荐表

序号	工质名称	推荐热管管内工作温度范围/℃	推荐管壳材料			
			材料 1	材料 2	材料 3	材料 4
1	氨	−60～80	铝合金	不锈钢	镍合金	低碳钢
2	氢氟烃 134A	−30～80	铝合金	不锈钢	—	—
3	丙酮	0～120	铝合金	不锈钢	铜、黄铜	—
4	甲醇	0～130	不锈钢	铜、黄铜	镍合金	—
5	乙醇	0～120	碳钢	不锈钢	—	—
6	水	50～260	铜	碳钢	—	—
7	*N*-甲基吡咯烷酮	220～320	碳钢	不锈钢	—	—
8	萘	230～380	碳钢	不锈钢	—	—
9	汞	250～650	奥氏体不锈钢	—	—	—
10	钾	380～820	不锈钢	镍	Mo14Re	高温合金钢
11	钠	530～1030	不锈钢	镍	Mo14Re	高温合金钢

在表 11.2 中，钾、钠碱金属类工质需要经过精馏提纯等工艺获得较高的纯度；*N*-甲基吡咯烷酮、萘等有机介质为工质其纯度需要达到化学纯及以上级别；工质水需经去离子处理。

对工质为水，管壳（含端盖）材料为碳钢时，由于碳钢中的铁与水发生下列化学反应，产生不凝性氢气聚集到上部冷凝段形成气塞，减少了热管冷凝换热面积，降低了热管传热能力，甚至使热管传热失效。

$$Fe+2H_2O \longrightarrow Fe(OH)_2+H_2\uparrow$$

$$3Fe+4H_2O \rightleftharpoons Fe_3O_4+4H_2\uparrow$$

$$Fe(OH)_2 \xrightarrow{T>120℃} Fe_3O_4+H_2O+H_2\uparrow$$

目前相应的解决方法有：对材料进行化学钝化成膜处理，在管壳内碳钢表面形成钝化膜，阻隔工质水与碳钢的反应；在工质中添加缓蚀剂阻止其化学反应或加入强氧化剂以化学反应去除氢气；增加冷凝段长度，专门用来贮存不凝性气体；定期排气等。通过化学处理方式以及上述多种方法组合使用，可有效解决碳钢与水的化学反应，使低成本的水-碳钢热管在工业余热回收中被广泛使用。

（3）重力热管分类

热管的分类方式较多，可以从其结构、种类、用途、材质及工质品种等多个方面划分。

按管壳材料和工质的组合方式分：碳钢-水热管、铝-氨热管、碳钢-萘热管、不锈钢-钠热管等。

热管的使用温度范围较广，热管工作时管内工质蒸汽的温度称为热管的工作温度，按热管管内工作温度分类，可分为高温热管、中温热管、低温热管和深低温热管。在 GB/T

14811—2008《热管术语》中定义了高温热管：工作温度在750K以上的热管；中温热管：工作温度在550～750K的热管；低温热管：工作温度在200～550K的热管；工作温度在200K以下的为深低温热管。而在实际工程应用中，又通常习惯性的将中、低温区域的热管分为：低温热管（管内工作温度在－273～0℃）、常温热管（管内工作温度在0～250℃）、中温热管（管内工作温度为250～450℃）等。

按结构形式分：轴向热管、径向热管、分离式热管、异形热管等。

按热管功能划分：传输热量的热管、热二极管、热开关、可变导热管等。

11.2.4 重力热管技术特性

（1）传热性能

热管的工作方式和结构决定了热管的特性，热管内部主要靠工作液体的汽、液相变传热，热阻很小，因此具有很高的导热能力。与银、铜、铝等金属相比，单位重量的热管可多传递几个数量级的热量。

热管内腔的蒸汽处于饱和状态，饱和蒸汽的压力取决于饱和温度，饱和蒸汽从蒸发段流向冷凝段所产生的压降、温降很小，因而热管具有优良的等温性。

（2）热流密度可调性能

重力热管在一定范围内可独立改变蒸发段或冷却段的换热面积，通过调控单位面积上的热流量，即：以较小的传热面积输入热量，而以较大的冷却面积输出热量；或以较大的传热面积输入热量，而以较小的冷却面积输出热量，使得单位面积上的热流量发生变化。通过改变热流密度，可以在一定范围内调节热管内的蒸汽温度及管壁温度，这种方法在工程应用中可以起到热管安全运行及防腐等重要作用。热管基管外还可装设翅片，通过调整翅片形状、几何尺寸等多种措施来调节换热面积，达到调节热流密度。如图11.13所示，当传热量Q一定时，图11.13（a）中蒸发段传热面积＜冷凝段传热面积时，可以在一定范围内起到控制管内蒸汽温度，使热管安全运行；图11.13（b）中蒸发段传热面积＞冷凝段传热面积时，管内蒸汽温度可适当升高，进而达到提高管壁温度，可用在低温处来避免露点腐蚀等现象。

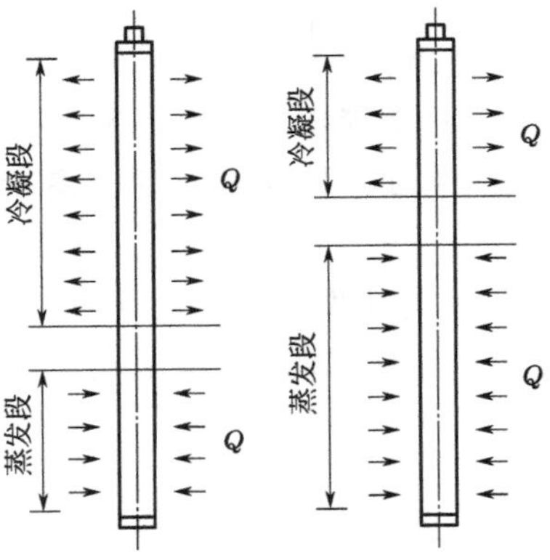

(a)　(b)

图11.13　热流密度变换示意图

（3）源汇分隔性能

热管的蒸发段（热源）和冷凝段（热汇）可以分别布置在热流体通道和冷流体通道进行热交换，分隔的距离可以根据实际需要及所采用的热管性能来确定，源汇相距可达到数十米以上，这种技术在地热利用、冻土工程及工艺热交换中有十分重要的意义。在图11.11所示的分离式热管和图11.14所示的轴向重力热管的布置均属于冷、热源分离，特别是分离式热管，更有效的将冷、热流体分开布置，互相不窜漏，保证了生产的连续和安全。图11.14（a）中热管通过绝热段进行冷、热源的分离，图11.14（b）为换热器中热管，通过布置在热管绝热段处的中间管板分隔常压下的气态冷、热流体。同时，在图中示出了热管的热流密度可调特性在换热器中的一种应用方式。当温度较高的热流体流经前几排热管蒸发段时，可通过采用光管或加大翅片螺距等方法来调节此处的热流密度，达到控制热管内的蒸汽温度以防超温超压，使热管运行在安全范围。随着热流体的换热降温，当其流经最后几排热管时，为防止管壁温度低于热流体的露点温度，可以通过减少热管冷凝段的换热面积，即在该处热管冷凝段采用大螺距翅片或光管等方式改变热流密度进而提高热管内的工作温度，达到提高管壁温度的效果，在工程应用中，一定范围内可解决烟气的露点腐蚀问题。

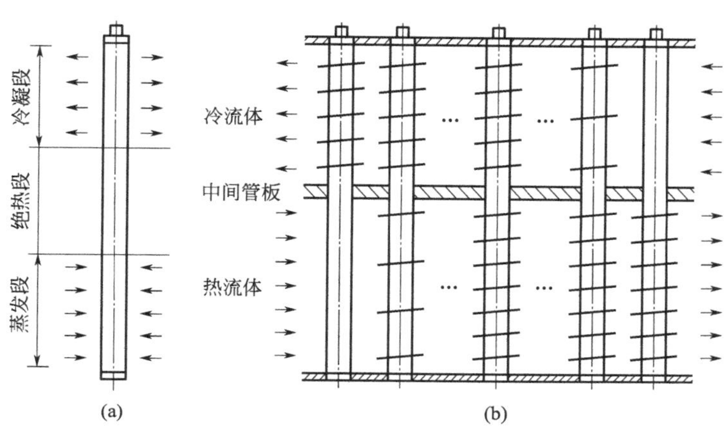

图 11.14　源汇分隔示意图

（4）单向导热性能

轴向重力热管的冷凝段要求位于蒸发段之上，当下部蒸发段温度高于冷凝段温度时，热管可以工作，管内工质在蒸发段汽化到达上部冷凝段凝结放热，冷凝液体依靠重力回流到下部蒸发段。反之，当热管下部温度低于上部温度时，热管停止工作；或蒸发段在冷凝段之上，热管也停止工作，所以轴向重力热管具有单向导热性能，即热二极管，如图 11.15 所示。热二极管原理在太阳能及寒区冻土工程中有很重要的应用。

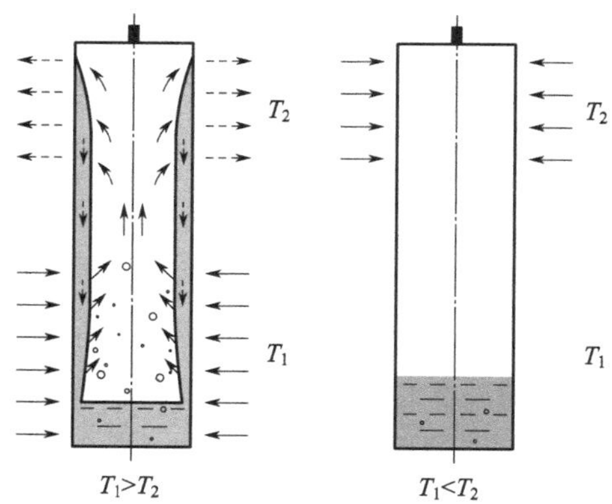

图 11.15　轴向重力热管单向导热示意图

（5）热控制性能

通过改变热管的热导以调节其温度的可控热管，称为可变热导热管。如图 11.16 所示为充气式可变导轴向重力热管的各工作状态示意图。图 11.16（b）中在热管的冷凝段充有一定量的不凝性气体，当蒸发段输入热量 Q，热管稳定工作时在冷凝段上部存在不凝性气体区域；当减小蒸发段输入热量 Q^-，管内饱和蒸汽压力下降，不凝性气体区域增加，冷凝段传热面积减小，输出热量也随之减小，如图 11.16（a）所示；当增加蒸发段输入热量 Q^+，管内饱和蒸汽压力升高，不凝性气体区域被压缩减小，冷凝段传热面积加大，热管输出热量也随之加大，如图 11.16（c）所示。如此，可调节热管的换热量，控制热源或热汇的温度。

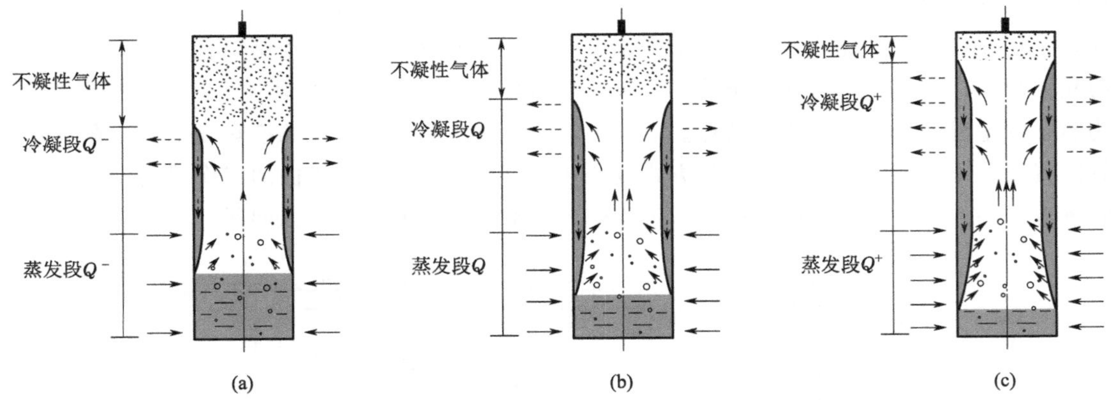

图 11.16 充气式可变热导轴向重力热管示意图

11.3 热管换热器的类型与结构

由热管作为传热元件组成的换热器称为热管换热器，热管换热器形式多种多样，按热流体、冷流体的流动形态可分为：气-气式、气-汽式、气-液式、液-气式等；按热管的结构可分为整体式、分离式等；按热管的放置形式又可分为立式、斜置式等。在工业余热回收或工艺流体之间热交换等场合所采用的热管换热器中，通常采用重力式热管作为传热元件。

11.3.1 整体式热管换热器

热管换热器中，热管蒸发段、冷凝段外换热流体的主要形态为气态和液态或两相共存，对于管外与固体的热交换只在一些特殊的场合应用，习惯按换热流体流经蒸发段、冷凝段的状态来称之。

11.3.1.1 气-气式热管换热器

用于冷、热流体均为气体之间的热交换，气-气式热管换热器主要由轴向重力热管、管板及壳体组件等构成，热管蒸发段和冷凝段分别位于热流体和冷流体通道中，通过热管将热流体的热量传递给冷流体，实现两种气体的热交换。换热器中每根热管都是相对独立的传热元件，即使单根热管损坏也不影响连续生产、运行；热管蒸发段和冷凝段管外均可同时增设翅片以拓展传热面积，提高换热性能，这是气-气式热管换热器所具有的独特优势。气-气式热管换热器所具备的特点有：

① 设备运行连续、安全、可靠。较常规换热设备的管内、外间壁换热，热管独特的二次间壁换热结构（即热流体要通过热管的蒸发段和冷凝段管壁才能传到冷流体），增强了设备运行的可靠性；冷、热流体的分隔，设备更安全、可靠，可长期连续运行。

② 传热效率高，热管的蒸发段、冷凝段两侧均可根据需要装设翅片来增加传热面积，致使设备结构紧凑，体积小，占地面积少。

③ 有效地避免冷、热流体的窜流，每根热管都是相对独立的密闭单元，冷、热流体均在管外流动，并由管板和中间密封结构将冷、热流体完全隔开。

④ 有效地防止露点腐蚀，采用热管的热流密度可调性能，通过调整热管根数或调整热

管蒸发段、冷凝段两侧管外的传热面积比，在一定范围内可使热管管壁温度提高到露点温度以上。

⑤ 有效防止积灰，通过调整换热器中每排热管的布置根数，形成流通的变截面通道形式，使流体在降温过程中通过每排热管时的流速一致，起到一定的自清灰作用。

⑥ 换热器中无任何转动部件，没有附加动力消耗，不需要经常更换热管元件，即使有部分元件损坏，也不影响正常生产。

⑦ 单根热管的损坏不影响其他的热管，同时对换热器整体换热效果的影响也可忽略不计。

⑧ 热管换热器还可进行模块化设计，经串、并联组合以适应不同的运行负荷。

在热管的蒸发段和冷凝段管外以增设翅片拓展传热面积，常用翅片的形式有螺旋圆盘翅片、齿形翅片、H 型翅片、纵向直翅片及“钉头管”等形式，翅片与管壳通常采用高频电阻焊接、激光焊、整体轧制等技术。如图 11.17 所示。

(a) 螺旋圆盘翅片&齿形翅片

(b) 纵向直翅片

(c) H型翅片

图 11.17　翅片形式示意图

在气-气式热管换热器中，根据热管的放置形式可分为立式和倾斜式两种布置方式，热管的冷凝段位于蒸发段上方，在斜置式结构中热管轴向与水平方向夹角 $\alpha \geqslant 12°$，如图 11.18 所示。

在该换热器壳体内由中间管板（亦称中孔板）和密封组件将冷、热流体通道分开，热管与中孔板之间的密封通常采用膨胀石墨盘根或 O 形密封圈等密封形式，在斜置式结构中还可在热管两端部采用弹簧以拉紧或压紧形式来保证中间管板处的有效密封，如图 11.19 所示。对于诸如工业煤气等易燃、易爆及有害气体换热时，热管与中孔板应采用焊接密封。图中热管的冷、热两端的管板主要用于热管的限位。

根据使用现场的布置条件，合理选择换热器的结构形式；对于含尘量较高的气体，推荐采用斜置式结构，其中管外翅片宜采用大螺距翅片且翅片高度要低；对于热流体含尘量较高而采用立式布置的结构中，热管蒸发段管外宜采用纵向直翅片、钉头管、光管等形式，换热器壳体底部设置卸灰斗。

气-气式热管换热器常用于石化行业的石油化工管式加热炉的余热回收；冶金行业的高炉热风炉空气预热器、煤气预热器以及加热炉均热炉的余热回收；电站锅炉、余热锅炉、窑炉等的余热回收；湿法脱硫中热管式烟气换热器（gas-gas heater，GGH）等。

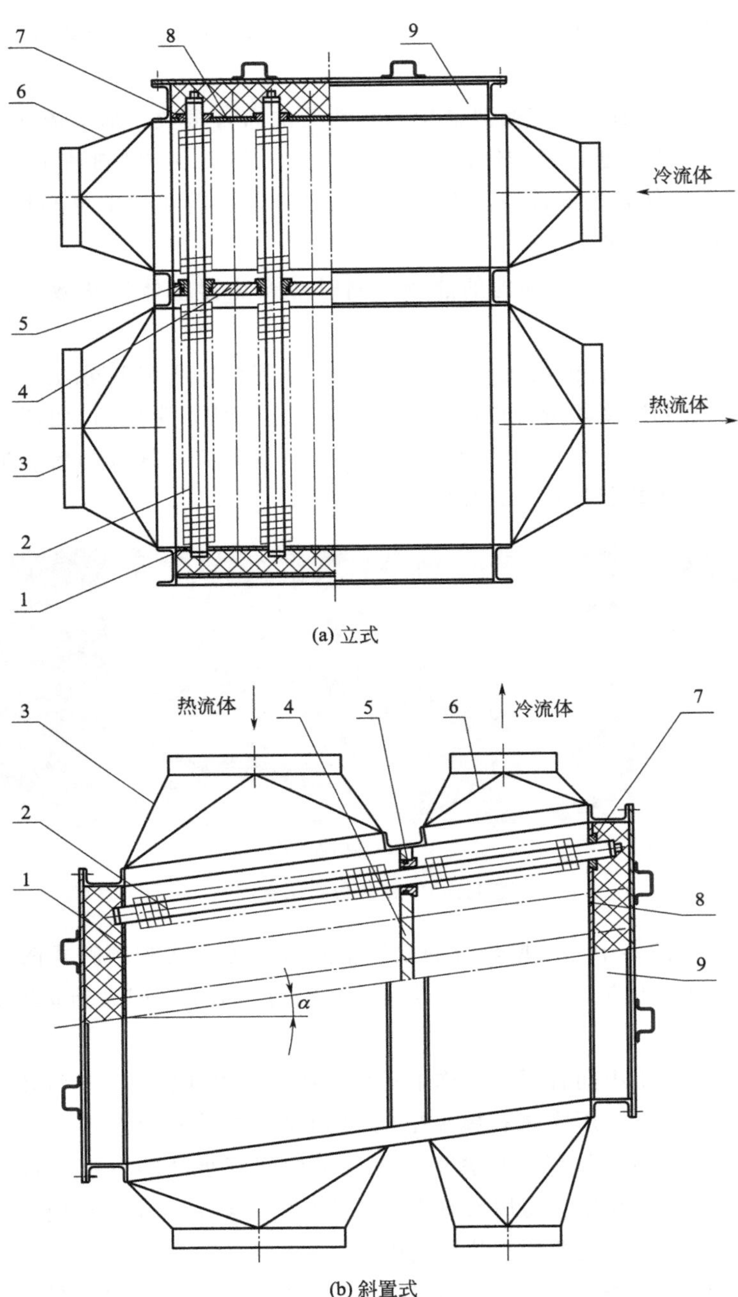

图 11.18　气-气式热管换热器结构示意图

1—热端管板；2—热管；3—热流体接口；4—中间管板；5—密封组件；6—冷流体接口；7—挡环；8—冷端管板；9—壳体组件

11.3.1.2　气-汽式热管换热器

气-汽式热管换热器通常称为热管式蒸汽发生器，也称热管式余热锅炉，其结构形式通常有整体式和分离套管式两种，图 11.20（a）为热管冷凝段置于汽包（锅筒）内，通过中间管板（中孔板）分隔冷、热流体的整体式结构，综合考虑结构件的承压能力，该结构作为产低压蒸汽用装置，所产蒸汽压力一般小于 0.8MPa。随着对所产蒸汽压力要求的提高，热

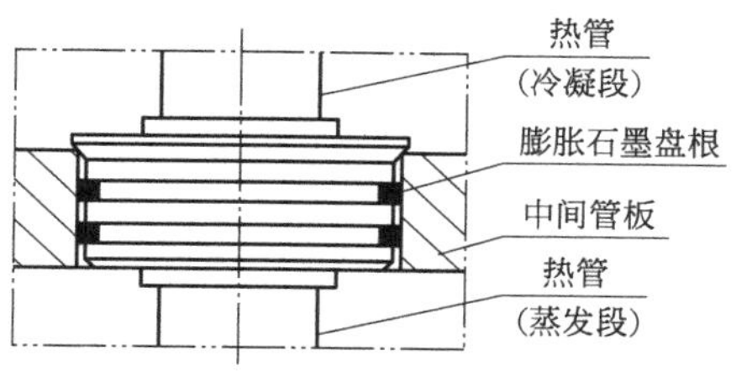

(a) 膨胀石墨盘根密封形式

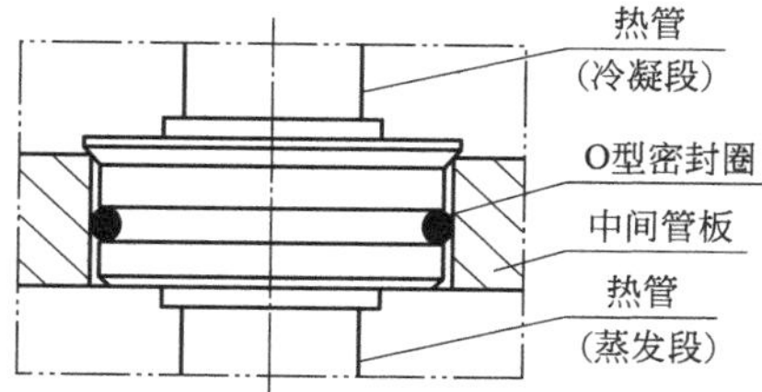

(b) O形密封圈密封形式

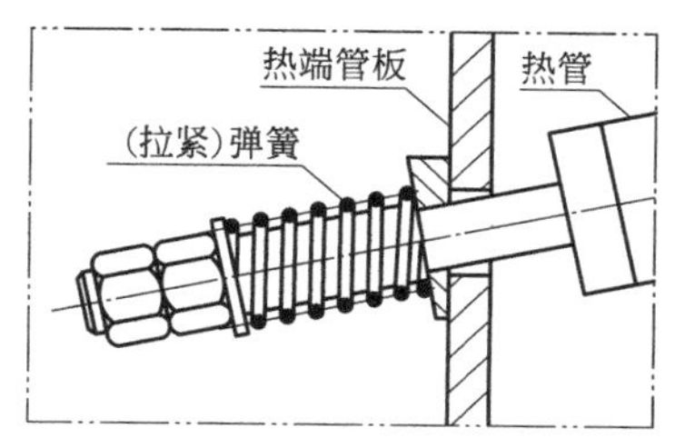

(c) 热管底部拉紧弹簧示意图

图 11.19　密封结构及弹簧示意图

管冷凝段可设计成分离套管形式，图 11.20（b）中热管的蒸发段放置在热流体通道内，冷凝段放置在套管内，套管通过蒸汽上升管、液体下降管与汽包（锅筒）相连，在具有一定的位差条件下构成水汽的自然循环，而无需外加动力。

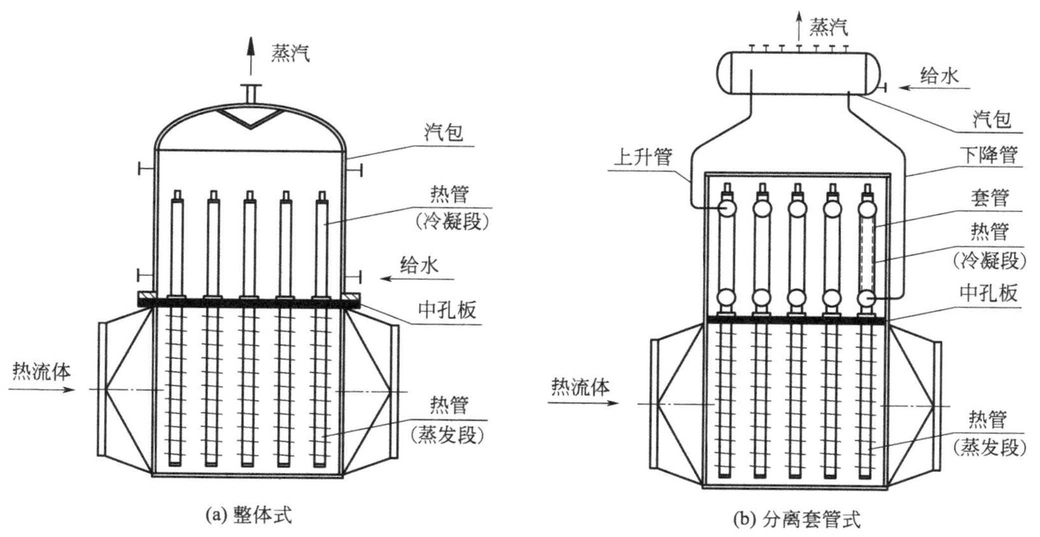

(a) 整体式　　(b) 分离套管式

图 11.20　气-汽式热管换热器（热管余热锅炉/热管蒸汽发生器）结构示意图

此处，当热流体横掠热管蒸发段外壁时，热管内部工质吸收热量开始蒸发并迅速到达热管冷凝段凝结放热，加热套管中的水并汽化，形成汽水混合物，通过上升管进入汽包后进行汽水分离，产生饱和蒸汽，套管中的水由汽包给水通过下降管补充。在分离套管式结构中根据现场布置条件，热管可以采用如图 11.21 立式或斜置式布置方式，在斜置式中热管倾角与水平方向夹角 $\alpha \geqslant 12°$。对于含尘量高的热流体首选竖直烟道热管斜置式，气体侧管外翅片采用大螺距、低翅高或光管形式。这里热管的蒸发段与冷凝段套管中气-汽（水）完全隔离，相互独立，互不影响，即使热管蒸发段在热流体中被磨损、腐蚀导致泄漏，其冷凝段套管与汽包中的水-汽也不会进入热流体烟道而造成事故。这就使得热管式余热锅炉有别于一般余热锅炉的结构，运行更加安全可靠。热管式余热锅炉可用于恶劣工况条件下的余热回收，诸如冶金电炉炼钢中高温、高含尘烟气的余热回收；硫磺制酸、冶炼烟气制酸、硫铁矿制酸等工艺中的余热回收；以及烧结、焦化、窑炉、催化裂化等装置的余热锅炉等。

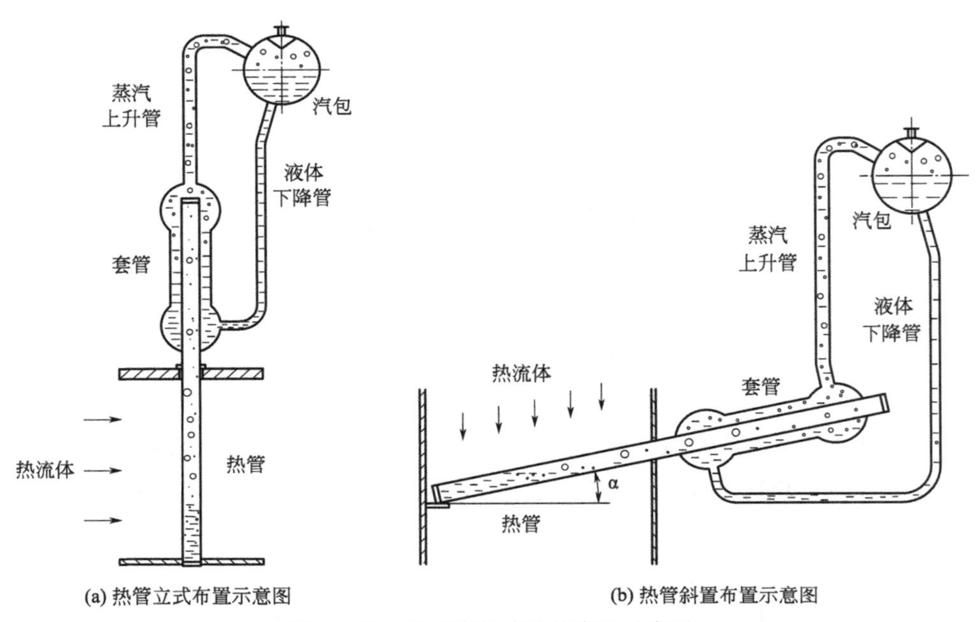

图 11.21　分离套管式热管布置示意图

热管蒸汽发生器的显著特点是安全可靠。热管元件的破损，不影响蒸汽系统的循环，无需为此停车检修。目前，采用水-碳钢热管的分离套管式蒸汽发生器产生的蒸汽压力可达 2.5MPa，进入的热流体温度可达约 1000℃。

11.3.1.3　气-液式热管换热器

用于气体和液体进行热交换的换热器，热流体为气体（如烟气、工艺气），冷流体为液体（如水），在锅炉系统中也称热管式省煤器、给水预热器等。在该结构中，由于气体侧的换热系数远小于液体侧的换热系数，换热过程中的主要热阻在气体侧，所以在气体中的热管蒸发段管外可以通过加设翅片拓展传热面积，而在液体中的热管冷凝段一般不需要加设翅片。气-液式热管换热器主要有轴向热管式和径向热管式，如图 11.22 所示。图 11.22（a）中热流体（气体）横掠轴向热管的蒸发段，冷凝段可设计成套管形式用于加热液体，液体的流动方向宜由下向上流动；图 11.22（b）为径向热管式，由若干根径向偏心热管传热元件组成，径向热管水平置于热流体（气体）通道内，热流体垂直掠过外管，需要加热的液态冷流体（如给水）走内管内部，其流向可根据热力计算及现场条件确定。由于径向热管的独特结构使得液态冷流体（给水）系统完全和热流体分隔，给水加热不受烟气的直接冲刷，特别是当热流体流经的热管外管壁遭到损坏时，内管内的水也不会漏入热流体侧，增加了设备的可靠性。该结构主要应用于烟气中含有腐蚀性介质的热交换以及烟气的深度余热回收中。如锅炉、废热锅炉尾部低低温省煤器、制酸系统余热锅炉的省煤器（给水预热器）等。

气-液式热管省煤器的主要特点：

① 热量由烟气传输到水，完全由热管元件完成。水被间接加热，烟气与给水完全隔开。避免了给水泄漏入烟道的可能性；

② 系统中热管元件相对独立，且与水系统分开，单根或数根损坏不影响系统的运行；

③ 设计时单根热管蒸发段的翅片螺距可调，使热管元件传输功率可调，进而在一定范围内可控制热管壁温，防止酸露点腐蚀；

④ 水平径向热管具有很好的等温性能，不凝性气体对其影响极小，其传热性能更好；

⑤ 热管的传热过程不需要任何外界动力，运行管理简便。

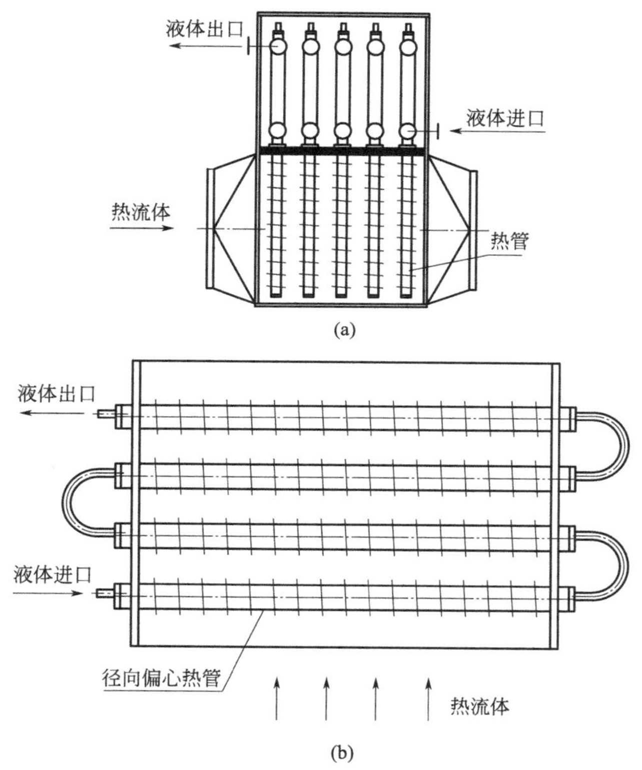

图 11.22　气-液式热管换热器（热管省煤器/给水预热器）示意图

11.3.2　分离式热管换热器

热管的冷凝段与蒸发段以管束形式分别置于冷、热流体独立的壳体中，如图 11.23 所示，根据现场工艺管线、流体介质特性及布置条件确定结构形式，图 11.23（a）可实现单一冷、热流体的远距离布置换热，即与一种冷流体换热，通常称为单预热形式；图 11.23（b）为内置分离式结构，外部类似整体形式，但内部冷、热流体箱体各自独立，确保冷、热流体之间不窜漏；图 11.23（c）是一种热流体可以分别与两种冷流体进行远距离换热，为热管分离式双预热结构。一种热流体同时与冷流体 A 和冷流体 B 换热，加热冷流体 A、B，热流体壳体与冷流体 A 壳体、B 壳体依据现场管线及场地条件布置。对于含尘量高的冷、热流体在其壳体下部还可增设排灰斗或排污装置。图中⊗⊙表示冷、热流体前后相向流动。

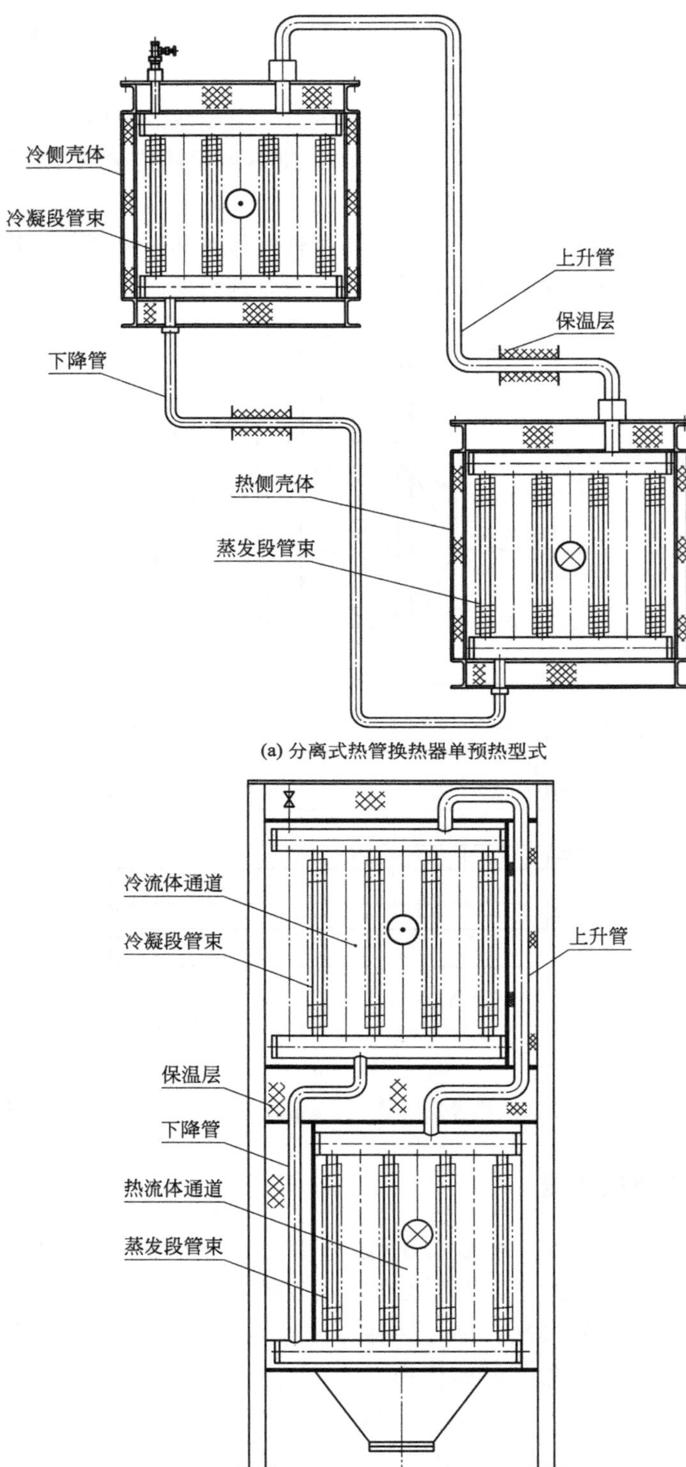

(a) 分离式热管换热器单预热型式

(b) 内置式分离式结构型式

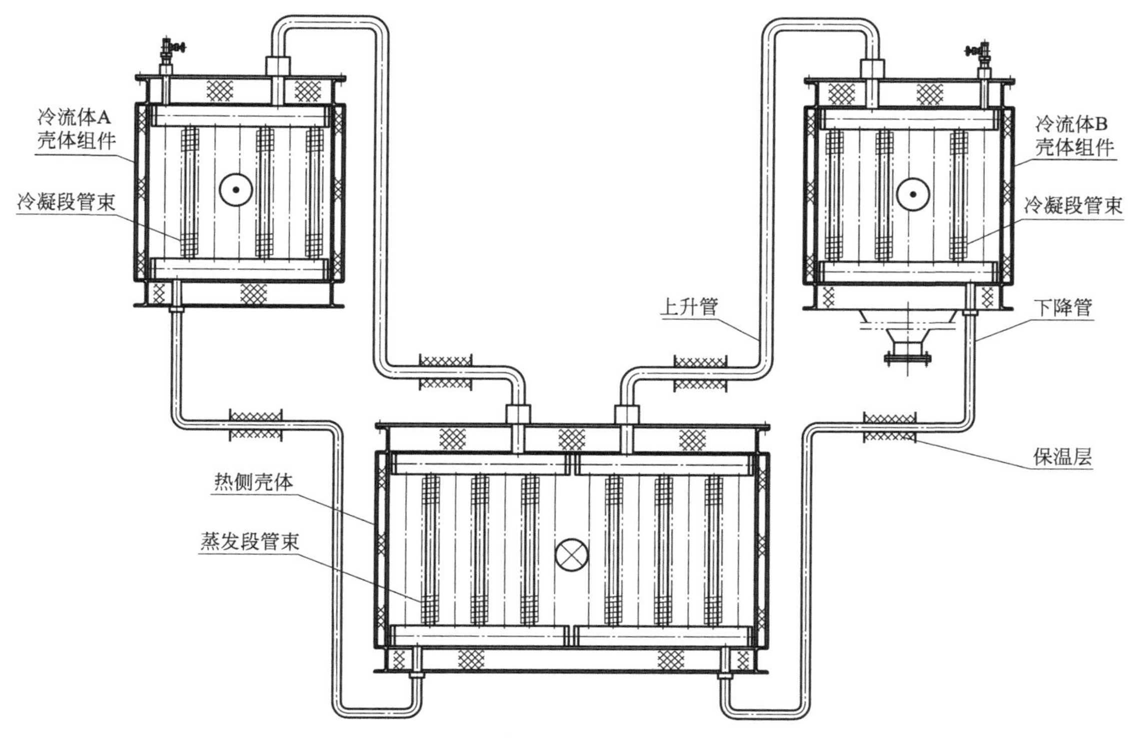

(c) 分离式热管换热器双预热型式

图 11.23　分离式热管换热器示意图

分离式热管蒸发段和冷凝段相对应的各片管束通过蒸汽上升管和冷凝液下降管连接，构成各自独立的封闭循环系统，组成了具有热管传热效应的一种结构形式。采用真空泵抽或热排法将管束内部空气排出形成一定的真空，当热流体通过热管蒸发段时，其管束内的工质吸收热量后汽化，产生的蒸汽汇集到管束上部的联箱内，经蒸汽上升管输送到冷流体通过的冷凝段的管束内，受管外冷流体的作用，蒸汽冷凝放出的凝结潜热将管外的冷流体加热，蒸汽冷凝后的液体汇集冷凝段下部的联箱内，在位差的作用下，通过冷凝液体下降管回流到蒸发段管束内继续蒸发，从而完成热量由蒸发段到冷凝段的输送。其独特之处在于：

① 热管蒸发段和冷凝段可视现场情况而分开布置，可实现远距离传热，这就给工艺设计带来了较大的灵活性，也给装置的大型化、热能的综合利用以及热能利用系统的优化创造了良好的条件；

② 工作介质的循环是依靠其密度差和位差的作用，不需要外加动力，无机械运转部件，增加了设备的可靠性，也减少了运营费用；

③ 热管蒸发段壳体和冷凝段壳体彼此独立，易于实现流体分隔、密封；

④ 蒸发段与冷凝段管束可根据冷、热流体的性能及工艺要求选择不同的结构参数和材质，从而可有效地解决设备的露点腐蚀和积灰问题；

⑤ 根据工艺要求，可以将流体顺、逆流混合布置，以适应较宽的温度范围；

⑥ 系统换热元件由多片热管管束组成，各片之间相互独立，因此，其中一片甚至几片损坏或失效不会影响整个系统的安全运行。

分离式热管换热器适用于现场异地换热，特别是对于大直径管线不易调整的场地中可分别按管线位置就地布置换热器的蒸发段换热箱体、冷凝段换热箱体。如冶金炼铁高炉热风炉烟气-煤气、烟气-空气分离式单预热或双预热换热器、工业煤气锅炉尾部煤气预热器、湿法脱硫中分离式热管 GGH、石化行业硫黄回收系统不同工艺气之间的换热等。

11.3.3 热管的腐蚀与防护

在冶金、石油化工、电力等行业中，以高含硫重油、渣油、煤等为燃料的加热炉、锅炉在燃烧过程中产生大量烟气，烟气中含有 SO_2 和 SO_3，当烟气温度降到露点温度以下时，烟气中的 SO_3 将与其中的水结合生成硫酸，发生腐蚀，即露点腐蚀。随着工业余热的深度回收，要求进一步降低排烟温度，使得在低温处的酸露点腐蚀问题更加突出。在诸如大型锅炉尾部的低低温省煤器、煤气锅炉中的煤气预热器（低温部分）、湿法脱硫中的 GGH 等低温热交换中，也不可避免地会出现腐蚀问题。

国内加热炉、锅炉等含硫燃料烟气露点温度的计算值一般在 120～150℃，而实际运行时会高出 30～50℃，与烟气接触的热管壁温低于露点温度时除产生腐蚀外，还会出现含尘烟气中的飞灰附着并黏附在换热管壁面上，这种黏性积灰很难用一般的吹灰方法除去，且越积越厚，不但影响了传热效果，增加了烟气侧的流动阻力，还会加剧腐蚀，严重时导致金属腐蚀物和积灰堵塞烟气通道。此外，硫酸的浓度和壁面温度对其腐蚀速率也有影响，浓硫酸对钢材的腐蚀速度很低，而当硫酸浓度在 50%以下时对碳钢的腐蚀速率较大。就管壁温度而言，在一定温度范围内，化学反应速度较快，腐蚀速度加快。那么，在热管换热器中，由于各排热管的管壁温度不同，露点温度下各排管壁面凝结的硫酸浓度也不同，腐蚀速率是有差异的。因此，可以利用热管的热流密度可调性能使热管的壁面温度高于露点温度或选择处于腐蚀速率较低的温度区域；还可以通过更换材料，对于低温部分可选择耐腐蚀的 ND 钢或不锈钢等；或研制开发经济的防腐蚀涂层将碳钢热管外表面与烟气接触部分涂覆包覆起来，阻断腐蚀。

如在石灰石-石膏湿法烟气脱硫中高效的 GGH 是一个关键环节，工艺中需要将未脱硫的原烟气温度由 150～160℃降至 100℃左右后进入脱硫工艺，脱硫后的净烟气约 45℃，需要加热到 80℃以上排放，有效地避免低温湿烟气腐蚀烟道、烟囱内壁，并提升烟气的抬升高度及扩散能力，有利于环保。在热管式 GGH 中有相当一部分热管在低温下运行，管壁温度在露点温度以下时理论上为金属的均匀腐蚀，但在实际过程中，原烟气中含尘、飞灰等在热管蒸发段黏结、沉积、包覆在管壁上而形成了复杂的“垢下”腐蚀等。在湿法脱硫工艺中，对烟气中的 SO_2 脱除效率较高，对 SO_3 脱除效率仅 20%～30%，而脱硫后的净烟气湿度较大，这就更易造成腐蚀，同时净烟气中还含有氟化氢、氯化物等腐蚀性强、渗透性强的物质，所以，烟气脱硫后，净烟气对设备等的腐蚀隐患并未消除。

因此，研制开发一种耐腐蚀防护涂层有效地与碳钢金属壁面结合为一体，经济地解决低温或露点温度以下碳钢壁面的腐蚀问题，延长热管、管束和壳体的使用寿命，同时达到换热管和壳体壁面防结垢与抗锈垢能力，提高换热效率。这对低温热量的回收，提高能源综合利用率，并且延长设备低温部件的使用寿命至关重要。

11.3.3.1 搪瓷热管

常用搪瓷材料，是一种金属与无机材料经特殊工艺构成的金属-玻璃体复合材料。搪瓷制品不仅具有金属材料的物理性能和功能，而且还具有瓷层的各种物理化学性能，具有优良的化学稳定性和机械性能。搪瓷是一种玻璃质的无机涂层，它在金属制品上熔融形成较薄的涂层，成为金属基体防腐蚀的保护层。工业搪瓷制品具有很明显的优点：良好的化学稳定性和保护性能；可以用较便宜的金属或合金代替较昂贵的合金材料；较长的使用寿命、可以减少材料、降低制品重量、降低加工费用等，从而最终降低产品成本。搪瓷设备因为其具有耐腐蚀、耐磨损、表面光滑、抗污染性强、不易黏附物料和与金属隔离等特点，在石油化工行业中被广泛应用。搪瓷换热管除具备以上特点外，还有较好的热传导能力，而且耐压和耐高温，特别适合于需要耐腐蚀、耐磨损、耐高温、耐压、耐污和防粘的热交换过程。搪瓷光管换热器已应用于常压塔、初馏塔、催化裂化分流塔、脱硫塔顶的冷凝器、锅炉空气预热器管束等。此外还有氯化塔、分馏塔及塔盘、反应釜、搅拌器、储罐和化工管道等石油化工设备。

在热管换热器中，处于低温流体中的热管管壁温度低于烟气露点温度时，采用搪瓷热管是解决腐蚀问题的方法之一。为此，开展了搪瓷热管的研制，在搪瓷涂层结构分析的基础上，研究不同钢板为底材的搪瓷釉料的配比、涂覆、烘干时间、烧成时间、烧成温度等以及其系列性能检测，开发出一种节能型搪瓷釉，将搪瓷烧成温度由原来的900～1000℃降至800℃以下，经理论计算和反复试验调整了搪瓷釉的助熔化合物等化学组分，有效降低了传统耐酸搪瓷的烧成温度，降低了搪瓷烧成过程中的能量消耗，并保证了搪瓷优良的耐酸性能，具有一定的经济效益。表11.3给出了所研制出的节能型搪瓷的耐腐蚀性能、抗冲击性能、耐温急变性能的检测结果，其性能均达到国家相关标准规定的范围。

表 11.3　节能型搪瓷性能检测

<table>
<tr><td rowspan="3">序号</td><td>检验和判定依据</td><td colspan="4">GB/T 7989—2013《搪玻璃釉耐沸腾酸及其蒸气腐蚀性能的测定》
GB/T 7990—2013《搪玻璃层耐机械冲击试验方法》
GB/T 11418—1989《搪瓷耐热性测试方法》</td></tr>
<tr><td>试件数量</td><td colspan="4">9件（编号：1#、2#、…、9#）</td></tr>
<tr><td>检测项目</td><td>技术要求</td><td>单位</td><td>实测结果</td><td>单项评定</td></tr>
<tr><td>1</td><td>耐酸腐蚀试验</td><td>试验介质：硫酸，浓度为30%（重量）
试验温度（状态）：沸腾
持续时间：18h
试验后，试样质量损失小于3.5</td><td>g/m^2</td><td>1#：2.0
2#：1.3
3#：2.3</td><td>合格</td></tr>
<tr><td>2</td><td>抗冲击试验</td><td>试样经 ϕ30mm 钢球、1500mm 高度冲击，不应出现裂纹、剥落、碎裂、粉化等损坏现象</td><td>—</td><td>4#～6#：均符合要求</td><td>合格</td></tr>
<tr><td>3</td><td>耐温急变试验</td><td>试样经加热到450℃，即放入室温水（21℃）中，其涂层应完好无变化</td><td>—</td><td>7#～9#：均符合要求</td><td>合格</td></tr>
</table>

在热管表面涂覆烧制搪瓷能够起到耐腐蚀的作用，但不可避免的增加了一定的热阻，在工业搪瓷烧制中还要考虑附着、应力等影响因素，一般在热管上的搪瓷层厚度约0.5mm，因此所增加的热阻是很有限的，对搪瓷热管传热性能进行了系列实验测试结果表明，采用搪

瓷热管后换热能力下降为5%～8%，所以，在搪瓷热管换热器设计时考虑此影响因素，需要适当增加换热面积来满足要求。

图11.24中给出了碳钢光管和翅片管表面涂覆烧制的搪瓷和部分投入运行后在周期性检修时打开设备所看到的搪瓷热管，从图中可见翅片中间的积灰明显减少，也未发现腐蚀现象。在气-气式热管换热器中，热管大都采用翅片管的形式，在翅片管的表面涂覆烧制搪瓷相对于在光管外烧制的难度要大很多，翅片的厚度、高度、翅片的间距以及翅片与基管融合处的质量都将影响着搪瓷层涂覆的均匀性，特别是翅片顶部周边的窄面与翅片表面90°转角处磁层的均匀包覆与烧制难度更大，易出现烧制缺陷。因此，对于涂覆烧制搪瓷的翅片管要求翅片厚度适当加大且顶部出现的锐角倒钝或倒圆，翅片高度降低的大螺距结构形式，同时，翅片与基管的焊接处也不能出现褶皱、虚焊等现象，否则将造成瓷釉层的结构不连续，易出现脱瓷、爆瓷、裂纹、针孔等缺陷，所以在翅片管的外表面涂覆烧制搪瓷的各个环节要求都很高。同时，搪瓷层的韧性较低，脆性大，磕碰时容易产生崩瓷，在热管的安装、运输过程中需要倍加呵护。另外，尽管在原有基础上降低了烧制温度，但温度仍然较高，制作过程中的能耗还是相对较大。

(a) 搪瓷光管

(b) 搪瓷翅片管

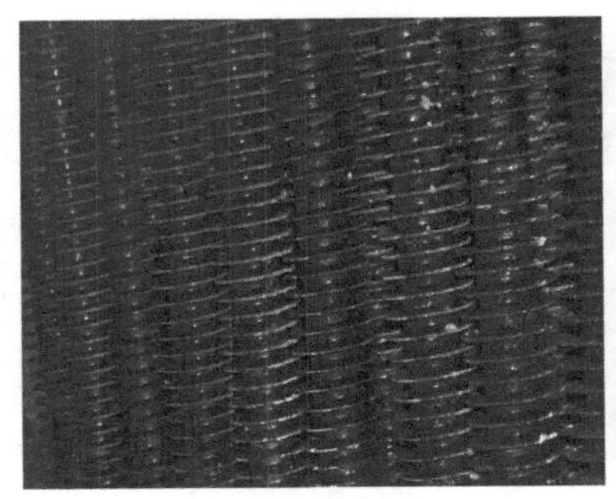

(c) 硫酸工艺中低温省煤器内搪瓷热管

(d) 石化加热炉烟气余热回收热管换热器中搪瓷热管

(e) 锅炉尾部烟气湿法脱硫热管式GGH(搪瓷热管)

图11.24　碳钢光管和翅片管表面烧制搪瓷和部分应用

11.3.3.2　防腐涂层热管

为改变普通搪瓷韧性差、脆性较大等特点，在普通搪瓷与涂层的基础上，运用流态化粉碎动力学原理，加入具有抗腐蚀性能的金属微、纳粒子等，添加不饱和树脂以及醇、酮类溶剂充分混合，形成无机材料和有机树脂复合而成的无机-有机聚合物材料。将有机树脂经过无机纳米材料改性，使该材料具有显著的无机材料的特性。固化后，形成以抗腐蚀金属纳米粒子为节点的立体网状结构，利用无机纳米粒子的穿插能力，有效地将有机高分子树脂的大分子连接在一起，形成牢固的化学吸附和化学键合状态，从根本上改善界面处的薄弱环节，大幅度降低了烧制（固化）温度，形成类搪瓷的无机-有机共聚材料，具有耐温、耐腐蚀性能和一定的柔韧性等特点，弥补了普通搪瓷层容易出现鱼鳞爆等缺陷。被誉为“柔性金属搪瓷”防腐涂层。

（1）涂层特性[7]

① 抗渗透性　在常规涂层中其填料颗粒粗大，与成膜物质只是简单的物理结合和吸附，在高倍显微镜下可以观察到它们之间的微小间隙。涂层的破坏由于介质的腐蚀强度和外力作用，溶液分子大多是从这些间隙向涂层内部开始渗透，涂层对溶液分子穿透阻力大小决定了涂层的寿命。一旦渗透发生，就会逐步扩大到基层金属表面，随之按一般腐蚀规律扩展而致金属破坏。而添加了具有耐腐蚀性能的金属微、纳粒子的涂层，致密性高，结合紧密，具备了：

a. 在微纳尺度下金属聚合物和助熔化合物间形成的化学键合和化学吸附，阻塞了渗透通道；

b. 微纳尺度下的金属粒子填充到空穴中，具有腐蚀性介质的离子不能直接透过该涂层，只能绕道渗透，这样延长了渗透路线，起到迷宫效应，阻挡了腐蚀介质的渗透；

c. 抗腐蚀的金属粒子被聚合物所包覆，具有抗润湿性，可抵抗极性介质和离子通过该防腐涂层。

② 抗腐蚀性

a. 在添加了微纳金属粒子的防腐涂层中，纳米粒子与基体界面发生相互作用，产生渗透和填充效应，增强涂层与基体的界面结合，致密性高、抗渗透性好，能有效发挥防腐蚀作用；

b. 在该涂层聚合物内含有呈游离键和金属的结合状态，使分子链柔软便于旋转，内应力很低，内部基本没有微裂纹，抗开裂、剥离能力强，防止物理破坏的能力得到了提高；

c. 加入耐蚀性金属元素，化学键合与化学吸附作用形成稳定的结构，阻止水、氧和其他腐蚀介质的取代作用，使其不易发生腐蚀反应。

③ 抗垢性

a. 对于粗糙的表面能增加液体流动的阻力减小流速，增加近壁流层的厚度，造成更多的结垢核心，有利于污垢的沉积长大。在该防腐涂层中，由于微粒子的填充作用表面光滑，近壁流层薄，不利于结垢；

b. 该涂层特殊的化学结构形成憎水表面，排斥污垢粒子，使其不能黏附到表面上，达到防垢的功能。

④ 导热性　该防腐涂层中的立体网状结构形成导电的同时，也形成了导热通道，具有较高的导热系数［超过2.9W/(m·℃)］，接近金属导热范围。同时涂层表面呈黑色或深灰色，其辐射热吸收率相对较高。

⑤ 耐温性　该防腐涂层使用温度一般在150℃以下，短期内可达180℃。基本能满足石化加热炉、锅炉等尾部的余热回收装备的要求。

（2）涂层的制作

添加了金属微纳粒子的防腐涂层，在涂覆过程中，需要对所防护的金属表面做预处理，一般采用喷砂与抛丸等工艺，使金属表面达到一定的粗糙度后进行表面清洁与干燥，然后再进行底层、中层、面层的涂覆，如图 11.25 涂层工序示意。底层的涂覆，主要是涂层中微纳粒子的填充增加了涂层与金属表面的附着力；中层的涂覆为增加抗渗透能力，提高防腐蚀性能；面层的涂覆为提高表面光滑度，增加抗积灰、抗结垢性能。在各层的喷涂过程中，调整好喷涂的速度、流量、角度和距离等系列参数，涂层的表干、实干及固化温度控制在 100℃以下即可，相较于工业搪瓷烧制的能耗大幅度降低。根据所应用的腐蚀性环境，调整各涂层的用料与配比以及涂层厚度等。最终涂层总厚度一般在 0.3～0.6mm。

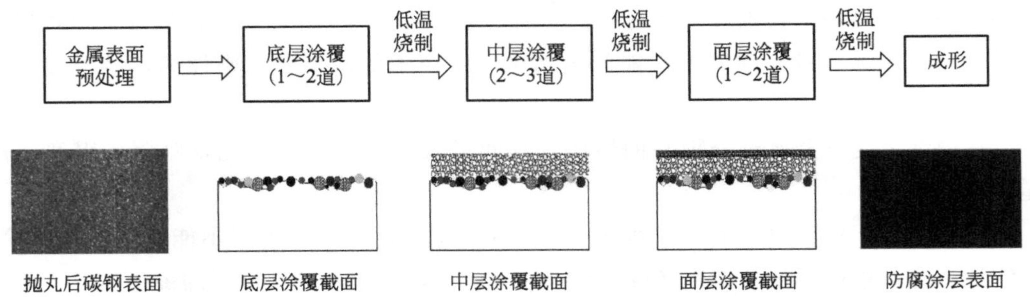

图 11.25　防腐涂层制作工序示意图

（3）涂层的性能检测

涂层的各项性能可参照相关国家标准、行业标准或企业标准进行检测。涂层的耐腐蚀性检测，可根据 GB/T 10125—2021《人造气氛腐蚀试验盐雾试验》或 GB/T 9274—1988《色漆和清漆　耐液体介质的测定》中相关方法进行检测，表 11.4 为该金属防腐涂层在常用介质中按 GB/T 9274—1988 中的甲法（浸泡法）进行的耐化学腐蚀性能。涂层的柔韧性按 GB/T 6742—2007《色漆和清漆　弯曲试验（圆柱轴）》标准中以最严要求进行试验，满足以“轴的直径为 2mm”的弯曲试验。涂层冲击性能试验满足 GB/T 1732—2020《漆膜耐冲击测定法》中规定的相应检测要求。涂层附着力符合 GB/T 1720—2020《漆膜划圈试验》中的 1 级要求。涂层致密性的检验，因涂层中含有金属粒子，故不能采用电火花试验进行检测，可先采用 5～10 倍放大镜检测无缺陷后，再采用涂层针孔检测仪进行测试。

该防腐涂层主要用于低温热交换中壁温在露点温度以下的碳钢表面的防护，诸如烟气的深度余热回收中热管、翅片管及壳体的防护；锅炉尾部低温、低低温省煤器、工业煤气锅炉中煤气预热器等换热管及壳体的防护；烟气脱硫系统、制酸系统等腐蚀性环境下换热管、流体输送管线等的防护。图 11.26 为碳钢光管、翅片管表面的防腐蚀涂层和部分应用情况。

表 11.4　常用介质中的腐蚀性能

检验和判定依据	GB/T 9274—1988 中的甲法	
性能	试验时间/h	检测结果
10% H_2SO_4	144	涂层表面无可见变化
20% H_2SO_4	144	涂层表面无可见变化

续表

检验和判定依据	GB/T 9274—1988 中的甲法	
30% H_2SO_4	144	涂层表面无可见变化
10% HCl	144	涂层表面无可见变化
10% NaCl	144	涂层表面无可见变化
10% NaOH	144	涂层表面无可见变化

(a) 防腐涂层光管

(b) 防腐涂层翅片管

(c) 换热器中防腐涂层热管

(d) 石化加热炉余热回收热管换热器尾部防腐涂层热管(应用6年后)

(e) 低温省煤器中防腐涂层热管

(f) 低温省煤器模块

图 11.26　防腐涂层光管、翅片管和部分应用

11.4　热管换热器的设计

热管换热器的设计主要包含热力计算和结构设计两部分。对于热管换热器，在结构设计与热力计算中相互制约的因素较多，不仅考虑设计参数、结构型式，还要考虑安装位置、调试方法等，同时，还必须对换热器所在的工艺系统及操作运行情况做全面的了解，如：系统运行状态，运行负荷及其变化规律；冷、热流体的成分、物性、特性等，特别是含尘量、含水量、腐蚀性等。

热管换热器的热力计算主要分为：设计计算和校核计算。在热管换热器的结构设计中，可以参照相关承压元件与常压件进行强度计算与分析。

11.4.1 设计计算

以下介绍了重力热管换热器的常用热力计算方法及主要参数的设计计算。

11.4.1.1 传热系数

在热管换热器的设计计算中同样遵循传热学中的基本理论，热管换热器的重要性能参数总传热系数 K、传热温差 ΔT、总传热面积 A 与传热量 Q 的定义式为：

$$Q=KA\Delta T \tag{11-45}$$

总传热热阻为：

$$R=\frac{\Delta T}{Q} \tag{11-46}$$

总传热系数为：

$$K=\frac{1}{AR} \tag{11-47}$$

(1) 总传热系数分析

对重力热管的传热过程在 11.2.2 中已进行了分析，以轴向重力热管为例，其总热阻 R 的表达式 (11-11b)，式中，管外热流体与蒸发段外管壁面的对流换热热阻 R_1、热量由外壁面传递到内壁面的径向导热热阻 R_2、热量从内管壁传递给管内工质蒸发换热热阻 R_3、管内蒸汽在冷凝段的凝结换热热阻 R_5、热量由冷凝段的内壁面传递到外壁面的径向导热热阻 R_6、冷凝段外管壁面与管外的冷流体之间的对流换热热阻 R_7，将其相应的计算式 (11-1b)、式 (11-2b)、式 (11-3b)、式 (11-6b)、式 (11-8b)、式 (11-9b) 代入式 (11-47) 进行计算，即：

$$\begin{aligned}K&=\frac{1}{A(R_1+R_2+R_3+R_5+R_6+R_7)}\\&=\frac{1}{A\left(\dfrac{1}{A_{eo}h_{eo}^{h}}+\dfrac{\ln(d_o/d_i)}{2\pi\lambda_w l_e}+\dfrac{1}{A_{ei}\overline{h_{ei}}}+\dfrac{1}{A_{ci}\overline{h_{ci}}}+\dfrac{\ln(d_o/d_i)}{2\pi\lambda_w l_c}+\dfrac{1}{A_{co}h_{co}^{c}}\right)}\end{aligned} \tag{11-48}$$

当 $d_o/d_i<2$ 时，在工程中可将圆管壁的径向导热热阻看成平壁的导热，总传热系数 K 又可表示为式 (11-49)。

$$\begin{aligned}K&=\frac{1}{A\left(\dfrac{1}{A_{eo}h_{ec}^{h}}+\dfrac{\delta_{ew}}{\lambda_{ew}A_{ew}}+\dfrac{1}{A_{ei}\overline{h_{ei}}}+\dfrac{1}{A_{ci}\overline{h_{ci}}}+\dfrac{\delta_{cw}}{\lambda_{cw}A_{cw}}+\dfrac{1}{A_{co}h_{co}^{c}}\right)}\\&=\frac{1}{A\left(\dfrac{1}{A_{eo}h_{eo}^{h}}+r_{ew}\dfrac{1}{A_{ew}}+\dfrac{1}{A_{ei}\overline{h_{ei}}}+\dfrac{1}{A_{ci}\overline{h_{ci}}}+r_{cw}\dfrac{1}{A_{cw}}+\dfrac{1}{A_{co}h_{co}^{c}}\right)}\end{aligned} \tag{11-49}$$

式中，δ_w 为管壁厚度，用 δ_{ew}、δ_{cw} 分别表示蒸发段、冷凝段的管壁厚度；λ_{ew}、λ_{cw} 分别表示为蒸发段、冷凝段管壁材料的导热系数且与所处位置的管壁温度有关；当热管蒸发段、冷凝段管子壁厚一致时：$\delta_{ew}=\delta_{cw}=\delta_w$；这里，蒸发段管壁径向导热热阻：$r_{ew}=\delta_{ew}/\lambda_{ew}$，冷凝段管壁径向导热热阻：$r_{cw}=\delta_{cw}/\lambda_{cw}$；$A_{ew}$ 为以管子中径为基准的蒸发段圆管面积；A_{cw} 为以管子中径为基准的冷凝段圆管面积。

式 (11-48)、式 (11-49) 中换热面积 A 的选取确定了 K 是以热管蒸发段外表面积还是冷凝段外表面积为基准的总传热系数。

① 以热管蒸发段外表面积 A_{eo} 为基准的总传热系数

$A=A_{eo}$ 代入式（11-49），总传热系数 K 用 K_e 表示为：

$$K_e=\frac{1}{A_{eo}\left(\frac{1}{A_{eo}h_{eo}^{h}}+r_{ew}\frac{1}{A_{ew}}+\frac{1}{A_{ei}\overline{h}_{ei}}+\frac{1}{A_{ci}\overline{h}_{ci}}+r_{cw}\frac{1}{A_{cw}}+\frac{1}{A_{co}h_{co}^{c}}\right)}$$

$$=\frac{1}{\frac{1}{h_{eo}^{h}}+r_{ew}\frac{A_{eo}}{A_{ew}}+\frac{1}{\overline{h}_{ei}}\times\frac{A_{eo}}{A_{ei}}+\frac{1}{\overline{h}_{ci}}\times\frac{A_{eo}}{A_{ci}}+r_{cw}\frac{A_{eo}}{A_{cw}}+\frac{1}{h_{co}^{c}}\times\frac{A_{eo}}{A_{co}}} \tag{11-50}$$

② 以热管冷凝段外表面积 A_{co} 为基准的总传热系数

$A=A_{co}$ 代入式（11-49），总传热系数 K 用 K_c 表示为：

$$K_c=\frac{1}{A_{co}\left(\frac{1}{A_{eo}h_{eo}^{h}}+r_{ew}\frac{1}{A_{ew}}+\frac{1}{A_{ei}\overline{h}_{ei}}+\frac{1}{A_{ci}\overline{h}_{ci}}+r_{cw}\frac{1}{A_{cw}}+\frac{1}{A_{co}h_{co}^{c}}\right)}$$

$$=\frac{1}{\frac{A_{co}}{A_{eo}}\times\frac{1}{h_{eo}^{h}}+r_{ew}\frac{A_{co}}{A_{ew}}+\frac{1}{\overline{h}_{ei}}\times\frac{A_{co}}{A_{ei}}+\frac{1}{\overline{h}_{ci}}\times\frac{A_{co}}{A_{ci}}+r_{cw}\frac{A_{co}}{A_{cw}}+\frac{1}{h_{co}^{c}}} \tag{11-51}$$

由冷、热流体的热平衡方程，可以计算出总传热量 Q，在上述传热系数求取的基础上，根据冷、热流体温差，即可得到所需的总传热面积。

（2）翅片热管的总传热系数

在气-气式热管换热器中，主要热阻为管外热流体与蒸发段外管壁面的对流换热热阻 R_1 和冷凝段外管壁面与管外的冷流体之间的对流换热热阻 R_7，为强化换热，通常以在管外增设翅片（肋片）的方式来拓展传热面积。常用翅片形式主要有螺旋圆盘翅片、齿形翅片及纵向直翅片等。然而，面积拓展的倍数总是高于传热量增加的倍数，这就存在一个翅片传热的有效程度问题即翅片效率。图 11.27 中给出了在图中 Q 所示的传热方向下，翅片表面的温度随翅片高度的变化曲线示意，翅片根部的温度与所在管壁面处的温度 t_{wo} 视为基本相当，翅片效率 η_f 为翅片的实际传热量 Q 与整个翅片表面温度均处于翅片根部管壁面温度下的传热量 Q_o 之比，即：

$$\eta_f=\frac{Q}{Q_o}=\frac{h_f A_f(t_{fm}-t_f)}{h_f A_f(t_{wo}-t_f)} \tag{11-52}$$

式中，A_f 为翅片表面积；h_f 为翅片表面与流体之间的换热系数，且假定为常数；t_f 为翅片顶端部温度；t_{fm} 为翅片表面温度的积分平均值，由传热学理论可以得到翅片表面温度沿翅片高度方向温度分布曲线，将式（11-52）进行分析并计算可以得到对应的翅片效率曲线。在重力热管换热器中，热管外装设高频焊螺旋圆盘翅片是一种较为广泛的应用，图 11.28[3] 为翅片厚度为 δ_f，翅片高度为 l_f 的圆盘翅片在不同的 d_f/d_o 条件下翅片效率 η_f 随 $l_f\left(\frac{2h_f}{\lambda_w\delta_f}\right)^{\frac{1}{2}}$ 的变化。由图中可见，当 $l_f\left(\frac{2h_f}{\lambda_w\delta_f}\right)^{\frac{1}{2}}$ 一定时，翅片效率 η_f 随 d_f/d_o 值的增大而降低，式中，d_f 为翅片外径，λ_w 为翅片材料的导热系数。因此，翅片高度并不是越高越有利，工程应用中通常热管翅片的高度的取值范围为：$l_f\leqslant(d_o/2)$；当翅片的参数一定时，翅片外表面与流体之间的对流换热系数 h_f 值越大，翅片效率也下降。

在翅片管中，翅片管的总外表面积与未加翅片时光管的外表面积之比称为翅化比（肋化系数）β，这也可用来表征翅片管的一个参数。

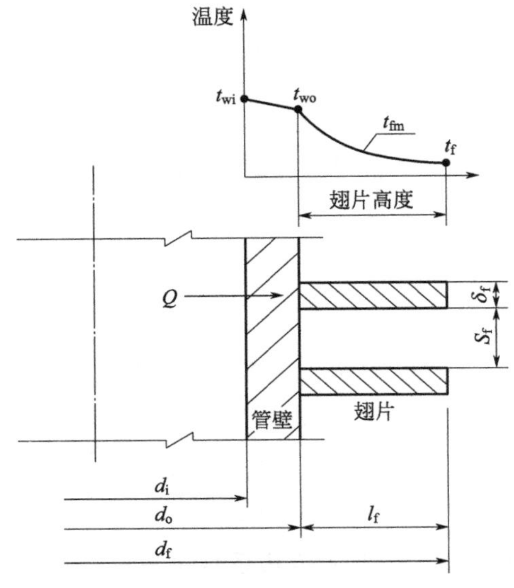

图 11.27　翅片温度示意图

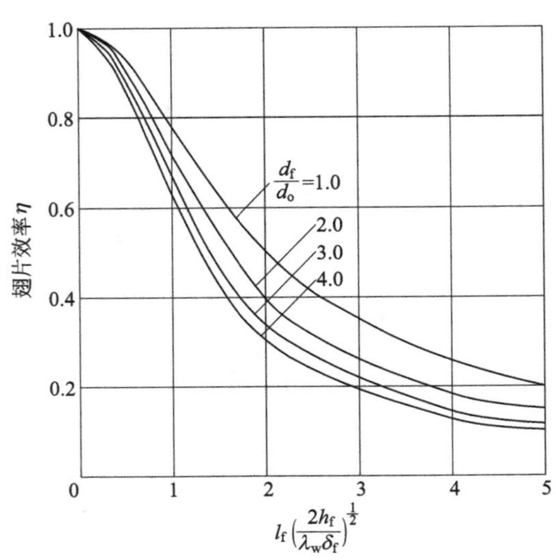

图 11.28　圆盘翅片效率图

热管外加装翅片后，其热量传递是通过翅片和翅片间的光管管壁进行的，蒸发段外总表面积 A_{eo} 为蒸发段翅片的表面积 A_{ef} 与翅片间的光管面积 A_{er} 之和，同样，冷凝段外总表面积 A_{co} 为冷凝段翅片的表面积 A_{cf} 与翅片间的光管面积 A_{cr} 之和。当蒸发段翅片效率 η_{fe}，冷凝段翅片效率 η_{fc}，考虑翅片效率后其有效传热面积为：

$$A_{eo}=A_{er}+\eta_{fe}A_{ef};A_{co}=A_{cr}+\eta_{fc}A_{cf} \tag{11-53}$$

在式（11-49）基础上考虑翅片效率，将式（11-53）代入，则翅片热管总传热系数 K_f 表示为：

$$K_f=\frac{1}{A\left(\frac{1}{(A_{er}+\eta_{fe}A_{ef})h_{eo}^{h}}+r_{ew}\frac{1}{A_{ew}}+\frac{1}{A_{ei}\overline{h_{ei}}}+\frac{1}{A_{ci}\overline{h_{ci}}}+r_{cw}\frac{1}{A_{cw}}+\frac{1}{(A_{cr}+\eta_{fc}A_{cf})h_{co}^{c}}\right)} \tag{11-54}$$

① 以热管蒸发段外表面积 A_{eo} 为基准的总传热系数表示为 K_{fe}：

$$K_{fe}=\frac{1}{\frac{A_{eo}}{h_{eo}^{h}(A_{er}+\eta_{fe}A_{ef})}+r_{ew}\frac{A_{eo}}{A_{ew}}+\frac{1}{\overline{h_{ei}}}\frac{A_{eo}}{A_{ei}}+\frac{1}{\overline{h_{ci}}}\frac{A_{eo}}{A_{ci}}+r_{cw}\frac{A_{eo}}{A_{cw}}+\frac{A_{eo}}{h_{co}^{c}(A_{cr}+\eta_{fc}A_{cf})}}$$

则：

$$\frac{1}{K_{fe}}=\frac{A_{eo}}{h_{eo}^{h}(A_{er}+\eta_{fe}A_{ef})}+r_{ew}\frac{A_{eo}}{A_{ew}}+\frac{1}{\overline{h_{ei}}}\frac{A_{eo}}{A_{ei}}+\frac{1}{\overline{h_{ci}}}\frac{A_{eo}}{A_{ci}}+r_{cw}\frac{A_{eo}}{A_{cw}}+\frac{A_{eo}}{h_{co}^{c}(A_{cr}+\eta_{fc}A_{cf})} \tag{11-55}$$

式中，$\overline{h_{ei}}$ 热管内蒸发段平均换热系数，$\overline{h_{ci}}$ 热管内冷凝段平均换热系数，由表 11.1 可知在气-气式热管换热器中，热管管内蒸发段、冷凝段换热所对应的热阻 R_3 和 R_5 相对较小，其中 R_1 和 R_7 才是传热过程的控制热阻，由文献 [3] 给出根据试验的取值，可简化表示为：

$$\overline{h_{ei}}=\overline{h_{ci}}\approx 5810\ \mathrm{W/(m^2\cdot K)}$$

同时设：

$$h_{eo,e}^{h}=\frac{h_{eo}^{h}(A_{er}+\eta_{fe}A_{ef})}{A_{eo}} \tag{11-56a}$$

$$h_{co,e}^{c}=\frac{h_{co}^{c}(A_{cr}+\eta_{fc}A_{cf})}{A_{eo}} \tag{11-56b}$$

式中，$h_{eo,e}^{h}$、$h_{co,e}^{c}$ 分别表示为以热管蒸发段外表面积为基准的，热管蒸发段和冷凝段管外的有效对流换热系数，式 (11-55) 可表示为：

$$\frac{1}{K_{fe}}=\frac{1}{h_{eo,e}^{h}}+r_{ew}\frac{A_{eo}}{A_{ew}}+\frac{1}{\overline{h_{ei}}}\times\frac{A_{eo}}{A_{ei}}+\frac{1}{\overline{h_{ci}}}\times\frac{A_{eo}}{A_{ci}}+r_{cw}\frac{A_{eo}}{A_{cw}}+\frac{1}{h_{co,e}^{c}} \tag{11-56c}$$

② 以热管冷凝段外表面积为基准的总传热系数表示为 K_{fc}：

$$K_{fc}=\frac{1}{\dfrac{A_{co}}{h_{eo}^{h}(A_{er}+\eta_{fe}A_{ef})}+r_{ew}\dfrac{A_{co}}{A_{ew}}+\dfrac{1}{\overline{h_{ei}}}\dfrac{A_{co}}{A_{ei}}+\dfrac{1}{\overline{h_{ci}}}\dfrac{A_{co}}{A_{ci}}+r_{cw}\dfrac{A_{co}}{A_{cw}}+\dfrac{A_{co}}{h_{co}^{c}(A_{cr}+\eta_{fc}A_{cf})}}$$

$$\frac{1}{K_{fc}}=\frac{A_{co}}{h_{eo}^{h}(A_{er}+\eta_{fe}A_{ef})}+r_{ew}\frac{A_{co}}{A_{ew}}+\frac{1}{\overline{h_{ei}}}\frac{A_{co}}{A_{ei}}+\frac{1}{\overline{h_{ci}}}\frac{A_{co}}{A_{ci}}+r_{cw}\frac{A_{co}}{A_{cw}}+\frac{A_{co}}{h_{co}^{c}(A_{cr}+\eta_{fc}A_{cf})} \tag{11-57}$$

同样设：

$$h_{eo,c}^{h}=\frac{h_{eo}^{h}(A_{er}+\eta_{fe}A_{ef})}{A_{co}} \tag{11-57a}$$

$$h_{co,c}^{c}=\frac{h_{co}^{c}(A_{cr}+\eta_{fc}A_{cf})}{A_{co}} \tag{11-57b}$$

式中，$h_{eo,c}^{h}$、$h_{co,c}^{c}$ 分别表示为以热管冷凝段外表面积为基准的，热管蒸发段和冷凝段管外的有效对流换热系数，式 (11-57) 可表示为：

$$\frac{1}{K_{fc}}=\frac{1}{h_{eo,c}^{h}}+r_{ew}\frac{A_{co}}{A_{ew}}+\frac{1}{\overline{h_{ei}}}\frac{A_{co}}{A_{ei}}+\frac{1}{\overline{h_{ci}}}\frac{A_{co}}{A_{ci}}+r_{cw}\frac{A_{co}}{A_{cw}}+\frac{1}{h_{co,c}^{c}} \tag{11-57c}$$

此外，冷、热流体在流经热管外壁面一定时间后均会产生污垢层附着在其外表面而影响换热，这层污垢所产生的热阻一般不可忽视，污垢层的厚度及其导热系数与流体种类、杂质含量、物性、温度、流速等有关，还与热管表面翅片的形状、排布结构、表面材料、表面粗糙程度以及运行中的维护、吹灰清垢的方式与周期等有关，污垢热阻比较复杂不易测量、计算，通常根据经验取值作为计算依据，常见流体在圆管表面形成的污垢热阻大致范围可参考表 11.5。热管蒸发段、冷凝段外壁面的污垢热阻 r_{ey}、r_{cy} 分别为：

$$r_{ey}=\frac{\delta_{ey}}{\lambda_{ey}};r_{cy}=\frac{\delta_{cy}}{\lambda_{cy}} \tag{11-58}$$

式中，δ_{ey}、δ_{cy} 分别为蒸发段、冷凝段的污垢层厚度；λ_{ey}、λ_{cy} 分别为蒸发段、冷凝段

污垢层的导热系数。在式（11-56c）和式（11-57c）中分别考虑污垢热阻影响的总传热系数如下。

以热管蒸发段外表面积为基准的总传热系数 K_{fe}：

$$\frac{1}{K_{fe}}=\frac{1}{h_{eo,e}^{h}}+r_{ey}\frac{A_{eo}}{A_{ey}}+r_{ew}\frac{A_{eo}}{A_{ew}}+\frac{1}{h_{ei}}\frac{A_{eo}}{A_{ei}}+\frac{1}{h_{ci}}\frac{A_{eo}}{A_{ci}}+r_{cw}\frac{A_{eo}}{A_{cw}}+r_{cy}\frac{A_{eo}}{A_{cy}}+\frac{1}{h_{co,e}^{c}} \tag{11-59a}$$

式中，A_{ey}、A_{cy} 分别为蒸发段、冷凝段污垢层面积。

以热管冷凝段外表面积为基准的总传热系数表示为 K_{fc}：

$$\frac{1}{K_{fc}}=\frac{1}{h_{eo,c}^{h}}+r_{ey}\frac{A_{co}}{A_{ey}}+r_{ew}\frac{A_{co}}{A_{ew}}+\frac{1}{h_{ei}}\frac{A_{co}}{A_{ei}}+\frac{1}{h_{ci}}\frac{A_{co}}{A_{ci}}+r_{cw}\frac{A_{co}}{A_{cw}}+r_{cy}\frac{A_{co}}{A_{cy}}+\frac{1}{h_{co,c}^{c}} \tag{11-59b}$$

表 11.5　污垢热阻的参考取值

流体名称	污垢热阻/(m^2·℃/W)	流体名称	污垢热阻/(m^2·℃/W)
空气	0.00025～0.00055	高炉燃烧烟气	0.002～0.0035
燃煤烟气	0.005～0.010	燃料气、焦炉气	0.002～0.0035
燃油烟气	0.0035～0.0075	水蒸气（优质，不含油）	0.000035～0.0001
燃天然气产生的烟气	0.0035～0.00035	锅炉给水	0.0001～0.0002

（3）翅片管外对流换热系数

在热管换热器中，处于气体侧的管外大都装设翅片，通常是气体横掠热管的换热，在换热器中沿气流方向热管的排列方式有顺排和叉排，工程上大都采用叉排形式，如图 11.29 所示。S_T 为迎气流方向的热管之间的中心间距，也称热管间横向管间距；S_L 为沿气流方向管排之间的中心排间距，也称热管纵向排间距。

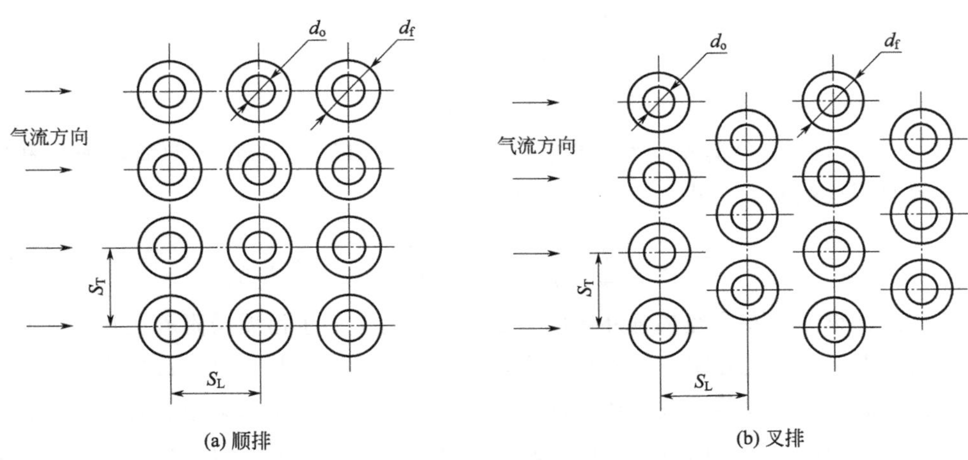

图 11.29　热管排列方式示意图

对于气体横掠热管外翅片管时的对流换热系数的求取，南京化工学院经大量试验回归得到的 Nusselt 数准则方程式为[3]：

$$Nu_f=0.137Re_f^{0.6338}Pr_f^{\frac{1}{3}} \tag{11-60}$$

$$Re_f=\frac{G_{fmax}d_o}{\mu_f} \tag{11-61a}$$

其适用范围：热流体为气流，温度 240～380℃；$Re_f=$ 6000～14000。式中：

$$G_{fmax}=\frac{\rho_{of}V_{of}}{NFA} \tag{11-61b}$$

$$NFA=[(S_T-d_o)-2(l_f\delta_f n_f)]lB \tag{11-62}$$

$$Pr_f=\frac{\mu_f C_{pf}}{\lambda_f} \tag{11-63}$$

$$Nu_f=\frac{h_o d_o}{\lambda_f} \tag{11-64}$$

式中，G_{fmax} 为流体最大质量流速，kg/(m^2·h)；μ_f 为流体动力黏度，kg/(m·s)；d_o 为光管外径，m；ρ_{of} 为标准状况下流体的密度，kg/Nm^3；V_{of} 为标准状况下流体的体积流量，Nm^3/h；NFA 为管束的最小流通面积，m^2；S_T 为迎气流方向热管间中心距，m；l_f 为翅片高度，m；δ_f 为翅片厚度，m；n_f 为每米翅片管长中的翅片数，片/m；l 为热管长度，m；B 为迎气流方向的管子数；C_{pf} 为流体的比定压热容，J/(kg·℃)；λ_f 为流体的导热系数，W/(m·℃)；h_o 对流换热系数，W/(m^2·℃)。

在气-气热管热管换热器中，分别用此计算蒸发段、冷凝段管外流体与管壁的对流换热系数。

热管蒸发段翅片管外的对流换热系数 h_{eo}^h：

$$h_{eo}^h=0.137\frac{\lambda_f^h}{d_o}(Re_f^h)^{0.6338}(Pr_f^h)^{\frac{1}{3}} \tag{11-65a}$$

热管冷凝段翅片管外的对流换热系数 h_{co}^c：

$$h_{co}^c=0.137\frac{\lambda_f^c}{d_o}(Re_f^c)^{0.6338}(Pr_f^c)^{\frac{1}{3}} \tag{11-65b}$$

式中，λ_f^c、λ_f^h 分别为冷、热流体的导热系数，W/(m·℃)；Re_f^c、Re_f^h 分别为冷、热流体的雷诺数；Pr_f^c、Pr_f^h 分别为冷、热流体的普朗特数。

文献［5］中还给出了其它准数方程：

$$Nu_f=0.134Re_f^{0.681}Pr_f^{\frac{1}{3}}\left(\frac{s_f}{l_f}\right)^{0.2}\left(\frac{s_f}{\delta_f}\right)^{0.1134} \tag{11-66}$$

式中，s_f/δ_f 为翅片间距与翅片厚度之比。l_f 为翅片高度。适用范围为：$0.125<s_f/l_f<0.610$；$45<s_f/\delta_f<80$。与工业上实际使用的热管相对比，用式（11-66）计算的换热系数所求得的总传热系数值偏大。

在工程应用中，针对含尘量较高的流体，热管的布置可以采用顺排，或者热管外壁不加装翅片直接采用光管，式（11-67）给出了气流横掠光管或光管管束的准则方程为：

$$Nu=cRe^{0.6}Pr^{\frac{1}{3}} \tag{11-67}$$

式中，c 为常数，对于叉排管束 $c=0.33$，对于顺排管束 $c=0.26$。

对于按顺排排列的翅片管束，文献［5］中给出了准数方程：

$$Nu_f=0.30Re_f^{0.625}Pr_f^{\frac{1}{3}}\left(\frac{A_f}{A_o}\right)^{-0.375} \tag{11-68}$$

式中，A_f 为每米管外翅片的表面积；A_o 为每米基管的外表面积。

11.4.1.2 流体压降

对于气流横掠螺旋翅片管外的压力降计算采用 A. Y. Gunter 公式[5]，即：

$$\Delta p=\frac{f}{2}\times\frac{G_{f\max}^2 L}{g_c D_{ev}\rho_f}\left(\frac{\mu_f}{\mu_w}\right)^{-0.14}\left(\frac{D_{ev}}{S_T}\right)^{0.4}\left(\frac{S_L}{S_T}\right)^{0.6} \tag{11-69}$$

式中，Δp 为压力降，Pa；f 为摩擦系数，$f=\varphi(Re_f)$；$G_{f\max}$ 为流体最大质量流速，$kg/(m^2\cdot h)$；L 为沿气流方向的长度，m；g_c 为重力换算系数，$g_c=1.3\times10^7$；D_{ev} 为容积当量直径，m；ρ_f 为流体密度，kg/m^3；μ_f 为流体黏度，Pa · s；μ_w 为壁温下的流体黏度，Pa · s；S_T 为迎风面热管间中心距，m；S_L 为沿气流方向管排的中心间距，m。

f 为摩擦系数，Gunter 推荐对光管和翅片管在湍流区的摩擦系数为：

$$f=1.92\times Re_f^{-0.145} \tag{11-70}$$

$$Re_f=\frac{G_{f\max}D_{ev}}{\mu_f} \tag{11-71}$$

$$D_{ev}=\frac{4\mathrm{NFV}}{A_h} \tag{11-72}$$

式中，NFV 为流体流过的净自由容积，m^3；A_h 为单位长度摩擦面积，m^2。

$$\mathrm{NFV}=S_L S_T-\frac{\pi}{4}d_o^2-\frac{\pi}{4}(d_f^2-d_o^2)\delta_f n_f \tag{11-73}$$

式中，d_f 为翅片外径，m；d_o 为光管外径，m；δ_f 为翅片厚度，m；n_f 为单位管长的翅片数；S_T 为迎风面热管间中心距，m；S_L 为沿气流方向管排的中心间距，m。S. L. Jameson 对螺旋翅片管作了试验，对 Gunter 公式（11-69）进行了修正[5]，即：

$$\Delta p=\frac{f}{2}\times\frac{G_{f\max}^2 L}{g_c D_{ev}\rho_f}\left(\frac{\mu_f}{\mu_w}\right)^{-0.14}\left(\frac{D_{ev}}{S_L}\right)^{0.4}\left(\frac{S_T}{S_L}\right)^{0.6} \tag{11-74}$$

$$f=3.38\times Re_f^{-0.25} \tag{11-75}$$

Briggs 等人提出流体横掠正三角形叉排布置时的压力降计算式为：

$$\Delta p=f\,\frac{nG_{f\max}^2}{2g_c\rho_f} \tag{11-76}$$

摩擦系数 $$f=37.86\left(\frac{d_o G_{\max}^2}{\mu_f}\right)^{-0.316}\left(\frac{S_T}{d_o}\right)^{-0.927}\left(\frac{S_T}{S_L}\right)^{0.515} \tag{11-77}$$

式中，n 为沿流动方向的管排数。

11.4.1.3 计算步骤

根据相关的工艺参数，进行热平衡计算，得到传热量、流体进、出换热器的相关温度，冷、热流体对数平均温差等，再进行热管的排布计算，计算传热系数；从而得到传热面积，确定热管的使用根数，最后计算冷、热流体的压降。在计算过程中结合应用的实际情况需要反复试算与调整，特别需要注意设备运行的负荷范围，在做好设计工况下的计算后，还应对最大、最小工况条件下进行校核计算等，最终才能得到满足运行要求的优选方案。

冷、热流体均为气体的热管式换热器计算步骤如下，在以下各计算符号中表示蒸发段的用下角标“e”、冷凝段的用下角标“c”表示；管外的用下角标“o”、管内的用下角标“i”；管壁的用下角标“w”；管外各参数符号中表示热流体的用上角标“h”；冷流体的用上角标“c”。

（1）传热量

① 冷、热流体参数　冷、热流体热交换中的工艺参数是设计的基础数据，根据热管换热器所在工艺系统，需要了解其运行操作的规律，不同运行负荷下的工艺参数等，通常将常态化运行下的工况参数作为设计工况进行计算；运行的最高、最低工况参数作为换热器的校核计算用。一般的设计应已知冷、热流体的组分、流量、进口温度；出口温度可以是热流体要求的温降，如排烟温度，或者是冷流体需要被加热的温度要求等。

冷、热流体多为混合物，根据其组分，可查阅得到所组成的各单质或化合物的物性参数后进行混合物的各物性参数计算；如果流体是常规烟气、空气、水蒸气等可直接查阅得到相关物性数据。

常压下气体混合物的相关物性计算式为：

定压比热 $\overline{C_p}$：

$$\overline{C_p}=\sum_{i=1}^{n}C_{pi}y_i \tag{11-78a}$$

动力黏度 μ_f：

$$\mu_f=\frac{\sum_{i=1}^{n}\mu_i\sqrt{m_i}\,y_i}{\sum_{i=1}^{n}\mu_i\sqrt{m_i}} \tag{11-78b}$$

导热系数 λ_f：

$$\lambda_f=\frac{\sum_{i=1}^{n}\lambda_i y_i m_i^{\frac{1}{3}}}{\sum_{i=1}^{n}y_i m_i^{\frac{1}{3}}} \tag{11-78c}$$

密度 ρ_f、标准状态下密度 $\rho_{0,f}$：

$$\rho_f=\sum_{i=1}^{n}y_i\rho_i \tag{11-78d}$$

$$\rho_{0,f}=\sum_{i=1}^{n}y_i\rho_{0i} \tag{11-78e}$$

式中，C_{pi} 为流体中 i 组分的定压比热；y_i 为流体中 i 组分所占的体积分数；μ_i 为流体中 i 组分的动力黏度；m_i 为流体中 i 组分的摩尔质量；λ_i 为流体中 i 组分的导热系数；ρ_i 为流体中 i 组分的密度；ρ_{0i} 为流体中 i 组分气体在标准状态下的密度；n 表示气体混合物中所含有的组分数量；表 11.6 为相关流体设计参数汇总表，各参数单位为通用表达形式，在计算过程中要注意各参数的单位及其换算。

表 11.6 流体设计参数汇总表

内容		单位	热流体		冷流体	
			符号	提供或计算	符号	提供或计算
标准状况下流量		Nm^3/h 或 kg/s	$V^h_{0,f}$ 或 G^h_f	设计值/最大值/最小值	$V^c_{0,f}$ 或 G^c_f	设计值/最大值/最小值
进口温度		℃	t^h_1	设计值/最大值/最小值	t^c_1	设计值/最大值/最小值
出口温度		℃	t^h_2	提供或计算	t^c_2	计算或提供
平均温度		℃	$\overline{t_f}^h$	$\overline{t_f}^h=\frac{t^h_1+t^h_2}{2}$	$\overline{t_f}^c$	$\overline{t_f}^c=\frac{t^c_1+t^c_2}{2}$
平均温度下	定压比热	kJ/(kg・℃)	$\overline{C^h_p}$	按式（11-78a）计算	$\overline{C_p}^c$	按式（11-78a）计算
	动力黏度	kg/(m・s)	μ^h_f	按式（11-78b）计算	μ^c_f	按式（11-78b）计算
	导热系数	W/(m・℃)	λ^h_f	按式（11-78c）计算	λ^c_f	按式（11-78c）计算
	普朗特数		Pr^h_f	$Pr^h_f=\frac{\overline{C^h_p}\mu^h_f}{\lambda^h_f}$	Pr^c_f	$Pr^c_f=\frac{\overline{C^c_p}\mu^c_f}{\lambda^c_f}$
	密度	kg/m^3	ρ^h_f	按式（11-78d）计算	ρ^c_f	按式（11-78d）计算
标准状况下密度		kg/Nm^3	$\rho^h_{0,f}$	按式（11-78e）计算	$\rho^c_{0,f}$	按式（11-78e）计算

② 换热量、流体温度、对数平均温差

根据冷、热流体的已知参数计算传热量，一般流量可以是体积流量，也可以是质量流量，其中用体积流量表示时，是标准状态下的流量还是运行工况下的流量，这点在计算时需要特别注意。表 11.7 为换热量、流体温度、对数平均温差计算表。

表 11.7 换热量、流体温度、对数平均温差计算表

计算内容	单位	计算公式或来源	备注
热流体放热量 Q^h	kW	$Q^h=V^h_{0f}\rho^h_{0f}\overline{C^h_p}(t^h_1-t^h_2)$ 或 $Q^h=G^h_f\overline{C^h_p}(t^h_1-t^h_2)$	$V^h_{0,f}$：标准状况下流量 $\rho^h_{0,f}$：标准状况下密度 计算中注意各单位的换算
冷流体吸热量 Q^c	kW	$Q^c=(1-\eta)Q^h$ $Q^c=V^c_{0f}\rho^c_{0f}\overline{C^c_p}(t^c_2-t^c_1)$ 或 $Q^c=G^c_f\overline{C^c_p}(t^c_2-t^c_1)$	η 为散热损失率， 一般取 5%～10%
冷流体出口温度 t^c_2	℃	$t^c_2=t^c_1+\frac{Q^c}{V^c_{0f}\rho^c_{0f}\overline{C^c_p}}$	
对数平均温差 Δt_m（逆流）	℃	$\Delta t_m=\frac{(t^h_1-t^c_2)-(t^h_2-t^c_1)}{\ln\left(\frac{t^h_1-t^c_2}{t^h_2-t^c_1}\right)}$	当 $(t^h_1-t^c_2)>(t^h_2-t^c_1)$ 时
	℃	$\Delta t_m=\frac{(t^h_2-t^c_1)-(t^h_1-t^c_2)}{\ln\left(\frac{t^h_2-t^c_1}{t^h_1-t^c_2}\right)}$	当 $(t^h_1-t^c_2)<(t^h_2-t^c_1)$ 时

（2）热管迎风面积及规格

热管的排布设计既要考虑流体的特性还要考虑安装现场的条件。合理选取迎面风速，对于含尘量较高的流体，风速过低容易产生积灰，而风速过高流体压降较大，且对管壁的磨损

加大。热管的长度一般受现场布置条件制约，可在初步选取长度、直径、翅片规格等的基础上先行试设计，再经后续校核计算其传热极限，经反复试算、不断调整，最终得到合理的结构形式。换热器中热管常用的钢制螺旋翅片管的基管外径与壁厚、管外翅片厚度、高度、翅片螺距等规格见图 11.30 及参考表 11.8 选取。

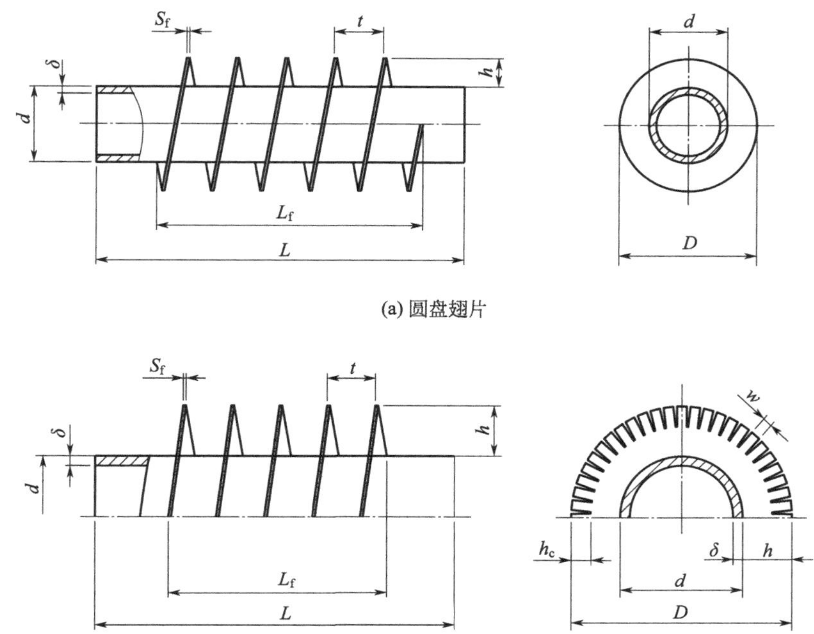

(a) 圆盘翅片

(b) 齿型翅片

图 11.30　钢制螺旋翅片管示意图

表 11.8　常用钢制翅片管系列参数　　单位：mm

基管			螺旋圆盘翅片及齿型翅片				
外径 d	壁厚 $\delta \geqslant$	长度 $L \leqslant$	翅片高度 $h \leqslant$	翅片厚度 S_f	翅片螺距 t	齿顶宽度 w	齿形高度 h_c
25	2.5	3000	12	1.0～2.0	5～15	2～8	5～8
32	2.5	6000	15	1.0～2.0	5～20	2～8	5～10
38	2.5	6000	18	1.0～2.0	5～20	2～8	5～10
42	3.0	9000	20	1.0～2.0	5～30	2～8	5～15
45	3.0	9000	20	1.0～2.0	5～30	2～8	5～15
48	3.5	9000	20	1.0～2.0	5～30	2～8	5～15
51	3.5	12000	20	1.0～2.0	5～30	2～10	5～15
57	3.5	12000	20	1.0～2.0	5～30	2～10	5～15
60	3.5	12000	25	1.2～2.0	5～30	2～10	5～20
76	4.0	20000	25	1.2～2.0	5～30	2～10	5～20
89	4.5	30000	25	1.2～2.0	5～30	2～10	5～20
108	5.0	40000	25	1.2～2.0	5～30	2～10	5～20

表 11.9 为热管排布设计计算的方式与步骤。

表 11.9 热管排布设计计算表

计算内容	单位	计算公式或来源		备注
		蒸发段（热流体侧）	冷凝段（冷流体侧）	
热管换热器中标准迎面风速 w_N	Nm/s（标准状态）	w_N^h（一般为 2.0～3.0）	w_N^c（一般为 2.0～3.0）	标准状况下迎面风速，综合考虑气体中的含尘量、流体压降等因素选取
热管换热器中迎风面积 A_{ex}	m^2	$A_{ex}^h=\frac{V_{0,f}^h}{w_N^h}$	$A_{ex}^c=\frac{V^c}{w_N^c}$	
热管长度 l	m	l_e	l_c	视现场条件初选
迎风面宽度 E	m	$E^h=\frac{A_{ex}^h}{l_e}$	$E^c=\frac{A_{ex}^c}{l_c}$	
迎风面热管布置根数 B	根	$B^h=\frac{E^h}{S_T^h}$	$B^c=\frac{E^c}{S_T^c}$	在整体式中取 $B^h=B^c=B$
		B 圆整后再对本表所列项进行复核计算		

(3) 管外对流换热系数

表 11.10 中开展了管外对流换热系数的计算。表示热流体的用上角标“h”；冷流体的用上角标“c”。

表 11.10 对流换热系数计算表

计算内容	单位	计算公式或来源	
		蒸发段(热流体侧)	冷凝段(冷流体侧)
流体最小流通截面积 NFA	m^2	$NFA^h=[(S_T^h-d_o^h)-2(l_f^h\delta_f^h n_f^h)]l_eB^h$	$NFA^c=[(S_T^c-d_o^c)-2(l_f^c\delta_f^c n_f^c)]l_cB^c$
流体最大质量流速 $G_{f\max}$	kg/(m² · h)	$G_{f\max}^h=\frac{V_{0,f}^h\rho_{0,f}^h}{NFA^h}$ 或 $G_{f\max}^h=\frac{V_f^h\rho_f^h}{NFA^h}$	$G_{f\max}^c=\frac{V_{0,f}^c\rho_{0,f}^c}{NFA^c}$ 或 $G_{f\max}^c=\frac{V_f^c\rho_f^c}{NFA^c}$
雷诺数 Re_f		$Re_f^h=\frac{G_{f\max}^h d_o^h}{\mu_f^h}$	$Re_f^c=\frac{G_{f\max}^c d_o^c}{\mu_f^c}$
管外流体对流换热系数 h_o	W/(m² · ℃)	$h_{eo}^h=0.137\frac{\lambda_f^h}{d_o^h}(Re_f^h)^{0.6338}(pr_f^h)^{\frac{1}{3}}$	$h_{co}^c=0.137\frac{\lambda_f^c}{d_o^c}(Re_f^c)^{0.6338}(pr_f^c)^{\frac{1}{3}}$
翅片效率 η_f		计算 $l_f^h\sqrt{\frac{2h_f^h}{\lambda_w^h\delta_f^h}}$ 和 $\frac{d_f^h}{d_o^h}$ 按图 11.28 得到 η_{fe}	计算 $l_f^c\sqrt{\frac{2h_f^c}{\lambda_w^c\delta_f^c}}$ 和 $\frac{d_f^c}{d_o^c}$ 按图 11.28 得到 η_{fc}
每米长翅片管的翅片表面积 A_f	m^2	$A_{ef}=\{2\times\frac{\pi}{4}[(d_f^h)^2-(d_o^h)^2]+\pi d_f^h\delta_f^h\}n_f^h$	$A_{cf}=\{2\times\frac{\pi}{4}[(d_f^c)^2-(d_o^c)^2]+\pi d_f^c\delta_f^c\}n_f^c$

续表

计算内容	单位	计算公式或来源	
		蒸发段(热流体侧)	冷凝段(冷流体侧)
每米长翅片管的翅片间光管表面积 A_r	m^2	$A_{er}=\pi d_o^h(1-n_f^h\delta_f^h)$	$A_{cr}=\pi d_o^c(1-n_f^c\delta_f^c)$
每米长翅片管的总表面积 A_o	m^2	$A_{eo}=A_{ef}+A_{er}$	$A_{co}=A_{cf}+A_{cr}$
管外流体有效对流换热系数 h_e	W/(m^2·℃)	$h_{eo,e}^h=\dfrac{h_{eo}^h(A_{er}+\eta_{fe}A_{ef})}{A_{eo}}$	$h_{co,e}^c=\dfrac{h_{co}^c(A_{cr}+\eta_{fc}A_{cf})}{A_{eo}}$
污垢热阻 r_y	℃/W	$r_{ey}=\dfrac{\delta_{ey}}{\lambda_{ey}}$	$r_{cy}=\dfrac{\delta_{cy}}{\lambda_{cy}}$
管壁径向导热热阻 r_w	℃/W	$r_{ew}=\dfrac{\delta_{ew}}{\lambda_{ew}}$	$r_{cw}=\dfrac{\delta_{cw}}{\lambda_{cw}}$
总传热系数 K_{fe}(以热管蒸发段外表面积为基准)	W/(m^2·℃)	$\dfrac{1}{K_{fe}}=\dfrac{1}{h_{eo,e}^h}+r_{ey}\dfrac{A_{eo}}{A_{ey}}+r_{ew}\dfrac{A_{eo}}{A_{ew}}+\dfrac{1}{\overline{h_{ei}}}\dfrac{A_{eo}}{A_{ei}}+\dfrac{1}{\overline{h_{ci}}}\dfrac{A_{eo}}{A_{ci}}+r_{cw}\dfrac{A_{eo}}{A_{cw}}+r_{cy}\dfrac{A_{eo}}{A_{cy}}+\dfrac{1}{h_{co,e}^c}$ $K_{fe}=\left(\dfrac{1}{h_{eo,e}^h}+r_{ey}\dfrac{A_{eo}}{A_{ey}}+r_{ew}\dfrac{A_{eo}}{A_{ew}}+\dfrac{1}{\overline{h_{ei}}}\dfrac{A_{eo}}{A_{ei}}+\dfrac{1}{\overline{h_{ci}}}\dfrac{A_{eo}}{A_{ci}}+r_{cw}\dfrac{A_{eo}}{A_{cw}}+r_{cy}\dfrac{A_{eo}}{A_{cy}}+\dfrac{1}{h_{co,e}^c}\right)^{-1}$ 其中:$\overline{h_{ei}}=\overline{h_{ci}}\approx5810$ W/(m^2·K)	

(4) 总传热系数

表 11.11 为总传热系数的计算。

表 11.11　总传热系数计算表

计算内容	计算公式
总传热系数 K_{fe} /[W/(m^2·℃)] (以热管蒸发段外表面积为基准)	$\dfrac{1}{K_{fe}}=\dfrac{1}{h_{eo,e}^h}+r_{ey}\dfrac{A_{eo}}{A_{ey}}+r_{ew}\dfrac{A_{eo}}{A_{ew}}+\dfrac{1}{\overline{h_{ei}}}\dfrac{A_{eo}}{A_{ei}}+\dfrac{1}{\overline{h_{ci}}}\dfrac{A_{eo}}{A_{ci}}+r_{cw}\dfrac{A_{eo}}{A_{cw}}+r_{cy}\dfrac{A_{eo}}{A_{cy}}+\dfrac{1}{h_{co,e}^c}$ $K_{fe}=\left(\dfrac{1}{h_{eo,e}^h}+r_{ey}\dfrac{A_{eo}}{A_{ey}}+r_{ew}\dfrac{A_{eo}}{A_{ew}}+\dfrac{1}{\overline{h_{ei}}}\dfrac{A_{eo}}{A_{ei}}+\dfrac{1}{\overline{h_{ci}}}\dfrac{A_{eo}}{A_{ci}}+r_{cw}\dfrac{A_{eo}}{A_{cw}}+r_{cy}\dfrac{A_{eo}}{A_{cy}}+\dfrac{1}{h_{co,e}^c}\right)^{-1}$ 其中：$\overline{h_{ei}}=\overline{h_{ci}}\approx5810$ W/(m^2·K)
总传热系数 K_{fc} /[W/(m^2·℃)] (以热管冷凝段外表面积为基准)	$\dfrac{1}{K_{fc}}=\dfrac{1}{h_{eo,c}^h}+r_{ey}\dfrac{A_{co}}{A_{ey}}+r_{ew}\dfrac{A_{co}}{A_{ew}}+\dfrac{1}{\overline{h_{ei}}}\dfrac{A_{co}}{A_{ei}}+\dfrac{1}{\overline{h_{ci}}}\dfrac{A_{co}}{A_{ci}}+r_{cw}\dfrac{A_{co}}{A_{cw}}+r_{cy}\dfrac{A_{co}}{A_{cy}}+\dfrac{1}{h_{co,c}^c}$ $K_{fc}=\left(\dfrac{1}{h_{eo,c}^h}+r_{ey}\dfrac{A_{co}}{A_{ey}}+r_{ew}\dfrac{A_{co}}{A_{ew}}+\dfrac{1}{\overline{h_{ei}}}\dfrac{A_{co}}{A_{ei}}+\dfrac{1}{\overline{h_{ci}}}\dfrac{A_{co}}{A_{ci}}+r_{cw}\dfrac{A_{co}}{A_{cw}}+r_{cy}\dfrac{A_{co}}{A_{cy}}+\dfrac{1}{h_{co,c}^c}\right)^{-1}$ 其中：$\overline{h_{ei}}=\overline{h_{ci}}\approx5810$ W/(m^2·K)

(5) 传热面积

对于整体式气-气热管换热器，已知热管蒸发段外表面积为基准的总传热系数 K_{fe}，对数平均温差 Δt_m，则蒸发段的总传热面积 A_e^h 为：

$$A_e^h=\frac{Q^c}{K_{fe}\Delta t_m}$$

（6）热管数量 n

$$n=\frac{A_{e}^{h}}{A_{eo}l_{e}}$$

（7）热管的布置

换热器中热流体侧迎风面布置的热管根数 B^{h}，沿热流体流动方向热管布置的排数 m 为：

$$m=\frac{n}{B^{h}}（圆整取整数）$$

（8）流体压降计算

表 11.12 为气体通过翅片管的压降计算。各参数符号中表示热流体侧的用上角标“h”；冷流体的用上角标“c”。

表 11.12　热管换热器管外流体压降计算表

计算内容	单位	计算公式或来源	
		热流体侧	冷流体侧
流体流经的净自由容积 NFV	m^3	$NFV^{h}=S_{L}^{h}S_{T}^{h}-\frac{\pi}{4}(d_{o}^{h})^{2}-\frac{\pi}{4}[(d_{f}^{h})^{2}-(d_{o}^{h})^{2}]\delta_{f}^{h}n_{f}^{h}$	$NFV^{c}=S_{L}^{c}S_{T}^{c}-\frac{\pi}{4}(d_{o}^{c})^{2}-\frac{\pi}{4}[(d_{f}^{c})^{2}-(d_{o}^{c})^{2}]\delta_{f}^{c}n_{f}^{c}$
容积当量直径 D_{ev}	m^2	$D_{ev}^{h}=\frac{4NFV^{h}}{A_{eo}}$	$D_{ev}^{c}=\frac{4NFV^{c}}{A_{co}}$
雷诺数 Re_{f}'		$Re_{f}'^{h}=\frac{G_{fmax}^{h}D_{ev}^{h}}{\mu_{f}^{h}}$	$Re_{f}'^{c}=\frac{G_{fmax}^{c}D_{ev}^{c}}{\mu_{f}^{c}}$
摩擦系数 f		$f^{h}=1.92\times(Re_{f}'^{h})^{-0.145}$	$f^{c}=1.92\times(Re_{f}'^{c})^{-0.145}$
平均管壁温度 $\overline{t_{w}}$	℃	$\overline{t_{w}}^{h}=\overline{t_{f}}^{h}-\frac{Q^{h}}{h_{eo,e}^{h}A_{eo}n^{h}}$	$\overline{t_{w}}^{c}=\overline{t_{f}}^{c}-\frac{Q^{c}}{h_{co,e}^{c}A_{co}n^{c}}$
壁温下流体黏度 μ_{w}	kg/(m·s)	按式(11-78b)计算或查取	按式(11-78b)计算或查取
流体通过换热器压降 Δp	Pa	$\Delta p^{h}=\frac{f^{h}}{2}\times\frac{(G_{fmax}^{h})^{2}L^{h}}{g_{c}D_{ev}^{h}\rho_{f}^{h}}\left(\frac{\mu_{f}^{h}}{\mu_{w}^{h}}\right)^{-0.14}\left(\frac{D_{ev}^{h}}{S_{L}^{h}}\right)^{0.4}\left(\frac{S_{T}^{h}}{S_{L}^{h}}\right)^{0.6}$	$\Delta p^{c}=\frac{f^{c}}{2}\times\frac{(G_{fmax}^{c})^{2}L^{c}}{g_{c}D_{ev}^{c}\rho_{f}^{c}}\left(\frac{\mu_{f}^{c}}{\mu_{w}^{c}}\right)^{-0.14}\left(\frac{D_{ev}^{c}}{S_{L}^{c}}\right)^{0.4}\left(\frac{S_{T}^{c}}{S_{L}^{c}}\right)^{0.6}$

11.4.2 校核计算

热管换热器的离散型计算方法可作为校核计算，热流体通过若干热管传递到冷流体，热流体温度从进口的 t_{1}^{h} 降到出口的 t_{2}^{h}，每经过一排热管就产生一个温降，呈现出阶梯形变化，同样冷流体从进口温度 t_{1}^{c} 升到 t_{2}^{c}，也呈阶梯形变化，称为“离散型”。如图 11.31 为冷、热流体进出换热器分别为逆流和顺流时的温度分布示意图。

(a) 逆流状态温度分布

(b) 顺流状态温度分布

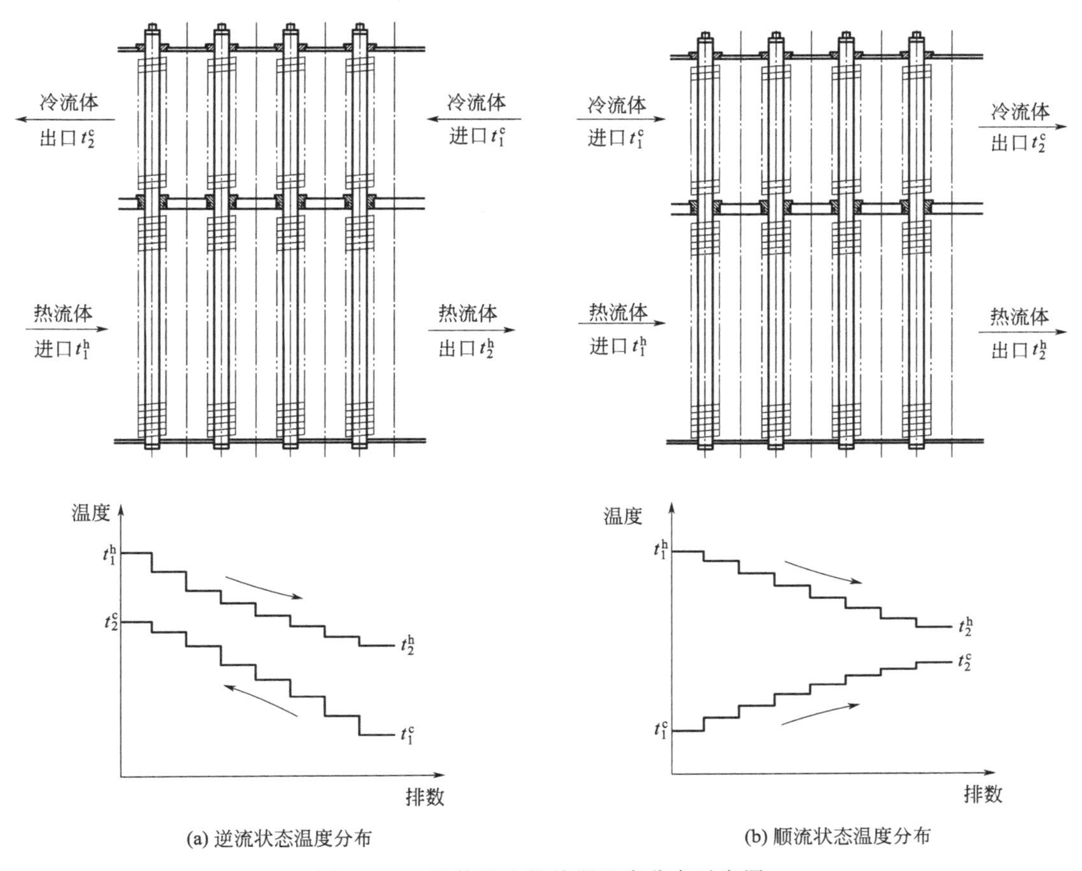

图 11.31　流体进出换热器温度分布示意图

热流体放热量 Q^{h} 为：

$$Q^{h}=G_{f}^{h}\overline{C_{p}^{h}}(t_{1}^{h}-t_{2}^{h})=X^{h}(t_{1}^{h}-t_{2}^{h}) \tag{11-79}$$

冷流体吸热量 Q^{c} 为：

$$Q^{c}=G_{f}^{c}\overline{C_{p}^{c}}(t_{2}^{c}-t_{1}^{c})=X^{c}(t_{2}^{c}-t_{1}^{c}) \tag{11-80}$$

式中，令 $X^{h}=G_{f}^{h}\overline{C_{p}^{h}}$、$X^{c}=G_{f}^{c}\overline{C_{p}^{c}}$ 称为水当量。

假定热管换热器是由相同规格和性能的热管组成，分为 m 排，每排 B 根热管。如图 11.32 为换热器中任意一排（第 i 排）流经热管的冷、热温度分别为 t_{i}^{c} 和 t_{i}^{h} 以及管内蒸汽温度 T_{vi} 的分布示意图，K^{c}、K^{h} 分别为冷流体侧和热流体侧的传热系数，A^{c}、A^{h} 分别为冷流体侧和热流体侧热管的传热面积，不计热损失时传输的热量 Q_{i} 为：

$$\begin{aligned}Q_{i}&=K_{i}^{h}A_{i}^{h}(t_{i}^{h}-T_{vi}^{h})=K_{i}^{c}A_{i}^{c}(T_{vi}^{c}-t_{i}^{c})\\&=S_{i}^{h}(t_{i}^{h}-T_{vi}^{h})=S_{i}^{c}(T_{vi}^{c}-t_{i}^{c})\end{aligned} \tag{11-81}$$

式中，令 $S_{i}^{h}=K_{i}^{h}A_{i}^{h}$、$S_{i}^{c}=K_{i}^{c}A_{i}^{c}$ 称为热导。

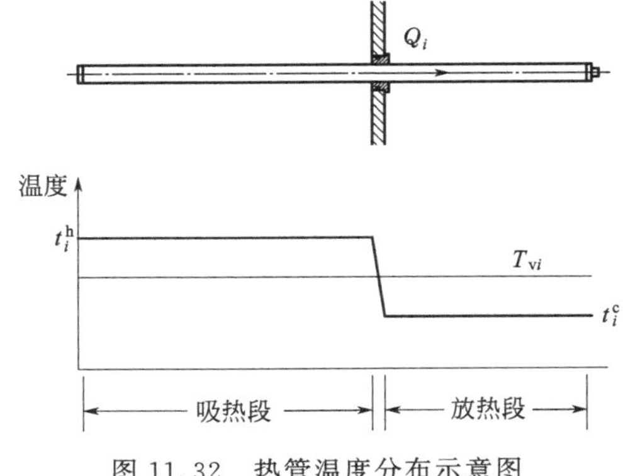

图 11.32　热管温度分布示意图

假定热管内部工质蒸汽温度在热管蒸发段和冷凝段相等，即 $T_{vi}^{h}=T_{vi}^{c}$；热流体温度 t_i^h 和冷流体温度 t_i^c 沿管长均匀变化，式（11-81）又可表示为：

$$Q_i=\frac{t_i^h-t_i^c}{\dfrac{1}{S_i^h}+\dfrac{1}{S_i^c}} \tag{11-82}$$

式中，分子为第 i 排的传热温差，分母为第 i 排的传热热阻。

冷、热流体流经 i 排热管后，温度均会产生变化，由式（11-79）、式（11-80）可得到流体经第 i 排热管后热流体的温降 Δt_i^h 和冷流体的温升 Δt_i^c，即：

$$\Delta t_i^h=\frac{Q_i}{X_i^h} \tag{11-83}$$

$$\Delta t_i^c=\frac{Q_i}{X_i^c} \tag{11-84}$$

由图 11.33（a）逆流情况下的热管传热量：

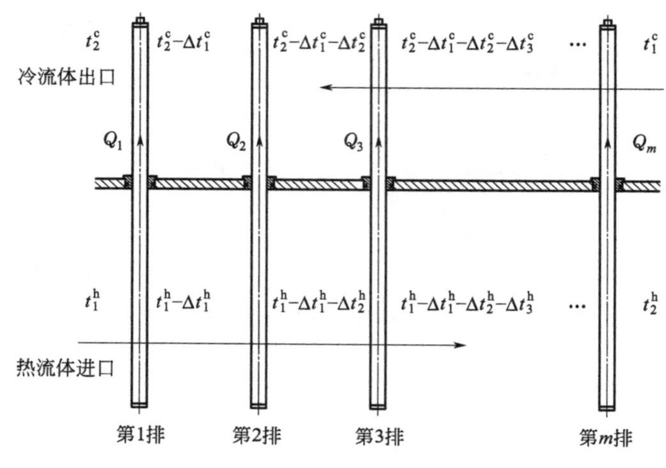

(a) 逆流

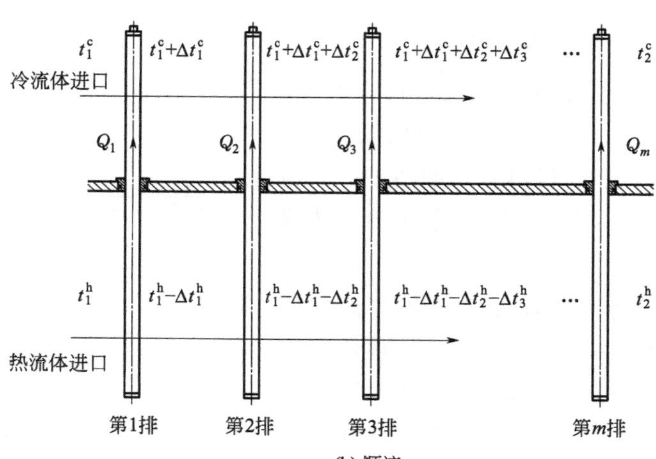

(b) 顺流

图 11.33　流体通过热管时温度变化示意图

第 1 排：

$$Q_1\left(\frac{1}{S_1^h}+\frac{1}{S_1^c}\right)=\left(t_1^h-\frac{\Delta t_1^h}{2}\right)-\left(t_2^c-\frac{\Delta t_1^c}{2}\right)=(t_1^h-t_2^c)-\frac{1}{2}(\Delta t_1^h-\Delta t_1^c)$$

$$=(t_1^h-t_2^c)-\frac{Q_1}{2}\left(\frac{1}{X_1^h}-\frac{1}{X_1^c}\right)$$

则：

$$Q_1=\frac{t_1^h-t_2^c}{\left(\frac{1}{S_1^h}+\frac{1}{S_1^c}\right)+\frac{1}{2}\left(\frac{1}{X_1^h}-\frac{1}{X_1^c}\right)} \tag{11-85}$$

第 2 排：

$$Q_2\left(\frac{1}{S_2^h}+\frac{1}{S_2^c}\right)=\left(t_1^h-\Delta t_1^h-\frac{\Delta t_2^h}{2}\right)-\left(t_2^c-\Delta t_1^c-\frac{\Delta t_2^c}{2}\right)$$

$$=(t_1^h-t_2^c)-(\Delta t_1^h-\Delta t_1^c)-\frac{1}{2}(\Delta t_2^h-\Delta t_2^c)$$

$$=(t_1^h-t_2^c)-Q_1\left(\frac{1}{X_1^h}-\frac{1}{X_1^c}\right)-\frac{Q_2}{2}\left(\frac{1}{X_2^h}-\frac{1}{X_2^c}\right)$$

$$Q_2=\frac{(t_1^h-t_2^c)-Q_1\left(\frac{1}{X_1^h}-\frac{1}{X_1^c}\right)}{\left(\frac{1}{S_2^h}+\frac{1}{S_2^c}\right)+\frac{1}{2}\left(\frac{1}{X_2^h}-\frac{1}{X_2^c}\right)} \tag{11-86}$$

假定：水当量：$X_1^h\approx X_2^h\approx\cdots\approx X^h$，$X_1^c\approx X_2^c\approx\cdots\approx X^c$；热导：$S_1^h\approx S_2^h\approx\cdots\approx S^h$，$S_1^c\approx S_2^c\approx\cdots\approx S^c$；则：

$$Q_m=\frac{t_1^h-t_2^c}{\left(\frac{1}{S^h}+\frac{1}{S^c}\right)+\frac{1}{2}\left(\frac{1}{X^h}-\frac{1}{X^c}\right)}\left[1-\frac{\frac{1}{X^h}-\frac{1}{X^c}}{\left(\frac{1}{S^h}+\frac{1}{S^c}\right)+\frac{1}{2}\left(\frac{1}{X^h}-\frac{1}{X^c}\right)}\right] \tag{11-87}$$

同理，第 m 排传热量：

$$Q_m=\frac{t_1^h-t_2^c}{\left(\frac{1}{S^h}+\frac{1}{S^c}\right)+\frac{1}{2}\left(\frac{1}{X^h}-\frac{1}{X^c}\right)}\left[1-\frac{\frac{1}{X^h}-\frac{1}{X^c}}{\left(\frac{1}{S^h}+\frac{1}{S^c}\right)+\frac{1}{2}\left(\frac{1}{X^h}-\frac{1}{X^c}\right)}\right]^{m-1} \tag{11-88}$$

逆流时换热器总传热量为：

$$Q=\sum_{i=1}^{m}Q_i=\frac{t_1^h-t_2^c}{\left(\frac{1}{S^h}+\frac{1}{S^c}\right)+\frac{1}{2}\left(\frac{1}{X^h}-\frac{1}{X^c}\right)}[1+(1-p)+(1-p)^2+\cdots+(1-p)^{m-1}]$$

式中：

$$p=\frac{\frac{1}{X^h}-\frac{1}{X^c}}{\left(\frac{1}{S^h}+\frac{1}{S^c}\right)+\frac{1}{2}\left(\frac{1}{X^h}-\frac{1}{X^c}\right)}$$

该等比级数之和为：$\Omega=\dfrac{1-(1-p)^m}{p}$

则，逆流时换热器总传热量 Q 为：

$$Q=\frac{(t_1^{\mathrm{h}}-t_2^{\mathrm{c}})\Omega}{\left(\dfrac{1}{S^{\mathrm{h}}}+\dfrac{1}{S^{\mathrm{c}}}\right)+\dfrac{1}{2}\left(\dfrac{1}{X^{\mathrm{h}}}-\dfrac{1}{X^{\mathrm{c}}}\right)} \tag{11-89}$$

由图 11.33（b）顺流情况下的热管传热量，同样假定：水当量：$X_1^{\mathrm{h}}\approx X_2^{\mathrm{h}}\approx\cdots\approx X^{\mathrm{h}}$，$X_1^{\mathrm{c}}\approx X_2^{\mathrm{c}}\approx\cdots\approx X^{\mathrm{c}}$；热导：$S_1^{\mathrm{h}}\approx S_2^{\mathrm{h}}\approx\cdots\approx S^{\mathrm{h}}$，$S_1^{\mathrm{c}}\approx S_2^{\mathrm{c}}\approx\cdots\approx S^{\mathrm{c}}$；则：

第 1 排：

$$Q_1\left(\frac{1}{S^{\mathrm{h}}}+\frac{1}{S^{\mathrm{c}}}\right)=\left(t_1^{\mathrm{h}}-\frac{\Delta t_1^{\mathrm{h}}}{2}\right)-\left(t_1^{\mathrm{c}}+\frac{\Delta t_1^{\mathrm{c}}}{2}\right)=(t_1^{\mathrm{h}}-t_1^{\mathrm{c}})-\frac{1}{2}(\Delta t_1^{\mathrm{h}}+\Delta t_1^{\mathrm{c}})$$

$$=(t_1^{\mathrm{h}}-t_1^{\mathrm{c}})-\frac{Q_1}{2}\left(\frac{1}{X^{\mathrm{h}}}+\frac{1}{X^{\mathrm{c}}}\right)$$

则：

$$Q_1=\frac{t_1^{\mathrm{h}}-t_1^{\mathrm{c}}}{\left(\dfrac{1}{S^{\mathrm{h}}}+\dfrac{1}{S^{\mathrm{c}}}\right)+\dfrac{1}{2}\left(\dfrac{1}{X^{\mathrm{h}}}+\dfrac{1}{X^{\mathrm{c}}}\right)} \tag{11-90}$$

第 2 排：

$$Q_2\left(\frac{1}{S^{\mathrm{h}}}+\frac{1}{S^{\mathrm{c}}}\right)=\left(t_1^{\mathrm{h}}-\Delta t_1^{\mathrm{h}}-\frac{\Delta t_2^{\mathrm{h}}}{2}\right)-\left(t_1^{\mathrm{c}}+\Delta t_1^{\mathrm{c}}+\frac{\Delta t_2^{\mathrm{c}}}{2}\right)$$

$$=(t_1^{\mathrm{h}}-t_1^{\mathrm{c}})-(\Delta t_1^{\mathrm{h}}+\Delta t_1^{\mathrm{c}})-\frac{1}{2}(\Delta t_2^{\mathrm{h}}+\Delta t_2^{\mathrm{c}})$$

$$=(t_1^{\mathrm{h}}-t_1^{\mathrm{c}})-Q_1\left(\frac{1}{X^{\mathrm{h}}}+\frac{1}{X^{\mathrm{c}}}\right)-\frac{Q_2}{2}\left(\frac{1}{X^{\mathrm{h}}}+\frac{1}{X^{\mathrm{c}}}\right)$$

则：

$$Q_2=\frac{t_1^{\mathrm{h}}-t_1^{\mathrm{c}}}{\left(\dfrac{1}{S^{\mathrm{h}}}+\dfrac{1}{S^{\mathrm{c}}}\right)+\dfrac{1}{2}\left(\dfrac{1}{X^{\mathrm{h}}}+\dfrac{1}{X^{\mathrm{c}}}\right)}\left[1-\frac{\dfrac{1}{X^{\mathrm{h}}}+\dfrac{1}{X^{\mathrm{c}}}}{\left(\dfrac{1}{S^{\mathrm{h}}}+\dfrac{1}{S^{\mathrm{c}}}\right)+\dfrac{1}{2}\left(\dfrac{1}{X^{\mathrm{h}}}+\dfrac{1}{X^{\mathrm{c}}}\right)}\right] \tag{11-91}$$

同理，第 m 排传热量：

$$Q_m=\frac{t_1^{\mathrm{h}}-t_1^{\mathrm{c}}}{\left(\dfrac{1}{S^{\mathrm{h}}}+\dfrac{1}{S^{\mathrm{c}}}\right)+\dfrac{1}{2}\left(\dfrac{1}{X^{\mathrm{h}}}-\dfrac{1}{X^{\mathrm{c}}}\right)}\left[1-\frac{\dfrac{1}{X^{\mathrm{h}}}+\dfrac{1}{X^{\mathrm{c}}}}{\left(\dfrac{1}{S^{\mathrm{h}}}+\dfrac{1}{S^{\mathrm{c}}}\right)+\dfrac{1}{2}\left(\dfrac{1}{X^{\mathrm{h}}}+\dfrac{1}{X^{\mathrm{c}}}\right)}\right]^{m-1} \tag{11-92}$$

逆流时换热器总传热量为：

$$Q=\sum_{i=1}^{m}Q_i=\frac{t_1^{\mathrm{h}}-t_1^{\mathrm{c}}}{\left(\dfrac{1}{S^{\mathrm{h}}}+\dfrac{1}{S^{\mathrm{c}}}\right)+\dfrac{1}{2}\left(\dfrac{1}{X^{\mathrm{h}}}+\dfrac{1}{X^{\mathrm{c}}}\right)}$$

$$[1+(1-p)+(1-p)^2+\cdots+(1-p)^{m-1}]$$

式中：

$$p=\frac{\dfrac{1}{X^{\mathrm{h}}}+\dfrac{1}{X^{\mathrm{c}}}}{\left(\dfrac{1}{S^{\mathrm{h}}}+\dfrac{1}{S^{\mathrm{c}}}\right)+\dfrac{1}{2}\left(\dfrac{1}{X^{\mathrm{h}}}+\dfrac{1}{X^{\mathrm{c}}}\right)}$$

该等比级数之和为：$\Omega=\dfrac{1-(1-p)^{m}}{p}$

则，顺流时换热器总传热量 Q 为：

$$Q=\frac{(t_1^{\mathrm{h}}-t_1^{\mathrm{c}})\Omega}{\left(\dfrac{1}{S^{\mathrm{h}}}+\dfrac{1}{S^{\mathrm{c}}}\right)+\dfrac{1}{2}\left(\dfrac{1}{X^{\mathrm{h}}}+\dfrac{1}{X^{\mathrm{c}}}\right)} \tag{11-93}$$

通过对热管换热器的设计计算和校核计算，得到了合理的热管尺寸、排布方式，得到了换热器中每一排热管的传热量，冷、热流体经过的温度变化，压力变化，热管的工作温度(即管内蒸汽温度)，管壁温度、传热极限等，结合热管内蒸汽温度选择合适的热管工质，依据管壁温度选择管材等，并进行强度计算与校核。

在实际应用中，冷、热流体的物性参数是随温度变化的，所以假定每排的水当量均相等其计算结果会产生误差；同样，每排热管的换热系数也是不同的，对各排热导假设均相等也会带来计算误差，所以需要对每排热管的水当量、热导进行计算，以期减小计算误差。随着计算机及软件的发展，可编制热管换热器专用计算软件包，使热管换热器的热力计算日臻完善。

11.4.3 计算软件简介

针对热管所具有的特性，热管换热器在工业节能、余热回收中所起的作用，在对热管理论和大量试验研究的基础上，经在工业应用中反复验证，不断修正后，形成了热管换热器专用软件包。热管换热器在工程应用中对运行工况较为敏感，一个较好的设计方案与对热管原理特性的深刻理解、热管及热管换热器结构设计与特点、现场条件及调试的实践经验有很大关系。该专用软件包通过建立数学、物理模型和大量的实验数据，以及三十多年来积累的工程应用数据进行分析，在对设计计算、校核计算不断修正与完善的基础上得到了与实际较为吻合的结果。该软件包含了：

① 冶金、石化、电力、建材等高耗能行业余热利用和热交换常用介质的物性数据库；

② 各种类型重力热管或翅片管的结构模型库，可任意选取计算；

③ 设计计算模型，求取总传热系数、传热面积、平均温差等重要设计数据；

④ 校核计算模型（离散型计算法），可计算出每一排、每一根热管在工作时的一系列状态参数等，给设计提供了准确的计算数据；

⑤ 各种参数、模型调整、修正的优化设计；

⑥ 每根热管的传热极限计算以及超极限报警提示等。

图 11.34 为热管换热器设计计算框图，该程序包含了气-气式整体热管换热器、气-气分离式热管换热器、气-汽式整体热管换热器、气-汽分离套管式热管换热器、气-液式整体热管

换热器、气-液分离套管式热管换热器等类型的设计计算、校核计算和逐排计算的功能；并可以对基管为光管、螺旋翅片、直翅片、水套管等不同的结构进行选择计算；设计计算中对热管换热器的主要结构进行计算，校核计算对热管换热器的每排热管参数进行计算，可以对每排热管的结构参数（包括调整每排热管的冷、热侧的管长、翅片尺寸等）及热管的排布方式进行调整计算，最后得到每排热管的热力参数（包括每排热管的冷、热侧温度、流体流速、壁面温度、阻力、换热量以及传热极限等）。

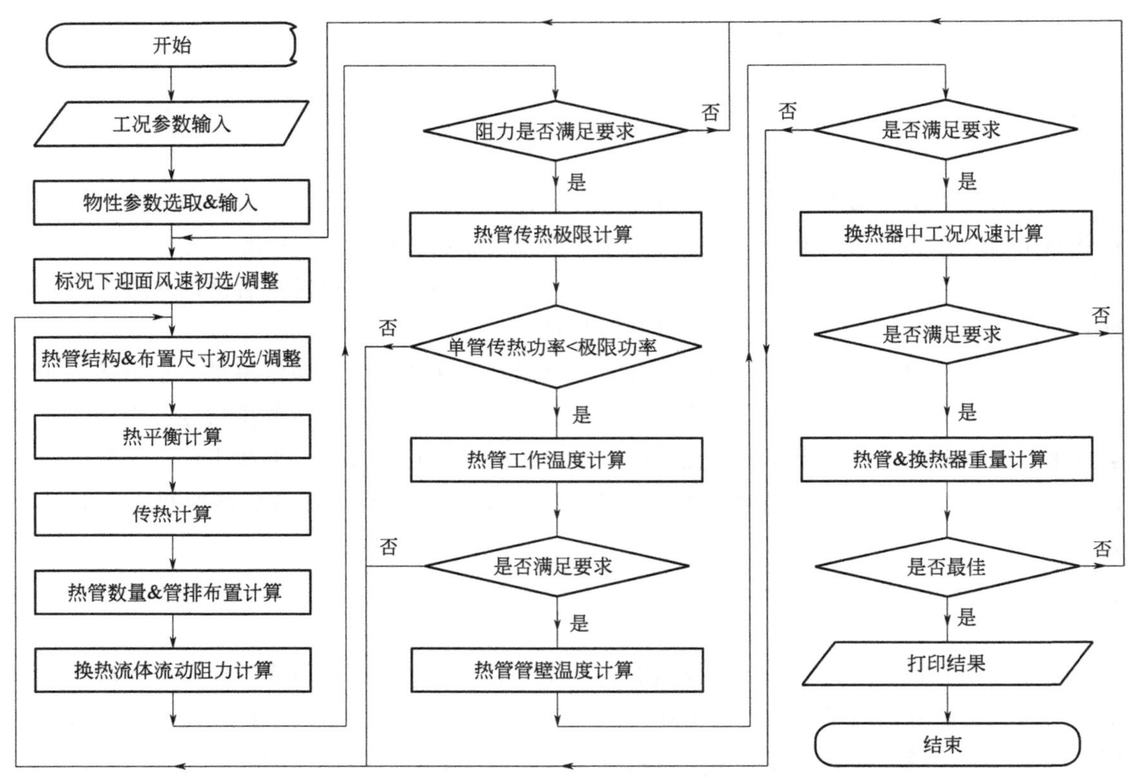

图 11.34 设计计算框图

图 11.35 为部分设计计算输入界面与输出结果，在设计工况参数输入的界面中，给出了热管蒸发段（热侧）和冷凝段（冷侧）的出、入口温度输入，通常冷、热流体的进口温度是已知的，输入要求的热流体（或冷流体）的出口温度，通过计算得到冷流体（或热流体）的出口温度；换热流体体积流量或质量流量的选择输入，给出了流动形式、管壁材料导热系数、热管蒸发段（热侧）的标准迎面风速、污垢热阻以及热损失等的选择与输入；在对一系列热管几何参数输入后，选择冷、热流体的组分输入等，可以进行设计计算并得到相应的设计结果输出。在图 11.35（d）中，给出了换热器初步的设计计算的结果，得到了热管冷凝段（冷侧）的出口温度、换热量（回收热量）、对数平均温差、总传热系数、传热面积（热侧）等，以及换热器中热管的初步排布方式；通过首排管内蒸汽温度即热管的最高工作温度 224.58℃，可以确定热管的工质为去离子水；结果中还给出了热管蒸发段（热侧）的末排管壁温度只有 86.89℃，与该烟气的露点温度相比较明显偏低，则需要做调整计算。可以在此设计计算的基础上修改热管相关参数开展校核计算，得到详细的逐排热管的计算结果。

设计工况参数输入
热侧的入口温度：℃ 265
热侧的出口温度：℃ 150
热侧的体积流量：Nm3/h 17500
热侧的质量流量：kg/h
热侧管壁导热系数：W/(m·℃) 45
热侧污垢热阻：m²·℃/W 0.00035
标准迎面风速：Nm/s. 2.5
冷侧的入口温度：℃ 20
冷侧的出口温度：℃
冷侧的体积流量：Nm3/h 12500
冷侧的质量流量：kg/h
冷侧管壁导热系数：W/(m·℃) 45
冷侧污垢热阻：m²·℃/W 0.00035
热 损 失：% 5
相关材料导热系数值
碳钢：45
相关流体污垢热阻
常用：0.00035
流体流动方式： 逆流 顺流 交叉流 逆流系数：
确定 重输 返回主界面

(a) 设计工况参数输入

设计热管参数输入
光管外径：(mm) 32
横向管间距：(mm) 75
热侧螺旋翅片厚度：(mm) 1.2
热侧螺旋翅片高度：(mm) 15
热侧螺距：(mm) 8
热侧长度：(m) 2.6
热侧焊着率： 0.95
光管壁厚：(mm) 3.0
纵向管间距：(mm) 80
冷侧螺旋翅片厚度：(mm) 1.2
冷侧螺旋翅片高度：(mm) 15
冷侧螺距：(mm) 5
冷侧长度：(m) 2.2
冷侧焊着率： 0.95
排列方式 顺排 叉排
确定 重输 返回主界面

(b) 设计热管参数输入

冷、热侧组分选择
热侧组分选择：
空气=100
常规烟气=100
甲烷=1
O2=1
H2=2
SO2=.056
SO3=.56
CO2=17
CO=25
N2=55
水蒸气=9.3
氨=0
修改热侧组分百分比(%)：
常规烟气 100 热侧修改
添加热侧组分：
组分名称：
组分百分比(%)：
热侧添加
热侧删除组分
冷侧组分选择：
空气=100
常规烟气=0
甲烷=28
O2=.35
H2=57.15
SO2=0
SO3=0
CO2=2
CO=6
N2=6.5
水蒸气=7.407
氨=0
修改冷侧组分百分比(%)：
空气 100 冷侧修改
添加冷侧组分：
组分名称：
组分百分比(%)：
冷侧添加
冷侧删除组分
确定 返回主界面

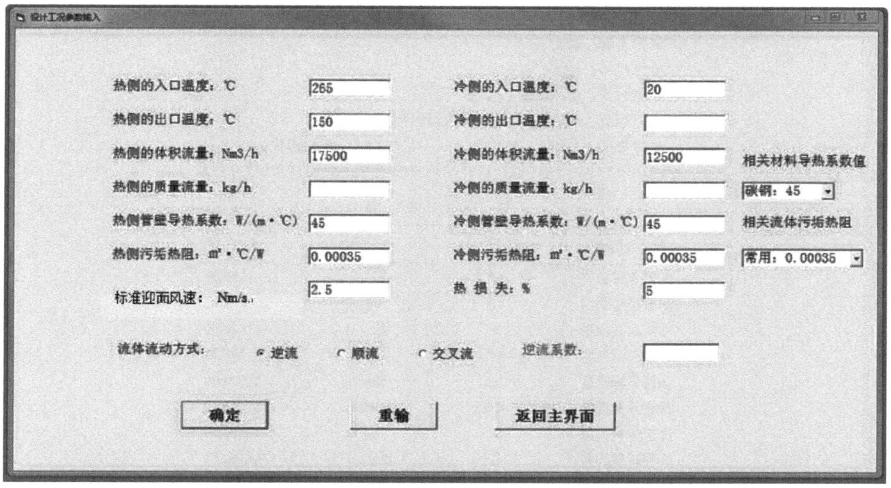

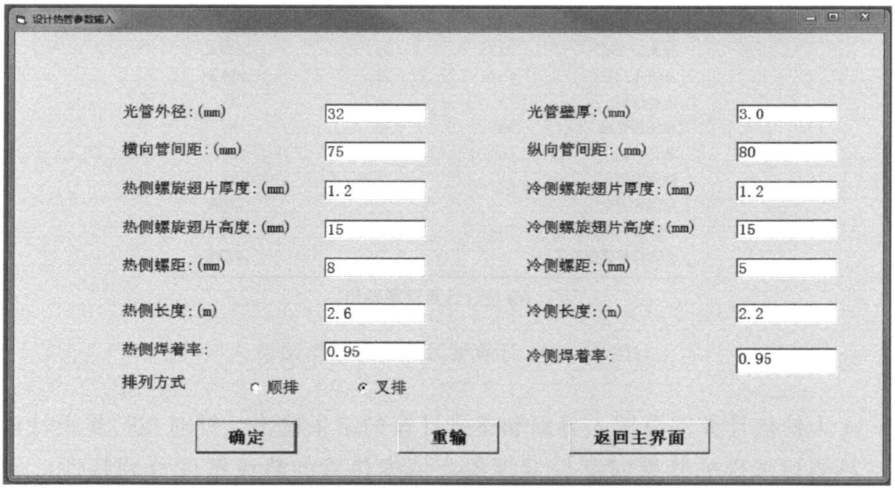

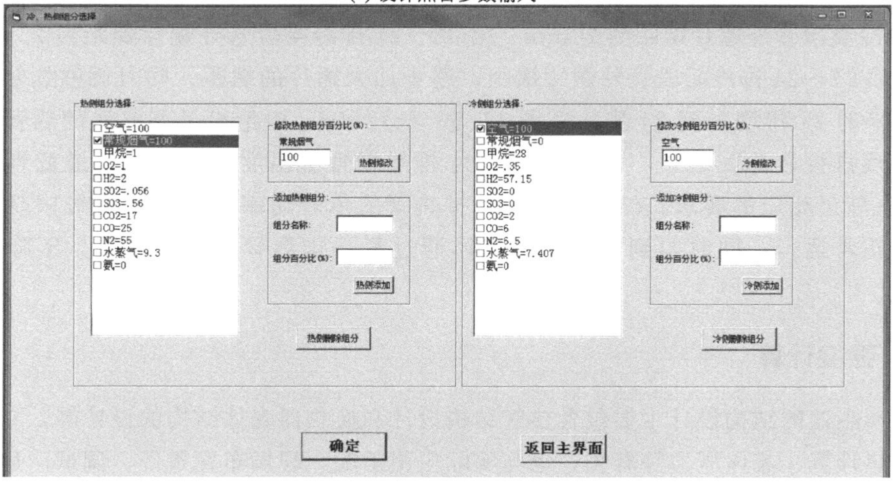

(c) 冷、热侧流体组分输入

图 11.35

项目名称：xxx
项目代号：xxx
计算时间：xx/xx/xx
计算形式：气——气　　　设计计算（整体式）
热管形式：（热侧）螺旋翅片 ——（冷侧）螺旋翅片
****

计　算　结　果

参数名称	符号	单　位	数　值
热侧入口温度	t_1^h	℃	265.00
热侧出口温度	t_2^h	℃	150.00
冷侧入口温度	t_1^c	℃	20.00
冷侧出口温度	t_2^c	℃	191.26
热侧体积流量	Vh	Nm^3/h	17500.00
热侧质量流量	Gh	kg/h	22662.50
冷侧体积流量	Vc	Nm^3/h	12500.00
冷侧质量流量	Gc	kg/h	16162.50
回收换热量	Q	kW	793.22
对数平均温差	Δtm	℃	98.72
总传热系数	K	$W/(m^2 \cdot ℃)$	23.40
热侧总传热面积	Ah	m^2	347.55
热侧压力降	ΔPh	Pa	535.6
冷侧压力降	ΔPc	Pa	499.6
热管排数	m	排	21
每排热管数	B	根	10
热管总数	n	根	200
排列方式		叉排	12,11,12…
流动方式			逆流
首排管内蒸汽温度	Tv	℃	224.58
热侧末排管壁温度	t_{ewo}	℃	86.89

(d) 设计计算结果输出

图 11.35　计算输入界面与输出结果

图 11.36 为校核计算部分输入界面和逐排计算的结果输出。针对在初步设计计算中显示出的热管（热侧）末排的管壁温度偏低现象，依据热管的热流密度可调特性，分别调整第 17～18 排冷凝段管外翅片螺距为 10mm、第 19～20 排冷凝段管外翅片螺距为 15mm、第 21～22 排冷凝段管外翅片螺距为 20mm、第 23～24 排冷凝段管外翅片螺距为 25mm，通过逐步调整第 17～24 排冷凝段管外翅片螺距，逐步加大翅片的螺距，同时调整热管的管排数量，将原来的 21 排增加到 24 排，在图 11.36（c）、（d）中给出了调整后的热管逐排参数和对应的逐排校核计算结果，可见第 17～24 排热管管壁温度均已上调，最低管壁温度在 120℃以上满足相应的要求；结果中，每一排热管的单管功率均小于携带极限功率，表明热管均能正常运行；同时得到了冷、热流体通过每一排热管的温度变化、压降以及工况下的流速。

11.4.4　强度计算

热管换热器的结构设计主要包含热管结构设计和换热器壳体结构的设计等，它与热管换热器的传热计算、流体压力等有关，也与实际应用工况、现场布置条件、调试、运行方式等有关，还与其安全性、经济性等有关。

在热管换热器的设计计算和校核计算过程中，包含了对热管的管径、长度、布置方式等的选择、调整与计算，得到了传热量、传热极限、温度、压降等一系列结果。在取得热管管内蒸汽温度、管壁温度条件下进行热管工质与管材的选择，确定了所选热管工质后，根据其管内饱和蒸汽温度就可以得到相应的饱和蒸汽压力，这里主要是对热管管材、结构的强度及换热器壳体、特别是热管余热锅炉系统受压元件的强度校核计算等。

在气-气式热管换热器中，热管可参照 GB/T 150.3—2011《压力容器 第 3 部分：设计》对热管进行强度计算；换热器壳体中流经的气体通常为微正压或微负压流体，必要时其强度校核可参照 NB/T 47003.1—2022《常压容器 第 1 部分：钢制焊接常压容器》或参照 JB 4732—1995《钢制压力容器分析设计标准》进行。

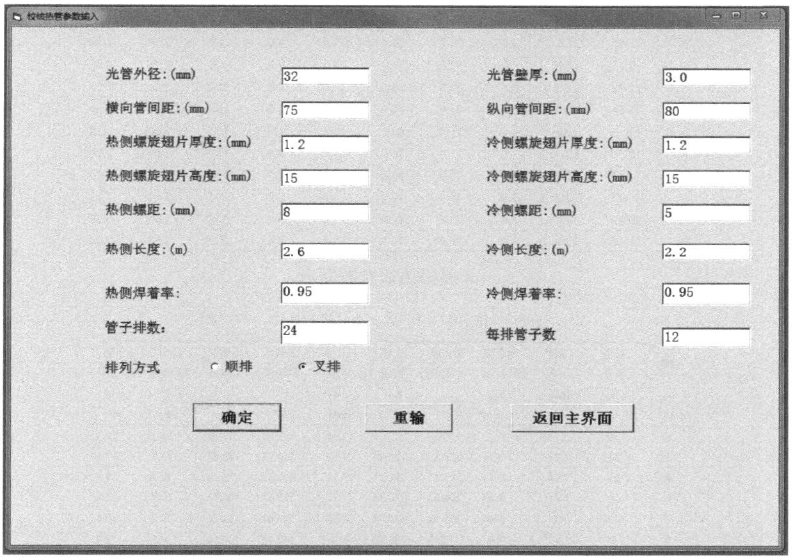

(a) 校核计算热管参数输入

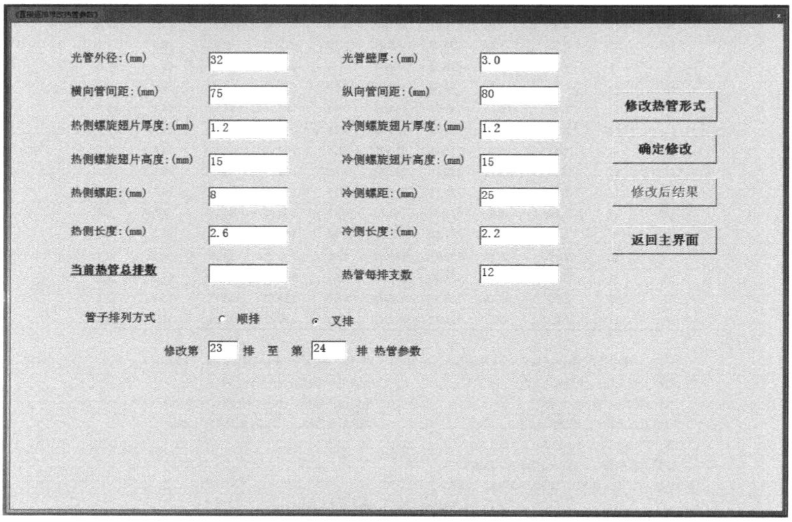

(b) 热管参数修改选择

图 11.36

逐 排 的 热 管 参 数

排数 m_i 排	每排数量 B 根	光管外径 d_o mm	光管壁厚 δ_w mm	横向管间距 S_T mm	纵向管间距 S_L mm	翅片高度 l_f mm	热侧螺距 $(S_f+l_f)^h$ mm	冷侧螺距 $(S_f+l_f)^c$ mm	热侧长度 l_e m	冷侧长度 l_c m
1	12-12	32.0	3.0	75.0	80.0	15.0	8.0	5.0	2.60	2.20
2	11-11	32.0	3.0	75.0	80.0	15.0	8.0	5.0	2.60	2.20
3	12-12	32.0	3.0	75.0	80.0	15.0	8.0	5.0	2.60	2.20
4	11-11	32.0	3.0	75.0	80.0	15.0	8.0	5.0	2.60	2.20
5	12-12	32.0	3.0	75.0	80.0	15.0	8.0	5.0	2.60	2.20
6	11-11	32.0	3.0	75.0	80.0	15.0	8.0	5.0	2.60	2.20
7	12-12	32.0	3.0	75.0	80.0	15.0	8.0	5.0	2.60	2.20
8	11-11	32.0	3.0	75.0	80.0	15.0	8.0	5.0	2.60	2.20
9	12-12	32.0	3.0	75.0	80.0	15.0	8.0	5.0	2.60	2.20
10	11-11	32.0	3.0	75.0	80.0	15.0	8.0	5.0	2.60	2.20
11	12-12	32.0	3.0	75.0	80.0	15.0	8.0	5.0	2.60	2.20
12	11-11	32.0	3.0	75.0	80.0	15.0	8.0	5.0	2.60	2.20
13	12-12	32.0	3.0	75.0	80.0	15.0	8.0	5.0	2.60	2.20
14	11-11	32.0	3.0	75.0	80.0	15.0	8.0	5.0	2.60	2.20
15	12-12	32.0	3.0	75.0	80.0	15.0	8.0	5.0	2.60	2.20
16	11-11	32.0	3.0	75.0	80.0	15.0	8.0	5.0	2.60	2.20
17	12-12	32.0	3.0	75.0	80.0	15.0	8.0	10.0	2.60	2.20
18	11-11	32.0	3.0	75.0	80.0	15.0	8.0	10.0	2.60	2.20
19	12-12	32.0	3.0	75.0	80.0	15.0	8.0	15.0	2.60	2.20
20	11-11	32.0	3.0	75.0	80.0	15.0	8.0	15.0	2.60	2.20
21	12-12	32.0	3.0	75.0	80.0	15.0	8.0	20.0	2.60	2.20
22	11-11	32.0	3.0	75.0	80.0	15.0	8.0	20.0	2.60	2.20
23	12-12	32.0	3.0	75.0	80.0	15.0	8.0	25.0	2.60	2.20
24	11-11	32.0	3.0	75.0	80.0	15.0	8.0	25.0	2.60	2.20

(c) 逐排热管参数显示

逐 排 计 算 的 结 果

排数 m_i 排	每排数量 B_i 根	单管功率 Q_i/B_i kW	携带极限功率 $Q_{e,max}$ kW	管内蒸汽温度 T_v ℃	热侧壁温 t_{ewo} ℃	工况风速 w m/s	热侧入口温度 t_1^h ℃	冷侧入口温度 t_1^c ℃	热侧压力降 ΔP^h Pa	冷侧压力降 ΔP^c Pa
1	12	2.75	10.10	226.57	228.72	7.94	265.00	188.89	20.7	21.5
2	11	2.71	9.93	221.16	223.26	7.30	260.31	182.63	17.2	17.4
3	12	2.90	9.74	215.35	217.61	7.81	256.08	175.35	20.3	20.8
4	11	2.85	9.53	209.62	211.84	7.17	251.12	168.78	16.9	16.8
5	12	3.05	9.30	203.53	205.90	7.66	246.65	161.10	19.9	20.1
6	11	2.99	9.06	197053	199.86	7.03	241.42	154.11	16.5	16.2
7	12	3.20	8.78	191.09	193.58	7.51	236.70	145.94	19.4	19.4
8	11	3.14	8.50	184.72	187.17	6.89	231.19	138.55	16.2	15.6
9	12	3.36	8.18	177.92	180.54	7.36	226.22	129.91	18.9	18.6
10	11	3.30	7.84	171.20	173.77	6.74	220.41	122.11	15.7	14.9
11	12	3.52	7.49	164.09	166.83	7.19	215.16	112.85	18.5	17.7
12	11	3.46	7.12	156.92	159.62	6.58	209.04	104.45	15.3	14.2
13	12	3.70	6.70	149.24	152.13	7.02	203.51	94.65	17.9	16.9
14	11	3.64	6.31	141.74	144.59	6.42	197.06	85.81	14.8	13.5
15	12	3.89	5.88	133.72	136.76	6.83	191.24	75.52	17.4	15.9
16	11	3.81	5.45	125.81	128.79	6.24	184.46	66.36	14.4	12.7
17	12	2.87	5.96	135.16	137.58	6.65	178.33	58.89	16.9	8.1
18	11	2.79	5.65	129.73	132.07	6.10	173.28	52.08	14.0	6.6
19	12	2.38	5.82	132.65	134.72	6.52	168.76	45.76	16.5	5.4
20	11	2.32	5.57	128.09	130.10	5.99	164.56	40.12	13.8	4.5
21	12	2.09	5.60	128.72	130.57	6.40	160.81	34.55	16.2	4.3
22	11	2.03	5.40	124.80	126.60	5.89	157.09	29.59	13.5	3.6
23	12	1.90	5.38	124.37	126.08	6.30	153.78	24.52	15.9	3.6
24	11	1.85	5.17	120.82	122.47	5.80	150.39	20.02	13.3	3.0

热 侧 流 量： Vh = 17500.00 （Nm3/h）　　冷 侧 流 量： Vc = 12500.00 （Nm3/h）

热侧入口温度： t_1^h = 265.00 （℃）　　热侧出口温度： t_2^h = 147.37 （℃）

冷侧入口温度： t_1^c = 20.02 （℃）　　冷侧出口温度： t_2^c = 195.82 （℃）

热侧总压力降： $\Sigma\Delta Ph$ = 400.2 （Pa）　　冷侧总压力降： $\Sigma\Delta Pc$ = 311.4 （Pa）

热 管 总 数： n = 276 （支）

计算总传热量： ΣQ_i = 810.92 （kW）

总传热面积（热侧）： ΣA_{hi} = 479.62 （m²）

(d) 热管逐排计算结果输出

图 11.36　校核计算部分输入界面与逐排计算结果输出

对于气-汽式热管换热器（热管余热锅炉等），其结构形式有整体式和分离套管式两种（见上文图 11.20）。在整体式热管气-汽换热器中，热管的强度可参照 GB/T 150.3—2011 计算，汽包按照 GB/T 150.3—2011 进行强度计算，承压管板（中孔板）按 JB 4732—1995 进行强度计算。分离套管式热管余热锅炉中热管、套管且与其相连的汽包（锅筒）、上升管、下降管等所构成的系统，必须按照 GB/T 16507.4—2022《水管锅炉 第 4 部分：受压元件强度计算》进行强度计算。

气-液式热管换热器，作为省煤器隶属于锅炉系统的部件必须按照 GB/T 16507.4—2022 对热管、套管等受压元件进行强度计算。

分离式热管换热器中，热管的蒸发段、冷凝段管束参照 GB/T 16507.4—2013 对其中管子、端盖等受压元件的强度进行计算；其上升管、下降管应按照 GB 50316—2000《工业金属管道设计规范》或 GB/T 20801.3—2020《压力管道规范 工业管道第 3 部分：设计和计算》进行设计计算。

表 11.13 中给出了热管换热器中主要受压元件的强度计算所按照或参照执行的现行标准。

表 11.13　热管换热器主要元件强度设计/校核计算参考表

<table>
<tr><th rowspan="2">元件名称</th><th rowspan="2">气-气式
热管换热器</th><th colspan="2">气-汽式热管换热器</th><th colspan="2">气-液式热管省煤器/换热器</th><th rowspan="2">分离式
热管
换热器</th></tr>
<tr><th>整体式</th><th>分离套管式</th><th>轴向重力
热管式</th><th>径向重力
热管式</th></tr>
<tr><td rowspan="2">热管</td><td rowspan="2">参照 GB/T 150.3—2011</td><td rowspan="2">参照 GB/T 150.3—2011</td><td rowspan="2">参照 GB/T 150.3—2011</td><td>锅炉管辖范围内：按照 GB/T 16507.4—2022</td><td colspan="2" rowspan="2">—</td></tr>
<tr><td>其余：参照 GB/T 150.3—2011</td></tr>
<tr><td rowspan="2">套管</td><td rowspan="2">—</td><td rowspan="2">—</td><td rowspan="2">按照 GB/T 16507.4—2022</td><td>锅炉管辖范围内：按照 GB/T 16507.4—2022</td><td colspan="2" rowspan="2">—</td></tr>
<tr><td>其余：参照 GB/T 150.3—2011</td></tr>
<tr><td>蒸发段管束/冷凝段管束</td><td>—</td><td>—</td><td>按照 GB/T 16507.4—2022</td><td>锅炉管辖范围内：
按照 GB/T 16507.4—2022
其余：参照 GB/T 16507.4—2022</td><td>—</td><td>参照 GB/T 16507.4—2022</td></tr>
<tr><td rowspan="2">封头/端盖</td><td rowspan="2">参照 GB/T 16507.4—2022</td><td rowspan="2">参照 GB/T 16507.4—2022</td><td rowspan="2">按照 GB/T 16507.4—2022</td><td>锅炉管辖范围内：按照 GB/T 16507.4—2022</td><td colspan="2" rowspan="2">参照 GB/T 16507.4—2022</td></tr>
<tr><td>其余：参照 GB/T 16507.4—2022</td></tr>
<tr><td rowspan="2">上升管/下降管/接管、管件</td><td rowspan="2">—</td><td rowspan="2">—</td><td rowspan="2">按照 GB/T 16507.4—2022</td><td>锅炉管辖范围内：按照 GB/T 16507.4—2022</td><td colspan="2" rowspan="2">按照 GB 50316—2000 或 GB/T 20801.3—2020</td></tr>
<tr><td>其余：参照 GB/T 16507.4—2022</td></tr>
<tr><td>锅筒/汽包</td><td>—</td><td>按照 GB/T 150.3—2011</td><td>按照 GB/T 16507.4—2022</td><td>—</td><td>—</td><td>—</td></tr>
<tr><td>壳体</td><td>参照 NB/T 47003.1—2022 或 JB 4732—1995</td><td>参照 NB/T 47003.1—2022 或 JB 4732—1995</td><td>参照 NB/T 47003.1—2022 或 JB 4732—1995</td><td>参照 NB/T 47003.1—2022 或 JB 4732—1995</td><td colspan="2">参照 NB/T 47003.1—2022 或 JB 4732—1995</td></tr>
<tr><td>中孔板/管板</td><td>参照 JB 4732—1995</td><td>按照 JB 4732—1995</td><td>参照 JB 4732—1995</td><td>参照 JB 4732—1995</td><td colspan="2">—</td></tr>
</table>

11.5 热管制造与检验

在工业余热回收及热交换工艺中采用的热管换热器，主要由热管、壳体及连接管件等组成，其类型与主要结构在11.3节中已做介绍，换热器中的热管基本采用重力热管，壳体的形式随换热器类型不同而有所改变。本节简要介绍重力热管的制造与检验。

11.5.1 热管制造

重力热管主要由管壳、端盖（也称上、下封头）、工质及附件组成，在实际应用中管壳大都采用的是金属无缝管，常用无缝管材料及执行标准见表11.14，端盖的材质与管材基本一致，与管材可焊性要好；工质按热管工作温度即管内蒸汽温度进行选择，与管材要相容；附件主要有与壳体中间管板处密封的配套结构件等。热管管内要求较高，需要有一定的清洁度，无油渍、无锈垢等，而且要求具有一定承受内压与外压的能力；如工质为水的热管，制作时需要排空管内空气，形成真空，工作时当热管内饱和蒸汽温度达到约263℃时所对应的饱和蒸汽压力为5.0MPa。热管的制造工艺、制作方法以及各工序过程中的质量控制都将影响着热管的性能。图11.37为重力热管制造流程示意图。

表 11.14 常用无缝管材料及执行标准

名称	钢号	标准
碳钢	20	GB/T 3087—2022、GB/T 5310—2017、GB/T 9948—2013
耐热钢	15CrMo、12Cr1MoV、12Cr5Mo	GB/T 5310—2017、GB/T 9948—2013
不锈钢	06Cr19Ni10、06Cr17Ni12Mo2、022Cr17Ni12Mo2、00Cr22Ni5Mo3N	GB/T 13296—2013、GB/T 21833.1—2020
ND钢	09CrCuSb	GB/T 150.2—2011
铝	铝合金	GB/T 4437.1—2015、GB/T 6893—2022
铜	铜合金	GB/T 1527—2017、GB/T 8890—2015、YS/T 662—2018

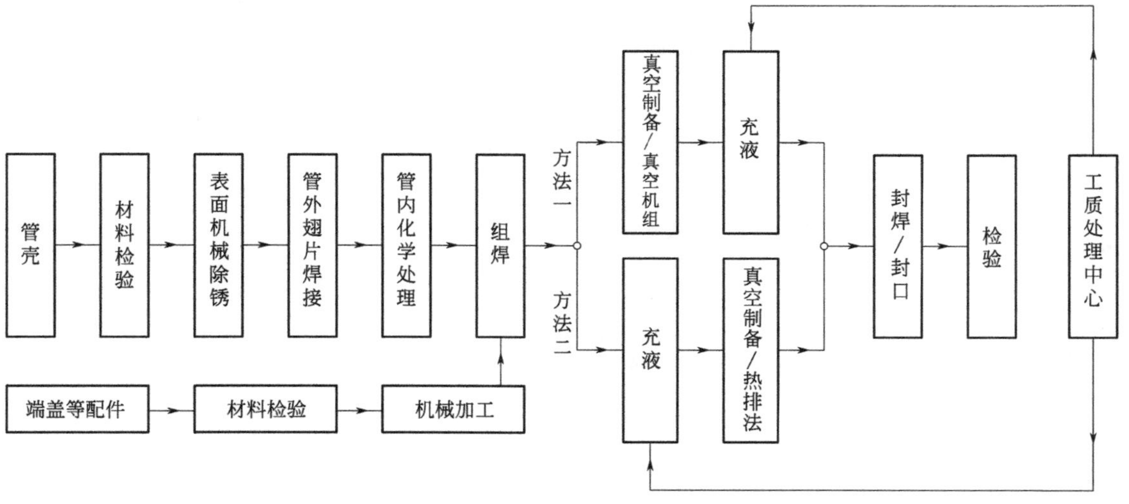

图 11.37 重力热管制造流程示意图

管壳作为热管的基管，根据热管设计的要求对其进行材料检验、表面除锈、翅片焊接，在工业应用中大多数热管的基管外通过加装翅片以拓展传热面积，焊接通常采用高频电阻焊、激光焊等；管内化学处理主要为清洁、除油、除锈等处理工艺；端盖等配件与管壳同样清洗，除油、除锈清洁后与管壳进行组焊；焊接抽真空或热排法用工艺接头；焊缝要求按受压元件相关标准中焊接要求，组焊完成后开始对管内制备真空，目前主要采用二种方式：一是利用真空机组对管内进行抽真空，达到要求后，进行工质灌装然后封焊；工质来自集中的工质处理中心，如：工质水为去离子水，需经处理后对热管进行充液并计量。二是采用热排法使管内形成真空，如水热管此时需要先对管内进行充液，然后对管子进行加热直至工质沸腾，期间利用水蒸气不断将管内空气排出，排气后立即封口，待管子冷却后管内即可具有一定的真空度。在采用热排法时热管内的充液量还要考虑包含排气过程中所排出的量，具体由所执行的操作工艺和方法确定。在热排法中顶部排气口还可以采用特制专用排气阀，当热管长时间运行后，如管内有不凝性气体产生时可实现热管在线修复、再生等操作。

11.5.2　热管检验

热管作为产品按其标准进行检验，目前主要以 GB/T 9082.1—2011《无管芯热管》标准为基础，企业在此基础上结合自身热管产品的特点严格规范为相应的企业标准。南京圣诺热管有限公司制定有 Q/3201 SNHP 001《碳钢-水重力热管》、Q/3203 SNHP 003《热管用高频电阻焊螺旋翅片管》、Q/3201 SNHP 005《低温重力热管》、Q/3201 SNHP 007《中温重力热管》等标准，对热管产品的术语和定义、分类与标记、要求、试验方法、检验规则和标志、包装、运输、贮存进行了规定。

热管产品的检验分为出厂检验和型式检验。进行检验的环境条件如下。

温度：0～40℃；

相对湿度：20％～80％；

气压：当地大气压。

（1）出厂检验

出厂检验即正式生产中的每批产品应经制造厂检验部门检验合格并出具合格证后方可出厂。

出厂检验包含：外观、尺寸偏差、启动性能、涂层厚度（有管外防腐涂层的）。其中，外观和启动性能检验为 100％检验；尺寸偏差和涂层厚度为抽样检查，即在每批产品中抽查 10％，且不少于 5 根。各检查要求如下。

外观：产品的外表面应光滑，无明显褶皱、凹坑等缺陷，翅片形状完整；产品的焊缝表面应无裂纹、气孔、弧坑、焊渣及飞溅物；产品基管长度≤6000mm 时，不得有对接环焊缝；产品基管长度＞6000mm 时，允许有一个对接环焊缝；防腐涂层表面应连续光滑，无气泡、流挂、漏涂、针孔缺陷。

尺寸偏差：根据基管的长度，分别给出了在各段长度中允许的偏差值，见表 11.15。翅片管翅片部分全长按所在图纸中尺寸，其总偏差不超过±8mm，且翅片数量的偏差应不超过±1.5％。

启动性能：热管从开始加热至达到工作状态之前的过程。对应不同的长度，标准中对测试要求、测点及时间给出了规定值，表 11.16 和表 11.17 分别为 GB/T 9082.1—2011《无管芯热管》中规定的水-碳钢热管和萘、N-甲基吡咯烷酮中温介质热管的启动性能。低温热管中以氨为工质的重力热管用于寒区工程的称为热棒，表 11.18 为 GB/T 27880-2011《热棒》中的规定的启动性能。

涂层厚度：对于管外涂有防腐涂层的热管，涂层厚度一般在为 250～650μm，具体数值根据热管所处的腐蚀环境确定并在设计文件中给出。

表 11.15　基管长度允许偏差

基管长度/mm	允许偏差/mm
≤2000	±2
>2000～4000	±3
>4000～8000	±4
>8000～15000	±5
>15000～20000	±12

表 11.16　水-碳钢热管启动性能

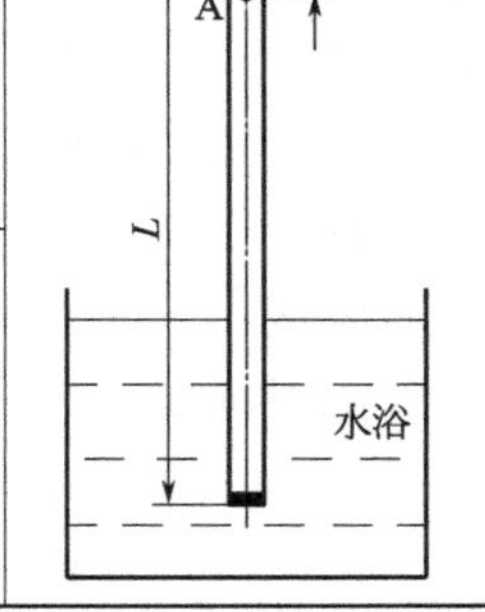

热管长度/mm	H/mm	水浴温度/℃	时间/min	A 点处的管壁温度 T_A/℃	检测示意图
≤2000	30	75±10	1	≥检验环境温度+15	H A L 水浴
>2000～4000	50		2		
>4000～8000	80		2.5		
>8000～15000	100	>85	4		
注：按表中图所示，将热管总长 L 的 1/3 垂直或与水平面倾斜 12°以上放置在表中规定的水浴温度中，到规定的时间时用二等精度等级的红外测温仪检测距离上端盖底部 H 处 A 点的管壁温度。					

表 11.17　中温介质（萘、N-甲基吡咯烷酮）热管启动性能

热管长度/mm	H/mm	热管蒸发段管壁温度/℃	时间/min		A 点处的管壁温度 T_A（冷凝段保温状态）/℃	检测示意图
			固体介质	液体介质		
≤2000	40	250±10	8	5	≥检验环境温度+150	H A L 加热
>2000～4000	60		10	6		
>4000～8000	80		12	8		
>8000～15000	100		15	10		
注：按表中图所示，将热管总长 L 的 1/3 垂直或与水平面倾斜 12°以上放置在电加热炉中，到规定的时间时用二等精度等级的红外测温仪检测距离上端盖底部 H 处 A 点的管壁温度。						

表 11.18　热棒（氨重力热管）启动性能

热棒长度/mm	从加热开始至稳定工作状态所需时间/min	热棒长度/mm	从加热开始至稳定工作状态所需时间/min
≤4000	≤3.0	≤16000	≤6.5
≤6000	≤4.0	≤20000	≤8.0
≤8000	≤5.0	≤30000	≤8.5
≤10000	≤5.5	≤40000	≤9.0
≤12000	≤6.0		

（2）型式检验

型式检验是对产品各项指标的全面检查，一般在以下三种情况下开展，①新产品定型时；②如工艺、结构、材料有较大改变，可能影响产品质量时；③长期停产恢复生产时需要进行型式检验。型式检验的样本应从出厂检验合格的产品中随机抽取 2 根。

型式检验包含：出厂检验的全部项目，再加上等温性能、最大传热热流量、耐温性能；对有翅片的产品还应检查翅片的熔合率和拉脱强度。对有防腐涂层的热管还应对涂层进行其耐蚀性、柔韧性、冲击性和涂层附着力的检测。表 11.19 给出了 GB/T 9082.1—2011《无管芯热管》中常用工质的重力热管等温性能要求；表 11.20 为 GB/T 27880—2011《热棒》的等温性能。同时，在规定的工作条件下，热管的最大传热热流量应满足设计要求。对应不同的材质，翅片的熔合率不同，碳钢和耐热钢的翅片熔合率≥95%；不锈钢的翅片熔合率≥80%；ND 钢的翅片熔合率≥92%。对于翅片拉脱强度的要求为在 196MPa 拉应力下，翅片产品各部位应无异常现象。对于有防腐涂层的产品，涂层的耐蚀性按浸泡法耐蚀试验或盐雾试验法耐蚀试验后涂层表面无可见变化；涂层的柔韧性能应符合 GB/T 6742—2007 中 4.1.3 “轴的直径为 2mm” 的规定。冲击性能应符合 GB/T 1732—2020 中 “重锤质量 1000g、高度为 500mm” 的规定。附着力应符合 GB/T 1720—2020 中 1 级要求。

以上各试验的方法按相应标准中规定的要求。

表 11.19　热管等温性能检验条件和要求

工质	热管蒸发段管壁温度/℃	凝结段外壁面温度差（T_A-T_B）/℃				检测示意图
		$L\leqslant2000$	$2000<L\leqslant4000$	$4000<L\leqslant8000$	$8000<L\leqslant15000$	
		$H=30$	$H=50$	$H=80$	$H=100$	
氨	30～80	1	2	2	3	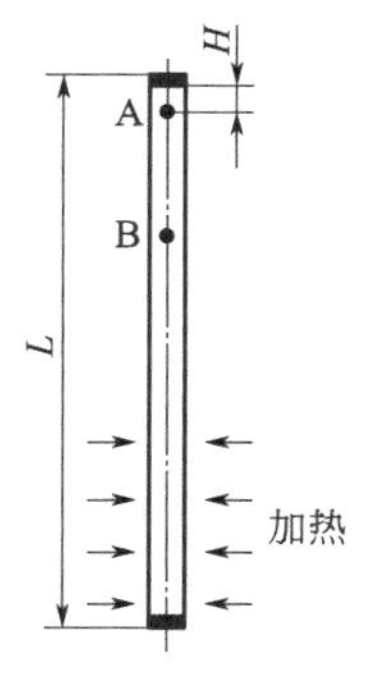
丙酮	50～80	2	2	2	3	
甲醇	50～80	2	2	2	3	
乙醇	50～80	2	2	2	3	
水	60～80	3	5	8	10	
N-甲基吡咯烷酮	220～240	4	6	9	12	
萘	240～260	5	8	10	15	

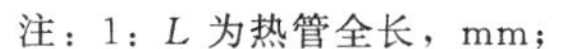

注：1：L 为热管全长，mm；
2：T_A、T_B 分别为 A 点、B 点的温度，H 为热管上端盖底部距 A 点的距离，B 点位于热管冷凝段 1/2 长度处；
3：冷凝段冷却环境，一般为室温下自然对流，必要时可采用保温措施，减少散热量。

表 11.20　热棒等温性能

热棒长度/m	冷凝段沿长度方向温度差/℃	热棒长度/m	冷凝段沿长度方向温度差/℃
≤8	≤2.0	≤30	≤3.5
≤12	≤2.5	≤40	≤4.0
≤20	≤3.0		

11.6　热管换热器的工业应用

自 20 世纪 80 年代初开始，我国的热管研究和开发重点转向节能和能源的合理利用。早在 1976 年，南京化工学院（现南京工业大学）热管科研组就已开始了热管技术在工业余热回收中的应用研究与开发，主要研究热管式换热设备。1980 年 4 月由南京化工学院与南京炼油厂共同研制的我国第一台工业试验的气-气式热管换热器在南京炼油厂正式投入运行；1981 年底，我国第一台碳钢-水热管式余热锅炉由南京化工学院研制成功，并在江苏省如东化肥厂投入运行。以上二台热管换热设备的正式投用运行，推动了热管换热器的传热性能研究，设计计算方法研究以及设备结构、碳钢-水相容性等应用研究，解决了廉价的碳钢-水重力热管在余热回收中应用的关键技术问题。1983 年以后，热管换热器工业应用的节能效果逐步受到社会重视，热管换热器的应用进入了工业化推广阶段。

碳钢-水重力热管技术的日趋成熟，热管换热器的换热量愈来愈大，1986 年第一套大型分离式热管换热器在梅山钢铁厂 1300m^3 高炉热风炉投入运行，回收热量达到 3000kW，设备投用一年内即可收回投资；1988 年用于大化肥一段转化炉余热回收的整体式热管空气预热器由湖北化肥厂与南京化工学院联合开发成功，回收热量达 11163kW，同年用于马鞍山钢铁公司第二烧结厂的 75m^2 烧结机的热管蒸汽发生器也开发成功，回收热量为 3176kW，开创了国内冶金工业烧结余热回收成功的先例。鉴于碳钢-水重力热管的结构简单、价格低廉、制造方便、易于在工业中推广应用，使得热管技术工业化应用的开发与研究得到了迅速的发展，随后相继开发了重力热管气-气式、气-液式、气-汽式等多种形式的换热器，以及热管整体式余热锅炉、分离套管式热管蒸汽发生器；高、中、低温热管热风炉、热管式 GGH、径向偏心热管省煤器、热棒等各类热管产品。随着科学技术的不断提高，热管研究和应用的领域也在不断拓宽。目前，重力热管及热管换热器作为高效传热传质设备已广泛应用于冶金、石油、化工、动力、建材、轻工、交通、冻土安全等领域。下面主要介绍南京圣诺热管有限公司在重点行业的节能和余热回收中对重力热管技术的研制、开发与推广应用。

11.6.1　冶金行业

冶金行业是我国基础工业最重要的组成部分也是能耗大户，随着经济的快速发展，我国粗钢产量已连续二十多年稳居世界第一，钢铁行业的繁荣也带来了资源、能源与环境保护等诸多问题，粗钢产量增长太快，能源消耗总量居高不下。多年来在钢铁生产结构调整、装备大型化、节能减排等方面开展了大量工作，也加大了对钢铁行业余热利用的研究和开发力度，对于流程中的高、中品位热量一直备受关注且积极的回收利用，近年来，对低品位的热量、低温余热的利用也逐步引起重视并进行深度的开发利用，但总体水平偏低，我国钢铁余热资源回收率仅 25%左右。

钢铁生产的工艺流程即铁矿石冶炼成钢的整个过程，从其原料采矿、选矿开始，进入烧结、炼铁、炼钢、轧钢等主要环节，还包含了焦化、制氧、燃气、自备电、动力等辅助生产工艺。在其每个过程消耗能量的同时也存在一定能量的耗散，针对各流程中所产生的余热，可采用高效换热、热管等技术进行合理回收与利用。

11.6.1.1　烧结余热利用

烧结矿是高炉炼铁的主要原料，烧结是将铁矿粉、无烟煤粉和焦粉、石灰石、消石灰、生石灰等按一定配比混合均匀后，经烧制、黏结为具有一定粒度和足够强度的块状固体过程。在烧结过程中将原料与相应量的助燃物、熔剂和水等混合后，在相关的烧结设备上冶炼，直到烧结块形成。据统计，烧结工序的能耗约占钢铁企业总能耗的 10%～12%，属于高耗能工序，而其排放的余热约占总消耗热能的 45%～50%，主要为烧结烟气显热和烧结矿的成品显热，即烧结机大烟道的废气余热和冷却机的废气余热。

烧结工序设备主要有烧结机和冷却机等组成，在生产运行时，矿料从烧结机头随台车被缓慢推进移动到烧结机尾部，通过风机为烧结台车下方大烟道上的若干风箱提供引风动力，使热烟气强制穿过烧结矿料层，烧结矿经加热灼烧后，烧结机尾部大烟道内废气温度为 300～400℃，最高可达 450℃。经过烧结后赤热的烧结矿料经破碎后通过溜槽落到冷却机的传送带，在溜槽下落处赤热的烧结料矿表面温度高达 700～800℃并以热辐射的形式向外界释放热量，落到冷却带上的料温仍在 600℃以上，为使其降温，在冷却机上布置 3～5 台抽风（或鼓风）罩，在风罩内通过轴流引风机或鼓风机的作用，使外界空气穿过料矿层，对其进行风冷，通过 3～5 只风罩后矿料温度降到 100℃以下。在冷却机上 3～5 只风罩中，第 1、2 风罩内空气由常温经过料矿层加热后风温分别提高到 250～350℃及 200℃左右排空，向四周释放出较大的热量，造成烧结机周围操作环境较差。图 11.38 为烧结机、冷却机的废气温度分布示意图，显然，烧结机大烟道废气和冷却机废气的余热回收对烧结现场的环境改善、企业的节能减排有一定的意义。

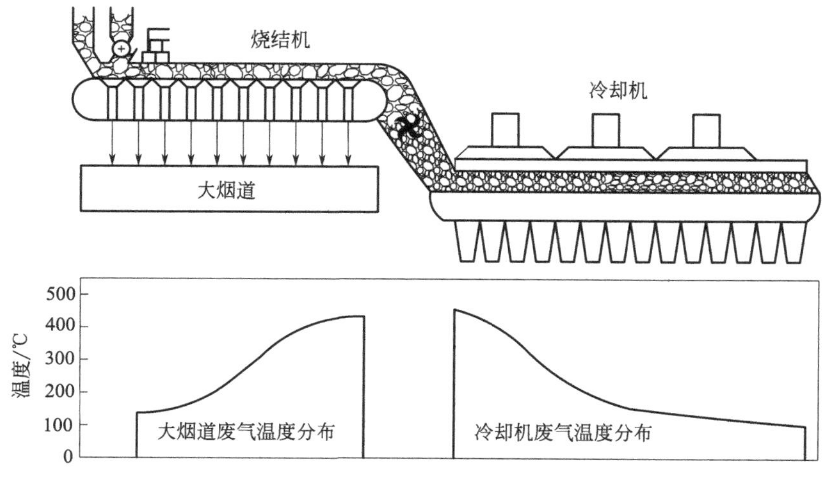

图 11.38　烧结工序内废气温度分布示意图

早期，首先对冷却机 1～2 风罩内的高温废气开展余热回收，然后进一步开发烧结大烟道废气的余热回收。烧结冷却机有环式冷却和带式冷却两种，依据其温度分布与结构形式研制开发了风罩内冷却风废气的余热回收与利用。在冷却机上 1～2 段高温冷却区域内废气温度相对较高处直接布置过热器、热管蒸发器及省煤器来加热软化水，产生中、低压饱和蒸汽、过热蒸汽的余热回收系统，称为“机上冷却”。

随着技术的进步，历经三十多年的不断研究与完善，相继开发出了“机上冷却直排式”“机下冷却直排式”“机下冷却循环式”“机上、机下组合循环式”“冷却机全流程余热回收循环式”等余热回收系统类型，对烧结冷却机从 $24m^2$、$30m^2$、$40m^2$、$52m^2$、$72m^2$、$75m^2$、$78m^2$、$90m^2$、$100m^2$、$105m^2$、$126m^2$、$130m^2$、$132m^2$、$138m^2$、$180m^2$、$195m^2$、$228m^2$、$235m^2$、$260m^2$、$265m^2$、$360m^2$、$415m^2$、$450m^2$、$500m^2$、$600m^2$ 等研制开发了系列化、模块化的装备组合方式，满足不同现场的使用要求。通过低、中压余热锅炉、省煤器、过热器、再热器等成套装置，可产生 0.2～2.5MPa 的低、中压饱和蒸汽，过热蒸汽发电或并网。实现余热梯级利用、废气零排放的高效余热回收系统，同时结合大烟道的余热回收形成烧结余热发电系统工程，为烧结余热回收利用、节能降耗找到了一条行之有效的途径和方法。

(1) 机上冷却直排式

直接在冷却机上方布置余热回收产汽装置，即将过热器、蒸发器、省煤器直接布置在冷却带上方的风罩处，如图 11.39 所示。在废气温度较高处的风罩上布置过热器和热管蒸汽发生器，接下来的风罩上继续布置热管蒸汽发生器，在后面温度较低的风罩内可布置热管省煤器，加热系统给水，降温后的废气再进入烟囱；所产蒸汽可用于生产拌料、民用或并网，表 11.21 为某 $360m^2$ 烧结环冷机的余热回收系统特性参数。热管蒸汽发生器和省煤器采用了分离套管式结构，这里在结构上只有热管的蒸发段布置在与风罩相连的壳体内吸收热量，热管冷凝段布置在风罩之外并采用套管结构与汽包（锅筒）相连，构成自然循环产汽系统，具体结构原理可参见前述的图 11.21。在机上冷却的余热回收装置中，每根热管的蒸发段均独立布置在与风罩相连的壳体内，与竖直冲刷的热废气进行对流换热，一旦个别管壁磨损或其他原因造成泄漏，也只有单支热管内少许工质（水）会漏入风罩内且被快速蒸发了，对下面烧结矿料层基本不会产生影响，无需停车停产，更不会造成系统及汽包内的水泄漏到料层上而造成事故性停车，凸显了采用热管结构换热的可靠性与安全性。

表 11.21 某 $360m^2$ 烧结环冷机余热回收系统特性参数表

内容	单位	机上冷却直排式余热回收系统（过热器/蒸发器/省煤器）
废气流量	Nm^3/h	约 328000
废气进口温度	℃	340
废气出口温度	℃	245
进水温度	℃	20
产汽量	kg/h	14000
产汽压力	MPa	1.2
过热蒸汽温度	℃	200
回收热量	kW	11250

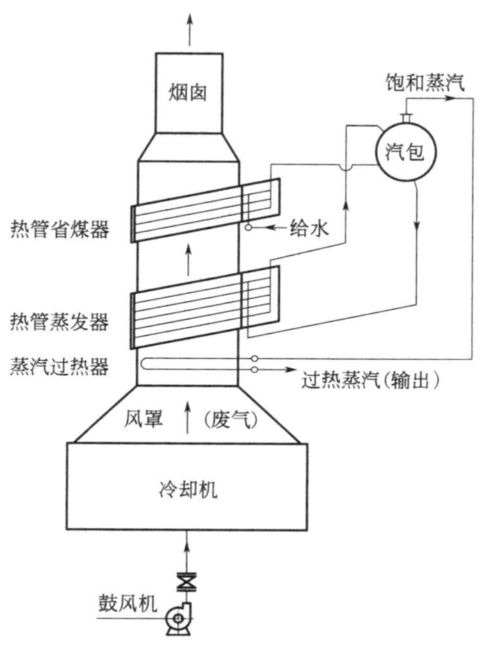

(a) 机上冷却布置示意图

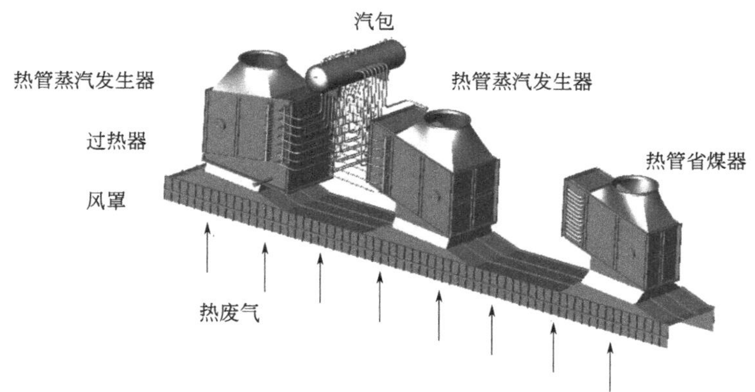

(b) 带冷机上热管余热回收产汽装置布置示意图

(c) 环冷机上热管余热回收产汽装置布置

图 11.39　机上冷却余热回收装置布置图

(2) 机下冷却直排式

将风罩内的高温废气引出，在烧结冷却机附近进行废气的余热回收，系统与装置的布置不再受机上空间位置的限制，可进一步优化系统，采用多单元并列组合布置，可将废气温度降至约180℃及以下排放，提高余热回收量，进而增加产汽量。图11.40为机下余热回收即余热锅炉系统示意图，将冷却机风罩内的高温废气引出经除尘后依次通过过热器、热管蒸汽发生器、省煤器降温后去烟囱排放，所产过热蒸汽用于生产或并网。

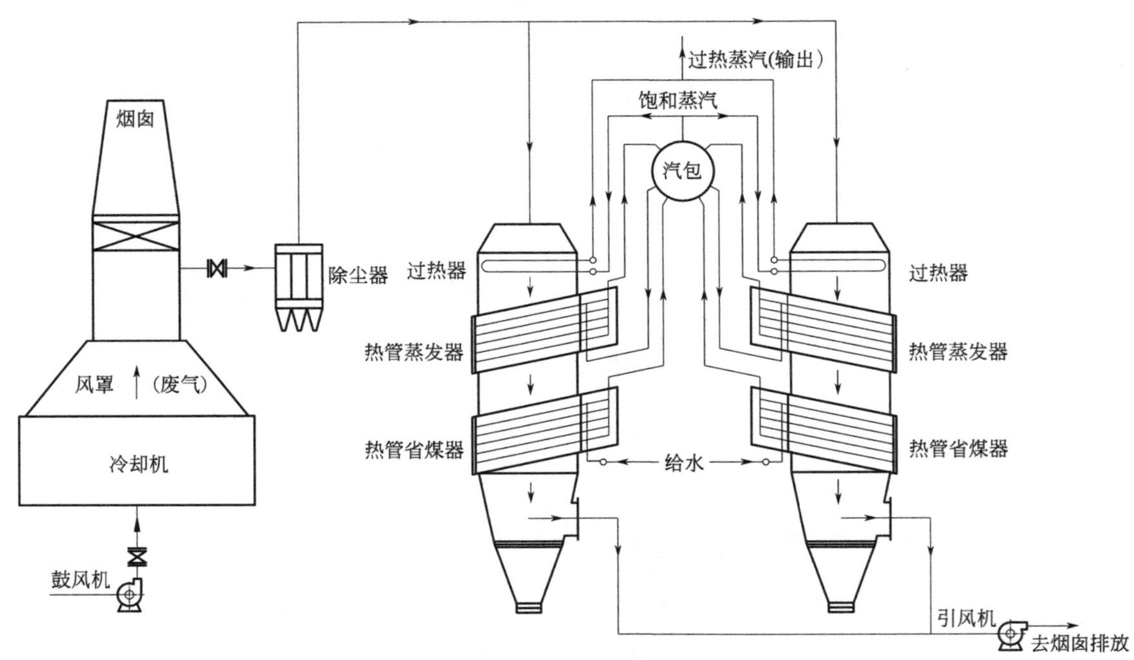

图11.40　机下冷却（直排式）余热回收装置布置图

表11.22中为某105m^{2}烧结环冷机余热回收系统特性参数表，该系统采用机下两列并联的布置方式，每列中包含了蒸发器和省煤器，根据用户要求产0.8MPa的饱和蒸汽。

表11.22　某105m^{2}烧结环冷机余热回收系统特性参数表

内容	单位	机下冷却直排式余热回收系统（蒸发器/省煤器）
废气流量	Nm^3/h	约190000
废气进口温度	℃	330
废气出口温度	℃	约180
进水温度	℃	20
产汽量	kg/h	17000
产汽压力	MPa	0.8
回收热量	kW	10300

(3) 机下冷却循环式

随着技术的不断开发与完善，在余热回收系统中，对应高温段的废气用来产出高参数蒸汽，低温废气的余热用来产出低参数蒸汽，满足自身余热锅炉系统中给水除氧的需求，实现了能量的梯级利用，在提高系统热效率的同时提高系统的㶲效率。经过余热回收后降温的废气可以通过循环风机送回到冷却机的下部风箱内再次循环使用，提高回收废气的温度，余热利用更加充分，还可减少废气排放对环境造成的污染。与此同时，结合烧结机大烟道的余热回收，在大烟道内设置蒸发器、省煤器等装置回收大烟道的余热，所产出的高参数饱和蒸汽汇入冷却机余热回收系统中的高参数过热器，经过热后高参数的过热蒸汽以主蒸汽的形式进入汽轮机；所产低参数饱和蒸汽一部分进入低参数过热器，低参数蒸汽过热后可实现为汽轮机补汽，与主蒸汽共同驱动发电机发电；另一部分低参数饱和蒸汽供给除氧器，用于系统给水的除氧用；从汽轮机中出来的乏汽还可进入冷凝器，所产生的冷凝水进一步利用低温余热加热，在尾部布置的凝结水加热器中加热后再送入除氧器循环利用，系统中各设备温度对口的布置，充分、高效利用了各部分的余热，图 11.41 为烧结机大烟道余热回收与冷却机机下冷却循环式余热回收系统示意图，图 11.42 分别为某 400m^2、180m^2 环冷机机下冷却循环式余热回收现场部分装置图。

表 11.23 为某 180m^2 烧结环冷机余热回收系统特性参数表，将废气温度由 400℃降至 140℃后再返回冷却机，所回收的余热达 31000kW，所产 2.0MPa、360℃的过热蒸汽约 24t/h，供汽轮机发电机组；低压 0.45MPa、200℃的过热蒸汽约 8.0t/h 用于自身系统供水的除氧及汽轮机补汽。

表 11.23　某 180m^2 烧结余热回收系统特性参数表

内容	单位	机下冷却循环式余热回收系统参数
废气流量	Nm^3/h	约 320000
废气进口温度	℃	约 400
废气出口温度	℃	约 140
高参数蒸汽压力	MPa	2.0
高参数蒸汽过热温度	℃	360
高参数产汽量	kg/h	24000
低压蒸汽压力	MPa	0.45
低压蒸汽过热温度	℃	200
低压产汽量	kg/h	8000
凝结水　进口/出口温度	℃	35/85
凝结水流量	kg/h	32000
回收热量	kW	31000

（4）机上、机下组合循环式

在机下冷却循环式的基础上，结合“机上冷却”，形成了一种紧凑的“机上、机下组合循环式”的余热回收系统，最大限度的回收利用余热。在环冷机 1～2 段的风罩内利用其现有的空间，直接在其中设置高参数过热器、蒸发器回收高温段废气的余热，经机上降温后的废气再引出至环冷机旁，进一步进行余热回收，可依次布置一定参数的过热器、蒸发器、省煤器或凝结水加热器等余热回收系统与装备，直至废气温度降至 140℃以下，再经循环风机送回到冷却机的下部风箱内再次循环使用，冷却烧结矿料。同样，结合烧结大烟道的余热回收，产生高参数过热蒸汽用于余热发电。

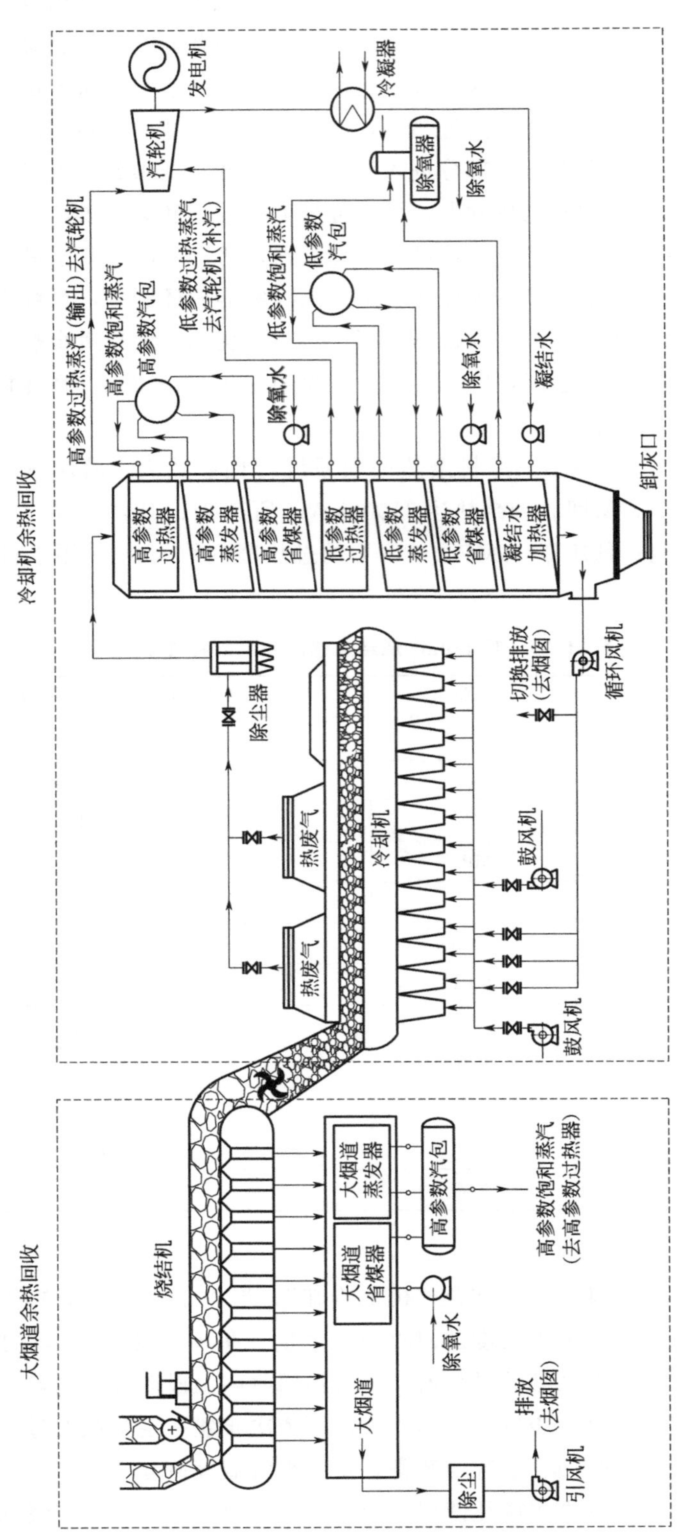

图 11.41 烧结机大烟道余热回收与冷却机机下冷却循环式余热回收系统示意图

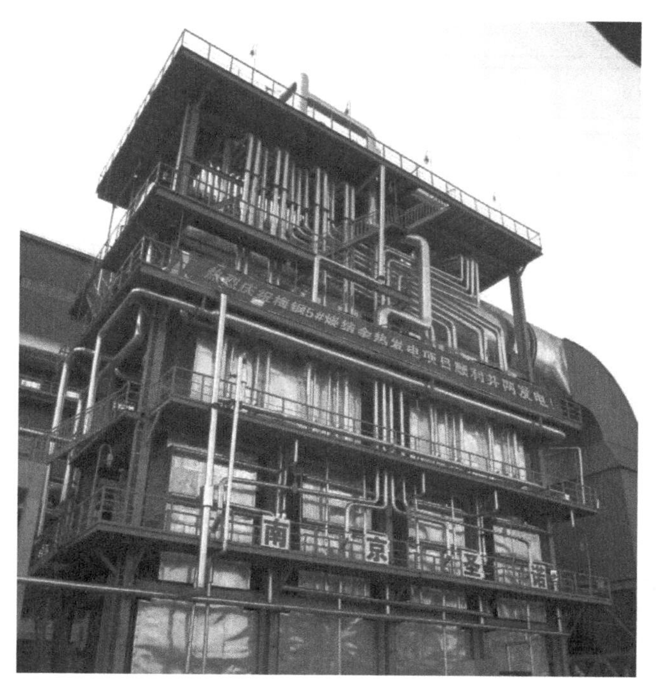

(a) 某400m²机下冷却循环式余热回收系统装置图

(b) 某180m²机下冷却循环式余热回收系统装置图

图 11.42　机下冷却循环式余热回收系统装置图

图 11.43 为某厂 320m² 烧结机大烟道余热回收与冷却机机上、机下组合冷却循环式余热回收系统示意图，回收烧结机大烟道中的烟气余热和冷却机中的废气余热，通过余热锅炉产生的过热蒸汽用于 10MW 汽轮发电机。在大烟道部分的余热回收中，在烧结机双烟道的大烟道Ⅰ内置高参数过热器和蒸发器，大烟道Ⅱ内置高参数蒸发器与汽包构成自然循环式余热锅炉，生产约 10t/h、1.8MPa、320℃的过热蒸汽。在冷却机部分的余热回收中，环式冷却机上的前两段高温处取风，在机上一段风罩上直接内置高参数过热器、蒸发器；二段风罩上直接内置高参数蒸发器，与高参数汽包构成了自然循环余热锅炉，所产约 40t/h 饱和蒸汽经机上一段内的过热器过热后形成 1.8MPa、360℃过热蒸汽，与大烟道所产过热蒸汽一起用于发电。一段、二段废气经机上冷却后引出到环冷机旁进一步开展机下冷却，依次通过低参数过热器、高参数省煤器、低参数蒸发器及凝结水加热器，所产的低参数饱和蒸汽一部分用于系统给水的自除氧，其余饱和蒸汽进入低参数过热器进行过热后供烧结工艺使用；系统中所布置的高参数省煤器，为两部分余热回收中高参数汽包的给水进行了预热；尾部还布置了凝结水加热器充分利用了低温余热，将废气温度降至 140℃以下，经循环风机送回到环冷机风箱下部继续冷却烧结矿。表 11.24 为某 320m² 烧结机大烟道与机上、机下组合循环式余热回收系统特性参数表。图 11.44 为 320m² 环冷机机上、机下现场部分设备图。

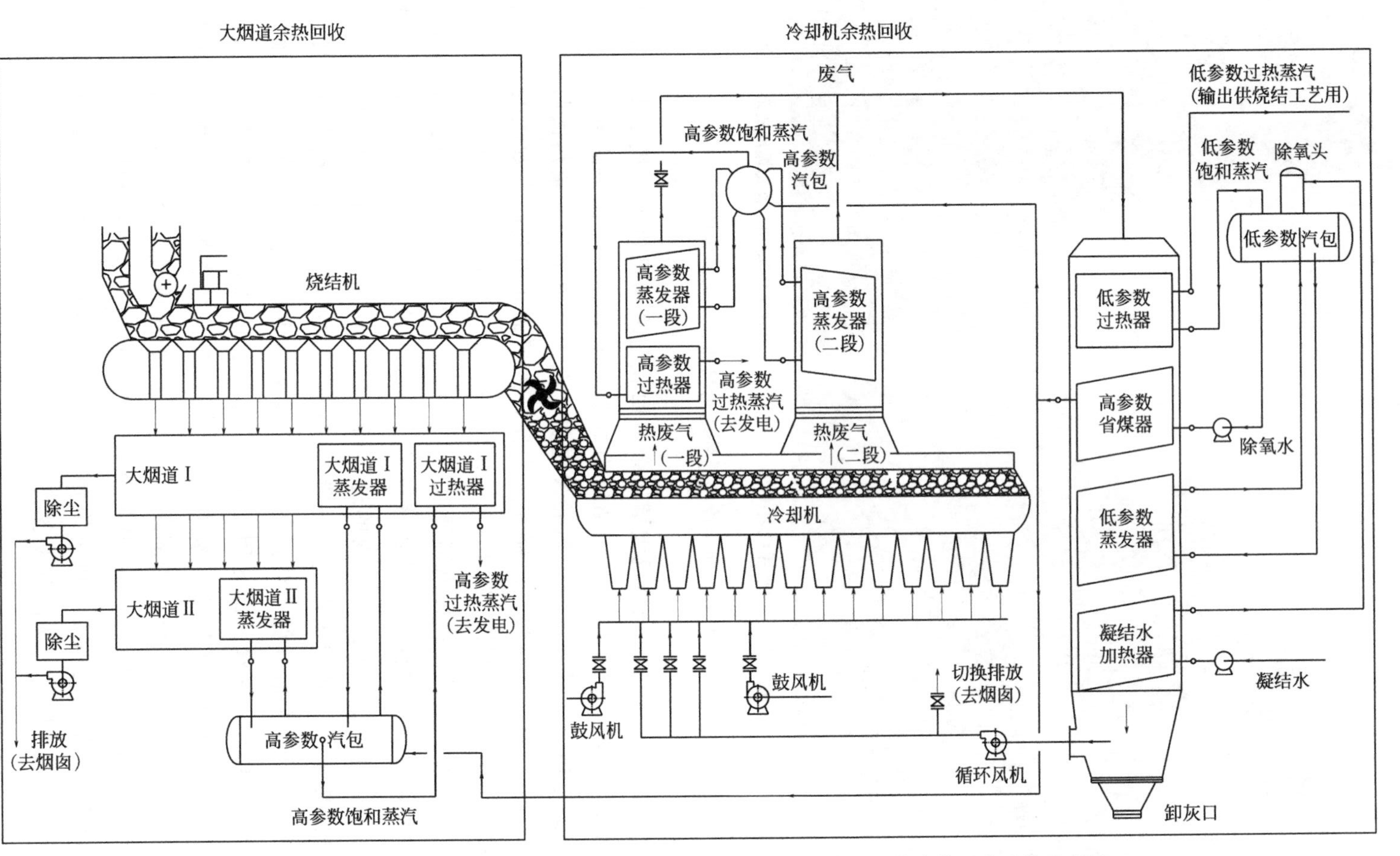

图 11.43 烧结机大烟道余热回收与冷却机机上、机下组合循环式余热回收系统示意图

表 11.24　某 $320m^2$ 烧结余热回收系统特性参数烧结机大烟道与机上、机下组合循环式余热回收系统特性参数表

项目	单位	大烟道余热回收参数	冷却机余热回收参数
废气流量	Nm^3/h	1400000	约 540000
废气进口温度	℃	约 300	400～300
废气出口温度	℃	<200	<140
高参数蒸汽压力	MPa	1.8	1.8
高参数蒸汽过热温度	℃	320	360
高参数产汽量	kg/h	约 10000	约 40000
低压蒸汽压力	MPa	—	0.4
低压蒸汽过热温度	℃	—	180
低压产汽量	kg/h	—	约 9000
凝结水进口/出口温度	℃	—	40/145
凝结水流量	kg/h	—	60000
回收热量	kW		41500

图 11.44　$320m^2$ 环冷机机上、机下现场部分设备图

(5) 冷却机全流程余热回收循环式

通常只对烧结冷却机一、二冷却段处的高温废气开展余热回收，对位于三、四冷却段的低温废气余热基本不回收利用，而是直接排入大气。随着生产过程中节能减排的有序推进，自 2021 年起国家将钢铁企业烧结、球团、高炉、转炉的排污纳入了环保监测范围，禁止无组织排放，于是继续研制开发对环冷机后续三、四冷却段废气的余热回收及废气的再循环利用，实现了环冷机全流程的废气余热回收与循环利用，达到余热深度利用与废气的零排放，有效地解决了环保问题。

以上述的 $400m^2$ 烧结环冷机为例，如图 11.45 (a) 所示，对于其一、二段进行“机下冷却循环式”余热回收，高温废气引出经多管除尘器除尘后进行余热回收，系统采用双压式自然循环余热锅炉，可产出 1.27MPa、约 290℃的高参数过热蒸汽约 48t/h；低压余热锅炉产生的 0.3MPa 的低参数饱和蒸汽约 8.0t/h，供锅炉系统自身热力除氧用。经热量回收后，

废气温度降低到160℃左右，通过循环风机送回环冷机下部风箱内继续去冷却矿料。在二段末除一根引出管取出部分热风用于烧结外，环冷机后续三、四冷却段中的废气因其温度较低而采用了三个排放口直接排入大气。对此，通过在三、四段处机上直接布置低温余热系列回收装置，产生低参数蒸汽、加热锅炉给水以及加热系统凝结水等方式回收低温废气余热，其中，所产0.4MPa、180℃的低参数过热蒸汽24t/h，用于机组发电，装机功率可达2000kW；在环冷机尾部低温处设置给水加热器，所产热水用于烧结工段拌料使用，不仅节省了系统中的饱和蒸汽，还可提高混合料的料温，降低烧结矿固体燃料的消耗等。降温后的废气通过循环风机再送回环冷机下部风箱内冷却矿料，循环利用无排放，如图11.45（b）所示，实现了机上、机下全流程余热回收及全环冷废气零排放。

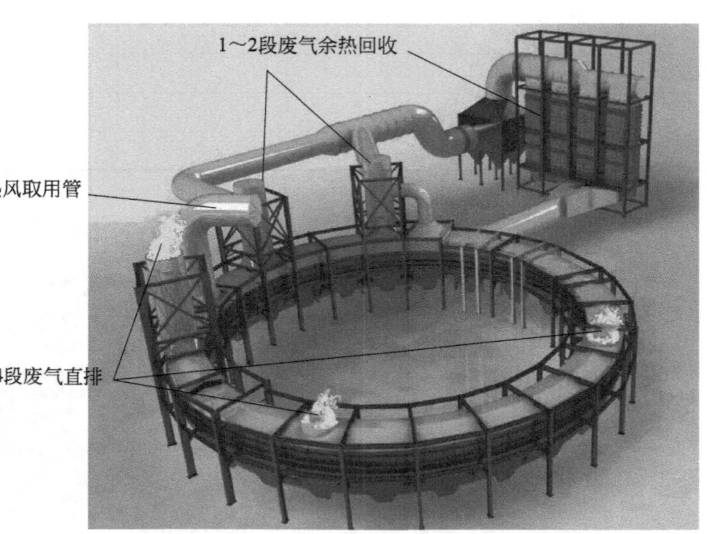

(a) 某400m²环冷机(1～2段高温废气)机下冷却循环式示意图

(b) 某400m²环冷机全流程余热回收循环式示意图

图11.45　某400m² 环冷机余热回收

表11.25为400m^{2}烧结环冷机全流程余热回收特性参数表，通过全流程的废气余热回收，仅回收热量就达70500kW，且实现全环冷废气循环使用，解决废气无序排放问题，改善操作环境，实现清洁生产，具有显著的经济效益和社会效益，促进企业节能降本和碳减排，实现零排放。

表11.25 某400m^{2}环冷机全流程余热回收特性参数表

项目	单位	一、二段废气余热回收参数	三、四段废气余热回收参数
废气流量	Nm^3/h（标准状况）	约520000	约580000
废气进口温度	℃	约370	200～240（尾部140）
废气出口温度	℃	约160	约108（尾部65）
高参数蒸汽压力	MPa	1.27	—
高参数蒸汽过热温度	℃	290	—
高参数产汽量	kg/h	约48000	—
低压蒸汽压力	MPa	0.3	0.4
低压蒸汽过热温度	℃	—	180
低压产汽量	kg/h	约8000	约24000
凝结水 进口/出口温度	℃	—	45/135
锅炉给水 进口/出口温度	℃	104/160	20/85
回收热量	kW	43000	27500

（6）烧结余热回收及发电工程

烧结系统的余热回收及发电是一个系统工程，包含了工艺系统、智能控制系统、装备结构及环境保护等多方面的综合研发，采用蒸汽发电是相对成熟的技术，主要是余热锅炉与发电系统的最佳耦合与匹配的研究；废气温度与运行时间的波动规律，影响锅炉出力的变化规律，最大限度的实现能量的梯级利用、余热的深度回收、废气的循环利用，最终实现废气的零排放；同时，开展废气系统流场、温度场的有限元模拟分析，冷却机漏风与密封研究，得到流场均匀、布置合理的废气管道系统；在装备开发中进行热管、换热管的强化传热、汽水循环系统等研究以优化结构，研制出机上、机下的多单元分布结构形式，实现大型装置的系列化、模块化，提高了装备的可靠性、安装的便捷性与应用的灵活性。

以高效余热回收、节能减排、智能化生产为目的，不断开发，循序渐进，形成了当前的冶金烧结高效余热回收发电系统工程，其技术路线如图11.46所示。同时，在该系统中设置足够的检测、监控和反馈等设备；重要的介质及动力通道设置保护旁路；完善设备状况检测点设置，确保系统自诊断需求，对于重要控制参数增设多点检测，根据烧结主系统要求编制个性化软件包。实现无人值守全自动化智能管理模式，确保装置安全、高效、连续和稳定运行，以集中检测和控制为主，现场指示操作为辅，利用控制系统实现对余热回收系统的关键工艺参数和设备的运行状态的采集、联锁、远控。图11.47为烧结余热锅炉发电部分现场图。

11.6.1.2 炼铁高炉热风炉余热利用

高炉炼铁是应用焦炭、铁矿石和熔剂在高炉内连续生产液态生铁的方法。按所要求的配料比从炉顶分批装入焦炭或煤粉、铁矿石（烧结矿、球团）和熔剂（石灰石等），炉内的矿

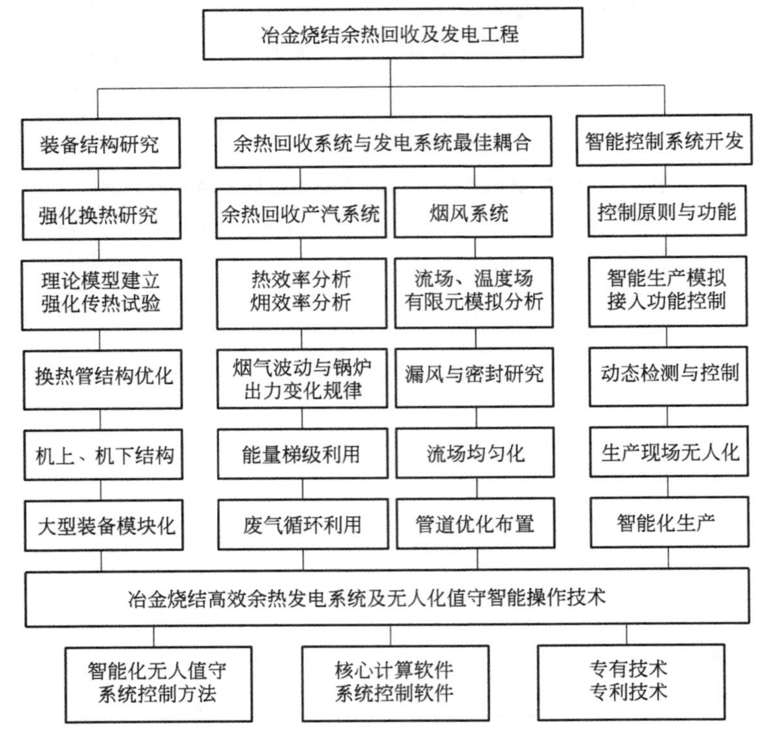

图 11.46　冶金烧结余热回收与发电工程技术路线图

(a) 2×210m²烧结余热锅炉+15MW发电机组

(b) 3×360m²烧结余热锅炉+2×15MW发电机组

图 11.47　部分烧结余热锅炉发电现场图

石和焦炭会分层，结构相互交替，在高温下焦炭中的碳与鼓入空气中的氧燃烧生成一氧化碳和氢气，在炉内上升过程中除去铁矿石中的氧，从而还原得到铁。炼出的铁水从铁口放出，铁矿石中未还原的杂质和石灰石等熔剂结合生成炉渣，从渣口排出，产生的煤气从炉顶排出，经除尘后，作为热风炉、加热炉、焦炉、锅炉等的燃料。高炉冶炼的主要产品是生铁，副产高炉渣和高炉煤气。高炉炼铁是一个连续的大规模的高温生产过程，也是我国冶金生产过程中能耗较高的工序环节。热风炉是高炉的主要配套设备，通常一座高炉配 3～4 座蓄热式格子砖热风炉，以高炉煤气或高焦混合煤气为燃料，为高炉内提供持续的 1200℃以上的高温热风。过程中，热风炉所排放的烟气温度约 350℃，采用热管换热器回收这部分余热来预热炉内燃烧所需的助燃空气和煤气，将常温的入炉助燃空气、煤气温度预热到约 180℃以上，则热风炉顶温度可达 1250℃以上为高炉提供送风。

20 世纪 80 年代初，马鞍山第一炼铁厂成功采用热管技术回收高炉热风炉所排烟气的余热来加热助燃空气，使用结果表明，随着出炉热风温度的提高，冶炼中每吨铁可节省 10kg 焦炭，同时用于燃烧的煤气节省 40%[5]，取得了显著的节能效果，促进了热管换热器在冶金行业的推广应用。后来相继研制开发出 $300m^3$、$380m^3$、$450m^3$、$600m^3$、$750m^3$、$1080m^3$、$1300m^3$、$1800m^3$、$2000m^3$、$2500m^3$、$2800m^3$、$3200m^3$、$3700m^3$、$5250m^3$、$5500m^3$、$5800m^3$ 等不同规格与炉型配套的高炉热风炉整体式热管空气预热器、煤气预热器，分离式热管空气、煤气双预热器以及热管换热器前置高炉煤气脱湿器等余热回收成套装备。

目前，我国大型钢铁企业的高炉热风炉大都采用了热管式余热回收技术，有效改善了炉内燃烧状况，提高了炉顶温度和冶炼强度，降低了焦比，实现余热回收与再利用，助推钢铁企业的节能、减碳。该技术与产品也成功应用到印度、俄罗斯、韩国等国外钢铁企业。

热管技术在高炉热风炉余热回收中主要有整体式和分离式热管换热器两种形式，需要根据具体的现场布置条件、管线走向等来确定。

（1）整体式热管换热器

图 11.48 为整体式煤气、空气预热器流程示意图，热风炉排出的烟气分两路，一路进入整体式热管煤气换热器，另一路进入整体式热管空气换热器，通过换热器内热管的传热分别加热煤气和空气，经加热后的煤气、空气进入热风炉助燃，降温后的烟气再去烟囱排放。表 11.26 为某 $5250m^3$ 高炉热风炉整体式热管煤气换热器、空气换热器相关特性参数表，可见，入炉的煤气、空气分别预热到了 200℃以上，有效提高炉顶温度且节能效果显著。图 11.49 为其现场设备中的整体式热管煤气预热器部分。

表 11.26　某 $5250m^3$ 高炉热风炉整体式热管煤气换热器和空气换热器

项目	单位	煤气换热器		空气换热器	
		烟气	煤气	烟气	空气
流量	Nm^3/h（标准状况）	278200	263600	263000	289390
进口温度	℃	330	30	330	20
出口温度	℃	150	215	150	205
流动阻力	Pa	1200	1350	1200	1500
回收热量	kW	21120		20140	

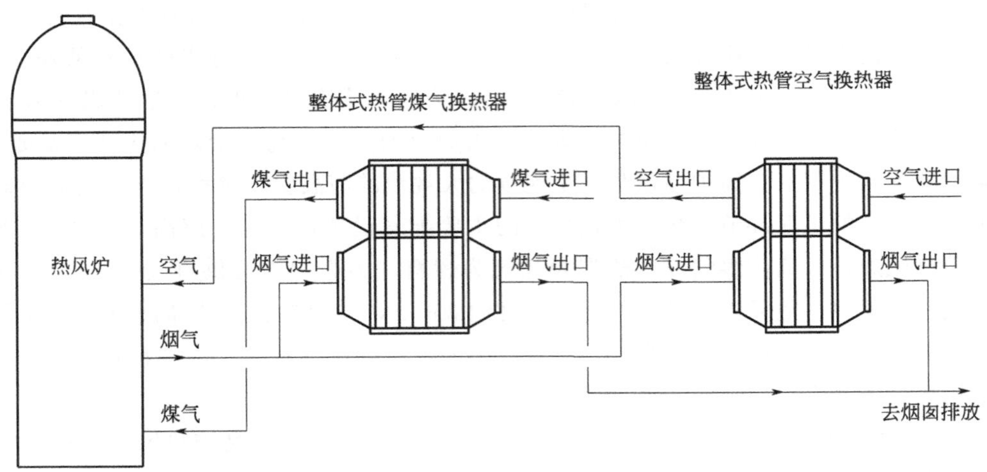

图 11.48　整体式热管煤气、空气预热器流程示意图

图 11.49　整体式热管煤气预热器

（2）分离式热管换热器

在高炉热风炉现场，烟气、煤气、空气等管道直径较大，设备布置场地受限时，可采用分离式热管换热器，分别将热管蒸发段所处的烟气换热器、热管冷凝段所处的煤气换热器及空气换热器布置各自管段中，通过蒸汽上升管和液体下降管的连接构成了热管内工质蒸发、冷凝循环的换热系统。分离式热管原理与换热器在前述 11.2.2.3 及 11.3.2 节中已做介绍。在高炉热风炉烟气余热回收系统中，主烟道上烟气通过并联布置在烟气换热器内的若干排对应煤气侧、空气侧的热管蒸发段管束换热降温后去排放；热管蒸发段内工质吸收热量后蒸发，蒸汽通过联通的上升管分别送到布置在煤气、空气管线中的煤气换热器和空气换热器内

的热管冷凝段管束内凝结放热，放出的热量达到同时将各自管束外流经的煤气和空气预热的目的，工质冷凝液再通过联通的下降管流回到蒸发段吸收热量，继续蒸发换热，此结构被称为分离式热管煤气、空气的双预热形式如图 11.50 所示。也有根据现场条件以及分离式热管换热器冷、热流体均在各自独立的壳体内流动的特点，为确保煤气设备的安全性，对预热空气的采用整体式热管换热器，预热煤气部分采用了分离式热管换热器，称为分离式单预热形式，如图 11.51 所示。为便于换热器的安装及现场调试以及高炉热风炉运行中负荷的调节等，也可在烟气、煤气、空气换热器的管线上分别设置烟气、煤气、空气旁路及调节阀门等。图 11.52 所示为分离式热管换热器部分现场设备。

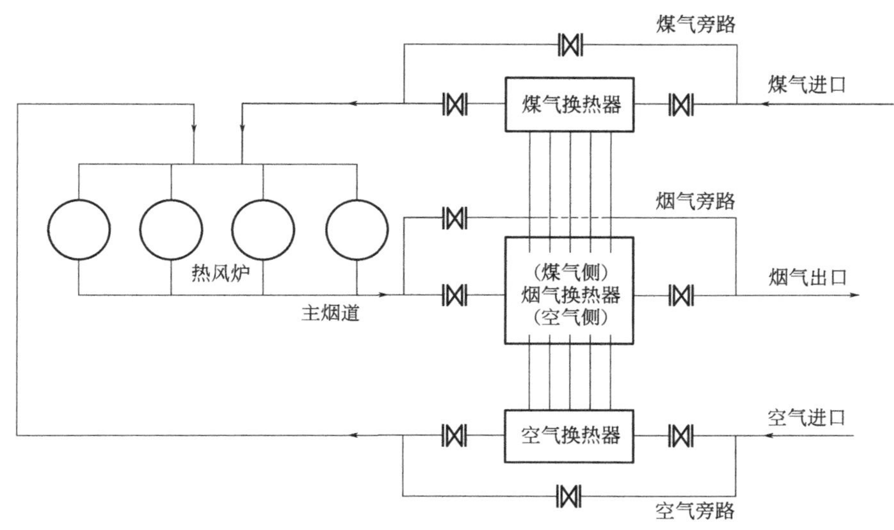

图 11.50　分离式热管煤气、空气双预热器流程示意图

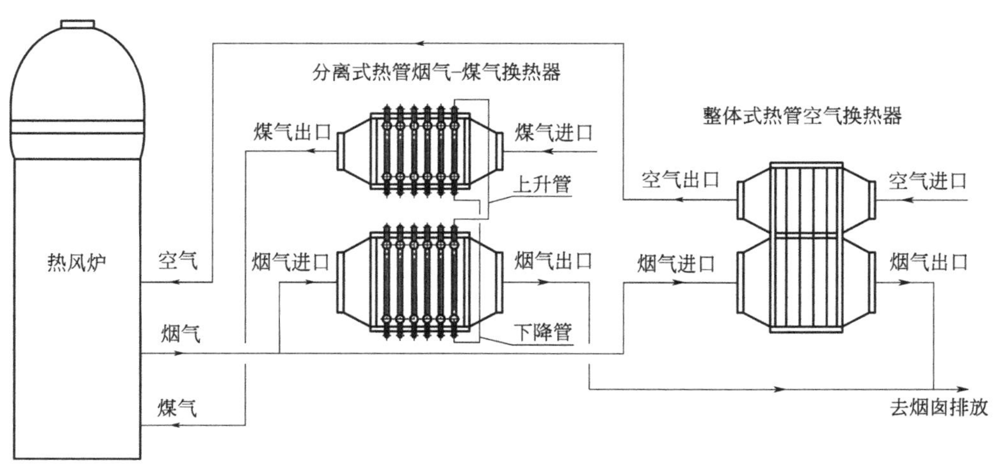

图 11.51　分离式热管烟气-煤气单预热器流程示意图

表 11.27 为某 5800m^3 高炉热风炉分离式热管煤气、空气双预热特性参数表，根据具体的实际要求将煤气、空气预热达 185℃。

图 11.52　分离式热管煤气、空气预热器现场部分设备图

表 11.27　某 $5800m^3$ 高炉热风炉分离式热管煤气、空气双预热特性参数

项目	单位	烟气	煤气	空气
流量	Nm^3/h（标准状况）	527000	316100	259800
进口温度	℃	330	35	20
出口温度	℃	177	185	185
流动阻力	Pa	500	400	450
回收热量	kW	34985		

在分离式热管换热器结构中，烟气、煤气、空气在各自的壳体内流动换热，杜绝了流体间的窜漏，设备运行更加可靠、安全。

此外，炼铁生产工艺中所产生的高炉煤气经处理后含有大量机械水（一种细小的液态水滴），会加速煤气管道及其设备的腐蚀，导致热管表面出现积灰、腐蚀、泄漏及降低预热温度等问题，需要在煤气进入换热器前进行除湿，即设置一种“前置式高炉煤气脱湿器”，通过采用特殊的丝网布置结构及控制流体流速等方法，使煤气经“脱湿器”后，脱水效率达到90％以上，可去除大部分机械水及对粉尘的捕捉，解决了在后续热管换热器中的腐蚀与积灰等问题，保证设备运行稳定与安全。

11.6.1.3　电炉炼钢余热回收与利用

从高炉中冶炼出的生铁，由于含有碳、硅、锰、硫、磷等杂质，其塑性、韧性和焊接性能等较差，需要再次进行冶炼，以控制碳含量（一般小于 2％）并消除有害元素，同时可依据钢种的不同配入一定量的合金元素，使之成为高强度的铁基合金钢。炼钢的主要过程有：脱碳、去硫、去磷、去气和去非金属夹杂物、氧化和合金化、调温、浇注。根据原料的种类和氧的供给方式，炼钢的方法主要分为两大类：转炉炼钢和电炉炼钢。

转炉炼钢是以铁水及少量废钢等为原料，以活性石灰和萤石等为溶剂，在转炉内用氧气进行吹炼的炼钢方法，为目前使用最普遍的炼钢设备。转炉主要用于生产碳钢、合金钢及铜和镍的冶炼。

电炉炼钢主要是靠电极和炉料间放电产生的电弧，使电能在弧光中转变为热能，并借助辐射和电弧的直接作用加热并熔化金属和炉渣，冶炼出各种成分的钢和合金[8]。目前，电炉炼钢是世界各国生产特殊钢的主要方法。通过用废钢、铁合金和部分渣料进行配料冶炼，熔制出碳钢或不锈钢钢水送入精炼装置，如 LF 钢包精炼炉、VD 真空处理炉等进行精炼，对钢水进行升温、调整化学成分、脱气和去除杂质等操作，最后连铸成坯。

电炉炼钢时含有害物污染的烟气主要产生在电炉的加料、冶炼和出钢这三个阶段。电炉冶炼一般分为装料期、熔化期、氧化期和出钢期。熔化期主要是炉料中的油脂类可燃物质的燃烧和金属物质在电极通电达高温时的熔化过程，此时产生的是黑褐色烟气；氧化期强化脱碳，由于吹氧或加矿石而产生大量赤褐色浓烟时烟气温度最高。在这几个过程中氧化期产生的烟气量最大，含尘浓度和烟气温度最高，从电炉炉口排出的烟气温度达 1000～1500℃，含尘浓度高达 20～30g/Nm^3，其所携带的热量约占电炉输入总能量的 10%～20%，吨钢烟气每小时带走的热量超过 150kW，也是电炉冶炼过程中最大的能量损失。因此，研究高温烟气的热量回收与利用具有较大的意义。

以往，国内外对电炉炼钢高温烟气的降温通常采用水激冷或采用水冷加风冷的方式，使高温烟气从 800～1000℃降至 200℃以下，进入后续袋式除尘器，经除尘后达标排放，热量不仅没有得到回收利用，反而增加了冷却用电及水资源。同时，来自电炉冶炼的高温烟气中含有 CO，并且其浓度随冶炼周期的不同而变化，在冶炼的氧化期，烟气中的 CO 浓度最高可以达到 15%～25%，因此，在目前工艺流程中均设置了二次燃烧沉降室，使 CO 在其中充分燃烧且使大颗粒飞灰沉降，以保证后续烟气降温过程的安全。图 11.53 为典型的水冷降温烟道，外壳由密排小管围成，小管内通入冷却水，通过导热与对流的方式来降低烟道内高温烟气的温度。图 11.54 为水冷加风冷组合形式的烟气降温形式，高温烟气首先通过水冷烟道降温，然后再通过风冷，即采用多台轴流风机（机力冷却）对烟气进行进一步降温，以达到后续除尘要求。

图 11.53 水冷降温烟道

图 11.54 水冷＋风冷组合冷却形式

要充分合理地回收电炉炼钢烟气中蕴含的巨大热能，存在着一系列的技术难题，对这部分能量的回收，主要难点在于：第一，烟气温度高，最高时达 1000℃以上；第二，烟气的温度、流量交变幅度大，每 20～50min 一个冶炼周期（冶炼周期和持续时间取决于所冶炼的钢种、容量、所兑铁水量和吹氧强度等），温度在 200～1000℃之间变化；每炉钢烟气流量从几万到数十万标准立方米，呈现出强周期性变化；第三，粉尘含量高，吨钢产尘量15～20kg，灰尘在烟气降温降速过程中会存在冲刷、磨损、沉积。该处的余热回收设备要承受如此大幅度的热应力，高含尘等也是一种挑战[9]。自 2004 年开始，南京圣诺热管有限公司研制以经济的水-碳钢重力热管作为传热元件，多单元模块式组合热管蒸汽发生器关键技术，于 2006 年 12 月在莱芜钢铁股份有限公司特殊钢厂 50t 超高功率电炉炼钢烟气余热回收系统一次点火成功后，该项目倍受业界的高度关注。针对烟气的非稳态特性及现场的实际需求，相继开发了双蓄热、双压高温余热回收系统，应用热力学分析方法，得出能量梯级利用系统模式；再从场协同原理与强化传热角度出发，应用换热器温差场均匀性原则，通过调整传热面积的分布来改善热管蒸汽发生系统温差场的均匀程度，达到高效传热的目的。通过热管内部性能的改善以及灵活排列和冷热段长度、换热面积的调整，控制一定的流速和管壁温度，降低和避免灰尘的沉淀，同时热管两端的无约束自由状态，规避了结构中热应力的问题，通过热管与系统工程的协同开发，实现了高温交变、高含尘量烟气余热的高效回收，产生连续稳定的饱和蒸汽输出，并网使用或用于后续工艺中 VD 炉精炼抽真空所需要的蒸汽供给。

在电炉炼钢中，不同的冶炼方式所产生的烟气量不同，同一冶炼方式不同的冶炼期内烟气量也不同，如图 11.55（a）中列举了不同铁水量、废钢量下熔化期和氧化期内产生的烟气量。在图 11.55（b）中，为某 100t 电炉在铁水热装 70%以上烟气随冶炼时间的变化量。图 11.55（c）中为某 80t 电炉二次燃烧沉降室出口处测量的烟气温度变化，其峰值达1200℃，这与冶炼的工艺操作过程密切相关，也是所排烟气中含有的可燃气体成分含量增加，CO 等气体二次燃烧放热所致。

针对烟气高温、交变、高含尘的特性，不仅要研究余热回收装备的关键技术，还需通过余热回收系统的综合研究来解决烟气的非稳态问题，最终达到能量的梯级回收与高效利用。该余热回收的系统主要由五个部分耦合构成，即：电炉系统（烟气发生系统）、烟气二次燃烧蓄热系统、热管蒸汽发生与蓄热系统、除尘输灰与烟气排放系统和自动化控制系统。

电炉系统：即烟气发生系统，主要为来自炉盖上第四孔的高温烟气，一般温度在 100～800℃之间交变，最高可达 1200℃。

烟气二次燃烧蓄热系统：用于燃尽高温烟气中所含 CO 等可燃气体成分，同时按一定结构内置蓄热体，减小烟气温度的波动幅度。

热管蒸汽发生与蓄热系统：为多级单元模块式热管蒸汽发生产汽系统，在此产汽系统中包含了中、低压产汽回路和蒸汽蓄热输送部分，烟气在此逐级降温，余热被充分回收。采用水-碳钢热管元件，所产蒸汽压力宜≤2.5MPa。

除尘、输灰与烟气排放系统：对设备中热管表面清灰及降温后的烟气进行除尘并输灰，最后达标排放。

自动化控制系统：主要包含汽包水位、出口总管压力、除氧器液位与温度、烟道温度，蓄热器压力与水位调节等，风机与泵的控制，系统的连锁控制与报警等。

图 11.56 为某 100t 电炉余热回收蒸发产汽系统，来自电炉第四孔的高温烟气由二次燃烧沉降室顶部引出，通过高温烟气通道从上端进入系统热管换热设备，由于烟气流量较大，采用了三组并列形式；每组烟气依次流经中压热管蒸发器，热管省煤器，低压热管蒸发器，根据用户的具体要求烟温可降到 150～200℃以下，由增压风机送入后续烟道，进入除尘系

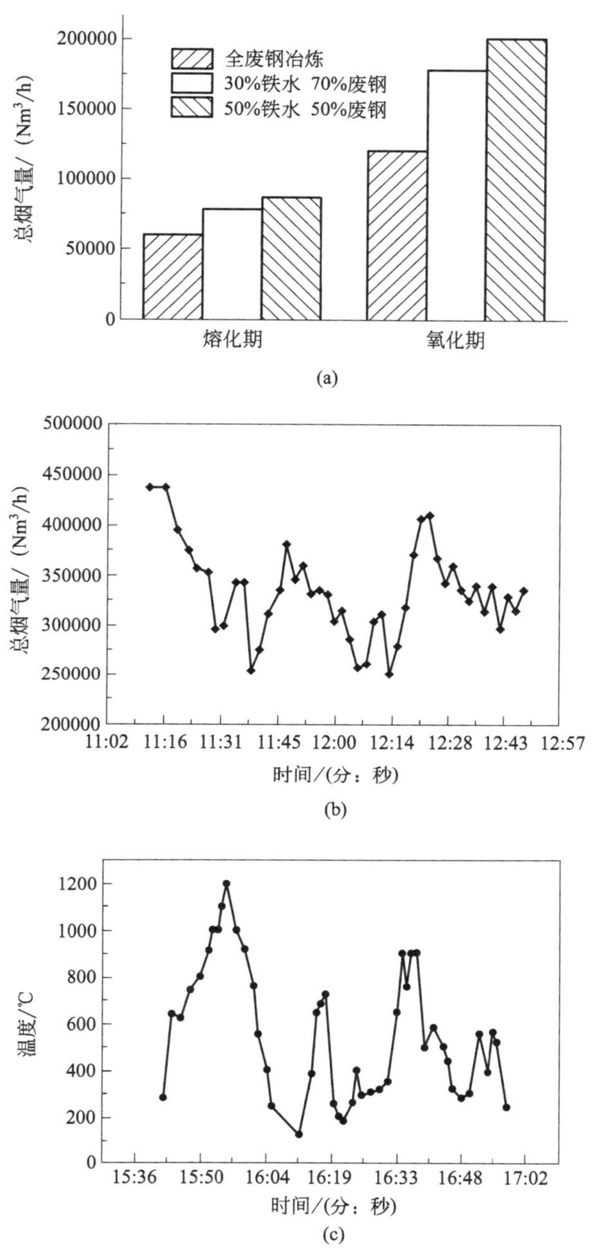

图 11.55　烟气温度和烟气量随冶炼方式及冶炼期的变化

统。由于烟气的含尘量很高，易积灰，需要在设备中布置吹灰装置；底部设置输灰系统和集中灰仓，每组设备底部均设灰斗、卸灰阀等，灰尘通过输灰系统送入集中灰仓定期处理。产汽部分：工业常温水引入进口，经软化处理后由软水泵入除氧器进行热力除氧，除氧后的水进入除氧水箱进行分配，一路由低压给水泵将其送至低压汽包，供其与热管低压蒸发器构成低压产汽回路，产生低压饱和蒸汽，供本系统热力除氧器使用；另一路由中压水泵送至热管省煤器预热后再送入中压汽包，中压汽包与热管中压蒸发器所构成的产汽回路，可产生中压饱和蒸汽，通过中压汽包出口送入蒸汽蓄热器，通过蓄热器实现蒸汽连续输出。

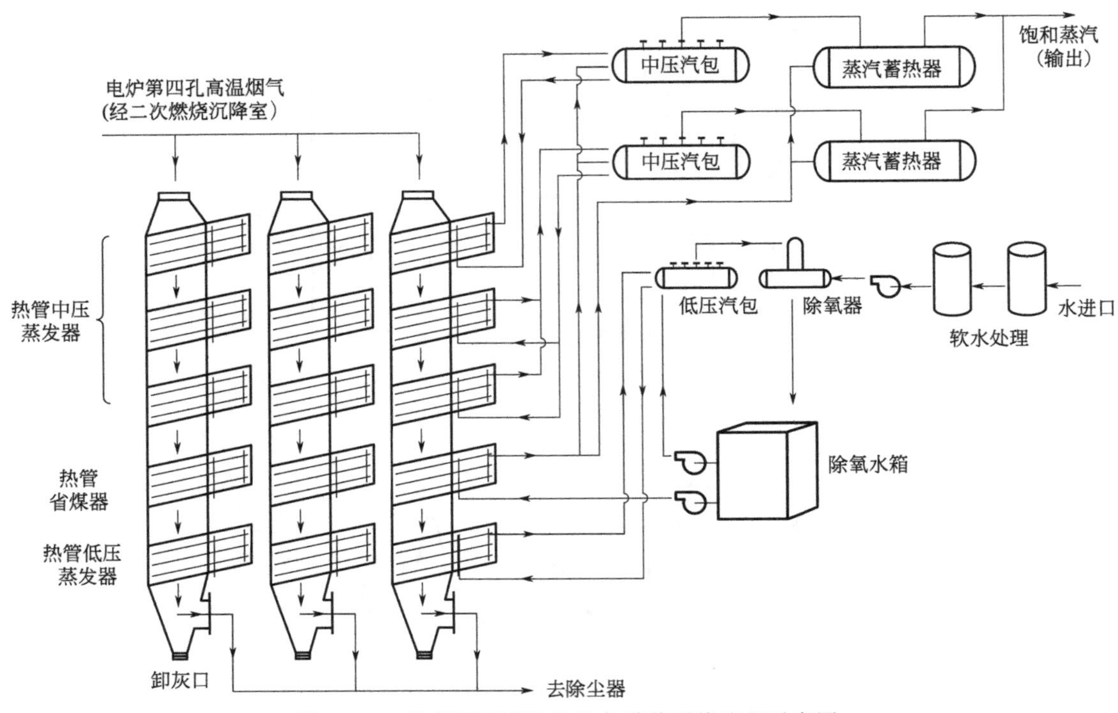

图 11.56　热管双压蒸汽发生与蓄热系统流程示意图

在系统的主要设备中，每列中的中压蒸发器又分三个单元模块，每个模块中主要传热元件热管的蒸发段管外采用大螺距翅片、热管之间采用大间距的叉排布置形式，多单元模块的组合，实现了每个模块的迎风面积可调，烟气工况流速的调整与提高，变截面式的组合达到强化传热、减少积灰的目的。位于中压蒸发器之后的热管省煤器，主要利用中低温烟气余热加热中压汽包给水，提高产汽量。其独立的模块结构，同样需要通过调整该处的迎风截面积，提高了烟气在此的工况流速。系统尾部，低温烟气处设置了热管低压蒸发器，进一步利用低温余热。

烟气中含尘量大，容易在受热面形成积灰。根据烟气中烟尘特性、热管蒸发器、省煤器布置方式、内部热管排列形式以及各单元模块内部空间结构尺寸，在每个换热模块单元内安装多台脉冲式吹灰器，具备正反吹扫模式，且在每个单元模块中的吹灰独立控制并配远传接口，按设备中积灰特点，编制个性化吹灰程序，整个吹灰系统由控制柜总控。

图 11.57 为该电炉烟气在对应的进口温度下各瞬时产汽量，本次电炉冶炼周期为 30min，累计产汽量为：17.5t/炉钢，经折算每小时可产 2.3MPa 的中压蒸汽 35.0t。通过设置四台 125m^3 的蒸汽蓄热器转化为 1.3MPa 低压蒸汽连续输出，所产蒸汽用于电炉后续配备的二台双工位 VD 炉，VD 炉单炉抽真空时间约 35min，1＃VD 炉最大耗汽量为 10t/h，抽真空连续时间约 20min；2＃VD 炉最大耗汽量为 16t/h，抽真空连续时间约 20min。2 座 VD 炉处在同时抽真空的连续时间约 10min，最大用汽量为 26t/h。所产蒸汽完全能满足了后续 VD 炉真空泵的工艺要求。

莱钢特殊钢厂 50t 超高功率电炉炼钢烟气余热回收系统设备运行后，节能效果显著，正常状态下，烟气进入设备的温度波动范围大，每冶炼一炉钢，需要约 40min，温度基本在

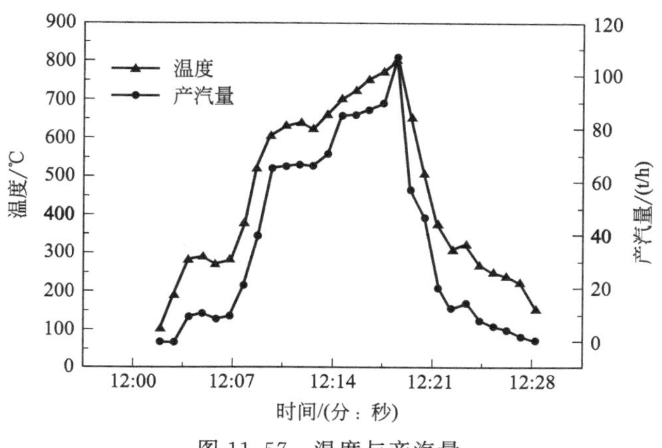

图 11.57　温度与产汽量

200～800℃之间波动，最高瞬时温度达到 1023℃，烟气中含尘量每天达 12t 以上，在此条件下设备运行了 8 年多，回收的热量所产生的蒸汽能够满足后续 VD 炉精炼抽真空所需要的蒸汽量，完全取代了原有的 15t/h 柴油锅炉。仅此一项，每月节约柴油锅炉燃料费约 130 万元，每年可节约 1430 万元。根据回收的热量计算：每小时可回收 17052kW 热量，一年可回收的热量：折合标煤 16764t，年节约标煤为 1.7 万吨。按产蒸汽量计算：每炉钢产汽为 15t，一天生产 33 炉钢，一年按 330 天计算：年产蒸汽：163350t，如每吨蒸汽价格按 70 元计：即 1143 万元/年。另外，对上述改造的某 100t 电炉的烟气余热回收热量每年可达 5.32×10^{11} kJ，折合节约标准煤为 18154t/年。

图 11.58 列举了 50t、90t、100t、110t 电炉余热回收装置的部分图片。

针对电炉炼钢高温烟气所研制的以水-碳钢重力热管技术为核心的余热回收系统工程，不仅达到余热回收与再利用的效果，而且改善了炼钢操作环境，为电炉炼钢烟气的低成本余热回收及系统节能创建新途径；有效解决了高温、高含尘、交变的温度场和流场的余热回收问题；为企业带来了显著的经济效益和社会效益。

11.6.1.4　轧钢加热炉余热回收与利用

来自炼钢工序的钢坯需要轧制后才能成为产品，轧钢属于压力加工，连铸坯要经过加热炉的预热，使之变软，之后在初轧机反复轧制，再送入精轧机。轧钢的目的一方面是得到所需的形状，如钢板、型钢等，另一方面是改善钢的性能。轧钢也是钢铁行业重要的一个环节，其连续加热炉和均热炉所排放的烟气温度较高，一般为 500～1000℃，也有超过 1000℃以上的。显然，对烟气开展余热回收，降低排烟温度非常必要。在轧钢加热炉尾部设置换热器，可以加热燃用的煤气和助燃空气到 450℃以上，以提高加热炉燃烧效率，减少燃料消耗；也可采用余热锅炉产生中、低参数的蒸汽，实现烟气热能梯级利用，蒸汽可并入厂区蒸汽管网使用或用于汽轮机发电等。图 11.59 为某钢厂 2250mm 热轧生产线加热炉余热回收产汽系统。

助燃空气的预热采用整体式热管换热器，燃料煤气的预热视现场条件可采用整体式或分离式热管换热器；当加热炉烟气温度较高（约 1000℃）时，对于助燃空气、煤气的预热，采用管式换热器与热管式换热器的组合使用也是一种较为经济的方式，大幅度提高了空气、煤气的预热温度，可达 500℃以上。

(a) 50t电炉余热回收

(b) 90t电炉余热回收

(c) 100t电炉余热回收

(d) 110t电炉余热回收

图 11.58 电炉余热回收部分现场装置图

特性参数			
项目	单位	中参数	低参数
烟气流量	Nm^3/h	35000	
烟气进口温度	℃	500	
烟气出口温度	℃	≤150	
蒸汽压力	MPa	1.27	0.2
产汽量	t/h	4	1.5

图 11.59 轧钢加热炉余热回收装置及特性参数

11.6.1.5　冶金动力锅炉余热回收

（1）热管式煤气预热器

在高炉炼铁生产过程中会副产大量的低热值高炉煤气，除部分自用外，过去是将其大量排入空气中。由于高炉煤气热值较低，不易着火且燃烧不稳定，利用难度较大。随着节能环保要求的提出，首钢 1996 年投产了高参数高炉煤气锅炉，马钢热电厂也在 2000 年开始陆续成功投产了多座 220t/h 全烧高炉煤气锅炉，彻底解决高炉煤气的放散问题，煤气利用水平提高，企业自发电量大幅增加，不仅节约燃煤，减少企业外购电量，而且解决了煤气放散对环境造成的污染，取得了良好的社会效益；随后各大钢铁企业相继推出了 75t/h、130t/h、170t/h、220t/h、260t/h、290t/h、340t/h、400t/h 等煤气锅炉并配套热管式煤气预热器。

高炉煤气热值较低，入炉煤气量又大，由于入炉的煤气温度较低，一般<50℃，如果将高炉煤气预热后再进入炉膛，可以有效改善燃烧，提高炉膛温度，增加辐射能力，节省燃料。鉴于高炉煤气的毒性和易爆特性，在利用锅炉烟气余热来预热煤气时，采用烟气和煤气壳体完全分开布置的分离式热管换热器更为安全、可靠，实现煤气、烟气两箱体独立分开布置，完全杜绝了两换热流体之间的窜漏。在有些场地受限的条件下也可采用整体式热管换热器来预热煤气，此时对烟气、煤气之间的分隔管板及壳体需要做好安全、可靠的有效密封。

在煤气预热器中，由于煤气中含有大量的机械水（一种细小的液态水滴），这些水分不仅降低煤气的热值，后续还会腐蚀设备及管道，则需要在预热之前加以脱除，为此，研制了一种带有前置式高炉煤气脱湿器的热管煤气预热器，以一定目数和层数的丝网组合成若干多单元构成的脱湿器芯子，当煤气携带液滴以一定流速通过丝网时，气体中的微小水滴与丝网相碰撞而附着在丝网的表面，由于水在丝网表面的浸润性、液体表面张力及丝网的毛细作用力等，使得液滴越积越大从而分离下落，流至设备的下部，从底部排污口排出。在脱湿器内，气流速度控制得当、丝网结构、单元组合选择合理，气体通过丝网脱水器后，其脱水效率可达到 90%以上，达到去除大部分机械水的目的。在煤气预热器中还需要考虑安装吹灰装置，及时吹扫换热面上的积灰以保证换热效果。

图 11.60 为 220t/h 全烧高炉煤气锅炉分离式热管煤气预热器及其部分特性参数，利用锅炉尾部烟气余热可将煤气预热到 180℃以上再送入炉膛，促进炉内稳定燃烧，节能环保效果显著。

特性参数			
项目	单位	烟气	煤气
流量	Nm^3/h	315000	190000
进口温度	℃	250	20
出口温度	℃	≤150	≥180
回收热量	kW	11820	

图 11.60　220t/h 全烧高炉煤气锅炉分离式热管煤气预热器及特性参数

（2）高炉煤气锅炉深度余热回收-低温换热岛

在成功开发煤气预热器的基础上，持续研制高炉煤气锅炉的深度余热回收，通过设置与该锅炉发电系统配套的煤气预热器、低温省煤器、凝结水加热器等装置，将锅炉经余热回收系统后的排烟温度降至≤100℃排放，在此，将属于余热回收与利用范畴的系统与装置集中起来统称为低温换热岛。

由于高炉煤气热值低，而对于诸如超高压煤气锅炉发电的给水温度较高，约 240℃左右，而锅炉中高炉煤气燃烧时的理论空气需求量较低，造成锅炉空气预热器出口的烟气温度较高，均在 200℃左右，煤气锅炉整体效率不高；通过低温换热岛，可以将锅炉排烟温度由 200℃左右降至约 100℃以下排放；锅炉效率可由约 85％上升至约 94％。图 11.61 分别给出了 65MW、135MW 燃煤气锅炉发电低温换热岛部分装置，图（a）中煤气预热器采用了整体式热管换热器结构将煤气预热到 180℃以上，低温省煤器采用了水平径向偏心热管结构，

煤气预热器		
项目	烟气	煤气
流量/(Nm^3/h)	360000	200000
进口温度/℃	220	40
出口温度/℃	≤140	≥180
回收热量/kW	11850	
低温省煤器		
项目	烟气	水
流量	360000Nm^3/h	70t/h
进口温度/℃	140	50
出口温度/℃	≤120	≥130
回收热量/kW	4120	

(a) 65MW机组煤气锅炉低温换热岛-整体式热管煤气加热器

煤气预热器		
项目	烟气	煤气
流量/(Nm^3/h)	660000	405000
进口温度/℃	210	40
出口温度/℃	≤140	≥155
回收热量/kW	11850	
低温省煤器		
项目	烟气	水
流量	660000Nm^3/h	200t/h
进口温度/℃	140	50
出口温度/℃	≤120	≥110
回收热量/kW	10980	

(b) 135MW机组煤气锅炉低温换热岛

图 11.61　煤气锅炉发电低温换热岛部分装置及参数特性

加热汽轮机凝结水（1.0MPa）到 130℃以上，回收热量 15970kW；图（b）为 135MW 机组的分离式热管煤气预热器部分装置图，通过低温换热岛，有效降低排烟温度，提高锅炉效率并增加发电量。

11.6.1.6　冶金焦化余热回收

钢铁联合企业中一般都设有焦化厂，主要从事冶金焦炭的生产及焦化产品等。冶金焦广泛用于高炉炼铁、铸造、铁合金和有色金属冶炼等方面，其中高炉炼铁用焦炭占绝大多数。焦炭在高炉冶炼过程中有供热燃料、还原剂、料柱骨架和供碳四种作用，因此要求焦炭有较高的抗碎强度和耐磨强度，还要有一定的块度，块度越均匀越好。国内焦化厂大都采用传统工艺炼焦，即炼焦煤由备煤车间送至煤塔，再由除尘装煤车装入碳化室内，煤料在碳化室内经过高温干馏成为焦炭。

据不完全统计，炼焦系统中焦炭显热、副产焦炉煤气和化工产品携带热量占约 72%，而废气热量约占 20%，因此，主要对这几个环节进行工艺优化，开展节能和余热利用。

（1）焦炉烟道气余热回收

在高温炼焦过程中，煤料在隔绝空气的条件下，随着温度的变化经历着干燥预热、热解、熔融、黏结、收缩、成焦等物理化学过程。首先是煤的干燥预热，从常温加热到 200℃，煤在炭化室主要是干燥预热，并放出吸附于煤表面和其空中的二氧化碳和甲烷气体，煤没有发生外形上的变化。在此阶段温度上升时间相当于整个结焦时间的一半左右。加热到 200～250℃时，煤开始分解，产生气体和液体。主要分解成化合水、二氧化碳、一氧化碳、甲烷、硫化氢等气体。此时焦油蒸出量很少，生成的胶质体的量是微量的。其次是生成胶质阶段，继续加热到 350～450℃，煤中的大分子结构发生分解，生成大量的相对分子质量较小的有机化合物。其中相对分子质量小的有机物以气体形式析出或存在于黏结型煤转化成的胶质体中，而相对分子质量大的则以固体形式存在与胶质体中。形成了气、液、固三相共存的胶质体状态。而后，半焦收缩阶段，温度上升到 450～650℃范围内，继续进行热解，整个系统则发生了剧烈缩合反应，胶质体中的液体不断分解，气体不断析出，胶质体黏度不断增加，在液体表面开始固化，形成硬壳（半焦），中间仍为胶质体，但这种状态维持时间较短，在半焦壳上会出现裂纹，胶质体从裂纹中流出，这些胶质体又发生固化和形成新的半焦层，一直到煤粒全部熔融软化，形成胶质体并转化为半焦为止。最后，生成焦炭阶段，650～950℃时，半焦内的有机物质继续进行热分解和热缩聚。此时主要析出气体，半焦继续收缩。煤料中的挥发分一半以上是胶质体固化后到焦炭形成时分解出来的。焦炭收缩，体积减小，焦炭变紧。由于焦炭内部各层所处的成焦阶段不同，收缩速度也不同，导致焦炭破裂形成裂纹。当温度达到 1000℃时，形成具有一定机械强度和块状度的银灰色的焦炭。

由此可见，焦炭生产过程中各阶段所产气体的成分、温度、流量等波动性较大，废气温度 250～300℃，回收这部分烟道气余热难度较大，采用余热锅炉，尾部低温处容易在换热面上形成积灰、腐蚀而影响系统运行。所以，在余热锅炉系统中，低温段采用水平径向偏心热管式余热回收装置可有效解决恶劣工况条件下的烟气余热回收。偏心热管独特的结构和高效传热方式，使得烟气与被加热流体双重隔离，在低温余热回收中设备运行更加安全可靠。图 11.62 为某钢铁企业焦化厂 150 万吨/年焦化烟气余热锅炉，原焦化烟道废气 210～280℃

直接排空，通过设置余热回收系统，排烟温度降至120℃以下，每年可产1.3MPa的蒸汽33万吨。

图 11.62　某钢铁企业焦化烟气余热锅炉部分装置

（2）干熄焦余热回收

赤热的焦炭由推焦车从焦炉碳化室中推出，送到拖挂车上的焦罐里，运往干法熄焦装置。在干熄炉中红焦炭从干熄炉上部进入，经过预存室到达冷却室，与惰性气体直接进行热交换，焦炭冷却到200℃以下，从下部经过排焦装置卸到皮带输送机上，然后送往筛贮焦系统。循环风机将冷却焦炭的惰性气体（氮气）从干熄炉底部的鼓风装置被送入干熄炉内，在干熄炉冷却段里经过与热焦炭换热变为热气体后，从炉膛中间风道汇入上部风道排出进入一次降尘室，自干熄炉排出的高温惰性循环气体的温度为880～960℃，经一次除尘器后进入干熄焦余热锅炉换热，温度降至160～180℃，从锅炉出来的循环气体经多管旋风除尘器二次除尘后，由循环风机加压后，再经副省煤器换热冷却至135℃以下然后再次进入干熄炉循环使用。

干熄焦的整个工艺过程都是在密闭的过程中进行，可回收利用的红焦显热高达80%以上，通过余热锅炉产生高温、高压的过热蒸汽用于汽轮机发电，所以，干熄焦的废热回收具有节能、环保、提高焦炭质量三重效益。干熄焦高温、高压余热锅炉发电系统的开发已有数十年，基本趋于成熟，但对于锅炉尾部低温余热的深度利用还在不断完善，由于焦炭中含有S、Cl、F等元素，在干熄焦的过程中会产生SO_2、HCl、HF等腐蚀性介质，当排烟温度的进一步降低，到达露点温度以下时，对管道及设备的腐蚀、积灰等问题凸显出来，此处低温部分采用热管式低压蒸发器、径向热管省煤器等发挥热管传热的特点与优势，确保系统长周期稳定运行。如在某4×75t/h干熄焦的循环风机前增加了径向偏心热管省煤器，将循环气体温度降至约105℃以下再去循环利用。对某170万吨/年干熄焦余热发电系统，配套副省煤器，采用径向偏心热管形式，将烟气温度降至130℃以下，所回收余热用于加热约90t/h的系统给水从常温至65℃以上。

（3）焦炉上升管余热回收

炼焦煤在碳化室内炼焦的过程中，会产生850～950℃的荒煤气，荒煤气含尘量高且成分复杂，含有煤焦油、硫化氢、甲烷、氰化物、不饱和烃类有机物等。汇集到炭化室顶部空间的荒煤气通过上升管，再经过桥管、集气管送至煤气净化车间，在此过程中，荒煤气需要在桥管内通过喷洒氨水冷却降温后进入煤气净化车间进行焦油的脱除。采用氨水喷洒对荒煤气进行冷却的方式虽然能够迅速降低高温荒煤气温度，但该工艺流程比较复杂、能耗较大、运行维护费用较高，同时荒煤气中所含有的大量热能在与氨水热交换过程中被冷却氨水带走，冷却后的氨水通过蒸发脱氨而后排放，在消耗大量氨水增加生产成本的同时，荒煤气余热资源无法回收而损失掉，造成能源浪费。若能将焦炉荒煤气的高温余热回收利用，产生中、低压蒸汽送入管网或并入干熄焦装置进行发电，能够降低工序能耗和生产成本，提高二次能源的利用率，降低炼焦成本和对环境的污染，具有显著的经济效益和社会效益。

由于焦炉荒煤气中成分复杂，主要成分有 CO、CH_4、H_2、N_2、O_2、CO_2、煤焦油气、水蒸气、硫化氢、氰化物、氟化物等，还有苯、酚、萘、蒽等有机物，易结焦且结焦温度较高（约 450℃），所以近半个世纪以来，对于焦炉上升管荒煤气余热回收的试验研究一直在进行，有采用间接冷却方法、上升管汽化冷却器系统、有机热载体式和夹套式等热回收装置，大都出现了结焦、泄漏等问题，焦炉顶部的上升管中，一旦有水泄漏进入炭化室将会造成重大事故。采用热管式上升管内置取热式分离产汽系统，即采用分离式热管技术回收荒煤气余热，从炭化室出来的 850℃左右的荒煤气进入上升管，通过导热和辐射换热方式将热量传给碳钢-水热管，温度降至 500℃左右离开上升管；上升管内周向分布的热管蒸发段环形管束吸收热量，热管内的工质蒸发上升至上联箱汇集，然后一起通过汽导管送入汽包内的热管冷凝段与汽包内的水进行热交换，产生饱和蒸汽输出。工质冷凝液通过液导管送入蒸发段管束中的下联箱，分配给各热管蒸发段，再次吸收热量传输出来，整个过程是一个无需外加动力的自然循环过程。汽包可远离上升管布置在焦炉顶部安全位置。随着新材料的不断涌现，考虑上升管中荒煤气降温过程中煤焦油的析出与结焦等问题，在上升管内壁面采用新型材料，光滑且不粘结垢物。采用这种内取热分离式热管，布置方便，通过提高所产蒸汽压力等，可以调整荒煤气温度在煤焦油结焦温度之上，避免产生结焦问题；即使热管有破损，热管内工质的量很少，不会导致整个汽包中的汽水混合物漏入炭化室，不会造成安全事故，能够保证焦炉的安全运行。造价相对较低，经济合理。

图 11.63（a）为热管式焦炉上升管余热回收示意图。图 11.63（b）、（c）为在某 65 孔（200 万吨/年）焦炉在一个上升管的现场试验及汽包产汽图片，据计算，对整座焦炉上升管全部进行荒煤气的余热回收，可年产 1.6MPa 饱和蒸汽 35000t。

11.6.1.7　有色冶金余热回收

有色冶金主要包括重金属铜、铅、锌、镍等生产，轻金属镁、铝、钛及贵金属的生产，属于高耗能行业。其中铜、铝、铅、锌冶炼能耗占有色工业总能耗的 90%以上，而电解铝又占其中的 75%左右。有色金属矿物多以硫化物形态存在，在冶炼过程中释放出大量含有 SO_2 的烟气，可作为制酸的原料，国内制酸的冶炼烟气主要来自铜、铅、锌、镍、黄金等五类金属的冶炼过程，冶炼烟气制酸系统及装置是与有色冶炼配套附属的生产系统，大型有色冶炼烟气制酸装置主要集中在铜冶炼企业。目前，铜冶炼采用的是以闪速熔炼和熔池熔炼为代表的强化冶炼技术，流程简短、适应性强，铜的回收率可达 95%，但因矿石中的硫在造锍和吹炼等阶段作为 SO_2 废气排出且烟尘率较高，不易回收，易造成污染。

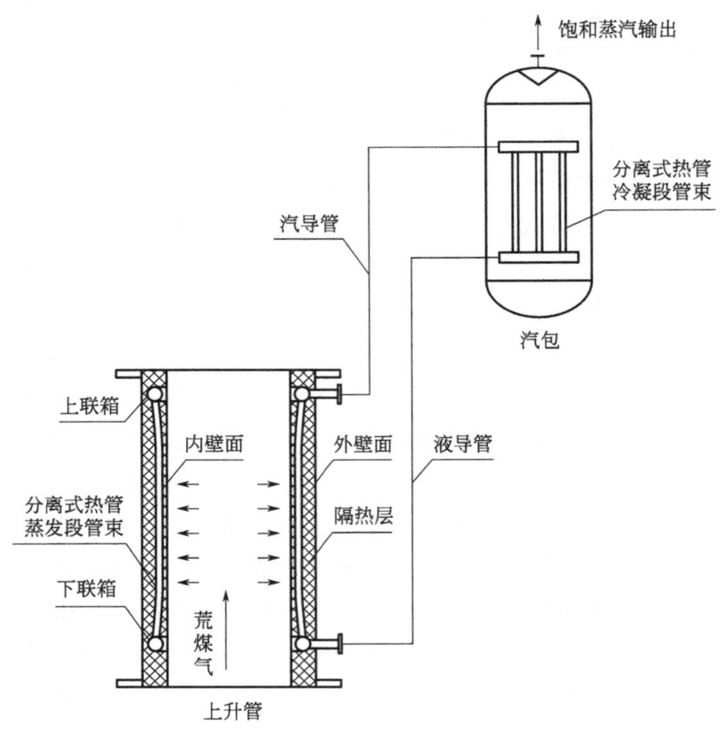

(a) 热管式焦炉上升管余热回收示意图

(b) 试验上升管　　(c) 汽包产汽

图 11.63　热管式焦炉上升管试验

(1) 冶炼烟气制酸余热回收

有色冶炼过程中产生含有 SO_2 的高温烟气常用来制硫酸，在制酸的转化与吸收工艺过程中产生大量余热，主要通过建立余热锅炉系统回收，产生蒸汽发电。对于这部分余热的回收主要解决装备在高、中、低温度下具有腐蚀性气体中的传热、应力、腐蚀、灰堵、安全等关键技术问题。

在冶炼烟气制酸工艺中各转化和吸收工序的余热根据现场条件及能源的综合利用，均可设置轴向水-碳钢热管式余热锅炉和径向水碳钢热管省煤器，达到低成本余热回收与可靠利用。在图 11.64～图 11.66 分别为近年来在铜、铅、锌等有色冶炼烟气制酸中所采用的热管式余热锅炉和省煤器的现场部分图片及相关特性参数，根据用户的要求，余热锅炉的所产蒸汽压力在 0.6～1.6MPa，产汽量达到用户的要求，热管式余热锅炉的独特结构及个性化设计在制酸系统、强腐蚀性条件下设备运行稳定、可靠。

特性参数

额定蒸汽压力	MPa	0.8
额定蒸汽温度	℃	175
额定蒸发量	t/h	3.5
烟气流量	Nm^3/h	95850
烟气进口温度	℃	250
烟气出口温度	℃	180
给水温度	℃	104
给水压力	MPa	1.2

图 11.64 某锌冶炼烟气余热回收-热管余热锅炉及特性参数

特性参数

额定蒸汽压力	MPa	1.35
额定蒸汽温度	℃	196
额定蒸发量	t/h	17.2
烟气流量	Nm^3/h	150680
烟气进口温度	℃	365
烟气出口温度	℃	210
给水温度	℃	104
给水压力	MPa	2.4

图 11.65 某 35 万吨/年铜冶炼烟气二系列余热回收-热管余热锅炉及特性参数

(2) 氧化铝工艺中的应用

在炼铝工业中，主要采用氧化铝作为电解铝的原料。氧化铝基本采用流程简单、产品质量好的拜耳法生产，即一种用于处理高铝硅比铝土矿、三水铝石型铝土矿制取氧化铝的方

径向偏心热管省煤器特性参数

热流体侧		冷流体侧	
介质	工艺气	介质	水
流量/(Nm^3/h)	126500	流量/(kg/h)	55000
进口温度/℃	270	进口温度/℃	104
出口温度/℃	180	出口温度/℃	170
压力降/kPa	≤1.0	工作压力/MPa	6.0

图 11.66　某铜冶炼余热回收-径向偏心热管省煤器及特性参数

法，将富含 $Al_2O_3 \cdot H_2O$ 和 $Al_2O_3 \cdot 3H_2O$ 的铝土矿粉碎后，在高温高压条件下用 NaOH 溶液溶出铝土矿，使其中的氧化铝水合物反应得到铝酸钠［$NaAl(OH)_4$］溶液，而矿石中所含的铁、硅等杂质形成固体沉淀并经分离过滤，对分离过滤后的铝酸钠溶液中添加氢氧化铝晶体，在不断搅拌和逐渐降温的条件下进行分解，结晶析出氢氧化铝，并经再次沉淀、分离、洗涤后进行高温焙烧脱水后得到氧化铝产品。

在拜耳法氧化铝生产中能耗约占产品成本的 20%～30%，需要进一步采取措施降低产品能耗。在生产工艺中，提高氧化铝的溶出率、提高铝酸钠溶液的晶种分解率从而提高产量。在一定条件下可以通过增加氧化铝溶液的浓度、降低分解槽温度来提高溶液的分解率；同时对焙烧烟气的余热回收再利用，采用热管换热器可加热过程中氢氧化铝洗剂水的温度，节约了为洗剂水加热所使用的蒸汽量或加热锅炉给水等，同时，降低排烟温度，达到环保的要求。

氧化铝分解槽有 1400～4500m^3，体积大，产能高，但是其散热较慢，影响了氧化铝产出率。对分解槽降温的方法较多，主要有槽内冷却水排管、蛇形盘管降温、喷水减温，采用列管式、套管式、板式换热器以及真空法降温等措施。采用换热器降温设备占地大，投资高，在现场也难有合适的地方布置；盘管、排管等降温其清洗又较为困难；以上这些降温的方法均需要消耗动力，耗电量较大。

研制开发一种重力型热管直接插入分解槽溶液中，以非能动的方式为主及时将槽内的热量传导出来进行散热、降温。根据氧化铝分解槽的处理量、对每个槽的温度要求以及槽内结构等因素综合考虑，研制热管的结构并开展试验，取得了一定的成效。

如在年产 40 万吨氧化铝装置中，设有 14 个槽，处理量为 3000t/h，在 1＃～4＃槽中加入氢氧化铝晶体成为升温槽，在 5＃～10＃槽中需要将溶液温度从 62℃降至 50℃保证结晶的工艺要求，11＃～14＃槽不需降温。即在 5＃～10＃槽中布置热管进行降温散热，热管按一定的单元排布方式分布在槽中，热管的蒸发段（吸热段）垂直插入溶液中，需要避开槽中相关设施，热管冷凝段置于溶液上方的空气环境中，当槽内溶液温度高于上方空气环境温度时，热管开始工作，通过管内工质在蒸发段内吸热汽化后到达上部冷凝段遇冷而凝结放处潜热，通过管壁将热量散出，工质凝结为液体在重力作用下又回流到蒸发段再次吸热，如此不断的把溶液中的热量带出，整个过程无需外加动力。在热管冷凝段设有翅片拓展散热面积，当夏季环境温度过高，与溶液之间温差较小时，为提高散热效率，不增加热管用量时，在冷凝段佐以喷雾冷却，达到强化散热，还可采用在热管冷凝段增加水夹套来辅以强化传热等方式。图 11.67 为热管在某氧化铝槽中降温散热的部分图片。

图 11.67　热管在某氧化铝槽中降温散热局部图

11.6.2　石油和化工行业

石油和化工是多品种的基础工业，特别在石油化工、合成氨、制酸等行业中工艺复杂，能耗较高，存在大量的热交换、余热回收等过程。

11.6.2.1　石油化工余热回收

石油炼制是以原油为基本原料，通过常减压蒸馏、催化裂化、催化加氢、重整、延迟焦化等一系列炼制过程，将原油加工生产成各种石油产品及化工原料。在炼制工艺中常用的装备有加热设备、冷换设备、传质设备、反应设备、流体输送设备和容器等。

石油炼制的过程是蒸馏、萃取、裂解、转化等物理和化学过程，需要大量热量才能完成这些过程，加热炉就是为这些过程提供热量的必备设备，在炼油过程中加热炉是主要设备，其能耗约占石化企业总能耗的 50%左右，加热炉的效率也直接影响着炼油装置的效率，作为炼油装置的能耗大户，加热炉的节能、减少燃料消耗，对降低装置能耗具有十分重要的意义。

常减压装置作为原油的一次炼油加工装置，为了将原油中汽油、煤油、柴油、润滑油馏分、二次加工的原料油及渣油等分离，需要将常压加热炉蒸馏温度提到 420℃以上、减压加热炉蒸馏温度加热到 380～400℃，蒸馏过程中炉子升温加热产生了大量烟气，烟气中蕴含的大量显热可以回收，为提高加热炉效率，降低排烟温度，所回收烟气的余热通常用来加热炉子燃烧所需的助燃空气，可节省燃料。根据加热炉现场条件和位置，可在加热炉顶部烟道处设置换热器，直接回收烟气热量来加热空气，降温后的烟气向烟囱中直接排放，这种设置在炉顶的换热器为顶置式，由于受炉子高度的限制，将加热炉的排烟引入炉子侧旁地面或周边平台处，采用落地式布置形式，烟气降温后再送入烟囱排放，如图 11.68、图 11.69 为常减压装置顶置式、侧旁落地式热管换热器，所预热空气≥200℃送回炉子助燃。在图 11.70 中采用了管式与热管式组合的换热形式，将空气温度预热到≥300℃以上回炉子助燃，排烟温度降至 130℃以下，甚至更低排放，加热炉效率可以提高到 92%以上。由于各企业装置现场条件不同，可根据具体的设备位置、管道走向等确定布置形式。

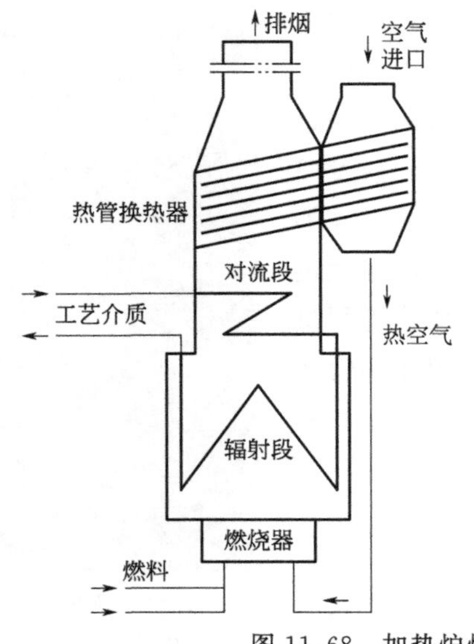

50万吨/年常减压烟气余热回收
顶置式热管空气预热器

项目	烟气	空气
流量/(Nm³/h)(标准状况)	9975	9300
进口温度/℃	360	20
出口温度/℃	205	200
压力降/Pa	60	140
回收热量/kW	630	

图 11.68　加热炉烟气余热回收-顶置式热管换热器

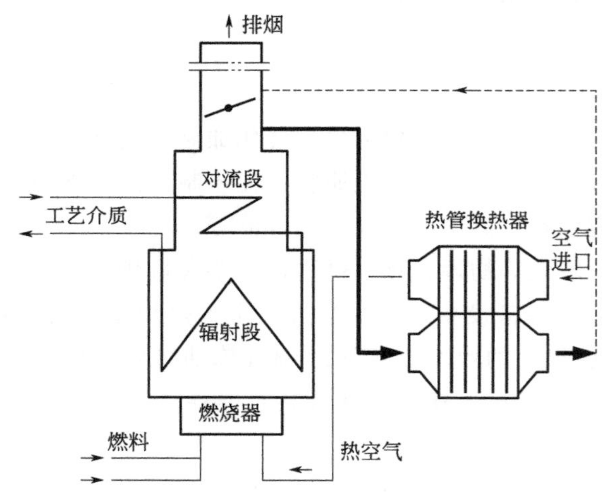

550万吨/年常压炉烟气余热回收
落地式热管空气预热器

项目	烟气	空气
流量/(kg/h)	72700	68400
进口温度/℃	300	20
出口温度/℃	130	215
压力降/Pa	900	850
回收热量/kW	3865	

图 11.69　加热炉烟气余热回收-侧旁落地式热管换热器

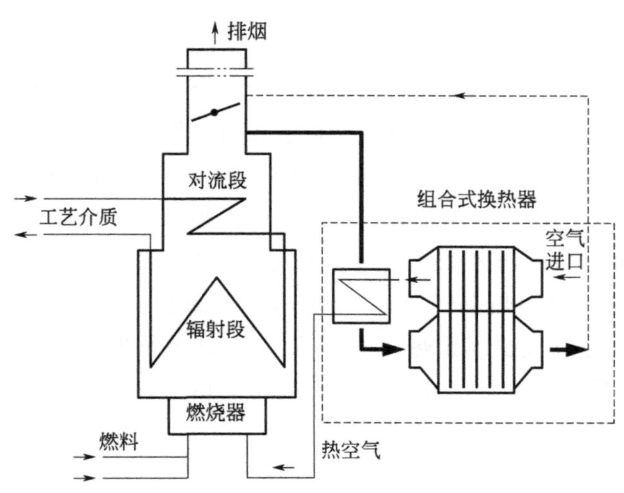

550万吨/年减压炉烟气余热回收
组合式空气预热器

项目	烟气	空气
流量/(kg/h)	47230	43200
进口温度/℃	370	20
出口温度/℃	130	310
压力降/Pa	1040	870
回收热量/kW	3276	

图 11.70　加热炉烟气余热回收-管式与热管组合式换热器

图 11.71 为某 800 万吨/年常压/减压炉共用一套烟气深度余热回收热管式空气预热器，将排烟温度降至 120℃以下排放，加热炉效率达到 92%以上。换热器采用模块式组合形式，在低温段烟气温度小于 150℃，热管管壁温度在露点温度以下时，为防止腐蚀，保证碳钢-水热管及设备的安全运行，在热管外表面（含翅片）涂覆搪瓷，与低温烟气接触的设备内表面及中间分隔孔板进行防腐蚀处理；烟气中携带的灰尘易黏粘在处于露点温度下的热管表面，设备中设置声波、激波吹灰器，还设置在线水冲洗设施，对热管表面定时进行在线水冲洗；内保温衬里外表面设置不锈钢保护层，防止在线水冲洗时保温衬里的损坏。

某800万吨/年常压/减压炉烟气深度余热回收热管空气预热器(低温部分)

项目	烟气	空气
流量/(kg/h)	157800	145800
进口温度/℃	160	20
出口温度/℃	≤120	≤70
压力降/Pa	≤350	≤600
回收热量/kW	约2500	

图 11.71 烟气深度余热回收热管换热器

在原油一次加工的基础上，以常减压蒸馏产品为原料进行再加工，重质馏分和残油经过各种裂化生产轻质油的过程称为原油的二次加工，将直馏产品加工成汽油、煤油、柴油等燃料，增加炼油厂轻油收率、提高产品质量、增加油品品种。热裂化、催化裂化、加氢裂化、延迟焦化、催化重整等均属二次加工过程。催化裂化是在一定温度和催化剂的作用下使重质油发生裂化反应，转变为裂化气、汽油和柴油等的二次加工。加氢裂化是加氢和催化裂化过程的有机结合，使重质油通过催化裂化反应生成汽油、煤油和柴油等轻质油品。延迟焦化，将常减压渣油、减黏渣油、重质原油、重质燃料油和煤焦油等重质低价值油品，经深度热裂化反应转化为高价值的液体和气体产品，同时生成石油焦。催化重整，加热、加压和催化剂存在的条件下，使原油蒸馏所得的轻汽油馏分或石脑油转变成富含芳烃的高辛烷值汽油（重整汽油），并副产液化石油气和氢气的过程。原油的三次加工是将炼厂气等其它产品加工转化成各种油品及化学品，即将二次加工产生的各种气体（即炼厂气）进一步加工以生产高辛烷值汽油组分和各种化学品的过程，包括石油烃烷基化、烯烃叠合、石油烃异构化等，如裂解工艺制取乙烯、芳烃等化工原料。在原油的二次、三次加工中工艺较为复杂，主要设备有反应器、换热器、塔器、加热炉、压缩机、泵等。图 11.72 列举了装置中烟气余热回收用热管空气预热器的部分图片及特性参数。

此外，原油的各次加工过程中所产烟气的余热还可根据现场的需求进行回收利用，除上述预热加热炉助燃空气外，还可用来产生蒸汽或加热油品等其它用途。图 11.73 为某 40 万吨/年重油催化裂化装置中烟气余热回收采用了热管式余热锅炉，产生 350℃、2.5MPa 的过热蒸汽 7.35t/h，用于生产或并入管网。

某蒸馏减压炉配置热管空气预热器

某重整配置热管空气预热器

某加氢裂化配置热管空气预热器

某160万吨/年延迟焦化烟气余热回收热管空气预热器

项目	烟气	空气
流量/(kg/h)	76820	64130
进口温度/℃	400	28
出口温度/℃	170	335
压力降/Pa	680	800
回收热量/kW	约5875	

某150万吨/年加氢裂化烟气余热回收热管空气预热器

项目	烟气	空气
流量/(kg/h)	99270	70380
进口温度/℃	310	15
出口温度/℃	125	290
压力降/Pa	1250	1100
回收热量/kW	约5675	

某100万吨/年催化重整烟气余热回收热管空气预热器

项目	烟气	空气
流量/(kg/h)	54360	50905
进口温度/℃	324	20
出口温度/℃	160	210
压力降/Pa	400	700
回收热量/kW	约2790	

某200万吨/年柴油加氢烟气余热回收热管空气预热器

项目	烟气	空气
流量/(kg/h)	54360	50905
进口温度/℃	324	20
出口温度/℃	160	210
压力降/Pa	400	700
回收热量/kW	约2790	

某30万吨/年甲醇转化炉（一段）烟气余热回收热管空气预热器

项目	烟气	空气
流量/(kg/h)	191010	167105
进口温度/℃	240	25
出口温度/℃	125	160
压力降/Pa	700	600
回收热量/kW	约8345	

某10万吨/年乙苯-苯乙烯装置烟气余热回收热管空气预热器

项目	烟气	空气
流量/(kg/h)	59220	55188
进口温度/℃	310	20
出口温度/℃	140	220
压力降/Pa	345	445
回收热量/kW	约3205	

图 11.72　加热炉烟气余热回收热管空气预热器部分装置与特性参数

图 11.74 为某蒸馏常减压炉在加工进口高含硫原油时采用了分离式热管换热器，通过常二线、常三线的油冷却降温所放出的热量来加热空气。常二线、常三线的油分别流经分离式热管换热器的蒸发段，在蒸发段与热管内工质换热，工质吸收热量蒸发通过上升管到达冷凝段放热来加热管外流经的空气，工质通过下降管再回流到蒸发段吸收热量，如此循环，源源不断地把油的热量传出预热空气，热管的蒸发段即为油冷却器，考虑现场安装位置，可倾斜放置，与地面水平夹角≥12°。

炼油厂催化裂化烟气余热回收热管余热锅炉

技术特性参数

项目	单位	数据
烟气流量	Nm^3/h	63000
烟气进口温度	℃	435
烟气出口温度	℃	225
蒸汽压力	MPa	2.5
蒸汽(过热)温度	℃	350
蒸汽量	t/h	7.35
给水温度	℃	104
给水压力	MPa	3.0
烟气压力降	Pa	390
回收热量	kW	～5540

图 11.73 加热炉烟气余热回收-热管余热锅炉部分装置与特性参数

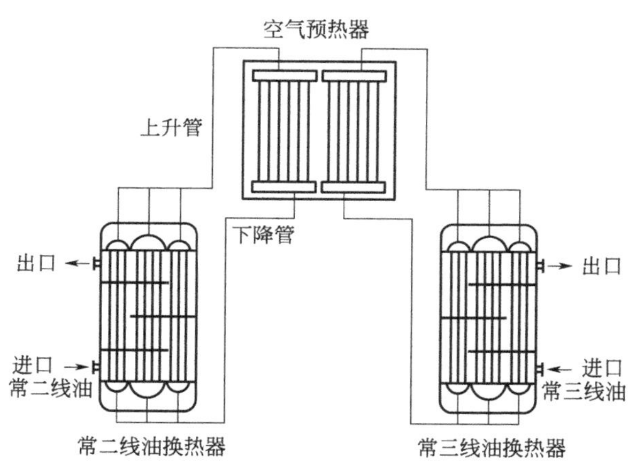

分离式热管换热器(油冷却器)示意图

现场部分设备图

技术特性参数

项目	蒸发段		冷凝段
	常二线	常三线	空气
流 量/(kg/h)	51750	23250	82560
进口温度/℃	145	270	20
出口温度/℃	90	150	120

图 11.74 常减压加热炉油品冷却分离式热管换热器

图 11.75 为分离式热管换热器某石化炼油改造配套 14 万吨/年硫黄回收环保项目中的应用，将工艺过程中烟气降至需要的温度，所放出的热量通过分离式热管换热器将尾气进一步加热，实现工艺过程中的有效换热，助力传统石化加工工业绿色发展，有害气体资源化利用。

11.6.2.2 化肥、硫酸、化工焚烧炉等余热回收

除石油化工外还有许多化工生产工艺中存在热交换、热回收等过程，化工行业品种较多、工艺复杂、能耗相对较高，下面列举几个典型工艺中的采用热管传热、余热回收与节能的应用。

热管放热段——尾气加热
流量：52630kg/h
进口：150℃
出口：235℃

热管吸热段——烟气冷却
流量：77375kg/h
进口：350℃
出口：290℃

图 11.75　分离式热管换热器在石化硫黄回收工艺中应用

(1) 合成氨

合成氨主要用于化肥工业，是产量很高的化工产品，在化学工业中具有重要的地位。合成氨的生产主要过程有原料气的制取、原料气的净化与合成。从造气开始直到氨的合成都伴随着热的过程，合理利用这些热量，可以降低生产能耗，提高 CO 变换率及氨的合成率。采用热管技术回收工艺过程中所放出余热，产生中、高品位蒸汽作原料蒸汽的补充或并入蒸汽管网，或预热助燃空气。

在造气工艺中，表 11.28 为某中型氮肥厂合成氨连续富氧燃烧造气热管式废热锅炉特性参数，该造气工艺以焦炭为原料，在煤气发生炉中以富氧空气加水蒸气为气化剂，连续产生1000～700℃高温的半水煤气，需要经过降温后才能进入后续工艺。由于半水煤气成分复杂，含有大量的水蒸气、CO、CO_2、N_2、H_2、O_2、CH_4、Ar 及少量 H_2S，并且温度高，含尘量大，飞灰粒度大，易造成换热管的磨损、露点腐蚀以及泄漏等问题，影响生产及安全。采用热管的分离套管式产汽结构装置，不仅可以解决半水煤气烟道要求的气-汽（水）隔离、不互相渗漏的要求，而且还可以有效地调节与控制热管管壁温度，避免露点腐蚀现象，产生2.5MPa 的中压蒸汽，供合成氨工艺用。设计中采用水-碳钢热管，利用热流密度变换法，调节热管管内蒸汽温度小于 270℃，控制热管管壁最高温度在 300℃以下，管壁最低温度在露点以上，控制单根热管传输功率不超过其传热极限功率；在结构上管束沿气流方向按一定间距顺排、倾斜设置等，解决了灰堵、磨损等一系列问题，确保了生产连续、稳定、安全可靠的运行。

表 11.28　某中型氮肥厂合成氨连续富氧燃烧造气热管式废热锅炉特性参数

项目	单位	数据
半水煤气（热流体）流量	Nm^3/h	13600
半水煤气进口温度	℃	700
半水煤气出口温度	℃	275
蒸汽压力	MPa	2.5
蒸汽量	t/h	3.85
给水温度	℃	104
半水煤气压力降	Pa	1500
回收热量	kW	约 2610

在大化肥合成氨装置一段炉中，节能改造的重点是降低排烟温度，回收烟气余热用来加

热助燃空气。一段炉中使用的燃料有重油、柴油和天然气，燃料的品质和差异特别是燃料中的硫含量在烟气低温换热面处对金属腐蚀和灰堵有较大的影响，因此，在设计过程中对这些因素必须加以考虑，通常利用热管的热流密度可调特性，设计热管结构使管壁温度避开腐蚀速率高的温度区域，同时在低温处采用防腐蚀涂层起到双重的保障；对于积灰问题除安装吹灰器外，在结构上采用大螺距、降低翅片高度等方式，以及气流速度的分段控制与调节或等流速设计等，如图 11.76 为热管技术在 30 万吨/年合成氨一段炉余热回收中的应用，在热管换热器中使用等流速设计，随着烟气通过热管换热时每一排的流通截面积是递减的，这样在烟气的降温过程中保证了流速的一致，再结合热管换热面结构、尺寸及防腐措施等解决了换热器灰堵、腐蚀严重等问题，当燃料改为天然气时，通过热管换热器可将排烟温度降到 100℃左右，回收热量达 15000kW，有效节省燃料。

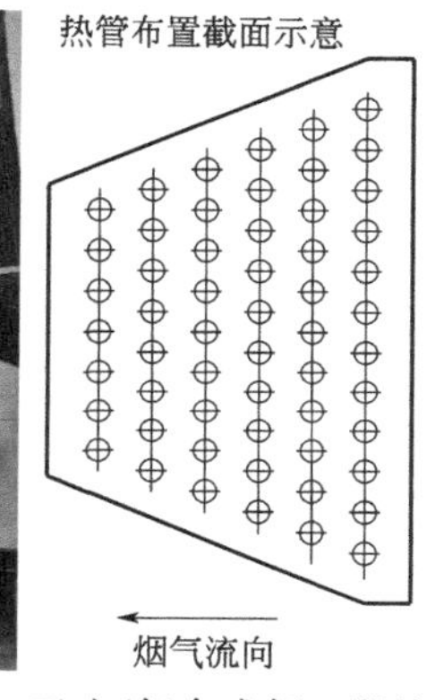

某30万吨/年合成氨装置一段转化炉热管空气预热器

项目	烟气	空气
流量/(kg/h)	255115	230155
进口温度/℃	290	30
出口温度/℃	150	195
压力降/Pa	445	340
回收热量/kW	10600	

图 11.76　某 30 万吨/年合成氨一段炉热管空气预热器

（2）硫酸

硫酸是基本的化工原料之一，生产硫酸的原料主要有硫磺、硫铁矿、冶炼烟气等，在硫酸的生产过程中经多次转化与吸收均会产生大量的余热且由炉气所携带，炉气余热品位较高，回收这部分热量通常用来产蒸汽发电，具有较高的经济效益。由于炉气中含有大量的 SO_2、SO_3 和 NO_x 等成分，当采用硫铁矿制酸时，炉气中含尘量较高且飞灰粒度较大，所以余热回收的条件较为苛刻，高温、高含尘、强腐蚀性等因素使设备易受到损害，致使整个生产停车造成损失，特别是低温部分热回收难度更大。采用热管技术及其在设备结构中独立存在的特点，运行中个别热管损坏不会影响整体设备运行而无需停工检修等优势，在硫酸生产的余热回收中专门研制开发了热管式蒸汽发生器和轴向、径向热管省煤器等系列装置。

如图 11.77（a）为某硫铁矿制酸热管蒸汽发生器及其技术特性参数，SO_2 工艺气温度高约 950℃，含尘量高达 250g/m^3，在设备中采用了气流低流速且纵向掠过热管等措施来抵御高含尘气流对热管壁面的磨损与积灰等。图 11.77（b）为硫黄制酸中部分热管蒸汽发生器技术参数来自焚硫炉的高温炉气或转化吸收工段的炉气，根据现场要求可产生所需压力等级的蒸汽输出，来自硫黄制酸的炉气中含尘量较低，可采用气流横向掠过热管并适当加大流速，提高换热效率。

在与硫酸生产工艺配套的余热发电系统中，对蒸发器的给水预热采用省煤器，同样省煤器也面临高含硫炉气的腐蚀、磨损等问题，特别是炉气露点温度较高时，采用了轴向、径向

技术特性参数

项目	单位	数据
SO_2工艺气流量	Nm^3/h	27745
烟气进口温度	℃	950
烟气出口温度	℃	355
蒸汽压力	MPa	2.5
蒸汽量	t/h	9.5
给水温度	℃	104
回收热量	kW	约6495

(a)

某硫黄制酸热管蒸发器技术特性参数I

项目	单位	数据
工艺气流量	Nm^3/h	3200
烟气进口温度	℃	950
烟气出口温度	℃	350
蒸汽压力	MPa	0.8
蒸汽量	t/h	1.5
给水温度	℃	104
回收热量	kW	约1015

某硫黄制酸热管蒸发器技术特性参数Ⅱ

项目	单位	数据
工艺气流量	Nm^3/h	17500
烟气进口温度	℃	590
烟气出口温度	℃	456
蒸汽压力	MPa	1.6
蒸汽量	t/h	1.7
给水温度	℃	104
回收热量	kW	约1075

(b)

图 11.77 某硫铁矿制酸热管蒸汽发生器（a）及其特性参数、部分硫黄制酸中部分热管蒸汽发生器技术特性参数（b

热管技术对抗腐蚀及事故具有一定的优势，其技术原理与结构在 11.2 和 11.3 节中已做介绍，特别是径向重力热管的双重保护结构更有利于恶劣环境下的使用。以某 60 万吨/年硫酸工程为例，在三段、四段转化过程中放出的热量用来加热锅炉系统的汽包给水，在这里称为省煤器 4A、4C，该工艺气中含硫量高工况条件较为恶劣，换热管壁温度容易达到露点而引起对金属壁面的腐蚀，所以回收难度加大。在图 11.78（a）流程中，由四段转化出来的 124420Nm^3/h 炉气（工艺气 I）温度约 445℃，依次进入过热器 4A、径向偏心热管省煤器 4C 和 4A 将炉气逐级冷却最后降至 135℃去下一工序，此处采用了四组径向偏心热管省煤器，将 96115kg/h 的除氧水从 110℃加热到 150℃，从图中流程可以看出，四组设备采用的是顺、逆流混合布置形式再加上水的旁路调节、热管外翅片密度的调节等来共同提高管壁温度，控制露点腐蚀。同样，在三段转化中也采用了两组径向热管省煤器 3B，将来自四段省煤器加热的 150℃给水继续加热至 200℃，将流量为 141170Nm^3/h、约 275℃的工艺气Ⅱ温度降至 165℃，同样采用了顺、逆流混合布置形式来提高管壁温度，防止腐蚀；加热后 200℃的给水再回到四段工艺气Ⅰ中的省煤器 4C 被加热到 245℃输出，图 11.78（b）、（c）给出了偏心热管制造过程中及现场的部分偏心热管省煤器装置图。

（3）焚烧炉窑余热回收

化工废弃物的处理采用焚烧是常用方式之一，焚烧过程中产生大量的热量必须进行回收利用，化工废弃物成分复杂，有些废弃物中 Cl^- 含量较高，致使在焚烧产生的烟气中 HCl

(a) 余热回收流程示意图

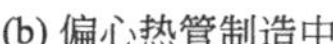

(b) 偏心热管制造中

(c) 现场部分偏心热管省煤器

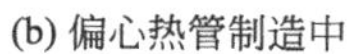

图 11.78 某 60 万吨/年硫酸工艺气余热回收偏心热管省煤器

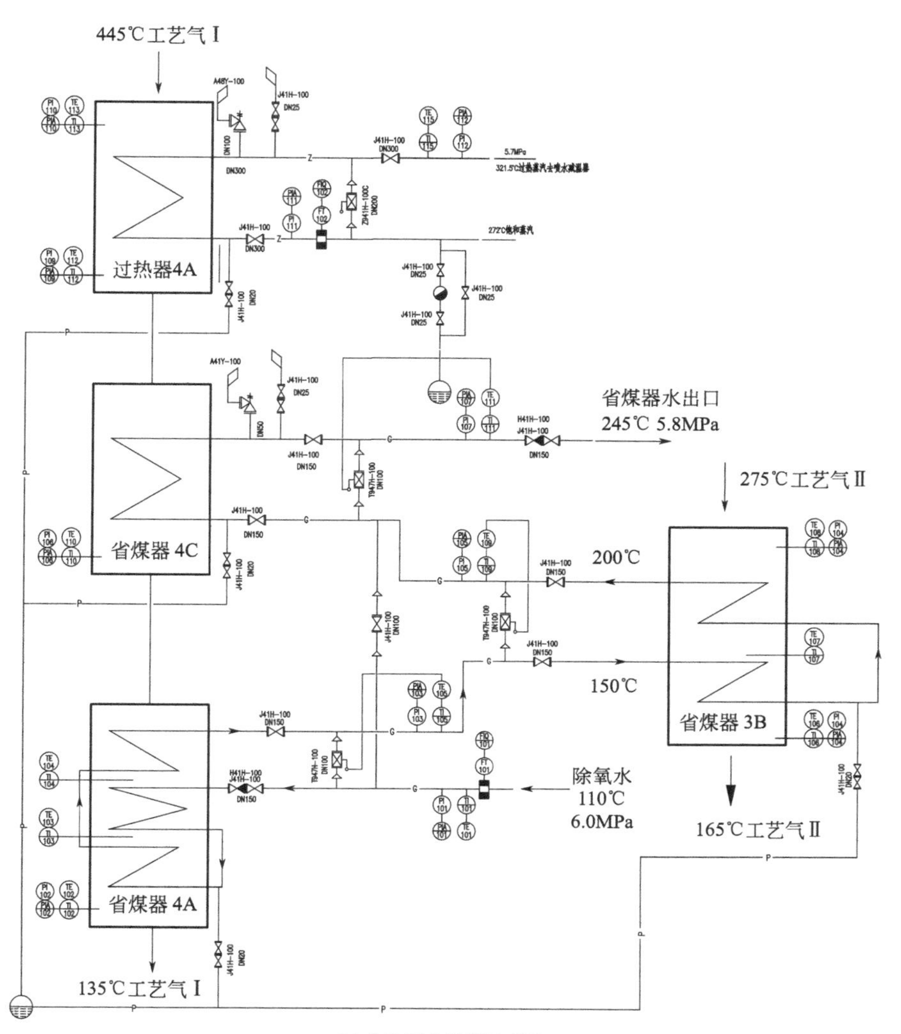

浓度高达 2000mg/Nm^3 以上，因此，焚烧系统设备应该具有良好的耐腐蚀性能，这对系统配置提出了较高的要求，同时具备先进、合理、废弃物燃烧完全、符合国家环保要求、无二次污染等要求。图 11.79 为某化工废弃物焚烧系统热管式余热锅炉，采用了分离套管式的水-碳钢热管结构。图 11.80 为某化工厂燃烧炉高温废气余热回收装置，采用水-碳钢热管回收约 1000℃的烟气余热，产生低压饱和蒸汽，热管冷凝段采用直接插入汽包的又一种结构形式。热管蒸汽发生器为立式结构，由上、下两部分组成，上部是汽包，下部是烟气通道，热管直接插入汽包；省煤器由焊有高频焊翅片的管束组成，安装在蒸汽发生器之后与之配套。

技术特性参数

废气流量/(Nm^3/h)(标准状况)	18000
废气成分(摩尔分数)/%	HCl＜2000mg/m^3；N_2+CO_2＞77.0；O_2＜10.5；H_2O＞12.5
废气含尘量/(g/Nm^3)	1.5
废气进口温度/℃	约800
废气出口温度/℃	280
蒸汽压力/MPa	1.0
产汽量/(kg/h)	＞7000
压力降/Pa	1200
回收热量/kW	5170

图 11.79　某化工废气物焚烧系统热管式余热锅炉

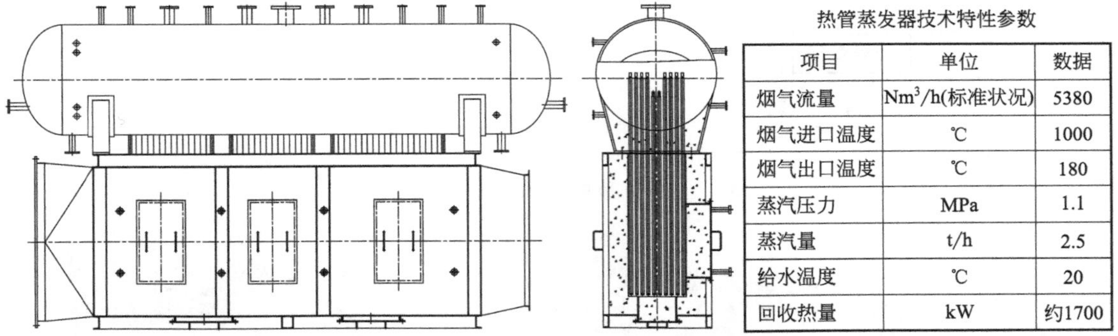

热管蒸发器技术特性参数

项目	单位	数据
烟气流量	Nm^3/h(标准状况)	5380
烟气进口温度	℃	1000
烟气出口温度	℃	180
蒸汽压力	MPa	1.1
蒸汽量	t/h	2.5
给水温度	℃	20
回收热量	kW	约1700

图 11.80　某化工厂燃烧炉高温废气余热回收装置

11.6.3　电力与环保行业

电站锅炉的排烟温度是衡量锅炉性能的重要指标之一，一般锅炉的排烟温度在 150℃左右，当锅炉燃用劣质含硫煤时排烟温度可高达 180℃，据估算锅炉排烟温度每升高 10～15℃，锅炉效率下降约 1%；同时，燃煤锅炉的烟气中含有硫化物、氮氧化物、粉尘等会对环境造成影响。随着环保要求的提高，对硫化物、氮氧化物等排放浓度的限制，需要进行脱硫脱硝等处理，锅炉排烟温度过高，不仅降低锅炉效率，而且还会降低除尘效率、脱硫效率以及增加脱硫过程中的水耗量。所以，对现有锅炉余热回收装置中的省煤器、空气预热器进行改造，同时增加低低温省煤器来降低排烟温度。在配套的脱硫系统中，采用 GGH 来进一步降低脱硫前原烟气的温度，所回收的热量用于提升脱硫后净烟气的温度。

11.6.3.1　锅炉尾部烟气深度余热回收

在降低锅炉排烟温度进行深度余热回收的同时，不可避免产生烟气的露点腐蚀、积灰、结垢等问题，以及锅炉尾部空间位置受限等约束。燃煤锅炉烟气的露点温度与煤中硫含量有关，含硫量越高，烟气露点温度越高，同时还与过程中的燃烧方式、空气过剩系数、水蒸气含量、灰垢、漏风等因素有关，所以通常烟气露点温度的计算值一般优质煤在 120～130℃，劣质煤在 140～150℃，但在实际运行时烟气露点温度普遍高于设计值，达到 150～180℃，甚至更高，余热回收难度较大。利用热管技术与工艺系统协同，采用有效的防腐蚀措施及清灰技术集成，研制开发出低温环境下的余热回收系统与装置。

图 11.81 为某 350MW 机组烟气深度余热回收改造示意图、部分设备及技术参数图，经实测原机组运行排烟温度≥150℃，在锅炉尾部空气预热器到除尘器之间的烟道位置进行改

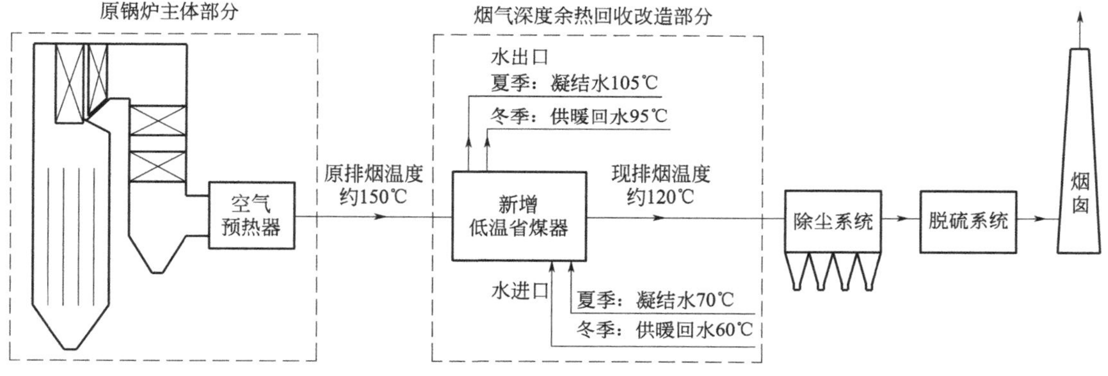

(a) 烟气深度余热回收改造示意图

低温省煤器技术特性参数-夏季

项目		数据	
烟气流量/(Nm^3/h)(标准状况)	877000	凝结水流量/(t/h)	340
烟气进口温度/℃	155	给水温度/℃	70
烟气出口温度/℃	≤120	出水温度/℃	100
烟气压力降/Pa	250	给水压力/MPa	1.2
回收热量/kW	12050		

低温省煤器技术特性参数-冬季

项目		数据	
烟气流量/(Nm^3/h)(标准状况)	1158000	供暖水流量/(t/h)	280
烟气进口温度/℃	150	给水温度/℃	60
烟气出口温度/℃	≤120	出水温度/℃	100
烟气压力降/Pa	410	给水压力/MPa	1.8
回收热量/kW	13150		

(b) 低温省煤器部分设备及技术参数图

图 11.81　某 350MW 机组烟气深度余热回收装置

造，在此处增加低温省煤器，将锅炉尾部烟气从150℃降至120℃以下再进入后续除尘器；考虑所回收余热的综合利用与匹配，在夏季利用烟气余热加热凝结水，冬季加热供暖回水。夏季，凝结水通过凝结水泵直接将部分70℃冷凝水供给热管式省煤器，经热管省煤器加热到105℃后进入机组系统低压加热器；冬季，65～80℃供暖回水经热管省煤器加热，供暖水温度达到90～105℃返回原来供暖水管路，减少供暖用抽汽量。此处，采用了径向偏心重力热管，设备中每根热管都是相对独立的密闭单元：烟气与给水完全双重隔开，有效地避免冷、热流体的串流。单支或部分热管元件的损害不影响系统的正常运行，设备可靠性增强，可延长系统运行的检修周期；利用热管热流密度可调的特性，通过调整热管冷、热两侧的传热面积比，在一定范围内控制热管壁温，使热管壁面温度提高到露点温度以上，防止酸露点腐蚀，考虑运行的波动，在温度较低处还可对热管外壁面增加防腐蚀涂层；设备壳体中与露点温度以下的烟气接触处进行防腐蚀处理确保系统连续安全运行。通过增加低温省煤器，排烟温度降至120℃以下排放，在夏季加热凝结水所回收的余热经折算可节省标煤1.8g/(kW·h)；冬季加热供热回水所回收的余热经折算可节省标煤4.2g/(kW·h)，带来了可观的经济效益和社会效益。

11.6.3.2 锅炉烟气脱硫换热器

燃煤锅炉烟气脱硫热管式GGH（气-气换热器），在湿式石灰石-石膏法烟气脱硫技术工艺中，选择既经济又高效可靠的烟气换热装置是脱硫工艺中的关键环节，利用未脱硫的原烟气通过换热器去加热脱硫后的净烟气，使净烟气温度从40～50℃被加热到约80℃以上，增强烟羽提升、防止或减少可见烟囱“下雨”及其在下游的凝结与腐蚀。利用脱硫换热器既可以回收锅炉尾部烟气的热量、节省能源，又可以保证脱硫塔的正常工作、减少水消耗，同时提高脱硫塔的脱硫效率、降低对大气的二次污染。图11.82为其流程示意图。热管式GGH大都采用整体式热管换热器，当现场位置受限时，也可采用分离式热管的结构形式，将原烟气换热器与净烟气加热器分开布置，满足现场布置条件。

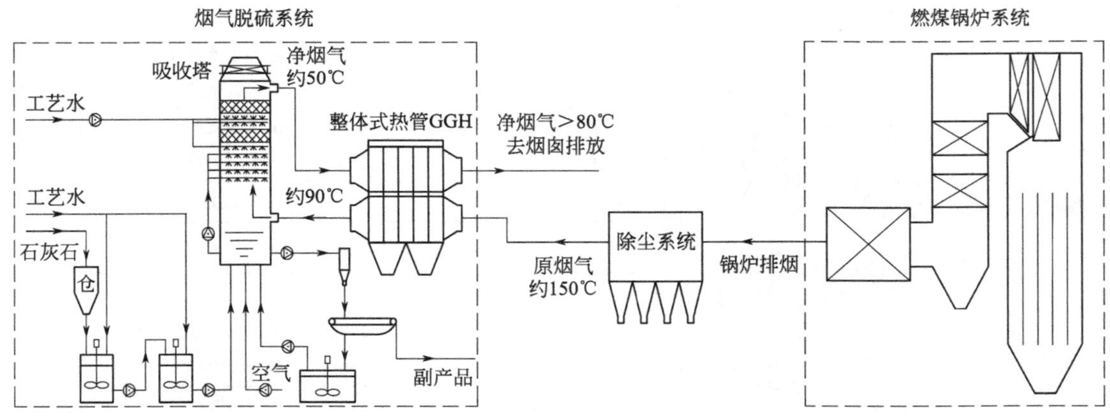

图11.82 锅炉脱硫系统热管式GGH流程示意图

整体式热管GGH内部由许多单根热管组成，通过中间管板（中孔板）把壳体分成上下两部分，形成高温流体（原烟气）和低温流体（净烟气）的通道，当高、低温流体同时在各自的通道中流过时，热管就将高温流体（原烟气）的热量传给低温流体（净烟气），实现了两种流体的热交换，使原烟气的温度降低达到去吸收塔的温度，净烟气的温度升高满足排放的要求。在热管式 GGH 结构中，对于中间管板的密封要求较高，不能使原烟气与净烟气窜流，采用了专有的锥面密封与线密封组合结构形式；考虑到整个脱硫系统中烟气的含尘量较高，腐蚀与积灰交替发生恶性循环，酸液凝结使传热元件表面湿润，大量捕捉飞灰，形成积灰层，积灰层妨碍了酸液的蒸发又增加了热阻，进而又加快了灰的黏结，如此循环，造成受热面的堵塞与腐蚀。为提高传热效率，热管的布置采用了顺列或错列形式，管外缠绕的翅片采用了大螺距、低翅高形式。考虑清灰，设备内按一定间距布置了若干组吹灰管束，并且配备激波或声波吹灰器接口，同时，在换热器的冷、热流体通道中每隔 4～6 排热管就留出人行通道，必要时可采取人工进入彻底清灰，也利于设备的内部维护。设备底部和中部均留有排污口和排液口，做清灰处理和及时排污；结构中合适的烟气流动速度，能达到部分自清灰功能，在满足烟气压力降的条件下，适当加大烟气流速并控制在一定范围之内。图 11.83 为某 240t/h 锅炉脱硫系统热管式 GGH 部分。

某240t/h锅炉脱硫热管式GGH
原烟气-净烟气换热器

项目	原烟气	净烟气
流量/(Nm^3/h)(标准状况)	296700	306450
进口温度/℃	120	50
出口温度/℃	87	80
压力降/Pa	480	480
回收热量/kW	3670	

图 11.83 某 240t/h 锅炉脱硫系统热管式 GGH

在烟气脱硫技术中，除干法外，其他脱硫方法均要解决装置的腐蚀与防护问题。在热管式 GGH 中同样也存在腐蚀问题，可根据热管的特点，通过调整冷、热两侧的传热面积比，使热管工作在“允许腐蚀区域”。相关文献试验证明腐蚀速度并不是简单地随着温度的降低而增加，而是如图 11.84 所示的关系。从图中可以看出，在酸露点的腐蚀程度并不高，最高腐蚀点出现在接近酸露点处；然后随着温度的继续降低，腐蚀程度也迅速下降，直至最低腐蚀点；再继续降低温度，腐蚀程度又会增加。这说明，在酸露点以下存在着一个腐蚀速度很小的区域——“允许腐蚀区域”。如果受热面工作在这个区域内，就可以把腐蚀降低到最小。这样可以通过调整热管冷热侧的传热面积比，使热管工作在“允许腐蚀区域”；热管元件采用耐硫酸低温露点腐蚀的 ND 钢管，对于腐蚀性强等复杂工况，在 ND 钢的基础上增加防腐蚀涂层，来延长使用寿命。

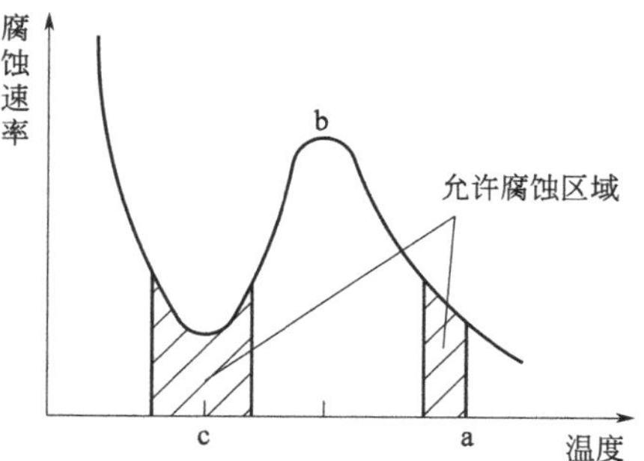

图 11.84 金属腐蚀与壁面温度关系示意图

a—烟气露点；b—最高腐蚀点；c—最低腐蚀点

11.6.4 工业炉窑

工业炉窑是一种煅烧物料或烧成制品的热工设备，种类较多，按煅烧物料品种可分为水泥窑、陶瓷窑、玻璃窑、石灰窑等。窑炉所使用的燃料大多为煤气、天然气、重油、柴油等，窑炉的热效率一般在30%左右，而被高温烟气、炉渣及产品等带走约50%的热量，其中可利用的余热约占20%以上。针对高温烟气余热的回收利用，采用余热锅炉系统产蒸汽发电，对于低温烟气余热回收的难度较大，主要因为烟气中含有腐蚀性气体成分、含尘量高等容易造成腐蚀与灰堵。

11.6.4.1 玻璃窑炉

在玻璃窑炉中，粉尘不仅在高温下（>600℃）容易产生熔融性结渣，而且在低温时也会产生沉积，同时粉尘中还含有大量的碱金属和硫化物等，加之玻璃窑炉烟气中的水蒸气含量较高，可在壁面形成高温黏结的积灰，在低温处又形成具有腐蚀性的灰垢。针对玻璃窑炉中烟气余热锅炉，需要控制好换热管壁面温度在烟气露点温度以上，避免低温腐蚀。在余热回收系统中，还必须做好与窑炉中生产的匹配与协同，不能影响窑炉的生产质量、产量等。图11.85为某450t/h玻璃窑炉烟气余热回收热管式余热锅炉系统，采用了热管的一系列特性原理及结构布置特点应对积灰且确保清灰方便。

450t/h玻璃窑热管余热锅炉技术特性参数

项目	单位	数值
烟气流量	Nm^3/h(标准状况)	90000
烟气进口温度	℃	530～590
烟气出口温度	℃	345～355
蒸汽压力	MPa	0.5
蒸汽量	t/h	11
给水温度	℃	25
回收热量	kW	约9600

图11.85 某450t/h玻璃窑热管余热锅炉

11.6.4.2 回转窑炉

钒钛磁铁矿是一种较难冶炼的多金属共伴生矿，钒钛作为稀有金属用途广泛。在传统的高炉冶炼工艺中得到含钒铁水和含钛高炉渣，含钒铁水经转炉吹炼后，氧化形成五氧化二钒进入炉渣，可采用“钠化焙烧”的方法生产氧化钒，即经磁选除铁后加入钠盐在回转窑内进行钠化焙烧，钒渣中的三价钒氧化为五价的偏钒酸钠，用水浸出焙烧得偏钒酸钠溶液，加入硫酸沉淀出五氧化二钒，经过滤、干燥得五氧化二钒粉末。还可不经高炉冶炼，在含钒铁精粉中加入钠盐制成球团，在回转窑内进行“钠化焙烧”得到偏钒酸钠，用水浸出焙砂使其转入溶液，与其他组分分离，提高钒的回收率。“钠化焙烧”还用于石墨、金刚石、锰等粗精铁矿的焙烧处理，其中的磷、硅、铝、铁、钒、钼等杂质生成可溶性钠盐而经浸出被除去。对于杂质含量较高、难处理的钨精矿，可用钠化焙烧进行预处理。难选的钨细泥精矿、钨锡中矿、含钨铁砂等矿物原料中加入碳酸钠，经高温回转炉内焙烧，使其生成可溶性的钨酸钠，用水浸出焙砂使钨酸钠转入溶液。浸出液经净化、沉淀、干燥和煅烧可制得三氧化钨产品。铬铁矿是制备铬金属、铬盐等的工业原料。通常是将铬铁矿和碳酸钠或碳酸钾以及惰性烧结辅料加入到温度约 1200℃的回转窑内，进行钠化与氧化焙烧。焙烧熟料经冷却、粉碎、水浸得到铬酸钠或铬酸钾碱性溶液，再经中和除铝、硫酸化、蒸发脱去芒硝。得到重铬酸钠饱和液，冷却结晶析出重铬酸钠。

可见，高温焙烧主要在回转窑中进行，在窑内高温下进行“钠化”反应等，焙烧后产生了大量的高温废气，是整个生产中重要的余热资源，对于这部分余热的回收不可或缺。值得注意的是：在所产的高温废气中含尘量较高且夹带着金属氧化物颗粒，对换热管有一定的冲刷磨损；废气中含尘粒子在换热管壁面吸附与黏结，易对换热设备造成灰堵、腐蚀等；随着窑内投料量的不同，过程中所产生的热量也不同，投料量、窑内温度控制、余热回收量的匹配等影响因素都需要考虑，因此，余热回收设备的选型与设计尤为重要。图 11.86 为某钒渣“钠化焙烧”回转窑配套的热管式余热锅炉，根据现场布置条件废气为水平流向，采用多模块结构组合，热管垂直布置，下部设排灰清灰等装置。当现场条件许可，对于高含尘废气在余热回收中采用自上往下流动的布置方式更加利于清灰与防止灰垢的沉积等。采用热管分离套管产汽结构形式，锅炉的水-汽自然循环完全在废气烟道之外，应对高含尘废气中热管的蒸发段采用光管、纵向肋片管或组合形式，通过合理的管排几何结构控制一定的废气流速抵御积灰与磨损，选择惰性气体爆破式吹灰装置多点设置等方式，确保系统可靠运行。

钒渣钠化焙烧回转窑废气余热回收
热管式余热锅炉技术特性参数

项目	单位	数值
废气流量	Nm^3/h(标准状况)	60000
废气进口温度	℃	450～650
废气出口温度	℃	约170
蒸汽压力	MPa	1.3
蒸汽温度	℃	≥230
蒸汽量	t/h	8.3～14.6
给水温度	℃	25
废气压力降	Pa	≤570
回收热量	kW	7000～12000

图 11.86　某钒渣钠化焙烧回转窑废气余热回收热管式余热锅炉

11.6.4.3　石灰窑炉

（1）在套筒石灰窑上应用

套筒石灰窑是一种结构紧凑、负压操作、燃料适应面较宽的炉窑，产品主要为冶金行业炼钢工序提供优质的活性石灰。在石灰的煅烧过程中，窑内反应温度和时间的控制尤为重要，套筒窑可用气体燃料，如天然气、转炉煤气、高炉煤气等，燃烧强度高且较为稳定，气体燃料又相对较为干净，烧制的活性石灰产品中硫、磷等有害杂质含量较低。在窑炉系统中，有效利用窑炉的排烟余热预热入炉燃料、助燃空气等是一种行之有效的节能减排措施。如图 11.87 为某石灰窑热管式煤气预热器，采用斜置式布置，利用窑内排出烟气的余热预热入炉煤气，煤气温度由常温预热至200℃以上，达到余热利用、节省燃料的目的。设备采用两个单元模块的串联布置，模块间设有人孔门便于安装、清理维护等。

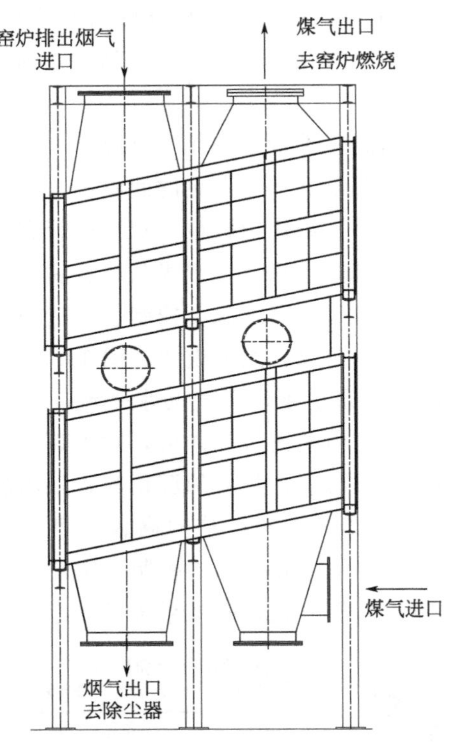

热管烟气-煤气换热器

项目	烟气	煤气
流量(Nm³/h)(标准状况)	19500	21050
进口温度/℃	400	20
出口温度/℃	约230	约220
压力降/Pa	100	300
回收热量/kW	1235	

图 11.87　某石灰窑烟气余热回收热管式煤气预热器

（2）在悬浮石灰窑上应用

在悬浮石灰窑生产工艺中，产品石灰粉要经过冷却后才能送入料仓。采用混掺冷却风与热管冷却相结合可实现粉料的降温。某悬浮石灰窑在产量比原设计提升20%以后，所生产的粉状石灰由于产量的不断提高，后续原配置的冷却风量受原设计等条件的限制，石灰粉冷却后的温度达不到150℃的要求，以至于石灰粉送到成品仓时温度甚至超过了180℃。为降低物料出口温度，增加采用热管式冷却器置于料仓下半部分，这样，石灰粉降温所释放出的热量其中一部分由原掺入的冷风带走，另外一部分热量由热管导出，通过二者的共同作用，从而保证物料的出口温度（≤150℃）满足要求。见图11.88，热管蒸发段置于石灰粉输送的管道内吸收热量，冷凝段采用风道形式通入冷却空气及时将热管导出的热量带走，图中给出了条件较为苛刻的夏季工况特性参数。这里，热管的蒸发段采用了光管形式，布置时管间距适当加大以便于物料的下落，冷凝段采用高频焊螺旋翅片与风道内通入的空气进行对流换热及时带走热量，达到粉料降温的要求。

11.6.5　新风换热

矿井、写字楼、医院、体育馆等大型密闭空间里，需要通风、换气改善空气品质。采用热管式新风换热器将向外排放的具有一定温度的浊空气中的余热进行回收，用来预热送入的新风是一种行之有效的节能方式。

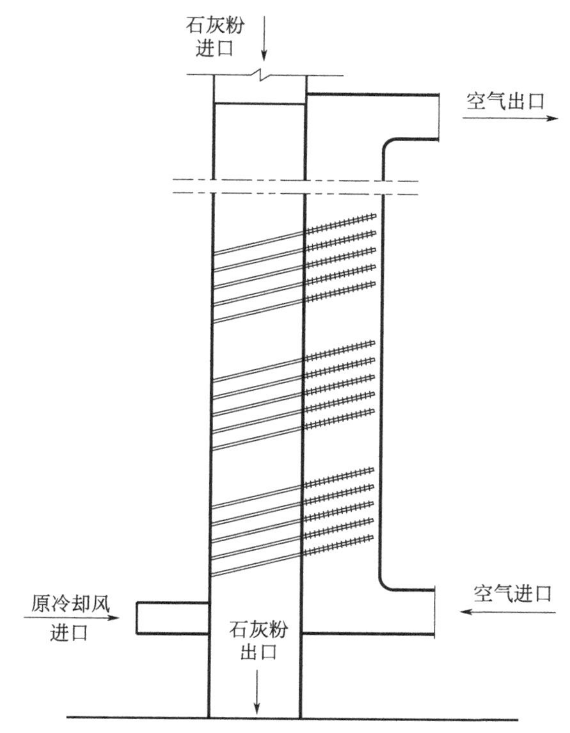

热管式冷却器(夏季工况)

项目	石灰粉	空气	原冷却风
	热管蒸发段	热管冷凝段	—
流量	25.0t/h	10600Nm^3/h	3000Nm^3/h
进口温度/℃	180	30	30
出口温度/℃	150	42	150
压力降/Pa	—	600	450

图 11.88　某 25t/h 石灰粉热管式冷却器

11.6.5.1　场馆新风换热

大型馆所、写字楼、医院等的新风换热装置与中央空调机组配套联合使用，可达到回收余热、节约电耗的目的。采用气-气式热管换热器，在冬季运行时，室内需要排出的浊空气经过热管换热降温后再排出室外，这样排风的余热得以回收用来预热新风，经预热后的新风再进入机组继续加热后送入室内，从而降低了机组的电耗；夏季运行时，将室内排出的温度较低的浊空气与外界送入的高温新鲜空气换热，直接降低了新风的温度，再经空调机组降温、除湿后送入室内，可显著降低空调机组的能耗。通过采用热管式新风换热器，实现了空调能耗降低、空气品质提高的双赢。由于热管换热器冷、热流体相互独立通道的特点，杜绝了送入的新鲜空气与排出的浊空气之间的交叉污染，特别是在医院等公共场所，热管式新风换热装置更凸显其独特优势。这种，将室内换气时排出的带有一定温度的浊空气，利用热管换热器，在冬季或夏季分别起到预热或预冷进入的新鲜空气，充分利用了余热，节省了电耗，降低了空调机组的运行负荷。

如某游泳馆新风换热系统，换风量 25000Nm^3/h，进入室内的新鲜空气与排出的浊空气经热管换热器的特性参数见表 11.29，在夏季，当地室外平均气温 35.2℃，馆内气温 28℃，通过热管换热器，将室内浊空气由 28℃升至 32℃再排放，新鲜空气由 35.2℃降至 31℃后再通过空调机组降温送入室内。而在冬季，馆内气温 27℃，外排浊空气经热交换后降至 7.8℃排出，所放出热量将新鲜空气由−6℃预热至 12.2℃后再去机组升温。投运后，机组节电效果显著，年节约量约 210000kW。

表 11.29　某游泳馆室内热管式新风换热器特性参数表

项目	夏季工况参数		冬季工况参数	
	浊空气	新鲜空气	浊空气	新鲜空气
进口温度/℃	28	35.2	27	−6
出口温度/℃	32	31	7.8	12.2
回收热量/kW	36		165	

11.6.5.2　矿井通风换热

根据国家《煤炭安全规程》规定：进风井口以下的空气（干球温度）必须在 2℃以上，其目的是为防止寒冷空气进入井筒后遇到井筒淋水和潮湿空气，在井壁、罐道梁等处结冰，堵塞井筒的部分断面，对提升设备和人员的安全构成严重威胁。为此，在寒冷地区通常设置热风炉、锅炉等来为井口供热，提升空气温度防止结冰。随着安全、节能环保要求的提出，针对寒区煤矿井进风空气温度的要求，可采用热管换热器有效利用矿井所排出风的低温余热来加热进风后送入井下及井口防冻等。

矿井内的通风系统是井下安全生产的重要保障。在寒季进入矿井内的新鲜空气需要经加热后送入，而矿井的回风不仅量大且具有一定的温度、湿度，如果直接外排，大量的低温余热资源没有被有效利用。表 11.30 给出了某矿井在冬季环境温度−30℃时使用热管换热器回收回风温度有效提升送风温度的特性参数，可将送入矿井的风温预热到 4℃以上，满足要求。采用低温重力热管，其蒸发段（吸热段）与矿井排出风通道相连吸收热量，冷凝段（放热段）与进风通道连接，通过热管内工质的蒸发与冷凝与管外流体（冷、热风）进行热交换，提升进风温度。为进一步提高换热效率，拓展换热面积，在热管的蒸发段与冷凝段管外增设螺旋翅片。预热器采用多单元模块式组合，依据现场进出、风通道的位置可灵活组合与调整。该处采用了 10 个单元模块，单个模块的换热量约 360kW。预热器模块视现场条件可采用斜置式或垂直落地式布置形式，在回风流经的壳体下部设置排灰、排污装置，还也可根据现场的具体风管位置采用分离式热管换热。

表 11.30　某矿井通风换热特性参数

项目	单位	数据
矿井排风量	Nm^3/h	400000
排风温度	℃	13
矿井进风量	Nm^3/h	240000
环境温度	℃	−30
进风预热温度	℃	≥4
回收热量	kW	3600

11.6.6　冻土安全

热棒是一种用于寒区工程，工作温度在 200～333K 之间，蒸发段（吸热段）在下方、冷凝段（放热段）在上方、管内凝结液体依靠重力而回流的传热管。热棒在热管分类中属于低温轴向重力热管，利用重力热管的单向导热特性，用来降低地下冻土温度，增加冻土层的冷储量，使冻土层在暖季也不会融化松动，确保路基的稳定。热棒解决了青藏铁路多年冻土暖季融沉、寒季冻胀的不稳定问题，也可用于解决多年冻土上的铁路路基、公路、桥梁、涵洞、隧道、飞机跑道、输油管线、输变电铁塔基础、构筑物基础等融沉、变形的难题。

热棒的传热主要是利用管内工质的蒸发与凝结的相变换热，其蒸发段布置在冷凝段下方，在图 11.89 中蒸发段（吸热段）布置在冻土层，四周冻土温度为 T_1；冷凝段（放热段）处于大气环境中，环境温度为 T_0，当进入寒季 $T_1 > T_0$ 时，即图 11.89（a）中蒸发段处的土体温度高于冷凝段处外界的环境温度时，热棒蒸发段内工质吸收热量汽化上升经绝热段流动到冷凝段，在冷凝段凝结放热，热量经冷凝段管壁和管外翅片散热，此时管内工质凝结为液体依靠重力回流到蒸发段再次吸热蒸发，不断的把蒸发段四周土体的热量带出达到为土体降温、存储冷量的效果。当进入暖季时，外部环境温度 T_0 高于蒸发段所处土体温度 T_1 时，热棒停止传热，如图 11.89（b）所示。热棒的这种单向导热性，确保了在暖季外界的热量不被传入埋地的蒸发段四周土体，在寒季-暖季的周期性变化中，蒸发段所处土体温度可以得到有效的降低，起到保护多年冻土稳定性的作用。

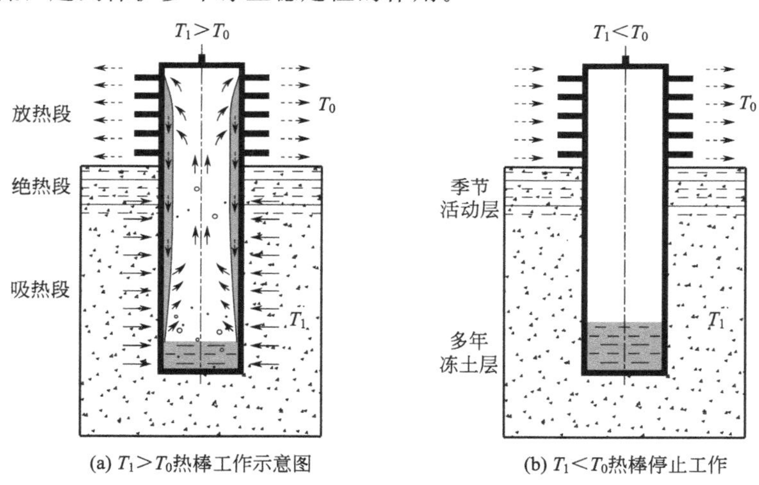

图 11.89　热棒单向传热示意图

继在青藏铁路的成功应用后，热棒在寒区公路、输变电塔架基础、隧道防护、流体输送管线、构筑物基础等的冻土防护中得到推广应用。为满足在冻土工程中的各种应用，根据应用场地所在的地上、地下的相关特性参数与条件，中圣研究院冻土工程中心、南京圣诺热管在理论计算与试验研究的基础上，设计热棒的结构、确定热棒的布置方式。目前主要采用的热棒形状有直棒、弯棒（又称 L 形）及异形结构，埋入方式有直立式、斜插式和部分填埋式等，图 11.90 中列举了热棒在寒区冻土防融沉中的部分应用。图 11.91 为寒区公路表面除冰融雪试验，将热棒蒸发段（吸热段）置于冻土中，冷凝段（放热段）置于公路表面下的路基隔热层上中部，当热棒工作时，冷凝段所放出的热量可以用来供路面融化冰雪，有效利用散热量改善道路状况。图 11.92 为寒区冻土防冻胀试验，在一定的环境及地下特性条件中，通过热棒将热量导入路基下，使路基不发生冻胀变形；热棒蒸发段所需的热量可以根据当地条件采用太阳能、风电、动力电或其他加热方式。

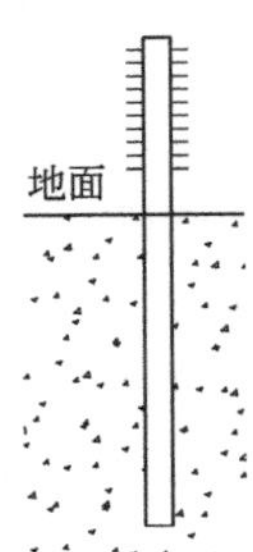

青藏铁路应用　　青藏铁路桥梁桩基防护　　寒区公路应用

寒区隧道口冻土防护热棒阵

寒区输变电塔架基础

寒区埋地管线防护

(a) 直棒-直立式

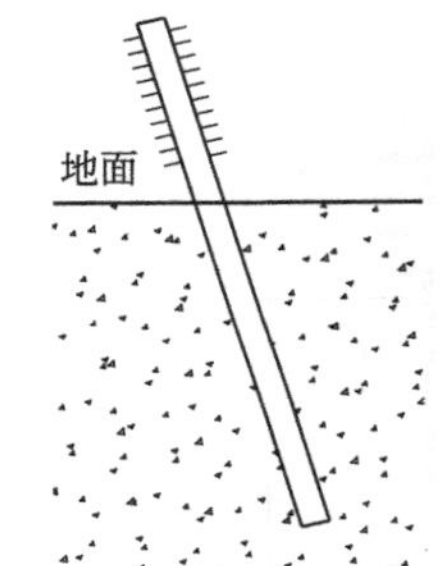

青藏铁路应用

寒区公路热棒安装中

(b) 直棒-斜插式

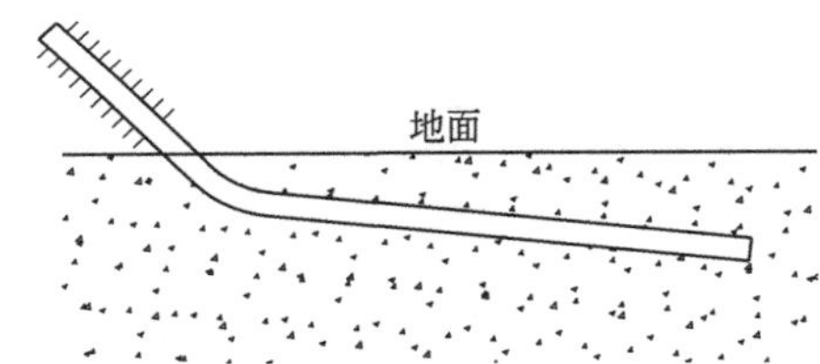

寒区建筑多年冻土基础防护施工中

寒区民用建筑多年冻土基础防护

(c) 弯棒-埋地式

图 11.90　寒区冻土防融沉部分应用图

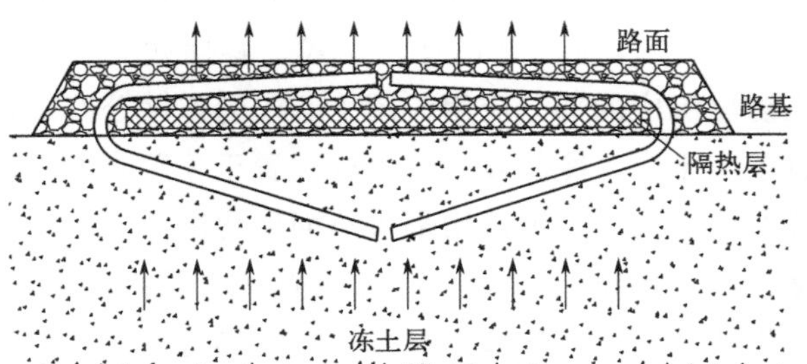

图 11.91　寒区冻土防融沉-公路表面除冰融雪试验

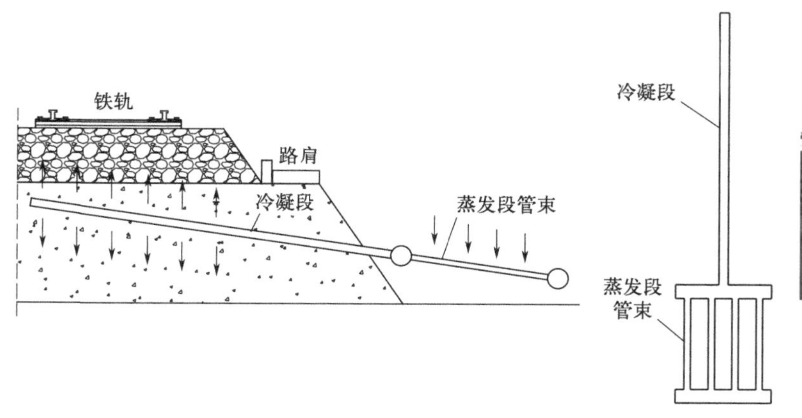

寒区铁路基础防冻胀试验

图 11.92　寒区冻土防冻胀试验

参考文献

[1] M Shiraishi, K Kikuchi, T Yamanishi. Investigation of heat transfer characteristics of a two-phase closed thermosyphon[J]. Journal of Heat Recovery Systems, 1981, 1(4): 287-297.

[2] Imura H, Kusuda H, Ogata J I, et al. Heat transfer in two-phase closed-type thermosyphons[J]. Heat Transfer-Japanese Research, 1979, 8(2): 41-53.

[3] 庄骏，徐通明，石寿椿. 热管与热管换热器[M]. 上海:上海交通大学出版社，1989.

[4] 马同泽，侯增祺，吴文铣. 热管[M]. 北京：科学出版社，1983.

[5] 庄骏，张红. 热管技术及其工程应用[M]. 北京：化学工业出版社，2000.

[6] 杨峻，张红，庄骏，等. 径向偏心重力热管的传热性能分析[J]. 南京工业大学学报(自然科学版)，2010，32(6)：75-79.

[7] 胡安定. 炼油化工换热设备维护检修案例[M]. 北京：中国石化出版社，2016：292-296.

[8] 沈才芳，孙社成，陈建斌. 电弧炉炼钢工艺与设备[M]. 北京：冶金工业出版社，2007.

[9] 杨峻，王明军，张红. 电炉炼钢高温烟气余热回收技术[J]. 炼钢，2011，27(6)：62-65.

第 12 章 绕管式换热器

12.1 概述

绕管式换热器从整体结构来考虑，其属于管壳式换热器的一种类型，但与普通的管壳式换热器不同的是，该换热器的换热管是螺旋绕制而成，而且缠绕层数较多。每层换热管的层级之间会通过定距板来保证一定的距离，并且每层的缠绕方向相反。由于换热管在壳体内的长度可以变长，从而减小了换热器的外壳尺寸，提高了传热效率[1]。

螺旋绕管式换热器最早是在 1895 年由德国林德公司首次研发成功，当时的用途是作为工业规模的空气流化设备，如图 12.1（a）所示。不久之后，英国的汉普森又设计制造了如图 12.1（b）所示的蛇管形螺旋绕管式换热器（也称汉普森型）[2]。

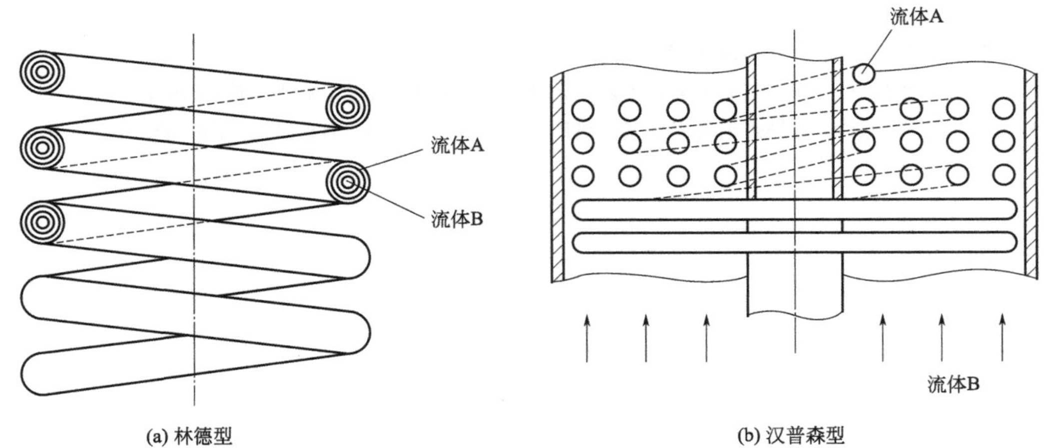

图 12.1 最早的两种绕管式换热器

螺旋绕管换热器的换热管，主要是由两根同心换热管缠绕成蛇形管制造而成。高压的空气通进蛇管内管，而低温的低压空气从内外管的环隙通过，这种林德设计的早期结构，虽然实现了内外流体的纯逆流流动，但是总体的传热效率不高，主要是由于内外两个通道内的气流死区所占空间较大。

蛇管形绕管式换热器是由许多根从内向外、来回螺旋缠绕的管子形成的整体盘管，再叠落到中心圆筒上加工而成。管程中热流体的高压空气从上往下螺旋式通过设备，壳程中通过的是螺旋逆流向上的低压冷空气，这种设计使得壳程的横流传热系数较高，所以也被称为横向逆流换热器。

绕管式换热器从最早首次设计、制造以来，在绕管形式上出现了不同形式结构的绕管式换热器。根据换热器内的流体种类数量，又将绕管式换热器分为双股流和多股流换热器的。如图 12.2 和图 12.3 所示，其中图 12.3 所示的多股流缠绕管式换热器带有若干小管板。

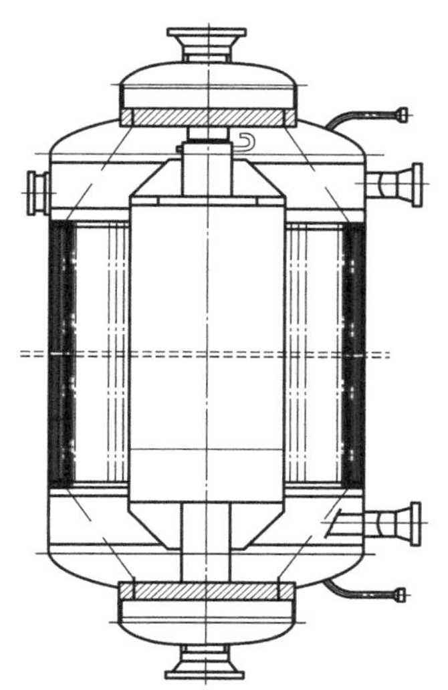

图 12 2　绕管式换热器的结构（双流股）

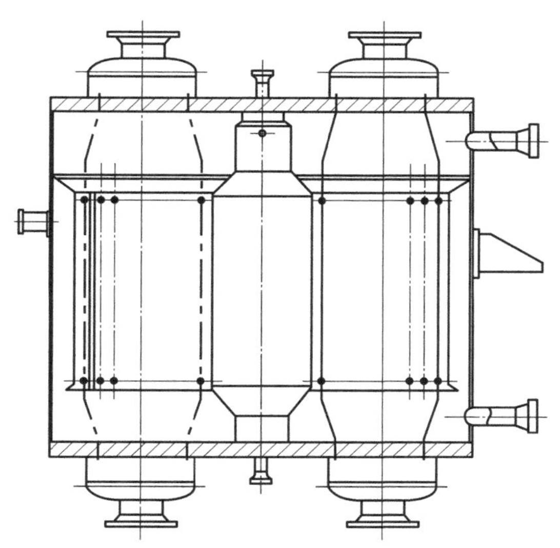

图 12.3　绕管式换热器的结构（多流股）

12.1.1　绕管式换热器的优点

① 结构紧凑，单位容积下的换热面积更大，传热效率高，占地面积更小，易实现设备的大型化。流体可以在螺旋管内流动形成二次的环流，可以强化换热效果。举例而言，同样采用 8～21mm 的换热管，绕管式换热器单位换热面积可以高达 100～170m^2/m^3，比普通的列管式换热的单位换热高 45%左右。

② 传热温差小。流体分别在管程和壳程内整体上看，更接近逆流流动，达到所需换热效果的传热温差更小。允许在较小温差下运行，系统整体压降较小，从而降低了能耗，整体比较经济。

③ 换热管可以制作成双连管，承受高压。由于管程的换热管管径较小，两管相连，相比普通单管，则可以承受较高压力的流体，最高的操作压力可以达到 20MPa。

④ 管束的热膨胀应力小。缠绕管式换热器管束两端均保留了一定的自由度，可以自由膨胀，因此不会产生热膨胀应力。

⑤ 可实现多种介质的同时换热。单根管或不同层的管束可以连接在一块或多块管板上，由于这种特殊的结构，不同管程的流体可以跟同一种壳程的流体进行换热，容易实现多股物流换热。

⑥ 使用的材料低温性能较好。绕管式换热器使用的材料大多数为铜、铝、不锈钢等，避免了使用铁等材质造成的低温脆性，能够适用于低温的工况。

⑦ 传热强度大，传热系数高。换热管内的流体随着管束做螺旋流动，流道截面较容易形成二次流。同时，由于壳程流体在各个管层间形成了湍流，对换热管外壁面有一定的冲刷作用，加强了换热强度，提高了换热效率[3,4]。

12.1.2 绕管式换热器的缺点

① 由于换热器管束排布比较复杂，壳程侧流体分布不均。

② 换热器管内容易堵塞。绕管式换热器内由于换热管缠绕，结构复杂，而且换热管直径一般都比较小，若进入换热器的流体中携带的灰尘与杂质容易造成设备的堵塞，所以要求管程介质有较高的洁净度，进入换热器前要严格过滤。

③ 清洗困难。同样因为设备内的换热管是缠绕盘管形状，壳程侧流体在管束缝隙内流动，管程侧流体也要通过缠绕的管内流动，管内外侧清洗都很困难，一般只能用化学方法进行洗涤。

④ 造价昂贵。由于绕管式换热器的结构的复杂性和特殊性，工序较多且复杂，对其制造工艺要求也高，使得制造成本相对普通管壳式换热器更高，一次性投入更大。

⑤ 由于绕管式换热器内的工作流体多为易燃易爆的气态物质，对换热器的气密性要求高，所有连接部分均为焊接，对焊接要求很高，一旦出现问题，检修相对比较困难[3]。

12.2 绕管式换热器设计

绕管式换热器尽管早就被提出并得到应用，但由于管壳程流动的复杂性，要对绕管式换热器进行精确设计还是很难，目前还是采用经验或半经验方法进行设计[5]。

12.2.1 设计方法

目前我国虽然在绕管式换热器方面已经做了不少相关工作，但也并没有形成完整的标准或成套的计算方法和原理，下面总结前人梳理的简捷设计方法和计算模型，以供参考[6]。

(1) 几何结构模型

图 12.4 为简化的绕管式换热器的几何结构模型，图 12.5 为错流流动示意图。为简化计算，假设壳程中流体流动方向上相邻两绕管之间的间距为一常数，且缠绕方向相反的相邻的两绕管的相对间距为 x，则有两个特征位置参数：

$$S_{\max}=\{[(c+d)/2]^2+(a+d)^2\}^{1/2}-d \tag{12-1}$$

当 $x=(c+d)/2$ 时，$S_{\min}=a$。

当 $x=0$ 时，相邻两绕管之间的间距 S_m 值在 $S_{\max}$ 和 $S_{\min}$ 之间，其计算公式为：

$$S_m=[2/(c+d)]\int_0^{(c+d)/2}S\mathrm{d}x \tag{12-2}$$

积分结果：

$$S_m=\frac{a+d}{2}\left[1+\left(\frac{c+d}{2a+2d}\right)\right]^{1/2}+\frac{(a+d)^2}{c+d}\cdot\ln\left\{\frac{c+d}{2a+2d}+\left[1+\left(\frac{c+d}{2a+2d}\right)^2\right]^{1/2}\right\}-d \tag{12-3}$$

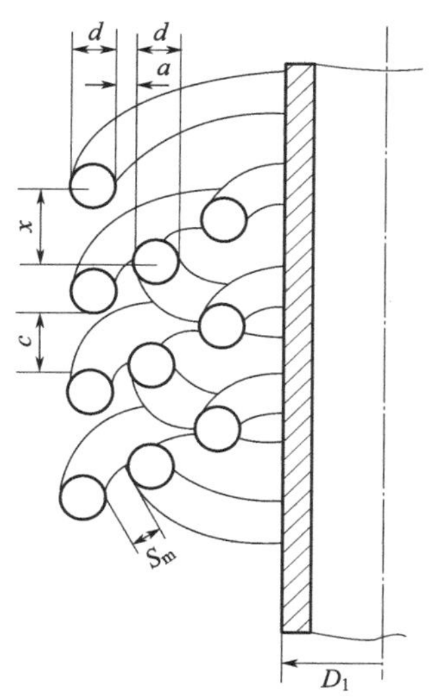

图 12.4　几何结构模型

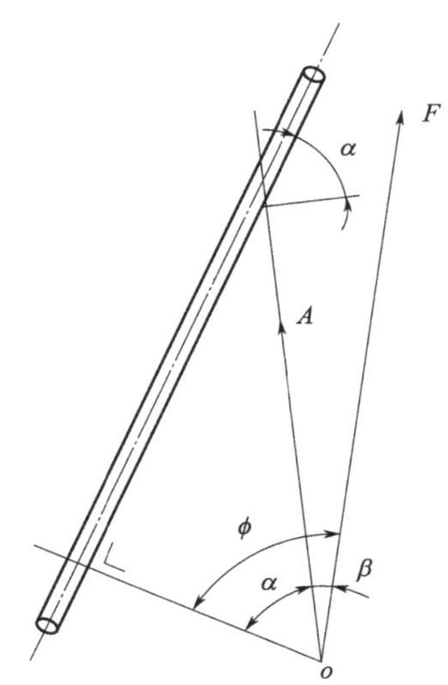

图 12.5　错流流动示意图

壳程流道截面积：

$$S_o = D_m \pi k S_m \tag{12-4}$$

$$D_m = D_i + (k-1)a + kd + S_m \tag{12-5}$$

式中　k——换热器内绕管的缠绕层数；

D_m——绕管的平均直；

D_i——芯筒直径。

由壳程流道截面积可以求得壳程流道的当量直径：

$$D_e = 4S_o / L \tag{12-6}$$

式中，L 为浸润湿周长度，其计算式为：

$$L = 2(\pi D_m + kS_m) \tag{12-7}$$

对于换热管长度 l 固定的绕管式换热器，换热管的缠绕角度 α 与绕管式换热器的轴向换热管长度 l_c、缠绕圈数 W_k 的关系分别为：

$$l_c = l \sin\alpha \tag{12-8}$$

$$W_k = l \cos\alpha / (\pi D_k) \tag{12-9}$$

对于多股流（共 m 个）绕管式换热器，设第 i 流股的管长为 l_i，管子根数为 z_i，则总的壳程换热面积为：

$$A_o = \sum_{i=1}^{m} A_i = \pi d \sum_{i=1}^{m} z_i l_i \tag{12-10}$$

（2）壳程传热膜系数模型

在绕管式换热器中，换热管呈螺旋状分多层缠绕在芯筒周围和隔板之间，以此形成的多层圆筒状盘管就构成了流道。换热管每层的缠绕方向相反，缠绕角与纵向间距通常是均匀的，且管长都相同。因此随着换热管缠绕直径的增加，各层换热管数目也随之成比例地增加。这些盘管层所组成的管束，其壳程通道随圆周方向位置的不同而变化。由于相邻两个盘管呈直列、错列的变化，流道结构随管子排布方式的变化而变化。

传热膜系数：

$$\alpha_0 = 0.338 F_t F_i F_n Re_o^{0.61} Pr_o^{0.333} (\lambda_o / D_e) \tag{12-11}$$

式中 F_t——管子排列（流道结构）修正系数；

F_i——管子倾斜修正系数；

F_n——管排数修正系数；

Re_o——壳程流动的雷诺数；

λ_o——壳程流体的导热系数。

$$F_i = [\cos\beta]^{-0.61} \left\{ \left(1 - \frac{\varphi}{90}\right)\cos\varphi + \frac{\varphi}{100}\sin\varphi \right\}^{\varphi/235} \tag{12-12}$$

式中 φ——表示流体实际流动方向与换热管垂直轴之间的夹角，$\varphi = \alpha + \beta$；

β——表示流体实际流动方向偏离换热管中心线的夹角，$\beta = \alpha\left(1 - \frac{\alpha}{90}\right)(1 - K^{0.25})$；

K——盘管的特性数，盘管层左右交替缠绕时，该值取 1；仅顺一个方向缠绕时，取 0。

$$F_n = 1 - \frac{0.558}{n} + \frac{0.316}{n^2} - \frac{0.112}{n^3} \tag{12-13}$$

式中，n 为流动方向上同一直线上的管排数，当 $n > 10$ 时，可近似认为 $F_n = 1$。

$$F_t = \frac{F_{\text{in-line}} + F_{\text{staggerd}}}{2} \tag{12-14}$$

直列布置时的传热修正系数 $F_{\text{in-line}}$ 与规则错列布置时的传热修正系数 F_{staggerd} 可由文献[7] 查得。

（3）管程传热膜系数模型

从层流到紊流过渡的临界雷诺数

$$(Re)_c = 2300\,[1 + 8.6(d_i / D_m)^{0.45}] \tag{12-15}$$

式中，d_i 为换热管内径。

① 当 $100 < Re < (Re)_c$ 时

$$\alpha_i = \{3.65 + 0.08\,[1 + 0.8(d_i / D_m)^{0.9}]\,Re_i^{i} \cdot Pr_i^{0.333}\}(\lambda_i / d_i) \tag{12-16}$$

$$i = 0.5 + 0.2903(d_i / D_m)^{0.194} \tag{12-17}$$

② 当 $(Re)_c < Re < 22000$ 时

$$\alpha_i = \{0.023\,[1 + 14.8(1 + d_i / D_m)(d_i / D_m)^{0.333}]\,Re_i^{i} \cdot Pr_i^{0.333}\}(\lambda_i / d_i) \tag{12-18}$$

$$i = 0.8 - 0.22(d_i / D_m)^{0.1} \tag{12-19}$$

③ 当 $22000 < Re < 150000$ 时

$$\alpha_i = \{0.023\,[1 + 3.6(1 - d_i / D_m)(d_i / D_m)^{0.8}]\,Re_i^{0.8} \cdot Pr_i^{0.333}\}(\lambda_i / d_i) \tag{12-20}$$

式中 α_i——管程传热膜系数；

Re_i——换热管内流动的雷诺数；

Pr_i——换热管内流动的普朗特准数；

λ_i——管内侧流体的导热系数。

(4) 总传热系数与总传热面积的计算

总传热系数为：

$$K=\frac{1}{1/\alpha_0+R_o+(bd)/(\lambda d_m)+d/(\alpha_i d_i)+R_i d/d_i} \tag{12-21}$$

式中　R_o，R_i——分别为壳程污垢系数和管内侧污垢系数；

b——换热管壁厚；

λ——换热管材料的导热系数；

d，d_i，d_m——分别为换热管外径、内径和平均直径，平均直径用下式计算：

$$d_m=\frac{d-d_i}{\ln(d/d_i)} \tag{12-22}$$

总传热面积为：

$$A=\frac{Q}{K\varepsilon_m\Delta t_m} \tag{12-23}$$

式中　Q——总传热量；

ε_m——平均温差校正系数；

Δt_m——平均温差，用下式计算：

$$\Delta t_m=\frac{\Delta T_1-\Delta T_2}{\ln\left(\frac{\Delta T_1}{\Delta T_2}\right)} \tag{12-24}$$

式中　$\Delta T_1=T_1-t_2$，$\Delta T_2=T_2-t_1$；

T_1，T_2——热流体进、出换热器的温度；

t_1，t_2——冷流体进、出换热器的温度。

(5) 压力损失的计算

① 壳程压力损失

$$\Delta p_o=0.334C_tC_iC_n\frac{nG_o^2}{2g_c\rho_o} \tag{12-25}$$

式中　ρ_o——壳侧流体的密度；

g_c——重力换算系数；

n——流动方向的管排数（每根换热管的缠绕数）；

G_o——有效质量流量，具体计算可参阅文献。

换热管倾斜修正系数 C_i：　$C_i=(\cos\beta)^{-1.8}(\cos\varphi)^{1.355}$　(12-26)

管排数修正系数：　$C_n=0.9524\left(1+\frac{0.375}{n}\right)$　(12-27)

管子布置修正系数：　$C_t=\frac{C_{in\text{-}line}+C_{staggerd}}{2}$　(12-28)

直列布置时的压力损失修正系数 $C_{in\text{-}line}$ 与规则错列布置时的压力损失修正系数 $C_{staggerd}$[7] 可以由文献查得。

② 管程压力损失

$$\Delta p_i=\frac{f_iG_i^2}{2g_c\rho_i}\left(\frac{l}{d_i}\right) \tag{12-29}$$

式中 ρ_i——管内侧流体的密度；

G_i——管内侧流体的质量流量；

f_i——管内流体的摩擦因数，可用下式求得

$$f_i=\left[1+\frac{28800}{Re_i}\left(\frac{d_i}{D_m}\right)^{0.62}\right]\frac{0.3164}{(Re_i)^{0.25}} \tag{12-30}$$

根据以上的总传热面积和压力损失的计算方法，可以对换热器进行初步的设计计算。对多股流换热器，可采取分别计算单股流换热器的处理方法，壳程流股分别与管程流股换热，其流率按各管程流股所需的换热负荷大小按比例分配，总换热面积为各流股所需换热面积的总和。前人有通过此简捷计算方法对绕管式换热进行了设计和核算，并考虑了在提高负荷的工况下的适用性。

12.2.2 绕管式换热器结构设计[8]

（1）管板结构设计计算

我国的 GB/T 151—2014 中的管板设计方法不适合绕管式换热器的管板设计，最主要的原因在于绕管式换热器的管板结构比较特别，两端承受压力的壳体的直径不一样，因此有两种方式，一是壳体通过封头（或锥体）变径和管板连接，二是将管箱均匀地分布在管板上，管束不需要对管板起支撑作用。此外，由于管板上存在着较大面积的非布管区域。设计方法一般都需要采用分析设计，可以先试用 GB/T 151—2014 中 U 形管换热器管板的设计方法，计算出初步设计值，再通过有限元分析软件对此进行分析，最终确定管板的设计方案。

计算管板厚度的初步设计值时，如果管板一侧只有一个壳体与其相连接，用壳体直径作为计算时需要的直径，如果管板两侧分别由管箱壳体和壳程封头连接而成，则应该用管箱壳体作为计算时的直径。在有限元计算时，管板作为连接部件，一般受到不同的载荷，需要设置不同的载荷工况。设计时的载荷工况，一般需要包括管程设计压力作用、壳程设计压力作用、管壳程设计压力同时作用、温差载荷、温差载荷＋管程设计压力同时作用、温差载荷＋壳程设计压力同时作用、温差载荷＋管壳程设计压力同时作用，这 7 种不同工况一般都需要分别计算。当管壳程温差较小时，可以不计算温差载荷。对于水压试压工况和管束自重载荷的工况，可以根据条件进行简化处理[9]。

在有限元分析建模的时候，可以采用简化的方法，将主体长度的换热管和管板组成实体结构进行网格划分；也可以将管板简化作削弱后的当量圆形平板。如果使用后一种简化方法，由于使用的是当量圆板的结构，管板上没有开管孔的结构，则要引入刚度削弱的概念，需要采用有效弹性模量和有效泊松比。如图 12.6 所示，显示了两种处理方式下的管板的应力分布。在应力评定时，也需要引入了强度削弱的概念，在管板布管区和非布管区需要考虑不同的应力的许用强度极限。管板和管箱壳体、管板和封头和壳程筒体相连接的部位组合应力，都是由于变形协调引起的。在只有压力作用的工况时，组合应力应该按照一次薄膜应力加一次弯曲应力进行评定；压力载荷加温差载荷同时作用的工况，组合应力应该要按二次应力进行评定。

（2）多股流绕管式换热器各个管程在同一壳体内的协调性

绕管式换热器中的多股流换热器由于在不同管程内会有不同热性能特征、不同介质的多

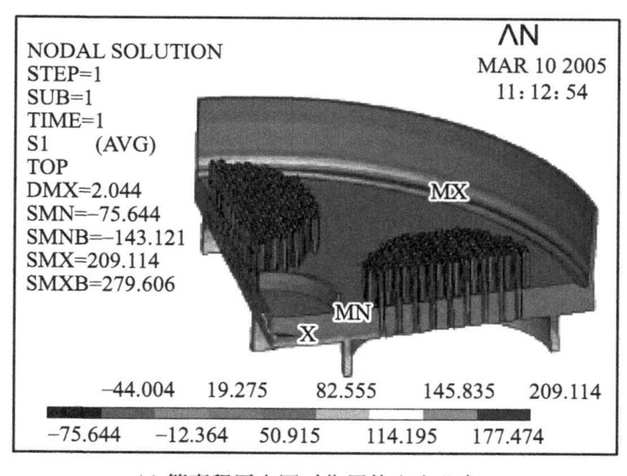

(a) 管壳程压力同时作用的应力分布

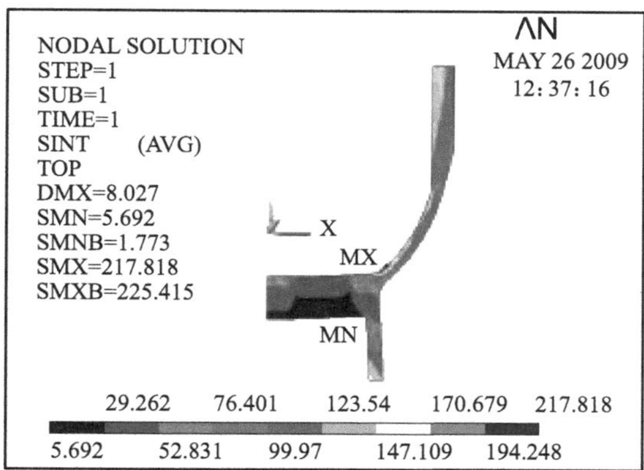

(b) 温差载荷+管壳程压力同时作用的应力分布

图 12.6　不同载荷作用下的应力分布

股流体流动，如何让这些流体在同一个壳体之中，均能够获得良好的换热效果，是多股流绕管式换热器设计的关键。

由于我国制造的绕管换热器，目前还没有能够将两根换热管钎焊在一起再进行缠绕的先例，可以暂不考虑管程的换热管之间的热量传导。所以将换热器传热的设计计算简化为每一管程流体独立地与壳程流体进行热交换，计算目标是每一个管程的流体都能与壳程流体完成需要的换热量。

各个管程在同一个壳体内的换热的效果主要取决于壳程的流体流动分布，而流动的分布主要是由壳程内的结构分布所决定的。绕管式换热器的结构本身是有利于壳程流体的湍流运动，增强换热效果的。而且，绕管式换热器大部分是立式设备，有利于壳程流体在稳定流量工况条件下，实现同一横截面的均匀分布。

多股流绕管换热器与单股流不同的是，不同流股的管程换热管可以设计成不同的长度，可以根据各流股的详细参数进行设计。如果计算得到的不同流股间的换热管长度近似，可以设计成同一长度，从而置于同一层。

各个管程间保证换热量的关键是管程之间的组合，如果不同流股的流体流量相差比较大，而一般流量大的流体传热性能相对较弱，要保证设备压降，需要缩短换热管长度，增加换热管根数。在这种情况下，长度变短的这一管程要和其他长度的管程单纯地放在同一个壳体内，会造成螺旋倾角增大，接近于直管，削弱了螺旋绕管能够增强传热的优点。为了解决这一问题，可以采用两种方法：增加层数或者延长该管程的换热管长度。但增加层数，壳程的流通面积变大，流速降低，换热能力也会一定程度削弱；如果选择增加换热管的长度，需要在换热管根数之间找到相应的平衡，以保证该管程的压降不能升高过多。同时，由于不同管程组合的要求，会增加该管程的换热面积，换热器换热能力出现了一定程度的冗余。所以如果要设计使用多股流的绕管式换热器，工艺设计和结构设计都需要对换热器各个管程的参数进行多次的优化计算，以寻求在运行中能够满足各个流股所应该达到的换热量。

12.3　绕管式换热器的制造

绕管式换热器的结构比较特殊，制造难度也比较大，目前国内能够国产化该设备的单位不多，其制造工艺的难点和需要注意的内容主要分为以下几大方面：换热管的绕制、管口焊接、水压试验、穿芯，下面分别对这几个步骤进行介绍。

12.3.1 工艺流程

(1) 换热管的绕制

绕管式换热器的制造中，换热管的绕制是非常重要的环节，绕制的成型结果会直接影响流体流动的均匀性，进而会影响传热效果，决定设备运行的综合性能。

换热管的绕制正常需要达到以下要求：

① 相邻换热管之间的距离要统一，主要是保证不会造成流体偏流而影响传热性能。

② 端部换热管的折弯要自然平滑过渡，在换热管组装穿管时，要经过若干折弯才能组装完成，并且只有在换热管折弯过程中，避免换热管产生较大的内应力，才不会影响换热管外观和性能。

③ 异形隔条起到固定换热管作用，为了保证缠绕角一致，也需要统一规格。

④ 由于供货换热管是盘形的，因此在进入盘管位置之前，必须要设立校直机构。在校直作用的同时，也能起到预紧作用，防止绕管出现回弹现象。

⑤ 不同管程的换热管，需要正确对应安装到管板的不同区域。

⑥ 如果制作出的管束纵向轮廓不垂直，在绕制过程中需要预防两端管子外弹，避免造成穿芯困难。

(2) 管口焊接

绕管式换热器的换热管与管板一般采用自动焊接，为提高焊接的可靠性，一般情况下，焊接需要采用两层焊接，第一层为熔化焊，第二层为填丝焊。焊接要求为：

① 焊接接头收口处要避开换热管纵焊缝。

② 要控制电流，保证焊透的前提下，不能熔穿管壁。

③ 熔化焊后需进行检测，确认合格后，方可盖面。

(3) 水压试验

绕管式换热器绕管前后，需要对换热管逐根进行水压试验，试验压力为两倍设计压力。管束组装完成后，再对整个内芯做试压，先进行水压试验，再用氨渗漏检查焊接接口强度和密封性。

(4) 穿芯

绕管式换热器重量大，管程压力高，而壳程压力相对较低。在穿芯时必须采取一些措施防止壳体变形。其次在穿芯时，由于换热器内没有设置滑道，穿芯阻力很大，要在芯体前段设置相应的支撑装置来减少穿芯的阻力（图 12.7）。

12.3.2 制造过程工艺要求

(1) 绕管变形量的控制要求

由于绕管式换热器的换热管逐层按一定间隔缠绕在中心筒上，换热管的金属受到拉应力的作用，在环境腐蚀下对换热管的使用情况需要特别关注。中心筒的直径越小的话，缠绕在外的换热管的变形量则要求越大。对于换热管直径较大的设备，缠绕过程甚至会出现金属的

图 12.7　绕管换热器穿芯现场照片

褶皱。为了保证缠绕的质量，需要确定一个最小的中心筒的规格。

换热管缠绕变形量的主要根据的是 1.5mm 厚的 304L 钢带进行应变的时效敏感性试验。试验按照 GB/T 4160—2004《钢的应变时效敏感性试验方法》进行，将钢板加工成要求的试样大小后在常温下进行拉伸变形。

试验时采用的参与应变分量分别为 2.5%、5%、10%和 15%的伸长冷变形，然后进行 250℃×1h 的人工时效处理，最后进行拉伸和晶间腐蚀，拉伸试验的结果如表 12.1 所示。

表 12.1　应变时效拉伸性能试验结果

应变量/%	规定残余延伸强度 $R_{r0.2}$/MPa	抗拉强度 R_m/MPa	断后伸长率 A/%
0	440，435，435	730，725，725	54.0，52.5，53.0
2.5	440，425，430	740，720，730	49.0，48.0，48.5
5	435，445，440	740，765，750	48.5，47.5，48.0
10	470，460，465	790，780，785	45.5，41.5，43.5
15	505，490，495	835，815，825	37.5，37.5，37.5

从表 12.1 数据可以看出，在一定的拉伸变形下经过时效处理后，奥氏体不锈钢的强度指标呈现上升的趋势，塑性指标则有一定的下降。综合以上晶间腐蚀的实验结果，应变量保证在 15%范围以内，绕管式换热器绕管时的金属拉伸对传热元件的综合性能影响不大。实际设计制造时可以参考的绕管式换热器换热管规格和基准的中心最小尺寸如表 12.2 所示。

表 12.2　缠绕管式换热器最小中心筒推荐规格

换热管规格尺寸/mm	换热管材料	最小中心筒外径/mm	第一层换热管中心距/mm	第一层换热管外壁处直径/mm	第一层换热管外壁纤维伸长率/%
ϕ12×1	不锈钢	219	235	247	4.858
ϕ15×(1～2)	不锈钢	273	292	307	4.886
ϕ18×(1～2)	不锈钢	325	347	365	4.932
ϕ19×(1～2)	不锈钢	325	348	367	5.177

续表

换热管规格尺寸/mm	换热管材料	最小中心筒外径/mm	第一层换热管中心距/mm	第一层换热管外壁处直径/mm	第一层换热管外壁纤维伸长率/%
ϕ25×(1～3)	不锈钢	400	429	454	5.507
ϕ12×(1～2)	铜、铝合金管	160	176	188	6.383
ϕ15×(1～1.5)	铜、铝合金管	210	229	244	6.148
ϕ15×2	铜、铝合金管	160	179	194	7.732
ϕ25×2	铜、铝合金管	408	437	462	5.411
ϕ10×1	铜、铝合金管	160	174	184	5.435

（2）换热管的上下穿入管板孔

① 换热器绕中心筒和管板的组装顺序应该由内到外，以最快的方式确定换热管的位置。

② 换热器管束中心线与管板中心线必须要保证重合，这需要在换热管绕制时，通过控制换热器中心筒中心和支持板中心的同轴度来控制，以便于后续与壳体的组装。

（3）换热管与管板间的焊接

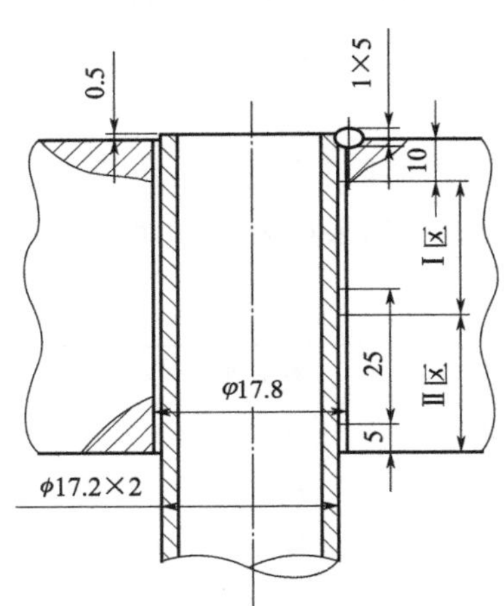

图 12.8　绕管式换热器换热管与管板的胀焊连接接头形式

最早德国制造的绕管式换热器的换热管和管板的连接（管程和壳程压力分别为 9.8MPa 和 0.8MPa）采用了先焊后胀的工艺，但与我国的焊接＋胀接工艺有所不同，德国采用的方式是强度焊＋贴胀，常见结构见图 12.8，在焊接结构中，采用了两道焊接，并且要焊前预热。在贴胀时，当管板厚度＜65mm，则应该采用一段胀，胀管率≥3%；当管板厚度≥65mm，则应该采用两段胀，每段胀管率不同，接近管程一侧的胀管率为 7%～10%，保证换热管与管板连接足够紧密，在接近壳程一侧，则只需要进行贴胀，胀管率≥3%。为了保证胀管时应力的连续性，每段胀接区需要保留 5mm 以上的重叠区域。胀管时还需注意的是，在距离焊缝侧管板外表面 10mm 的区域内和管板壳程表面 5mm 区域为不胀区。

国内的部分机械厂在对绕管式换热器进行改造时，紫铜换热管和管板焊接，采用了银钎焊的工艺。焊接接头表面光滑，通过着色检查，也没有裂纹和气孔等缺陷，证明这种焊接方式是可行的。此外，经过国内一些厂家的试验结果对比得知，先焊后胀的接头质量和性能要优于先胀后焊的接头。

（4）换热管与管板连接接头的质量控制

大部分的绕管式换热器，换热管与管板的连接最主要的方式依然是强度焊接。因此管板连接处的焊接质量决定了绕管换热器的使用寿命。在一般的制造场合，会通过水压试验或某些形式的渗漏检验来检验焊接接头的强度和密封性。而对一些要求更为严格的设备，则必须要通过氦渗漏检测来判断换热管与管板的焊接质量。这样的要求，使得在大型绕管式换热器中进行氦检漏，过程十分复杂，工作量巨大。

为了保证换热管和管板焊接接头的质量，结合国外的相关经验，按照一定的比例对环焊缝进行射线检测是很有必要的。射线检测工艺对于换热管内径≥14mm 和壁厚≥1mm 的换热管和管板焊缝都适用。换热管跟管板焊缝的射线检测的样本范围和合格标准如表 12.3 所示。

表 12.3 换热管与管板焊接接头射线检测的样本范围和合格准则

焊接工艺	N（批量） 每块管板的焊接接头数	n_1（随机样本 1） 待测接头数量	c_1（样本 1 的接受度）	d_1（样本 1 的拒绝度）	n_2（随机样本 2）（仅 $d_1>i_1>c$ 时允许）	S_c（样本 1+2 的接受度）	S_d（样本 1+2 的拒绝度）
自动	≤50	8	0	1	不允许二次采样	—	—
	51～90	13	0	1	不允许二次采样	—	—
	91～150	20	0	1	不允许二次采样	—	—
	151～280	20	0	2	20	1	2
	281～500	32	0	2	32	1	2
	501～1200	50	0	3	50	3	4
	1201～3200	80	1	4	80	4	5
	3201～10000	125	2	5	125	6	7
手动	≤50	8	0	1	不允许二次采样	—	—
	51～90	13	0	1	不允许二次采样	—	—
	91～150	20	0	1	不允许二次采样	—	—
	151～280	20	0	2	20	1	2
	281～500	32	0	2	32	1	2
	501～1200	50	0	2	50	1	2
	1201～3200	80	1	2	80	1	2
	3201～10000	125	2	3	125	3	4

注：i_1 为有缺陷的焊缝数量。

换热管与管板的焊缝不允许存在裂纹、未焊透、夹渣、虫眼等缺陷。但可以允许一定尺度的气孔、孤立夹渣和异质金属夹渣等焊接缺陷。表 12.3 中提到的缺陷都是指不允许存在的缺陷，必须要用返修的方式将其清除。大型绕管式换热器由于换热管根数很多，在质量控制时会采用抽样检测的方式。按照表 12.3 的分类，进行不同数量的抽样检测。经过第一次检测，如果有缺陷的焊缝数量小于 c_1，表示整体焊接质量较好，可结束抽样；如果有缺陷的焊缝数量超过了 d_1，则所有焊缝都应进行 100%射线检测；如果数值在 c_1 和 d_1 之间，则要进行第二次抽样，判据 S_c 和 S_d 参照 c_1 和 d_1 的判定方式，缺陷数量小于 S_c，则抽样结束，缺陷数量大于等于 S_d，则所有的焊缝都需要 100%射线检测。

（5）壳体与管板的焊接

早期德国的绕管式换热器壳体和管板的连接，管板和封头的连接都是采用的全焊透的结构。只要保证焊接质量，设备的密封性是能够保证的。与一般的管壳式换热器相同位置的接头形式略有不同，见图 12.9。图 12.9（a）是我国换热器壳体与管板焊接常见的接头形式。图 12.9（b）接头采用了填丝氩气保护焊接，单面焊接两道成形，之后表面打磨修整成圆弧形。由于管板厚度较大，且一般情况下与壳体厚度差异较大，焊前要预热到 100～150℃。

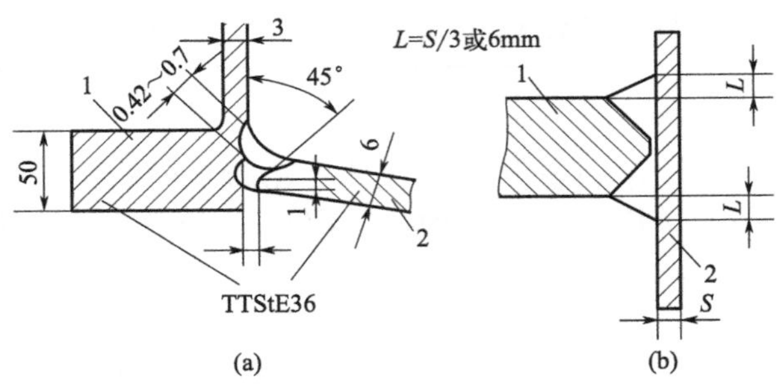

图 12.9　换热器壳体与管板的管节接头形式

12.4　材料选择

绕管式换热器所涉及的材料几乎没有限制。如果将设备作为低温装置使用，过去很长一段时间，都是使用普通钢材作为主要材料，但目前绝大多数情况都是用铝材、不锈钢或者特殊处理过的低温钢材作为主要材料。由于这些材料的替代使用，不仅解决了很多腐蚀问题，也使得绕管式换热器可用于高压场合[1]。

（1）国外材料选择

在绕管式换热器广泛使用的大氮肥甲醇工段，换热设备有两个主要特点：一是使用温度低，设计温度在−80～50℃，温度跨度也很大。二是使用压力较高，管程设计压力可以达到 9MPa。对于这种情况，绕管换热器最早的发明者——林德公司没有使用传统的铜、铝这些材料，而是采用了不锈钢和低温用合金钢。下面介绍林德公司所使用的有关低温钢材。

绕管式换热器的金属材料主要为：低温合金钢、镍钢、不锈钢。这些材料的基本特点是具有较高的低温韧性和良好的焊接性能。

① 低温合金钢　低温合金钢主要特点是在碳钢的基础上，加入了锰元素，同时降低钢材中的含碳量，还要控制磷、硫这些影响性能的杂质以提高材料的高低温韧性。联邦德国常用的低温合金钢有 TTSt35V、TTStE36N、TTStE26W。钢材代号中 TT 表示低温用钢，St 后面数字代表材料抗拉强度的下限值，而 StE 后面的数字则表示屈服强度的下限值。数字后的字母表示钢的热处理状态，例如 V（Vergutung）表示调质，N（Normalisierung）表示正火，W（Weichgluhung）表示软化退火。

② 镍钢　在低温工况下，使用含镍的钢板是比较常见的。钢材中添加镍元素后，可以强化铁素体，增强奥氏体的稳定性，提高钢的低温韧性。按照含镍量的多少，低温场合使用的镍钢有 2.5Ni、3.5Ni、5Ni 和 9Ni 钢等。国外应用较多的低温镍钢是 3.5Ni 钢板，可以用于−100℃的低温。林德公司在绕管换热器上使用的主要是 10Ni4，相当于前文提到的 3.5Ni 钢。我国使用的 3.5Ni 钢一般进口自不同的国家，一般有两种不同的供货状态，即正火和调质状态。如果正火状态供货，最低使用温度可以到−100℃，但韧性的余度比较小。若调质

状态供货，其强度和韧性都有较大幅度提高，最低使用温度可以达到−129℃。

③ 不锈钢　低温绕管式换热器的换热管采用了长度超长的小直径不锈钢管，钢号为x10CrNiTi189（x 表示高合金钢，10 表示含碳量为 0.1%，189 表示 Cr 含量 18%，含 Ni 量为 9%），这种钢材相当于我国的奥氏体不锈钢 1Cr18Ni9Ti。

（2）国内材料选择

① 低合金钢　我国压力容器行业常用的低温用低合金钢有 16MnDR 等，GB/T 150 对这些低合金钢在制造低温容器时的冲击韧度值有详细规定，见表 12.4。其中冲击功试验所需的试样尺寸为 10mm×10mm×55mm。

表 12.4　我国低温压力容器用钢板韧性要求

钢号	钢板状态	板厚/mm	最低实验温度/℃
16MnDR	正火 正火＋回火	6～60 60～120	−40 −30
15MnNiDR	正火，正火＋回火	6～60	−45
09MnNiDR	正火，正火＋回火	6～120	−70
08Ni3DR	正火，正火＋回火，调质	6～100	−100
06Ni9DR	调质（或两次正火＋回火）	6～40 （6～12）	−196

② 奥氏体不锈钢　奥氏体不锈钢作为低温常用钢种，广泛应用于低温环境。目前常用的有 06Cr19Ni10（304）、06Cr18Ni11Ti（321）等低碳不锈钢和 022Cr19Ni10（304L）和 022Cr17Ni12Mo2（316L）等超低碳不锈钢，当使用温度高于或等于−196℃时，可免做冲击试验。

12.5　绕管式换热器的工业应用

绕管式换热器是一种结构紧凑的高效换热设备，目前广泛被应用于石油、化工、低温及核工业领域。

12.5.1　大氮肥低温甲醇洗装置

国内最早从 20 世纪 70 年代开始，陆续引进了大氮肥装置，其中有十多套设备采用了绕管式换热器作为其中的关键换热设备。经过多年的发展，目前国内大氮肥低温甲醇洗关键设备的一些参数如表 12.5 所示[10]。

表 12.5　低温甲醇洗关键设备参数

项目		镇海化肥厂	山东华鲁恒升化工
壳程	介质	甲醇	循环甲醇
	设计温度/℃	−50～50	−45～50
	设计压力/MPa	0.85	1.0
	操作温度/℃	−33.8～−26.6	−39～−32
	操作压力/MPa	0.75	0.71

续表

项目		镇海化肥厂	山东华鲁恒升化工
管程	介质	甲醇	含硫甲醇
	设计温度/℃	−50～50	−45～50
	设计压力/MPa	8.4	6.1
	操作温度/℃	−9.7～−29.2	−13～−34
	操作压力/MPa	7.7	5.48

其中针对镇海化肥厂原设备中运行中出现的一些问题进行了相应的改进，设备投用后整体效果得到了改善，换热效果好，管壳程的温差也相比原来有所提高，端面温差降低；压降实现了设计目标，保证了其他设备的稳定运行。

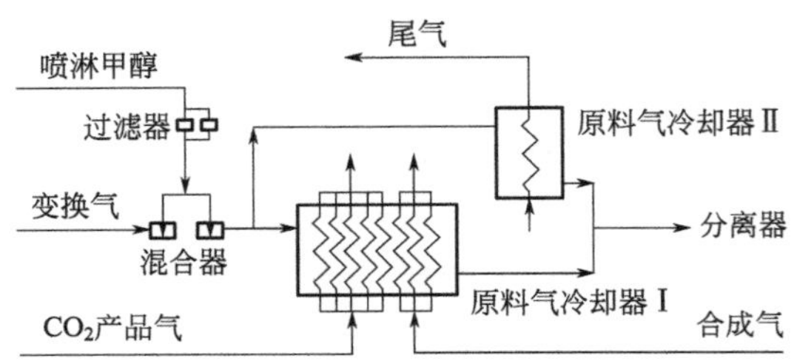

图 12.10 优化后的工艺流程

近年来，随着低温甲醇洗行业规模的不断扩大，也逐步发展出了新的工艺流程。原先的单股流绕管式换热器，被改造成了一台多股流绕管式换热器，原料气的冷却器也变成了 2 台并联的绕管式换热器。在这种技术流程的基础上，镇海石化建安工程有限公司和合肥通用机械研究院对低温甲醇洗原料气冷却流程进行创新，如图 12.10 所示。对于原料气和尾气处理量大的装置，原料气的冷却器可以采用组合型流程代替原先的单一多股流绕管式换热器。在其中的单股流绕管式换热器中，改造将原料气和尾气的路线进行了对调，在保证流量分配合理的前提下，既可以满足生产需要，又能够节省大量金属材料，降低成本。

这样进行优化后，装置总传热系数由 106.06W/(m^2·K) 增加到 130.30W/(m^2·K)，提高了传热性能。原料气换热器Ⅱ的换热面积由 3224m^2 减小到 2624m^2。管壳程的高低压介质对调后，绕管式换热器的壳体壁厚就可以设计得更薄，设备质量降低 50%，在保证设备性能和安全的前提下，大大节省了金属材料，降低了成本。这种改进工艺最早在镇海炼化得到应用，后又推广到新奥鄂尔多斯双甲工程和神华煤制烯烃 180 万吨/年甲醇项目，都获得了成功。

2012 年开始，中圣科技与中海石油气电集团技术研发中心、上海交通大学、哈尔滨工业大学等单位，对大型 LNG 绕管式换热器的设计、制造等关键技术进行了研究开发。2014 年，中圣科技首次为新疆天智辰业化工有限公司制造的 6 台低温甲醇清洗工段绕管式换热器，经过了长时间的设备运行，其工艺技术水平可以媲美国内外同类产品。

近几年中圣科技研发制造的绕管式换热器，又在新疆天智辰业化工有限公司、中国石化湖北化肥分公司等公司的甲醇洗环节中，获得了多次应用，均达到良好的使用效果。

12.5.2 芳烃联合装置

洛阳石化的芳烃联合装置改造前，使用的是普通的列管式固定管板换热器，换热效率较低，冷热端温差较大，具体的实测参数可以见表 12.6。

从表 12.6 中数据可以得出，该异构化进料换热器热端温差最大会达到 59℃，反应产生的热量不能得到充分利用，能耗较高。

表 12.6　改造前异构化换热器实测参数

项目	改造前运行参数
壳程操作温度，进/出/℃	361/115
管程操作温度，进/出/℃	80/302
热端温差/℃	59
冷端温差/℃	35

洛阳石化在改造中将芳烃联合装置中的进料器换热器替换为绕管式换热器，这台绕管式换热器由洛阳隆惠公司制造，长 23m，直径 2.2m，总的换热面积大约 9700m^2，相对于原设备换热面积增加了 50%以上。该设备于 2015 年完成了安装和投用，整体投用过程平稳，参数能符合工艺生产标准[11]。

表 12.7　改造后异构化换热器实测参数

项目	改造前运行参数
壳程操作温度，进/出/℃	362/97
管程操作温度，进/出/℃	80/323
热端温差/℃	39
冷端温差/℃	17

改造后的换热器运行参数可以见表 12.7，对比改造前的数据可以发现，管程出口温度可以上升 19℃，换热器热端的温差从 59℃降低到 39℃，冷端温差从 35℃降低到 17℃，由此可知，改造后换热效率大大提升。同样由于换热器出口温度提高了，使得后续工段加热炉负荷降低，消耗的燃气也大大减少，更换设备前需要投用 6 个火嘴，改造后只需要投用 4 个火嘴，每年可减少燃料用料 1752t。而换热器壳程出口会连接空冷器降温，改造后由于壳程出口温度降低，使得需要投用的冷却风机数量也减少，改造前需要投用 8 台风机，更换后只需 6 台即可，每年可以节约用电 385440kW·h。综合计算节省的燃气和用电成本，每年可以节省 312.21 万元，节能效果非常显著。

12.5.3　甲烷化装置

在镇海炼化和乌鲁木齐石化公司的甲烷化制氢装置中，以气-气换热器为例，来自甲醇洗的原料气，在换热器中与 340℃的工艺气进行换热，充分利用其热量，将气体温度提升到催化剂活性温度 280～350℃的范围内，以便进入后续的反应装置。甲烷化制氢工程原装置采用的是两组共四台串联的固定管板的 U 形管式换热器，但导致了设备维修空间较小，检修难度较大。改造后用两台绕管式换热器作为替代，两者的设计方案如表 12.8 所示[12]。

表 12.8　气-气换热器设计条件

项目	焊接式 U 型管式换热器方案	绕管式换热器方案
换热器直径/mm	DN800（2 台），DN600（2 台）	DN800（1 台），DN550（1 台）
管束长度/mm	6200（4 台）	8500（1 台），7200（1 台）
设备总重量/kg	约 35100	约 16930
占地面积（含维修空间）/m^2	42.3（不考虑管束抽芯的所需空间）	2.3

镇海炼化改造后的甲烷制氢的气-气换热器 2002 年开车调试成功，之后连续运行稳定，结果如表 12.9 所示。设备阻力压降比较稳定，换热效果提升很明显，热端温差降低到 7℃左右。相同负荷条件下，该绕管式换热器的设备重量要比原先普通的列管式换热器减轻了 52%，消耗的材料大大减少。由于该绕管换热器是立式设备，设备占地面积也仅为其他的 5%，在目前土地资源紧张的环境下具有比较大的意义。随着热端温差的降低，原先设备由于涉及偏差造成的出口工艺气温度达不到要求的问题也得到了解决，该绕管式换热器在苛刻的工艺条件下仍然能够保证冷介质的出口温度。

表 12.9 气-气换热器实测温度值 单位：℃

序号	管程温度		壳程温度		温差	
	1 号管程入口	1 号管程出口	1 号壳程入口	1 号壳程出口	冷端	热端
1	319.64	85.27	36.86	312.42	35.58	7.22
2	320.02	89.18	39.52	313.08	33.89	6.95
3	319.09	84.86	38.58	312.41	28.28	6.67
4	316.06	82.82	38.48	310.19	18.62	5.88
5	320.97	87.79	37.85	314.25	36.17	6.72
6	320.73	88.96	38.68	314.21	37.02	6.53
7	319.58	90.66	41.08	312.44	40.05	7.14
8	323.12	88.20	36.24	316.20	44.84	6.92
9	317.75	83.65	38.89	311.78	11.60	5.97
10	315.56	81.19	37.08	310.14	14.74	5.43
11	318.10	84.73	35.97	311.32	39.56	6.78
12	319.53	85.24	36.28	312.93	33.82	6.60

12.5.4 加氢裂化装置

镇海裂化 150 万吨/年的加氢裂化装置建设中，通过与螺纹锁紧环换热器的方案进行对比，最终选择了绕管式换热器的方案，作为反应流出物/混合进料的换热器，如表 12.10 所示[12]。

表 12.10 反应流出物/混合进料换热器设计参数

项目	壳程	管程
介质	混合进料	反应流出物
操作压力/MPa	16	14.3
操作温度/℃	154（进）/356（出）	411（进）/255（出）
总质量流量/(kg/h)	204355	226515
总液体流量/%	88.09（进）/86.32（出）	12.78（进）/46.84（出）
设计压力/MPa	16.8	15.02
设计温度/℃	371	440

该高压加氢装置的绕管式换热器投用以来，整体性能良好，简化了工艺流程，热端温差小的特点充分发挥，具体的运行数据如表12.11所示。在取得了良好换热效果的情况下，节约了工厂的燃料，因为反应前的原料与反应后产物充分换热之后，能够降低后续加热炉的负荷到设计值的20%以下，每年可节省燃料费用1600万元。综合基建投资，用地成本，工艺运行难度和成本，都得到了大幅度降低。

表12.11　换热器实测数值　　单位：℃

序号	管程入口温度	管程出口温度	壳程入口温度	壳程出口温度
1	383.0	220.5	126.4	368.1
2	384.0	219.7	127.0	368.6
3	383.0	221.7	128.9	368.1
4	383.4	221.5	129.1	368.6
5	384.1	222.7	129.2	369.5

某炼化分公司的70万吨/年裂解汽油加氢装置原本采用的是中国石化的ST裂解汽油加氢技术，从一段加氢循环泵来的二段加氢冷物料，要与二段加氢循环氢压缩机来的循环氢混合后，要经过预热器预热，和四台换热器和高压蒸汽加热器的加热，再进入二段加氢反应器。改造中用一台绕管式换热器，代替了四台普通加热器和一台蒸汽加热器，改造前后的工艺流程图如图12.11所示[13]。

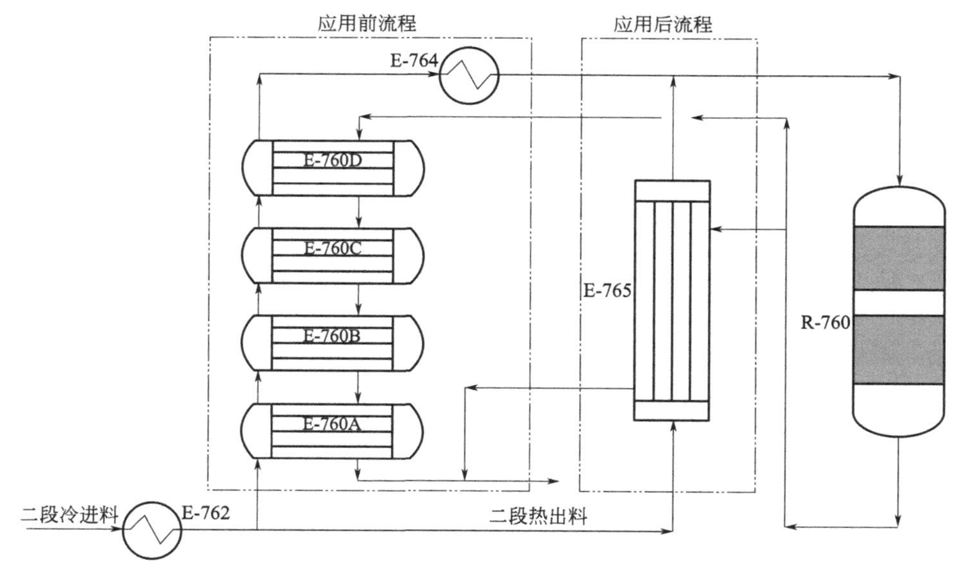

图12.11　改造前后某公司裂解加氢工艺流程图

绕管式换热器投用之前，该炼化公司的二段裂解汽油加氢装置进出料换热器由四台浮头式换热器串联运行，由于浮头式换热器易发生内漏，无法使冷、热物料在完全纯逆流的状态下进行换热，导致进口温度73℃的冷物料在经过二段四台串联换热器只能加热到230℃，所以还需要一台双壳程的U形管高压蒸汽加热器来加热进行温度补偿，以达到后续反应需要的245℃。绕管式换热器与之前普通换热器的参数对比见表12.12。

表 12.12　绕管式换热器方案与传统换热器方案参数对比

名称	应用后	应用前	
	绕管式换热器	浮头式换热器 4 台	双壳程 U 形管换热器
介质	壳程：烃＋氢气＋硫化氢 管程：烃＋氢气	壳程：烃＋氢气 管程：烃＋氢气＋硫化氢	壳程：高压蒸汽 管程：烃＋氢气
冷侧操作温度（进/出）/℃	73/245	73/230	230/245
冷侧压降/kPa	135（含静液柱）	72	20
材质	S32168	Q345R＋S32168	S32168
换热面积/m^2	4000	3280	364
设备充水后总质量/kg	125000	123150	18215
设备尺寸（直径×长度）/mm	ϕ1800×23000	单台 ϕ1100×9000	ϕ1000×5000
高压蒸汽耗量/(kg/h)	0	0	2000

从表 12.12 中可以看出，在满足工艺进出料要求的前提下，1 台绕管式换热器的换热面积可以达到 $4000m^2$，热端温差可以达到 20℃的换热要求；而 5 台传统管壳式换热器的换热面积仅仅为 $3644m^2$，而热端温差却为 40℃。从设备的材料和质量看，绕管式换热器的设备成本与改造前的设备成本差别不大。绕管式换热器为立式设备，高度达到 23m。改造应用后，绕管式换热器的换热效率更高，不再需要使用高压蒸汽进行加热升温，每年可以节约成本 189 万元。工艺流程也变得更加简洁，使得装置可能的泄漏点减少，进一步提高了装置的安全性和可靠性。

参考文献

[1] 兰州石油机械研究所．换热器(上)[M]．2 版．北京：中国石化出版社，2013.

[2] Kao S. Design analysis of multistream hampson exchanger with paired tubes[J]. Journal of Heat Transfer，1965，2(87)：202-207.

[3] 于清野．缠绕管式换热器计算方法研究[D]．大连：大连理工大学，2011.

[4] 周松锐，曹蕾，王锦生．缠绕管式换热器的特点与发展[J]．四川化工，2016，19(01)：34-36.

[5] Neeraas B O，Fredheim A O，Aunan B. Experimental shell-side heat transfer and pressure drop in gas flow for spiral-wound LNG heat exchanger[J]. International Journal of Heat and Mass Transfer，2004，47(2)：353-361.

[6] 曲平，王长英，俞裕国．缠绕管式换热器的简捷计算[J]．大氮肥，1998(03)：36-39.

[7] 尾花英朗．热交换器设计手册(上册)[M]．北京：烃加工出版社，1987.

[8] 陈永东，张贤安．煤化工大型缠绕管式换热器的设计与制造[J]．压力容器，2015(1)：36-44.

[9] 张晓慧，密晓光，鹿来运，等．绕管式换热器局部结构强度数值模拟计算[J]．能源与节能，2022(01)：58-60.

[10] 张贤安，陈永东，王健良．缠绕管式换热器的工程应用[J]．大氮肥，2004(01)：9-11.

[11] 葛金辉，李诚成，高飞．缠绕管式换热器在芳烃装置中的应用分析[J]．聚酯工业，2020，33(02)：17-19.

[12] 张贤安．高效缠绕管式换热器的节能分析与工业应用[J]．压力容器，2008(05)：54-57.

[13] 张文斌．缠绕管式换热器在裂解汽油加氢装置的应用[J]．石油化工设备技术，2021，42(01)：42-44.

第 13 章

螺旋折流板换热器

13.1 概述

折流板是管壳式换热器内的重要组件[1]，起支撑和引导壳程流体分布的作用，弓形折流板换热器是典型的管壳式换热器，应用最为广泛，但弓形折流板换热器自身也存在一些缺点，主要表现为：①流动死区大，弓形折流板使其流体介质在换热器壳程内横向流动，使换热器整体换热效率降低；②壳程流动阻力较大，使动力设备负荷增加；③对于含杂质的流体介质，壳程极易形成污垢积累，缩短换热器有效使用周期；④壳程旁路流动的存在降低了换热器整体性能；⑤容易造成管束的诱发振动，进而导致管子与管板连接失效[2-5]。

螺旋折流板换热器是 20 世纪 90 年代初，由捷克科学家 Lutuha 和 Nemcansky[6] 首次提出来，正是基于弓形折流板的这些缺点而研究开发的。其基本设计思想是：在壳程采用沿壳体轴线展开的螺旋形折流板结构，使换热器中的壳侧流体呈“螺旋状”流动，消除壳程流体的流动死区，降低壳程流动压力损失，减小换热器能耗，强化壳程传热，振动小，结垢少以及综合换热性能好等优点。尤其适用于处理含固体颗粒，粉尘、泥沙等流体，螺旋折流板无论用于单相流或两相流、低黏度或高黏度流体都具有较好的强化传热效果。

目前螺旋折流板换热器应用存在的主要问题是换热管腐蚀、传热效率低、螺旋折流板和定距管的制造和安装难度较大，成本高，需要专用的加工胎具等问题。

编者所在公司开发的特种材料螺旋折流板换热器，经过理论分析、模型建立、流场、温度场分析计算、试制和应用表明，具有压降小、换热效率高、运行费用低、增产节能效果显著等特点，已在上海石化、金陵石化、扬子石化、天津石化、青岛大化、福建大炼油、山东华鲁、南通化工等乙烯、乙酸、PTA 等装置上推广使用，并得到了行业技术人员的认可。

本章从螺旋折流板换热器的结构特点、传热性能及工业应用案例等三个方面进行阐述。

13.2 螺旋折流板换热器的设计计算

螺旋折流板换热器包含管箱、管束、壳体、螺旋折流板，研究主要集中在螺旋折流板的形式和换热管的结构上，部分在研究材料。

13.2.1 结构特点

国内螺旋折流板换热器结构样式繁多，大体上分为连续螺旋曲面式折流板（图 13.1）、搭接式螺旋折流板（图 13.2、图 13.3）和带连接板非连续螺旋曲面式折流板（图 13.4）三种结构形式[7]。

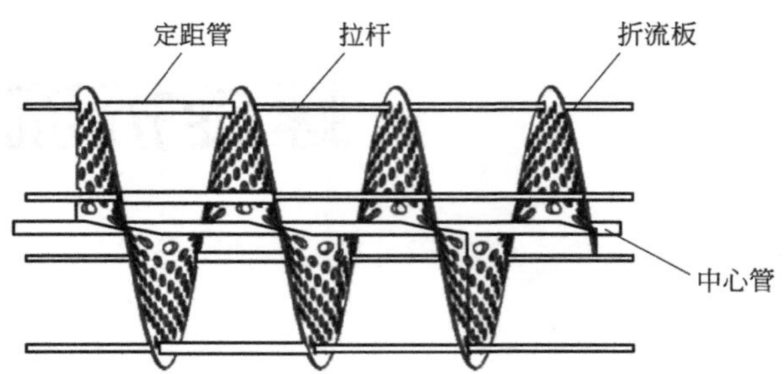

图 13.1 连续螺旋曲面式折流板结构示意图

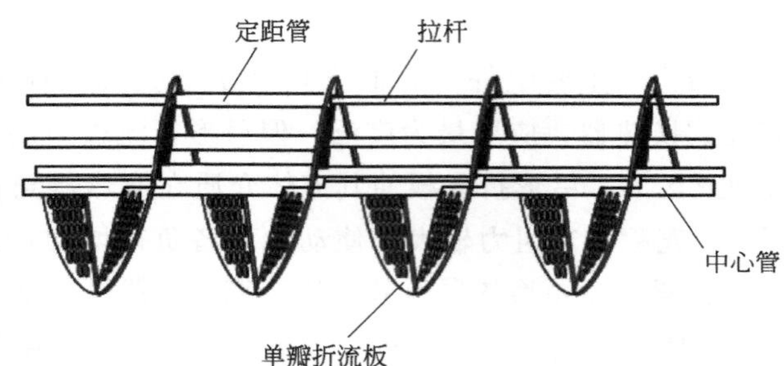

图 13.2 连续搭接式螺旋折流板结构示意图

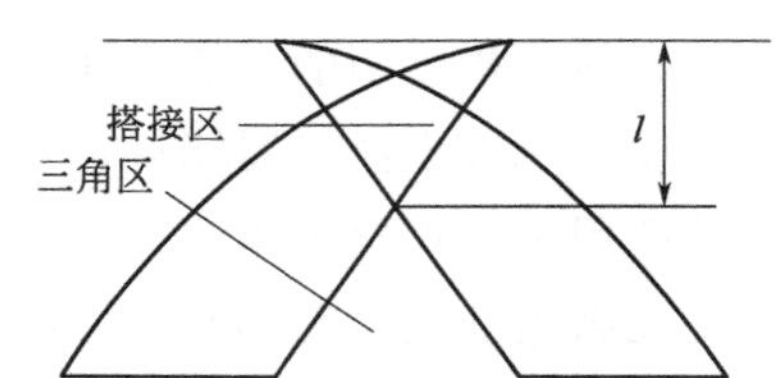

图 13.3 交错搭接式螺旋折流板结构示意图

连续螺旋曲面式折流板是自壳体进口向出口推进的完全螺旋面，介质在壳体内做到相对连续平稳旋转流动。可以使壳程流体实现连续的螺旋柱塞状流动，是最理想的螺旋流管束支撑结构，但这种结构存在两个问题：一是这种螺旋曲面加工制造十分复杂；二是由于折流板螺旋面中心处的螺旋升角达到 90°，使螺旋面加工时无法钻孔，因此折流板不能覆盖壳程的中心区域，换热管与折流板的配合也很难实现，现阶段虽然已经可以完成连续螺旋折流板的加工制造，但是由于螺旋曲面整体成型的制造成本很高，再加上后续工序的费用，使得连续螺旋折流板换热器难以实现工业化规模，因此，有必要研究螺旋曲面的替代品，在基本实现壳程流体近似螺旋流动且尽量不影响换热器性能的基础上，简化壳程结构，以实现加快生产进程、节省制造费用的目的。

搭接式螺旋折流板换热器的结构由2～4块1/4椭圆（以椭圆长、短轴为边）或1/4扇形（以椭圆短边为对称线截取）自壳程进口处向出口处呈螺旋状相接组装形成。壳程流体围绕换热器中心轴呈近似螺旋状向前连续平稳流动。搭接方式指相邻折流板的相对位置，分为连续搭接和交错搭接两种方式。搭接式螺旋折流板为形成螺旋通道，折流板会以一定角度倾斜布置，其中螺旋角和折流板交错量是决定壳侧传热系数和压降的重要因素，这两个参数确定折流板的间距[8]。

如图13.3所示，定义搭接量e

$$e=\frac{2l}{D}\times 100\%$$

式中　l——相邻折流板搭接点与壳体内壁的距离，m；

D——壳程内径，m。

当$l=0$时，交错搭接就变为了连续搭接。

螺距过长会带来一系列问题：例如增大了换热管束无支撑跨距，可能导致管束流体诱导振动；减小了相同壳体长度能布置的折流板数量，可能导致壳程流体未经充分发展就已流出；增大了壳程流通截面积，使相同流量下壳程流速过低等。当壳体内径一定时，除了通过减小螺旋角来减小螺距，交错式搭接方式还可以通过改变搭接量以实现在壳体内径与螺旋角均不变的情况下改变螺距的值。

搭接螺旋结构极大地简化了螺旋折流板的加工制造过程，在工程上广泛使用，但是搭接时螺旋折流板也有其自身缺陷，最主要的原因是由于折流板的点接触式搭接，使相邻的两块折流板间形成漏流空间，导致部分流体的流动短路，影响换热器的性能。由图13.3所示可以看出，折流板连续搭接时，相邻两块折流板间形成形三角漏流区；交错搭接时，三角区一分为二，除靠近壳体中心位置的三角区外，还会出现靠近壳体壁面位置的搭接区，形成形漏流区。目前的研究将重点放在搭接式螺旋折流板换热器的搭接及漏液部分的研究。

带连接板非连续螺旋曲面式折流板的结构特点介于连续螺旋曲面式折流板和搭接式螺旋折流板之间，结构如图13.4所示，曲面式折流板虽然保持壳程流体具有较好的流动状态，流动阻力小，中间的连接板减少壳程流体的漏液，增大换热系数。但是与连续螺旋曲面式折流板类似，加工成型制造难度大。

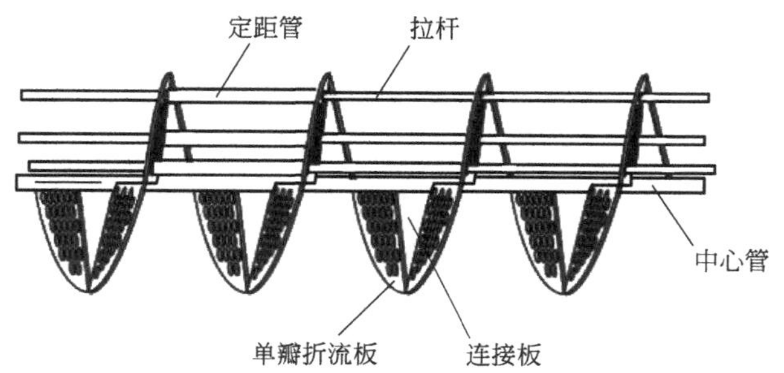

图13.4　带连接板非连续螺旋曲面式折流板结构示意图

螺旋折流板换热器另一个研究重点是特材换热管的开发。钛、锆波纹管的研发成功，不仅解决了腐蚀问题，而且提高了换热效率。波纹管使流体介质在钛、锆波纹管内外表面形成强烈的扰动，实现了内外双面传热强化从而大大提高了传热效率，单位容积传热面积大，并且钛、锆波纹管在腐蚀性强的介质下有极强耐蚀性，可使用于多种场合。钛、锆波纹管由于强度高可使管壁减薄，管壁温度均匀，热阻小，管截面变化使管内外流体产生强烈扰动，具有较强的自清污垢能力。钛、锆波纹管具有伸缩性和很好的补偿能力，即使介质温度高，在管子与管板连接处热应力也小，延长使用寿命[9-11]。

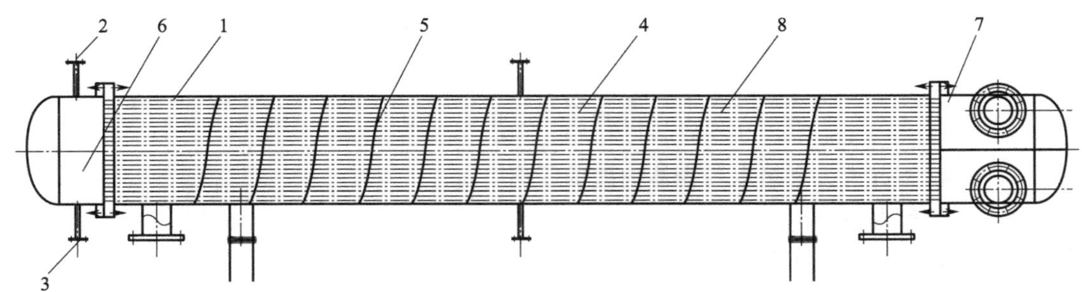

图 13.5　螺旋折流板换热器结构图

1—壳体；2—管程进口；3—管程出口；4、8—高效换热管；5—螺旋折流板；6、7—管箱

编者所在公司开发的特种材料螺旋折流板换热器的结构如图 13.5 所示，主要由管箱、管束、壳体组成。管箱材料采用 16MnR＋TA2（或 ZIR702）衬里，管板材料采用 TA9＋16MnⅡ复合板或 ZIR705 板，波纹管材料采用 TA2 或 ZIR702，壳体材料采用 16MnR，螺旋折流板材料采用 0Cr18Ni9，除壳程法兰外其余均采用 16MnR(Ⅱ)＋TA2（或 ZIR702）衬环结构。

和弓形折流板换热器相比较，螺旋折流板换热器有着极为特别的优势，单位压降的壳侧传热系数更高，在相同传热性能条件下，螺旋折流板换热器壳程阻力小于弓形折流板换热器，具有更高的综合传热性能，适合设备节能发展的需要。除管外蒸发场合外，所有能应用弓形折流板管壳式换热器的场合均适合螺旋折流板换热器，而且螺旋折流板换热器还特别适合于高黏原油和渣油等介质以及流体诱导振动比较严重的场合。

13.2.2　设计与制造

本节介绍不同种形式的螺旋折流板的设计、加工方法及注意要点。

（1）尺寸计算

目前常用的是 1/4 椭圆和 1/4 扇形螺旋折流板[12]。

① 1/4 椭圆螺旋折流板　1/4 椭圆螺旋折流板计算示意图，如图 13.6 所示，图中 $CBB'C'$ 和 $ABCD$ 为壳体纵向截面及横截面，OO' 为换热器壳体轴线，BB' 为单块折流板沿轴线的投影长度，在连续搭接结构中相当于 1/4 螺距长度；β 为螺旋角，折流板直径 D 由换热器设计标准确定。根据上图中几何关系有 $L_{AB}=L_{BC}=\mathrm{D}/2$，因此可以得到 1/4 椭圆螺旋折流板长边以及折流板在轴线上投影长度 $L_{A'B}$、$L_{BB'}$ 分别为：

$$L_{A'B}=\frac{L_{A'B}}{\cos\beta}=\frac{D}{2\cos\beta} \tag{13-1}$$

$$L_{BB'}=L_{AB}\tan\beta=\frac{D\tan\beta}{2} \tag{13-2}$$

采用连续搭接结构时，一个周期螺距长度 H_S 为：

$$H_S = 4L_{BB'} = 2D\tan\beta \tag{13-3}$$

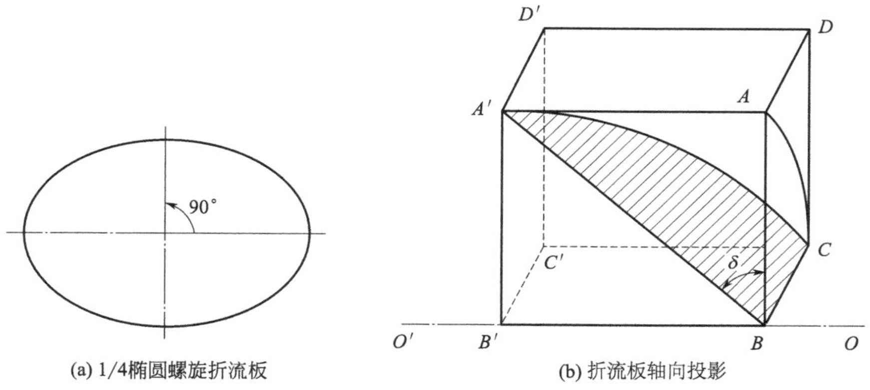

(a) 1/4椭圆螺旋折流板　　(b) 折流板轴向投影

图 13.6　1/4 椭圆螺旋折流板计算示意图

② 1/4 扇形螺旋折流板　1/4 扇形螺旋折流板示意图，如图 13.7 所示。图中，$A'M$ 及 MC 为折流板的直边；BB'为单块折流板沿轴线的投影长度；M 为其中点，每条斜边在轴线上投影长度为一个螺距的 1/8；θ_1 为折流板两直边夹角；$A'MC$ 为折流板实际空间位置；ABC 为其在壳体横截面上的投影；点 P 为 $A'M$ 和 AB 延长线的交点，根据上图中几何关系有 $L_{AB}=L_{BC}=D/2$，可以证明 $AC\perp PC$ 及 $A'C\perp PC$，因而可以得出折流板与壳体横截面所形成的二面角即为折流倾角，也就是螺旋角 β。可以得到 $L_{AC}=\sqrt{2}D/2$，在直角△MBC 中：

$$L^2MC = L^2MB + L^2BC \tag{13-4}$$

$$L_{MB} = \frac{L_{AA'}}{2} = \frac{L_{AC}\tan\beta}{2} = \frac{\sqrt{2}D\tan\beta}{4} \tag{13-5}$$

$$L^2{}_{MC} = \frac{D^2\tan^2\beta}{8} + \frac{D^2}{4} = \left(1+\frac{\tan^2\beta}{2}\right)\frac{D^2}{4} \tag{13-6}$$

从而可以得到 1/4 扇形螺旋折流板边长及螺距（连续搭接结构）分别为：

$$L = L_{MC} = \sqrt{1+\frac{\tan^2\beta}{2}} \times \frac{D}{4} \tag{13-7}$$

$$H_S = 8L_{MB} = 2\sqrt{2}D\tan\beta \tag{13-8}$$

同样在直角△$A'AC$ 中，$L_{A'C}=L_{AC}/\cos\beta$，在△$A'MC$ 中：

$$L^2{}_{A'C} = L^2{}_{A'M} + L^2{}_{MC} - 2L_{A'M}L_{MC}\cos\theta_1 = 2L^2(1-\cos\beta) \tag{13-9}$$

整理上式后可得到折流板夹角 θ_1 的计算式为：

$$\theta_1 = 1 - \frac{2}{\cos^2\beta + 1} \tag{13-10}$$

以上所给出的各计算式中，有关折流板边长的计算适用于各种折流板搭接方式，而对于螺距的计算，则只适用于连续搭接结构，也就是相邻两块折流板彼此首尾相接，不存在直边交错。但实际设计中不可避免地会出现交错搭接结构，尤其对螺旋角及壳体直径较大的结

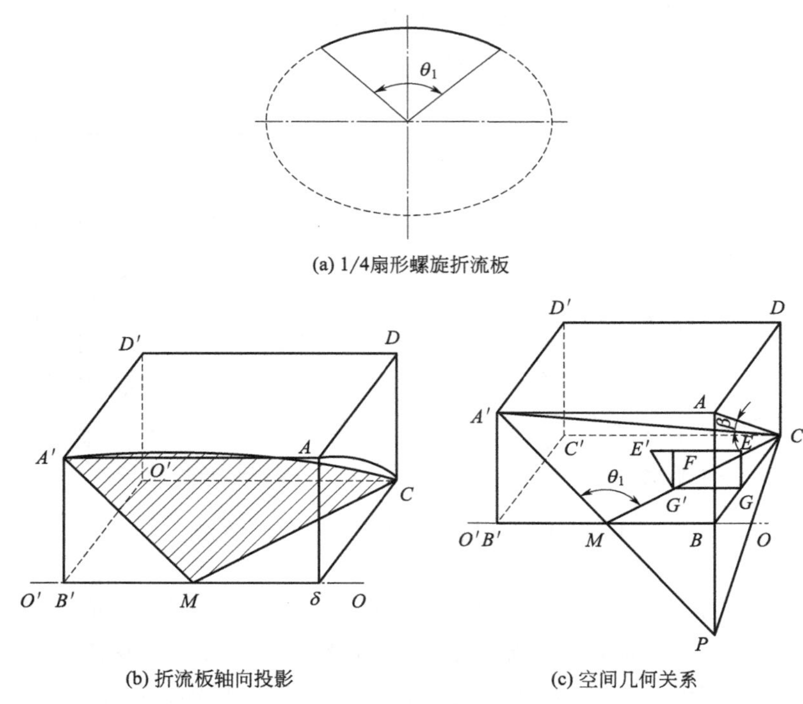

(a) 1/4扇形螺旋折流板

(b) 折流板轴向投影

(c) 空间几何关系

图 13.7 1/4 扇形螺旋折流板计算示意图

构。这时，实际螺距的长度应严格按照折流板结构的空间几何投影关系，根据搭接长度的大小，计算出每块折流板在壳体轴线上的有效投影长度，进而确定完整螺距的大小。

(2) 加工与组装

螺旋折流板与换热管呈一定角度布置，加工难度增大，以下介绍螺旋折流板的加工。

① 管孔加工　对于螺旋折流板，需要制作专用的胎具。由于钻头无法在斜面上准确定位，为了保证加工精度，避免折流板多次画线，需制作模板。由于螺旋折流板换热器管束结构特殊，管束的外直径尺寸不易控制，其外圆周长允许上偏差为 8mm，下偏差为 0。由于扇形折流板与壳体横截面成一定的倾斜角，因此，不能按照弓形折流板的排列方式进行点焊，需要根据图样所示的倾斜角度在平台上先焊好定位板，然后依次将折流板放在定位板上，用卡具紧压后沿周边点焊固定。每钻完一组折流板后，需对折流板的开孔孔径，孔间距进行检查，以保证折流板的尺寸符合要求，如图 13.8 所示。模具的一端与管板平行，另一端面与折流板平行，从而实现对应象限管孔的准确定位。模具用角钢或槽钢制作，上表面要求光滑平整，无表面划痕并严格保证与下表面夹角为 β。折流板加工完毕后应将折流板开孔处及四周的毛刺打磨干净。螺旋折流板换热器制造的关键在于控制好折流板的加工质量。在布管时，应尽可能相互对称布置。对于 U 形管束，中间的换热管尽可能不要出现跨象限交叉布置。管板、支撑板、换热管和拉杆的加工方法均与普通管壳式换热器相同。

② 外圆加工　虽然螺旋折流板结构的周向是一段螺旋线，但其一个完整螺距内的折流板在壳程横截面上投影是直径为 D 的圆，而刀具与工件接触点的轨迹也是一圆形，因而可以利用这个原理设计螺旋折流板的外圆加工工装，如图 13.9 所示。折流板放置在模具上后与后模具底板所形成的夹角为螺旋角 β，模具底盘上的工作平台外圆直径与折流板在壳体横

截面上投影的外径一致，模具上与折流板表面接触的两根支撑，其表面必须进行机械加工。在加工时可以在模具中心设置一定位孔用来定位不同象限折流板的圆心。同时可以在模具上确定一个换热管孔的位置，并结合中心定位孔的位置确定每个象限折流板和模具的相对位置。加工折流板外圆时，将折流板固定在模具上，用立车或车床找平、找正后夹紧并开始加工。

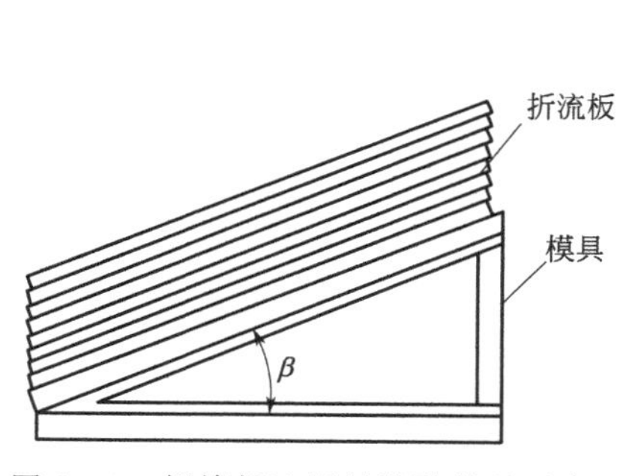

图 13.8　螺旋折流板钻孔孔模具示意图

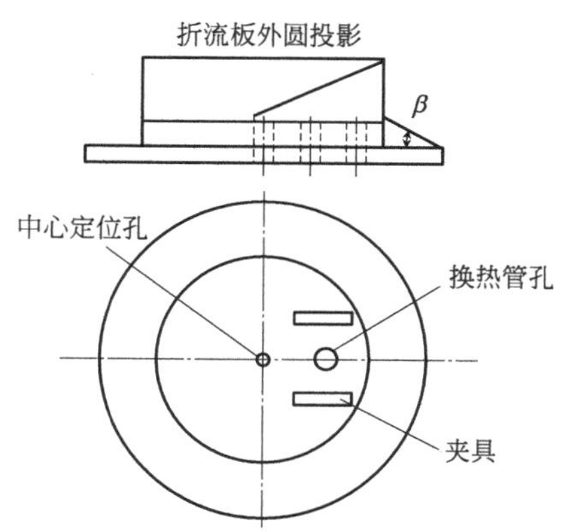

图 13.9　螺旋折流板外圆加工模具示意图

③ 管束组装　管束组装是换热器加工的重要环节，合理安排加工工艺往往能避免安装过程中不必要的麻烦并起到事半功倍的效果。组装螺旋折流板换热器管束时，先固定管板并找平，然后一次安装相应位置拉杆、定距管、折流板及其他相关部件。各象限折流板与拉杆点焊，并在相邻折流板的交接处采用焊接或其他方式固定，防止由于定距管定位误差而导致穿管过程中折流板的偏转或移动。待折流板框架固定完成后进行穿管，并完成其他部件的组装。

换热管与管板采用强度焊加贴胀连接，由于钛材的塑性偏低、屈强比高。强度焊不仅承受了强度，另外还起到部分密封的作用。这样就使得管子与管板的配合间隙要求较小。管子的胀接变形量小。

13.3　强化传热

螺旋折流板换热器是改变传统弓形折流板的Z形流动方式，将折流板设计成与管束有一个倾角，使流体在壳程成螺旋流动，从而消除了传统弓形折流板阻力大、有死区、换热系数小的缺点。本节介绍螺旋折流板换热器强化传热原理。

13.3.1　强化传热的原理

螺旋折流板与流场间的相互作用为：

① 螺旋折流板换热器的螺旋角 θ 对流场有直接影响。一般情况下，壳程流体的切向速度 u_t 大于轴向速度 u_z。螺旋角越小，切向速度 u_t 越大。脉动速度对螺旋角 θ 很敏感，θ 减小则脉动速度增大。螺旋角 θ 减小，压降有所增大，但总的来讲，螺旋折流板换热器的压降很小。

② 流量对流场的影响。螺旋角 θ 相同时，流量增大使速度沿径向分布趋于均匀，脉动速度增大（因为流量增大时，边界层变成湍流边界层，分离点提前，管束后面产生大量的旋涡，旋涡运动增强流体径向混合，使速度沿径向分布趋于均匀化），有利于提高传热效率。

螺旋流理论分析：

在绕垂直轴旋转运动的流体中，在半径 r 点处取一方形流管，如图 13.10（b）所示，其宽为 $\mathrm{d}r$，厚为 $\mathrm{d}z$。

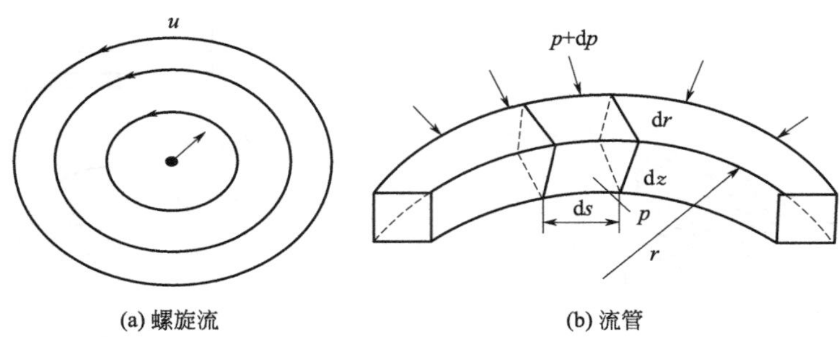

图 13.10　旋转流运动

如图 13.10（b）所示，在同一平面可应用伯努利方程得：

$$H=\frac{P}{r}+\frac{u^{2}}{2g} \tag{13-11}$$

式中　H——总水头；

P——半径 r 处的压力；

u——半径 r 处的圆周速度；

r——流体密度。

将式（13-11）对半径 r 微积分后得

$$\frac{\mathrm{d}H}{\mathrm{d}r}=\frac{1}{\gamma}\frac{\mathrm{d}p}{\mathrm{d}r}+\frac{u}{g}\frac{\mathrm{d}u}{\mathrm{d}r} \tag{13-12}$$

由式（13-12）看出，在旋转的流体中沿径向的总水头的变化率，是与径向的压力和速度变化率有直关系的。

在图 13.10（b）中的微小立方体的体积是 $\mathrm{d}r\mathrm{d}z\mathrm{d}s$。在半径 r 方向上作用与该微小体积上所有外力之和等于零（应无加速度），而重力在此方向无分量，于是作用在该微元体上的压力和离心力平衡。其平衡方程式为：

$$p\,\mathrm{d}s\,\mathrm{d}z-(p+\mathrm{d}p)\,\mathrm{d}s\,\mathrm{d}z+\frac{\gamma}{g}\mathrm{d}r\,\mathrm{d}z\,\mathrm{d}s\,\frac{u^{2}}{r}=0 \tag{13-13}$$

经整理后得

$$\mathrm{d}H=\frac{u}{g}\mathrm{d}r\left(\frac{\mathrm{d}u}{\mathrm{d}r}+\frac{u}{r}\right) \tag{13-14}$$

此式为旋转流体运动的微分方程，反映了旋转流体运动中能量变化的关系，是一个基本方程[3,13]。

① 在螺旋流中，由于切线速度产生作用在流体上的离心力，流体外侧的压力升高，内侧压力下降，流体在内外压差的作用下从外侧向内侧流动，同时中心的流体出现回流，造成二

次流。螺旋流和二次流相叠加，使湍流强度大幅度增强，并使湍流度径向分布均匀化，从而增强换热。二次流动的强烈冲刷既可增强换热又有除垢的独特优点。同时流体在壳程产生旋转流动，在离心力的作用下流体周期的改变速度方向，加强了流体的纵向混合，从而能够强化传热。

② 螺旋流动的流体斜向冲刷管束，在倾斜和旋转的双重作用下，使速度边界层变得很薄，使换热系数大大增大。

③ 在螺旋折流板换热器中，因为壳侧流体螺旋流动，流体会不对称地从管子的两边分离，同时管子上的边界层会产生螺旋状的流路。这种现象会改变普通边界层分离的特点，使边界层减薄及增强边界层的扰动性，从而增大传热效率。

13.3.2 传热计算

影响螺旋折流板换热器传热系数[14] 的因素很多，一般在圆形直管计算公式的基础上，考虑螺旋通道的影响，用含有当量直径 d_e 的参数进行修正而得出螺旋折流板换热器传热系数的计算公式，杨军等对已有的螺旋折流板换热器传热系数计算公式进行了拟合与校正得出如下公式[15]：

$$h_0=aRe^bPr^{1/3}\frac{\lambda_0}{d_e} \tag{13-15}$$

式中 h_0——螺旋折流板换热器传热系数，W/(m^2·K)；

λ_0——流体的导热系数，W/(m·K)；

d_e——螺旋折流板换热器的当量直径，m。

当 $20<Re_0<115$ 时，

$$h_0=a\frac{\lambda_0}{d_0}Pr^{1/3}Re_0{}^b\left(1-\frac{\theta}{90}\right)^m(nRe_0+l)+eRe_0{}^{b-1}\left(1-\frac{\theta}{90}\right)^{m-1}+rRe_0+w\frac{\theta}{90}+s \tag{13-16}$$

式中，$a=0.00933$；$b=1.562$；$m=3.49$；$n=0.0163$；$l=-3.439$；$e=210.2$；$r=0.06$；$w=1987$；$s=-932.5$；θ 为螺旋角。

当 $3000<Re_0<12689$ 时，

$$h_0=a\frac{\lambda_0}{d_0}pr^{\frac{1}{3}}Re_0{}^b(e\theta^2+g\theta+h)+i(Re_0+j)+l\theta+k \tag{13-17}$$

式中，$a=0.44889$；$b=0.004746$；$e=-0.1$；$g=-52.23$；$h=522.3$；$i=0.1121$；$j=-42428.089$；$l=1168.978$；$k=5811.92$；θ 为螺旋角。

试件的螺旋角为 12°、18°、30°、40°，结果如图 13.11 所示。可以看出不同螺旋角在相同的结构参数的情况下，通过对壳程单位压降传热系数的对

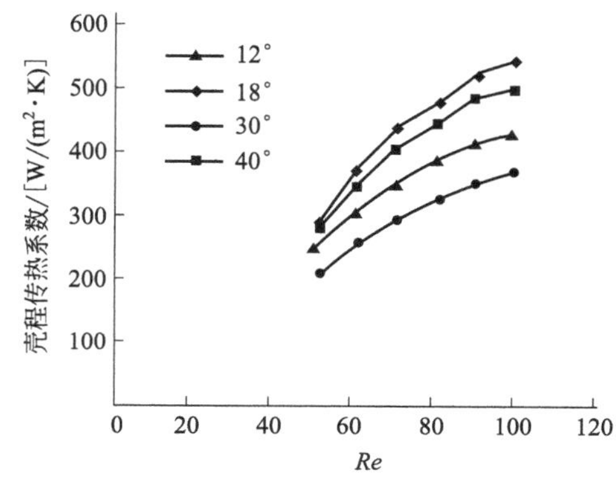

图 13.11 不同螺旋角的螺旋折流板换热器壳程传热系数对比

比得出该结构下不同角度中传热性能较好的螺旋角度数。

在螺旋角的优化中，研究表明：实验条件下，18°螺旋角的螺旋折流板换热器的综合传热性能要优于12°、30°、40°螺旋角的螺旋折流板换热器。

13.3.3 压降的影响

螺旋折流板换热器在我国有了很大的发展，在制造和使用方面也积累了不少经验。但是关于螺旋折流板换热器压力降方面的参考资料还比较少[3,14]。一般而言，影响换热器压降的主要原因包括流体流速、流体密度、污垢、换热器类型（板式、列管式等）、管长、管径等。就换热器而言，压降大的主要原因是流体流速和污垢。当冷、热物流流量相差较大时，流量大的流体流速高，使得压降大。此外，由于有换热器加工重质原油，原油富含胶质、沥青质等黏稠物质。而结垢的最主要是由于减压渣油中含有大量的固态悬浮物，加之黏度高、流动性差，很容易造成壳程结垢，这是换热效率降低的根本原因。

孙成家等人通过实验方法并运用软件回归壳程压降计算公式为

$$\Delta p_0' = f_0 \frac{\rho u^2 L}{2B} \tag{13-18}$$

式中 $\Delta p_0'$——壳程压力降，Pa；

u——壳程流体流速，m/s；

L——管长，m；

B——螺旋折流板螺距，m。

当 $3 < Re_0 \leqslant 35$ 时，

$$f_0 = aR_w{}^b\left(1-\frac{\theta}{90}\right)^e (nRe_0+j) + iRe_0^{1-b}\left(1-\frac{\theta}{90}\right) + lRe_0 + m\frac{\theta}{90} + k \tag{13-19}$$

式中，$a=0.1775$；$b=0.4533$；$e=-5.245$；$i=-14.33$；$k=55.3$；$n=-0.06948$；$j=3.381$；$m=-123.3$；$l=1.508$；θ 为螺旋角。

当 $1472 < \mathrm{Re}_0 \leqslant 7800$ 时，

$$f_0 = aRe_0{}^b\left(1-\frac{\theta}{90}\right)^m (nRe_0+l) + eRe_0^{1-b}\left(1-\frac{\theta}{90}\right)^{m-1} + rRe_0^{b-2} + w\left(1-\frac{\theta}{90}\right)^{m-2} + s \tag{13-20}$$

式中，$a=0.00284$；$b=0.06213$；$n=-0.000938$；$m=-6.579$；$l=-349.8$；$e=-214.3$；$r=16176230$；$w=0.6443$；$s=10.48$；θ 为螺旋角。

图13.12是不同螺旋角的螺旋折流板换热器压降对比图。

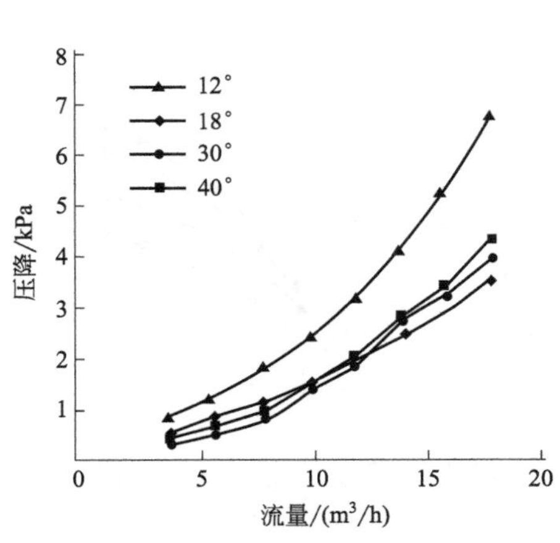

图13.12 不同螺旋角的螺旋折流板换热器压降对比

编者所在公司研制的螺旋折流板搭接方式是交错搭接，折流板间距小于螺距，旁边三角区域变小，旁路流减少，速度增加，传热系数增加。通过研究，对交错搭接的螺旋折流板换热器传热系数和压降进行如下修正[10]。

（1）壳程速度修正

$$u=aQ/A$$

$$A=L_b\cos\theta\times D/2(1-d/P_t)$$

式中，u 是螺旋通道内的平均流速；a 是对旁路流的修正；Q 是体积流量；A 是螺旋通道截面积；L_b 是螺旋折流板间距；θ 是螺旋角；D 是壳体直径；d 是换热管外径；P_t 是管间距。

（2）壳程传热系数修正

$$h_S=b_1b_2h_{shtri}$$

式中，h_{shtri} 是折流板连续搭接时的壳程传热系数；b_1、b_2 是修正系数，它们是交错比 L_b/L_s、θ、u 的函数，螺距 $L_S=\pi D\tan\theta$。

系数 a、b_i、c_i 是通过对投入生产的螺旋折流板换热器运行数据以及模拟计算和实验数据关联所得。用这种方法计算所得的传热系数和压降满足设计精度要求，在相同螺旋角时，交错搭接的总传热系数比连续搭接大15%以上，有较大的操作弹性和较长的连续运行周期，完全满足设计要求。实验结果表明，折流板的倾角 θ 越小，流体流动切向分量越大，越有利于横向冲刷换热管，减少边界层，增强流体脉动，同时产生二次流，增加流体的扰动，强化传热。一般情况下，流体流动速度小时，折流板的倾角 θ 相应减小。

13.3.4　设计需要考虑的因素

螺旋折流板换热器的结构设计、制造除遵循 GB 151—2014 标准和技术条件外，还应按其特材专用技术要求设计制造。其中钛、锆波纹管是采用 ϕ19mm×1.5mm 钛、锆高效换热管，经特殊工艺加工而成的内外表面均有波纹的高效换热管。换热器应符合 GB/T 3625—2007 及 ASTMB 523 标准的要求，同时要求管材的供应状态为退火，表面不得有划痕、碰伤、裂纹等缺陷存在。按批抽样进行力学性能（拉力、压扁、扩口）试验，全部进行涡流检验或液压试验[16,17]。管板质量复合 GB/T 8547—2019《钛-钢复合板》中的 B1 级的规定，钛复层与钢材的贴合率要求尽可能高，复层厚度为 3～12mm，钛＋钢衬里结构与钛＋钢复合结构，由于钛钢与钢材之间没有形成连接强度，不承受载荷，设备的载荷应由钢材全部承受，钛材只能起到耐腐蚀的作用。在强度设计时，钛材的厚度一般不计入强度计算。钛与钢在结构设计时应严格避免两者之间的焊接结构形式。对于螺旋折流板的设计，需要考虑以下因素：

（1）螺旋折流板的倾角不宜过大

螺旋折流板的倾斜角不宜取40°左右的较大值，而宜取10°～20°的较小值。小倾角不仅方便钻孔，而且可以提高传热效率。很多学者研究螺旋折流板的倾斜角，他们认为倾斜角大小对传热性能和压力损失影响很大，但这种影响究竟是单调增还是减还是存在最佳值，没有定论。主流的观点认为倾斜角应取40°左右的大值。文献［6］就认为采用40°角的方案比采用20°角方案效率高，其理由是角度大更接近柱塞流。文献［10］给出了马鞍型的波动变化结果，即倾斜角在15°～20°是传热高效区，在25°～30°是低谷，在35°～40°上升到高点，45°又下降到低点。从其他一些实验研究或者实际应用的成果可以看出[18]，采用大角度方案带来的结果是，虽然压降很小，但在相同的流量下传热系数较小，甚至小于弓形折流板方案的数值。从常理分析，倾斜角大则螺距大，流体绕行圈数少，强化作用小。在相同壳体直径下进行不同倾斜角的折流板试验，通流截面会随倾斜角而改变，阻力压降变化会很大。采用较小倾斜角方案，则传热性能满足要求，压降在允许范围，且制造相对容易。

（2）重视换热器的长径比

换热器的长径比也是必须重视的指标之一，文献［6］中的换热器长径比大约为12，即使采用倾斜角40°的方案，流体也可以绕5圈，若长径比很小而且取大角度，流体没有绕流几圈就从壳程出来了，这时壳侧进出口管处的局部阻力损失所占比例就会比较大，不易体现螺旋折流板对整个换热器性能的贡献。

（3）相邻折流板周向少量重叠

相邻两块折流板要在外圈首尾相接，推荐将折流板直边稍稍放宽，使相邻两块在首尾相接时周向有少量重叠。这一方面是由于正三角形排列布置管孔的方案中相邻两列管子之间的间距较小，这样可以留出钻孔边，另一方面，少量重叠也有利于较小在两块相邻的折流板处的漏流。相邻两块折流板连接处有三角区，称为V形缺口，这是由于搭接式螺旋折流板结构特性决定的。在壳侧流体沿螺旋折流板呈总体螺旋流动时，在离心力作用下流体将向外围流动，中心部分流体将变小，尽管随后产生的径向压差及外圈路程远、阻力大的状况使流体产生向心的二次流动可部分平衡这样的离心流动。相邻折流板连接方案中，壳侧流体通过相邻两组折流板交接处的V形缺口时的流动方向使部分流体又返回上一层，客观上可以增大中心部分的流速，起到增强中心区域传热的作用。

13.4 螺旋折流板换热器的工业应用

在实际工程应用中，螺旋折流板换热器一般通过螺旋折流板与高效换热管的结合，以达到性能更优的状态，本节通过分析编者公司设计、制造的螺旋折流板换热器，与常规弓形折流板换热器从设备尺寸、传热系数、系统阻力等方面进行对比，用实际数据方面给出了螺旋折流板换热器相比于传统弓形折流板的优势。

国内某石化企业在近10年累计应用了螺旋折流板换热器200余台，典型应用情况见表13.1[19]。

表13.1 螺旋折流板换热器应用

装置	常减压	重油催化	焦化	LNG	合成氨	乙烯	甲醇制烯烃	丙烷、异丁烷脱氢	丁二烯	其他
数量	104	35	8	4	4	4	4	14	18	5

产品应用在炼油、乙烯、化肥、公用工程等领域，设备的尺寸参数分布直径从DN400到DN2500；运行参数达到400℃以上和高压的范围；换热类型分为无相变和冷凝类；换热介质包括气体、气体冷凝、液体等，换热管有光管及各种高效换热管等。

除了可用于强化单相强迫对流过程外，螺旋折流板管壳式换热器的应用范围拓展到冷凝过程和沸腾过程。例如锅炉的给水加热器壳侧为凝结过程，采用螺旋折流板有利于使液滴受离心力作用脱离主流而减小液膜厚度。又如核电站蒸汽发生器的壳侧为沸腾过程，采用螺旋折流板肯定比目前采用的花瓣孔支撑板更有利于促进气泡的升腾和脱离，因而提高膜的传热系数。倾斜的折流板布置和流体的螺旋冲刷可以避免污垢物在板表面的沉积，因而无需对这些支撑板作定期清洗冲刷，只需定期清洗冲刷最下方管板表面即可 ，可以减少大量停机时间。

本节通过编者公司设计制造三个螺旋折流板换热器项目，分析螺旋折流板＋螺旋波纹管换热器各方面的性能，案例结果表明，螺旋折流板换热器具有传热系数高、系统阻力小的优势，通过长期的运行验证，达到了结垢减缓的目的，降低了管束在运行过程中的振动，实现双面强化传热。

（1）案例一

某石化企业的一台冷凝器，采用编者公司螺旋折流板高效换热器结构（图 13.13），与同等尺寸、同等折流板跨距的普通弓形折流板换热器相比较，明显节省了设备投资，降低了壳程压力降，其结果对比如表 13.2 所示[20]。

表 13.2　螺旋折流板方案和普通弓形板方案对比表

参数	螺旋折流板高效换热器	普通弓形折流板换热器
设备形式	BEM	BEM
换热器热负荷/MW	13.6	13.6
壳程进/出口温度/℃	71.2/44	71.2/44
管程进/出口温度/℃	33/43	33/44
设备外形尺寸/mm	1700×9000	1700×9000
换热器管规格/mm	ϕ19.05×2.108×9000	ϕ19.05×2.108×9000
换热管数量/根	3704	3704
换热管型式	高效换热器	光管
折流板型式	螺旋折流板	弓形板
总传热系数/[W/(m^2·K)]	1055.7	790.9
壳程阻力降/kPa	14	30.2
面积裕量/%	2.4	－25.6

可以看出，螺旋折流板高效换热器和普通弓形板换热器相比，总传热系数系数高了 33.5%，压降降低了 53.6%，面积裕量增加了 28%。也就是说普通弓形板换热器如果要达到相同的换热效果，面积需要增加约 28%，设备投资增加明显，相应的土建、安装、运行维护成本都会增加。根据客户反馈，螺旋折流板高效换热器投用后，在多个运行周期内一直保持高效的状态，压力降明显比常规的弓形折流板换热器要低，有效降低了装置的动力消耗。

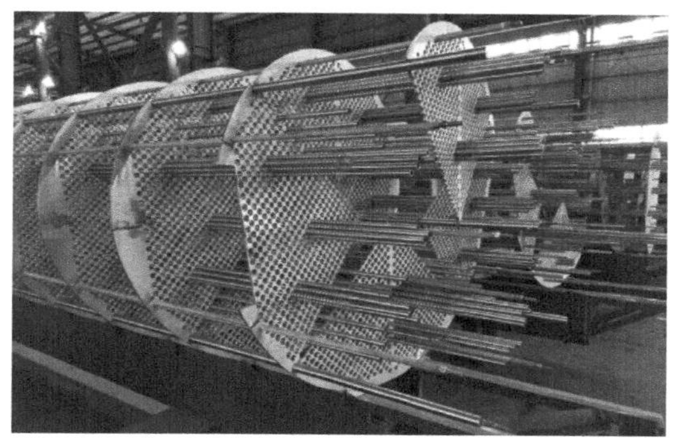

图 13.13　螺旋折流板高效换热器管束实物图

(2) 案例二

螺旋折流板不仅壳程压力损失小，单位压降下壳程传热系数高，也能够有效抑制壳程流体的污垢积累沉淀，提高换热器使用寿命。

图 13.14 螺旋折流板高效换热器

某氯碱厂的氯乙烯车间，二氯乙烷 1 号塔顶冷凝器，管程介质是二氯乙烷气体，壳程介质是循环水，因循环水水质较差，经常会导致壳程底部有泥砂和藻类沉积，时间长了，不仅会影响传热，同时流动死区的区域，换热管很容易出现腐蚀。为了解决这个问题，给客户推荐了螺旋折流板的高效换热器（图 13.14），换热管选用了螺旋波纹管，采用螺旋折流板高效换热器后，其阻力降相比普通换热器降低 74.9%，这就减少了很多不必要的能量损耗，提高了企业的经济效益。从传热系数看，使用了螺旋波纹管的螺旋折流板换热器比弓形折流板换热器要高约 36%，并且有效换热面积减少 11%。说明螺旋折流板换热器在配合螺纹波纹管后综合性能更好。表 13.3 为螺旋折流板高效换热器与普通换热器方案对比表。

表 13.3 螺旋折流板高效换热器与普通换热器方案对比表

参数	螺旋折流板高效换热器	普通换热器
热流体流量/(kg/h)	76206.3	76206.3
热流体进/出口温度/℃	80/60	80/60
热流体压力/MPa	0.115	0.115
循环水流量/(kg/h)	549211	549211
循环水进/出口温度/℃	35/45	35/45
循环水压力/MPa	0.6	0.6
热负荷/kW	6373.1	6373.1
外形尺寸/mm	1400×6000	1600×6000
阻力降/KPa	12.57	50.01
换热管型式	螺旋波纹管	光管
折流板型式	螺旋折流板	弓形板
有效换热面积/m^2	852	953
传热系数/[W/(m^2·K)]	521.66	384.29
设计余量/%	59.73	11.93

通过使用螺旋折流板+螺旋波纹管，达到了减缓结垢的目的，降低了管束在运行过程中的振动，实现双面强化传热。该换热器的成功应用，解决了原弓形折流板换热器冷却水中污垢沉积、换热效率下降等问题，延长了设备寿命，降低了设备维护与生产成本。

(3) 案例三

某石化公司原塔釜液换热器采用传统管壳式换热器，换热管为光管，折流板为弓形折流板。热流体进出口温度分别为 156℃和 110℃，冷流体的进口温度为 20℃，冷、热流体总质量流量约为 46000kg/h，表 13.4 为原设备在设计操作参数。现在为了增加热负荷，在保持外形结构尺寸不变的情况下，选用螺旋折流板与波纹管结构高效换热器，表13.5为钛螺旋折流板高效换热器设计操作参数[10]。

表13.4　弓形折流板与光管换热器设计操作参数

换热器型式	换热管结构/mm	折流板间距/mm	折流板型式	换热管型式
BIU	19×1.5×6000	370	单弓形	光管
总传热系数/[W/(m^2·K)]	管内传热系数/[W/(m^2·K)]	管外传热系数/[W/(m^2·K)]	管内压降/kPa	管外压降/kPa
364.6	1062.2	1286.8	12.2	15.3

表13.5　螺旋折流板与波纹管换热器设计操作参数

换热器型式	换热管结构/mm	折流板倾角/(°)	折流板型式	换热管型式
BIU	19×1.5×6000	20	螺旋型	波纹管
总传热系数/[W/(m^2·K)]	管内传热系数/[W/(m^2·K)]	管外传热系数/[W/(m^2·K)]	管内压降/kPa	管外压降/kPa
472.5	2124	1351	18.9	7.8

以上数据表明，在保持原来工艺与外形结构尺寸不变的情况下，采用螺旋折流板高效换热器后单位压降的传热系数比采用弓形折流板换热器提高了2倍，壳程阻力降低了49%，总传热系数增加了30%。换句话说，在相同壳程传热系数下壳程阻力将小于弓形折流板换热器的阻力，同时，壳程的流量相对弓形折流板换热器壳程的流量，有利于系统装置的扩能改造。

参考文献

[1] 崔玉清，桑增亮，赵爽．螺旋折流板换热器的国内外研究进展[J]．硫磷设计与粉体工程，2016(03)：15-18.

[2] 王秋旺．螺旋折流板管壳式换热器壳程传热强化研究进展[J]．西安交通大学学报，2004(09)：881-886.

[3] 潘振，陈保东，商丽艳．螺旋折流板换热器的研究与进展[J]．节能技术，2006(01)：81-85.

[4] 宋素芳，马利斌，罗彩霞．螺旋折流板换热器研究进展[J]．广东化工，2010，37(04)：20-21.

[5] 王斯民，肖娟，王家瑞，等．折面螺旋折流板换热器的流动传热性能[J]．化工学报，2017，68(12)：4537-4544.

[6] Lutcha J，Nemcansky J. Performance improvement of tubular heat exchangers by helical baffles[J]. Chemical Engineering Research and Design，1990，68(3)：263-270.

[7] HG/T 5828—2021．螺旋折流板式热交换器[S].

[8] 王素华，王树立，赵志勇．螺旋折流板换热器流动特性研究[J]．石油化工高等学校学报，2001(1)：64-67.

[9] 黄嘉琥，应道宴．钛制化工设备[M]．北京：化学工业出版社，2002.

[10] 刘丰，郭宏新，田朝阳，等．特种材料螺旋折流板高效换热器的研究[C]．2007.

[11] 刘丰，郭宏新，鲁广松．钛制高效换热器的研发[C]．新型传热技术和设备研讨会，2005.

[12] 王晨，张少维，桑芝富．不同结构螺旋折流板的设计与加工[J]．机械设计与制造，2009(11)：34-36.

[13] 钱颂文，岑汉钊，江楠，等. 换热器管束流体力学与传热[M]. 北京：中国石化出版社，2002.

[14] Li H D, Kottke V. Visualization and determination of local heat transfer coefficients in shell-and-tube heat exchangers for in-line tube arrangement by mass transfer measurements [J]. Heat & Mass Transfer, 1998.

[15] 杨军，陈保东，孙成家. 螺旋与弓形折流板换热器性能对比及螺旋角优化[J]. 辽宁石油化工大学学报，2005(02)：59-62.

[16] 刘世平，刘丰，郭宏新. 高效特型管换热器在石油化工中的应用[C]. 石油和化工业行业节能技术研讨会，2006.

[17] 曲逵，刘丰. 热管换热器尾部受热面腐蚀分析及耐腐材料合理选用研究[J]. 能源研究与利用，2004(4)：2.

[18] 陈亚平. 适合于正三角形排列布管的螺旋折流板换热器[J]. 石油化工设备，2008(06)：1-5.

[19] 张智，侯晓峰，秦国民，等. 螺旋折流板换热器在炼化领域的应用[J]. 石油科技论坛，2016，35(S1)：219-221.

[20] 李秋杰，齐敏，朱兵成，等. 螺旋折流板高效换热器的结构特点及应用案例[J]. 化工管理，2020(29)：157-158.

第 14 章
印刷电路板式换热器

14.1 概述

印刷电路板式换热器（printed circuit heat exchanger，PCHE）由英国公司 Heatric 公司最先研究开发制作完成，是一种可以用于高温高压等苛刻条件的高传热效率、紧凑的换热器。换热元件为多层具有微型流体通道的金属板片，这些板片通过高温高压扩散焊接技术压在一起，形成换热芯体，金属板片上的微型流体通道通过光化学加工（蚀刻）的方法形成，这个加工过程与制造印刷电路板类似，因此这种换热器被命名为印刷电路板式换热器[1,2]。

印刷电路板换热器的结构相对于其他类型的换热器较为简单，主要结构件包括换热芯体、箱体（封头）、接管法兰和吊耳支撑件等，如图 14.1 所示[3,4]。

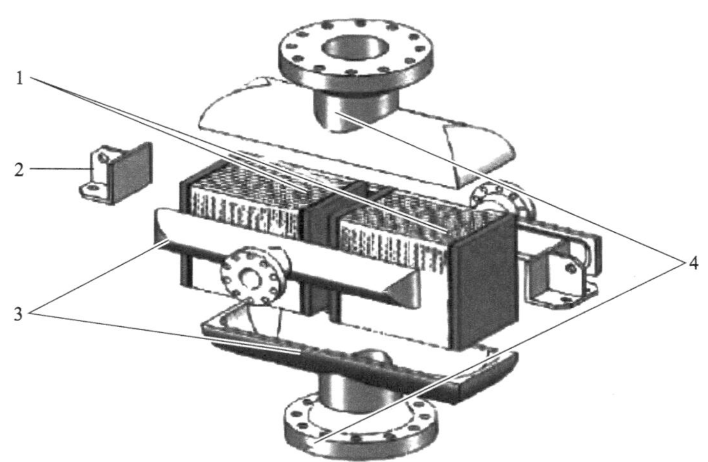

图 14.1 印刷电路板式换热器结构示意图

1—换热芯体；2—吊耳支撑件；3—箱体/封头；4—接管法兰

印刷电路板换热器的换热过程是通过流体跟金属固体流道表面的对流换热。因此印刷电路板换热器的微细流动流道的强化传热效果，是通过其微细流道的高比表面积、强扰流效果、高传热系数实现的。在一些需要相变换热的场合，还要求换热器的微细流道表面有丰富的沸腾核化穴。在满足上述条件的情况下，为了能够广泛使用操作，还应该要让流动通道的阻力尽量的低。在目前的印刷电路板换热器中，商业上普遍使用的是直线型流道结构，这种流道在制造过程中的可控性较好，导热系数高，流动阻力小[5]。

14.1.1 技术特点

由于印刷电路板式换热器特殊的结构和制造工艺，相比于普通换热器，其优点如下[6,7]：

① 耐高压，印刷电路板式换热器由于通过扩散焊，近似连接成为一个整体，能够承受60MPa的高压。

② 耐高温，印刷电路板式换热器可以承受最高达到900℃的高温。

③ 传热效率高，传热效率可以超过90%，最高能达到98%以上。

④ 传热面积密度高，由于刻有微通道的金属板片厚度薄，通过制造压在一起后，使得单位传热面积密度可以达到2500m^2/m^3。一般普通的大型列管式换热器和绕管式换热器的传热面积密度仅为160m^2/m^3和120m^2/m^3，而这种传热面积密度高的紧密型换热器，可以通过以下方式降低生产制造成本：减少设备结构件和支撑件的需求；安装装配设备更加简单方便；可以组合搭建撬装平台，方便运输；可以减少流体库存。

⑤ 多样性，PCHE可以通过采用不同换热流道形状和几何结构、不同流道截面形状，及不同冷热流体流动方式，而形成很多种组合，因此，该类型换热器具体到每种结构都需要进行详细设计计算。

⑥ 能够接受苛刻的冷热端设计温差，换热温差最低可以达到2℃，并且能适应前后跨度较大的温度变化和瞬间温度变化。并且由于换热芯制作成一整体，不需要垫片和其他密封零件，设备安全性较高，整体结构在扩散焊接充分的情况下不存在泄漏腐蚀等缺陷。

⑦ 因为PCHE内可以有多层不同流向的金属板片，因此允许多股流体同时换热，能够优化工艺设计流程，达到节省场地空间，减少投资的目的。

PCHE同时也存在着缺点：

① PCHE对换热流体介质的清洁度要求很高，在PCHE的流体入口前需要配置过滤器，过滤精度要求较高，一般为300μm。并且换热器焊接完成后，换热板片不能拆修，内部的清洗维护难度较大，需要专业的化学清洗。

② 由于换热板片上的流道需要采用光电化学刻蚀，换热器板片一般需要选用不锈钢或双相不锈钢或合金材料，也导致印刷电路板换热器的造价相对更高。

14.1.2 换热芯体形式

目前，PCHE的换热芯体中的流动换热通道有三种布置形式：交叉流、顺流和逆流，如图14.2所示。

在流道整体结构方面，也分为两种类型：连续型流道和非连续型流道。连续型流道可分为直线型流道、梯型流道、蛇型流道、sin曲线流道、zigzag形（或Z型）流道等，连续型流道的横截面形状主要包括半圆形、矩形、三角形和梯形等；非连续型流道的概念最早由日

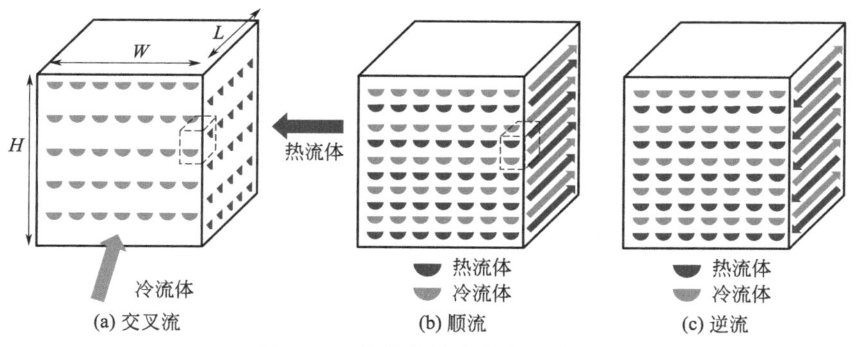

图 14.2　换热芯体流道布置形式

本学者 Tsuzuki 提出，结构形式为非连续型翼型流道，研究的是翅片角度和压降之间的关系。但在后续的工业实际运用中，除了翼型流道外，还有非连续型 S 型翅片流道、Z 型流道、S 型流道。而上述的换热板片的流道，无论是连续型还是非连续的，流道直径一般都在 0.5～2mm 之间。

表 14.1　几种常见的 PCHE 流道结构

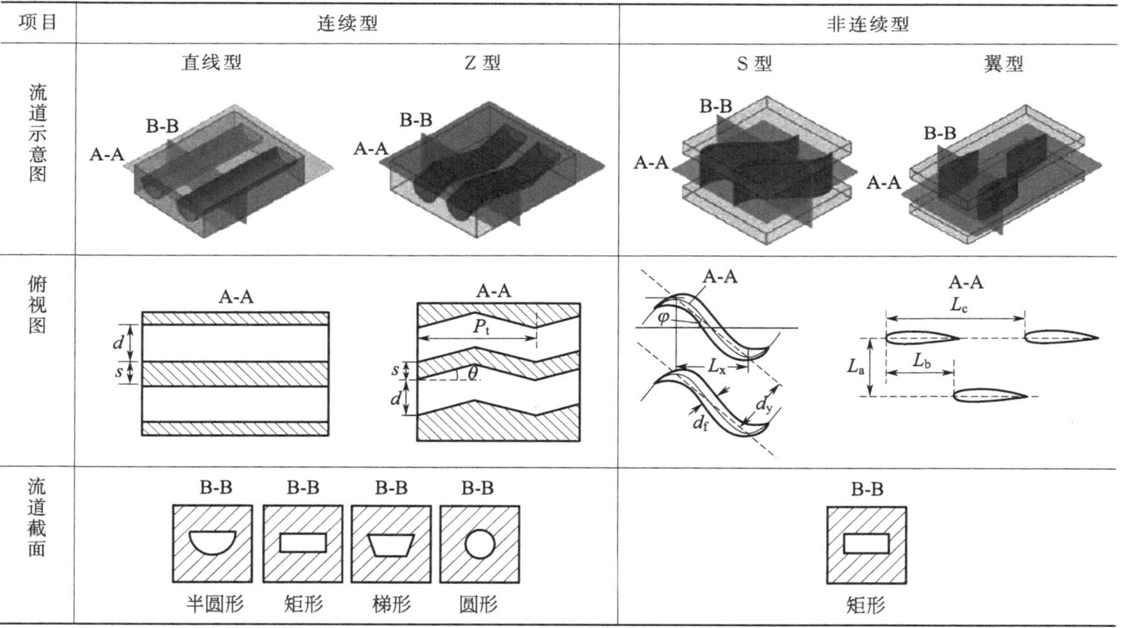

项目	连续型		非连续型	
	直线型	Z 型	S 型	翼型
流道示意图	A-A　B-B	A-A　B-B	A-A　B-B	A-A　B-B
俯视图	A-A　d　s	A-A　P_t　s　θ　d	A-A　φ　L_x　d_y　d_f	A-A　L_c　L_a　L_b
流道截面	B-B 半圆形　B-B 矩形	B-B 梯形　B-B 圆形	B-B 矩形	

14.1.3　换热板叠加结构

如前文介绍，PCHE 的换热芯体是由多层换热板叠加在一起形成的，换热板的叠加结构主要包括冷热流道层的叠加层数和叠加的方式。叠加层数指的是热流体换热板片层数与冷流体换热板片层数之比，因为一般在 PCHE 内的换热器流体都是以冷热交替的形式，周期性叠加。叠加的方式也有两种，一种是正对叠加，一种是错位叠加。有学者研究得出，相比于冷热流体一层一层单层的方式，双层叠加的效果会更好，换热性能和压力损失也优于单层叠加。而相对于正对叠加的方式，采用错位叠加的换热性能更好，但错位叠加的相对位置，以及对整体换热芯体结构强度的影响，仍要进一步研究。并且根据换热板不同的流道布置方向，换热效率由高到低的冷热流体流动方向依次是逆流、交叉流和并行流；并且换热效率在逆流布置和交叉流布置时，PCHE的换热效率能明显提高（图14.3）[8]。

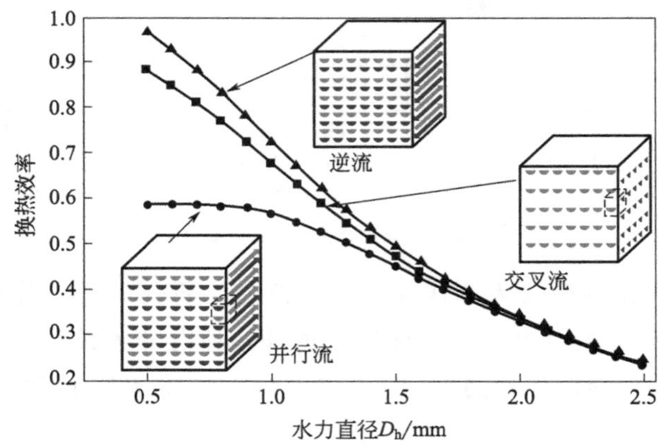

图14.3 PCHE不同冷热板片流动方式对换热效率的影响

14.2 制造方法

PCHE的制造工艺主要分为三个步骤，主要包括刻蚀流道、对换热板片进行扩散焊接、组装成型。如图14.4所示，具体过程如下：

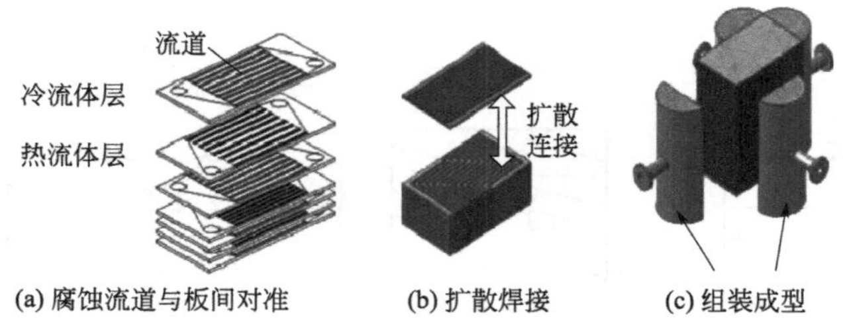

图14.4 PCHE制造过程

① 通过化学刻蚀或激光刻蚀的方法来在薄金属板上刻蚀出各个板片的换热流道。再将流道刻蚀完毕后所有的板片，按照事先设计的各层流向和流道的性质，冷热交替对齐，层层重叠起来准备后续的扩散焊接。

② 相邻各金属板之间的接触面通过高温高压的扩散焊接，经过设计计算所需的焊接时间，整合成为换热器芯体。

③ 将完成扩散焊接的换热器芯体与相应的接管、封头连接，进行最后的组装工作[9]。

对于上述这三个步骤而言，最主要和特殊的环节是前两个步骤，即流道刻蚀和扩散焊接。下面主要对这两个步骤进行说明。

14.2.1 流道刻蚀方法

微细沟槽加工主要有激光刻蚀、化学刻蚀、微细电火花加工、线切割加工、固相颗粒烧结等技术。目前 PCHE 的微细换热通道主要都是通过激光刻蚀或光化学刻蚀加工而成，而其他使用多孔材料的微细换热器则以固体颗粒烧结为主。

光化学刻蚀已经有了几百年的历史，相比于精密的机械加工出微细的换热流道，蚀刻工艺由于其成本低、蚀刻液后期可回收等一系列优点，在世界范围内得到了广泛的应用。一般蚀刻液有以下几种：三氯化铁、碱/酸性氯化铜、过硫酸铵、硫酸/铬酸、硫酸/双氧水、王水等。其中三氯化铁蚀刻液由于生产工艺稳定，价格低廉、毒害性较弱等特点，在工业生产的蚀刻过程中得到了广泛的应用，蚀刻的具体流程如图 14.5 所示。光化学蚀刻的主要工艺流程是：CAD 设计、切料、预处理、滚涂感光胶、曝光、显影、蚀刻、去膜和检验等。

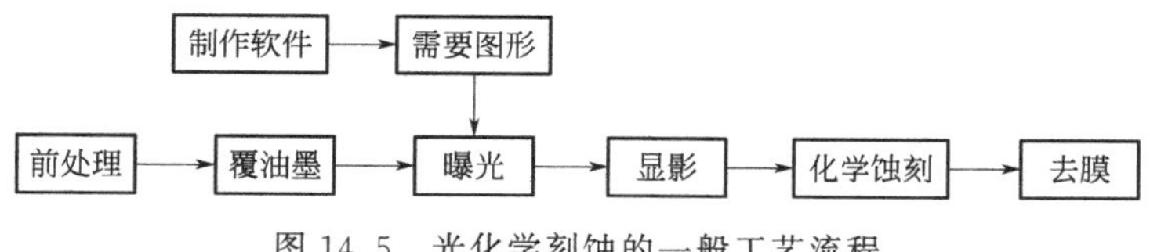

图 14.5　光化学刻蚀的一般工艺流程

使用三氯化铁的光化学刻蚀基板一般为不锈钢材料，用三氯化铁酸性溶液去除掉基板的一定厚度，过程中主要发生以下的氧化还原反应：

$$\begin{cases} Fe+2FeCl_3 = 3FeCl_2 \\ Cr+3FeCl_3 = CrCl_3+3FeCl_2 \\ Ni+2FeCl_3 = NiCl_2+2FeCl_2 \end{cases}$$

从上述反应式可以看出，在 $FeCl_3$ 的蚀刻过程中，主要是 Fe^{3+} 对 Fe、Cr 和 Ni^{2+} 的氧化反应，所以蚀刻液中 Fe^{3+} 的离子浓度会影响反应的强度。由于 $FeCl_3$ 容易在水中发生水解反应，生成难溶于水的 $Fe(OH)_3$ 胶体，所以溶液中剩余部分的蚀刻液会呈现酸性，但这种酸性的特征会有利于不锈钢的蚀刻进行。

整个工艺流程最重要的依然是蚀刻过程，蚀刻过程中最主要的三个变量是蚀刻深度、速度和时间。三个变量中蚀刻速度是影响加工最主要的变量，蚀刻速度又与蚀刻药剂的类型、质量浓度、温度及时间等主要工艺因素相关。

由于金属蚀刻的过程仍然属于化学反应过程，所以蚀刻液的温度直接影响化学反应的速率和稳定性，从而影响蚀刻的效果、控制难度和精度。虽然温度升高可以增强分子运动，一定程度上会提高反应速度，但因为刻蚀反应是一个放热反应，温度过高会使得反应正向速率降低，所以对于蚀刻过程中的温度需要严格控制在合适的范围。

刻蚀时间同样是影响刻蚀反应过程的重要因素，会决定蚀刻过程的效率和生产制造周期等。在金属换热板片尺寸一定的情况下，主要通过改变刻蚀液成分、质量浓度和温度等因素。如果需要优化刻蚀时间主要通过以下方式：对蚀刻液成分质量浓度就行优化配比；刻蚀温度需要严格控制。对 316L 不锈钢材料进行刻蚀，根据刻蚀深度，一般刻蚀时间控制在 3～30min。

14.2.2　扩散焊接技术

PCHE 将各个换热板片连接在一起采用的是扩散焊接技术，这种技术基于原子扩散的原理，在经过一定时间的高温高压处理后，板片之间能够完全地相互粘接，所有板片粘接成为一个牢固的金属换热芯体。这样的结构能够保持原材料的强度，而且在焊接过程中没有添加焊材或其他填料，扩散焊接工艺的具体优点如下：

① 可以连接性能相同的材料，并且由于在生产过程中不产生液相，界面的结合强度基本与母材相当；

② 可以连接具有复杂形状的零部件，并且可以实现严格的零件尺寸控制；

③ 由于各个换热零件板片上受到的压力很高，而且均匀，可以缩小甚至消除焊接连接区域内的微小缺陷，如微小气孔等；

④ 使复杂薄壁结构形成一个整体，提高了设备的结构完整性。

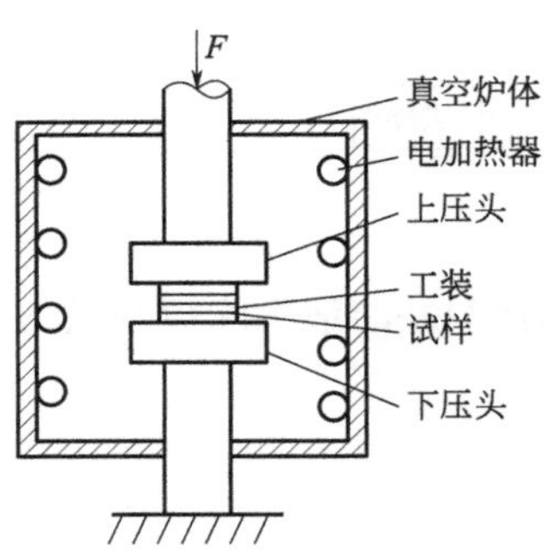

图 14.6　真空扩散焊炉示意图

扩散焊接连接技术是整个 PCHE 制造的关键之一，通过如图 14.6 所示的真空扩散焊炉来完成。扩散焊接分为两步：将需要扩散焊接的金属板片或其他组件放置于真空扩散焊炉中，通过由石墨或者钼制成的加热元件，将所需加工的板片加热到所需的焊接温度；利用真空扩散焊炉的系统，设定好焊接所需要的压力，通过上下压头对被焊零件进行挤压，促进零件的接触面产生蠕变，进而完成扩散焊接的过程。根据被焊的零件的材料和尺寸来确定扩散焊接时的温度和压力[1]。

扩散焊接的质量受焊接压力、焊接温度、保温时间和扩散焊接炉的真空度决定。焊接温度会直接影响各个金属板片直接的焊接结合程度。焊接时的温度一般取对应金属零件熔点的 53%～88%，相对地温度越高，金属板片间的结合程度也越高。而焊接压力则会影响接触面的变形程度，只有足够的压力，才能保证接触面完全贴合，不会产生细小的缺陷。扩散焊接炉的真空度则保证了金属在高温高压的环境下，不会被氧化，所以一般在实际操作中会采用 10^{-1}～10^{-3} Pa 的真空度。扩散焊接的各种失效原因如表 14.2 所示[1]。

表 14.2　扩散焊接焊后失效的主要原因分析

焊接过程参数情况	焊接后效果
焊接温度略低	板片结合率低
焊接压力低	翘曲变形和错边
焊接压力过大	长度方向的伸长量过大
焊接温度过低	扩散不充分，界面焊合情况差
	界面处分界线明显
	有很多空洞缺陷未焊合
保温时间短	界面有很多孔隙，界面线分明

当 PCHE 要应用于 LNG 相关的大型装置时，所对应的难点主要是[10]：

① 制造时需要的最佳焊接温度、压力、时间需要根据设计的对应工况进行调整，通过多次实验研究才能确定；

② 扩散焊接的工装同样要根据所需设备的详细尺寸进行更改，从而保证 PCHE 的零件

在整个焊接面上受压一致；

③ 真空扩散焊接炉内的上下压头需要有较高的平整度，从而保证 PCHE 中的各板片受压后能够发生均匀的蠕变。

14.3　集成加工和检测评价技术

由于 PCHE 的整体性和密封性要求都很高，每一个 PCHE 的加工工序都要进行严格的检测，合格后才可以进入下一道的工序。目前国内的加工过程虽然在每一环节有相应检测，但还不够系统具体。因此在整个 PCHE 的加工过程中，需要建立一系列的检验标准或评价方法。

① 换热芯体所用的换热金属板片，在进行光化学刻蚀之前，需要通过精加工，将不锈钢换热板片抛光到镜面的级别，但是这一表面粗糙度的进一步细化的检验标准还没有建立，因为板片的光滑程度会直接影响后续真空扩散焊的效果。

② 换热金属板片在光化学刻蚀完成之后，换热微通道的凹槽深度、槽间距离的精度以及凹槽内的平滑度，目前也没用统一的检测标准，需要进一步细化明确。因为凹槽流道的刻蚀精度和质量也会影响换热芯体的传热性能和换热效率。

③ 换热板片是在真空扩散焊炉内通过加工一次成型的，但如何检验焊接加工的质量和可靠度，目前只能通过事先确认的焊接工艺和扩散焊焊接试件来进行前期验证，检验标准还有待建立。

④ 印刷电路板换热器为了适应高温高压的工作环境，因此需要把很大厚度的封头与换热芯体进行整体焊接，对焊接的残余应力和焊缝质量的检测也需要进一步的研究。

从印刷电路板换热器诞生至今，国内外产品基本都由英国的 Heatric 公司垄断。虽然近些年瑞典的阿法拉伐公司、日本神户钢铁、美国桑迪亚研究中心联合真空扩散焊公司 VPE 等均陆续推出了 PCHE 产品，但这些新的生产商的产品板片材料仅限于 316/316L、304/304L，并且其传热和流动设计的具体参数仍然需要大量试验验证。

14.4　换热特性

PCHE 的换热特性主要包括流道结构参数对换热效果影响的定量分析和变量关联式的定义。PCHE 的流道结构主要会影响流体湍流流动换热状态下对努赛尔数 Nu 的影响；在层流状态下，流道结构对于换热能力影响较小。层流状态时，圆形、平板、六边形通道的 Nu 基本为一定值；矩形流道的 Nu 随着长宽比的增大而增大；等腰三角形流道的 Nu 与三角形顶角大小有关，Nu 最大的时候出现在顶角为 60°时；椭圆形流道的 Nu 会与流道椭圆形状的长短轴比相关，长短轴比增大，Nu 也会随之增大；波纹型的流道 Nu 的大小会跟波纹间距和高度有关[11]。

紊流状态时，PCHE 的流道结构对于换热能力 Nu 的影响结果总结如下。

对于直线型流道的 PCHE，由于结构相对简单，换热能力的主要影响因素是流道的横截面形状和流道的等效水力直径。流道的截面形状包括半圆形、半椭圆形、矩形和三角形，在一般情况下，截面形状对于换热能力的影响不大。相对的是，随之流道水力直径的减小，换热系数也会明显减小。

折线形流道（即Z型或zigzag型）换热特性的首要影响因素是折线角度，也有称为锯齿角度的，该角度增大的话，会增加流体在流道流动的横向速度，从而加剧流体的混合搅动，提高换热能力。但是当角度过大时，流体在转弯过程会形成分离，分离区域也会因此变大，从而减小了有效的换热面积，也削弱了设备的换热能力。经过前人对于角度的一系列研究，通过实验和数值模拟的分析，发现折线角度在35°时，设备的换热能力能够达到最大值。而流道的截面形状作为次要的影响因素，通过研究分析发现，这一因素同直线型流道类似，对于整体换热能力影响不大。

S型流道作为一种非连续型的流道，它的换热特性主要取决于S形流道的倾角和流道的水力直径。随着流道内的S倾角的增大，换热能力会逐渐增大，有研究表明，当S型流道倾角从0°增加到60°时，单位体积的换热能力从20MW/m^3增加到了30MW/m^3。相应的，水力直径对换热的影响更为显著，水力直径越小，换热能力越高，当水力直径从2mm降低到1mm，换热能力会从10MW/m^3提高到20MW/m^3，如果从1mm降低到0.5mm，换热能力可以从20MW/m^3提升到55MW/m^3。

对于翼型流道的PCHE，主要的影响因素是翼型翅片的排列方式、翅片的横向和纵向间距。翅片排列方式通常采用交错纵向距离这一变量来定量描述。交错纵向距离增大，换热器的平均换热系数会随之略有减小。如果翅片间的横向间距减小或纵向间距增加，换热能力会降低。因此翼型流道，在较小的横向间距条件下，纵向间距的影响更为明显。

普通的传统换热器基本都属于薄壁容器，壁厚相对于设备尺寸来说很小，金属轴向导热的影响可以忽略不计。但由于PCHE的体积小，换热密度大，板片的厚度很薄，与流体通道的尺寸大小几乎在同一数量级，轴向导热的影响则不能忽略。

PCHE由于存在轴向导热，会降低其传热性能。有研究表明，在层流状态下，PCHE内轴向导热的影响不可忽略，但具体影响范围还需进一步深入研究。采用曲折流道可以克服PCHE轴向导热的问题，在总传热面积不变的前提下，减小75%的导热面积，可以降低轴向导热带来的热量损失。同时研究还显示低温工况条件下设备的轴向导热对换热效率的损失，相对于高温工况条件下更低。

随着设备壁厚的增大，换热器的芯体轴向导热对于对流传热系数和传热熵产的影响都增大，板片厚度对换热性能的影响要大于肋厚对换热性能的影响。保持结构尺寸比例不变，随着冷热流体通道的等效水力直径减小，轴向导热对设备换热性能的影响变小，并且热通量和对流换热系数有显著的提高，局部换热的熵增变化不大。提高冷热流道的进口流体温差，对于轴向导热的影响不大。

为分析轴向导热对换热效率的影响，沿流动方向取多个计算截面，获取相关局部参数，不考虑进出口效应。局部平均热通量可以通过式（14-1）进行计算

$$q_{\mathrm{ave}}=\frac{1}{2}(q_{\mathrm{h}}+q_{\mathrm{c}})=\frac{1}{2}\left[\frac{\dot{m}_{\mathrm{h}}(H_{\mathrm{h,in}}-H_{\mathrm{h,out}})+\dot{m}_{\mathrm{c}}(H_{\mathrm{c,out}}-H_{\mathrm{c,in}})}{A}\right] \tag{14-1}$$

可以得到冷热流体的对流传热系数为

$$h=\frac{q_{\mathrm{ave}}}{|T_{\mathrm{b}}-T_{\mathrm{w}}|} \tag{14-2}$$

式中，$\dot{m}$ 为质量流量；H 为比焓；A 为局部换热面积；T_b 和 T_w 分别为截面平均温度和壁面温度。下角标 ave 代表平均值；h、c 分别为热流体和冷流体；in、out 表示通道的进口和出口，从而得到换热器的换热效率计算公式为：

$$\varepsilon=\frac{\dot{Q}}{\dot{Q}_{\max}}=\frac{Aq_{\text{ave}}}{(\dot{m}_h c_{p,h}\dot{m}_c c_{p,c})_{\min}(T_{h,\text{in}}-T_{c,\text{in}})} \tag{14-3}$$

从而得到传热过程中的局部熵增，由下式表示

$$\dot{S}^{m}_{g,T}=\frac{\lambda}{T^2}\left[\left(\frac{\partial T}{\partial x}\right)^2+\left(\frac{\partial T}{\partial y}\right)^2+\left(\frac{\partial T}{\partial z}\right)^2\right] \tag{14-4}$$

对于轴向导热的影响，前人提出轴向壁面导热数 M_c 作为衡量标准，当 M_c 大于 0.01 时，轴向导热的影响就不能忽略

$$M_c=\frac{\lambda_s A_s/L}{\dot{m}c_p} \tag{14-5}$$

式中，λ_s 为金属固体的导热系数，A_s 为金属固体的横截面积，L 为流动长度。由于该参数的判别条件是根据定热流密度的情况提出，对大多数常物性流体能够适用，对于其他非定常流体的适用性仍有待进一步研究。

PCHE 中冷热流体的布置夹角和设备的放置方式都对换热器的换热性能有一定的影响。有研究表明冷流体通道和热流体通道倾角都为 110°时，换热效率最高。同时当流体在层流状态下时，换热器竖直放置要比水平放置的换热效果更好。主要因为垂直放置方式的流体均匀性相对于水平放置的更好。

14.5 阻力特性

PCHE 的阻力特性主要取决于流道的结构特性，阻力变化较大的阶段是在流动的紊流阶段，而层流阶段结构对阻力的影响较小，受此影响的主要表现结果为摩擦因子 f 的变化。

直线型流道由于流道结构简单，流体在流道内受到的扰动很少，整体压降也不大，研究表明，影响直线型流道的阻力特性主要是流道的水力直径，阻力系数会随着水力直径的减小而增大，摩擦因子 f 与雷诺数 Re 的增长成反比。

S 型流道的 PCHE，影响阻力的主要因素是翅片倾角和流道的水力直径。随着翅片倾角的增大，设备的压降也明显增大，流道的倾角从 0°逐渐增大到 60°，同样长度的流道，流体压降会增加近 9 倍。当翅片倾角大于 30°时，压降增加的速率明显加快。设备阻力会随着水力直径的增加而减小，当流道的水力直径大于 1.1mm，压降的变化比较稳定。

翼型流道的 PCHE，与前文换热特性类似，翅片的排布方式（交错纵向距离）、翅片的横向和纵向间距，这些变量都会影响设备的阻力特性。交错纵向距离增大，流动相对更加稳定，翅片后的涡街效应减弱，压降会有所减小。纵向和横向间距增大，换热器的摩擦阻力压降也会随之减小。

对流道形状的研究表明，流道的截面形状对流动的阻力也有一定的影响。非可燃的工质在 PCHE 的流道内流动时，对于半圆形、平板、六边形流道，摩擦因子 f 与 Re 数成反比；对于矩形流道，摩擦因子 f 会随着矩形流道的长宽比增大而增大；对于等腰三角形流道，

流道的摩擦因子 f 与三角形顶角的角度有关，在顶角为 60°时，摩擦因子 f 的值达到最大值；对于椭圆形流道，摩擦因子 f 随着椭圆形长短轴比的增加而增大；波纹型流道的摩擦因子 f 与波纹间距和高度的参数有关[12]。

14.6 传热设计

很多学者研究了流道结构参数对 PCHE 换热特性和阻力特性的影响，对应的换热性能和阻力性能关联式整理汇总如表 14.3 所示[13]。

表 14.3 PCHE 换热与阻力关联式

流道形式	作者	适用范围	换热关联式	阻力关联式
直流道	Kim 等[14]	$100<Re<700$	$Nu_h=0.4283Re^{0.324}Pr^{1/3}$	$f=4.1818Re^{-0.475}$
		$100<Re<600$	$Nu_c=0.2098Re^{0.324}Pr^{1/3}$	
	Seo 等[15]	$100<Re<850$	$Nu_h=0.7203Re^{0.1775}Pr^{1/3}\left(\frac{\mu_h}{\mu_w}\right)^{0.14}$ $Nu_c=0.7107Re^{0.1775}Pr^{1/3}\left(\frac{\mu_h}{\mu_w}\right)^{0.14}$	$f=1.3383Re^{-0.5003}$
	Chen 等[16]	$1200<Re<1850$	$Nu=(0.0475\pm0.0156)Re^{0.6332\pm0.0446}$	
		$1850<Re<2900$	$Nu=(3.6801\pm1.1844)\times10^{-4}Re^{0.6332\pm0.0446}$	
	Chen 等[17]	$1400<Re<2200$	$Nu=(0.05516\pm0.0016)\times10^{-4}Re^{0.69195\pm0.00559}$	$f=\begin{cases}17.639/Re^{0.8861\pm0.0017}\\0.019044\pm0.001692\end{cases}$
		$2200<Re<3558$	$Nu=(0.09221\pm0.01397)\times10^{-4}Re^{0.62507\pm0.01949}$	
	Chu 等[18]	$3000<Re<7000$	$Nu=0.122Re^{0.56}Pr^{0.14}$	$f=[1.12\ln(Re)+0.85]^{-2}$
	Nikitin 等[19]	$2800<Re<5800$	$Nu_h=2.52Re^{0.681}$ $Nu_c=5.49Re^{0.625}$	$f_h=(-1.402\pm0.087)10^{-6}Re+(0.04495\pm0.00038)$
		$6200<Re<12100$		$f_c=(-1.545\pm0.099)10^{-6}Re+(0.09318\pm0.00090)$
	Meshram 等[20]	$5000<Re<26000$	$Nu=0.0718Re^{0.71}Pr^{0.55}$	$f=0.8657Re^{-0.5755}+0.00405$
Z 型通道	Kim 等[21]	$2000<Re<5800$	$Nu=(0.0292\pm0.0015)Re^{0.8138\pm0.005}$	$f=(0.2515\pm0.0097)\times Re^{-0.2031\pm0.00041}$
	Pidaparti 等[22]	—	$Nu_c=0.1696Re^{0.629}Pr^{0.317}$	$f=0.1924Re^{-0.091}$
	Baik[23]等	$15000<Re<85000$	$Nu_h=0.8405Re^{0.5704}Pr^{1.08}$ $Nu_c=0.2098Re^{0.324}Pr^{1/3}$	$f_h=0.0748Re^{-0.19}$ $f_c=6.9982Re^{-0.766}$
S 型		$0<Re<2500$	$Nu=3.7+0.0013Re^{1.12}Pr^{0.38}$	$f=(0.4545\pm0.0405)\times Re^{-0.340\pm0.009}$
翼型		$30000<Re<15000$	$Nu=0.027Re^{0.78}Pr^{0.4}$	$f=(9.31\pm0.028)\times Re^{-0.14}$

14.7 换热器设计计算

印刷电路板式换热器具有自身体积小，微型流道细小，换热效率高，压降也相对较高等特点，在设计该换热器时，与常规换热器设计的方法有所不同，但从常规方法中又有所借鉴，下面进行具体的阐述。

14.7.1　换热面积计算

PCHE 由于其特性，涉及到微通道流动，且经常用于高温高压，流体物性变化比较大、甚至发生相变的工作场合，所以传统的换热器传热设计方法不再适用于这种特殊的情况。针对这种变物性换热器的计算，有学者提出采用积分温差法计算，即根据热负荷将换热器分成多段，假定每段换热温差为一定值，从而计算出换热器的积分温差，用于计算换热面积，计算过程中传热系数需按常量处理。

以 LNG 和丙烷的逆流换热为例，考虑到流体在流道内会经历临界状态，物性发生变化，按照 LNG 的进出口冷热端温差设计要求，将整个换热器设备分成 N 段，如图 14.7 所示，对于换热节点 i，LNG 在该段的进出口温度为 t_i 和 t_{i-1}，分段进出口比焓值分别为 H_i 和 H_{i-1}；丙烷的进出口温度为 T_{i-1} 和 T_i，进出口比焓为 H_{i-1} 和 H_i。第 i 分段的传热系数为 K_i，总传热系数为 K，第 i 分段对应的换热面积 F_i，总换热面积为 F，第 i 段对应的换热量为 Q_i，总换热量为 Q。m_h 为热侧的质量流量，m_c 为冷侧的质量流量。ΔT_i 为第 i 段微单元的冷热流体温差，$T_{h,i}$ 为第 i 段微单元热侧流体温度，$T_{c,i}$ 为第 i 段微单元的冷侧流体温度。$\alpha_{h,i}$ 为第 i 段微单元的热侧流体表面对流传热系数，$\alpha_{c,i}$ 为第 i 段为单元的冷侧流体表面传热系数，Δd 为冷热流体之间的壁面厚度，λ_w 为壁面材料导热系数。假设每段的冷热侧流体热量完全充分交换，则每段的换热量 Q_i 存在以下关系式：

$$F=\sum_{i=1}^{N}F_i=\sum_{i=1}^{N}\frac{Q/N}{K_i\cdot\Delta T_i}=\frac{Q}{N}\sum_{i=1}^{N}\frac{1}{K_i\cdot\Delta T_i} \tag{14-6}$$

$$Q_{\mathrm{i}}=\frac{Q}{N}=\dot{m}_{\mathrm{h}}(H_{\mathrm{h,in}}-H_{\mathrm{h,out}})=\dot{m}_{\mathrm{c}}(H_{\mathrm{c,in}}-H_{\mathrm{c,out}}) \tag{14-7}$$

$$\Delta T_i=T_{h,i}-T_{c,i} \tag{14-8}$$

$$\frac{1}{K_i}=\frac{1}{\alpha_{h,i}}+\frac{\Delta d}{\lambda_w}+\frac{1}{\alpha_{c,i}} \tag{14-9}$$

根据式（14-7）可以计算出各个微单元段的温度状态，从而计算每个微单元段的温差，结合每个微单元段的流动与传热的关联式，可以计算冷热两侧的传热系数，进而得到每单元段的传热系数 K_i；再下一步根据每段出入口温度（用设计 PCHE 的出入口温度，分配到每一个微单元段，确定单元段进出口温度）计算对数平均温差 Δt_{mi}，可以求得每段所需换热面积，可以根据式（14-6）得到换热器的总换热面积[24,25]。

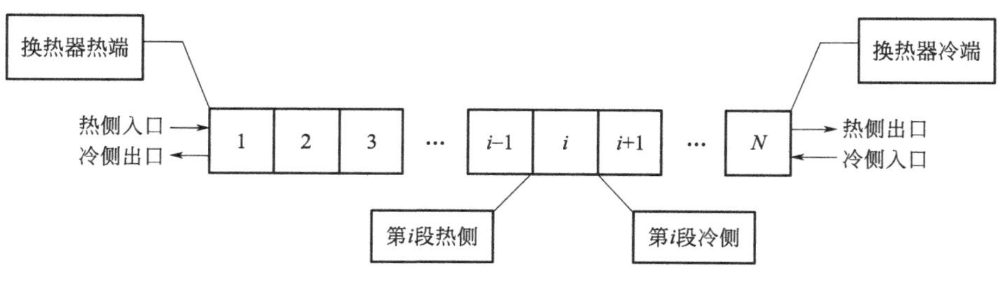

图 14.7　换热器分段计算原理

14.7.2 整体设计

为了保证设备的运行，在设计过程中应该综合考虑冷热温差和压降，在满足换热量的前提下，尽量降低设备压降。由于印刷电路板换热器的比表面积大，紧凑度高，一般在设计时需要减小设备的总体积来进一步降低换热器的流动阻力。因此在选择换热器芯体板片的微型流道时，大部分采用的都还是平直通道。具体的设计方法是：首先对换热器的换热功率等参数进行初步的设计计算，初步确定设备的几何结构参数，再采用上述的分段热力计算方法设计，计算每单元的对数平均温差，将换热量进行有效叠加，直至满足换热功率；最后对总体设备的压降和阻力损失进行校核，若不满足设备的运行要求，则需要调整单板通道数量、换热板片层数、流体在流道内的流速等参数，修改后再进行设计优化，直到获得最优设计方案。为保证设计结果的可靠性，过程中采用的经验公式需来自可靠的数值模拟或实验样机的测试结果[26]。

换热器芯体的设计确定之后，需要对换热器整体的其他零部件进行结构设计，包括封头结构和支耳结构等，之后对设备整体进行强度计算，包括内压计算、接管开孔补强计算、非标准件的强度计算等等。设备结构强度校核应该考虑各种载荷的组合作用，通常符合标准要求的零部件的强度可以不用计算。

14.8 印刷电路板式换热器的工业应用

印刷电路板式换热器以高效、紧凑、耐高温、耐高压等特点，在核能、太阳能、液化天然气等清洁能源领域具有广阔的发展潜力。随着电子技术及航空航天工业的蓬勃发展，火箭、飞机等所搭载的电子设备热载荷越来越大，这对承担冷却作用的换热器提出了更高的性能要求。飞机、火箭、航天器等工程设备因空间有限，往往需要采用尺寸小、质量轻、传热效率高的紧凑式热交换器，印刷电路板式换热器能很好地满足这些领域的应用要求。

14.8.1 海上液化天然气

随着海上液化天然气生产的快速发展，作为液化天然气浮式储存和再气化装置中再气化模块的关键设备，热交换器面临更大的技术挑战。印刷电路板式换热器作为一种紧凑式热交换器，具有体积小、换热效率高等特点，在液化天然气再气化装置上具有广阔的应用前景。

海上天然气开发工艺有两种，包括近浅海开发工艺和深海浮式天然气液化工艺。深海浮式天然气液化的工作空间狭小，海况环境恶劣，这就要求液化装置的主换热器结构紧凑、耐低温、耐高压、泄漏少、高效。印刷电路板式换热器凭借紧凑、高效、可靠的特点，能够满足深海浮式天然气液化主低温换热器的要求，近几年逐渐成为深海浮式天然气液化主低温换热器的首选。

应用于浮式天然气液化的印刷电路板式换热器，作为主低温换热器成功应用于年产150万吨浮式天然气液化装置中，然后扩展到其他领域，如布雷顿循环高温氦-氦换热器、超临界二氧化碳循环热水装置。

印刷电路板式换热器在液化天然气产业中已经得到了较多应用。Heatric公司为壳牌公司世界上第一个浮动天然气液化设施提供印刷电路板式换热器，为巴西国家石油和天然气公司离岸油田供应高性能的印刷电路板式换热器。

应用效果表明，印刷电路板式换热器的总效率达到 95.4%，在相同传热面积下体积和面积密度分别为管壳式换热器 34%和 252%，质量仅为管壳式换热器的 15%。可见一台印刷电路板式换热器实现了原本需四台管壳式换热器并联才能达到的换热效果。若考虑两种类型换热器采用相同材质，从设备总投资成本而言，采用一台印刷电路板式换热器替代四台管壳式换热器，可节约费用约 120 万元。印刷电路板式换热器紧凑的结构大幅度缩小了占地面积，节省平台结构甲板建造成本，折合费用约 90 万元。2018 年以前，印刷电路板式换热器引入国内海上油气田开发领域，满足了天然气处理系统的高要求，使天然气工艺换热设备的选型多样化。进口印刷电路板换热器在中国海油的崖城 13-1 和荔湾 3-1 等气田上得到了应用。到 2020 年，国产的印刷电路板换热器应用到了中海石油（中国）公司海南分公司在南海的万亿立方米的天然气开发项目（图 14.8），用作该平台上干气外输系统的干气压缩机后冷却器。该设备的换热负荷最高可达 4600kW，设计温度 −19～150℃，设计压力为 18.75MPa，设备尺寸 1.58m×1.43m×1.46m，质量为 3.24t，相对于其他同规格的进口印刷电路板换热器，国产设备大小和质量都有需要优化的地方。但对于目前发展较迅速的浮式液化天然气生产储卸装置而言，印刷电路板式换热器的应用显得尤为重要。

图 14.8　国产印刷板式换热器应用于海洋平台

14.8.2　超高温气冷核反应堆

高温换热器是第四代超高温气冷核反应堆系统中的重要组成部分，要求具有极高的紧凑度，并且能够在高温、高压等极端工况下安全可靠运行。印刷电路板式换热器作为一种高效紧凑式换热器，适用于高温气冷核反应堆，不仅具有极高的紧凑度，而且能够满足反应堆系统各种极端工况的要求。

PCHE 在这一工艺流程中主要是在超临界 CO_2 布雷顿循环中作为回热器使用，超临界 CO_2 由于其做功能力强、黏度低、导热系数高等一系列优点，在发展中受到越来越多的重视。在回热器中，冷热流体分别是来自于压气机和透平出口的超临界 CO_2，目前在核电中使用超临界 CO_2 来换热技术已经成熟，2020 年，国内七二五所研制的金属钠-超临界 CO_2 的印刷电路板换热器通过了验收。

14.8.3　空气冷却

由于印刷电路板式换热器的体积小、紧凑度高、换热效率高的特点，干气压缩机后单台冷却器功率为 20MW，如果选用管壳式换热器，在 19.480MPa 的操作条件下，质量大于

100t，设备尺寸很大。在同样条件下，如果选用印刷电路板式换热器，质量将小于20t。印刷电路板式换热器紧凑度极高，英国石油-阿莫科公司石油平台的空气冷却交换器选用钛制的印刷电路板式换热器。

参考文献

[1] 王康硕，任滔，丁国良，等. 浮式液化天然气用印刷板路换热器研究和应用进展[J]. 制冷学报，2016，37(02)：70-77.

[2] 丁淼. 超临界二氧化碳自适应流道回热器研究[D]. 合肥：中国科学技术大学，2018.

[3] 胡芳. 印刷电路板式换热器流动与传热特性研究[D]. 南京：南京航空航天大学，2012.

[4] 贾丹丹. 印刷板式换热器强化换热理论分析与实验研究[D]. 镇江：江苏科技大学，2017.

[5] 李雪，陈永东，于改革，等. 印刷电路板式换热器Zigzag通道流动与传热数值模拟[J]. 流体机械，2017，45(11)：72-78.

[6] 汤寿超. 直通道PCHE内超临界流体流动与传热特性数值模拟研究[D]. 哈尔滨：哈尔滨工业大学，2019.

[7] 张永. 翼型流道印刷板式换热器内超临界氮的流动与换热性能研究[D]. 镇江：江苏科技大学，2019.

[8] 徐婷婷，赵红霞，韩吉田，等. 结构和工况参数对印刷电路板式换热器性能的影响[J]. 热力发电，2020，49(12)：28-35.

[9] 辛菲，李磊，徐向阳，等. 印刷电路板高压换热器加工工艺研究[C]. 北京：第十四届全国反应堆热工流体学术会议，2015.

[10] 张文毓. 印制电路板式换热器的研究与应用[J]. 上海电气技术，2019，12(04)：64-68.

[11] 李磊，杨剑，马挺，等. 印刷电路板通道的高温传热和阻力特性研究[J]. 工程热物理学报，2014，35(05)：931-934.

[12] 高毅超，夏文凯，龙颖，等. 管径和转折角对Z型PCHE换热及压降影响的研究[J]. 热能动力工程，2019，34(02)：94-100.

[13] 谢丽懿，李智强，丁国良. FLNG用印刷板路换热器技术特点及发展趋势[J]. 化工学报，2019，70(11)：4101-4112.

[14] Kim Y，Seo J，Choi Y，et al. Heat Transfer Characteristics and Pressure Drop in Straight Microchannel of the Printed Circuit Heat Exchangers[J]. Transactions of the Korean Society of Mechanical Engineers B，2008，32(12)：915-923.

[15] Seo J，Kim Y，Kim D，et al. Heat Transfer and Pressure Drop Characteristics in Straight Microchannel of Printed Circuit Heat Exchangers[J]. Entropy，2015，17(5)：3438-3457.

[16] Chen M，Sun X，Christensen R N，et al. Experimental and numerical study of a printed circuit heat exchanger[J]. Annals of Nuclear Energy，2016，97：221-231.

[17] Chen M，Sun X，Christensen R N，et al. Pressure drop and heat transfer characteristics of a high-temperature printed circuit heat exchanger[J]. Applied Thermal Engineering，2016，108：1409-1417.

[18] Chu W，Li X，Ma T，et al. Experimental investigation on SCO_2-water heat transfer characteristics in a printed circuit heat exchanger with straight channels[J]. International Journal of Heat and Mass Transfer，2017，113：184-194.

[19] Nikitin K，Kato Y，Ngo L. Printed circuit heat exchanger thermal-hydraulic performance in supercritical CO_2 experimental loop[J]. International journal of refrigeration，2006，29(5)：807-814.

[20] Meshram A，Jaiswal A K，Khivsara S D，et al. Modeling and analysis of a printed circuit heat exchanger for supercritical CO_2 power cycle applications[J]. Applied Thermal Engineering，2016，109：861-870.

[21] Kim S G，Lee Y，Ahn Y，et al. CFD aided approach to design printed circuit heat exchangers for supercritical CO_2 Brayton cycle application[J]. Annals of Nuclear Energy，2016，92：175-185.

[22] Pidaparti S R，Anderson M H，Ranjan D. Experimental investigation of thermal-hydraulic performance of discontinuous fin printed circuit heat exchangers for supercritical CO_2 power cycles[J]. Experimental thermal and fluid science，2019，106：119-129.

[23] Baik S，Kim S G，Lee J，et al. Study on CO_2-water printed circuit heat exchanger performance operating under various CO_2 phases for S-CO_2 power cycle application[J]. Applied Thermal Engineering，2017，113：1536-1546.

[24] 董爱华. 印刷电路板式换热器的设计分析[J]. 节能技术，2019，37(02)：170-173.

[25] 吴维武，王东宝，赵黎明，等. 印刷电路板式 LNG 气化器分段设计计算方法研究[J]. 海洋工程装备与技术，2016，3(02)：93-98.

[26] 于改革，姚志燕，陈永东，等. 印刷电路板式换热器板片结构强度设计[J]. 压力容器，2018，35(12)：42-46.

第 15 章

换热器材料

15.1 概述

换热器属于过程设备的一种，实际生产中过程工艺种类繁多，为了满足各种工艺要求，换热器的材料也是千变万化。换热器的结构及性能与材料密不可分，换热器的选材是换热器设计、制造的基础。换热器选材要满足以下条件：首先要满足使用条件，如满足温度、压力要求，耐介质腐蚀。食品医药等行业对介质的纯度要求较高，就需要考虑材料本身是否会污染工艺介质，例如对铁离子含量有特殊要求的工艺，就不能使用普通碳钢，否则会对工质造成污染；其次要考虑材料的性能是否满足要求，这包括材料的力学性能、工艺性能、化学性能和物理性能。所谓力学性能指材料在载荷作用下表现出来的抵抗能力，如强度（抗拉强度、屈服强度、蠕变强度、持久强度、疲劳强度）、塑性、硬度、冲击韧性等。工艺性能一般指材料的加工性能，例如金属材料的铸造性能、锻造性能、焊接性能、热处理性能和切削加工性能等。材料的化学性能一般指材料的耐腐蚀性及抗氧化性。物理性能指材料的热膨胀性、弹性模量与泊松比、导热系数、比热容等，其中导热系数是换热器设计中比较关注的性能。最后需要考虑经济合理性。在满足基本工艺要求后，经济性往往成为一个项目选材的决定性因素。

换热器材料可分为金属材料和非金属材料两大类。金属材料一般分为黑色金属和有色金属两种。黑色金属包括铁、铬、锰等，通常也称为钢铁材料；有色金属是指除铁、铬、锰以外的所有金属及其合金，如铝、镍、铜等。非金属材料指具有非金属性质（导电性导热性差）的材料，随着生产和科学技术的进步，人类制造和合成了许多非金属材料如石墨、陶瓷、塑料等，这些非金属材料因某优异性能而在工业中得到广泛应用。

15.2 金属材料

换热器用金属材料主要有属于黑色金属的碳素钢、低合金钢、高合金钢及属于有色金属的镍、钛、铝、铜、钽、锆等。

15.2.1 碳素钢及低合金钢

碳素钢又称为“铁碳合金”，一般不标合金含量只标含碳多少。碳素钢按照品质的好坏，可分为普通碳素钢、优质碳素钢和高级优质钢[1]。普通碳素钢的牌号由代表钢材屈服点字母 Q、屈服点数值和材料质量等级符号组成，例如常见的 Q235B，Q 为钢材屈服点“屈”字汉语拼音首位字母；235 为钢材屈服点的数值，单位 MPa；B 为钢材质量等级，一般有 A、B、C、D 四等，区别在于脱氧方法是沸腾钢还是镇静钢，杂质硫、磷含量也略有不同，详见 GB/T 700—2006《碳素结构钢》。优质碳素钢除保证钢材的化学成分和机械强度外，还对硫、磷等杂质含量进行严格控制，通常均小于 0.035%。它的牌号用含碳量来表示，如含碳量在 0.20% 的优质碳素钢称为 20 号钢，如果优质碳素钢中锰含量较高（0.70%～1.20%），在牌号后面增加锰元素符号“Mn”，如 35Mn、45Mn。优质碳素钢中的 10 号、20 号钢，因导热性优良，韧性、塑性和焊接性均较好，价格不高，容易获得，在普通换热器中应用最多。10 号钢与 20 号钢相比，强度稍低，但低温冲击韧性较好，在压力容器中，10 号钢可以用于−20℃工况，而 20 号钢只能用于 0℃以上[2]。高级优质钢中硫、磷等杂质比优质碳素钢更少，不超过≤0.003%。其表示方法是在优质钢钢号后面加一个 A 字，如 20A。

为改善钢材性能，在碳钢中特意加入一些合金元素得到合金钢，其中合金含量小于 5% 的钢为低合金钢。低合金钢因加入了合金元素，其机械性能、耐热性、低温韧性等优于碳素钢。低合金钢按用途分，主要有三大类，分别为低合金高强度钢、中温抗氢钢和低温钢。锰元素对提高钢的强度有良好的作用，因此低合金高强度钢均添加了一定的锰元素。铬元素能够提高金属耐腐蚀性能，同时也能提高抗氧化性能。钼、钒能提高钢的高温强度，细化晶粒，因此添加了这些元素的钢大部分用于中温抗氢。镍元素能提高钢的耐腐蚀性和低温冲击韧性，因此含镍低合金钢常用于低温环境。常用低合金钢见表 15.1，这些钢材均为压力容器及换热器常用钢种。

表 15.1 常用低合金钢

<table>
<tr><th rowspan="2">分类</th><th colspan="2">钢板</th><th colspan="2">钢管</th><th colspan="2">锻件</th></tr>
<tr><th>牌号</th><th>标准</th><th>牌号</th><th>标准</th><th>牌号</th><th>标准</th></tr>
<tr><td rowspan="2">高强钢</td><td>Q345R（16MnR）
18MnMoNbR
13MnNiMoR</td><td>GB/T 713—2014</td><td rowspan="2">16Mn</td><td rowspan="2">GB/T 6479—2013</td><td rowspan="2">16Mn
20MnMo
20MnMoNb
20MnNiMo</td><td rowspan="2">NB/T 47008—2017</td></tr>
<tr><td>07MnMoVR
12MnNiVR</td><td>GB/T 19189—2011</td></tr>
<tr><td rowspan="3">中温抗氢钢</td><td>15CrMoR
14Cr1MoR
12Cr2Mo1R
12Cr1MoVR</td><td>GB/T 713—2014</td><td>12CrMo
15CrMo
1Cr5Mo</td><td>GB/T 9948—2013</td><td rowspan="3">15CrMo
14Cr1Mo
12Cr2Mo1
12Cr1MoV
12Cr3Mo1V</td><td rowspan="3">NB/T 47008—2017</td></tr>
<tr><td rowspan="2">12Cr2Mo1VR</td><td rowspan="2">GB/T 150.2—2011 附录 A</td><td>12Cr2Mo1</td><td>GB/T 150.2—2011 附录 A</td></tr>
<tr><td>12Cr1MoVG</td><td>GB/T 5310—2017</td></tr>
</table>

续表

分类	钢板		钢管		锻件	
	牌号	标准	牌号	标准	牌号	标准
低温钢	16MnDiR 15MnNiDR 09MnNiDR	GB/T 3531—2014	09MnD 09MnNiD	GB/T 150.2—2011 附录 A	08MnNiMoVD 10Ni3MoVD 09MnNiD 08Ni3D	NB/T 47009—2017
	15MnNiNbDR 08Ni3DR 06Ni9DR	GB/T 150.2—2011 附录 A				
	07MnMoVDR 07MnNiMoDR	GB/T 19189—2011				

15.2.2 不锈钢

当钢中合金元素总量大于10%时，一般称为高合金钢。不锈钢是高合金钢的一种，以不锈、耐蚀性为主要特性，且铬含量至少为10.5%，碳含量最大不超过1.2%[3]。不锈钢根据基体中基本组织不同，可以分为四类：铁素体型不锈钢、奥氏体-铁素体（双相）型不锈钢、奥氏体型不锈钢和马氏体型不锈钢。铁素体型不锈钢以体心立方晶体结构的铁素体组织（α相）为主，有磁性，一般不能通过热处理硬化，但冷加工可使其轻微强化。奥氏体-铁素体型不锈钢是基体兼有奥氏体和铁素体两相组织（其中较少相的含量一般大于15%）的不锈钢，有磁性，可通过冷加工使其强化。奥氏体型不锈钢基体以面心立方晶体结构的奥氏体组织（γ相）为主，无磁性，主要通过冷加工使其强化，冷加工后可能导致一定的磁性，经退火处理可以消除磁性。马氏体型不锈钢的基体为马氏体组织，有磁性，其力学性能可通过热处理进行调整。不锈钢基体组织的不同主要是各种元素含量不同导致的，元素铁、铬是一种铁素体形成元素，而镍、碳、锰、铜是奥氏体形成元素。在不锈钢中，这两种相反的力量同时作用：铁素体形成元素不断形成铁素体，奥氏体形成元素不断形成奥氏体。最终晶体结构取决于两类添加元素的相对数量。只含铁和铬的不锈钢就是完全铁素体不锈钢，随着镍的增加，形成的奥氏体会逐渐增加，当形成50%铁素体和50%奥氏体时，就称为双相不锈钢，当所有铁素体结构全部转变为奥氏体结构，就形成奥氏体不锈钢。

GB/T 20878—2007《不锈钢和耐热钢 牌号及化学成分》按照GB/T 17616—2013《钢铁及合金牌号统一数字代号体系》确定的原则[4]，对不锈钢材料编制了统一数字代码，以S加五位数字组成，相较于原来以元素成分命名，统一数字代码方便书写，容易记忆，且很多材料特别是奥氏体型钢和马氏体型钢，前三位代码与美国AISI和UNS体系的三位数一致，有利于国际交流。S为不锈钢的英文首字母，第一位数字表示基本组织类型，如铁素体型为S1××××，奥氏体-铁素体型为S2××××，奥氏体型为S3××××，马氏体型为S4××××；对于铁素体型和铁素体-奥氏体型，第二、三位数字表示铬含量，为铬含量中间值的100倍；对于奥氏体型和马氏体型钢，第一、二、三位数字作为钢组，与美国AISI和UNS体系三位数一致；第四位数为顺序号或者微量元素代号；第五位数主要表示含碳量，个别表示顺序号或者耐热钢。常用不锈钢数字代码及牌号见表15.2。

表 15.2 常用不锈钢数字代码及牌号

统一数字代码	新牌号	旧牌号
S30408	06Cr19Ni10	0Cr18Ni9
S30403	022Cr19Ni10	00Cr19Ni10
S31008	06Cr25Ni20	0Cr25Ni20
S31608	06Cr17Ni12Mo2	0Cr17Ni12Mo2
S31603	022Cr17Ni12Mo2	00Cr17Ni14Mo2
S32168	06Cr18Ni11Ti	0Cr18Ni10Ti
S22053	022Cr23Ni5Mo3N	—
S22253	022Cr22Ni5Mo3N	—
S21953	022Cr19Ni5Mo3Si2N	00Cr18Ni5Mo3Si2
S11348	06Cr13Al	0Cr13Al
S11168	06Cr11Ti	0Cr11Ti
S41008	06Cr13	0Cr13
S41010	12Cr13	1Cr13
S42020	20Cr13	2Cr13

不锈钢以所含的合金元素不同，分为以铬为主的铬不锈钢及以铬镍为主的铬镍不锈钢。耐腐蚀作用的主要是元素铬，当铬含量超过 12%之后，其在不锈钢表面会形成了一层厚度在纳米级的坚固致密的富铬氧化膜，该薄膜阻止了外界环境与金属基体的进一步接触，从而达到防腐蚀的目的。该氧化膜是在氧化性介质中形成的，因此其耐腐蚀性多指耐氧化介质。在非氧化性酸中，如稀硫酸和强有机酸中，一般铬不锈钢、铬镍不锈钢均不耐腐蚀。为了确保不锈钢的耐腐蚀性能，要保证其含铬量大于 12%，实际应用的不锈钢中的平均含铬量都在 13%以上。

在使用不锈钢材料的过程中，要特别注意不锈钢的晶间腐蚀及应力腐蚀。晶间腐蚀是由于钢中存在碳元素，碳与铬在晶界形成碳化物（$Cr_{23}C_6$），导致近晶界区域贫铬，耐腐蚀性下降的现象。晶间腐蚀会导致钢材变脆、强度变低，发生晶间腐蚀的不锈钢在外观上几乎没有变化，不容易被发现，但在载荷作用下会突然断裂，具有很大的风险性。不锈钢在 400～800℃的范围内极易产生晶间腐蚀，尤其是奥氏体型不锈钢，如果热处理不当，在该温度区间长时间逗留，会造成原应在奥氏体中固溶的碳化物在奥氏体晶间沉淀析出，造成碳化物临近部分贫铬，耐腐蚀性能下降，产生敏化现象[5]，该温度区间亦称为敏化区间，在进行不锈钢设备热处理时，需要特别注意该特性，在冷却的过程中，需通过急冷的方式快速跨过该温度区间。为了防止晶间腐蚀，目前主要有三种手段：一是减少钢中的含碳量，研究表明，当含碳量小于 0.02%时，即使在缓冷的条件下，也不会析出铬，即采用超低碳不锈钢会大大降低晶间腐蚀倾向。二是在钢中加入与碳亲和力比铬更强的合金元素，如钛、铌等，以形成稳定的 TiC、NbC 等，将钢中的碳固定于这些化合物中，避免形成 $Cr_{23}C_6$。如 S32168（06Cr18Ni11Ti）就具有较高的抗晶间腐蚀能力。三是进行稳定化热处理，即将不锈钢加热至 850～900℃，保温足够长时间，然后快速冷却，将碳元素以碳化钛和碳化铌的形式固定在晶格中。应力腐蚀指材料在拉应力与特定的腐蚀环境共同作用下，在局部形成裂纹或腐蚀坑，使腐蚀部位出现应力集中，在单位面积达到材料所能承受的最大载荷时，开始发生裂纹扩展，当裂纹发展至某一临界尺寸便会出现失稳纯力学裂纹扩展，最终发生断裂[6]。应力腐蚀是应力、环境和材料三者共同作用的结果。发生应力腐蚀的环境通常有酸性、碱性、高温水等[7]。此外，当环境中含有某些离子，尤其是存在氯离子时，不锈钢会显现出高的应力腐蚀敏感性。不锈钢只有在特定的环境中才会发生应力腐蚀。如高铬钢在次氯酸钠溶液、海水及湿硫化氢环境下会发生应力腐蚀，奥氏体型不锈钢在氯离子及高温蒸馏水环境下会发生应力腐蚀。双相不锈钢具有良好的耐应力腐蚀性能，其耐应力腐蚀能力较奥氏体型不锈钢要强很多，尤其是在含有氯离子的介质中[8]。

除了耐热、耐腐蚀外，奥氏体型不锈钢还是一种性能优良的低温材料。奥氏体型不锈钢基体为面心立方晶体，随着温度的降低，脆化倾向小，在低温下能保持优良的韧性。一般304 型不锈钢可耐－196℃（液氮）。304L 与 316 可耐－253～－196℃（液氢），316L 因含2％～3％钼，强度与抗应力腐蚀及点蚀能力得到了提高，因此可作为－269℃（液氦）的低温储罐与管道的首选材料。321 型不锈钢的铬镍含量更高，在低温下更稳定；铌、钛的加入使其在存在加工应力的条件下仍能适用于－269℃的低温。

15.2.3 镍及镍合金

镍材按元素含量分为纯镍和镍合金。按 ISO 6372-1 的规定，纯镍为镍（可加钴）最小含量为 99.0％的金属，且除镍外其他元素的质量含量不超过下列规定的极限值：Co≤1.5％、Fe≤0.5％，O≤0.4％、其他元素每种小于或等于 0.3％[9]；镍合金是镍在质量上占优势，超过每种其他元素的金属材料，并规定：至少一种其他元素的质量含量大于规定的极限值（即 Co＞1.5％、Fe＞0.5％、O＞0.4％，其他元素每种大于 0.3％），或者，除镍、钴外的元素的质量总含量超过 1％[10]。镍合金可按主要合金元素进行分类，从二元角度主要包括 Ni-Cu、Ni-Mo、Ni-Cr 和 Ni-Fe(Fe-Ni)，从三元角度则包括 Ni-Cr-Mo、Ni-Cr-Fe 及 Ni-Fe-Cr 等。

镍材可在表面形成较致密的氧化膜，使镍产生钝化。镍的钝化系数为 0.37，高于铁（0.18），但比钛（2.44）和铝（0.82）低。镍的钝化有利于提高镍的耐蚀性，但镍不能像钛、铝那样主要靠本身优良的钝化性能而获得好的耐蚀性，镍像不锈钢一样，主要依靠加入铬、钼、铜等合金元素后获得优异的钝化性能，从而获得好的耐蚀性。铬、钼、铜、钨、硅等合金元素加入铁或镍中都能提高金属的耐蚀性，但这些耐蚀元素必须溶入基体中才能发挥作用。这些元素在铁中的溶解度较低，在镍中的溶解度要比铁中的高得多，因此镍合金要比不锈钢具有更好的耐蚀性能。镍在水溶液中的电位不高于－0.5V 时，在各种 pH 值的介质中均处于稳定区，基本不产生电化学腐蚀，因此镍及镍合金与不锈钢和其他有色金属相比，对于强酸、强碱等强腐蚀性介质有更好的耐蚀性，大部分不锈钢耐酸不耐碱，而镍在碱性溶液中具有优良的耐蚀性，纯镍常用作耐碱液腐蚀的材料。含铬或（和）钼的镍合金因碳在其中的溶解度较低（低于奥氏体中的溶解度），其晶间腐蚀敏感性要高于奥氏体不锈钢。由于镍合金的使用介质条件往往比不锈钢更苛刻，因此对于镍合金的晶间腐蚀问题应当给予高度重视。镍和铜可以互溶，铜也不是碳化物形成元素，因此镍铜合金不存在晶间腐蚀问题。镍铜合金常用作耐氢氟酸的材料。镍合金因镍含量较高，因而在含氯介质中有更好的耐应力腐蚀性能。镍及镍合金在较高温度下会与含硫介质反应生成硫化镍，这些硫化镍熔点仅为625～645℃，会使材料脆化，因此镍和镍合金在含硫介质中使用温度受到较大限制，一般在氧化性含硫（如含二氧化硫）的气氛中，纯镍与镍铜合金使用温度不应超过 315℃，镍铬铁合金和镍铁铬合金使用温度不应超过 815℃；在还原性的含硫（如含硫化氢）气氛中，纯镍与镍铜合金的使用温度不应超过 260℃，镍铬铁合金和镍铁铬合金的使用温度不应超过 540℃。镍及镍铜合金在高温蒸汽中会产生沿晶脆化，因此在高温蒸汽环境下，纯镍使用温度不应超过 425℃，镍铜合金不应超过 380℃，镍铬铁合金不应超过 815℃，镍铁铬合金不应超过 980℃。镍及镍合金与液态铅、锡、铝、锌等金属接触时，会与这些金属生成脆性的金属间化合物，因而使用温度不应超过这些金属的熔点。

镍基耐蚀合金商业化发展过程中，国外知名企业起到了关键的推动作用，如国际镍合金集团（SMC，Special Metal Corporation）、哈氏合金国际公司（Haynes International Inc.）等[11]。镍及镍合金因厂家不同、涉及的商标、专利不同，常用的命名方式不同，主要分为 Monel、Inconel、Incoloy、Hastelloy 等[12]。第一种工业化的镍基耐蚀合金是 Monel400，属于 Ni-Cu 系合金，具有较好的耐 HF、海水、盐水、还原性酸及缝隙腐蚀性能，现 Monel 合金已演变成十多种；Inconel 是 Ni-Cr-Fe 基固溶强化合金，典型商品牌号有 Inconel600、Inconel625，具有良好的耐高温腐蚀和抗氧化性能，冷热加工及焊接性能优良。Incoloy 是 Ni-Fe-Cr 系合金，典型牌号有 Incoloy800（800H、800HT）、Incoloy825 等，800 合金的推出是用来填补镍含量相对较低的耐热、耐腐蚀合金的市场需求，其具有较高的高温强度以及抗氧化、抗渗碳和其他形式的高温腐蚀性能，Incoloy800H 碳含量较 Incoloy800 高，与 Incoloy800 相比，其具有更高的蠕变和断裂性能，如果将 C、Al 和 Ti 含量控制在规定范围内的上限，就获得比 Incoloy800H 更高的抗蠕变和开裂性能的 Incoloy800HT，Incoloy825 是添加了 Mo、Cu、Ti 的 Ni-Fe-Cr 合金，它具有优良的抗氯离子应力腐蚀性能，抗点蚀、缝隙腐蚀能力也很强；Hastelloy 系合金主要是超低碳型 Ni-Cr-Mo 合金，为美国哈氏合金国际公司的商标，主要有 A、B、C、D、F、G、N、W、X 等系列，化工装置使用的哈氏合金主要是 B 类、C 类和 G 类，常用的有 B-3 及 C-276，哈氏合金对多种恶劣腐蚀环境如湿氧、亚硫酸、强氧化盐等都有优异的抗腐蚀性能，如 C-276 几乎不受氯离子的影响，是少数可用于热浓硫酸的几种材料之一，同样能用于甲酸、醋酸、高温氢氟酸和一定浓度的盐酸（≤40％）、磷酸（≤50％）[13]。

我国从 20 世纪 50 年代开始仿制、改进国外牌号的镍基合金，至 1994 年公布的镍基耐蚀合金牌号已有 23 种。70 多年来，我国已成为继美国、英国和苏联之后的第四个具有镍合金体系的国家，形成了一支有较高理论水平的生产与科研队伍，主要生产企业有抚顺特殊钢集团、四川长城特殊钢集团、太原钢铁集团、东北特钢集团、宝钢集团上钢五厂、北京钢铁研究总院等。国标耐蚀合金牌号前缀为字母 NS，常用耐蚀合金国标牌号对应的国际牌号、ASME 牌号及商品牌号见表 15.3。

表 15.3 常用镍及镍合金材料的中国、ISO 和 ASME 牌号

中国牌号	ISO 牌号		ASME 牌号		商品牌号
	编号	牌号	UNS No.	公称成分	
N7，N6	NW2200	Ni99.0	N02200	99Ni	Nikel200
NCu30	NW4400	NiCu30	N04400	67Ni-30Cu	Monel400

续表

中国牌号	ISO 牌号		ASME 牌号		商品牌号
	编号	牌号	UNS No.	公称成分	
NS312	NW6600	NiCr15Fe8	N06600	72Ni-15Cr-8Fe	Inconel600
NS336	NW6625	NiCr22Mo9Nb	N06625	60Ni-22Cr-9Mo-3.5Nb	Inconel625
NS111	NW8800	FeNi32Cr21AlTi	N08800	33Ni-42Fe-21Cr	Incoloy800
NS112	NW8810	FeNi32Cr21AlTi-HC	N08810	33Ni-42Fe-21Cr	Incoloy800H
NS142	NW8825	NiFe30Cr21Mo3	N08825	42Ni-21.5Cr-3Mo-2.3Cu	Incoloy825
NS334	NW0276	NiMo16Cr15W4	N10276	54Ni-16Mo-15Cr	Hastelloy C-276
NS322	NW0665	NiMo28	N10665	65Ni-28Mo-2Fe	Hastelloy B-2
—	—	—	N10675	65Ni-29.5Mo-2Fe-2Cr	Hastelloy B-3

镍及镍合金除耐蚀性优异外，另外一个性能就是耐高温。镍基高温合金是高温合金中应用最广、高温强度最高的一类合金[14]，主要原因在于，一是镍基合金中可以溶解较多合金元素，且能保持较好的组织稳定性；二是可以形成共格有序的 A_3B 型金属间化合物 $\gamma'[Ni_3(Al,Ti)]$ 相作为强化相，使合金得到有效的强化，获得比铁基高温合金和钴基高温合金更高的高温强度；三是含铬的镍基合金具有比铁基高温合金更好的抗氧化和抗燃气腐蚀能力。镍基合金含有十多种元素，其中 Cr 主要起抗氧化和抗腐蚀作用，其他元素主要起强化作用。根据它们的强化作用方式可分为：固溶强化元素，如钨、钼、钴、铬和钒等；沉淀强化元素，如铝、钛、铌和钽；晶界强化元素，如硼、锆、镁和稀土元素等。正因为镍基合金在中高温下具有优异的性能，因此镍基高温合金常被用于航空发动机、航天器、燃气轮机等热端部件，同时在核反应堆、煤转化及化工等领域也被广泛应用。我国高温合金也经历了仿制、仿创结合到独创的发展过程，从最初的 GH3030，到后来的 GH4033、GH1140、GH4169 等，从无到有，耐温性能从低到高，最终建立和完善了我国的高温合金体系。

15.2.4 钛及钛合金

钛在室温下呈银白色，密度为 4.50g/cm^3，重量较轻，因此也是航空航天用主要材料。根据国内标准 GB/T 3620.1—2016，常用工业纯钛牌号 TA0～TA4，工业纯钛常温时的屈服强度与抗拉强度接近，屈强比较大，弹性模量低。随着温度升高，纯钛的抗拉强度和屈服强度都急剧降低，在 250～300℃时，抗拉强度和屈服强度均约为常温下的一半，一般钛及钛合金使用温度上限为 300℃[15]。在低温下，工业纯钛抗拉强度与屈服强度几乎都比常温时高，纯度高的工业纯钛无低温脆性现象，在低温下冲击韧性反而增高。因此 TA1 和 TAD（高纯钛）可以在－196℃下安全使用[16]，但当钛制压力容器使用温度等于或低于－60℃时，所用钛材应检验其在不高于设计温度下的伸长率，JB/T 4745—2002 规定，钛及钛合金的许用温度下限为－269℃。

钛表面由于能自然生成钝化膜三氧化二钛，而且一旦被破坏，会迅速再生成，具有“自愈性”，所以钛耐腐蚀性非常好，在淡水、海水、湿氯气、二氧化氯、硝酸、醋酸、氯化铁、氧化铜、熔融硫、氯化烃类、次氯酸钠、含氯漂白剂、乳酸、苯二酸及尿素中几乎不腐蚀。

在不超过 120℃的海水和其他氯化物（如 KCl、$CaCl_2$）溶液中，也不会发生腐蚀。一般情况下，可用于 135℃以下的海水和 165℃以下各种浓度的盐水（NaCl）。在沸点以下的有机酸和稀碱液中，钛材料耐蚀性能也良好。但是，钛材料在硫酸、盐酸、氢氟酸和王水等中的耐蚀性较差。在较高温度（120℃以上）的某些浓氯化物溶液（如 pH＞7、氯化物浓度＞200mg/L 的废水）中，也会引起缝隙腐蚀或应力腐蚀[17]。钛在一定条件的发烟硝酸、干氯气、甲醇、三氯乙烯、液态四氧化二氮、熔融金属盐、四氯化碳、氢气、溴蒸气等介质中可能产生燃烧、爆炸或应力腐蚀开裂等，因此钛对这些介质环境应回避或慎用。

钛具有耐腐蚀性、比重小、强度高等特点，因此钛制换热器被广泛用于炼油、氯碱、纤维、树脂、化肥、农药、医药及电镀等行业。具体应用场合如炼油行业的常压蒸馏塔顶热交换器、流化催化分流冷凝器、混合器冷凝器、脱丁烷塔冷凝器[18]，氯碱行业脱氯塔冷却器、酸水冷却器，精对苯二甲酸（PTA）行业中的冷凝器，制药行业的氯霉素薄膜蒸发器、硫酸二甲酯冷却器等。钛在海水或海洋空气中具有优异的耐腐蚀性，钛换热器也广泛应用于船舶和海洋工程中，例如冷凝器、蒸发器、“宙斯盾”雷达电子系统冷却装置、空调冷凝器、油冷却器等[19]。

在制造方面，由于钛不能和钢等许多金属熔焊，因此钛制设备在焊接时严禁混入钢铁和其他金属，钛钢复合设备在焊接钛复层时，需要在焊缝底部垫一块钛板，局部也可以用银焊过渡。常温下，钛及钛合金比较稳定，但随着温度的升高，钛材在 250℃左右开始吸收氢元素，400℃开始吸收氧元素，600℃开始吸收氮元素[20]。钛制部件热成型时，一般温度都高于 400℃，其表面易与空气中的氧、氮等发生反应，因此对需要加热的热成型工件，特别是温度在 600℃以上的表面应采用耐高温涂料或其他高温防护措施，以防止表面氧化污染。

15.2.5　铝及铝合金

铝是一种银白色轻金属，在地壳中的含量仅次于氧和硅，位列第三。铝与氧的亲和力极大，很难用还原法获得，因此在 19 世纪中期，铝的价格接近黄金，是帝王贵族们享用的珍宝。到 19 世纪末，由于发电机的改进，有了廉价的电力，同时发明了氧化铝溶解在冰晶石中进行电解的方法，铝的价格才大幅下降，铝制品进入寻常百姓家。铝的密度很小，仅为 $2.7g/cm^3$，虽然它比较软，但可制成各种铝合金，如硬铝、超硬铝、防锈铝、铸铝等。铝合金广泛应用于飞机、汽车、火车、船舶等制造工业。此外，宇宙火箭、航天飞机、人造卫星也使用大量的铝及其铝合金。例如，一架超音速飞机约由 70％的铝及其铝合金构成。船舶建造中也大量使用铝，一艘大型客船的用铝量常达几千吨。铝是热的良导体，它的导热能力比铁大 3 倍，因此工业上可用铝制造各种热交换器、散热材料等。

原来我国变形铝及铝合金按 GB/T 340—1976（已废止）规定的牌号、状态进行表示，自 1996 年起，我国变形铝及铝合金牌号表示方法开始采用国际四位数字体系牌号，状态代号也改用了符合国际惯例的新代号[21]。四位数字的第一位表示铝及铝合金的组别，1×××表示纯铝，合金组别按主要合金元素划分，见表 15.4[22]。

表 15.4 铝及铝合金组别代号

主要合金元素	牌号系列	主要合金元素	牌号系列
纯铝（Al≥99.00%）	1×××	Mg+Si	6×××
Cu	2×××	Zn	7×××
Mn	3×××	其他合金	8×××
Si	4×××	备用组	9×××
Mg	5×××		

铝合金强度随着温度的升高下降较快，一般使用温度需低于 150℃，最高不能超过 205℃[23]。铝的标准电极电位非常负，极不稳定，但由于铝在空气中会生成一层致密的氧化膜作为屏障，该氧化膜能将介质与铝材本体隔开，从而产生了铝的耐腐蚀性。氧化铝保护膜在强酸或强碱中都易溶解，因此只有在中性环境（pH 值 4～8）中铝才具有较好的耐腐蚀性。当然，发烟硝酸因具有强氧化性，不会破坏氧化铝薄膜，所以铝可以用来制作发烟硝酸的容器。在化工行业中，主要采用纯铝 1×××系、防锈铝 3×××与 5×××系。最常用的冷拉管是 3003[24]。铝及铝合金换热器主要应用场景有炼油厂的空冷器（翅片）、轻油换热器、水冷器，空分的主冷器，LNG 液化用绕管换热器等。

15.2.6 铜及铜合金

铜呈紫红色光泽，密度 8.92g/cm^3，熔点 1083.4℃，沸点 2567℃，有很好的延展性，导热和导电性能较好。铜在有色金属材料的消费量中仅次于铝。铜分纯铜及铜合金。纯铜一般要求铜含量不低于 99.5%。铜合金一般铜含量应为 50%～99%，铜合金分为黄铜、青铜和白铜。黄铜是以锌为主要合金元素的铜合金，白铜主要合金元素为镍，青铜中主要合金元素是锡、铝、硅、锰、铬、锆等[25]。常用铜及铜合金牌号见表 15.5。

表 15.5 常用铜及铜合金牌号

类型	名称	国标牌号	美国 UNS No.	欧盟
纯铜	二号纯铜	T2	C11000	CW004A
	二号无氧铜	TU2	C10200	CW008A
	一号磷脱氧铜	TP1	C12000	CW023A
	二号磷脱氧铜	TP2	C12200	CW024A
黄铜	96 黄铜	H96	C21000	—
	62 黄铜	H62	C28000	CW508L
	铅黄铜	HPb59-1	C37710	CW610N
	铝黄铜	HAl77-2	C68700	CW702R
	70-1 锡黄铜	HSn70-1	C44300	CW706R
	62-1 锡黄铜	HSn62-1	C46400	CW719R
	68A 加砷黄铜	H68A	C26130	CW707R
青铜	9-4 铝青铜	QA19-4	C62300	CW306G
白铜	10-1-1 铁白铜	BFe10-1-1	C7060	CW352H
	30-1-1 铁白铜	BFe30-1-1	C7150	CW354H

铜的标准电极电位比氢正，在电化学腐蚀过程中不会产生放氢反应，因而铜材常用做耐蚀容器。铜的氧化性溶液中会产生氧的去极化作用，因而铜在高氧化性溶液中不耐蚀，在氧

化性较低的有机酸如醋酸、乳酸、柠檬酸、脂肪酸等中有较好的耐蚀性，在温度、浓度不高的非氧化性无机酸如盐酸、硫酸、磷酸中也常具有一定的耐蚀性。铜离子有毒，用于海水换热器时可避免海洋动植物在金属表面附着聚集，因此传热效率不会降低，也不会产生生物腐蚀。黄铜中的锌在一定条件下会与其他介质反应，产生选择性腐蚀，如黄铜在缓滞的海水和含氯离子溶液中会脱锌，黄铜中锌含量越高越容易发生脱锌反应，如果在黄铜中加入微量砷，可抑制黄铜脱锌，因此就有了加砷黄铜。除了黄铜脱锌较为常见外，铝青铜在氢氟酸及含铵离子的酸性溶液中可能脱铝，硅青铜在高温蒸汽和酸性溶液中可能脱硅，锡青铜在热盐溶液和蒸汽中可能脱锡等。含锌量较高的黄铜在拉应力和含铵离子溶液的共同作用下，易产生阳极溶解型应力腐蚀，这种现象也被称为“氨脆”，在潮湿的工业大气中，即使大气中含氨量只有 0.5μL/L，含锌较高的黄铜也会产生应力腐蚀开裂，在潮湿的季节更易发生，称为“季裂”，因而铜容器应尽量避免在氮肥厂中应用。

铜具有良好的导热性，其导热系数为 401W/(m·K)，在所有的金属中仅次于银，是碳钢的 5 倍，因此铜换热器广泛应用于化工、暖通、制药、食品等行业中。几乎所有空调的冷凝器和蒸发器，均采用的是铜材料，有资料显示国内空调行业的铜耗量占年总消耗量的 21%[26]。另外，电器和电子市场铜的消耗量约占总数的 28%。大部分细菌不能在铜表面存活，因此对于卫生要求较高的场合也会使用铜制换热器。

图 15.1 为各种铜制电子散热件。

图 15.1　各种铜制电子散热件

15.2.7　钽、锆材料

（1）钽材

钽在室温下呈钢灰色，密度很大，为 16.6g/cm^3，熔点约为 3000℃，表面光滑，不易结垢。钽的力学性能中最突出的一点是延展性很好，在室温下冷轧或冷拔都没有困难，医疗上用来制成薄片或细线，缝补破坏的组织。

钽的耐腐蚀性能很好，除了氢氟酸、氟、发烟硫酸以及碱外，几乎能耐一切化学介质的腐蚀[27]。钽能耐腐蚀也是因其表面生成了一层约 0.1μm 的氧化膜，该氧化膜能够经受剧烈的变形。钽与金和铂相比，在耐腐蚀性能相同的情况下，价格仅是金的 10%，铂的 3%。但钽因密度大，与钛相比价格要高很多倍，因此仅应用于一些特殊场合，例如无机酸生产、酸洗液换热器等。

（2）锆材

锆于 1789 年被德国人 M. H. Klaproth 发现，地壳中含量约为 0.026%，20 世纪 50 年代在美国、日本等国开始批量生产。外观与钢相似，密度 6.5g/cm^3，熔点 1852℃。由于锆具有良好的抗热中子辐射脆性性能，所以过去锆主要用于核反应堆中的堆芯材料、包壳材料和压力管道材料。锆材分核能级锆和工业级锆，主要区别在于铪含量不同。锆和铪为共生元素，分离十分困难，因此核能级锆价格远高于工业级。工业级锆不严格控制铪含量（≤4.5%即可）[28]，抗热中子辐射脆化性能差，不能用于具有放射性的核能设备构件中，但仍具有良好的耐蚀性能和力学性能，因此工业用锆大部分采用工业级锆。

锆是一种活泼金属，与氧有很强的亲和力，当暴露在含氧环境中时，表面形成一层致密的具有保护作用的氧化膜，在温度达 400℃受化学侵蚀时仍能自行愈合。锆对醋酸、草酸、柠檬酸等有机酸直至沸腾温度完全耐腐蚀，对一切浓度的碱溶液直至沸腾都有极好的耐蚀性[29]。例如在 55%、132℃的硫酸中，锆的腐蚀速率<0.0025mm/a，而镍基合金 C-276 在此介质中的腐蚀率达到 5.44mm/a[30]。锆在所有浓度盐酸且大大超过沸点温度下腐蚀速率不超过 0.125mm/a，甚至在 37%盐酸中，温度达到 130℃时还没有明显腐蚀[31]。正是由于锆具有优良的物理和耐蚀性能，使强腐蚀工况下采用锆制换热器成为可能。但锆不能耐氢氟酸和王水。

近 20 年，我国锆制设备发展很大，每年用锆量超过了 500t[32]，主要用于制作反应器及换热器。主要应用的行业有盐酸工业、硝酸工业、硫酸工业、醋酸工业、甲酸工业、尿素合成工业及双氧水生产。由于锆材价格昂贵，一般容器用锆均采用复合板，但锆与钢尤其是不锈钢爆炸结合质量不理想，所以常采用锆-钛-钢三层爆炸复合板，钛作为中间夹层，与钢和锆都能有更好的爆炸结合质量，也只有锆复合板常用三层复合结构。纯锆制造的压力容器原则上不进行热处理，若图纸或技术条件要求热处理，则严格按照规定的要求进行，加热炉宜用电炉，也可用燃气炉或者燃油炉，但工件不得直接接触火焰，且必须保证火焰成黄色，火焰气氛为中性或者弱氧化性，不得采用焦炭炉或煤炉进行加热处理。

15.3 非金属材料

目前，用于换热器的非金属材料主要有石墨、氟塑料、陶瓷、玻璃等。

15.3.1 石墨

15.3.1.1 概述

石墨既具有优良的耐腐蚀性，又具有良好的传热性能，因此石墨换热器广泛应用于化肥、氯碱、盐酸、硫酸、磷酸、石油以及钢铁酸洗等涉及腐蚀性介质传热的工艺过程中[33]。发达国家从 20 世纪 30 年代起，便相继开发了结构形式各异的石墨换热器。英国的艾奇逊电极公司早在 1936 年就成功研制了压型不透性石墨换热器，在 1947 年成功研制了块孔式石墨换热器。到 60～70 年代，其制造与应用进入了大发展阶段。美国、英国、日本、法国及联邦德国等国家的石墨换热器已标准化、系列化，并形成专业化生产。目前，国外石墨换热器的发展处于相对稳定阶段，比较有名的厂商有法国卡朋罗兰集团、美国联合碳化物公司、德国 SIGRI 电极公司、德国 SGL 碳素公司、日本碳素公司等。我国沈阳化工研究院从 20 世纪 50 年代就开始了石墨换热器的研制，60 年代沈阳化工机械厂及天津化工厂开始生产，80 年代发展较快。据最近统计，目前全国已有 40 多家厂家在生产石墨换热器。其中南通扬子碳素股份有限公司（原南通碳素厂）、中钢集团上海新型石墨材料有限公司（原上海碳素厂）、辽阳炭素有限公司等实力较强。各厂家均有厂标石墨换热器系列产品，大多都可按订货合同制造。

15.3.1.2　不透性石墨

石墨分为天然石墨和人造石墨两种。天然石墨纯度较低，组织松散发滑，不宜单独用作结构材料。人造石墨是由焦炭、沥青混捏、压制成型，在窑炉中隔绝空气焙烧，在 1300℃下保持 20 天左右，再在 2400～3000℃高温下石墨化处理而成[34]。人造石墨在焙烧过程中，由于有机物质分解成气体逸出，使石墨材料形成多孔性，孔隙率一般达 20%～30%，个别达 50%，且多数为通孔，对气体和液体有很强的渗透性，这影响了它作为石墨设备的目的。因而实际应用中应采取措施，即用密实介质填塞石墨的孔隙，以使其成为不透性石墨材料。不透性处理方法有三种：浸渍、热压聚合和浇注，分别得到三种不透性石墨：浸渍石墨、压型石墨和浇注石墨。浸渍石墨以浸渍剂不同可分为合成树脂浸渍石墨、水玻璃浸渍石墨、沥青浸渍石墨；压型石墨分为模压型和挤压型两种；浇注石墨分为常压成型和加压成型。近年来出现的增强石墨，是石墨材料大家庭中的新成员。它是采用碳纤维、玻璃纤维、铝纤维增强，或将陶瓷等复合在石墨表面，并一同浸渍而成。与未增强的普通浸渍石墨相比，增强石墨承压能力、抗弯强度大大高于未增强的普通浸渍石墨，抗腐蚀性能也优于后者。

换热器用不透性石墨材料大部分都是采用浸渍方法制取的，使用证明，浸渍石墨已能解决大部分腐蚀问题。石墨材料的石墨化程度、颗粒大小及所用浸渍剂的种类，可直接影响浸渍石墨的换热性能、耐腐蚀性能、使用寿命和安全性能。石墨化程度越高，稳定性、耐腐蚀性越好；构成石墨材料的颗粒越小，则材料的表观密度越大，机械强度越高，孔隙率越小，浸渍剂的用量就会减少；浸渍剂的作用是在石墨材料中填充空隙，浸渍剂种类、浸入量、浸渍工艺不同，会直接影响不透性石墨的耐腐蚀性。目前使用最多的浸渍剂是浸渍改性酚醛或改性呋喃树脂。因浸渍剂的耐腐蚀性远低于石墨材料本身，考虑到不透性石墨换热部件的耐蚀程度，浸入量一般不超过 10%。浸渍真空度大，加压压力高，可减少浸渍次数，换热效果也较好[35]。

不透性石墨具有以下特点：

（1）优良的化学稳定性

石墨材料是目前已知的最耐高温的轻质材料之一，有优良的导热、导电及化学稳定性，有一定的力学性能和机械加工工艺性能。例如，被采用广泛的酚醛型不透性石墨，除了强氧化性酸及强碱以外，对大部分酸类和碱类介质都是稳定的，当然，浸渍石墨的耐蚀性随着采用浸渍剂的不同而有区别，常见的酚醛数值浸渍石墨在化工生产中常见的介质中的耐腐蚀性能参见表 15.6。

表 15.6　酚醛树脂浸渍石墨的化学稳定性能

类别	介质	浓度/%	温度/℃	耐腐蚀性
酸类	盐酸	任意	沸点	耐
	硫酸	＜50	130	耐
	硫酸	70～75	120	耐
	磷酸	＜85	＜沸点	耐
	硝酸	＜5	20	尚耐
	氢氟酸	＜48	沸点	耐

续表

类别	介质	浓度/%	温度/℃	耐腐蚀性
盐类	硫酸铜	任意	沸点	耐
	硫酸铁	任意	沸点	耐
	硫酸钠	任意	沸点	耐
	氯化铁	任意	沸点	耐
	氯化钠	任意	沸点	耐
	碳酸钠	任意	沸点	耐
	硫酸铵	任意	沸点	耐
	高锰酸钾	20	60	耐
碱类	氢氧化钾	10	常温	尚耐
	氢氧化钠	10	常温	不耐
	氨水	任意	<沸点	耐

(2) 优良的导热性

石墨的导热系数为116.3～127.9W/(m·℃)，是非金属材料中导热系数高于许多金属的唯一结构材料，常用的不锈钢导热系数为16.3～26.1W/(m·℃)，碳钢为40.9～51.8W/(m·℃)，铝为151～282W/(m·℃)，铜及铜合金为91.3～391W/(m·℃)[36]，石墨的导热系数仅次于铜和铝，是不锈钢的5倍，碳钢的2倍，因此它是制作换热设备的理想材料。

(3) 线膨胀系数小

石墨的线膨胀系数为 $(0.5\sim4)\times10^{-6}℃^{-1}$，而一般钢材线膨胀系数为 $(10\sim20)\times10^{-6}℃^{-1}$，石墨的线膨胀系数仅为钢材的1/2，因此它对温度变化的敏感性小，用它制作的设备能在高温下维持原来的形状和机械强度，与陶瓷、搪玻璃及高硅铸铁等耐蚀材料相比，热稳定性好，能够很好地抵抗热冲击。

(4) 不易结垢

石墨和大多数介质之间的“亲和力”极小，所以污垢不易附结在表面。

(5) 良好的机械加工性能

不透性石墨材料不能压延、锻制和焊接，但机械加工性能良好。可进行车、刨、铣、钻及锯等机械加工，易于制成各种形状的构件。

由于不透性石墨有着上述优点，尤其是其突出的导热性，制成的石墨换热器得到了广泛的应用。

15.3.1.3 典型石墨换热器结构

石墨换热器自成功开发并应用以来，便得到迅速发展，其年产量及使用量约占石墨设备的3/4[37]。石墨换热器按应用原理、结构形式可分为浮头列管式石墨换热器、块孔式石墨换热器、喷淋式石墨换热器、浸没式石墨换热器、板式石墨换热器等。目前国内市场普遍应用的是列管式石墨换热器和块孔式石墨换热器。浮头列管式石墨换热器、圆块孔式石墨换热器及矩形块孔式石墨换热器已有相关的化工行业标准，分别为：HG/T 3112—2011《浮头列管式石墨换热器》、HG/T 3113—2019《圆块孔式不透性石墨换热器》、HG/T 3187—2012《矩形块孔式石墨换热器》。

（1）浮头列管式石墨换热器

浮头列管式换热器是目前国内外使用最多的石墨换热器，它结构与金属管壳式换热器类似，由管束、管板、管箱和壳体等部分构成，其结构见图 15.2。石墨换热管通过胶结剂与管板粘接形成管束，安装于壳体内。由于不透性石墨弹性变形能力差，因此管板一端固定、一端浮动，通过浮动管板的轴向移动来补偿管束与壳体因温度变化而产生的位移差，从而避免管束因承受温差应力而被破坏。浮动管板与壳体之间采用填料环或者 O 形圈进行密封。石墨封头借助于金属盖板分别与固定管板与浮动管板相连接，两者之间以垫片密封。与金属换热器一样，壳程设置折流挡板，促使壳程流体由沿管束的轴向流动变成横向冲刷管束，进而提高换热效率。HG/T 3112—2011 规定了三种换热管规格、五种换热管长度的标准浮头列管式石墨换热器[38]。

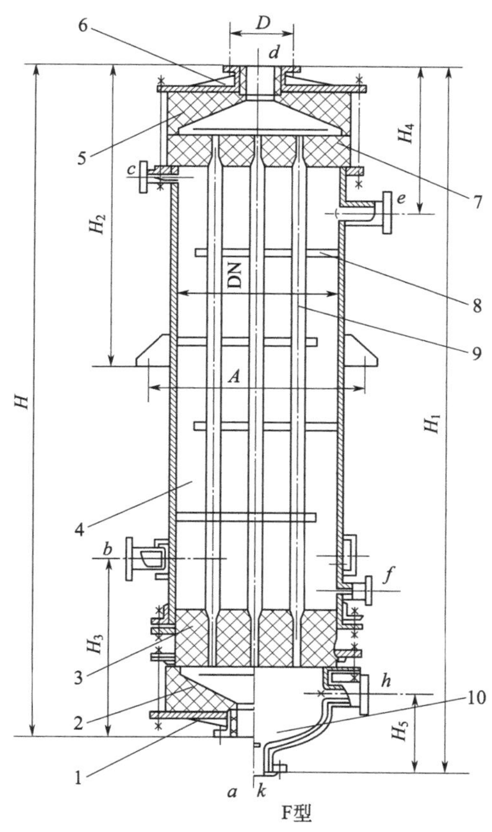

图 15.2　浮头列管式石墨换热器结构

1—下盖板；2—下封头；3—浮动管板；4—壳体；5—上封头；6—上盖板；7—固定管板；8—折流板；9—换热管；10—F 型下封头

列管式石墨换热器的主要特点如下：①结构简单，制造方便。②石墨材料利用率高，单位换热面积造价低于其他结构形式的换热器。③可制成较大传热面积的设备，用于处理量较大的换热过程，当采用翅片管或粗糙表面石墨管时，可获得更好的传热效果。④流体阻力小，维护检修和清洗方便。⑤传热效率不如块孔式及板式，压型管材的导热系数约为浸渍石墨的 1/3。⑥允许使用压力较低，一般均不高于 1MPa。石墨元件承受拉应力和弯曲应力的能力差，不宜在有强烈冲击、振动及易产生水锤的场合下使用。如采用碳纤维增强技术，许用压力可适当提高。⑦允许使用的温度较低，由于管子、管板和胶黏剂的热膨胀系数不一致，使用中在温度应力作用下，黏结缝易损坏。

（2）块孔式石墨换热器

块孔式石墨换热器是由若干带有物料孔道的石墨换热块堆叠而成，块与块之间通过衬垫密封。组合石墨块放置于钢壳内，两端设置封头及金属盖板，通过螺栓紧固。流体在换热块内部互不相通的流道内流动，通过石墨块的实体进行间壁换热。典型的圆块孔式石墨换热器见图 15.3。块孔式石墨换热器有以下特点：

① 结构坚固。承压部件是坚固的石墨块体，由紧固螺栓及金属封头拉紧，石墨块体承受压应力，充分利用了石墨抗压不抗拉的特性，可以提高操作压力，适用于有热冲击和振动的场合。

② 适应性强。化工过程中的有相变换热和无相变换热均能应用。

③ 零件互换性好。块孔式换热模块可以做成标准件，以搭积木的形式可以组装成不同换热面积的设备。

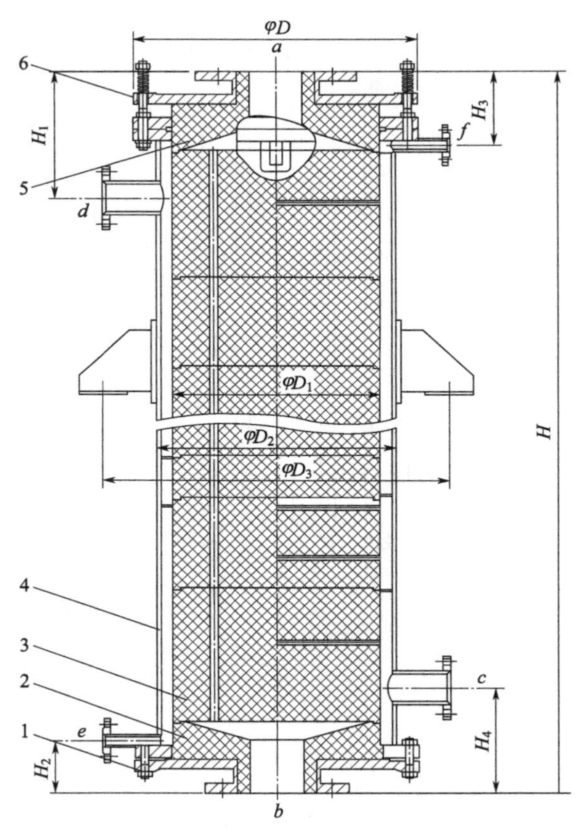

图 15.3 圆块孔式石墨换热器结构

1—下盖板；2—下封头；3—石墨换热块；4—金属壳体；5—石墨上封头；6—金属上盖板

④ 换热元件通过密封元件密封，不需要胶黏剂，可以避免其他形式石墨换热器因胶黏剂本身材质缺陷或粘接施工质量问题而引起的设备失效或损坏。

⑤ 传热面积不宜太大，否则封头和金属板会过大，块孔的制造及钻孔也有难度。

⑥ 物料孔道较小，易堵塞，不宜用于处理有悬浮固体颗粒的物料。

15.3.1.4　发展方向

经过这么多年的发展，我国石墨换热器生产能力已在逐年提高，目前每年生产量已超过 4 万平方米，管壳式石墨换热器单台最大换热面积已达到 1500m^2。但与国外相比，差距还是比较明显，例如国内目前所使用的电极石墨各向异性明显，坯材强度也不尽如人意，未来为了满足市场需求，有以下发展方向：

① 开发细颗粒、高强度及行业专用石墨材料。如英国摩根碳素公司、法国罗兰碳素公司及美国联合碳化物公司生产的化工专用石墨材料，颗粒细、密度高、机械强度和换热性能好，成为各石墨换热器厂家的首选材料。

② 开发新的浸渍品种，扩大石墨设备耐温、耐压、耐腐蚀范围。例如国内某些厂家，通过选用自己开发的复合树脂浸渍石墨，没有使用国外细颗粒石墨，也能使换热器的耐热、耐压达到国际先进水平[39]。

③ 采用新工艺，提高整台设备的使用性能。如采用表面涂层工艺，提高换热块的耐腐蚀磨损性能。德国西格里公司开发了表面涂覆耐磨陶瓷氧化物涂层的石墨块材，可以明显提高材料的耐磨蚀性。采用碳纤维束增强石墨换热管，能提高列管式石墨换热器的工作压力，而且这种增强石墨管还能承受负载骤减和应力波动[40]。

④ 改进换热器结构，提高设备性能。如罗兰碳素公司多壳程块孔式换热器，通过在换热块之间增加折流板，强制流体经孔道横向流动，能明显提高换热效率。

⑤ 提高机加工设备的加工能力和加工精度。

⑥ 加速大规格、高参数石墨换热器的研制。在国外，石墨换热器的规格大型化、性能高参数化已十分明显，我国很多国家重点建设项目均有从国外进口大型石墨换热器的经历，因此研发大规格、高参数石墨换热器能解决此类换热器的供需矛盾。

15.3.2　氟塑料

氟塑料是指部分或全部氢被氟取代的链烷烃聚合物，其种类较多，应用于换热器的主要有聚四氟乙烯（PTFE）、聚全氟乙丙烯（FEP）及聚偏氟乙烯（PVDF）。氟塑料由于其分子结构中有较强的氟碳键及屏蔽效应，因此氟塑料具有极强的耐腐蚀性、耐老化和耐高温的优点。氟塑料换热器与传统金属换热器相比，具有以下特点：

① 单位体积的换热面积大。氟塑料的导热系数小，聚四氟乙烯的导热系数为 0.24W/(m·K)，聚全氟乙丙烯的导热系数为 0.18W/(m·K)，远低于普通碳钢的约 50 W/(m·K)，为了降低管壁热阻，只能采用薄壁管，为了使薄壁管的强度满足要求，只能采用小直径管，美国杜邦公司曾用过直径 2.5mm、壁厚 0.25mm 的塑料换热管，国内制造的氟塑料换热器外径在 3.6～14mm，因此氟塑料换热器单位体积内的换热面积大，可达 650m^2/m^3，而普通的金属管换热器一般在 130m^2/m^3 左右[41]。

② 耐腐蚀性。氟塑料几乎能耐所有的强酸、强碱，如硫酸、盐酸、硝酸、氢氟酸、王水、氢氧化钠等，在使用过程中无需考虑低温腐蚀问题。

③ 抗污垢能力强。氟塑料表面能低，有很强的憎水性、不粘性，摩擦系数是所有固体中最小的，如聚四氟与钢之间的摩擦系数为 0.04，这些特性决定了氟塑料表面很难沉积污

秽物或垢层。曾有人用碳酸钙溶液做试验，使用氟塑料管与镍管对比，经过 76h 后，镍管的传热效率下降了 80%，而氟塑料管仅下降约 10%。

1965 年，美国杜邦公司制造出第一台氟塑料换热器，随后被日本引进生产，欧洲各国也纷纷开始研发，目前已有 15 个国家约 2000 多个工厂使用了氟塑料换热器[42]。早期的氟塑料换热器主要用于处理化工腐蚀材质，之后，各国家纷纷研制出各种氟塑料换热器应用于不同场景，如火力发电厂余热回收、溴化锂制冷机组、污水源热泵、醋酸钠、海水淡化、制药等。

国产氟塑料换热器大体分为管壳式和沉浸式两种。管壳式氟塑料换热器类似于传统的金属管壳式换热器，分壳体和管束两部分，不同的是管束与壳体是可拆连接。图 15.4 是杜邦公司的标准换热器结构。沉浸式氟塑料换热器有 U 形、盘管型等多种形式，管束按设计需要进行编织或非编织，由管束和管板组成的换热元件置于密闭或非密闭的装置中[43]。图 15.5 为用于电厂烟气余热回收的沉浸式氟塑料换热器。

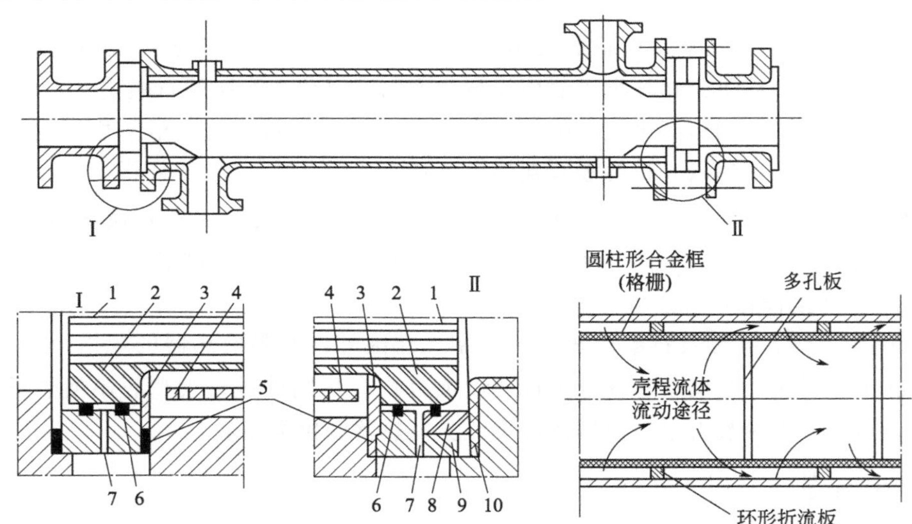

图 15.4 杜邦换热器标准结构

1—管子（特氟龙）；2—护套（特氟龙）；3—对开环（不锈钢）；4—格栅（不锈钢）；5—垫片；6—O 形圈；7—排放孔；8—衬环；9—套筒（不锈钢）；10—衬里（特氟龙）

图 15.5 烟气余热回收用氟塑料换热器

氟塑料具有优异的耐腐蚀性和抗结垢能力，但缺点是导热系数低、机械强度差、膨胀系数大，为解决这些问题，还需要对其进行改性。目前主要有 3 种改性方式，分别为表面改性、填充改性和共混改性[44]。

① 表面改性。聚四氟乙烯极低的表面活性和不粘性是其优点，也是缺点，这种性质限制了它与其他材料形成复合材料，因此必须对其进行一定的表面改性，以提高其表面活性。表面改性有高能射线脱氟、化学处理、粒子沉积等技术。

② 填充改性。通过在 PTFE 材料中填充无机类、金属类和聚合物材料，来改善 PTFE 的耐压性、耐磨性及导热性。常用的填充材料有玻璃纤维、石墨、铁、铜等。国外有公司通过填充陶瓷粒子、碳纤维等材料，得到的 PTFE 材料导热系数可达 60W/(m·K)[45]。

③ 共混改性。共混改性主要是利用 PTFE 的优异特点对一些树脂进行合金化处理，从而得到不同性能的产品，如 PTFE 改性聚甲醛、PTFE 改性聚酰亚胺等。

15.3.3 陶瓷

陶瓷是一种在工农业生产中广泛应用的材料，分传统陶瓷和现代陶瓷。传统陶瓷是以黏土等天然硅酸盐为主要原料烧成的制品，现代陶瓷又称新型陶瓷、精细陶瓷或特种陶瓷，通常以非硅酸盐类化工原料或人工合成原料，如氧化物（氧化铝、氧化锆、氧化钛）和非氧化物（氮化硅、氮化硼等）制造。陶瓷的特点是化学稳定性高，耐热耐磨，耐酸耐碱。在一些有腐蚀性、磨蚀性及高温余热回收领域，当无法使用传统金属换热器或不经济时，陶瓷换热器是一个较好的选择。陶瓷换热器能够显著提高能源利用效率，降低能源消耗，减少污染排放，在炼油、化工、冶金、制造和电力等领域具有广阔的应用前景。

陶瓷种类有很多，目前用于换热器较多的陶瓷是氮化硅、碳化硅及氧化铝。氮化硅（Si_3N_4）属于六方晶系[46]，它除了具有一般陶瓷的高硬度、高强度及耐腐蚀性外，还具有较高的导热系数，Lightfoot 和 Haggerty 根据 Si_3N_4 结构提出氮化硅的理论热导率在 200～300W/(m·K)[47]，但影响氮化硅导热系数的因素很多，如晶格含氧量、晶型、晶轴等，实际氮化硅导热率要远远小于理论值，普通氮化硅轴承球、结构件等产品导热率一般只有 15～30W/(m·K)[48]，东芝、京瓷等少数公司能将氮化硅基板的导热系数提至 90W/(m·K)。碳化硅（SiC）是由 C、Si 元素组成的稳定化合物，Si—C 键是共价键和离子键共同组成的混合键[49]，结合强度高，这也是碳化硅具有硬度高、耐高温、耐腐蚀和化学稳定的原因。碳化硅陶瓷具有以上优点，且导热系数高，被认为是制备陶瓷换热器，特别是用于高温、强酸碱腐蚀及强磨损等恶劣工况换热器较为理想的材料。氧化铝陶瓷主要成分为 Al_2O_3 和 SiO_2，Al_2O_3 含量越高其硬度越高，耐蚀性越好，高铝陶瓷可耐各种无机酸及碱。

陶瓷换热器主要有管式和蓄热式两大类。陶瓷材料属于脆性材料，不能承受拉伸应力，抗温度变形能力差，因此陶瓷管式换热器一般允许换热管在温差作用下能自由滑动，换热管与管板的连接采用软密封套结构，或者让换热管一端自由，成悬挂式，如插入管式换热器，采用的就是悬挂管结构，烟气在管外流动，空气从内管进入，从径向外管环隙流出，换热管可以自由膨胀和收缩，见图 15.6。蓄热式陶瓷换热器通过冷热流体交替流过陶瓷蓄热体实现换热，常用的蓄热体是蜂窝状陶瓷（图 15.7）。回转式陶瓷换热器是蓄热式换热器的一种典型代表（图 15.8），其工作原理和结构与传统的换热器区别很大，换热主体是一个多孔的圆盘状蓄热体，蓄热材料为蜂窝状陶瓷[50]。其工作原理是：蓄热体在驱动装置的带动下，以一定的速度绕轴旋转，入口通过结构件分为烟道和风道，当蓄热体经过烟道时，被加热完成蓄热过程，经过风道时，被风冷却完成放热过

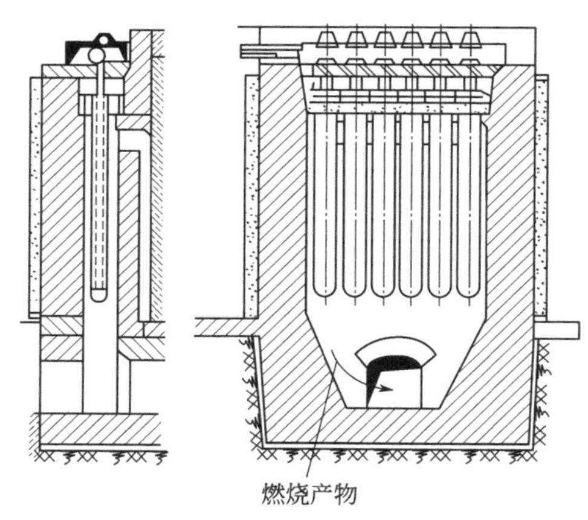

图 15.6　插入管式换热器

程，如此循环往复，完成烟气与空气的换热。当然也有入口烟道、风道旋转，而蓄热体不转的结构。这种换热器因蜂窝具有极高的比表面积，使得换热器结构紧凑，且能承受高温，热回收率较高。

图 15.7　蜂窝陶瓷蓄热体

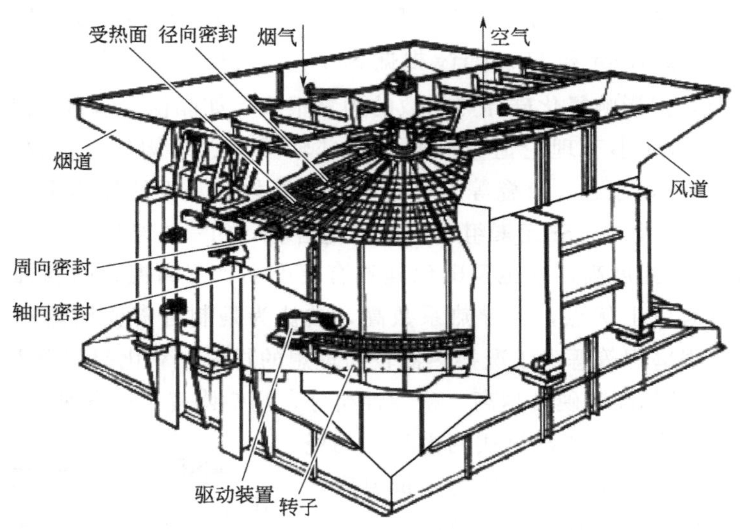

图 15.8　回转式陶瓷换热器

15.3.4　玻璃

玻璃是非晶无机非金属材料，主要成分为二氧化硅和其他氧化物，耐腐蚀性能优良，除氢氟酸、磷酸和强碱外，玻璃几乎不与任何物质发生反应，另外玻璃表面的光洁度极高（粗糙度 2～5μm）[51]，表面不容易积灰结垢；其缺点是机械强度较差，抗弯曲、冲击、振动的性能低，导热系数小。

用于制造换热器的玻璃主要是硼硅玻璃、无硼低碱玻璃及石英玻璃。这几种玻璃机械强度较高，热膨胀系数低，耐热性能好，其中石英玻璃耐热性最强，主要应用于高温场合，可在 1100℃下长时间使用，在 800～1000℃的电炉中灼烧 15min 后投入 20℃的冷水中也不会破裂，因此石英玻璃又号称“玻璃王”。

玻璃换热器主要用于低压、强腐蚀性介质场合，如果对产品纯度或洁净度有严格要求的场合如试剂、食品和单晶硅提纯等，也会采用玻璃换热器。玻璃换热器根据结构形式可分为管式（图 15.9）和板式（图 15.10）两种。管式换热器有盘管式、列管式、套管式及插入管式等形式，主要用于腐蚀性介质的加热、冷却或冷凝，无论是国产还是进口均已成熟。玻璃板式换热器是近些年随着工艺及技术的进步而产生的一种新型结构，主要采用平板玻璃作为换热板片，内部支撑及密封件采用的是聚四氟乙烯或玻璃，主要用于余热回收。由洛阳瑞昌石油化工设备有限公司研发的烟气冷凝玻璃板式换热器目前已在茂名石化、河北鑫海石化、乌鲁木齐石化等单位烟气治理领域得到了实际应用。运行结果表明，该设备抗腐蚀性能优异，换热效率高，运行周期长，经济和社会环境效益显著。海南炼化对乙苯/苯乙烯装置的两台加热炉增加了玻璃板式空气预热器，使加热炉的热效率提高了 5%[52]。滨化集团在熔盐炉上采用玻璃板式空气预热器，加热炉效率从 92%提高至 93.5%[53]。

图 15.9　盘管式玻璃换热器

图 15.10　玻璃板式换热器

参考文献

[1] 高安全，刘明海．化工设备机械基础[M]．3 版．北京：化学工业出版社，2015.

[2] 中华人民共和国国家质量检验检疫总局．压力容器：GB/T 150．1～150．4[S]．北京，中国国家标准化管理委员会，2011.

[3] 中华人民共和国质量监督检验检疫总局．不锈钢和耐热钢 牌号及化学成分：GB/T 20878—2007[S]．中国国家标准化管理委员会，2007.

[4] 中华人民共和国国家质量检验检疫总局．钢铁及合金牌号统一数字代号体系：GB/T 17616—2013[S]．中国国家标准化管理委员会，2013.

[5] 李世玉．压力容器设计工程师培训教程[M]．北京：新华出版社，2011.

[6] 王雅倩．2205 双相不锈钢在井下环境中的耐蚀性能研究[D]．西安：西安石油大学.

[7] 刘传森，李壮壮，陈长风．不锈钢应力腐蚀开裂综述[J]．表面技术，2020，49(3)：13.

[8] 孙祺．析出相对 2205 双相不锈钢点蚀与选择性腐蚀的影响[D]．太原：太原理工大学，2016.

[9] Iso. Nickel and Nickel Alloys-Terms and Definitions-Part 1：Materials First Edition[S].

[10] 中华人民共和国国家发展和改革委员会．JB/T 4756—2006 镍及镍合金制压力容器[S]．北京，2006.

[11] 刘海定，王东哲，魏捍东，等．高性能镍基耐腐蚀合金的开发进展[J]．材料导报，2013(5)：7.

[12] 杨哲，杨晗，程伟，等．镍及镍合金产品标准现状分析及应用[J]．有色金属加工，2020，49(2)：4.

[13] 黄超，周振，卢奇，等. 板式换热器板片常用材料的应用[J]. 中国金属通报，2020(9)：2.
[14] 鲍庆煌，叶兵，蒋海燕，等. 镍基高温合金耐腐蚀性能的研究进展[J]. 材料导报，2015，29(17)：7.
[15] 国家经济贸易委员会. 钛制焊接容器：JB/T 4745—2002[S]. 昆明：全国压力容器标准化技术委员会，2002.
[16] 兰州石油机械研究所. 换热器[M]. 北京：中国石化出版社，2013.
[17] 黄超，周振，卢奇，等. 板式换热器板片常用材料的应用[J]. 中国金属通报，2020(9)：297-298.
[18] 余存烨. 炼油化工设备用钛的若干看法[J]. 化工设备与管道，2002，39(2)：4.
[19] 张文毓. 钛换热器市场发展分析研究[J]. 船舶物资与市场，2011(02)：31-34.
[20] 雷忠荣，付维军，杨永福，等. 大型钛制热交换器研究现状[J]. 石油化工设备，2011，40(1)：4.
[21] 国家经济贸易委员会. 铝制焊接容器：JB/T 4734—2002[S]. 昆明，全国压力容器标准化技术委员会，2002.
[22] 中华人民共和国质量监督检验检疫总局. 变形铝及铝合金牌号表示方法：GB/T 16474—2011[S]. 北京，中国国家标准化管理委员会，2012.
[23] 余存烨. 铝在化工应用中的腐蚀与防护[J]. 石油化工腐蚀与防护，2008，25(6)：4.
[24] 刘忠民，蒋金龙. 铝制换热器的耐腐蚀性探讨[C]. 2012.
[25] 中华人民共和国国家发展和改革委员会. 铜制压力容器：JB/T 4755—2006[S]. 北京，全国压力容器标准化技术委员会，2006.
[26] 成松. 面向家用空调的新型换热器及替代冷媒实验研究[D]. 广州：华南理工大学，2014.
[27] 张军明. 钽换热器在硅钢酸洗中的应用[J]. 流程工业，2020(9)：2.
[28] 国家能源局. 锆制压力容器：NB/T 47011—2022[S].
[29] 孙海生，常春梅，卢奇，等. 锆制换热器研究进展与前景[J]. 化工设备与管道，2015(02)：54-57.
[30] 朱平勇. 锆复合板换热器制造工艺技术[J]. 上海化工，2010(11)：10-13.
[31] 杨文峰. 锆换热器的设计和制造技术[C]. 2011.
[32] 黄嘉琥. NB/T 47011—2010 标准中锆制压力容器的特点[J]. 压力容器，2010(12)：49-52.
[33] 张猛，耿尧辰. 圆块孔式石墨换热器总传热系数的模拟计算[J]. 中国氯碱，2017(2).
[34] 许志远，等. 石墨制化工设备[M]. 北京：化学工业出版社，2003.
[35] 李双样. 圆块孔式石墨换热器在 PVC 行业的应用及缺陷的克服[J]. 科技传播. 2010，000(023)：221-222.
[36] 中华人民共和国国家质量检验检疫总局. 热交换器：GB/T 151—2014[S]. 北京，中国国家标准化管理委员会，2014.
[37] 郑伟义，等. 非金属承压设备的耐腐蚀性及应用[M]. 北京：科学出版社，2017.
[38] 中华人民共和国工业和信息化部. 浮头列管式石墨换热器：HG/T 3112—2011[S]. 北京，2011.
[39] 姚建，姚松年. 国产圆块式石墨换热器的应用与改进[J]. 全面腐蚀控制，2016(4)：2.
[40] 程治方，单新华. 近年来国内石墨换热设备发展概况[J]. 石油和化工设备，2010(02)：5-9.
[41] 戴传山，李彪，王秋香. 氟塑料换热器研究进展[J]. 化工进展，2011(S1)：4.
[42] 刘舒巍，李红飞，舒斌，等. 氟塑料的改性及其在换热器领域的应用研究进展[J]. 化工管理，2019(13)：2.
[43] 王岳衡，邓惠芳. 氟塑料换热器在化工生产中的应用[J]. 石油和化工设备，2006，9(4)：2.
[44] 王春江. 聚四氟乙烯生产现状与改性进展[J]. 贵州化工，2007，32(4)：3.
[45] 陈林，杜小泽，林俊，等. 导热塑料在换热器中的应用[J]. 塑料，2013，42(6)：4.
[46] 廖圣俊，周立娟，尹凯俐，等. 高导热氮化硅陶瓷基板研究现状[J]. 材料导报，2020，34(21)：10.

[47] Haggerty J S, Lightfoot A. Opportunities for Enhancing the Thermal Conductivities of SiC and Si_3N_4 Ceramics Through Improved Processing[M]. Proceedings of the 19th Annual Conference on Composites, Advanced Ceramics, Materials, and Structures—A: Ceramic Engineering and Science Proceedings, 2008.
[48] 郑彧，童亚琦，张伟儒. 高导热氮化硅陶瓷基板材料研究现状[J]. 真空电子技术，2018(4)：5.
[49] 李其松. 高热导率 SiC 陶瓷材料制备及应用研究[D]. 济南：山东大学，2016.
[50] 刘涛. 高温瓦楞状陶瓷基换热器芯体的研究[D]. 广州：华南理工大学，2012.
[51] 陈慧群，张伟乾，李长浩，等. 采用玻璃平板式空气预热器提升加热炉效率的技术路线探究[J]. 中国设备工程，2019(2)：2.
[52] 孙海龙. 玻璃板式空气预热器在苯乙烯装置上的应用[J]. 当代化工研究，2019(13)：3.
[53] 刘明国，尹建新，王希华，等. 玻璃板式空气预热器在熔盐炉上的应用[J]. 山东工业技术，2018(16)：2.